国家海水鱼产业技术体系年度报告（2020）

国家海水鱼产业技术研发中心　编著

中国海洋大学出版社
·青岛·

图书在版编目（CIP）数据

国家海水鱼产业技术体系年度报告 . 2020 / 国家海水鱼产业技术研发中心编著 . —青岛：中国海洋大学出版社，2021.12

ISBN 978-7-5670-3058-9

Ⅰ . ①国…　Ⅱ . ①国…　Ⅲ . ①海水养殖—水产养殖业—技术体系—研究报告—中国—2020　Ⅳ . ① S967

中国版本图书馆 CIP 数据核字（2021）第 268346 号

出版发行　中国海洋大学出版社
出 版 人　杨立敏
社　　址　青岛市香港东路23号
邮政编码　266071
网　　址　http://pub.ouc.edu.cn
电子信箱　dengzhike@sohu.com
订购电话　0532-82032573（传真）
责任编辑　邓志科　姜佳君
电　　话　0532-85901040
印　　制　日照报业印刷有限公司
版　　次　2021 年 12 月第 1 版
印　　次　2021 年 12 月第 1 次印刷
成品尺寸　185 mm × 260 mm
印　　张　39
字　　数　890 千
印　　数　1 ~ 1000
定　　价　120.00 元

2020年海水鱼体系工作亮点集锦

日照等综合试验站为抗疫捐款捐物

体系示范企业积极开展春季复工复产

体系通过网络会议部署2020年工作任务

本年度共召开44场技术培训会

体系团队深入西藏亚东等地开展科技帮扶

体系与兴城政府商定大菱鲆产业发展规划

体系与石斑鱼龙头企业开展科企对接

宁波站培育的"甬岱1号"通过新品种审定

国家海水鱼产业技术体系组织结构图

国家海水鱼产业技术体系
首席科学家、执行专家组
（首席办公室）
国家海水鱼产业技术研发中心
依托单位：中国水产科学研究院黄海水产研究所
功能研究室
综合试验站
遗传改良研究室
大菱鲆种质资源与品种改良
牙鲆种质资源与品种改良
半滑舌鳎种质资源与品种改良
大黄鱼种质资源与品种改良
石斑鱼种质资源与品种改良
海鲈种质资源与品种改良
卵形鲳鲹种质资源与品种改良
军曹鱼种质资源与品种改良
河鲀种质资源与品种改良
营养与饲料研究室
鲆鲽类营养需求与饲料
大黄鱼营养需求与饲料
石斑鱼营养需求与饲料
军曹鱼卵形鲳鲹营养需求与饲料
海鲈营养需求与饲料
河鲀营养需求与饲料
疾病防控研究室
环境胁迫性疾病与综合防控
病毒病防控
细菌病防控
寄生虫病防控
养殖与环境控制研究室
养殖设施与装备
养殖水环境调控
网箱养殖
池塘养殖
工厂化养殖
深远海养殖
智能化养殖
加工研究室
保鲜与贮运
鱼品加工
质量安全与营养品质评价
产业经济研究室
产业经济
天津综合试验站
秦皇岛综合试验站
北戴河综合试验站
大连综合试验站
丹东综合试验站
葫芦岛综合试验站
烟台综合试验站
青岛综合试验站
莱州综合试验站
东营综合试验站
日照综合试验站
南通综合试验站
宁波综合试验站
宁德综合试验站
漳州综合试验站
珠海综合试验站
北海综合试验站
陵水综合试验站
三沙综合试验站
示范县（市、区）

编 委 会

前　言

海水鱼类是海洋渔业生产中的主要捕捞对象和人类优质动物蛋白质的重要来源。然而，随着海洋野生鱼类资源的日益衰退，水产品的供给侧逐步转向依靠养殖业的发展。FAO发布的报告显示，世界海水鱼类养殖业正以8% ~ 10%的年增长率迅猛地发展，养殖鱼类产品占世界鱼类消费的比例持续增加。由此可见，海水鱼类养殖业的发展潜力巨大，前景广阔。

中国的海水鱼类繁育与养殖研究始于20世纪50年代，而规模化养殖则兴起于20世纪80年代后期。1984年，我国的海水鱼类养殖产量仅为0.94万t，相比于海洋藻类、虾类、贝类养殖产业，海水鱼类养殖发展严重滞后。但此后，在渔业“以养为主”方针的正确指导及相关政策的支持下，我国海水鱼类苗种人工繁育技术不断取得突破，设施养殖技术与模式不断创新，推动了我国海水鱼类养殖产业的快速发展，并在2002年和2012年先后突破50万t和100万t养殖产量大关，为此，海水鱼类养殖也被誉为我国海水养殖的第四次产业化浪潮。2020年底，我国海水鱼类养殖产量已达174.98万t，开发的养殖种类近百种，建立起海水网箱、工厂化和池塘三大主养模式，形成了大黄鱼、海鲈、石斑鱼、卵形鲳鲹、大菱鲆、牙鲆、半滑舌鳎、河鲀、军曹鱼等主导养殖产业。海水鱼类养殖产业的发展对开拓我国全新的海洋产业、保障水产品有效供给、改善国民膳食结构、提供沿海渔民就业机会和繁荣“三农”经济等方面，都做出了突出的贡献。

2017年，经农业农村部（原农业部）批准，原“国家鲆鲽类产业技术体系”进行了扩容和优化调整，正式更名为“国家海水鱼产业技术体系”（以下简称海水鱼体系）。本体系由产业技术研发中心和综合试验站2个层级构成，下设遗传改良、营养与饲料、疾病防控、养殖与环境控制、加工和产业经济等6个功能研究室，聘任岗位科学家30名。设综合试验站19个，辐射示范县区95个，分布于辽宁、河北、天津、山东、江苏、浙江、福建、广东、广西、海南等10个沿海省区市。“十三五”期间，海水鱼体系以“生态友好、生产发展、设施先进、产品优质”为产业发展目标，面向我国海水鱼类养殖产业发展需求，围绕制约产业发展的突出问题，开展共性关键技术研发、集成、试验和示范，突破技术瓶颈，为我国海水鱼类养殖产业持续健康发展提供技术支撑。

《国家海水鱼产业技术体系年度报告（2020）》由国家海水鱼产业技术研发中心编著，财政部和农业农村部：国家现代农业产业技术体系资助（CARS-47）。本书概括了海水鱼体系2020年度的主要工作内容与成果，主要包括海水鱼产业技术研究进展报告，海水鱼主产区调研报告，轻简化实用技术，获奖成果和鉴定验收成果汇编，专利汇总等。海水鱼体系全体岗位科学家、综合试验站团队参与了编写工作，体系首席办公室对书稿进行了整合、审阅和补充。

由于编写时间仓促、学科交叉内容较多，书中错误和疏漏之处在所难免，敬请广大读者批评指正并给予谅解。

国家海水鱼产业技术体系首席科学家

2021年10月8日

目　录

授权专利

第一篇

研究进展报告

2020年度海水鱼产业技术发展报告

（国家海水鱼产业技术体系）

1　国际海水鱼生产与贸易概况

1.1　生产情况

据2020年联合国粮农组织（FAO）数据，2018年，世界海洋捕捞总产量为8 441.0万t。其中，海水鱼类捕捞产量为7 192.6万t，占海洋捕捞总产量的85.2%；世界海水养殖总产量为3 075.6万t，其中，海水鱼类养殖产量为732.8万t，占海水养殖总产量的23.8%。海水鱼类养殖在世界各区域的分布：亚洲399.5万t，欧洲189.2万t，美洲105.9万t，大洋洲9.2万t，非洲29.1万t。2018年，中国海水鱼类养殖产量为149.51万t（《2019中国渔业统计年鉴》），占世界海水鱼类养殖总产量的20.4%。目前，全球海水鱼养殖种类达100多种，养殖规模较大的主要有大西洋鲑、海鲈、鰤、大黄鱼、鲆鲽类等。其中，单一种类产量最大的为大西洋鲑，2018年全球养殖产量243.59万t，主要生产国为挪威、智利、英国和加拿大等。

1.2　贸易情况

2020年，新冠疫情在全球持续蔓延，各国因防疫需求采取更加谨慎的贸易政策，全球海水鱼终端消费疲软，本体系跟踪的9种海水鱼全球贸易萎缩，贸易风险和不确定性增大。对鲆鲽类而言，进出口贸易双降，平均交易价格下跌。主要出口国丹麦、美国和冰岛等出口贸易额同比降幅约7%。主要进口国美国和日本进口额分别为1.63亿美元和132.04亿日元，同比分别下降11.4%和15.2%；韩国进口下降显著，同比下降27.3%。

美国是全球重要的石斑鱼、欧洲海鲈[①]和军曹鱼消费国，2020年度进口大幅度下滑。截至2020年8月，三者的进口额分别是2 600.3万美元、3 211.9万美元和55.8万美元，同比分别下降31.5%、13.6%和77.8%。韩国是黄鱼[②]的最大消费国，其进口额4 338万美元，同比下降28.9%。全球河鲀两大主要消费地韩国和日本，需求大幅下降，进口额同比

① 拉丁文为*Dicentrarchus labrax*，属于舌齿鲈属。

② 包括大黄鱼和小黄鱼。

分别下降19.3%和44.1%。

2 国内海水鱼生产与贸易概况

2.1 生产情况

2020年，我国海水鱼养殖仍以网箱、池塘和工厂化三大模式为主。体系跟踪区域各养殖模式的规模及变化情况分别为：工厂化养殖734.9万m^3，比2019年下降7.2%，其中循环水占比下降0.7%；池塘养殖1.3万hm^2，同比下降16.6%，其中工程化池塘占比下降0.4%；网箱养殖面积同比均有增加，普通网箱养殖2 726.6万m^2，深水网箱养殖872.2万m^3，围栏（网）养殖114.2万m^2，同比分别增加7.2%、66%和4.4%。

2020年体系跟踪区域主要海水鱼养殖品种总产量为103.55万t，各品种产量见表1。

表1 2020年体系跟踪区域海水鱼产量统计表

单位：万t

鱼类品种	示范县产量	非示范县产量	合计
大菱鲆	4.76	0.02	4.78
牙鲆	0.37		0.37
半滑舌鳎	0.84		0.84
其他鲆鲽类	0.01		0.01
珍珠龙胆石斑鱼	2.97	4.56	7.53
其他石斑鱼	1.90	0.45	2.35
暗纹东方鲀	0.49	0.50	0.99
红鳍东方鲀	0.21		0.21
其他河鲀	0.32		0.32
大黄鱼	25.32	1.15	26.47
海鲈	15.85		15.85
军曹鱼	0.44	1.02	1.46
卵形鲳鲹	8.38	4.57	12.95
鲷	1.84	7.44	9.28
美国红鱼	1.15	3.06	4.21
鰤	0.10	1.52	1.62
许氏平鲉	0.01		0.01
其他海水鱼	0.73	13.59	14.32
汇总	65.69	37.87	103.55

2.2 贸易情况

受新冠疫情影响，全球消费市场低迷，我国9种海水鱼进出口贸易双降，2020年1—8月贸易总额缩小13.3%，贸易增长乏力，部分品种自5月起进出口贸易开始恢复增长。截至8月，我国鲆鲽类、黄鱼、鲳、尖吻鲈[①]、河鲀和军曹鱼的进出口贸易额分别为6.45亿美元、1.5亿美元、5 097.9万美元、334.16万美元、245.3万美元和236万美元，贸易总额为8.53亿美元，同比下降13.3%。除军曹鱼外，监测的其他海水鱼贸易顺差和逆差较2019年同期均收窄。截至8月，鲆鲽类贸易逆差1.16亿美元，收窄434万美元；黄鱼贸易顺差1.42亿美元，收窄1 043万美元；鲳贸易顺差2 472.3万美元，收窄962.5万美元；尖吻鲈和河鲀贸易顺差分别为256.4万美元和245.3万美元，收窄117.6万美元和28.8万美元；军曹鱼贸易顺差235.8万美元，顺差扩大138.5万美元。

3 国际海水鱼产业技术研发进展

3.1 海水鱼遗传改良技术

国际上，海水鱼遗传育种主要是采用规模化家系选育和分子标记辅助育种技术，全基因组选择技术尚未取得明显的育种成效。土耳其学者采用分子生物学技术开展了黑海大菱鲆种群遗传结构研究；英国、爱尔兰联合开展了基因组选择技术在罗非鱼中的应用研究；韩国科学家利用三代测序技术和基于Hi-C数据分析对暗纹东方鲀的广盐性进行研究，构建了高质量的暗纹东方鲀参考基因组。

3.2 海水鱼养殖与环境控制技术

3.2.1 工厂化养殖

发达国家的工厂化养殖主要聚焦于养殖对象的行为生理响应特征、精准投喂技术、生长与品质控制等高效养殖关键技术研究。

3.2.2 网箱养殖

由挪威设计、中国中集来福士海洋工程有限公司建造的Havfarm 1智能养殖工船，养殖水体达40万m^3，总造价约10亿挪威克朗，2020年7月运抵挪威哈德瑟尔区域，进行深海三文鱼养殖作业；深海渔场Ocean Farm 1通过挪威渔业局验收，养殖项目进入第二生产周期。此外，澳大利亚组织研讨了渔业“深远海”定义、养殖网箱设计和锚泊系统等内容。

3.2.3 池塘养殖

研究主要集中在池塘单品种精养、池塘生境要素综合利用、养殖投入品与生物及环境

① 拉丁文为*Dicentrarchus labrax*，即欧洲海鲈。

互作、水质调控等方面，以揭示池塘养殖生境中物质循环利用过程，提高养殖生物的生长与产出效率。

3.2.4 养殖设施与装备

丹麦提出了新的陆基工厂化养殖概念模型RAS2020，创新采用多圈环道养殖池用于分级饲养，具备灵活便捷的自动赶鱼、起捕设施；日本利用人工智能和物联网技术开发了一套蓝鳍金枪鱼幼鱼体长自动测量系统；美国提出了一种基于声学反馈的自动投喂系统。

3.2.5 养殖水环境控制

聚焦养殖关键水质指标，研发了超滤或微滤膜、磁性活性炭、微藻生物膜光反应器等装备，利用养殖尾水养殖卤虫、微藻等实现高效的养殖尾水再利用的技术。

3.3 海水鱼疾病防控技术

3.3.1 流行病原

研究主要聚焦于气单胞菌（*Aeromonas*）、弧菌（*Vibrio*）、黄杆菌（*Tenacibaculum*）、发光杆菌（*Photobacterium*）等细菌病原，传染性鲑贫血症病毒（infectious salmon anaemia virus，SAV）、病毒性出血性败血症病毒（viral haemorrhagic septicaemia virus，VHSV）、传染性造血坏死病毒（infectious haematopoietic necrosis，IHNV）等病毒性病原以及鲑鱼海虱等寄生虫病原。

3.3.2 致病机制

运用新一代基因组测序、蛋白组学、转录组学和海洋生物物理模型等技术手段，从病原-宿主互作层面研究宿主趋化因子活性调节、营养代谢免疫、病原载量动态变化、气候变化、病毒复制周期、病原局部进化、流行病学调查等方面阐释病原的致病机制和宿主免疫防御功能，为研究开发水产养殖病害监测、预防和控制技术提供参考依据。

3.3.3 疾病防控

病害控制手段呈现多元化，疫苗接种依然是最受关注的防控策略。此外，益生菌、免疫增强与调节剂、养殖系统消毒措施等成为重要补充手段。药物防控的耐药性问题获得普遍关注，基于鱼类免疫系统的替代抗生素的绿色健康病防技术是国际前沿领域的普遍共识。

3.4 海水鱼营养与饲料技术

3.4.1 营养需求研究

鱼类营养需求相关研究仍占较大比例。与之前相比，目前海水鱼营养需求更加关注特定养殖阶段、养殖环境以及营养素相互之间的影响。同时，围绕营养素特定功能开展鱼体营养代谢研究，对于营养素缺乏、适量、过量情况下代谢稳态研究更为深入。

3.4.2　蛋白源、脂肪源开发

围绕水产饲料中鱼粉、鱼油替代以及过高比例替代后引起鱼体健康及生长降低的机制研究越来越多，相关研究综合考虑鱼体生长、健康、肠道菌群结构等，同时部分原料加工技术，如外源酶添加、微生物发酵等研究逐渐增多。

3.4.3　功能性添加剂

海水鱼饲料中生物活性物质筛选及评估成为当前研究的热点之一，围绕系列物质对鱼体代谢的调控、适宜用量等研究正在开展。

3.5　海水鱼产品质量安全控制与加工技术

国际上主要加工鱼种有金枪鱼、三文鱼、鳕、海鲈、大黄鱼等。加工技术包括品质变化及其调控机制、功效成分发掘与功能评价、风味形成机制与调控技术、海水鱼品质智能评价四个方面。其他前沿技术还包括具有指示新鲜度的智能包装技术，对鱼肉肌原纤维保水性和凝胶性、脂质氧化及其防腐影响的探究，河豚毒素形成机制与预警技术，养殖海水鱼用药迁徙规律与防控、定向识别和快检以及危害物的消减控制技术，微塑料等环境污染物危害因子形成的变化规律、危害因子的复合风险评估和风险程度的研究，智能化无缝化的全产业链质量安全控制新模式的构建，等等。

4　国内海水鱼产业技术研发进展

4.1　海水鱼遗传改良技术

国内建立起了大菱鲆抗逆/抗病等阈性状规模化家系选育–分子标记辅助育种技术路线、半滑舌鳎抗病育种基因芯片及其应用方法；开发出大黄鱼低密度测序获得高密度SNP的分型技术、基于AI的基因组育种值预测的集成算法和基于卷积神经网络的鱼脸识别技术，建立了高品质大黄鱼育种技术和耐粗饲选育技术；研发出虎龙杂交斑父母本棕点石斑鱼和鞍带石斑鱼的分子筛选技术，为确保虎龙杂交斑优势性状的稳定和提升奠定了坚实的基础；获得了红鳍东方鲀生长性状相关连锁的SNP位点并进行应用；开展了全国范围海鲈种质资源调查和种质资源库建设工作，鉴定了群体遗传结构，并针对海鲈的耐盐碱、快速生长等选育性状，开展全基因组选择育种工作。

4.2　海水鱼养殖与环境控制技术

4.2.1　工厂化养殖

国内的工厂化养殖主要围绕健康养殖、水环境控制、新型RAS系统等方面开展研究。构建了海水鱼工厂化循环水平面和立体养殖系统，示范应用LED新型光源、工业余热循环

利用等新技术，显著降低了养殖能耗，提高了生产效率；采用电氧化生物滤器耦合技术构建双室电化学养殖海水处理系统，氨氮去除率达到88.8%，形成了铁-碳人工湿地、贝藻混养处理、生物滤器和藻类反应器联用等工厂化养殖尾水处理工艺。

4.2.2 网箱、围栏养殖

PET新型网衣材在钢制平台网箱及大型围栏中试用取得良好效果；优化了HDPE浮台式、钢制平台式、板式塑胶渔排等网箱的结构、制作工艺及布放方式，研发了大型围栏养殖鱼苗转运投放、饲料投喂、成鱼收获、物联网监控等配套装备，基本实现了大型围栏养殖的机械化与智能化操控管理。

4.2.3 池塘养殖

研发了池塘养殖生境物质能量利用与尾水生态排放、生物与微生态调控等技术；研制了池塘专用的水质在线检测与饵料自动投喂设备，工程化池塘精养模式应用于尖吻鲈养殖效果良好，工程化池塘生态养殖面积与效益稳步提升。

4.2.4 深远海养殖

大型坐底式网箱“耕海 1 号”投入运营，总养殖水体 30 000 m^3；单柱式半潜深海渔场“海峡 1 号”建设完成并在宁德海域进行安装；大型养殖工船中试船“国信 101”号试养大黄鱼获得初步成功；全球首艘 10 万吨级智慧渔业大型养殖工船“国信 1 号”启动建造。

4.2.5 养殖装备与智能化

研制了基于神经网络PID的pH自适应调控装置，精准控制养殖环境pH；研究了基于深度学习和自适应模糊神经网络的鱼类密度估计和投喂量预测方法，应用工厂化循环水养殖物联网智能管控系统，节约劳动力成本 50%，生产效率提高 30%以上，提升了工厂化养殖智能水平。

4.3 海水鱼疾病防控技术

4.3.1 流行病学

我国海水鱼病害的主要细菌病病原为弧菌、爱德华氏菌、杀鲑气单胞菌、假单胞菌、链球菌和发光杆菌，病毒病病原主要为石斑鱼虹彩病毒和神经坏死病毒，寄生虫病病原则为刺激隐核虫。

4.3.2 疾病防控

完成了大菱鲆疫苗联合接种生产示范，实现全程“无抗”养殖，兽药减量 70% ~ 80%，“大菱鲆疫苗联合接种生产操作规程”等 3 项标准制定完成，“大菱鲆鳗弧菌灭活疫苗（VAM003 株）”获批农业农村部临床试验批件；建立了石斑鱼虹彩病毒病发生的风险评估模型及安全防控技术，完成了石斑鱼蛙虹彩病毒病灭活疫苗临床批件的申报，研发了防治刺激隐核虫病的纳米杀虫涂料和镀锌材料；摸清了主养区大黄鱼内脏白点病、体表白点病以及白鳃病的发病情况，建立了大黄鱼病害监测、预警及苗种检疫体系。

4.4　海水鱼营养与饲料技术

国内海水鱼营养学研究与国外研究趋势相似，在海水鱼蛋白质代谢等部分研究领域处于世界领先水平，总体研究内容与范围更广。目前已构建了 9 种我国主养海水鱼基础营养需求数据库和针对主要蛋白源的营养利用数据库，系列成果为海水鱼精准饲料配制奠定了基础；开发了大批非粮饲料蛋白源，特别是评估了棉粕、黄粉虫、黑水虻等新型蛋白源在海水鱼饲料中的应用效果，拓宽了我国水产饲料蛋白资源来源；开展了中草药等我国传统医药资源在水产饲料中的应用研究，部分成果已在相关企业中示范、生产、推广，提升了我国海水鱼饲料普及率，助力产业转型升级与提质增效。

4.5　海水鱼产品质量安全控制与加工技术

4.5.1　鱼品加工

海水鱼加工主要集中在海鲈、大黄鱼、金枪鱼、卵形鲳鲹等，加工技术研究主要包括采用超高压、新型生物抑菌剂、流化冰等来延长鱼片的货架期，利用副产物生产鱼鳞胨、ACE抑制肽，热处理结合酶解与连续美拉德反应增香生产调味料。

4.5.2　保鲜贮运

研发了适合于电商和超市的暗纹东方鲀贮运保鲜产品，建立了运输过程中海水鱼品质变化动态监控技术，研制出海水鱼电子式货架期指示设备。

4.5.3　质量安全控制

利用近红外等技术实现鱼类新鲜度测定，研究了基于组学技术的危害因子形成规律及调控机制，探明了海水鱼加工过程中风险因子的变化规律，建立了过敏原检测技术和活性评价方法，开发了硝基化合物检测和渔药残留现场无损快速检测等技术，质量因子的检测技术及其标准不断得到完善。

2020 年度海水鱼类养殖产业运行分析报告

产业经济岗位

本研究以海水鱼产业技术体系各综合实验站调查数据为基础，以产业经济岗位团队的调研数据为补充，对 2020 年度海水鱼产业经济运行情况进行了分析，旨在为生产者、管理部门、产业技术体系及其他利益相关者提供参考。

主要研究结论：

（1）养殖面积变动情况。

对于不同养殖模式而言，2019 年第 4 季度至 2020 年第 4 季度的养殖面积变化情况不尽相同。2020 年第 4 季度的养殖面积情况：① 工厂化养殖面积为 739.12 万m^3，同比和环比[①]分别下降 2.17%和 0.19%。工厂化流水养殖面积为 710.14 万m^3，同比和环比分别下降 2.55%和 0.67%；工厂化循环水养殖面积为 28.98 万m^3，同比和环比分别增加 8.17%和 13.29%。② 网箱养殖面积为 4 543.56 万m^2，同比增加 9.63%，环比增加 29.87%。普通网箱养殖面积为 3 486.05 万m^2，同比和环比分别增加 6.07%和 45.30%；深水网箱养殖面积为 943.27 万m^2，同比增加 57.75%，环比下降 4.25%；围网养殖面积为 114.23 万m^2，同比减少 56.02%，环比维持不变。③ 池塘养殖面积为 1.26 万hm^2，同比下降 13.01%，环比下降 7.81%。普通池塘养殖面积为 1.25 万hm^2，同比下降 13.01%，环比下降 8.25%；工程化池塘养殖面积为 104 万hm^2，同比下降 13.33%，环比增加 116.67%。

对于不同品种海水鱼而言，主要的养殖模式不同，养殖面积也呈现不同的变化趋势。2020 年第 4 季度的养殖面积变动情况：大菱鲆和半滑舌鳎以工厂化养殖为主，养殖面积分别为 585.59 万m^3 和 79.81 万m^3，前者同比和环比分别下降 1.86%和 0.89%，后者同比下降 4.99%，环比下降 0.58%。牙鲆的养殖模式多样：工厂化养殖面积为 34.75 万m^3，同比增加 0.58%，环比增加 0.87%；网箱养殖面积为 5 万m^2，同比和环比分别增加 66.67%和 25.00%；池塘养殖面积为 13.33 hm^2，同比下降 99.08%，环比下降 98.36%。河鲀养殖模式多样：工厂化养殖面积为 5.08 万m^3，同比和环比分别增加 10.92%和 96.90%；网箱养殖面积为 24.30 万m^2，同比保持不变，环比下降 0.61%；池塘养殖面积为 4 565.73 hm^2，同比下降 6.87%，环比下降 5.52%。石斑鱼养殖模式多样：工厂化养殖面积为 28.84 万m^3，

① 本报告中所提同比均为 2020 年第 4 季度与 2019 年第 4 季度相比；环比均为 2020 年第 4 季度与 2020 年第 3 季度相比。

同比下降 3.96%，环比下降 0.10%；网箱养殖面积为 236.02 万m^2，同比和环比分别下降 11.92%和 1.92%；池塘养殖面积为 2 615.64 hm^2，同比和环比分别下降 6.87%和 0.69%。海鲈以网箱养殖和池塘养殖为主。前者养殖面积为 176.77 万m^2，同比下降 1.08%，环比下降 2.19%；后者养殖面积为 4 001.33 hm^2，同比下降 1.38%，环比下降 0.83%。大黄鱼、卵形鲳鲹和军曹鱼均以网箱养殖为主，三者的养殖面积分别为 2 841.57 万m^2、777.43 万m^2 和 6.31 万m^2。大黄鱼同比和环比分别增加 4.73%和 62.05%；卵形鲳鲹同比增加 75.58%，环比下降 4.11%；军曹鱼同比和环比分别下降 49.34%和 37.59%。

（2）季末存量变动情况。

对于不同养殖模式而言，尽管同往年一致，网箱养殖的季末存量最高，池塘养殖次之，工厂化养殖季末存量相对较小，但是其季末存量变动也呈现不同的趋势。2020 年第 4 季度末，网箱养殖的季末存量为 22.75 万t，同比增加 33.65%，环比下降 18.15%；池塘养殖 2020 年第 4 季度末存量为 6.82 万t，同比和环比分别减少 18.53%和 19.77%；工厂化养殖 2020 年第 4 季度末存量为 4.32 万t，同比和环比分别减少 4.99%和 5.99%。

就不同养殖品种海水鱼而言，季末存量变动呈现出更为明显的差异。其中存量在 10 万t以上的有大黄鱼 13.62 万t，占总存量的 40.20%，与 2019 年第 4 季度相比增加 43.28%，同 2020 年第 3 季度相比增加 4.86%；存量低于 10 万t但高于 1 万t的有海鲈 8.41 万t、大菱鲆 3.55 万t、珍珠龙胆石斑鱼 1.83 万t和卵形鲳鲹 1.01 万t，海鲈同比下降 8.44%，卵形鲳鲹同比增加 89.07%，大菱鲆同比下降 0.96%，珍珠龙胆石斑鱼同比下降 21.13%；海鲈季末存量环比减少 20.70%，而卵形鲳鲹的季末存量环比减少 81.88%，珍珠龙胆石斑鱼减少 12.67%，而大菱鲆则减少 2.24%；季末存量低于 1 万t的有半滑舌鳎 0.34 万t、暗纹东方鲀 0.19 万t、牙鲆 0.10 万t、红鳍东方鲀 0.09 万t和军曹鱼 0.05 万t，与 2019 年同期相比变动的百分比分别为−12.96%、241.27%、−22.62%、288.28%和−48.35%，与 2020 年第 3 季度相比变动的百分比分别为−28.26%、−16.27%、−41.12%、−23.95%和−32.87%。

（3）销量变动情况。

体系示范区县海水鱼养殖销量总体变动呈现先降再升的趋势。海水鱼销量的分布同存量变动情况一致，主要受到网箱养殖模式销量的影响。2020 年第 4 季度网箱养殖销量为 14.26 万t，同比增加 47.39%，环比增加 53.30%。2020 年第 4 季度工厂化养殖模式的总销量为 2.14 万t，同比增加 3.67%，环比下降 4.55%；池塘养殖模式的总销量为 5.25 万t，同比下降 26.61%，环比增加 40.80%。

就各海水鱼养殖品种而言，2020 年第 4 季度海水鱼养殖总销量为 21.65 万t，同比增加 14.60%，环比上升 41.75%。其中销量占比超过 10%的有大黄鱼 6.99 万t（占比 32.28%）、海鲈 6.64 万t（占比 30.65%）、卵形鲳鲹 2.88 万t（占比 13.29%）。其他调查的海水鱼养殖销量分别是石斑鱼 1.60 万t、大菱鲆 1.40 万t、半滑舌鳎 0.34 万t、暗纹东方鲀 0.11 万t、牙鲆 908.53 t、军曹鱼 750 t和红鳍东方鲀 739.44 t。

就销量变动来看，随着新冠肺炎疫情逐步得到控制，2020 年第 4 季度部分海水鱼养殖品种销量呈现较大程度的增加。与2019年同期相比，2020年第4季度销量增加幅度最大的是大黄鱼增加1.60倍，半滑舌鳎增加1.59倍，此外还有暗纹东方鲀增加80.28%。与2020年第3季度相比，2020年第4季度销量增加幅度最大的是鰤增加1.06倍，海鲈环比增加73.79%，美国红鱼增加54.51%，红鳍东方鲀增加46.69%。

（4）价格变动情况。

“十三五”以来，参与统计的9种海水鱼价格（塘边价格）呈现不同的变化趋势，但多品种价格呈现下降趋势。大菱鲆、牙鲆和半滑舌鳎的价格变动呈现明显不同的趋势。大菱鲆和牙鲆近5年来价格在震荡波动中有一定程度的上涨：2020年12月大菱鲆价格是46元/千克，牙鲆价格是36元/千克，相对2016年1月的价格，月均增长速度分别为1.11%和0.10%。半滑舌鳎价格则呈现在波动中下降的趋势：2020年12月价格为99元/千克，该价格相对2016年1月的价格，月均下降速度为0.64%。河鲀价格总体相对稳定，但2020年河鲀的销售同样受到新冠肺炎疫情的影响。红鳍东方鲀的价格于2020年1月达到统计以来的最高值120元/千克，随后由于其主要供出口，受到国际市场影响，2020年销量大幅降低，多以加工方式贮存。暗纹东方鲀上半年受养殖季节性及新冠肺炎疫情等因素影响，销量较低，下半年随着疫情缓和，存量降低，销量有所提升，但价格相对以往较低，在44 ~ 54元/千克波动。

“十三五”以来，珍珠龙胆石斑鱼价格在波动中略有下降：2020年12月的价格为50.50元/千克，相对于2016年1月的价格，月均下降速度为0.06%。海鲈的价格在波动中保持稳定，呈现明显的季节性变化：以每年的第2、3季度达到价格较高，而第1、4季度的价格略低；2020年12月的价格为16.17元/千克，与2019年同期相比下降31.04%，与2016年1月相比基本保持不变。大黄鱼的价格整体呈现先增再降、在波动中下降的趋势，每年第3季度的价格略高：2020年1月为上半年最低价格25.58元/千克，2020年第3季度大黄鱼价格开始回升，于9月价格回升至2019年1月以来的最高值34.27元/千克，随后第4季度价格出现下跌；2020年12月大黄鱼月均价格为24.53元/千克，与2016年1月价格相比，月均下降速度为1.13%，比2019年同期下降7.37%。卵形鲳鲹的收购价格总体来看呈现震荡下跌趋势，周期性较为明显，每年第1、2季度价格偏高，第3、4季度价格偏低，最高价格达到38.98元/千克，最低价格为2017年11月的18.54元/千克。与其他统计的海水鱼类受到新冠肺炎疫情的影响不同，卵形鲳鲹的价格受到的影响相对较小，且2020年4月的价格达到了5年来的最高值，为38.98元/千克，比2016年3月的价格增长了16%，比2019年同期增长11.36%，2020年12月的价格下降至20.20元/千克，与2016年3月的价格相比，月均下降速度为0.89%，比2019年同期下降24.63%。军曹鱼价格在波动中略有上涨：2020年受到新冠肺炎疫情的影响，其价格相对前几年出现了较大的波动，于2020年3月跌至4年来的最低价格38.5元/千克，后期随着疫情的缓和，价格逐渐回升到12月的53元/千克，与2017年1月相比，月均增长速度为0.47%，比2019年同期增长15.22%。

就所养殖的海水鱼价格指数而言，2018 年第 4 季度至 2020 年第 4 季度的综合价格指数呈现在波动中下降的态势，最小值为 84.23，平均值为 94.80，最大值为 105.22，2020 年第 4 季度的价格指数为 88.43。

（5）海水鱼养殖成本收益情况。

不同海水鱼养殖呈现不同的成本收益情况。大菱鲆养殖成本为 44.08 元/千克，可变成本为 32.34 元/千克，固定成本为 11.74 元/千克；净利润为−8.25 元/千克，成本利润率和销售利润率也为负值，边际贡献率为 9.73%；净利润对销售价格的敏感度最大，为 4.34；饲料支出的敏感系数为−2.25。牙鲆养殖单位总成本为 31.55 元/千克；净利润为 4.39 元/千克，成本利润率为 13.91%，边际贡献率为 41.05%；安全边际率为 29.69%，养殖生产者的净利润对销售单价、单位变动成本和固定成本总额的敏感系数分别为 8.19、−4.84 和−2.38。半滑舌鳎在工厂化循环水养殖方式下的单位总成本为 87.95 元/千克；净利润为 28.29 元/千克；养殖的边际贡献率为 51.57%，养殖安全边际率为 96.66%，盈亏平衡作业率为 52.79%；销售单价敏感系数是最高的，为 4.10，其次是单位总成本敏感系数，为−3.11。

暗纹东方鲀养殖成本为 34.95 元/千克，红鳍东方鲀养殖成本为 50.68 元/千克；暗纹东方鲀和红鳍东方鲀的市场销售价格比盈亏平衡价格分别高出 22.55 元/千克和 15.32 元/千克。红鳍东方鲀在深水网箱养殖模式和工厂化循环水+普通网箱养殖模式下的成本利润率分别为 85.72%和 80.96%；暗纹东方鲀在普通池塘和工程化养殖模式的成本利润率分别为 66.89%和 50.30%。

珍珠龙胆石斑鱼养殖成本为 34.53 元/千克，网箱养殖和池塘养殖的成本分别为 33.84 元/千克和 34.76 元/千克；珍珠龙胆养殖的净利润为−0.28 元/千克，其中池塘养殖和普通网箱净利润分别为−0.51 元/千克和 0.16 元/千克；池塘养殖和普通网箱安全边际率分别为 39.68%和 51.69%；净利润对销售价格的影响正向最大。

海鲈池塘养殖、深水网箱和普通网箱 3 种不同养殖的养殖成本分别为 16.87 元/千克、32.08 元/千克和 35.25 元/千克，池塘养殖成本最低；3 种养殖模式下净利润分别为 1.35 元/千克、3.13 元/千克和 1.54 元/千克，成本利润率分别为 8.02%、9.74%和 4.38%，池塘养殖边际贡献率远低于网箱养殖。3 种模式下，饲料支出的敏感性系数均负向最高。大黄鱼普通网箱和深水网箱的养殖成本分别为 23.52 元/千克和 26.52 元/千克；普通网箱和深水网箱净利润分别为 11.48 元/千克和 10.69 元/千克，成本利润率分别为 48.81%和 40.31%，边际贡献率分别为 43.66%和 47.73%；饲料支出的变动引起净利润的变动程度是负向最大，其次是苗种支出。卵形鲳鲹养殖的总成本为 20.43 元/千克；普通网箱养殖的净利润为 4.49 元/千克，深水网箱养殖的净利润为 2.84 元/千克；养殖安全边际率为 49.22%，盈亏平衡作业率为 50.78%；饲料支出敏感系数负向最高，为−3.64。军曹鱼在普通网箱和深水网箱养殖方式下的成本分别为 31.99 元/千克和 32.37 元/千克；养殖净利润分别为 12.01 元/千克和 7.63 元/千克；军曹鱼养殖的安全边际率为 71.91%；军曹鱼养殖饲料支出的敏感系数为-2.63。

（6）海水鱼类产品国际贸易情况。

全球海水鱼终端消费疲软。欧洲上半年餐厅消费下降了52.3%，各主要市场供应波动大且普遍下降，第2季度交易量达历史低点。2020年前三季度，韩国鹭梁津市场大黄鱼交易量217.2吨，同比下降5.4%；花鲈交易量323.8吨，同比下降27.9%；银鲳交易量123.4吨，同比下降71%；鲆鲽类交易量1 131.2吨，同比下降17.8%。西班牙莫卡巴那市场石斑鱼交易量74.8吨，同比下降19.4%；鲆鲽类交易量1 780.6吨，同比下降7.5%。日本札幌市场花鲈交易量5.07吨，同比下降37.5%；河鲀交易量30.1吨，同比下降10.5%；鲆鲽类交易量341.58吨，同比下降41.1%。美国波特兰鱼市场鲆鲽类交易量489.1吨，同比下降76.1%。

新冠疫情使中国9种海水鱼进出口贸易双降，贸易总额缩小13.3%，贸易增长乏力，部分品种自5月起进出口贸易开始恢复增长。当前逆全球化风潮愈演愈烈，各种形式的贸易保护主义不断升级，加之新冠疫情在全球持续蔓延，各国因防疫需求采取更加谨慎的贸易政策。在此大环境下，海水鱼的重要消费地欧美市场需求低迷，其国际循环动能被削弱，中国海水鱼进口出口均遇阻。2020年1—8月，中国鲆鲽类、黄鱼、鲳、尖吻鲈（舌齿鲈属）、河鲀和军曹鱼的进出口贸易额分别是6.45亿美元、1.5亿美元、5 097.9万美元、334.16万美元、245.3万美元和236万美元，贸易总额为8.53亿美元，同比下降13.3%。

基于运行分析，提出以下建议：以提升人民福祉为核心，增加准公共产品供给；加强产业标准化，从制度设计层面规范生产经营秩序；加大产品加工化，延伸海水鱼养殖产业链；提高品质，差异开发，强化双循环格局；充分挖掘知识资本的作用，革新海水养殖发展理念；探索新的水产品交易方式，拓宽流通渠道；推进海水鱼养殖产业技术研发。

关键词：海水鱼养殖业；产业运行分析；新冠肺炎疫情；国内国际双循环

1 引言

为了便于业界、管理部门、科研单位等有关部门及相关人员掌握2020年海水鱼产业经济运行情况，本报告以国家海水鱼产业技术体系各综合试验站跟踪调查区域调查数据为基础，辅以农业农村部渔业渔政管理局养殖渔情监测系统调研数据，结合产业经济岗位团队的调研数据，对2020年我国跟踪调查区域海水鱼养殖面积变动、存量变动、销量变动、生产要素及海水鱼价格变动、成本收益以及我国海水鱼国际贸易等产业运行情况进行分析。

报告中所指的跟踪调查区域包括芝罘区、福山区、蓬莱市①、长岛县②、海阳市、日照经济技术开发区、崂山区、即墨区、利津县、潍坊滨海经济技术开发区、龙口市、昌邑市、

①② 2020年6月，蓬莱市、长岛县被撤销，设立烟台市蓬莱区，以原蓬莱市、长岛县的行政区域为蓬莱区的行政区域。后同。

招远市、莱州市、乳山市、钦南区、港口区、防城区、铁山港、曹妃甸区、老边区、盘山县、盖州市、山海关区、乐东黎族自治县、三亚市、儋州市、文昌市、象山县、椒江区、洞头区、普陀区、平阳县、东方市、琼海市、万宁市、临高县、澄迈县、陵水黎族自治县、昌江黎族自治县、海口市、牟平区、文登区、东港区、荣成市、无棣县、天津市滨海新区、龙港区、绥中县、兴城市、环翠区、莱阳市、赣榆区、岚山区、黄骅市、乐亭县、昌黎县、滦南县、丰南区、霞浦县、蕉城区、湛江经济技术开发区、阳西县、惠东县、珠海斗门区、珠海万山区、云霄县、饶平县、罗源县、福鼎市、连江县、新会区、海安县、漳浦县、大洼区、长海县、甘井子区、金普新区、鲅鱼圈区、东港市、旅顺口区、瓦房店市、庄河市等 85 个示范区县和山东的部分其他沿海区县。

除特别说明外，报告中所用的数据以海水鱼渔情信息采集平台统计为主。在数据采集过程中，得到了各综合试验站、相关岗位科学家的帮助与支持，在此一并表示感谢！

2　2020 年跟踪调查区域海水鱼养殖面积分布情况

2.1　不同养殖模式养殖面积分布情况

根据跟踪调查数据，分析得出 2020 年跟踪调查区域不同养殖模式面积的变动情况，如表 1 所示。

表 1　体系跟踪调查区域各养殖模式养殖面积变动①

时间	工厂化养殖面积/万 m^3			网箱养殖面积/万 m^2				池塘养殖面积/hm^2		
	工厂化流水养殖	工厂化循环水养殖	工厂化养殖面积合计	普通网箱养殖	深水网箱养殖	围网养殖	网箱养殖面积合计	普通池塘养殖	工程化池塘养殖	池塘养殖面积合计
2019 年第 4 季度	728.69	26.79	755.48	3 286.58	597.96	259.73	4 144.28	14 365.08	120.00	14 485.08
2020 年第 1 季度	722.67	29.05	751.72	2 619.56	586.66	114.23	3 320.45	11 601.89	80.00	11 681.89
2020 年第 2 季度	707.68	31.28	738.96	2 401.78	973.75	114.23	3 489.76	13 334.51	53.33	13 387.84
2020 年第 3 季度	714.93	25.58	740.51	2 399.20	985.13	114.23	3 498.56	13 619.99	48.00	13 667.99
2020 年第 4 季度	710.14	28.98	739.12	3 486.05	943.27	114.23	4 543.56	12 496.04	104.00	12 600.04

由表 1 可以明显看出，2019 年第 4 季度至 2020 年第 4 季度，工厂化养殖和池塘养殖两种模式的养殖面积均呈现出整体下降的趋势。其中，工厂化养殖面积为 739.12 万 m^3，同比和环比分别下降 2.17%和 0.19%。工厂化养殖模式主要以工厂化流水养殖为主，2020

① 为了便于比较，深水网箱养殖面积以 1 ： 1 比例由立方米转化为平方米，下同。

年第 4 季度的养殖面积为 710.14 万m^3，占总工厂化养殖面积的 96.08%，该占比与 2019 年同期相比减少 0.39%，比上季度减少 0.48%。工厂化循环水养殖模式作为国家鼓励的绿色养殖模式之一，2020 年第 2 季度及以前每季度的养殖面积均有一定程度增加，但牙鲆和石斑鱼工厂化循环水养殖面积于 2020 年第 3 季度突然大幅度下降，导致其养殖总面积下降（详见 2.2.1），2020 年第 4 季度稍有回升，为 28.98 万m^3，占总工厂化养殖面积的 0.83%，该比例比 2019 年同期增加 1.98%，但是比上季度减少了 22.03%。

网箱养殖面积为 4 543.56 万m^2，同比增加 9.63%，环比增加 29.87%。以普通网箱养殖为主，2020 年第 4 季度面积为 3 486.05 万m^2，占总网箱养殖面积的 76.73%；其次是深水网箱养殖，2020 年第 4 季度面积占总网箱养殖面积的 20.76%，为 943.27 万m^2。两种养殖模式的占比与 2019 年同期及 2020 年第 3 季度相比，前者同比下降 3.25%，环比增加 11.88%，后者同比增加 43.89%，环比下降 26.27%（详见 2.2.2）。

池塘养殖模式下，2020 年第 4 季度养殖面积为 1.26 万hm^2，同比下降 13.01%，环比下降 7.81%。其中，普通池塘养殖面积先减后增又减，2020 年第 4 季度的养殖面积为 1.25 万hm^2，占总池塘养殖面积的 99.17%。工程化池塘养殖面积在 2020 年第 4 季度显著增加，养殖面积为 104 hm^2，占总池塘养殖面积的比例（0.83%）比 2019 年第 4 季度下降 0.37%，比上一季度增加 135.03%（详见 2.2.3）。

2.2 不同养殖品种各模式养殖面积变动

2.2.1 工厂化养殖面积变动

2020 年第 4 季度跟踪调查区域不同养殖品种在工厂化养殖模式下养殖面积的变动情况如表 2 所示。

表 2 体系跟踪调查区域各品种海水鱼工厂化养殖面积变动

品种	工厂化流水养殖			工厂化循环水养殖			工厂化养殖面积合计		
	2020 年第 4 季度面积 /万m^3	与 2019 年同比增幅/%	与上季度环比增幅 /%	2020 年第 4 季度面积 /万m^3	与 2019 年同比增幅/%	与上季度环比增幅 /%	2020 年第 4 季度面积 /万m^3	与 2019 年同比增幅/%	与上季度环比增幅 /%
大菱鲆	578.59	−2.31	−0.90	7.00	58.37	0.00	585.59	−1.86	−0.89
牙鲆	34.15	1.79	−0.58	0.60	−40.00	500.00	34.75	0.58	0.87
半滑舌鳎	67.96	−10.13	−0.53	11.85	41.41	−0.84	79.81	−4.99	−0.58
河鲀	1.00	0.00	0.00	4.08	13.97	158.23	5.08	10.92	96.90
石斑鱼	27.39	4.47	−0.10	1.45	−61.94	0.00	28.84	−3.96	−0.10
海鲈	0.05	/	/	0.00	/	/	0.00	/	/
其他	1.00	/	/	4.00	−28.32	14.29	5.00	−10.39	42.86
合计	710.14	−2.55	−0.67	28.98	8.17	13.29	739.12	−2.17	−0.19

由表 2 可以看出，工厂化养殖的海水鱼仍以鲆鲽类①为主。2020 年第 4 季度鲆鲽类养殖面积占总工厂化养殖面积的 94.73%，其中大菱鲆、半滑舌鳎和牙鲆的养殖面积依次为 585.59 万m^3、79.81 万m^3 和 34.75 万m^3。其次是石斑鱼，养殖面积为 28.84 万m^3。

就工厂化流水养殖而言，2020 年第 4 季度养殖面积为 710.14 万m^3，同比和环比分别下降 2.55%和 0.67%。2020 年第 4 季度大菱鲆养殖面积为 578.59 万m^3，同比和环比分别减少 2.31%和 0.90%；牙鲆养殖面积为 34.15 万m^3，同比增加 1.79%，环比下降 0.58%；半滑舌鳎养殖面积 67.96 万m^3，同比和环比分别减少 10.13%和 0.53%；石斑鱼养殖面积为 27.39 万m^3，同比增加 4.47%，环比下降 0.10%；河鲀工厂化流水养殖面积基本保持稳定。由于 2019 年海鲈市场行情差，加之 2020 年上半年新冠肺炎疫情等因素影响，海鲈养殖生产者大量退出该行业，从而引起其养殖面积的下降，特别是在跟踪调查区域内，2020 年第 3 季度已经没有工厂化流水模式养殖。第 4 季度随着疫情缓和，生产和销售有序恢复，海鲈工厂化流水养殖面积增加至 500 m^3。

就工厂化循环水养殖而言，2020 年第 4 季度养殖面积为 28.98 万m^3，同比增加 8.17%，环比增加 13.29%。其中半滑舌鳎是主要的养殖品种，2020 年第 4 季度的养殖面积为 11.85 万m^3，占总循环水养殖面积的 40.89%，同比增加 41.41%，环比减少 0.84%。其次是大菱鲆和河鲀，分别占循环水养殖总面积的 24.15%和 14.08%，前者同比增加 58.37%，后者同比增加 13.97%，前者环比维持不变，而后者则增加了 158.23%。大菱鲆循环水养殖面积同比增加主要是由于国家海水鱼产业技术体系在推广大菱鲆循环水养殖的试点工作，而环比面积维持不变，与下半年新冠肺炎疫情对生产和销售造成的影响逐渐减弱有关；而河鲀工厂化循环水养殖面积环比的大幅上升与其养殖周期、养殖模式变动和疫情防控取得明显成效等有着密切的关系。然而，2020 年第 4 季度工厂化循环水养殖面积同比下降最多的是牙鲆和石斑鱼，分别下降 40.00%和 61.94%。根据 8 月线上调研及试验站人员反馈，工厂化养殖面积变动的主要原因在于牙鲆和石斑鱼的养殖生产销售受到新冠肺炎疫情影响较为严重，养殖生产者多有亏损，而工厂化循环水养殖模式需要投入的成本相对较高，为降低亏损程度，部分养殖生产者退出工厂化循环水养殖模式。

2.2.2 网箱养殖面积变动

2020 年第 4 季度跟踪调查区域不同养殖品种在网箱养殖模式下养殖面积的变动情况如表 3 所示。

① 若无特殊说明，本报告中的鲆鲽类主要指大菱鲆、牙鲆和半滑舌鳎。

表 3　体系跟踪调查区域各品种海水鱼网箱养殖面积变动

品种	普通网箱养殖			深水网箱养殖			围网养殖			网箱养殖面积合计		
	2020 年第 4 季度面积 /万 m^2	与 2019 年同比增幅/%	与上季度环比增幅/%	2020 年第 4 季度面积 /万 m^2	与 2019 年同比增幅/%	与上季度环比增幅/%	2020 年第 4 季度面积 /万 m^2	与 2019 年同比增幅/%	与上季度环比增幅/%	2020 年第 4 季度面积 /万 m^2	与 2019 年同比增幅/%	与上季度环比增幅/%
牙鲆	2.00	/	100.00	3.00	0.00	0.00	0.00	/	/	5.00	66.67	25.00
河鲀	1.50	0.00	−9.09	22.80	0.00	0.00	0.00	/	/	24.30	0.00	−0.61
石斑鱼	233.89	−12.01	−1.94	2.13	0.00	0.00	0.00	/	/	236.02	−11.92	−1.92
军曹鱼	3.11	−68.43	−20.46	3.20	22.79	−48.39	0.00	/	/	6.31	−49.34	−37.59
海鲈	172.69	−1.05	0.01	4.07	−2.43	−49.37	0.00	/	/	176.77	−1.08	−2.19
大黄鱼	2 620.45	11.40	71.58	106.89	5.55	−4.67	114.23	−56.02	0.00	2 841.57	4.73	62.05
卵形鲳鲹	5.48	−16.97	−26.74	771.95	76.98	−3.90	0.00	/	/	777.43	75.58	−4.11
其他	446.92	−6.12	0.04	29.23	13.26	6.19	0.00	/	/	476.16	−5.12	0.40
合计	3 486.05	6.07	45.30	943.27	57.75	−4.25	114.23	−56.02	0.00	4 543.56	9.63	29.87

由表 3 可以看出，与 2019 年第 4 季度相比，2020 年第 4 季度的网箱养殖面积增加 9.63%，环比增加 29.87%。其中军曹鱼和石斑鱼的养殖面积同比下降幅度最大，分别为 49.34%和 11.92%，而卵形鲳鲹和牙鲆的养殖面积同比则分别增加 75.58%和 66.67%。

普通网箱养殖模式下，2020 年第 4 季度养殖面积为 3 486.05 万m^2，同比和环比分别增加 6.07%和 45.30%。其中，牙鲆养殖面积环比增加 1 倍，大黄鱼养殖面积同比和环比分别增加 11.40%和 71.58%，其他品种海水鱼的养殖面积均有不同程度的下降，卵形鲳鲹、军曹鱼和石斑鱼的同比下降幅度最为明显，分别下降 16.97%、68.43%和 12.01%，环比则分别下降 26.74%、20.46%和 1.94%。网箱养殖模式下，军曹鱼养殖面积小，销售者群体少，且主要以出口为主，故在新冠疫情的影响下，国内外的销售均受到影响，从而在原本养殖面积较少的基础上出现了更大幅度的下降。此外，牙鲆养殖面积的增加与其跟踪调查区域有关，因其养殖面积基数小，故略有增加时，便表现出较为明显的增幅，但对整体网箱养殖面积的变动影响不明显。

深水网箱养殖模式下，2020 年第 4 季度面积为 943.27 万m^2，同比增加 57.75%，环比下降 4.25%。其中，海鲈的养殖面积同比下降 2.43%，军曹鱼的养殖面积环比增加 22.79%。牙鲆、河鲀和石斑鱼在深水网箱养殖模式下的养殖面积同比和环比均维持不变。大黄鱼和卵形鲳鲹的养殖面积同比有所增加，环比则有所下降。其中，2020 年第 4 季度卵形鲳鲹的养殖面积为 771.95 万m^2，占总深水网箱养殖面积的 81.84%，养殖面积同比增加 76.98%，环比下降 3.90%，从而使得网箱养殖总面积同比出现较大幅度的提升。除卵形鲳鲹和军曹鱼外，深水网箱养殖面积变动不明显，与该模式的养殖基础投入过高有一定的关系。在水产品市场不明朗且已经支付较高成本的同时，维持养殖面积的稳定比增加或减少面积更能维持相对稳定的福利水平。此外，2020 年 8 月线上调研了解到，卵形鲳鲹养殖受新冠肺炎疫情的影响相对较小，且有比较乐观的收益。

围网养殖模式仍是以大黄鱼养殖为主，2020 年第 4 季度的养殖面积为 114.23 万m^2，同比减少 56.02%，环比维持不变。大黄鱼养殖不仅受到新冠肺炎疫情的影响，而且受到台风等气候性因素的影响，养殖抗风险能力较弱的普通网箱和围网养殖模式下的养殖面积均受到一定程度的影响。

2.2.3 池塘养殖面积变动

2020 年第 4 季度跟踪调查区域不同养殖品种在池塘养殖模式下养殖面积的变动情况如表 4 所示。

表 4 体系跟踪调查区域各品种海水鱼池塘养殖面积变动

品种	普通池塘养殖			工程化池塘养殖			池塘养殖合计		
	2020 年第 4 季度面积 /hm^2	与 2019 年同比增幅/%	与上季度环比增幅 /%	2020 年第 4 季度面积 /hm^2	与 2019 年同比增幅/%	与上季度环比增幅 /%	2020 年第 4 季度面积 /hm^2	与 2019 年同比增幅/%	与上季度环比增幅 /%
牙鲆	13.33	−99.08	−98.36	0.00	/	/	13.33	−99.08	−98.36
河鲀	4 565.73	−6.87	−5.52	0.00	/	/	4 565.73	−6.87	−5.52
石斑鱼	2 564.98	−4.59	−0.81	50.67	−57.78	5.56	2 615.64	−6.87	−0.69
海鲈	4 001.33	−1.38	−0.83	0.00	/	/	4 001.33	−1.38	−0.83
其他	1 350.67	6.35	−0.20	53.33	/	/	1 404.00	10.55	3.74
合计	12 496.04	−13.01	−8.25	104.00	−13.33	116.67	12 600.04	−13.01	−7.81

池塘养殖模式主要养殖牙鲆、河鲀、石斑鱼和海鲈。2020 年第 4 季度养殖总面积为 1.26 万hm^2，同比和环比分别下降 13.01%和 7.81%。

普通池塘养殖模式下，2020 年第 4 季度养殖面积为 1.25 万hm^2，同比和环比分别下降 13.01%和 8.25%。其中，河鲀、海鲈和石斑鱼养殖面积占比分别为 36.54%、32.02%和 20.53%，同比和环比均略有减少。然而，牙鲆普通池塘养殖面积同比下降较明显，为 99.08%，原因与前文分析相同，即牙鲆受到新冠肺炎疫情的影响较为明显，销量受到限制，故而其主要的养殖面积均出现了大幅度下降。

工程化池塘养殖模式主要养殖石斑鱼，2020 年第 4 季度养殖面积为 50.67 hm^2，同比下降 57.78%，环比增加 5.56%。原因在于新冠肺炎疫情对石斑鱼的影响也较为明显，使其主要的养殖面积均出现下降。

2.3 不同地区各模式养殖面积变动

2020 年第 4 季度各地区跟踪调查区域不同养殖模式下养殖面积的分布情况如表 5 所示。

表 5　2020 年第 4 季度各地区跟踪调查区域各养殖模式养殖面积分布

地区	工厂化养殖面积/万m³			网箱养殖面积/万m²				池塘养殖面积/hm²		
	工厂化流水养殖	工厂化循环水养殖	工厂化养殖面积合计	普通网箱养殖	深水网箱养殖	围网养殖	网箱养殖面积合计	普通池塘养殖	工程化池塘养殖	池塘养殖面积合计
辽宁	287.35	4.50	291.85	2.35	35.40	0.00	37.75	3 146.67	0.00	3 146.67
天津	0.76	4.43	5.19	0.00	0.00	0.00	0.00	0.00	0.00	0.00
河北	113.10	10.60	123.70	0.00	0.00	0.00	0.00	740.13	0.00	740.13
山东	268.44	7.95	276.39	2.70	2.42	0.00	5.12	1.33	0.00	1.33
江苏	13.10	0.00	13.10	0.00	0.00	0.00	0.00	44.27	0.00	44.27
浙江	0.00	0.00	0.00	1 118.40	107.28	80.08	1 305.76	0.00	0.00	0.00
福建	0.00	1.50	1.50	2 306.22	14.81	34.15	2 355.18	3 333.33	0.00	3 333.33
广东	0.00	0.00	0.00	20.91	79.81	0.00	100.72	2 673.33	104.00	2 777.33
广西	0.00	0.00	0.00	3.75	360.26	0.00	364.01	0.00	0.00	0.00
海南	27.39	0.00	27.39	31.72	343.29	0.00	375.01	2 556.98	0.00	2 556.98
汇总	710.14	28.98	739.12	3 486.05	943.27	114.23	4 543.56	12 496.04	104.00	12 600.04

从表 5 中可以明显看出，工厂化养殖模式主要分布在辽宁、山东和河北地区，网箱养殖模式主要分布在福建、浙江、海南和广西地区，池塘养殖模式则主要分布在辽宁、福建、广东和海南地区。

辽宁、山东和河北地区 2020 年第 4 季度的工厂化养殖面积分别为 291.85 万m³、276.39 万m³ 和 123.70 万m³，占总流水养殖面积的 39.49%、37.39%和 16.74%；工厂化循环水养殖模式主要分布在河北，为 10.60 万m³。2020 年第 4 季度福建、浙江、海南和广西的网箱养殖面积为 2 355.18 万m²、1 305.76 万m²、375.01 万m² 和 364.01 万m²，分别占网箱养殖面积的 51.84%、28.74%、8.25%和 8.01%。池塘养殖分布区域较广，其中辽宁、福建、广东和海南 2020 年第 4 季度的养殖面积分别为 3 146.67 hm²、3 333.33 hm²、2 777.33 hm² 和 2 556.98 hm²，占总池塘养殖面积的 24.97%、26.45%、22.04%和 20.29%。

3　2020 年跟踪调查区域海水鱼季末存量变动

3.1　不同养殖模式下海水鱼养殖季末存量变动情况

3.1.1　季末存量整体变动

不同养殖模式下季末存量整体的变动情况如图 1 所示。

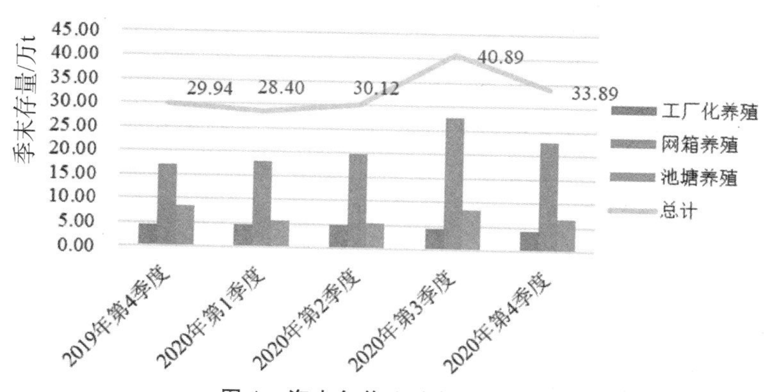

图 1　海水鱼养殖季末存量变动

从图 1 中可以明显看出，2019 年第 4 季度至 2020 年第 4 季度的季末养殖存量呈现先下降再上升再下降的变动趋势。尤其是 2020 年以来，四季度的季末存量平均增长率为 6.06%。其中第 4 季度末因为 2020 年下半年的海水鱼产品销量增多，存量下降明显，为 33.89 万t，同比增加 13.20%，环比下降 17.12%。不同模式下的存量现状同往年一致，均表现为网箱养殖模式下的存量最高，其次是池塘养殖模式，工厂化养殖模式因为涉及鱼种少，养殖面积和产量相对较小，季末存量与销量也就相对较低。

3.1.2　不同养殖模式季末存量变动情况

2019 年第 4 季度至 2020 年第 4 季度各地区跟踪调查区域不同养殖模式下海水鱼季末存量整体的变动情况如表 6 所示。

表 6　体系跟踪调查区域各养殖模式季末存量变动

时间	工厂化养殖季末存量/t			网箱养殖季末存量/t				池塘养殖季末存量/t		
	工厂化流水养殖	工厂化循环水养殖	工厂化养殖季末存量合计	普通网箱养殖	深水网箱养殖	围网养殖	网箱养殖季末存量合计	普通池塘养殖	工程化池塘养殖	池塘养殖季末存量合计
2019 年第 4 季度	43 556.42	1 920.51	45 476.93	143 554.33	24 581.75	2 079.00	170 215.08	83 498.59	182.00	83 680.59
2020 年第 1 季度	46 578.89	1 782.19	48 361.08	154 957.30	23 718.75	1 367.00	180 043.05	55 475.70	166.00	55 641.70
2020 年第 2 季度	46 920.90	1 840.19	48 761.09	163 004.00	31 562.74	2 605.00	197 171.74	55 179.16	114.00	55 293.16
2020 年第 3 季度	44 323.08	1 638.53	45 961.61	198 805.00	76 293.59	2 835.00	277 933.59	84 790.39	192.00	84 982.39
2020 年第 4 季度	40 947.57	2 259.69	43 207.26	195 451.00	29 688.39	2 355.00	227 494.39	67 916.64	262.00	68 178.64

由表 6 结合图 1 可以看出，各季度末存量最高的均是网箱养殖，其次是池塘养殖，工厂化养殖的季末存量相对较少。2020 年第 4 季度末，网箱养殖的季末存量为 22.75 万t，同比增加 33.65%，环比减少 18.15%，主要是普通网箱养殖模式下的存量高（存量为 19.55 万t，占总网箱养殖面积的 85.91%）所致，这与普通网箱养殖面积占比高紧密相关。

特别地，2020年第4季度末，深水网箱养殖季末存量为2.97万t，同比增加20.77%，环比减少61.09%。池塘养殖和工厂化养殖模式下的季末存量相对于网箱养殖，变动幅度较小。池塘养殖2020年第4季度末存量为6.82万t，同比和环比分别减少18.53%、19.77%；工厂化养殖2020年第4季度末存量为4.32万t，同比和环比分别减少4.99%、5.99%。通过上述数据可以看出，随着2020年第4季度我国疫情防控措施取得明显成效，生产和销售逐步恢复，各养殖模式第4季度末存量相比上季度均有所下降。

3.2 不同养殖品种季末存量变动情况

2019年第4季度至2020年第4季度各地区跟踪调查区域不同养殖品种季末存量呈现不同的变动趋势。

2020年第4季度末海水鱼存量为33.89万t，同比增加13.20%，环比下降17.12%。其中存量在10万t以上的有大黄鱼13.62万t，占总存量的40.20%，同比增加43.28%，环比增加4.86%；存量低于10万t但高于1万t的有海鲈8.41万t、大菱鲆3.55万t、珍珠龙胆石斑鱼1.83万t和卵形鲳鲹1.01万t，其中海鲈、大菱鲆和珍珠龙胆石斑鱼同比分别减少8.44%、0.96%和21.13%，卵形鲳鲹同比增加89.07%，而卵形鲳鲹的季末存量环比减少81.88%，海鲈减少20.70%，珍珠龙胆石斑鱼减少12.67%，大菱鲆则减少2.24%；季末存量低于1万t的有半滑舌鳎0.34万t、暗纹东方鲀0.19万t、牙鲆0.10万t、红鳍东方鲀0.09万t和军曹鱼0.05万t，与2019年同期相比变动的百分比分别为−12.96%、241.27%、−22.62%、288.28%和−48.35%，与2020年第3季度相比变动的百分比分别为−28.26%、−16.27%、−41.12%、−23.95%和−32.87%。

2020年第4季度末，存量同比增加最多的是红鳍东方鲀（增加2.88倍）和暗纹东方鲀（增加2.41倍），存量同比下降最多的是军曹鱼（下降48.35%）和牙鲆（下降22.62%）；存量环比仅有大黄鱼增加4.86%，其余海水鱼存量均呈现不同程度的下降趋势，下降最多的是卵形鲳鲹（下降81.88%）。

3.2.1 鲆鲽类季末存量变动

2020年第4季度各地区跟踪调查区域鲆鲽类养殖季末存量变动情况如表7所示。

表7 体系跟踪调查区域不同养殖模式下鲆鲽类季末存量变动

养殖模式	大菱鲆			牙鲆			半滑舌鳎			其他鲆鲽类		
	2020年第4季度末存量/t	与2019年同比增幅/%	与上季度环比增幅/%	2020年第4季度末存量/t	与2019年同比增幅/%	与上季度环比增幅/%	2020年第4季度末存量/t	与2019年同比增幅/%	与上季度环比增幅/%	2020年第4季度末存量/t	与2019年同比增幅/%	与上季度环比增幅/%
工厂化流水养殖	35 004.60	−0.99	−2.19	987.37	−18.97	−30.72	2 329.35	−33.63	−41.89	0.00	/	/
工厂化循环水养殖	541.76	0.46	−5.40	17.50	−78.13	−37.50	1 083.83	163.29	44.67	0.00	/	/

续表

养殖模式	大菱鲆			牙鲆			半滑舌鳎			其他鲆鲽类		
	2020年第4季度末存量/t	与2019年同比增幅/%	与上季度环比增幅/%	2020年第4季度末存量/t	与2019年同比增幅/%	与上季度环比增幅/%	2020年第4季度末存量/t	与2019年同比增幅/%	与上季度环比增幅/%	2020年第4季度末存量/t	与2019年同比增幅/%	与上季度环比增幅/%
工厂化养殖合计	35 546.36	−0.96	−2.24	1 004.87	−22.62	−30.85	3 413.18	−12.96	−28.26	0.00	/	/
普通网箱养殖	0.00	/	/	0.00	/	/	0.00	/	/	66.00	/	−42.61
深水网箱养殖	0.00	/	/	0.00	/	/	0.00	/	/	17.00	−26.09	−37.04
网箱养殖合计	0.00	/	/	0.00	/	/	0.00	/	/	83.00	260.87	−41.55
普通池塘养殖	0.00	/	/	0.00	/	/	0.00	/	/	0.00	/	/
池塘养殖合计	0.00	/	/	0.00	/	/	0.00	/	/	0.00	/	/
总计	35 546.36	−0.96	−2.24	1 004.87	−22.62	−41.12	3 413.18	−12.96	−28.26	83.00	260.87	−41.55

由表7结合表2可以看出，鲆鲽类主要是工厂化养殖，2020年第4季度末鲆鲽类工厂化养殖模式下存量占总存量的99.79%。其中，大菱鲆工厂化养殖模式下季末存量为3.55万t，同比减少0.96%，环比减少2.24%；牙鲆由于其养殖面积占比较小，季末存量也相对较小，2020年第4季度末工厂化养殖模式下存量为1 004.87 t，同比和环比分别减少22.62%和30.85%；半滑舌鳎2020年第4季度末工厂化养殖模式下存量为3 413.18 t，同比和环比分别减少12.96%和28.26%。总体来看，鲆鲽类2020年第4季度末存量相较第3季度末均有明显下降，主要是由于下半年我国疫情防控措施取得明显成效，鲆鲽类的销售逐渐恢复。

3.2.2 河鲀季末存量变动

2020年第4季度各地区跟踪调查区域河鲀养殖季末存量变动情况如表8所示。

表8 体系跟踪调查区域不同养殖模式下河鲀季末存量变动

养殖模式	红鳍东方鲀			暗纹东方鲀			其他河鲀			河鲀合计		
	2020年第4季度末存量/t	与2019年同比增幅/%	与上季度环比增幅/%	2020年第4季度末存量/t	与2019年同比增幅/%	与上季度环比增幅/%	2020年第4季度末存量/t	与2019年同比增幅/%	与上季度环比增幅/%	2020年第4季度末存量/t	与2019年同比增幅/%	与上季度环比增幅/%
工厂化流水养殖	0.00	/	/	0.00	/	/	38.00	−5.00	90.00	38.00	−5.00	90.00
工厂化循环水养殖	421.00	83.04	132.37	0.00	/	/	0.00	/	/	421.00	83.04	132.37
工厂化养殖合计	421.00	83.04	132.37	0.00	/	/	38.00	−5.00	90.00	459.00	70.00	128.15

续表

养殖模式	红鳍东方鲀			暗纹东方鲀			其他河鲀			河鲀合计		
	2020年第4季度末存量/t	与2019年同比增幅/%	与上季度环比增幅/%	2020年第4季度末存量/t	与2019年同比增幅/%	与上季度环比增幅/%	2020年第4季度末存量/t	与2019年同比增幅/%	与上季度环比增幅/%	2020年第4季度末存量/t	与2019年同比增幅/%	与上季度环比增幅/%
普通网箱养殖	4.00	−51.22	−98.56	0.00	/	/	0.00	/	/	4.00	−51.22	−98.56
深水网箱养殖	0.00	/	/	0.00	/	/	0.00	/	/	0.00	/	/
网箱养殖合计	4.00	−51.22	−99.24	0.00	/	/	0.00	/	/	4.00	−51.22	−99.24
普通池塘养殖	499.88	/	−1.60	1 900.90	241.27	−16.27	850.00	6.25	−15.00	3 250.78	139.56	−13.96
池塘养殖合计	499.88	/	−1.60	1 900.90	241.27	−16.27	850.00	6.25	−15.00	3 250.78	139.56	−13.96
总计	924.88	288.28	−23.95	1 900.90	241.27	−16.27	888.00	5.71	−12.94	3 713.78	127.11	−17.59

根据表8可以看出，2020年新冠肺炎疫情的暴发对河鲀销售造成一定程度的影响，2020年第4季度末不同养殖品种的河鲀存量与2019年同期相比均呈明显上升趋势；随着2020年下半年我国疫情防控取得明显成效，河鲀销售开始好转，不同养殖品种的河鲀2020年第四季度末存量相较上季度均有所下降。具体来看，2020年第4季度末河鲀总存量为3 713.78 t，与2019年同期相比增加1.27倍，与上季度相比下降了17.59%。红鳍东方鲀2020年第4季度末存量为924.88 t，同比增加2.88倍，环比下降23.95%。暗纹东方鲀主要是普通池塘养殖，2020年第4季度末的存量为1 900.90 t，同比增加2.41倍，环比下降16.27%。

3.2.3 石斑鱼季末存量变动

2020年第4季度各地区跟踪调查区域石斑鱼养殖季末存量变动情况如表9所示。

表9 体系跟踪调查区域不同养殖模式下石斑鱼季末存量变动

养殖模式	珍珠龙胆石斑鱼			其他石斑鱼			石斑鱼合计		
	2020年第4季度末存量/t	与2019年同比增幅/%	与上季度环比增幅/%	2020年第4季度末存量/t	与2019年同比增幅/%	与上季度环比增幅/%	2020年第4季度末存量/t	与2019年同比增幅/%	与上季度环比增幅/%
工厂化流水养殖	1 488.15	−36.99	−25.23	1 070.60	−0.25	−1.93	2 558.75	−25.51	−16.98
工厂化循环水养殖	10.60	−36.14	−42.70	25.00	−93.42	1 150.00	35.60	−91.02	73.66
工厂化养殖合计	1 498.75	−36.99	−25.40	1 095.60	−24.61	0.17	2 594.35	−32.29	−16.38
普通网箱养殖	3 560.00	2.15	−18.57	6 866.00	29.30	−24.31	10 426.00	18.54	−22.44

续表

养殖模式	珍珠龙胆石斑鱼			其他石斑鱼			石斑鱼合计		
	2020年第4季度末存量/t	与2019年同比增幅/%	与上季度环比增幅/%	2020年第4季度末存量/t	与2019年同比增幅/%	与上季度环比增幅/%	2020年第4季度末存量/t	与2019年同比增幅/%	与上季度环比增幅/%
深水网箱养殖	0.00	/	/	1 699.00	12.16	0.30	1 699.00	12.16	0.30
网箱养殖合计	3 560.00	2.15	−18.57	8 565.00	25.50	−20.44	12 125.00	17.61	−19.90
普通池塘养殖	13 023.30	−23.82	−9.10	857.56	−49.35	−14.72	13 880.86	−26.12	−9.47
工程化池塘养殖	170.00	−6.59	−11.46	0.00	/	/	170.00	−6.59	−11.46
池塘养殖合计	13 193.30	−23.64	−9.13	857.56	−49.35	−14.72	14 050.86	−25.94	−9.49
总计	18 252.05	−21.13	−12.67	10 518.16	5.49	−18.24	28 770.21	−13.12	−14.79

表9显示，2020年第4季度石斑鱼养殖季末存量为2.88万t，同比下降13.12%，环比下降14.79%。其中，珍珠龙胆石斑鱼季末存量为1.83万t，同比和环比分别下降21.13%和12.67%；池塘养殖模式下珍珠龙胆石斑鱼季末存量为1.32万t，同比和环比分别下降23.64%和9.13%。

3.2.4 海鲈季末存量变动

2020年第4季度各地区跟踪调查区域的海鲈养殖季末存量主要存在于普通池塘养殖、普通网箱养殖和深水网箱养殖模式，如图2所示。

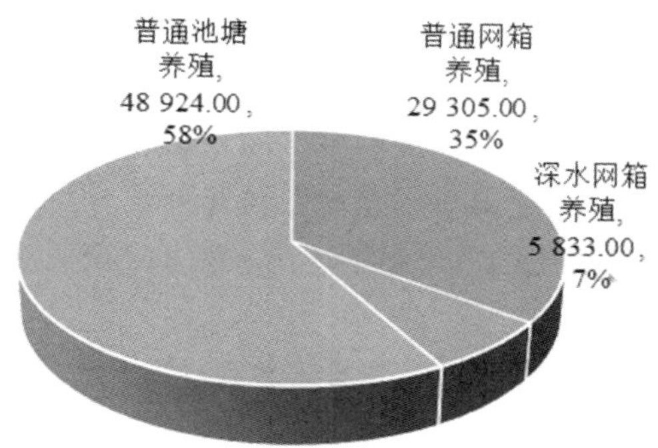

图2 2020年第4季度海鲈养殖季末存量分布（t）

2020年第4季度末，海鲈养殖的存量为8.41万t。其中，普通池塘养殖模式下的季末存量占58%，为4.89万t，同比减少17.52%，环比减少22.21%；普通网箱养殖模式下的季末存量为2.93万t，同比增加12.12%，环比下降18.86%；深水网箱养殖模式下的季末存量占比为7%，与2019年同期相比下降8.19%，与上季度相比下降16.64%。分析海鲈季末存量变动的原因：一方面，2018 年和 2019 年海鲈的销售情况不乐观；另一方面，2020 年下半年我国疫情防控形势好转，销售逐步恢复正常，因此第 4 季度末存量相比上季度末存量均有所下降。

3.2.5 大黄鱼季末存量变动

2020 年第 4 季度各地区跟踪调查区域大黄鱼养殖季末存量主要分布在普通网箱养殖模式，占总存量约 92%；其次是深水网箱和围网养殖模式；存量占比较少，如图 3 所示。

普通网箱养殖模式下的季末存量同比和环比分别增加 48.52%和 6.75%；深水网箱养殖模式下的季末存量同比增加 0.07%，环比下降 11.23%；围网养殖的季末存量同比增加 13.28%，环比下降 16.93%。根据 7 月底 8 月初的调研，新冠肺炎疫情对浙江养殖大黄鱼的影响没有特别大的变化，并且浙江大黄鱼的价格要高于福建大黄鱼。

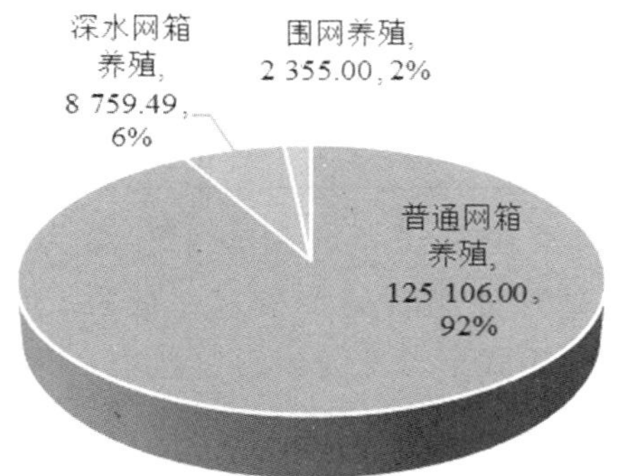

图 3　2020 年第 4 季度大黄鱼养殖季末存量分布（t）

3.2.6 卵形鲳鲹季末存量变动

2020 年第 4 季度各地区跟踪调查区域卵形鲳鲹养殖季末存量如图 4 所示。

卵形鲳鲹以深水网箱养殖为主，季末存量为 9 890.50 t，占比 98%。随着 2020 年下半年我国疫情防控取得明显成效，海水鱼类的销售形势取得好转，不同养殖模式下的季末存量与上季度相比均有大幅度下降。其中，普通网箱养殖模式下的卵形鲳鲹季末存量环比下降 91.10%，深水网箱养殖模式下的季末存量环比下降 81.55%。

3.2.7 军曹鱼季末存量变动

2020 年第 4 季度各地区跟踪调查区域军曹鱼养殖季末存量如图 5 所示。与卵形鲳鲹情况相同，军曹鱼 2020 年第 4 季度末与上季度相比，深水网箱养殖模式和普通网箱养殖模式的季末存量分别下降 67.74%和 25.63%；与 2019 年同期相比，普通网箱养殖模式下的存量下降了 94.94%，深水网箱养殖模式下的存量则提升了 2.02 倍。

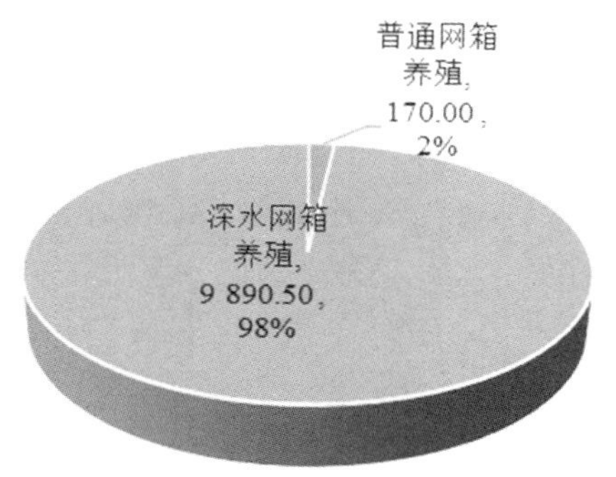

图 4 2020 年第 4 季度卵形鲳鲹养殖季末存量分布（t）

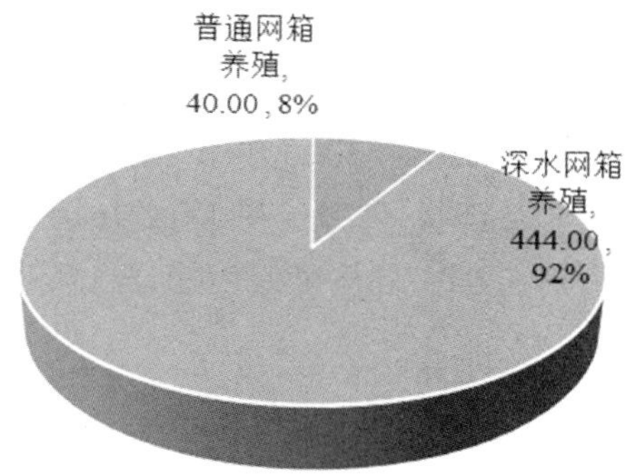

图 5 2020 年第 4 季度军曹鱼养殖季末存量分布（t）

3.2.8 其他海水鱼季末存量变动

2020 年第 4 季度各地区跟踪调查区域统计的其他海水鱼养殖季末存量约为 3.55 万t，同比增加 17.04%，环比增加 0.05%，变动幅度与往年相比稍小，如图 6 所示。

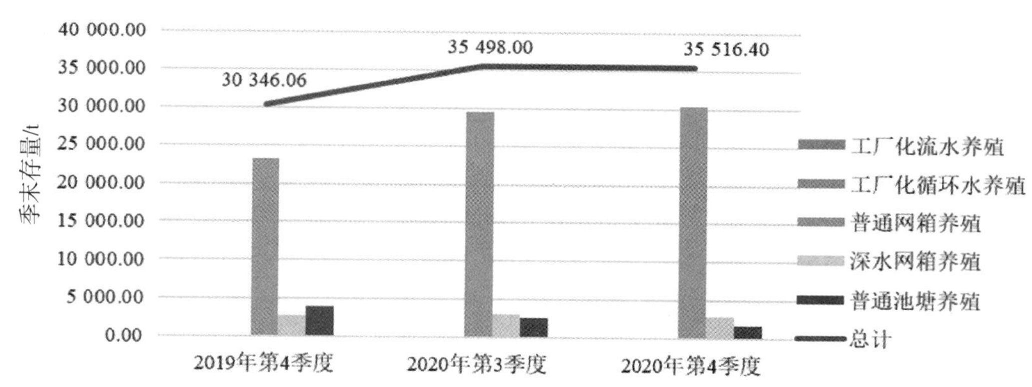

图 6 其他海水鱼养殖季末存量分布

其他养殖海水鱼每季度末在工厂化、池塘和网箱养殖模式中均有存量，尤其以普通网箱养殖模式下的存量最多，占总存量的 85.41%，该比重同比和环比分别增加 11.73%和 2.59%。

4 2020 年跟踪调查区域海水鱼销量变动

4.1 不同养殖模式下海水鱼养殖销量变动情况

4.1.1 销量整体变动

不同养殖模式下销量整体变动情况如图 7 所示。

由图 7 可以看出，体系示范区县海水鱼养殖销量总体变动呈现先降再升的趋势。其中，2019 年第 4 季度销量达到 18.89 万t，到 2020 年第 2 季度，销量达到最低点 8.27 万t（图 7），销量也持续下降至2020年第2季度的8.27万t。2020年第2季度至第4季度，随着我国疫情防控取得明显成效，海水鱼销量持续上升，第4季度销量增加到21.65万t，同比增加14.61%和41.69%。2020年第4季度工厂化养殖销量为2.14万t，同比增加3.67%，环比降低4.55%；网箱养殖销量为14.26万t，同比增加47.39%，环比增加53.30%；池塘养殖销量为5.25万t，同比降低26.61%，环比增加40.80%。

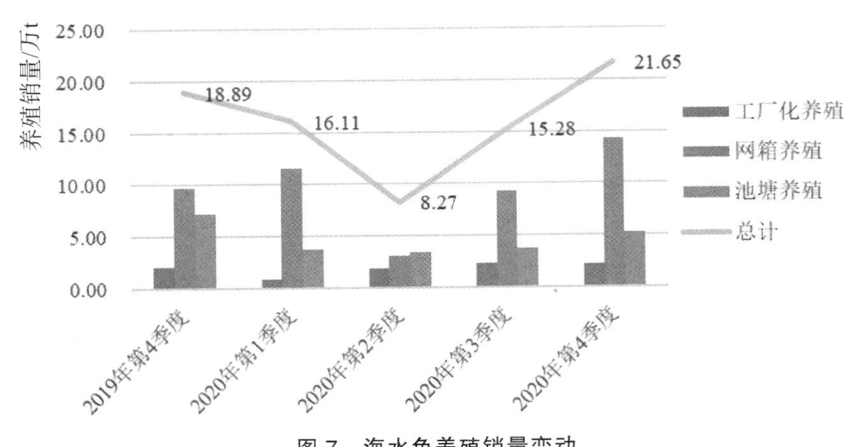

图7　海水鱼养殖销量变动

4.1.2　销量变动分模式分析

2019年第4季度至2020年第4季度跟踪调查区域不同养殖模式下海水鱼销量整体变动情况如表10所示。

表10　体系跟踪调查区域各养殖模式销量变动

时间	工厂化养殖销量/t			网箱养殖销量/t				池塘养殖销量/t		
	工厂化流水养殖	工厂化循环水养殖	工厂化养殖销量合计	普通网箱养殖	深水网箱养殖	围网养殖	网箱养殖销量合计	普通池塘养殖	工程化池塘养殖	池塘养殖销量合计
2019年第4季度	19 701.05	979.98	20 681.03	58 616.45	37 338.50	813.00	96 767.95	71 332.79	160.00	71 492.79
2020年第1季度	8 061.97	209.96	8 271.93	104 851.55	9 523.85	1 202.00	115 577.40	37 130.95	112.00	37 242.95
2020年第2季度	17 872.65	540.62	18 413.27	23 748.00	6 416.21	165.00	303 29.21	33 740.40	202.00	33 942.40
2020年第3季度	21 804.59	658.20	22 462.79	51 839.00	40 856.35	340.00	93 035.35	37 000.00	262.00	37 262.00
2020年第4季度	20 413.88	1 027.12	21 441.00	103 570.00	37 968.70	1 085.00	142 623.70	52 184.60	282.00	52 466.60

相比较于网箱养殖和池塘养殖，工厂化养殖的销量占比较少，与养殖面积和季末存量的结果倾向一致。2020年第4季度，工厂化养殖模式的总销量为2.14万t，同比增加3.67%，环比减少4.55%，该销量占各模式总销量的9.90%，占比与2019年第4季度相比

减少了 1.04%，同上季度相比下降了 4.80%；池塘养殖模式的总销量为 5.25 万t，同比减少 26.61%，环比增加 40.80%，该销量占各模式总销量的 24.23%，占比与 2019 年同期相比减少 13.61%，同上季度相比下降了 0.16%；网箱养殖模式的总销量为 14.26 万t，同比增加 47.39%，环比增加 53.30%，该销量占各模式总销量的 65.87%，占比与 2019 年同期相比增加 14.65%，环比增加 4.96%。不同模式下销量的变动与各模式主要的海水鱼养殖品种有关，其变动趋势相应地也会受到各品种的销量变动影响（详见 4.2）。

4.2 不同养殖品种销量变动情况

跟踪调查数据显示，2019 年第 4 季度至 2020 年第 4 季度各地区跟踪调查区域不同养殖品种销量呈现不同的变动趋势。2020 年第 4 季度海水鱼养殖总销量为 21.65 万t，同比增加 14.60%，环比上升 41.75%。其中销量占比超过 10%的有大黄鱼 6.99 万t（占比 32.28%）、海鲈 6.64 万t（占比 30.65%）、卵形鲳鲹 2.88 万t（占比 13.29%）。其他调查的海水鱼养殖销量分别是石斑鱼 1.60 万t、大菱鲆 1.40 万t、半滑舌鳎 0.34 万t、暗纹东方鲀 0.11 万t、牙鲆 908.53 t、军曹鱼 750 t和红鳍东方鲀 739.44 t。

就销量变动来看，新冠肺炎疫情影响的减弱，使得 2020 年第 4 季度部分海水鱼养殖品种销量呈现较大程度的增加。与 2019 年同期相比，2020 年第 4 季度销量增加幅度最大的是大黄鱼，增加 1.60 倍，半滑舌鳎增加 1.59 倍，此外还有暗纹东方鲀增加 80.28%。与 2020 年第 3 季度相比，2020 年第 4 季度销量增加幅度最大的是鲕，增加 1.06 倍，海鲈环比增加 73.79%，美国红鱼增加 54.51%，红鳍东方鲀增加 46.69%。

4.2.1 鲆鲽类销量变动

2020 年第 4 季度各地区跟踪调查区域鲆鲽类养殖销量变动情况如表 11 所示。

表 11 体系跟踪调查区域不同养殖模式下鲆鲽类销量变动

养殖模式	大菱鲆			牙鲆			半滑舌鳎			其他鲆鲽类		
	2020 年第 4 季度销量/t	与 2019 年同比增幅/%	与上季度环比增幅/%	2020 年第 4 季度销量/t	与 2019 年同比增幅/%	与上季度环比增幅/%	2020 年第 4 季度销量/t	与 2019 年同比增幅/%	与上季度环比增幅/%	2020 年第 4 季度销量/t	与 2019 年同比增幅/%	与上季度环比增幅/%
工厂化流水养殖	13 932.27	−10.36	−9.02	524.03	65.19	36.16	3 050.58	165.29	7.09	0.00	/	/
工厂化循环水养殖	69.56	−16.75	−15.41	100.00	/	/	335.72	110.19	−10.92	0.00	/	/
工厂化养殖合计	14 001.83	−10.40	−9.05	624.03	65.19	36.16	3 386.30	158.57	4.99	0.00	/	/
普通网箱养殖	0.00	/	/	100.00	/	/	0.00	/	/	55.00	/	83.33
深水网箱养殖	0.00	/	/	180.00	−5.26	200.00	0.00	/	/	30.00	−28.57	−16.67

续表

养殖模式	大菱鲆			牙鲆			半滑舌鳎			其他鲆鲽类		
	2020年第4季度销量/t	与2019年同比增幅/%	与上季度环比增幅/%	2020年第4季度销量/t	与2019年同比增幅/%	与上季度环比增幅/%	2020年第4季度销量/t	与2019年同比增幅/%	与上季度环比增幅/%	2020年第4季度销量/t	与2019年同比增幅/%	与上季度环比增幅/%
网箱养殖合计	0.00	/	/	280.00	47.37	180.00	0.00	/	/	85.00	82.80	28.79
普通池塘养殖	0.00	/	/	4.50	−99.87	−99.78	0.00	/	/	0.00	/	/
总计	14 001.83	−10.40	−9.05	908.53	−77.01	−65.48	3 386.30	158.57	4.99	85.00	82.80	28.79

结合表7可以看出大菱鲆和半滑舌鳎主要是工厂化养殖，2020年第4季度的销量分别为1.40万t和0.34万t，大菱鲆的销量同比和环比分别下降10.40%和9.05%，半滑舌鳎的销量同比和环比分别增加1.59倍和4.99%。牙鲆的养殖模式多样，总销量为0.09万t，同比和环比分别减少77.01%和65.48%。

4.2.2 河鲀销量变动

2020年第4季度各地区跟踪调查区域河鲀养殖销量变动情况如表12所示。

表12 体系跟踪调查区域不同养殖模式下河鲀销量变动

养殖模式	红鳍东方鲀			暗纹东方鲀			其他河鲀			河鲀合计		
	2020年第4季度销量/t	与2019年同比增幅/%	与上季度环比增幅/%	2020年第4季度销量/t	与2019年同比增幅/%	与上季度环比增幅/%	2020年第4季度销量/t	与2019年同比增幅/%	与上季度环比增幅/%	2020年第4季度销量/t	与2019年同比增幅/%	与上季度环比增幅/%
工厂化流水养殖	0.00	/	/	0.00	/	/	20.00	0.00	0.00	20.00	0.00	0.00
工厂化循环水养殖	171.44	−56.09	55.71	0.00	/	/	0.00	/	/	171.44	−56.09	55.71
工厂化养殖合计	171.44	−56.09	55.71	0.00	/	/	20.00	0.00	0.00	191.44	−53.35	47.15
普通网箱养殖	3.00	50.00	−78.57	0.00	/	/	0.00	/	/	3.00	50.00	−78.57
深水网箱养殖	440.00	−4.35	238.46	0.00	/	/	0.00	/	/	440.00	−4.35	238.46
网箱养殖合计	443.00	−4.11	207.64	0.00	/	/	0.00	/	/	443.00	−4.11	207.64
普通池塘养殖	125.00	−88.77	−50.00	1 094.30	80.28	7.57	720.00	2.86	−42.40	1 939.30	−19.86	−22.96
总计	739.44	−62.37	46.69	1 094.30	80.28	7.57	740.00	2.78	−41.73	2 573.74	−21.82	−7.80

由表12可以明显看出，2020年第4季度河鲀养殖销量以暗纹东方鲀为主，占比

42.52%。2020 年第 4 季度红鳍东方鲀销量为 739.44 t，同比减少 62.37%，环比增加 46.69%；暗纹东方鲀销量为 1 094.30 t，同比增加 80.28%，环比增加 7.57%。暗纹东方鲀的销量增加一方面与其养殖的季节性有关，另一方面，上半年受到新冠肺炎疫情的影响，有较高的存量，下半年随着疫情缓和，存量降低，销量有所提升。2020 年第 4 季度其他河鲀销量为 740.00 t，同比增加 2.78%，环比减少 41.73%。

4.2.3　石斑鱼销量变动

2020 年第 4 季度各地区跟踪调查区域石斑鱼养殖销量变动情况如表 13 所示。从表中可以看出石斑鱼的养殖模式多样，2020 年第 4 季度的销量总体为 1.60 万t，比 2019 年同比减少 19.54%，比 2020 年第 3 季度减少 1.53%。

表 13　体系跟踪调查区域不同养殖模式下石斑鱼销量变动

养殖模式	珍珠龙胆石斑鱼			其他石斑鱼			石斑鱼合计		
	2020 年第 4 季度销量/t	与 2019 年同比增幅/%	与上季度环比增幅/%	2020 年第 4 季度销量/t	与 2019 年同比增幅/%	与上季度环比增幅/%	2020 年第 4 季度销量/t	与 2019 年同比增幅/%	与上季度环比增幅/%
工厂化流水养殖	1 889.70	−3.59	−15.31	997.30	40.37	−0.91	2 887.00	8.10	−10.83
工厂化循环水养殖	17.40	−89.49	45.00	6.00	−60.00	200.00	23.40	−87.04	67.14
工厂化养殖合计	1 907.10	−10.28	−14.99	1 003.30	38.29	−0.52	2 910.40	2.08	−10.50
普通网箱养殖	1 662.00	−55.19	−22.19	5 908.00	−7.56	48.40	7 570.00	−25.05	23.75
深水网箱养殖	0.00	/	/	627.00	309.80	−9.65	627.00	309.80	−9.65
网箱养殖合计	1 662.00	−55.19	−22.19	6 535.00	−0.14	39.79	8 197.00	−20.05	20.35
普通池塘养殖	4 423.20	−29.72	−18.44	302.60	−21.37	−44.65	4 725.80	−29.24	−20.84
工程化池塘养殖	212.00	32.50	−19.08	0.00	/	/	212.00	32.50	−19.08
池塘养殖合计	4 635.20	−28.18	−18.47	302.60	−21.37	−44.65	4 937.80	−27.80	−20.76
总计	8 204.30	−33.24	−18.48	7 840.90	2.44	25.85	16 045.20	−19.54	−1.53

对珍珠龙胆石斑鱼而言，2020 年第 4 季度的销量为 0.82 万t，同比和环比分别下降 33.24%和 18.48%。其中，池塘养殖模式下的总销量为 4 635.20 t，占珍珠龙胆石斑鱼总销量的 56.50%，该模式下销量与 2019 年同期相比下降 28.18%，与 2020 年第 3 季度相比下降 18.47%。工厂化养殖模式下的总销量为 1 907.10 t，同比和环比分别下降 10.28%和 14.99%。网箱养殖模式下的总销量为 1 662.00 t，同比和环比分别下降 55.19%和 22.19%。总体来看，珍珠龙胆石斑鱼的销量呈下降趋势。

4.2.4 大黄鱼与军曹鱼销量变动

根据上文分析，大黄鱼养殖和军曹鱼养殖均以网箱养殖为主，故将两种鱼放在一起进行比较分析，如表 14 所示。2020 年第 4 季度大黄鱼的销量为 6.99 万t，是军曹鱼销量（0.075 万t）的 90 多倍。与 2019 年第 4 季度相比，大黄鱼和军曹鱼的养殖销量，前者大幅度增加，后者则大幅度减少，比例分别为 160.19%和−76.36%。结合图 3 和图 5 可以发现，军曹鱼季末存量也有所下降，而大黄鱼的季末存量增加比例较多，这与其成长周期和可售卖规格的多样性有较强的关系。

表 14 体系跟踪调查区域不同养殖模式下大黄鱼和军曹鱼养殖销量变动

养殖模式	大黄鱼			军曹鱼		
	2020 年第 4 季度销量/t	与 2019 年同比增幅/%	与上季度环比增幅/%	2020 年第 4 季度销量/t	与 2019 年同比增幅/%	与上季度环比增幅/%
普通网箱养殖	64 339.00	167.67	162.06	110.00	−93.41	12.24
深水网箱养殖	4 482.20	122.17	33.31	640.00	−57.42	−13.98
围网养殖	1 085.00	33.46	219.12	0.00	/	/
总计	69 906.20	160.19	147.43	750.00	−76.36	−10.93

4.2.5 海鲈和卵形鲳鲹销量变动

跟踪调查区域海鲈和卵形鲳鲹的销量变动情况见表 15。2020 年第 4 季度海鲈的销量为 6.64 万t，卵形鲳鲹的销量为 2.88 万t。其中，海鲈以普通池塘养殖和普通网箱养殖为主。结合图 2 可以看出，海鲈销量远低于其存量，与 2019 年同期相比下降 2.46%，比 2020 年第 3 季度增加 73.79%。卵形鲳鲹以深水网箱养殖为主，总销量比 2019 年第 4 季度减少 11.23%，比上一季度减少 19.19%。

表 15 体系跟踪调查区域不同养殖模式下海鲈和卵形鲳鲹养殖销量变动

养殖模式	海鲈			卵形鲳鲹		
	2020 年第 4 季度销量/t	与 2019 年同比增幅/%	与上季度环比增幅/%	2020 年第 4 季度销量/t	与 2019 年同比增幅/%	与上季度环比增幅/%
普通网箱养殖	19 424.00	60.64	72.81	2 310.00	74.08	−26.71
深水网箱养殖	3 917.00	361.91	60.66	26 456.50	−14.87	−18.46
普通池塘养殖	43 030.00	−21.91	75.54	0.00	−100.00	/
总计	66 371.00	−2.46	73.79	28 766.50	−11.23	−19.19

4.2.6 其他海水鱼销量变动

2020 年第 4 季度各地区跟踪调查区域其他海水鱼养殖销量变动情况见图 8。2020 年第 4 季度总销量为 13 737 t，与 2019 年同比下降 3.82%，比上季度增加 45.06%，以普通网箱养殖销量为主。同各海水鱼养殖销量情况类似，随着 2020 年下半年我国疫情防控取得明显成效，其他海水鱼销量逐渐回升。

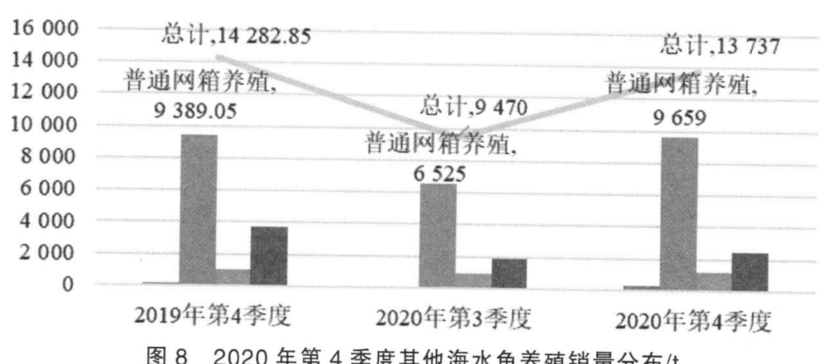

图 8　2020 年第 4 季度其他海水鱼养殖销量分布/t

5　国内市场海水鱼价格变动情况

根据产业经济岗位数据跟踪，对不同品种海水鱼价格变动情况及其价格指数进行分析。

5.1　不同品种海水鱼价格变动

5.1.1　鲆鲽类价格变动趋势

大菱鲆、牙鲆、半滑舌鳎是我国鲆鲽类养殖的主要品种。以葫芦岛大菱鲆（规格在 0.65 千克/尾以上）、昌黎牙鲆（规格为 0.75 ～ 1 千克/尾）、烟台半滑舌鳎（规格为 0.5 ～ 0.75 千克/尾）的出池价格为代表，对鲆鲽类价格变动进行分析（图 9、图 10）。

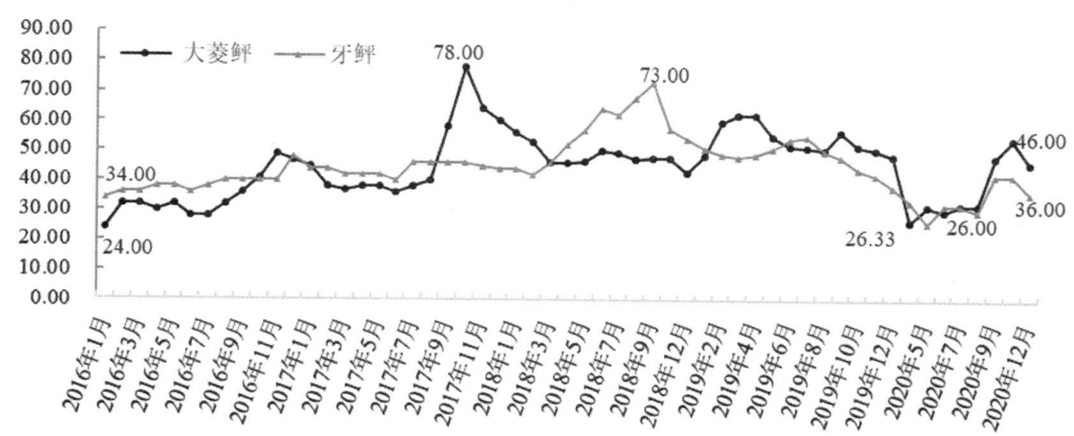

图 9　葫芦岛大菱鲆、昌黎牙鲆出池价格波动（元/千克）

“十三五”以来，大菱鲆、牙鲆和半滑舌鳎的价格变动呈现明显不同的趋势。大菱鲆和牙鲆相对半滑舌鳎，价格略低，但在近 5 年来，两者的价格在震荡波动中有一定程度的上涨（图 9）。其中，大菱鲆在 2017 年 10 月的价格达到峰值，为 78 元/千克，相比 2016 年 1 月的 24 元/千克，增加幅度超过 2 倍；牙鲆价格于 2018 年 9 月达到峰值，为 73 元/千克，相比 2016 年 1 月的 34 元/千克，增加 1 倍有余。受新冠肺炎疫情影响，2020 年第一季度两者基本没有销售；第二季度以来，大菱鲆和牙鲆的价格分别于 2020 年 4 月和 2020 年 5 月达到最小值，分别为 26.33 元/千克和 26 元/千克，牙鲆价格更是“十三五”以来的最低值。但随后两者价格均有一定程度上涨，2020 年 12 月的价格为大菱鲆 46 元/千克、牙鲆 36 元/千克，相比 2016 年 1 月的价格，月均增长速度分别为 1.11%和 0.10%。

不同于大菱鲆和牙鲆价格在波动中上涨的趋势，半滑舌鳎自“十三五”以来价格呈现在波动中下降的趋势（图 10）。半滑舌鳎价格自 2016 年 1 月的 145 元/千克，逐渐增长到 2016 年 8 月的 210 元/千克，达到“十三五”以来的最高价，增幅为 44.84%；随后价格在波动中逐渐下降，直至 2020 年受到新冠肺炎疫情影响，除第一季度基本没有销售外，半滑舌鳎价格于 2020 年 5 月达到谷底，为 88.33 元/千克，后随着疫情的缓和，逐渐恢复到 2020 年 12 月的 99 元/千克，该价格相对 2016 年 1 月的价格，月均下降速度为 0.64%。

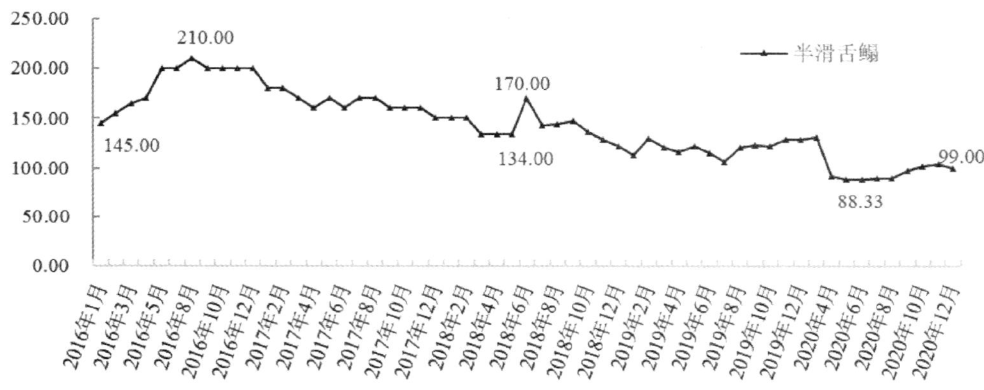

图 10　烟台半滑舌鳎出池价格波动（元/千克）

5.1.2　河鲀价格变动趋势

根据河鲀养殖的基本情况，其价格数据主要来自养殖产量较大的两个地区：暗纹东方鲀的价格主要来自江苏，红鳍东方鲀的价格主要来自大连。整体来看，河鲀价格相对稳定，如图 11 所示，2018 年 5 月以来，两种品种河鲀出池价格呈现如下特点：第一，红鳍东方鲀出池价格明显高于暗纹东方鲀出池价格，每千克高出 40 元左右；第二，红鳍东方鲀出池价格基本保持稳定，为 100 元/千克，暗纹东方鲀出池价格波动不大，整体呈现平稳震荡。

2020 年河鲀的销售同样受到新冠肺炎疫情的影响，特别是红鳍东方鲀。结合调研了解到，红鳍东方鲀的价格于 2020 年 1 月达到统计以来的最高值 120 元/千克，随后由于其主要供出口，受到国际市场影响，2020 年销量大幅降低，多以加工方式贮存。暗纹东方鲀上半年受养殖季节性及新冠肺炎疫情等因素影响，销量较低，下半年随着疫情减缓，存量降低，销量有所提升，但价格相对以往较低，在 44 ~ 54 元/千克波动。

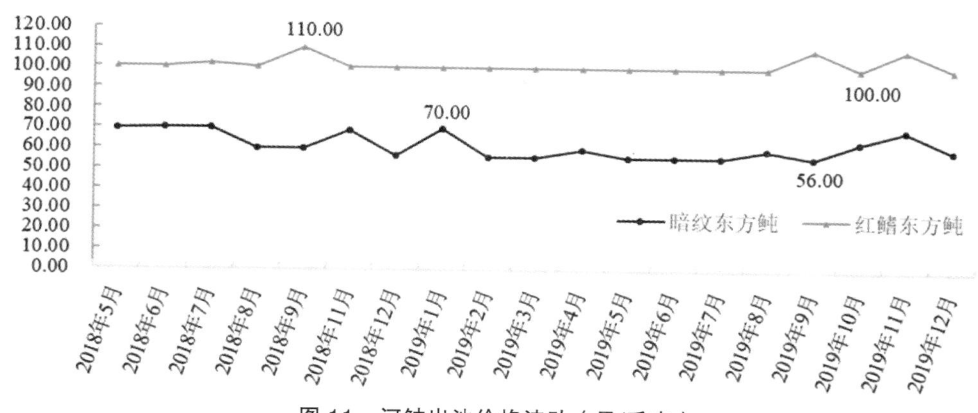

图 11 河鲀出池价格波动（元/千克）

5.1.3 石斑鱼价格变动趋势

根据市场情况，石斑鱼价格统计主要以市场销售最广的珍珠龙胆石斑鱼为例，如图 12 所示。“十三五”以来，珍珠龙胆石斑鱼价格在波动中略有下降，于 2018 年 2 月达到峰值 92 元/千克，相对于 2016 年 1 月增幅 75.8%，随后在波动中逐渐下降。特别地，2020 年受到新冠肺炎疫情的影响，价格于 6 月达到最低，为 33.67 元/千克，第 3 季度开始略有增加，2020 年 12 月的价格为 50.50 元/千克，相对于 2016 年 1 月的价格，月均下降速度为 0.06%。

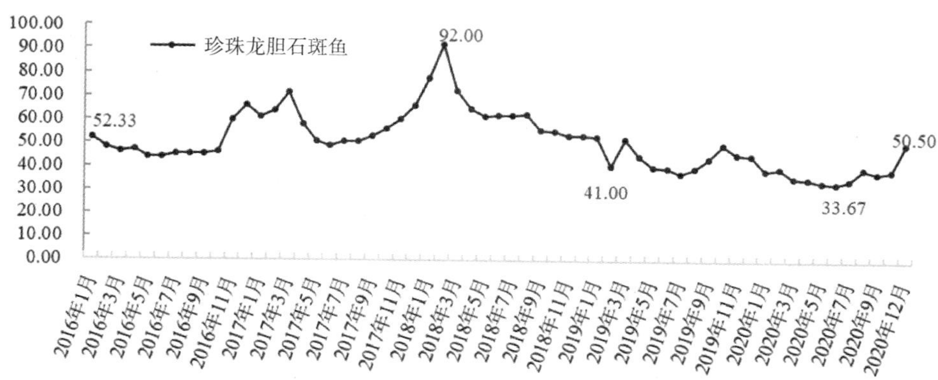

图 12 珍珠龙胆石斑鱼出池价格波动（元/千克）

5.1.4 海鲈价格变动趋势

如图 13 所示，“十三五”以来，海鲈的价格在波动中保持稳定，呈现明显的季节性变化，其中每年的第 2、3 季度价格较高，而第 1、4 季度价格略低。其中，2017 年 5 月的价格达到最大值 26 元/千克，比 2016 年 1 月的 16.20 元/千克增长 60.49%；2020 年 12 月的价格为 16.17 元/千克，与 2016 年 1 月的价格相比基本保持不变，与 2019 年同期相比则下降了 31.04%。一方面与这两年海鲈的市场行情不好有关，另一方面也受 2020 年的新冠肺炎疫情的影响。

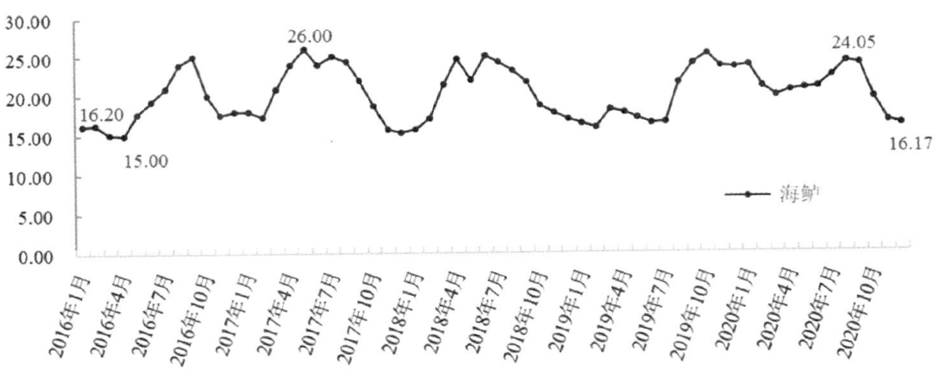

图 13　海鲈出池价格波动（元/千克）

5.1.5　大黄鱼价格变动趋势

大黄鱼的可销售规格较多，不同规格的价格也有一定差异。为便于分析大黄鱼整体的价格变动趋势，选取各个规格的月平均价格变动趋势，如图 14 所示。“十三五”以来，大黄鱼的价格整体呈现先增再降、在波动中下降的趋势，每年第 3 季度的价格略高。其中，2016 年 6 月达到最高值 58.61 元/千克，比 2016 年 1 月的价格增加 22.26%，2020 年 1 月为上半年最低价格 25.58 元/千克。2020 年第 3 季度大黄鱼价格开始回升，9 月价格回升至 2019 年 1 月以来的最高值 34.27 元/千克；随后第 4 季度价格出现下跌，2020 年 12 月大黄鱼月均价格为 24.53 元/千克，与 2016 年 1 月价格相比，月均下降速度为 1.13%，比 2019 年同期下降 7.37%。

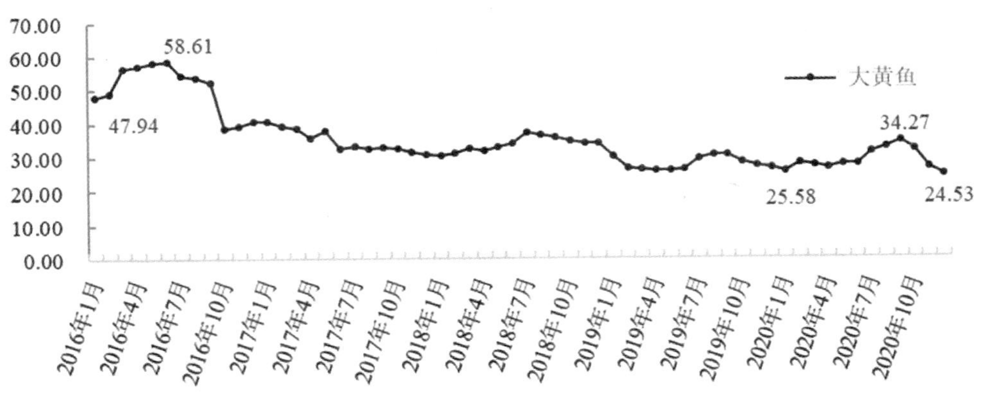

图 14　大黄鱼出池价格波动（元/千克）

5.1.6　卵形鲳鲹价格变动趋势

“十三五”以来，卵形鲳鲹的收购价格总体来看呈现震荡下跌趋势，周期性较为明显，每年第 1、2 季度价格偏高，第 3、4 季度价格偏低，最高价格达到 38.98 元/千克，最低价格为 2017 年 11 月的 18.54 元/千克。与其他鱼受到新冠肺炎疫情的影响不同，卵形鲳鲹的价格受到的影响相对较小。2020 年 4 月的价格达到了 5 年来的最高值 38.98 元/千克，比

2016 年 3 月的价格增长了 16%，比 2019 年同期增长 11.36%；2020 年 12 月的价格下降至 20.20 元/千克，与 2016 年 3 月的价格相比，月均下降速度为 0.89%，比 2019 年同期下降 24.63%（图 15）。

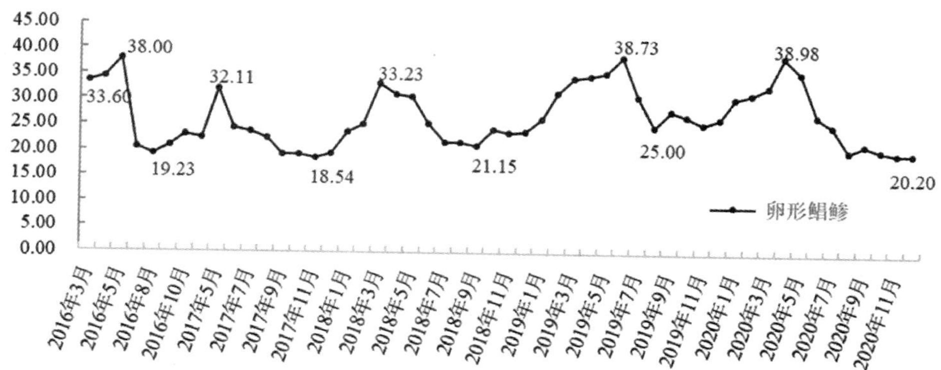

图 15　卵形鲳鲹出池价格波动（元/千克）

5.1.7　军曹鱼价格变动趋势

选取海南北港村 10 千克左右的军曹鱼价格数据进行分析，如图 16 所示。“十三五”以来，该规格下的军曹鱼价格在波动中略有上涨。2019 年 1 月价格达到最高值 60 元/千克，比 2017 年 1 月的价格增加 41.18%；2020 年受到新冠肺炎疫情的影响，其价格相对前几年出现了较大的波动，于 2020 年 3 月跌至 4 年来的最低价格 38.5 元/千克；后期随着疫情的缓和，价格逐渐回升到 12 月的 53 元/千克，与 2017 年 1 月相比，月均增长速度为 0.47%，比 2019 年同期增长 15.22%。

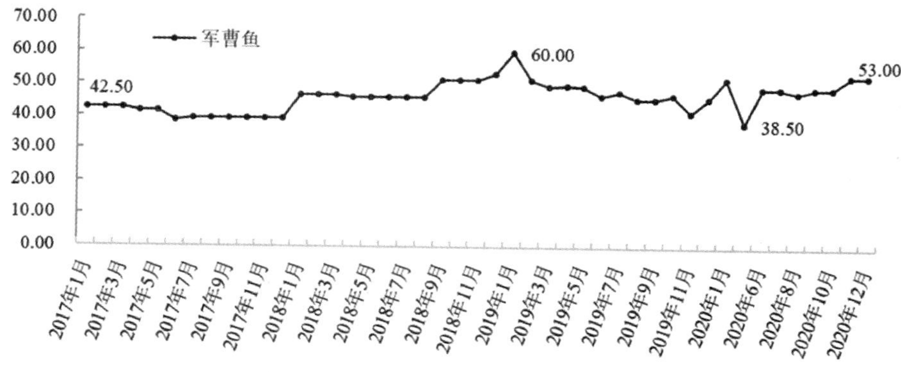

图 16　军曹鱼出池价格波动（元/千克）

5.2　价格指数分析

本报告在计算方法上采用帕氏指数编制方法，以报告期销售量加权计算起捕价格指数。出于数据可获得性原因，选择 2018 年第 4 季度为基期，构建 2018 年第 4 季度至 2020 年第 4 季度的海水鱼主要养殖品种的综合价格指数变动图（图 17）。

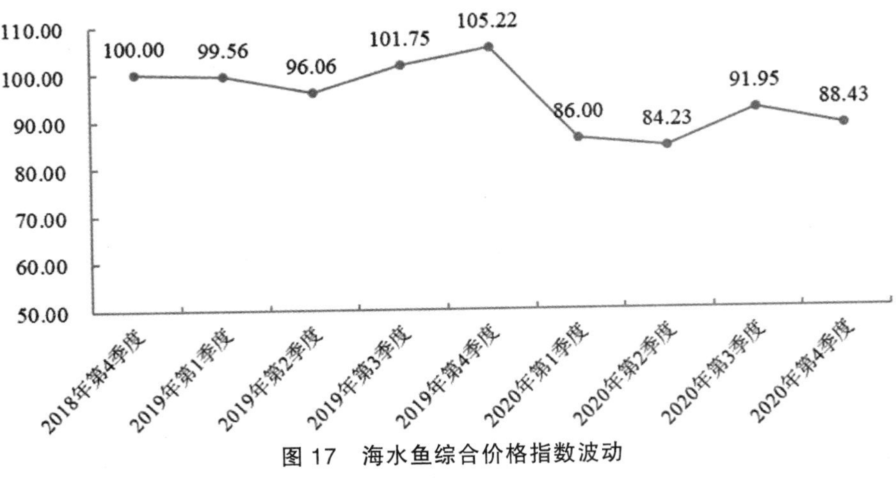

图 17　海水鱼综合价格指数波动

由于 2018 年第 3 季度至 2020 年第 3 季度，大黄鱼、海鲈和卵形鲳鲹的销量占养殖海水鱼主要品种总销量的比重为 52.69% ~ 80.33%，故这 3 种海水鱼的销量和价格变动对海水鱼综合价格指数的影响较为明显。

由图 17 可以明显看出，2018 年第 4 季度至 2020 年第 4 季度的综合价格指数呈现在波动中下降的态势，最小值为 84.23，平均值为 94.80，最大值为 105.22，2020 年第 4 季度的价格指数为 88.43。根据图 18 可以看出：卵形鲳鲹自 2018 年第 4 季度以来，价格指数的波动幅度较大，最大达到 2019 年第 2 季度的 152.49；大黄鱼和海鲈的价格指数波动相对卵形鲳鲹要小，两者均在 2019 年第 2 季度达到最小值，分别为 76.13 和 96.18，后逐渐有所回升，但两者总体呈现下降态势。

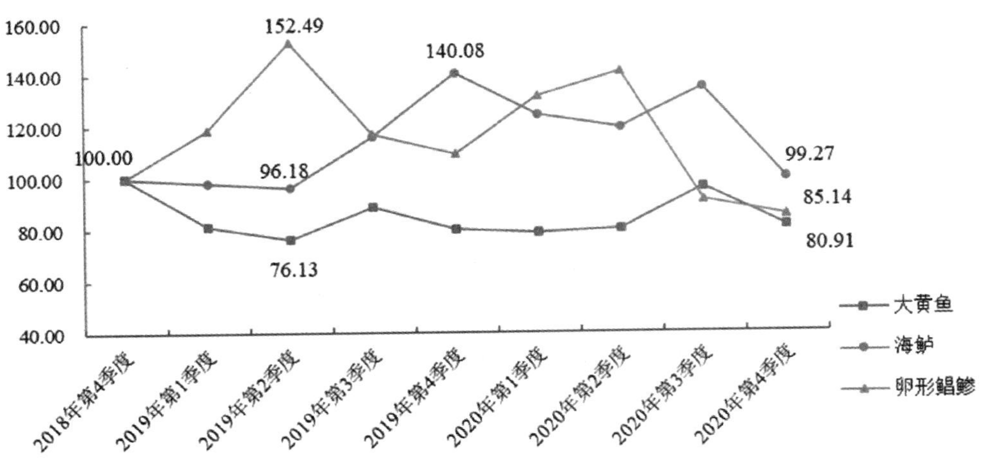

图 18　主要海水鱼价格指数波动

综合海水鱼价格指数变动及大黄鱼、海鲈和卵形鲳鲹的价格指数变动趋势，不难发现：2018 年以来，海水鱼价格指数整体有下降趋势，结合 5.1 对各海水鱼的价格分析，除个别鱼种价格在稳定中略有上涨外，多数参与统计的海水鱼价格均呈现下降态势；产量大的海水鱼品种价格波动对于综合价格指数的影响较大，维持这些品种的价格稳定对于海水鱼市场的稳定尤为重要。

6 2020 年海水鱼成本收益情况

根据 2020 年海水鱼产业技术体系产业经济岗位的线上调研数据，对不同品种海水鱼的养殖成本收益情况进行分析。

6.1 不同品种海水鱼养殖成本分析

不同品种海水鱼的养殖成本构成情况如表 16 所示。由表中数据可以明显看出：

（1）统计的 9 种海水鱼的养殖成本各不相同，单位变动成本高于单位固定成本。以工厂化循环水养殖的半滑舌鳎单位总成本最高，为 87.94 元/千克；海陆接力模式（工厂化循环水+普通网箱养殖模式）下的红鳍东方鲀次之，为 55.26 元/千克；池塘养殖模式下的海鲈养殖成本最低，为 16.88 元/千克；其他统计的海水鱼养殖成本区间在 20 ~ 50 元/千克。

（2）作为在单位总成本中占比较高的饲料支出项目，在不同养殖模式下有明显的差异。以网箱养殖模式下的饲料支出占比最高，其次是池塘养殖，工厂化养殖模式下的饲料支出占比相对略低。

（3）就不同品种海水鱼养殖成本而言，大菱鲆的单位变动成本为 32.34 元/千克，占总成本的 73.37%。其中，占比最大的饲料支出为 18.59 元/千克，占总成本的 42.18%；其次为电费支出 8.18 元/千克，占总成本的 18.56%；苗种支出为 4.18 元/千克，占总成本的 9.47%。上述三项成本一直为可变成本中的主要开支，也是养殖生产者缩减成本时的重点考虑对象。牙鲆不同养殖模式的成本构成情况不同：普通池塘的可变成本高于其他两种模式，主要原因是苗种支出和饲料支出较多；网箱的固定成本高于普通池塘和工厂化流水式，主要原因为固定员工工资较高。

暗纹东方鲀就单位可变成本而言，工程化池塘养殖模式下，饲料支出占比为 51.85%，低于普通池塘养殖模式下的 56.02%；电费支出占比为 11.53%，高于普通池塘养殖模式下的 9.04%。就单位固定成本来看，工程化池塘养殖模式下，固定员工工资支出和固定资产折旧占比分别为 11.34%和 7.35%，高于普通池塘养殖模式下的 7.61%和 4.28%。红鳍东方鲀养殖涉及工厂化循环水+普通网箱养殖、深水网箱养殖和普通池塘养殖三种养殖模式。不同养殖模式的养殖成本构成呈现较大的差别。其中，工厂化循环水+普通网箱养殖模式下，红鳍东方鲀从育苗到养成，养殖周期较长，养殖单位总成本要高于其他模式。深水网箱养殖模式和普通池塘养殖模式下的红鳍东方鲀则主要是从大苗开始养殖，其中深水网箱养殖的红鳍东方鲀销售规格要大于普通池塘养殖的红鳍东方鲀销售规格。

珍珠龙胆的养殖模式多样，其普通网箱养殖存在一定的成本优势，造成这种优势的原因主要有以下方面：① 鱼苗支出。一般来说，网箱养殖水域污染程度较低，可能导致鱼苗的成活率较高，继而降低鱼苗支出。② 水、电、煤支出。池塘养殖密度较高，需要水泵、增氧机等，而普通网箱养殖不需要该支出。③ 水域和土地租金。普通网箱养殖涉及土地和水域租金的情况较少，而池塘养殖除自留地外，往往会租用面积比较大的土地，需要支出土地租金，所以土地租金高于水域租金。就海鲈而言，池塘养殖、深水网箱和普通网箱三种不同养殖模式下，池塘养殖的成本最低，单位总成本为16.88元/千克；深水网箱养殖模式成本最高，单位总成本为35.24元/千克；普通网箱的养殖成本介于池塘养殖和深水网箱养殖之间，单位总成本为32.08元/千克。大黄鱼普通网箱养殖与深水网箱养殖相比，深水网箱的投入较大，成本较高。军曹鱼在养殖过程中以冰鲜杂鱼为主要饲料。使用冰鲜杂鱼养殖军曹鱼，每千克军曹鱼需要3～4千克冰鲜杂鱼，冰鲜杂鱼的价格约为4元/千克。为避免禁渔期间冰鲜杂鱼的价格上涨提高养殖成本，养殖户通常提前购买冰鲜杂鱼并储存在冷库中，导致水、电、油支出费用上涨。

表16　2020年海水鱼养殖成本分析

单位：元/千克

鱼种	养殖模式	单位总成本	苗种支出	饲料支出	渔药支出	水费支出	电费支出	油费支出	临时员工工资	运输费用	其他可变费用	单位变动成本	固定员工工资	固定资产折旧	设备维修费	水域租金	利息费用	其他固定费用	单位固定成本
大菱鲆	工厂化	44.08	4.18	18.59	0.52	0.52	8.18	0.07	0.92	0.00	0.12	32.34	1.94	5.45	1.41	0.38	0.31	0.08	11.74
牙鲆	普通网箱	27.45	2.67	11.31	0.13	0.00	0.00	0.14	0.85	0.35	0.00	15.45	8.84	2.16	0.13	0.72	0.15	0.00	12.00
	工厂化流水	31.94	1.73	14.17	0.07	0.00	3.91	0.00	0.25	0.00	0.00	20.13	8.45	2.06	0.25	0.15	0.15	0.75	11.81
	普通池塘	33.26	4.52	14.63	1.75	0.00	0.66	0.51	1.27	0.75	0.00	24.09	1.16	0.75	0.28	6.83	0.15	0.00	9.17
半滑舌鳎	工厂化循环水	87.94	8.55	38.09	1.84	0.00	7.82	0.00	0.00	0.00	0.00	56.30	17.93	10.54	2.30	0.00	0.46	0.41	31.64
暗纹东方鲀	工程化池塘	39.92	2.86	20.70	1.07	0.00	4.60	0.00	0.34	0.00	0.00	29.57	4.53	2.94	0.92	0.00	0.00	1.96	10.35
	普通池塘	34.24	2.27	19.18	0.88	0.03	3.10	0.08	0.57	0.01	0.20	26.32	2.61	1.46	0.18	0.40	0.04	3.23	7.92
红鳍东方鲀	工厂化循环水+普通网箱	55.26	0.00	25.04	0.10	0.00	4.43	2.77	0.10	1.52	0.00	33.96	5.26	15.76	0.26	0.00	0.02	0.00	21.30
	深水网箱	48.46	23.33	18.00	0.16	0.00	0.00	0.24	0.55	0.51	0.00	42.79	1.46	3.90	0.14	0.00	0.11	0.06	5.67
	普通池塘	49.50	9.80	22.70	0.37	0.00	0.07	0.00	3.36	0.06	0.00	36.36	1.20	0.82	0.01	0.00	0.06	11.05	13.14
珍珠龙胆	普通池塘	34.76	7.42	19.33	2.50	2.41	0.00	0.00	0.08	0.00	0.00	31.74	0.00	1.10	0.51	0.12	0.86	0.43	3.02
	网箱养殖	33.84	6.19	18.70	2.50	0.81	0.00	0.00	0.74	0.00	0.00	28.94	0.00	3.74	1.16	0.00	0.00	0.00	4.90
军曹鱼	深水网箱	32.38	0.37	28.26	0.00	0.00	0.00	0.06	0.16	0.00	0.00	28.85	1.10	2.17	0.10	0.05	0.09	0.02	3.53
	普通网箱	31.99	3.10	23.47	0.57	0.00	0.67	0.00	0.04	0.00	0.00	27.85	1.27	1.78	1.09	0.00	0.00	0.00	4.14

续表

鱼种	养殖模式	单位总成本	苗种支出	饲料支出	渔药支出	水费支出	电费支出	油费支出	临时员工工资	运输费用	其他可变费用	单位变动成本	固定员工工资	固定资产折旧	设备维修费	水域租金	利息费用	其他固定费用	单位固定成本
海鲈	池塘养殖	16.88	1.43	11.04	0.50	1.27	0.00	0.00	0.23	0.04	0.01	14.52	0.54	0.65	0.30	0.31	0.01	0.55	2.36
	普通网箱	32.08	1.52	23.60	0.01	0.55	0.00	0.00	0.00	0.80	0.05	26.53	2.15	0.53	1.34	0.65	0.88	0.00	5.55
	深水网箱	35.24	1.55	24.00	0.27	1.00	0.00	0.00	0.22	0.06	0.02	27.12	0.55	6.30	0.34	0.37	0.04	0.52	8.12
大黄鱼	普通网箱	23.52	0.99	18.01	0.14	0.00	0.05	0.15	0.16	0.20	0.02	19.72	1.93	0.69	0.17	0.25	0.13	0.63	3.80
	深水网箱	26.52	1.02	15.96	0.07	0.06	0.11	0.10	0.35	0.89	0.89	19.45	3.47	1.80	0.58	0.74	0.02	0.46	7.07
卵形鲳鲹	普通网箱	20.41	1.85	13.96	0.02	0.01	0.00	0.22	0.27	0.11	0.00	16.44	1.68	1.64	0.26	0.09	0.23	0.07	3.97

6.2 不同品种海水鱼养殖收益分析

2017—2020 年不同养殖模式下海水鱼养殖收益情况如表 17 所示。

表 17 2017—2020 年海水鱼养殖收益分析比较

鱼种	年份	养殖模式	养殖成本/（元/千克）	销售价格/（元/千克）	净利润/（元/千克）	成本利润率/%	销售利润率/%	边际贡献率/%
大菱鲆	2017	工厂化养殖	34.21	35	0.79	2.31	2.26	31.41
	2018	工厂化养殖	33.86	49	13.48	37.95	27.51	53.71
	2019	工厂化养殖	36.67	49.05	12.38	33.76	25.24	44.45
	2020	工厂化养殖	44.08	35.83	−8.25	−18.72	−23.03	9.73
牙鲆	2017	工厂化养殖	37.96	50	12.04	31.70	24.07	47.79
	2018	工厂化养殖	54.62	60	5.38	9.85	8.97	30.00
	2019	工厂化养殖	24.92	32.29	7.37	29.57	22.82	37.07
	2020	工厂化养殖	31.94	29.33	−2.6	−8.15	−8.88	31.39
	2018	普通池塘	32.34	37	4.66	14.41	12.59	52.00
	2019	普通池塘	30.49	42.29	11.8	38.70	27.90	57.82
	2020	普通池塘	33.26	38.89	5.63	16.93	14.48	38.05
	2019	普通网箱	24.37	27	2.63	10.79	9.74	33.67
	2020	普通网箱	27.45	34.25	6.8	24.79	19.87	54.93
半滑舌鳎	2017	工厂化循环水	97.25	160	62.75	64.53	39.22	68.84
	2018	工厂化循环水	100.47	140	39.53	39.35	28.24	41.00
	2019	工厂化循环水	88.37	113	25.3	28.63	22.26	49.81
	2020	工厂化循环水	87.95	116.24	28.29	32.17	24.34	51.57
红鳍东方鲀	2020	工厂化循环水+普通网箱	55.26	100	44.74	80.96	44.74	66.03
	2020	深水网箱	48.46	90	41.54	85.72	46.16	52.45
	2020	普通池塘	49.51	37	−12.51	−25.26	−33.80	1.73

续表

鱼种	年份	养殖模式	养殖成本/(元/千克)	销售价格/(元/千克)	净利润/(元/千克)	成本利润率/%	销售利润率/%	边际贡献率/%
暗纹东方鲀	2017	池塘养殖	50.03	55	4.7	9.35	8.55	39.97
	2019	池塘养殖	24.19	68.94	44.75	185.02	64.91	67.65
	2020	池塘养殖	34.95	57.5	22.55	64.52	39.22	53.53
海鲈	2017	池塘养殖	16.18	17.75	1.57	9.70	8.84	15.66
	2018	池塘养殖	14.28	23	8.72	61.07	37.91	42.29
	2019	池塘养殖	17.361	18.67	1.31	7.53	7.00	17.96
	2020	池塘养殖	16.87	18.22	1.35	8.02	7.42	20.32
	2017	普通网箱	31.48	38.09	6.61	21.00	17.36	31.50
	2019	普通网箱	32.074	42.05	9.97	31.10	23.72	29.83
	2020	普通网箱	32.08	35.21	3.13	9.74	8.88	24.66
	2017	深水网箱	36.62	39.71	3.09	8.45	7.79	30.87
	2019	深水网箱	17.947	62.09	44.14	245.95	71.09	72.83
	2020	深水网箱	35.25	36.79	1.54	4.38	4.19	26.28
军曹鱼	2017	普通网箱	23.13	40	16.87	72.96	42.18	49
	2018	普通网箱	30.77	50	19.23	62.5	38.46	46.12
	2019	普通网箱	26.15	39.33	13.18	50.42	33.52	39.60
	2020	普通网箱	31.99	44.00	12.01	37.53	27.29	36.71
	2018	深水网箱	28.9	30	1.1	3.8	3.66	10.87
	2019	深水网箱	25.40	44.00	18.60	73.23	42.27	48.71
	2020	深水网箱	32.37	40.00	7.63	23.56	19.07	27.88
珍珠龙胆石斑鱼	2018	池塘养殖	51.36	67.5	16.14	31.43	23.91	39.51
	2019	池塘养殖	41.14	52.00	10.86	26.40	20.88	25.40
	2020	池塘养殖	34.76	34.30	−0.51	−1.47	−1.50	7.32
	2020	普通网箱	33.84	34.00	0.16	0.48	0.48	14.89
卵形鲳鲹	2017	普通网箱	20.17	23	2.83	14.04	12.31	23.87
	2018	普通网箱	20.91	22.8	1.89	9.03	8.28	23.63
	2019	普通网箱	15.61	23.94	8.33	53.35	34.79	47.03
	2020	普通网箱	19.51	24.00	4.49	23.00	18.70	33.09
	2017	深水网箱	19.84	24	4.16	20.95	17.32	31.97
	2018	深水网箱	19.74	22.8	3.06	15.5	13.42	27.28
	2019	深水网箱	13.63	21.33	7.71	56.55	36.12	46.98
	2020	深水网箱	21.57	24.42	2.84	13.19	11.65	30.57
大黄鱼	2017	普通网箱	27.77	29.5	1.73	6.22	5.85	19.48

续表

鱼种	年份	养殖模式	养殖成本/（元/千克）	销售价格/（元/千克）	净利润/（元/千克）	成本利润率/%	销售利润率/%	边际贡献率/%
大黄鱼	2018	普通网箱	23.57	28.1	4.53	19.21	16.12	21.96
	2019	普通网箱	33.93	36.96	3.03	8.93	8.2	22.92
	2020	普通网箱	23.52	35	11.48	48.81	32.8	43.66
	2020	深水网箱	26.52	37.21	10.69	40.31	28.73	47.73

由表 17 可得，2020 年大菱鲆工厂化养殖、牙鲆工厂化养殖、红鳍东方鲀普通池塘养殖、珍珠龙胆池塘养殖均出现负的成本利润率和销售利润率。其中，大菱鲆工厂化养殖成本利润率达到−18.72%，销售利润率为−23.03%；牙鲆工厂化养殖成本利润率和销售利润率分别为−8.15%、−8.88%。同一养殖品种在不同养殖模式下，经济效益也各有不同。其中，牙鲆在工厂化养殖模式下经济效益为负，而在普通池塘和普通网箱养殖模式下经济效益均为正。红鳍东方鲀在深水网箱养殖模式和工厂化循环水+普通网箱养殖模式下的成本利润率较高，分别达到 85.72%和 80.96%，而在普通池塘养殖模式下呈现负经济效益。通过比较，大部分品种海水鱼 2020 年较 2019 年的经济效益都降低，主要是由养殖成本升高，而销售价格降低导致，其中深水网箱养殖模式下海鲈的养殖成本增加大概 1 倍，而销售价格却仅为去年价格的 1/2。

工厂化循环水+普通网箱养殖模式下红鳍东方鲀的边际贡献率最高，为 66.03%；其次为普通网箱养殖模式下牙鲆的边际贡献率，达 54.93%；再次是池塘养殖的暗纹东方鲀、深水网箱养殖模式下的红鳍东方鲀，边际贡献率分别达到 53.53%和 52.45%。边际贡献是管理会计学中一个经常使用的概念，它是指销售收入减去变动成本后的余额。边际贡献率即为边际贡献在销售收入中所占的百分比，可以理解为每一元销售收入给养殖户做出贡献的能力。工厂化循环水+普通网箱养殖模式下红鳍东方鲀销售收入每增加一元给养殖户做出贡献的能力最强。

6.3　不同品种海水鱼养殖盈亏平衡分析

不同品种海水鱼的养殖盈亏平衡情况如表 18 所示，由表中数据可以明显看出：

（1）不同养殖模式下，同种海水鱼的销售价格与盈亏平衡价格之差略有差别。半滑舌鳎的差值最高，市场销售价格比盈亏平衡价格高出 28.29，其次是池塘养殖暗纹东方鲀，两种水产品的养殖生产者盈利空间大。工厂化养殖大菱鲆、工厂化流水养殖牙鲆和池塘养殖模式下的珍珠龙胆的销售价格与盈亏平衡价格之差为负，分别为−8.25 元/千克、−2.6 元/千克和−0.51 元/千克，说明养殖户存在亏损。

（2）不同养殖模式下，同种海水鱼的盈亏平衡产量差距大。盈亏平衡产量越高，表明该种养殖方式的养殖风险越高。深水网箱养殖大黄鱼和卵形鲳鲹的盈亏平衡产量达到 10 万千克以上，养殖的不确定性和风险较高；网箱养殖珍珠龙胆的盈亏平衡产量不到 7000

千克，养殖风险最低。

（3）在价格等要素保持稳定的情况下，企业存在一定的经营风险。就盈亏平衡产量和实际产量的关系来看，安全边际率越高，盈亏平衡作业率越低，养殖户对于固定成本收回的能力较强，能较快地收回当年的固定成本，在价格等要素保持稳定的情况下，经营的财务风险处于较为安全的状况。工厂化养殖大菱鲆的安全边际量为负值（−236.72%），说明大菱鲆的实际销售产量远低于盈亏平衡产量，养殖生产者的养殖风险高，存在亏损的现象。不同养殖模式下，同种海水鱼的安全边际率存在差别，以牙鲆养殖为例，工厂化流水养殖的安全边际率为−28.28%，而普通网箱和普通池塘养殖在35%以上。总体上看，牙鲆养殖的安全边际率仍然偏低，说明在目前的养殖模式下，养殖户对于固定成本收回的能力较弱。

表 18　2020 年海水鱼养殖不确定性分析

鱼种	养殖模式	盈亏平衡产量/千克	实际销售产量/千克	安全边际量/千克	安全边际率/%	盈亏平衡作业率/%	盈亏平衡价格/（元/千克）	销售价格/（元/千克）	销售价格与盈亏平衡价格之差/（元/千克）
大菱鲆	工厂化	112 259	33 339	−78 920	−236.72	336.72	44.08	35.83	−8.25
牙鲆	普通网箱	21 477.89	33 646.88	12 168.99	36.17	63.83	27.45	34.25	6.8
牙鲆	工厂化流水	19 049.56	14 850	−4 199.56	−28.28	128.28	31.94	29.33	−2.6
	普通池塘	7 612.91	12 290	4 677.09	38.06	61.94	33.26	38.89	5.63
半滑舌鳎	工厂化循环水	40 289	86 613	46 324	53.48	46.52	87.95	116.24	28.29
暗纹东方鲀	池塘养殖	40 109.18	160 073.81	119 964.63	74.94	25.06	34.95	57.5	22.55
红鳍东方鲀	综合	82 330.60	144 290.63	61 960.02	42.94	57.06	50.68	66	15.32
珍珠龙胆石斑鱼	池塘养殖	29 454	48 833	19 379	39.68	60.32	34.76	34.25	−0.51
	网箱养殖	6 531	13 500	6 969	51.62	48.38	33.84	34	0.16
军曹鱼	网箱养殖	86 523.63	308 000	221 476	71.91	28.09	32.18	42	9.82
大黄鱼	普通网箱	24 053	96 716	72 663	75.13	24.87	23.52	35	11.48
	深水网箱	113 967	286 288	172 321	60.19	39.81	26.52	37.21	10.69
卵形鲳鲹	普通网箱	144 096	283 783	139 687	49.22	50.78	20.43	24.27	3.84

6.4　不同品种海水鱼养殖敏感性分析

不同品种海水鱼的养殖敏感性情况如表 19 所示，由表中数据可以明显看出：

（1）在变化方向方面，单位固定成本和可变成本与净利润的变化方向相反，价格与净利润的变化方向相同，池塘养殖珍珠龙胆石斑鱼除外。

（2）在价格对养殖生产者的净利润影响中，销售价格每提高 10%，暗纹东方鲀、红鳍东方鲀和网箱养殖的珍珠龙胆石斑鱼的净利润将会增加2倍以上，其中工程化池塘养殖的暗纹东方鲀增加最多，将会增加近3倍。池塘养殖的珍珠龙胆石斑鱼销售价格的敏感系数为-74.23%，由于池塘养殖净利润为负值，这表明珍珠龙胆石斑鱼的销售价格上涨10%，养殖者利润从亏损转为盈利状态。其他品种的海水鱼养殖净利润对价格的敏感性不大，基本在25%以下。

（3）在养殖成本对养殖生产者的净利润影响中，从单位总成本的敏感性来看，单位总成本每提高10%，大黄鱼的养殖净利润会亏损200个百分点，工程化池塘养殖暗纹东方鲀也将亏损近200个百分点，普通池塘养殖暗纹东方鲀和红鳍东方鲀的净利润亏损达到100 ~ 150个百分点。而珍珠龙胆石斑鱼由于池塘养殖利润为负值，当成本支出每上涨10%，养殖户的净利润持续亏损75.57个百分点。成本方面的敏感性主要集中在单位可变成本，各品种单位可变成本和单位总成本的敏感性相近。不同品种海水鱼的养殖单位固定成本对净利润相较单位可变成本敏感性较低，深水网箱养殖的大黄鱼的敏感性较大，当单位固定成本增加10%，养殖净利润越亏损66%。

表19　2020年海水鱼养殖敏感性分析

单位：%

鱼种	项目	单位变动成本	单位固定成本	单位总成本	价格
	变动百分比	10	10	10	10
大菱鲆	工厂化养殖	-3.92	-1.42	-5.34	4.34
牙鲆	网箱养殖	-2.27	—	—	5.03
	工厂化流水式养殖	-7.73	—	—	11.26
	普通池塘养殖	-4.28	—	—	6.91
半滑舌鳎	工厂化循环水养殖	-1.99	-1.12	-3.11	4.1
暗纹东方鲀	工程化池塘养殖	-147.26	-51.53	-198.79	298.79
	普通池塘养殖	-114.89	-34.6	-149.49	249.49
红鳍东方鲀	工厂化循环水+普通网箱养殖	-75.92	-47.6	-123.52	223.52
	深水网箱养殖	-103.02	-13.63	-116.65	216.65
卵形鲳鲹	普通网箱养殖	-3.58	-0.77	-4.35	—
	深水网箱养殖	-5.96	-1.62	-7.58	—
海鲈鱼	池塘养殖	-10.738	-1.738	-12.476	13.475
	普通网箱养殖	-8.488	-1.778	-10.266	11.266
	深水网箱养殖	-17.576	-5.267	-22.843	23.843
珍珠龙胆石斑鱼	池塘养殖	69	6.57	75.57	-74.23
	网箱养殖	-180.85	-30.63	211.47	212.5
大黄鱼	普通网箱养殖	-171.79	-33.1	-204.89	—
	深水网箱养殖	-181.95	-66.14	-248.08	—
军曹鱼	普通网箱养殖	-2.32	-0.35	-2.66	—
	深水网箱养殖	-3.78	-0.46	-4.24	—

7　2020年海水鱼进出口贸易简况

7.1　国际贸易基本情况

新冠疫情加剧逆全球化，9种海水鱼全球进出口贸易双降，贸易风险和不确定性加大。2020年1—8月，中国黄鱼出口贸易额同比下降7.4%，韩国黄鱼进口贸易额同比下降28.9%。美国是石斑鱼第一大进口国，占全球55%，其石斑鱼进口贸易额2 600.3万美元，同比下降31.5%。全球海水鲈主要出口国是希腊和土耳其，欧美是其主要消费市场，美国海水鲈进口贸易额下降13.6%。美国是全球军曹鱼第三大进口国，1—8月其军曹鱼进口额下降77.8%。中国是鲳的第一大出口国，出口量占全球56.8%，1—8月其出口额同比下降25.4%。

全球河鲀两大主要消费地韩国和日本需求大幅下降，二者河鲀进口贸易额同比分别下降19.3%和44.1%。

2020年全球鲆鲽类进出口贸易双降，平均交易价格下跌。丹麦、美国和冰岛等主要国家的出口贸易额降幅约7%；美国和日本进口贸易额降幅11% ~ 15%；韩国进口下降显著，同比下降27.3%。

7.2　我国贸易基本情况

新冠疫情使我国9种海水鱼进出口贸易双降，贸易总额缩小13.3%，贸易增长乏力，部分品种自5月起进出口贸易开始恢复增长。当前逆全球化风潮愈演愈烈，各种形式的贸易保护主义不断升级，加之新冠疫情在全球持续蔓延，各国因防疫需求采取更加谨慎的贸易政策。在此大环境下，海水鱼重要消费地欧美市场需求低迷，其国际循环动能被削弱，中国海水鱼进口、出口均遇阻。2020年1—8月，中国鲆鲽类、黄鱼、鲳、尖吻鲈（舌齿鲈属）、河鲀和军曹鱼的进出口贸易额分别是6.45亿美元、1.5亿美元、5 097.9万美元、334.16万美元、245.3万美元和236万美元，贸易总额为8.53亿美元，同比下降13.3%。

除军曹鱼外，监测的其他海水鱼贸易顺差和逆差均收窄。2020年1—8月，鲆鲽类贸易逆差1.16亿美元，同比收窄434万美元。黄鱼贸易顺差1.42亿美元，收窄1 043万美元。鲳贸易顺差2 472.3万美元，收窄962.5万美元。尖吻鲈（舌齿鲈属）和河鲀贸易顺差分别为256.4万美元和245.3万美元，收窄117.6万美元和28.8万美元。军曹鱼贸易顺差235.8万美元，顺差扩大138.5万美元。

8　海水鱼养殖产业发展中存在的问题

8.1　新冠疫情初期对产业发展造成较大冲击

面对意外冲击，海水鱼养殖产销链的脆弱性凸显。2020年初新冠疫情的暴发初期，我国各地采取了严格的防疫封禁措施，大量养殖海水鱼产品难以运输到外界，导致产品滞销，存塘量激增，加上餐饮业、农贸市场需求锐减，产销链中断使得海水鱼产品销售价格骤降，养殖户回款困难，养殖计划被严重打乱，部分养殖户选择退出市场。面对不利局面，部分养殖企业积极在社区团购、电商平台、社交新零售、直播卖货等线上渠道布局发力，通过销售渠道和产品形式创新实现逆袭突破，降低了疫情带来的损失。进入2020年下半年，尽管随着疫情得到有效控制，养殖海水鱼产销链逐步恢复，但价格回升较慢，养殖利润有待提升。

8.2　苗种质量退化，鱼苗成活率低

苗种质量是海水鱼产业健康发展的前提，特别是大菱鲆。在调研中发现，相比较于其他海水鱼，大菱鲆的成活率相对较低，制约大菱鲆产业的可持续健康发展，其主要原因在于近些年的苗种质量下降。大菱鲆良种选育时间长，在大菱鲆养殖产业链中的附加值较高，至少需要十年时间才能使选育的优良特性达到稳定生产并投入使用，因此持续推进大菱鲆优质苗种的繁育是养殖业健康发展的根本。

8.3　价格协调机制不健全

经济学理论已经阐明，市场价格是引导资源配置的指针。因此，价格波动是否合理，在很大程度上会影响在这一产业发展过程中资源是否会被浪费。而绝大多数海水鱼养殖品种的价格波动都较大，这显然不利于产业的稳定发展。

在价格调控机制方面，存在调控组织缺乏或组织的调控效能需提升问题。一方面表现为定价权在中间商贩而不是养殖户手中；另一方面是尽管一些品种的养殖者已经建立了协会，但由于制度不健全、利益链接机制不健全等原因，并未能发挥有效的生产组织与价格协调功能。

在质量-价格显示机制方面，我国海水鱼养殖产品呈现优质不优价的现象。比如，工厂化循环水养殖出来的大菱鲆，由于生产过程必须使用比流水养殖更加绿色环保的生产工艺，其产品质量理应更高，销售价格也应当更高，但由于缺乏经济有效的产品质量显示保障机制，这些绿色环保的生产系统中生产出来的产品并未能销售到高的价格。在绿色养殖生产系统投入相对较高的情况下，结果是"劣币驱逐良币"，产生社会大众、市场参与者及相关各方都不愿看到的"逆淘汰"。这事实上也是工厂化循环水养殖等绿色养殖模式推广举步维艰的重要原因。

8.4　市场拓展组织化水平不高

近年来，随着居民收入水平持续提升和绿色发展理念逐步深入人心，消费者需求正在逐步向"质量型"、多元化转变，生产者需针对性地进行市场细分，并在此基础上积极拓展市场。然而目前海水鱼类养殖产品差别化开发程度明显不足，同时一些品种（如军曹鱼、

卵形鲳鲹等）的消费者认知程度还不高，尤其在内陆地区。

此外，水产养殖业的绿色发展，必须有有效的绿色消费需求为拉动力。从全球市场来看，对产品的环保要求已日益受到重视。从国内市场看，随着国内消费者收入水平的提高，对绿色、安全的产品需求也在迅速增加。然而需要注意到，消费者愿意购买绿色产品并为其支付更高的价格不等于实际上已经支付此价格。将潜在需求转化为现实需求的前提是消费者能够在市场上了解到产品信息。缺乏有效的市场信息，或者有相关信息但由于供货渠道不通等原因而无法实施购买行为，则潜在需求也无法转化为有效需求。要达到上述目的，生产者必须组织有效的市场拓展，向市场有效地传递绿色产品信息。无论是和挪威的三文鱼还是和澳大利亚的龙虾相比，我国海水鱼养殖产品的市场拓展力度还远远不够，组织化水平还相对较低。由于缺乏有效的市场拓展，绿色消费需求的潜力还未能充分发挥。

8.5 风险防范体系不健全

海水鱼养殖业是一个风险相对较高的产业，生产者不仅面临病害风险，还面临着自然灾害、市场风险、社会舆情风险、宏观经济风险，甚至饵料短缺与质量风险、苗种质量风险、断水断电风险、人身安全风险等。然而，从调查结果来看，尤其是在受到疫情冲击后，海水鱼养殖业的风险防范体系还不够健全。

从微观生产者层面看，养殖生产者普遍缺乏完善的生产运行风险管理制度，体现在管理的标准化程度不高、对于社会舆情风险的处置能力普遍缺乏、面对市场风险只能被动接受等方面，对渔业保险缺乏清晰和理性的认知。从产业管理乃至宏观层面，水产养殖保险、融资担保与再保险制度仍需进一步健全完善，做好养殖生产者抵抗风险的保障工作。根据调查情况看，目前辽宁、河北等省份水产养殖保险相对滞后，而上海、浙江、福建等省市相对较好。但即便是这些省市，保险品种、融资担保、养殖再保险等方面仍需进一步提升。

8.6 海水鱼养殖产业链相对较短

长期以来，由于全产业链治理理念缺失、消费习惯影响以及组织化程度低等原因，多数养殖品种产业链只实现从苗种繁育、养殖、中间商收购、加工、批发、零售等环节，销售环节以线下鲜活、冰鲜、冷冻海水鱼产品为主，部分品种开始线上销售，但缺乏一定规模。此外，当前海水鱼养殖产品缺乏产品设计、品牌化销售等。加工环节以鱼干、切片急冻产品等初级与粗加工为主，产品精深加工相对滞后，甚至部分产品初级加工留有空白。相比美国肉鸡等产业链，我国海水鱼产业链的资源利用率和产品附加值较低，产业链有待进一步延伸。

9 对策建议

2020 年是不平凡的一年，新冠肺炎疫情在世界范围内蔓延，全球经济遭受重创并下滑，贸易单边主义、保护主义盛行，中美两大经济体贸易摩擦不断，英国退出欧盟后与欧盟 27 国贸易关系不明朗。在经历了供应波动、价格波动、地缘政治紧张和经济挑战的艰难的一年后，全球渔业不确定性因素增加。在复杂的国际贸易形势下，为使我国海水鱼养殖产业打通从养殖到终端消费的链条各环节，实现产业的高质量发展，基于运行分析，提出以下建议。

9.1 以提升人民福祉为核心，增加准公共产品供给

中国特色社会主义事业下的水产养殖产业应发展成为以提升人民福祉为核心、以市场机制为基础、以产业协调与监管为引领的共建共治共享的可持续发展产业。提升人民福祉，不仅要提升消费者福利，提升养殖生产者利润，还需要政府引导，提供公共产品与服务，实现资源的有效配置。建议通过优化惠农惠渔资金使用方向，以政府引导资金撬动更多生产者资金投入，加大产业协会、产品品牌、养殖用水处理公共设施、传统渔业基础设施以及新基础设施的建设，提供更多准公共产品，提升共建共治共享水平。

9.2 加强产业标准化，从制度设计层面规范生产经营秩序

合理布局养殖生产，源头上推广并实施绿色生态养殖模式，规范鱼类的生产经营秩序。建立鱼类苗种生产、捕捞养殖生产、流通贮藏、产品加工等环节相应的标准和技术规范体系；规范水产养殖药品的生产、销售和使用，加大药品的监管力度；建设养殖海水鱼溯源体系，落实责任主体，加强质量安全监管。养殖户、科研机构、企业和政府单位多方参与产业标准化的制定与实施，从制度层面使整个产业向标准化、规范化和规模化方向发展。

9.3 加大产品加工化，延伸海水鱼养殖产业链

2020 年 6 月 22 日，国务院发文《关于支持出口产品转内销的实施意见》（国办发〔2020〕16 号），要求各省市通过搭建转内销平台、发挥有效投资带动作用、精准对接消费需求等方式多渠道支持出口产品转内销。海产品加工企业要加快转型，精准定位国内不同阶层消费者，研发高品质的、形式多样的、电商渠道的、易运输存储的、标准化程度高的加工水产品、半成品或预制品等，以应对国际市场需求疲软、关税和长期加工贸易不确定性问题。同时，要依托科技创新，在海洋保健功能食品、海洋生物材料、海洋药物方面进行研发，拓展完全延伸产业链，增加增大产品附加值，提高国际市场的竞争力。

9.4 提高品质、差异开发，强化双循环格局

立足国内，把扩大内需作为战略基点，努力实现内需为主、外需为辅。建议优化现代农业产业技术体系及水产技术推广系统架构，加大品牌设计、产品加工、市场拓展等领域支持，挖掘消费潜力；以市场需求为导向，针对不同消费群体，优化水产养殖各品种比例结构，在保障粮食安全与产品质量前提下，优先开发满足国内差异化需求所需的水产品，尤其是绿色生态

水产品，开发适销对路的高品质的冷冻品、半成品、速食品；加强传统水产品市场质量监管，严厉打击各种影响水产品质量安全的各种违法违纪经营行为。

加强国际渔业合作，优化产品进出口结构，逐步提升水产养殖技术输出水平。拓宽海水鱼类的国际销售渠道，重点拓展“一带一路”沿线国家和地区市场，推进出口市场多元化。充分发挥我国海水鱼养殖业的技术优势与产业优势，支持养殖企业“走出去”，推进海外水产养殖基地建设，拓展养殖空间。

9.5 充分挖掘知识资本的作用，革新海水养殖发展理念

建议结合产业培训与专业人才培养，加大海水养殖及全产业链的知识资本投资，革新发展理念。重视知识经济时代下由于知识爆炸与信息不对称带来的顾客价值主动创造特性，重视大数据在顾客价值开发中的作用。补齐短板，更加重视水产品加工、养殖设施设备制造、养殖用水处理、水体生态环境修复与服务、渔文化创意、休闲渔业、水产养殖金融与保险、水产养殖关联数据平台经济等产业发展，推进产业融合。结合海水养殖专业从业人员的专业知识，设计符合养殖生产者的渔业保险，健全海水养殖风险防范体系，提升养殖户和企业对保险的认知水平，提升产业“抗震”能力。

9.6 探索新的水产品交易方式，拓宽流通渠道

利用现代互联网技术和电商平台，在完善传统交易市场的同时，积极拓展水产品线上销售渠道，形成现代化海水鱼产品流通网络，压缩中间商等多余环节，拉近养殖生产者和消费者之间的距离，提高产品流通效率。与背景实力强、客户端销售渠道广、互联网运营经验丰富的线上运营商合作搭建水产品线上交易服务平台，加快培育线上线下融合发展的数字化市场，实现传统水产养殖产业转型升级。

9.7 推进海水鱼养殖产业技术研发

海水鱼养殖产业已经有较好的技术基础和产业优势，但随着进一步发展，还会有新的困难和问题不断出现。建议支持高等院校开展关于良种培育等的科研工作，扶持育苗企业并培训相关专业人才，促进产学研融合。只有立足科技创新，解决苗种品质退化、病害防治等方面的难题，整合自然科学、社会科学、政府管理部门、养殖生产者各方面的力量，才能使海水鱼养殖业向更高层次的产业化目标迈进。

（岗位科学家　杨正勇）

大菱鲆种质资源与品种改良技术研究进展

大菱鲆种质资源与品种改良岗位

2020年度，大菱鲆种质资源与品种改良岗位重点开展了大菱鲆耐高温选育不同选育时代的遗传稳定性分析；完成了大菱鲆耐高温选育新品种选育性状性能评估；完成了大菱鲆早期生长阶段生长、成活率和饲料转化率的遗传评估；开展了大菱鲆耐高温分子标记辅助育种技术研究；完成了热应激条件下siRNA介导的*MDM4*与*p53*互作关系研究；完成了高温应激下大菱鲆肝脏脂质代谢调控模式的转录组分析；开展了热应激对大菱鲆心肌损伤及细胞凋亡影响的研究；开展了热应激条件下*ube2h*基因与*p53*互作关系的分子机制探究；开展了转录组分析低盐胁迫致大菱鲆肝脏脂代谢紊乱研究。

1　大菱鲆耐高温选育不同选育时代的遗传稳定性分析

以大菱鲆耐高温性状选育家系为材料，利用多态性微卫星标记，分析了大菱鲆耐高温性状选育F_1到F_3三个选育世代的遗传结构与遗传多样性变化情况。结果说明随着选育的进行，F_1到F_3代群体遗传多样性渐次下降，群体在遗传上逐渐得到纯化，基因逐渐趋向稳定（表1、图1）。根据等位基因频率计算三个世代群体之间的遗传相似性系数、遗传距离及遗传分化指数。计算结果表明：随着耐温群体选育的进行，人工的选择压力在一定程度上改变了选育群体的遗传结构，使得遗传结构逐步趋向稳定。相邻世代间的遗传分化指数总体变小，遗传分化指数都较小，表明遗传变异主要来源于群体内个体之间。还发现经过三代耐温选育，遗传分化程度总体上是在逐渐变小的，说明群体的遗传结构也逐步趋于稳定（表2、表3）。

表1　10个微卫星位点在三个连续选育世代中的平均多样性遗传参数

	观测杂合度	期望杂合度	等位基因数	有效等位基因数	香农指数	多态信息含量（PIC）
F_1	0.690	0.715	4.900	3.665	1.378	0.655
F_2	0.667	0.665	4.700	3.212	1.241	0.599
F_3	0.610	0.627	3.700	3.063	1.153	0.583

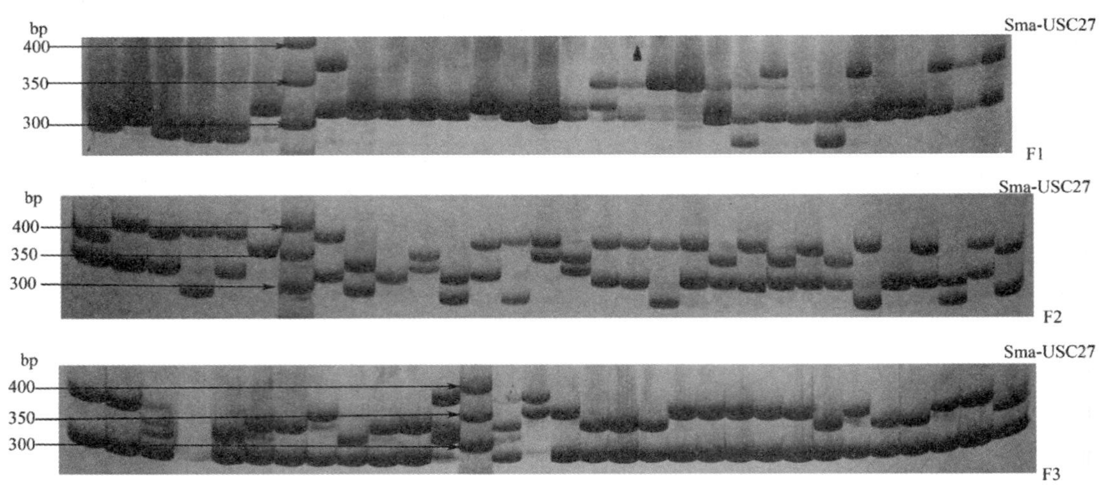

图 1　Sma-USC27 位点在三个连续选育代中的个体PCR扩增带谱

表 2　三个世代群体间的遗传距离（对角线下方）及遗传相似性系数（对角线上方）

Pop ID	F_1	F_2	F_3
F_1	****	0.707	0.638
F_2	0.347	****	0.803
F_3	0.450	0.220	****

表 3　四个世代间遗传分化指数（Fst）值比较

Pop ID	F_1	F_2	F_3
F_1	****		
F_2	0.066 2	****	
F_3	0.079 5	0.050 1	****

2　大菱鲆耐高温选育新品种选育性状性能评估

对“耐高温新品种”和普通养殖群体在不同温度梯度下进行耐温性能评估发现（表 4、表 5）：选育组在 23℃和 25℃普通养殖条件下，高温养殖周期内的成活率分别为 95%和 92%，普通养殖群体的成活率分别为 75%和 48%，选育群体比相应发育阶段的普通养殖群体的成活率分别提高了 26.667%和 91.667%；选育组在 23℃和 25℃养殖条件下的体重分别为 636.115 g和 616.77 g，普通养殖群体的体重分别为 455.38 g和 400.56 g，选育群体比相应发育阶段的普通养殖群体的体重分别提高了 39.689%和 53.977%。选育组高温耐受性提高了 2℃以上，主要经济性状遗传稳定性达到 90%以上。27℃高温耐受实验中，选育组和普通养殖群体的成活率分别为 70.21%和 9.70%；29℃高温耐受实验中，选育组和普通养殖群体的成活率分别为 50.22%和 0%。

表 4　23℃和 25℃条件下HT（♂）×FG（♀）组合和对照系耐高温和体重方差分析

性状	比较	变异来源	平方和	自由度	均方	*F*值	*P*值
成活率	23℃ HT（♂）×FG（♀）组合和23℃对照系	群体间	1 528.810	1	1 528.810	1 214.598	0.000
		群体内	28.950	23	1.259		
		总和	1 557.760	24			
	25℃ HT（♂）×FG（♀）组合和23℃对照系	群体间	1 115.560	1	1 115.560	399.655	0.000
		群体内	64.199	23	2.791		
		总和	1 179.760	24			
	25℃ HT（♂）×FG（♀）组合和25℃对照系	群体间	7 499.560	1	7 499.560	2 559.197	0.000
		群体内	67.400	23	2.930		
		总和	7 566.960	24			
体重	23℃ HT（♂）×FG（♀）组合和23℃对照系	群体间	130 660.560	1	130 660.560	26.509	0.000
		群体内	113 363.013	23	4 928.826		
		总和	244 023.574	24			
	25℃ HT（♂）×FG（♀）组合和23℃对照系	群体间	104 186.928	1	104 186.928	22.252	0.000
		群体内	107 685.189	23	4 681.964		
		总和	211 872.118	24			
	25℃ HT（♂）×FG（♀）组合和25℃对照系	群体间	186 987.056	1	186 987.056	45.142	0.000
		群体内	95 269.193	23	4 142.138		
		总和	282 256.250	24			

表 5　23℃和 25℃条件下HT（♂）×FG（♀）组合和对照系耐高温和生长性能均值比较

温度	性状	HT（♂）×FG（♀）	普通养殖群体	提高的百分率
23℃	成活率	95%	75%	26.667%
	成活率变异系数	1.133%	1.461%	
25℃	成活率	92%	48%	91.667%
	成活率变异系数	1.860%	2.802%	
23℃	体重	636.115	455.38	39.689%
	体重变异系数	9.512%	19.676%	
25℃	体重	616.77	400.56	53.977%
	体重变异系数	9.422%	18.591%	
23℃	体长	22.815	21.1	8.128%
	体长变异系数	5.249%	5.881%	
25℃	体长	22.650	19.600	15.561%
	体长变异系数	3.773%	5.203%	

续表

温度	性状	HT（♂）×FG（♀）	普通养殖群体	提高的百分率
23℃	全长	29.950	27.460	9.068%
	全长变异系数	4.592%	4.349%	
25℃	全长	29.665	25.78	15.070%
	全长变异系数	3.198%	4.644%	

3 大菱鲆早期生长阶段生长、成活率和饲料转化率的遗传评估

对大菱鲆生长率、存活率和饲料转化率三个经济性状的遗传参数进行了遗传评估。大菱鲆生长率、成活率和饲料转化率的遗传力分别为 0.232 335、0.109 001 和 0.101 866。成活率和饲料转化率的遗传力较低，生长率的遗传力为中等（表 6）。生长率与存活率、生长率与饲料转化率、存活率与饲料转化率的表型相关系数分别为 0.091 9、0.460 9 和 0.247 2。生长率与存活率、生长率与饲料转化率、存活率与饲料转化率的遗传相关系数分别为 0.098 4、0.565 4 和 0.373 2。除生长率与成活率之间的表型和遗传相关性较低外，其他性状间的相关性均为中等（表 7）。考虑到生长率、成活率和饲料转化率性状间的正相关关系，应采用最佳线性无偏预测（BLUP）的多性状综合选择育种方法，同时对其进行遗传改良。

表 6　大菱鲆生长率、成活率和饲料转化率的方差组分和遗传力

性状	方差组分			遗传力
	σ_a^2	σ_f^2	σ_e^2	h^2
生长率	0.000 411	0.000 016	0.001 342	0.232 335
成活率	0.000 310	0.000 047	0.002 487	0.109 001
饲料转化率	0.000 131	0.000 018	0.001 137	0.101 866

表 7　大菱鲆生长率、成活率和饲料转化率间的表型相关（r_p，上三角）和遗传相关（r_g，下三角）

性状	生长率	成活率	饲料转化率
生长率		0.091 9 ± 0.023 44	0.460 9 ± 0.047 0**
成活率	0.098 4 ± 0.013 3		0.247 2 ± 0.013 3**
饲料转化率	0.565 4 ± 0.089 6**	0.373 2 ± 0.075 5**	

注：**表示在 0.01 水平达到显著（双尾检验）。

4　大菱鲆耐高温分子标记辅助育种技术研究

挑选 2017 年家系性成熟、健康的大菱鲆作为亲鱼，收集鱼鳍。提取采集的亲鱼鱼鳍DNA，根据 2020 年家系构建方案中设置的 4 个标记（3 个SSR、1 个SNP）进行基因分型工作。最终获得 106 尾亲鱼每个个体 4 个分子标记的分型结果，并在标记富集效应的思路下进行具体育种方案实施：利用本实验室筛选得到的 3 个利用率较高的SSR标记USC-27、Sma1-125INRA、Sma-USC86 和通过共享QTL筛选后的SNP标记M19494，共计 4 个标记进行配种方案设计。2020 年 4 月开始家系构建工作，共构建 31 个家系，选择卵量在200 g以上的家系进行培育，共成功完成 18 个耐高温新品系的生产任务。

5　热应激条件下siRNA介导的*MDM4*与*p53*互作关系研究

cDNA末端的快速扩增被用于获得大菱鲆*mdm4*基因的全长cDNA（*Sm-mdm4*）并进行生物信息学分析。结果表明，*Sm-mdm4*的cDNA长度为 1 623 bp，编码 388 个氨基酸，理论等电点为 4.69。通过qPCR检测并定量了*Sm-mdm4*在不同组织中的表达，其在脾脏中最高而在肾中最低（图 2）。此外，还测定了热应激后肝脏和心脏中*Sm-mdm4*的表达谱，以及在RNA干扰下热应激对*Sm-mdm4*和*p53*的影响。数据表明，*Sm-mdm4*和*p53*在*mdm4*干扰后在正常温度条件下表现出拮抗作用，但在热应激下心脏中显示出协同作用（图 3），推测*mdm4*和*p53*信号传导途径之间存在互作关系。当前的结果加深了对大菱鲆热耐受性分子机制的理解，为后期筛选*mdm4*多态性位点及其在分子育种中应用提供了依据。

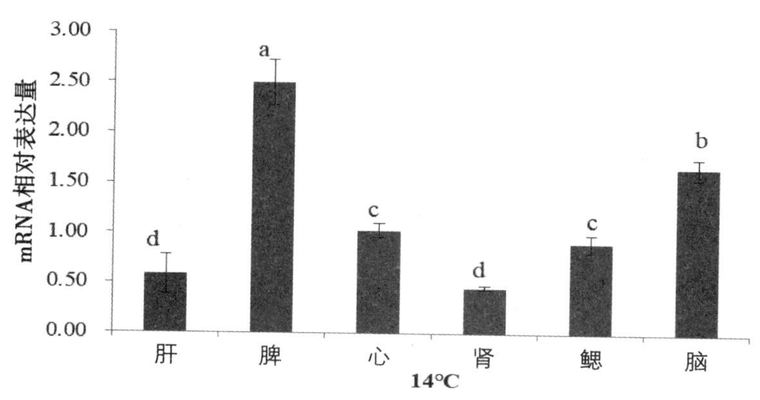

图 2　*Sm-mdm4*在不同组织中的表达分布

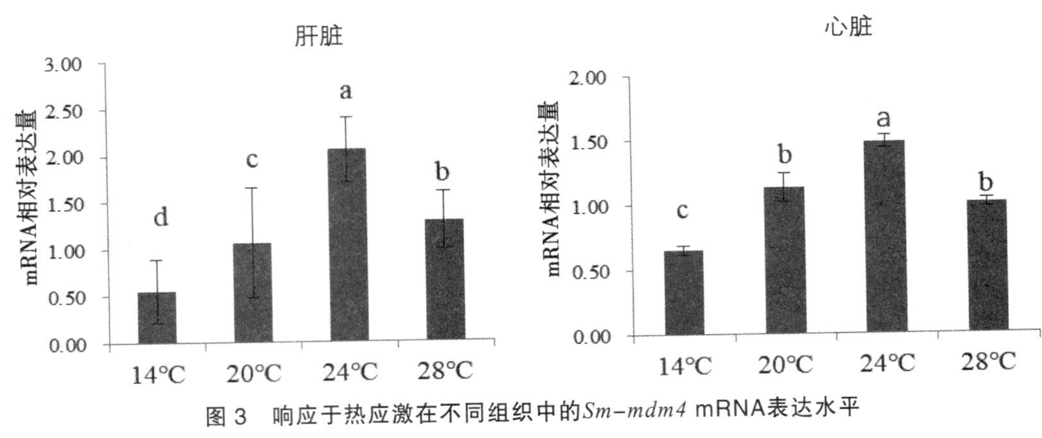

图 3　响应于热应激在不同组织中的*Sm-mdm4* mRNA表达水平

6　高温应激下大菱鲆肝脏脂质代谢调控模式的转录组分析

在本研究中，模拟了大菱鲆培养过程中可能出现的高温环境（20℃、24℃和 28℃）。采用高通量测序研究高温胁迫下大菱鲆幼鱼肝脏脂质代谢的响应模式。同时，取血液检测血脂指标总胆固醇、甘油三酯、高密度脂蛋白和低密度脂蛋白在不同温度下的含量。通过对转录本进行组装，注释共鉴定了 2 067 个差异表达基因，显著富集到 41 条通路上。通过筛选得到 49 个脂质代谢相关的差异表达基因，这些基因主要参与固醇合成、甘油磷脂代谢、脂肪酸合成和代谢、PPAR通路。对基因进行趋势分析，发现大部分基因通过不同程度的上调和下调以调控高温应激下机体的脂质代谢（图 4、图 5）。

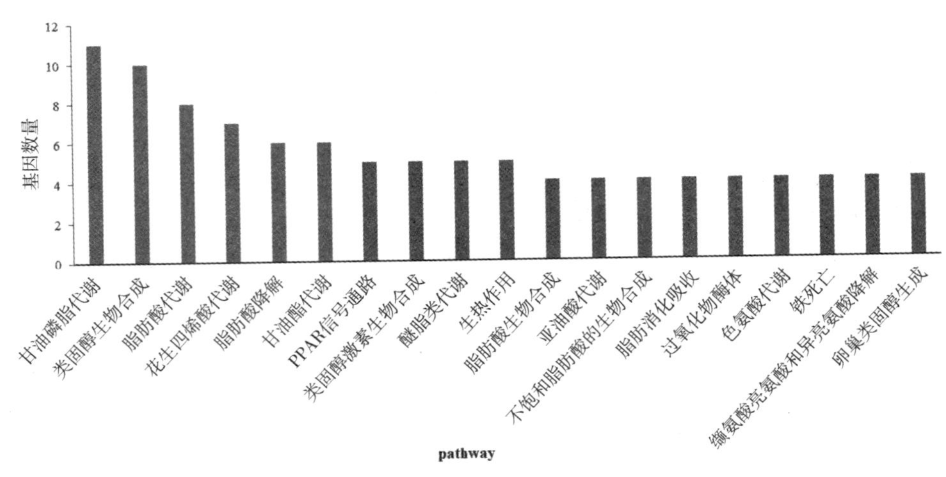

图 4　49 个脂质差异表达基因的KEGG富集分析

按基因数量排序的趋势图

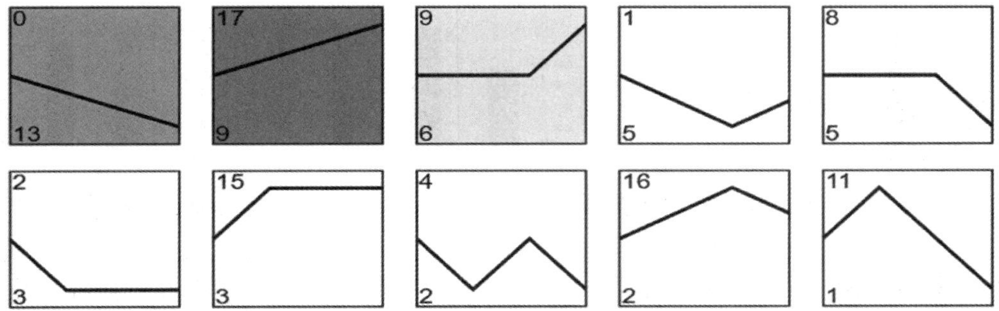

图 5 脂质差异表达基因的表达趋势分析（10 种趋势）

色彩趋势：显著富集趋势（$P<0.05$）。无色彩趋势：显著丰富的趋势。

左上方的数字表示趋势模块，左下方的数字表示基因数量

7 热应激对大菱鲆心肌损伤及细胞凋亡影响的研究

为解析热应激对大菱鲆心脏损伤及其机制，从组织形态、生理生化反应，及凋亡基因、泛素化基因调控多个水平开展相关研究。结果显示：热应激引起其心脏不同程度的组织学改变，线粒体结构遭到破坏，影响氧化防御酶和心肌功能酶（SOD、CK、LDH）的活性（图 6、图 7），并增加心脏中MDA的含量（图 7）。在热应激程度较轻时，大菱鲆心肌通过降低*Bax*、*Caspase-3*基因表达，促进抗凋亡基因*Bcl-2*的表达，减少心肌细胞丢失来减轻热应激损伤（图 8）。

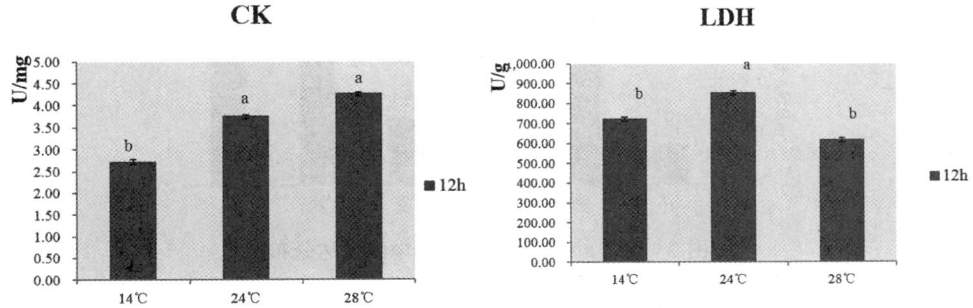

图 6 热应激下大菱鲆心脏CK、LDH 的变化

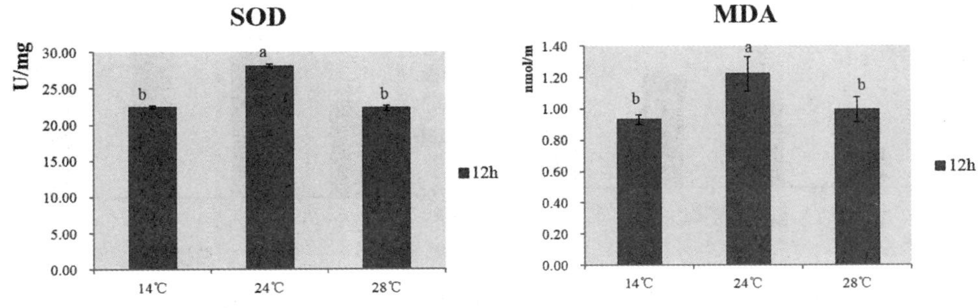

图 7 热应激下大菱鲆心脏SOD、MDA 的变化

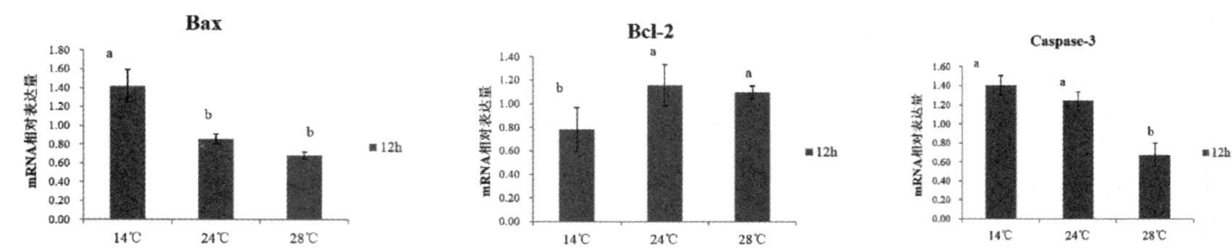

图 8　热应激下大菱鲆心脏细胞凋亡相关基因*Bax*、*Bcl-2*及*Caspase-3*的表达量

8　热应激条件下*ube2h*基因与*p53*互作关系的分子机制探究

采用RACE技术获得大菱鲆*ube2h*基因的全长cDNA（*Sm-ube2h*）并进行生物信息学分析；通过qPCR检测并定量了*Sm-ube2h*在不同组织中的表达（图 9），热应激后肝脏和心脏中*Sm-ube2h*的表达谱以及在RNA干扰下热应激对*Sm-ube2h*和*p53*的影响（图 10）。数据表明，*Sm-ube2h*和*p53*在*ube2h*干扰后在正常温度条件下表现出拮抗作用，但在热应激下显示出协同作用，表明UPP和*p53*信号传导途径之间存在互作关系。本文研究为后续大菱鲆心脏对热应激的生理适应性及热耐受性分子机制的理解提供理论基础，提供更多生理生化耐热性指标，从而提高大菱鲆耐高温性状选择性育种的精确性。

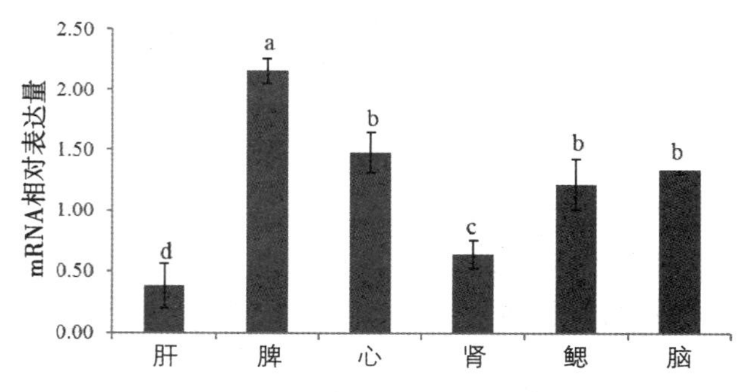

图 9　*Sm-ube2h*在不同组织中的表达分布

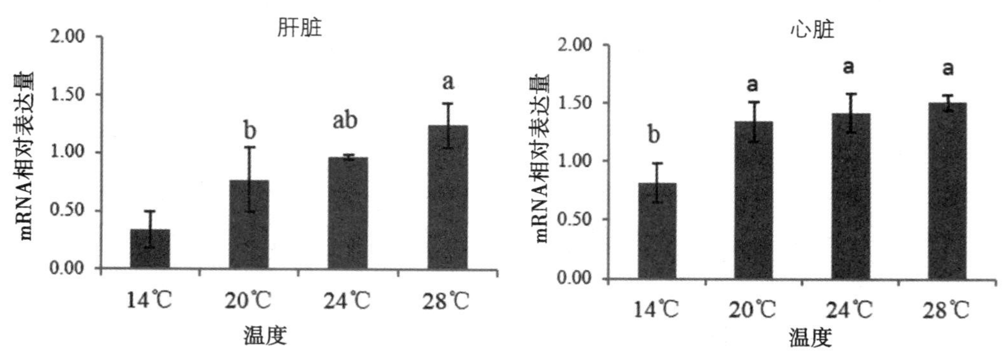

图 10　响应于热应激在不同组织中的*Sm-ube2h* mRNA表达水平

9　转录组分析低盐胁迫致大菱鲆肝脏脂代谢紊乱研究

为确定大菱鲆对不同盐度条件响应的基因和途径，开展了肝脏转录组分析。共鉴定出826个差异表达基因，其中245个基因下调，581个上调。KEGG信号通路分析表明通路显著富集，涉及脂质代谢、内分泌系统、内分泌代谢疾病、信号分子与相互作用、消化系统和信号转导（图11）。进一步分析表明，这些途径中有相当一部分与能量代谢有关，尤其是脂类代谢。在低盐胁迫下，参与脂质代谢的差异基因基本呈下降趋势，包括乙酰辅酶a羧化酶α（*ACC*）、肉碱O–棕榈酰转移酶1（*CPT-1*）、胆固醇7–α–单加氧酶（*CYP7A1*）、肝X受体α（*LXRα*）、载脂蛋白A–Ⅳ（*ApoAIV*）等，脂肪酸结合蛋白（*FABP*）和甾醇调节元件结合蛋白1（*SREBP-1*），并且这些基因几乎都与*LXRα*有关。生理学结果显示，海水组和淡水组的血清胆固醇含量均保持稳定，而淡水组的血清甘油三酯含量则随着时间的推移而显著降低。这些结果表明，低盐胁迫可能通过*LXRα*信号通路抑制脂质的吸收和合成，导致大菱鲆肝脏脂质代谢紊乱。这些发现为大菱鲆在低盐胁迫下的分子机制和低盐培养提供了新的思路，低脂摄食可以减轻低盐胁迫引起的脂质代谢的负面影响。血液中的脂代谢产物也有可能作为低盐条件下育种的表型性状，但仍需进一步验证。

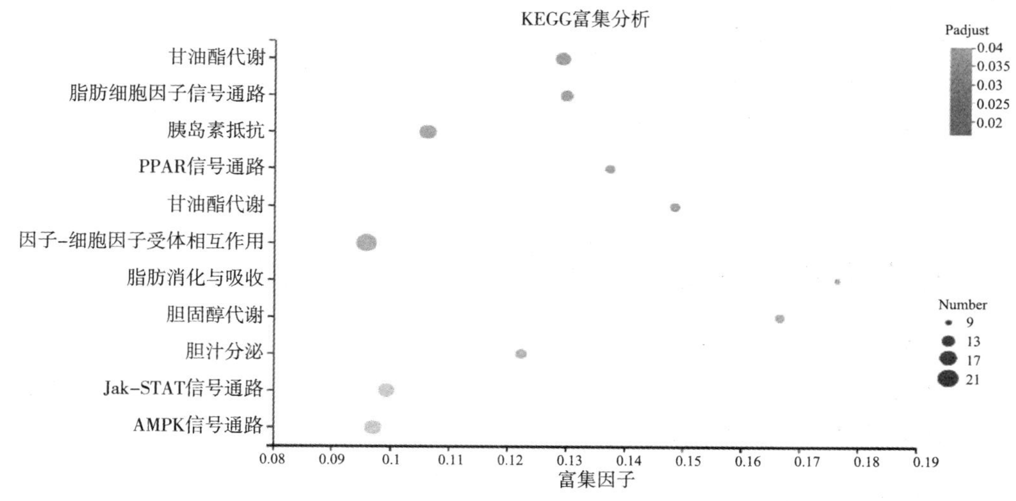

图11　差异表达基因显著富集KEGG信号通路气泡图

（岗位科学家　马爱军）

牙鲆种质资源与品种改良技术研发进展

牙鲆种质资源与品种改良岗位

1　牙鲆新品种苗种培育及示范

根据计划安排，自2019年12月开始，将“北鲆2号”亲鱼分为2批，时间间隔1个月，进行亲鱼促熟培育。在培育过程中，主要采取了逐步升温、延长光照及营养强化等措施，保证亲鱼性腺的良好发育。2020年3月开始，根据养殖户的育苗安排，开始生产受精卵。整个生产季节，共推广“北鲆2号”受精卵41.03 kg，较2019年下降46.51%。主要是受到年初突如其来的新冠肺炎疫情影响，苗种培育企业对市场前景做出较为悲观的判断，在不同程度上缩减了育苗规模，甚至停止了今年的育苗，从而导致了受精卵销量的下降。

在进行受精卵生产的同时，利用北戴河中心实验站的设施，开展了“北鲆2号”优质苗种培育，2020年度共培育和推广3 ~ 8 cm苗种20.7万尾，在牙鲆工厂化养殖主产区河北省昌黎县进行养殖示范。

2　牙鲆抗淋巴囊肿品系肌肉营养成分分析

肌肉营养成分是种质资源的重要组成部分。牙鲆抗淋巴囊肿新品系的营养学数据，为将来的抗淋巴囊肿牙鲆新品种养殖、推广和饲料开发提供参考数据。本岗位开展了牙鲆抗淋巴囊肿品系肌肉营养成分分析。

2.1　牙鲆抗淋巴囊肿系与其父母本系的肌肉常规营养成分分析

常规营养成分评价主要是评价蛋白质、脂肪、灰分及水分的组成和含量，通常认为干物质含量越高，其营养价值也就越高，而蛋白质和脂肪的组成及含量则是评价食品营养价值的重点。3个家系间的比较结果见表1：粗蛋白，母系>父系>抗淋巴囊肿系；水分，抗淋巴囊肿系>父系>母系；灰分，抗淋巴囊肿系=父系>母系；粗脂肪，母系>父系>抗淋巴囊肿系。抗淋巴囊肿系与父母本家系在肌肉水分、蛋白质、灰分上含量差异不显著，但粗脂肪含量上，母系显著高于抗淋巴囊肿系和父系（$P<0.05$）。以上结果充分说明牙鲆抗淋巴囊肿品系的鱼肉具有高蛋白、低脂肪的特点。

表 1　牙鲆抗淋巴囊肿系肌肉营养成分（鲜样）/%

品系	粗蛋白质	粗脂肪	灰分	水分
抗淋巴囊肿系	19.80 ± 0.26	0.73 ± 0.16[a]	1.37 ± 0.16	77.63 ± 0.40
父系	20.10 ± 0.96	0.90 ± 0.10[a]	1.37 ± 0.06	77.27 ± 0.55
母系	20.83 ± 0.70	1.27 ± 0.15[b]	1.30 ± 0.00	76.83 ± 0.57

2.2　肌肉蛋白质中氨基酸含量与营养评价

蛋白质营养价值的优劣主要表现在氨基酸种类的组成和含量。本实验中，从 3 个抗淋巴囊肿系牙鲆肌肉中检测出 18 种氨基酸（表 2），包括 8 种必需氨基酸、2 种半必需氨基酸和 8 种非必需氨基酸。所有测出氨基酸中，单个氨基酸含量最高的是谷氨酸（3.12% ~ 3.29%），其中最高达3.29%（抗淋巴囊肿系）；其次是天门冬氨酸（2.03% ~ 2.20%）、亮氨酸（1.77% ~ 1.86%）。3 系中色氨酸（0.14% ~ 0.17%）含量均最低，其中最低的为父系（0.14%）。必需氨基酸中，赖氨酸含量最高（1.82% ~ 1.92%），色氨酸最低。3 系中必需氨基酸含量均较高，约占氨基酸总量的 40%，而抗淋巴囊肿系在 18 种氨基酸上含量均高于母系和父系，除色氨酸外，各组间含量差异均不显著（$P>0.05$）。肌肉中鲜味氨基酸（DAA）、必需氨基酸（EAA）、半必需氨基酸（HEAA）、非半必需氨基酸（NEAA）含量，抗淋巴囊肿系最高，而母系肌肉中W_{EAA}/W_{TAA}、W_{EAA}/W_{NEAA}最高，父系中W_{DAA}/W_{TAA}最高（TAA：总氨基酸含量）。

另外，精氨酸含量（1.11% ~ 1.17%）也较高。精氨酸为半必需氨基酸，在集体发育不成熟或严重应激条件下，如果缺乏精氨酸，机体便不能维持正常的氮平衡与正常的生理功能。对于婴幼儿来说精氨酸是生长所必需的氨基酸，精氨酸还具有促进伤口愈合的功能。

鲜味氨基酸的总量决定了鱼肉味道的鲜美程度。本实验中牙鲆肌肉中检测出谷氨酸、天门冬氨酸、丙氨酸和甘氨酸 4 种鲜味氨基酸。鲜味氨基酸的总量为 7.29% ~ 7.77%，其中谷氨酸含量最高。谷氨酸不仅是提高食品鲜味的氨基酸，还是参与脑组织生化代谢中多种生理活性物质合成的重要氨基酸。

以上结果充分说明抗淋巴囊肿牙鲆品系具有较高的营养价值。另外，无论在单个氨基酸含量还是在氨基酸总量上，杂交的抗淋巴囊肿系均高于其父母系，这也在肌肉营养成分上体现了雌核发育系间杂交具有杂种优势。

表 2　牙鲆抗淋巴囊肿系及父母家系氨基酸含量（鲜样）

氨基酸	氨基酸含量/%		
	抗淋巴囊肿系	父系	母系
天门冬氨酸（Asp[&]）	2.20 ± 0.04	2.03 ± 0.02	2.09 ± 0.02
谷氨酸（Glu[&]）	3.29 ± 0.08	3.12 ± 0.02	3.12 ± 0.04
甘氨酸（Gly[&]）	0.93 ± 0.02	0.88 ± 0.04	0.95 ± 0.02

续表

氨基酸	氨基酸含量/%		
	抗淋巴囊肿系	父系	母系
丙氨酸（Ala[&]）	1.35 ± 0.03	1.26 ± 0.01	1.26 ± 0.03
苏氨酸（Thr[#]）	0.92 ± 0.04	0.87 ± 0.02	0.90 ± 0.01
缬氨酸（Val[#@]）	0.99 ± 0.03	0.96 ± 0.01	0.98 ± 0.09
蛋氨酸（Met[#]）	0.58 ± 0.01	0.54 ± 0.02	0.57 ± 0.05
异亮氨酸（Ile[#@]）	0.87 ± 0.02	0.80 ± 0.01	0.82 ± 0.08
亮氨酸（Leu[#@]）	1.86 ± 0.04	1.77 ± 0.05	1.78 ± 0.02
苯丙氨酸（Phe[#$]）	0.91 ± 0.02	0.79 ± 0.00	0.81 ± 0.09
赖氨酸（Lys[#]）	1.92 ± 0.04	1.82 ± 0.00	1.85 ± 0.08
色氨酸（Trp[#]）	0.17 ± 0.04a	0.14 ± 0.03b	0.17 ± 0.03a
组氨酸（His[*]）	0.41 ± 0.01	0.38 ± 0.00	0.41 ± 0.03
精氨酸（Arg[*]）	1.17 ± 0.03	1.11 ± 0.01	1.14 ± 0.02
丝氨酸（Ser）	0.82 ± 0.07	0.83 ± 0.03	0.82 ± 0.08
酪氨酸（Tyr[$]）	0.88 ± 0.03a	0.81 ± 0.02b	0.80 ± 0.04b
脯氨酸（Pro）	0.59 ± 0.04	0.52 ± 0.03	0.57 ± 0.07
胱氨酸（Cys）	0.23 ± 0.02	0.19 ± 0.01	0.21 ± 0.01
鲜味氨基酸[&]DAA总量	7.77 ± 0.17	7.29 ± 0.09	7.42 ± 0.11
必需氨基酸[#]EAA总量	8.19 ± 0.24	7.67 ± 0.14	7.84 ± 0.45
半必需氨基酸[*]HEAA总量	1.58 ± 0.04	1.49 ± 0.01	1.55 ± 0.05
非必需氨基酸NEAA总量	10.29 ± 0.16	9.64 ± 0.09	9.02 ± 0.20
支链氨基酸[@]BCAA总量	3.72 ± 0.09	3.53 ± 0.07	3.58 ± 0.19
芳香族氨基酸[$]AAA总量	1.79 ± 0.05	1.60 ± 0.02	1.61 ± 0.13
氨基酸TAA总量	20.06 ± 0.49	18.80 ± 0.31	19.21 ± 1.05
W_{DAA}/W_{TAA}	38.73 ± 0.34	38.77 ± 0.29	38.62 ± 0.10
W_{EAA}/W_{TAA}	39.75 ± 0.71	40.79 ± 0.45	40.81 ± 0.42
W_{EAA}/W_{HEAA}	79.59 ± 0.15	79.56 ± 0.14	86.92 ± 0.22
W_{HEAA}/W_{TAA}	7.87 ± 0.08	7.92 ± 0.11	8.07 ± 0.05

注：#表示必需氨基酸，&表示鲜味氨基酸，*表示半必需氨基酸，@表示支链氨基酸，$表示芳香氨基酸。

2.3 必需氨基酸评价

蛋白质的营养价值取决于其所含氨基酸的种类和数量。判断食物蛋白质是否拥有较高营养价值，不仅要考虑必需氨基酸种类是否齐全，还要考虑其必需氨基酸比例是否与人体需求相符。若蛋白质所含氨基酸的种类符合人体内所需的全部氨基酸且含量充足，其营养价值就高。反之，营养价值就低。据FAO/WHO公布的氨基酸理想模式，如氨基酸组成中的EAA/TAA在40%左右、EAA/NEAA在60%以上，则可被视为优质蛋白质。由表3可见，本研究中，抗淋巴囊肿系牙鲆肌肉中谷氨酸的含量最高，抗淋巴囊肿系牙鲆氨基酸的种类和数量与普通牙鲆无异。其肌肉中必需氨基酸总量为2 667 ~ 2 945 mg/g，占氨基酸总量的39.75% ~ 40.81%，低于鸡蛋蛋白标准（48.08%），显著高于FAO/WHO的标准（35.38%），必需氨基酸指数（EAAI）分别为79.04、79.86和87.40，W_{EAA}/W_{TAA}分别为39.75%、40.79%和40.87%，W_{EAA}/W_{NEAA}分别为79.59%、79.56%和86.92%，均符合或超过上述指标要求，即氨基酸平衡效果较为合理。

亮氨酸、异亮氨酸和缬氨酸不仅作为支链氨基酸影响蛋白质的合成，还具有增强免疫力、调节激素代谢等功能，其总量也影响食物的营养价值。抗淋巴囊肿系牙鲆肌肉中亮氨酸、异亮氨酸和缬氨酸含量丰富，其*F*值为2.07 ~ 2.22，丰富的支链氨基酸含量使其更具食用价值。

在AAS和CS评价标准中，赖氨酸的分值最高，色氨酸均是第一限制性氨基酸。抗淋巴囊肿系牙鲆的AAS、CS均高于父系和母系，而其*F*值略低于父系和母系。

表3　牙鲆肌肉必需氨基酸组成的评价

必需氨基酸	氨基酸酸含量/（mg/g，以N计）					氨基酸评分AAS			化学评分CS		
	抗淋巴囊肿系	父系	母系	FAO/WHO标准	鸡蛋蛋白模式	抗淋巴囊肿系	父系	母系	抗淋巴囊肿系	父系	母系
异亮氨酸Ile	275	249	246	250	331	110	100	98	83	75	74
亮氨酸Leu	587	550	534	440	534	133	125	121	110	103	100
赖氨酸Lys	606	566	555	340	441	178	166	163	137	128	126
胱氨酸Cys	256	227	234	220	386	116	103	106	66	59	61
酪氨酸Tyr	565	498	483	380	565	149	131	127	100	88	86
苏氨酸Thr	290	271	270	250	292	116	108	108	99	93	92
色氨酸Trp	54	44	51	60	99	89	73	85	54	44	52
缬氨酸Val	313	299	294	310	411	101	96	95	76	73	72
总和	2 945	2 702	2 667	2 250	3 059	/	/	/	/	/	/
EAAI	87.40	79.04	79.86	/	/	/	/	/	/	/	/
*F*值	2.07	2.21	2.22	/	/	/	/	/	/	/	/

2.4 脂肪酸组成分析

从3个家系中共检测到16种脂肪酸（表4），母系与抗淋巴囊肿系、父系个体间含量百分比差异显著（$P<0.05$），而抗淋巴囊肿系与父系个体间含量百分比差异不显著（$P\geq 0.05$）。其中，抗淋巴囊肿系和父系未检测出花生酸（C20:0）和顺，顺-11，14-二十碳二烯酸（C20:2），抗淋巴囊肿系还缺少十五碳酸（C15:0）和

珠光脂酸（C17:0），且脂肪酸种类最少（12 种）；含量较高的脂肪酸依次为DHA（C22:6n3）20.50% ~ 26.7%，棕榈酸（C16:0）12.57% ~ 21.47%，亚油酸（C18:1n9c）9.02% ~ 18.07%，油酸（C18:1n9c）6.91% ~ 16.50%；含量较低的种类有十五碳酸（C15:0）、珠光脂酸（C17:0）、花生酸（C20:0）等。在 16 种脂肪酸中，饱和脂肪酸（SFA）3 种，单不饱和脂肪酸（MUFA）4 种，多不饱和脂肪酸（PUFA）5 种。3 个家系个体肌肉SFA中，含量最高的为棕榈酸（C16:0）；MUFA中，含量最高的为油酸（C18:1n9c）；PUFA中，的含量最高为DHA（C22:6n3）。总体含量上，多不饱和脂肪酸（PUFA）>饱和脂肪酸（SFA）>单不饱和脂肪酸（MUFA）。其中DHA（C22:6n3）和EPA（C20:5n3）是人体必需的多不饱和脂肪酸，具有许多重要的营养生理学功能。牙鲆肌肉中含有丰富的DHA（20.50% ~ 26.7%）和EPA（4.87% ~ 9.23%），表明其具有较高的营养价值。

表 4　牙鲆肌肉脂肪酸组成及含量

脂肪酸组成		脂肪酸含量/%		
		抗淋巴囊肿系	父系	母系
肉豆蔻酸	C14:0	1.20 ± 0.33[a]	1.96 ± 0.55[a]	3.32 ± 0.34[b]
十五碳酸	C15:0	/	0.32 ± 0.18[a]	0.39 ± 0.03[b]
棕榈酸	C16:0	12.57 ± 1.53[a]	16.50 ± 1.93[a]	21.47 ± 1.15[b]
棕榈油酸	C16:1n7	1.42 ± 0.37[a]	2.33 ± 0.51[b]	3.85 ± 0.39[c]
珠光脂酸	C17:0	/	0.25 ± 0.15[a]	0.34 ± 0.02[b]
硬酯酸	C18:0	3.75 ± 0.38[a]	4.65 ± 0.42[b]	5.50 ± 0.23[c]
油酸	C18:1n9c	6.91 ± 1.48[a]	10.55 ± 1.70[b]	16.50 ± 1.39[c]
亚油酸	C18:2n6c	9.02 ± 1.61[a]	13.67 ± 2.02[b]	18.07 ± 1.33[c]
花生酸	C20:0	/	/	0.27 ± 0.03
顺-11-二十碳一烯酸	C20:1	0.55 ± 0.15[a]	0.87 ± 0.15[b]	1.34 ± 0.10[c]
α-亚麻酸	C18:3n3	0.64 ± 0.14[a]	1.01 ± 0.24[b]	1.71 ± 0.14[c]
顺，顺-11，14-二十碳二烯酸	C20:2	/	/	0.43 ± 0.07
花生四烯酸	C20:4n6	1.46 ± 0.12[a]	1.74 ± 0.16[b]	1.90 ± 0.13[b]
EPA	C20:5n3	4.87 ± 0.61[a]	6.55 ± 0.86[b]	9.23 ± 1.99[b]
神经酸	C24:1n9	0.57 ± 0.04[a]	0.68 ± 0.08[ab]	0.76 ± 0.05[b]
DHA	C22:6n3	20.50 ± 1.31[a]	24.83 ± 2.17[b]	26.70 ± 1.25[b]
饱和脂肪酸总和	∑SFA	17.52 ± 0.84[a]	23.43 ± 0.65[b]	31.29 ± 0.09[c]
单不饱和脂肪酸总和	∑PUFA	9.45 ± 0.51[a]	14.43 ± 0.61[b]	22.88 ± 0.48[c]
多不饱和脂肪酸总和	∑MUFA	36.49 ± 0.76[a]	47.80 ± 1.09[b]	58.04 ± 0.82[c]

注：组间差异显著（$P<0.05$）的数据分别用a、b、c等字母标注。

3　牙鲆育性相关功能基因*cyp21a*的研究

在先前的研究里，我们发现DH不育牙鲆表观症状与人类*CYP21*基因缺陷症有相似之处。同时，组学研究显示*cyp21a*基因表达异常可能与DH牙鲆的不育性状有关。因此，以*cyp21a*为候选基因开展了对鱼类育性调控机理的研究。

首先，采用双抗体一步夹心法酶联免疫吸附实验（ELISA）检测比较不育组和可育组间*cyp21a*基因所编码的21-羟化酶活性和17α-羟孕酮等3种激素的水平。经比较，牙鲆不育组21-羟化酶（20-OH）活性显著性低于可育组，并且活性降低了约8.1%；而17α-羟孕酮（17α-OHP）和促肾上腺皮质激素（ACTH）水平却显著性高于可育牙鲆；雄激素T水平尽管没有显著差异，但其激素水平均高于可育组（图1）。这一结果与人类21-羟化酶缺陷症的临床激素水平判定标准有很大相似之处。

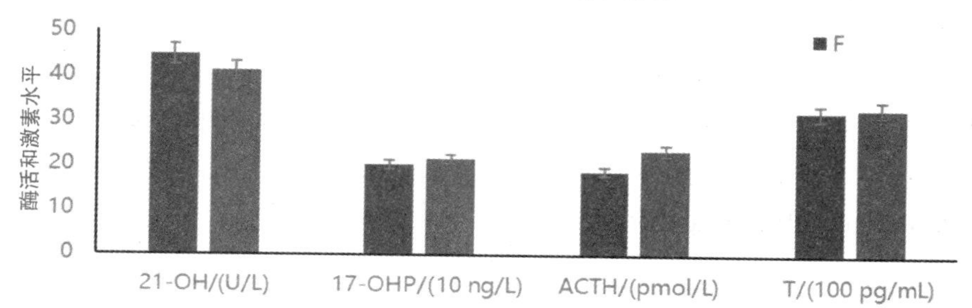

图1　不育组和可育组激素比较结果

同时，利用RT-PCR方法比较*cyp21a*基因在3个繁殖时期（繁殖前、繁殖中和繁殖后）的表达情况，发现*cyp21a*基因在不育个体性腺中的表达显著性低于可育牙鲆，这与基因点突变致使不育牙鲆的21-羟化酶活性显著降低相吻合。同时，繁殖前和繁殖后*cyp21a*基因在不育个体性腺中的表达也均显著低于可育牙鲆，并且其在不育组表现为逐渐增强的基因表达模式，而其在可育组表现为先上升后下降的表达模式（图2），据此推测不育DH性腺牙鲆*cyp21a*基因的异常表达可能与其性腺畸形有关。

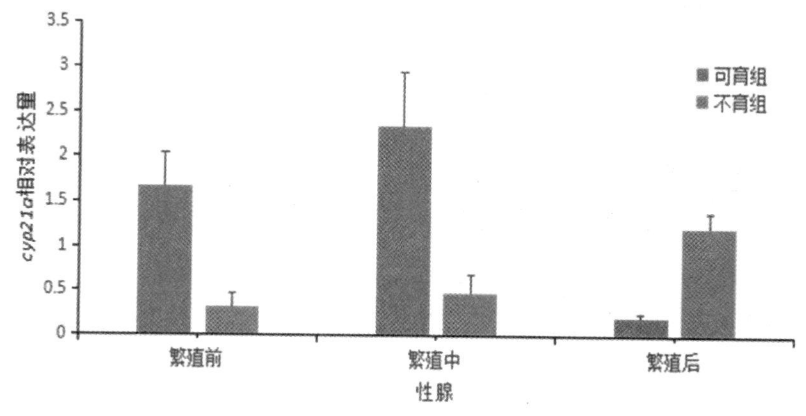

图2　*cyp21a*基因在在不同繁殖期可育组和不育组性腺的表达量

4 牙鲆抗淋巴囊肿相关功能基因的研究

*trim25*基因是E3 泛素连接酶的一员，具有重要的抗病毒作用。在前期研究中，我们克隆了淋巴囊肿抗病功能基因*trim25*的cDNA全序列，发现其存在 4 个可变剪切体，并对这 4 个可变剪切体在抗病和患病牙鲆的头肾、肝脏、血液、鳃、心脏、肌肉、肠、脾脏等 8 个组织以及胚胎发育不同阶段的表达模式进行了研究。

在本年度的岗位工作中，为了进一步了解*trim25*四个可变剪切体的作用，分析了它们在poly I：C刺激后细胞水平的表达情况。收集了poly I：C刺激 12、24、36、48、60 h的细胞样品用于RNA提取及qPCR检测，加同体积的L-15 培养基为对照组。结果显示，poly I：C刺激后，四个可变剪切体表达量均在 12 h显著升高，这说明四个可变剪切体对poly I：C刺激的反应是迅速的且表达量明显上调。*trim25* X1/X2/X3 在 36 h的表达量均为极显著，*trim25*X3 在 60 h的表达量也显著上调，*trim25* X4 在 60 h也是最为显著（图 3）。分别与L-15 处理组比，虽然*trim25*四个可变剪切体在poly I：C刺激后均有不同程度的上调，但从整体来看，*trim25* X1/X3 在 5 个时间点表达量并没有呈现出上升或下降的趋势，说明X1/X3 在poly I：C刺激下呈现较为稳定的上调水平；而X2 和X4 在 60 h时表现出升高趋势，且在 5 个时间点中X2/X4 比X1/X3 表达量更高（图 4）。

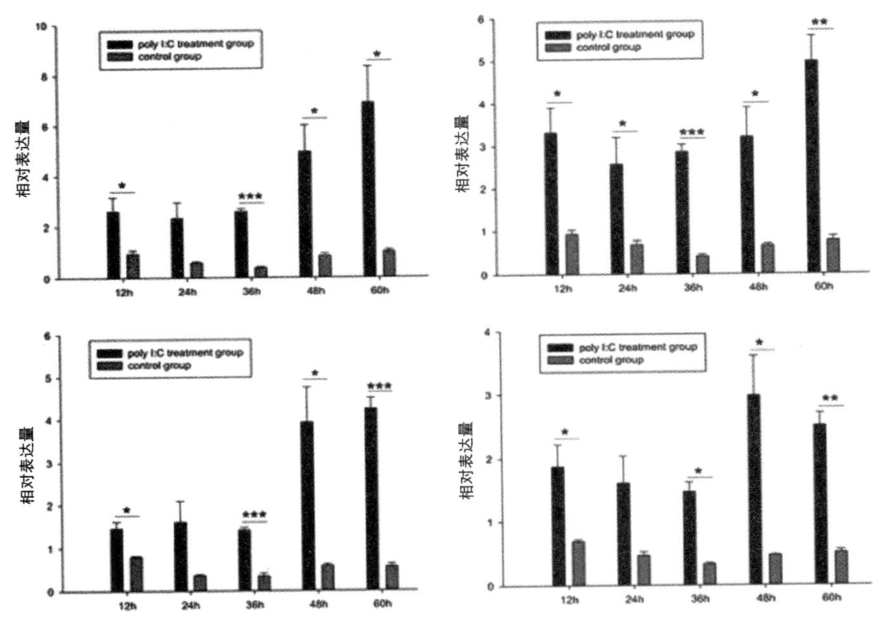

图 3　*trim25* X1/X2/X3/X4 在poly I：C刺激细胞后的表达情况

深色表示poly I：C处理组，浅色表示对照组（*P<0.05，**P<0.01，***P<0.001）

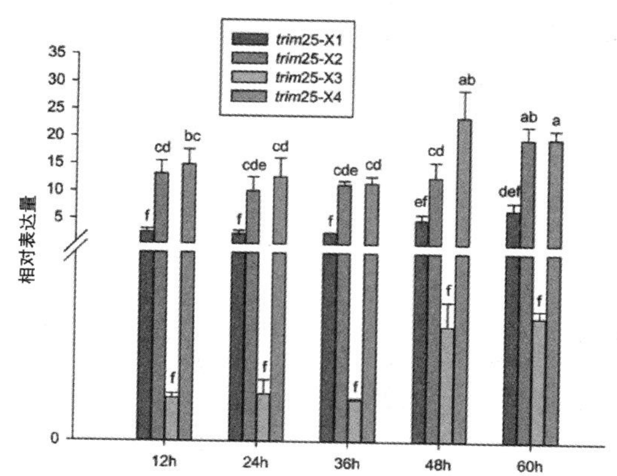

图 4　*trim25* X1/X2/X3/X4 在poly I：C刺激细胞后的表达情况

随后又分析了poly I：C注射后，*trim25*四个可变剪切体在活体水平的表达。用PBS配制成浓度为 5 mg/mL的poly I：C溶液，活体注射量 100 μL/100 g，注射PBS为对照组。由于在所收集的组织中没检测到X1，所以此部分只讨论X2 ~ X4。在poly I：C注射 12 h和 24 h后，X2 在肝脏和血液中的表达量升高，在脾脏中除注射后 24 h表达量均升高，在肾脏中没有变化。在poly I：C注射 12 h 和/或 24 h，X3 和X4 的表达量在肝脏、肾脏、血液中升高，而在脾中几乎均升高（图 5）。

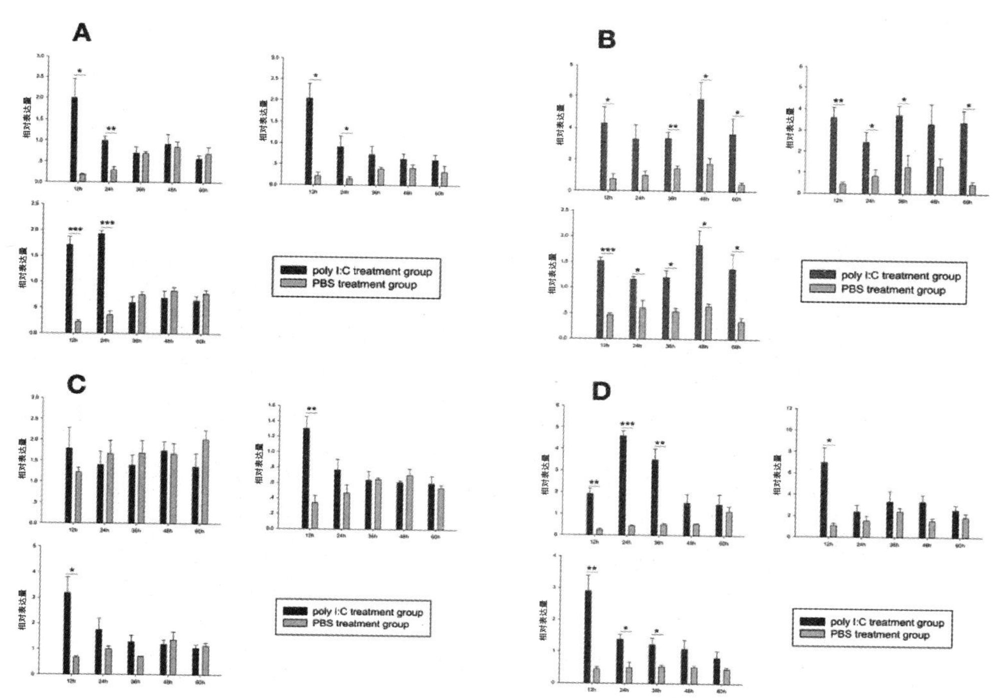

图 5　*trim25* X1/X2/X3/X4 在活体注射poly I：C后不同组织中的表达情况

A. 注射poly I：C后肝脏中的表达模式；B. 注射poly I：C后脾脏中的表达模式；C. 注射poly I：C后肾脏中的表达模式；D. 注射poly I：C后血液中的表达模式（$^{*}P<0.05$，$^{**}P<0.01$，$^{***}P<0.001$）

随后，对*trim25*相关的RIG-I信号通路基因的表达模式进行了研究。*dhx58*位于通路上游，编码LGP2。在poly I：C刺激细胞后，*dhx58*在 5 个时间点表达均显著上调。*traf6* X1、*traf2* X1 和*nfkbia*位于信号通路中下游，它们被poly I：C刺激均出现明显上调。*il-8*位于通路末端，*il-8* X1 在五个时间点的表达均没有上调，*il-8* X2 在 12 h和 48 h呈现明显上调（图 6）。

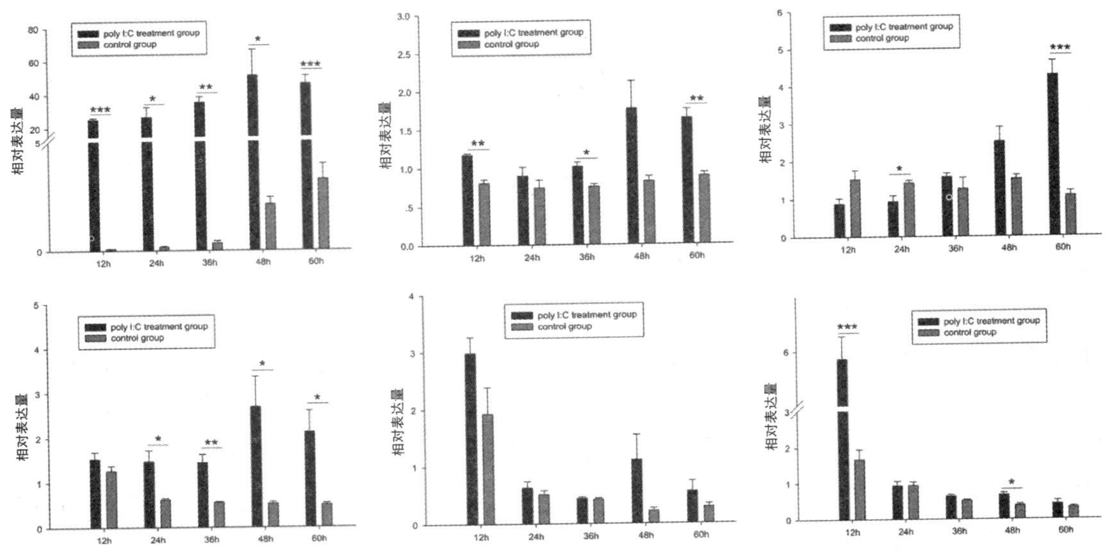

图 6　*trim25*相关的RIG-I信号通路基因表达模式

*P<0.05，**P<0.01，***P<0.001

同时，构建了pEGFP-*trim25* X1 ～ X4 真核表达载体转入牙鲆细胞，以pEGFP-N1 为对照。结果显示，牙鲆*trim25* X1 ～ X3 均定位在细胞质中并聚集成点，而X4 在整个细胞质和核中均表达，与X1、X2 和X3 的表达模式不同（图 7）。

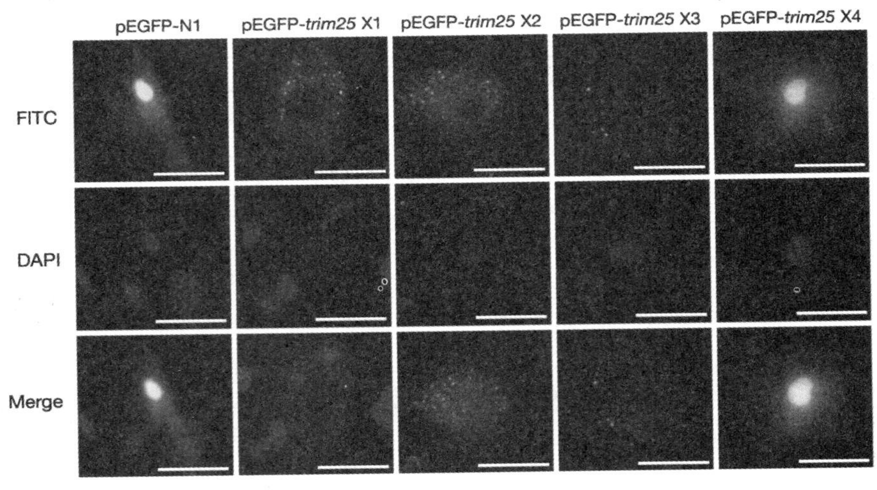

图 7　*trim25* X1/X2/X3/X4 亚细胞定位

标尺长度为 25 μm

（岗位科学家　王玉芬）

半滑舌鳎种质资源与品种改良技术研发进展

半滑舌鳎种质资源与品种改良岗位

1　半滑舌鳎种质收集与保存

在东营综合试验站的协助下，在潍坊沿海收集半滑舌鳎野生鱼660尾（100～500克/尾），成功驯化90余尾。在唐山市维卓水产养殖有限公司冷冻保存半滑舌鳎优质雄鱼精子150份（图1、图2）。

图1　在渔船上选择受伤轻的个体

图2　适应工厂化养殖的驯化后的个体

2　优化全年人工繁殖技术，实现按订单全年生产销售半滑舌鳎高雌受精卵

采用亲鱼培育池建设、亲鱼选择、亲鱼强化培育、人工催产、人工授精和孵化，全年分批次对半滑舌鳎亲鱼进行快速促熟，实现了全年每个季节都有性腺成熟的亲鱼用来进行人工催产。采用本方法，亲鱼的相对产卵量、受精率和孵化率大大提高（表1），半滑舌鳎的繁殖不再受季节限制，可以实现全年各个季节均能获得高雌受精卵，满足全年进行半滑舌鳎育苗生产的需要，对提高半滑舌鳎养殖产量、加快育种进程、促进产业发展和提高经济社会效益具有重要意义。

利用建立的半滑舌鳎全年人工繁殖技术，2020年协助唐山维卓水产公司累计生产高雌受精卵280 kg，高雌苗种市场占有率达到80%。

表 1　在唐山维卓水产公司进行的实施例 1 和对照组相对产卵量、受精率和孵化率对比表

	实施例 1	对比例 1
平均相对产卵量（10^3 粒/kg）	158.5 ± 6.2*	135.9 ± 7.1
平均受精率/%	43.5 ± 4.0*	32.6 ± 5.2
平均孵化率/%	84.2 ± 4.8*	70.8 ± 5.4

注：表中数据为平均值 ± 标准误差。*代表实施例 1 显著高于对比例 1，$P<0.05$。

3　半滑舌鳎抗病性状基因组选择技术建立

补充完成了参考群体 200 多个个体的基因组重测序，采用GBLUP、wGBLUP、Bayes等方法，计算了基因组育种值GEBV，建立了半滑舌鳎抗病基因组选择育种技术，比传统BLUP方法的预测准确性提高 20%以上（图 3）。

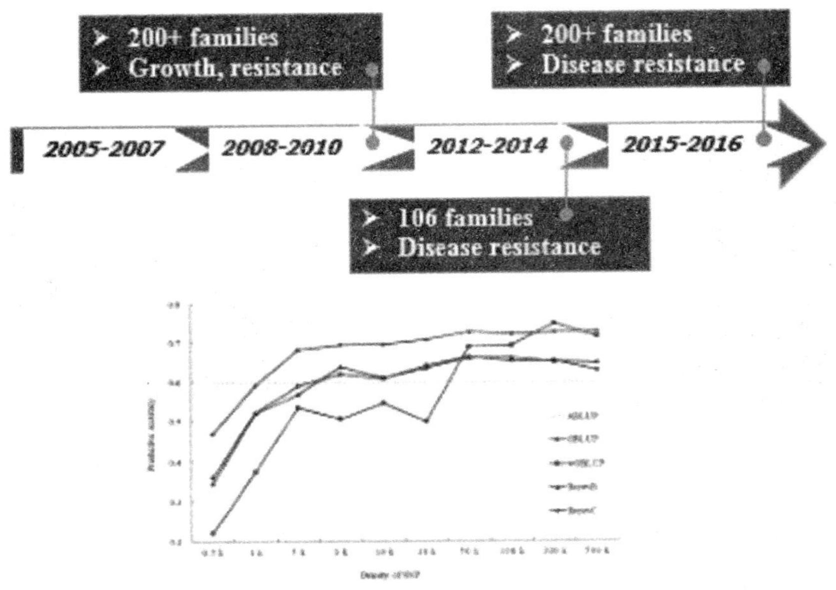

图 3　GBLUP、wGBLUP、BayesB、BayesC和ABLUP预测准确性的比较（Lu等，2021）

4　半滑舌鳎“鳎优 1 号”新品种培育与申报

本岗位陈松林研究员团队联合海阳黄海水产公司、唐山维卓水产公司、莱州明波水产公司、天津市水产研究所等单位，以生长速度和存活率为选育目标，采用家系选育，结合全基因组选择等技术，经过 15 年四代选育后获得生长快、抗弧菌感染能力强、养殖成活率高的家系，进行半滑舌鳎第四代家系间交配，培育出生长快、抗弧菌感染能力强、养殖成活率高的品系，命名为“鳎优 1 号”。2020 年提交了水产新品种审定申请，目前已通过专家函评和现场审查，并提交全国水产原种和良种审定委员会审定。

该品种具有生长快、抗弧菌感染能力强、养殖成活率高的优点。经养殖对比，“鳎优 1 号”新品种生长速度比对照组平均提高 17.65%，养殖成活率平均提高 15.73%（图 4）。

本年度新建半滑舌鳎“鳎优 1 号”家系 51 个，扩繁了“鳎优 1 号”新品种的亲本，生产“鳎优 1 号”新品种受精卵 12 kg，在河北曹妃甸会达水产公司、天津天世农水产公司和兴泊水产公司、山东潍坊三新水产公司和下营增殖站等进行了示范养殖（图 5），生产“鳎优 1 号”鱼苗 400 余万尾。

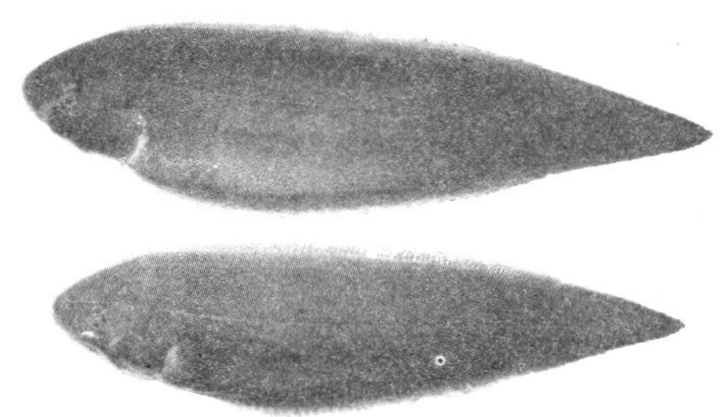

图 4　半滑舌鳎“鳎优 1 号”（上）与普通半滑舌鳎（下）对比

图 5　赴河北、天津、山东等地进行“鳎优 1 号”示范养殖

5　半滑舌鳎抑制素基因分析

抑制素（inhibin）在脊椎动物繁殖、发育中起到重要作用。本研究克隆获得了半滑舌鳎两个编码抑制素亚基的基因*inhα*和*ihnβb*。*inhα*基因长度为 1 032 bp，编码 343 个氨基酸；

*inhβb*长度为 1 275 bp，编码 424 个氨基酸。系统进化树分析表明，*inhα*和*ihnβb*是独立进化的。qPCR结果显示*inhα*在雄鱼精巢中的表达量比在雌鱼卵巢和伪雄鱼精巢中的高，而雌鱼卵巢中*inhβb*表达量比雄鱼和伪雄鱼精巢中的表达量高。在性腺不同发育阶段，*inhα*表达量在孵化后 120 d的卵巢和精巢中均达到最高，随后在卵巢中下降，但在精巢中先下降后上升。卵巢中*inhβb*的表达量在孵化后 50 ~ 80 d较低，120 d时达到最高，然后逐渐下降；而在精巢中*inhβb*表达量一直较低（图 6）。在胚胎不同发育阶段，*inhα*在 32 细胞期表达量最高，而*inhβb*在囊胚期表达量最高。原位杂交显示*inhα*、*ihnβb*在所有阶段的卵母细胞中均有表达。而在雄性精巢中，*inhα*和*inhβb*定位于精原细胞、精母细胞、精子、支持细胞和间质细胞。伪雄鱼精巢中，*inhα*表达情况和雄鱼精巢中相似，但*ihnβb*在精母细胞和精子中表达（图 7）。研究结果表明，半滑舌鳎*inhα*可能参与了精子发生和卵子发生，而*ihnβb*可能主要在卵子发生中发挥作用（Zhang Ning等，2020）。

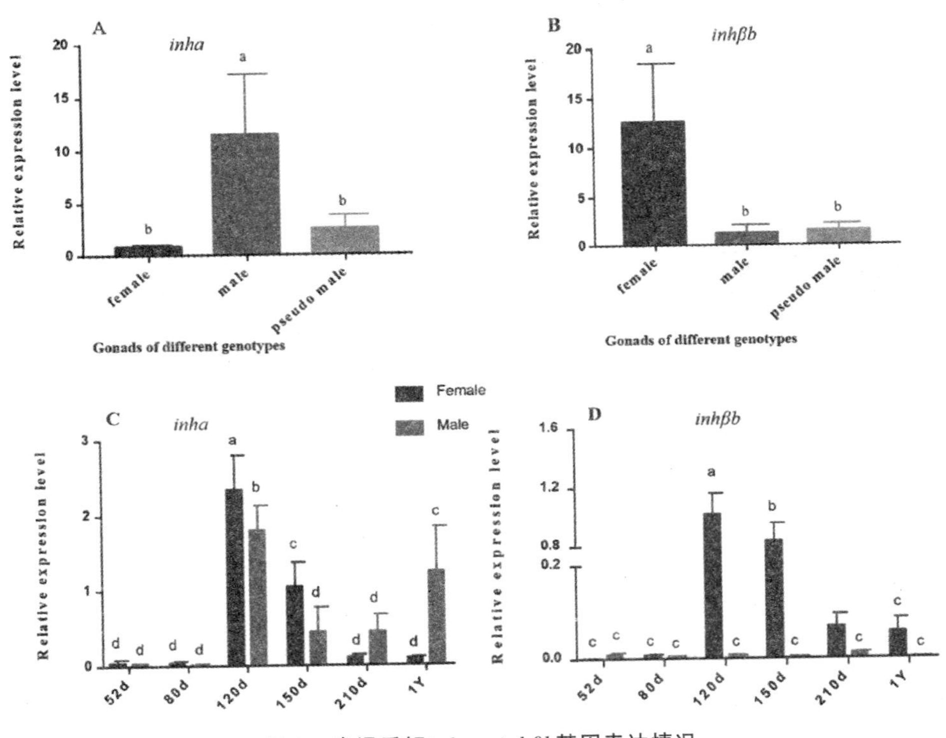

图 6　半滑舌鳎*inhα*、*inhβb*基因表达情况

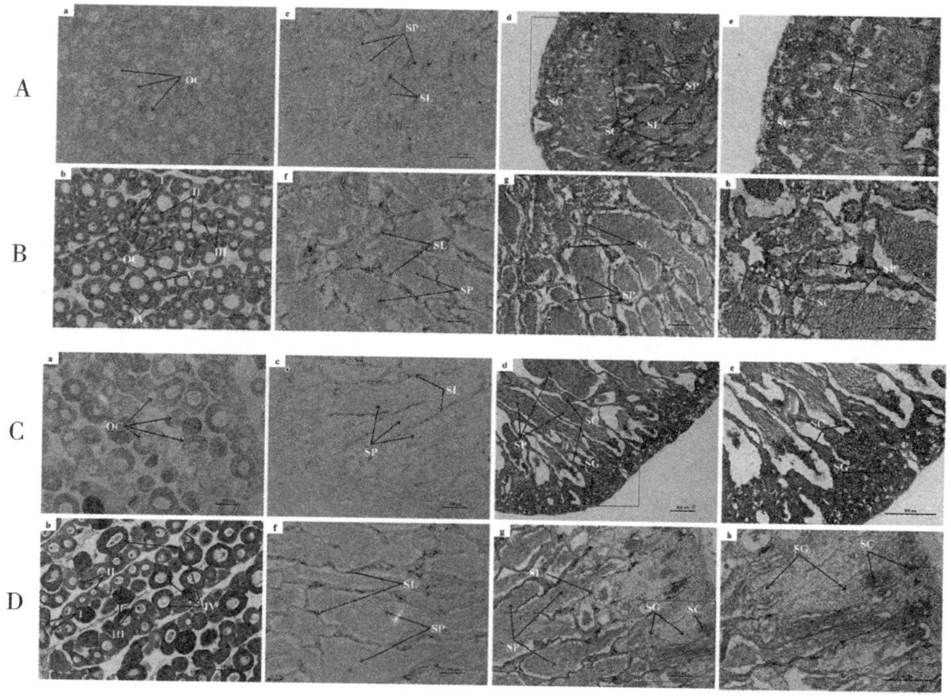

图 7　半滑舌鳎*inhα*（A、B）和*inhβb*（C、D）原位杂交实验结果

6　基于转录组测序的半滑舌鳎长链非编码RNA的初步鉴定与分析

研究对半滑舌鳎抗病家系和易感家系鱼进行了哈维氏弧菌感染实验，以易感家系感染前（CsSU）、易感家系感染后（CsSC）、抗病家系感染前（CsRU）、抗病家系感染后（CsRC）4 组样品进行转录组测序分析，从中筛选出与抗哈维弧菌病有关的差异长链非编码RNA（long non-coding RNA，lncRNA）。共鉴定出 4 584 个lncRNA位点，包含 5 714 个转录本。将 4 组样品两两比较，分别筛选出 818、813、261、140 个差异表达lncRNA，其中CsRU与CsSU之间、CsRC与CsSC之间lncRNA数目差异最多（图 8）；聚类分析发现CsRU与CsSU之间的表达模式最相近；共表达分析预测出lncRNA和 274 个编码基因可能存在 14 539 种相互关系，并进行了功能注释，进而筛选出 7 个关键lncRNA。qRT-PCR结果显示，差异表达lncRNA的表达模式和转录组数据得到的结果基本一致（图 9）。研究结果为揭示lncRNA在半滑舌鳎抗哈维弧菌免疫调控反应中的作用提供重要的参考数据（徐浩等，2020）。

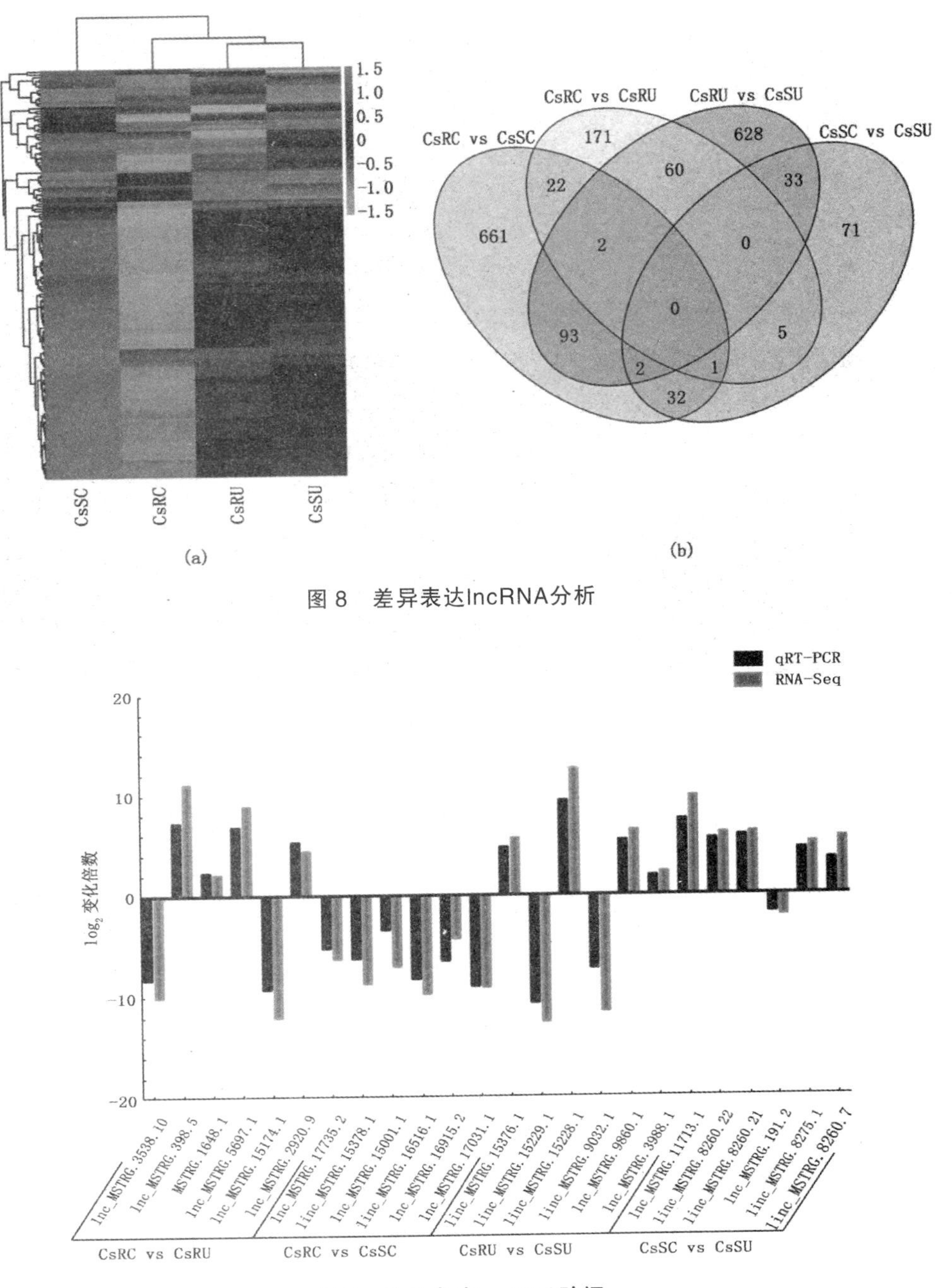

图 8　差异表达lncRNA分析

图 9　差异表达lncRNA验证

7　半滑舌鳎性别鉴定技术推广与高雌抗病苗种生产

2020 年是特殊的一年，新冠肺炎疫情形势严峻，半滑舌鳎繁育工作到了刻不容缓的阶段。本岗位陈松林团队急水产企业之所急、想水产企业之所想，在抓好职工个人防疫安全的同时，奔赴生产一线，为水产养殖企业排忧解难（图 10）。为唐山维卓水产公司、日照市海洋水产资源增殖有限公司等做了近万尾雄性亲鱼的遗传性别鉴定（图 11），剔除伪雄鱼，筛选出 8 000 多尾优质雄性亲鱼。采用这些筛选后的优质亲鱼繁殖后代，可显著提高后代苗种的生理雌鱼比例。生产高雌受精卵 280 kg，占全国的 80%；为河北、天津和山东的 5 家单位提供“鳎优 1 号”新品种受精卵 12 kg，累计推广鱼苗超过 400 万尾；为下营增殖实验站提供半滑舌鳎育苗技术指导，培育“鳎优 1 号”新品系苗种 30 万尾（表 2）。

亲鱼检测、人工催产、高雌受精卵生产等送技术服务活动得到了水产企业的好评，同时这些实际行动诠释了疫情期间本岗位在水产业前沿的努力和坚守。本项工作为半滑舌鳎养殖业的可持续发展提供了强有力的技术支撑，产生了良好的经济和社会效益，为半滑舌鳎产业发展做出重要贡献。

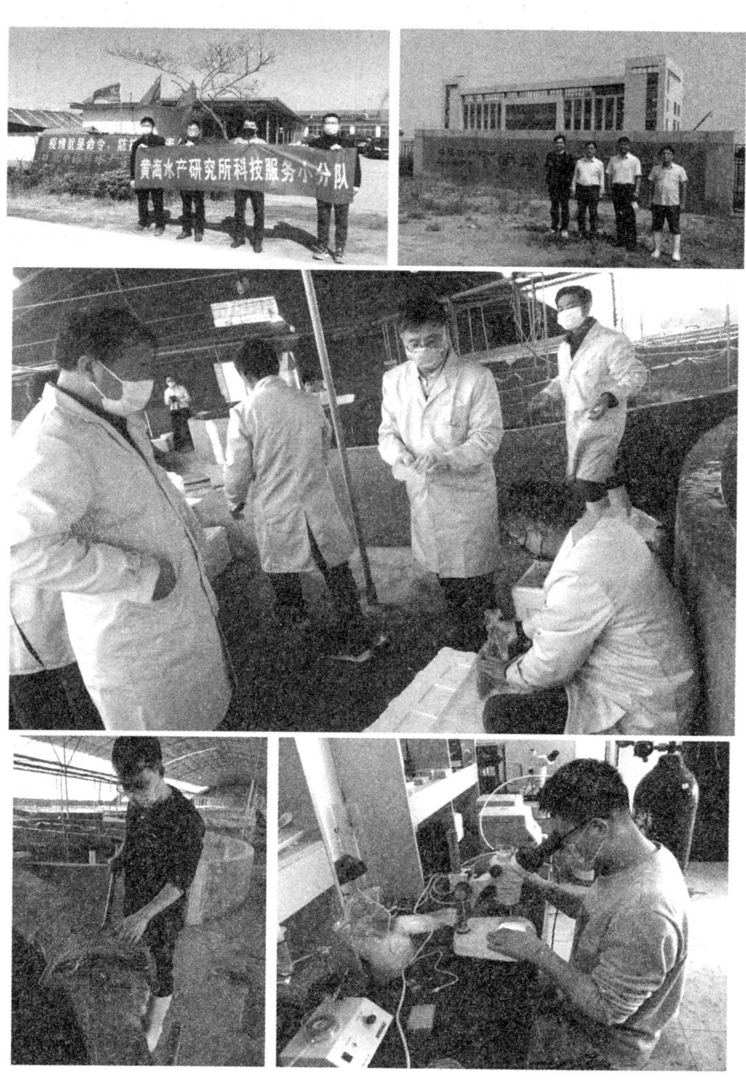

图 10　疫情期间赴生产一线，为水产企业提供技术服务，坚守水产业前沿

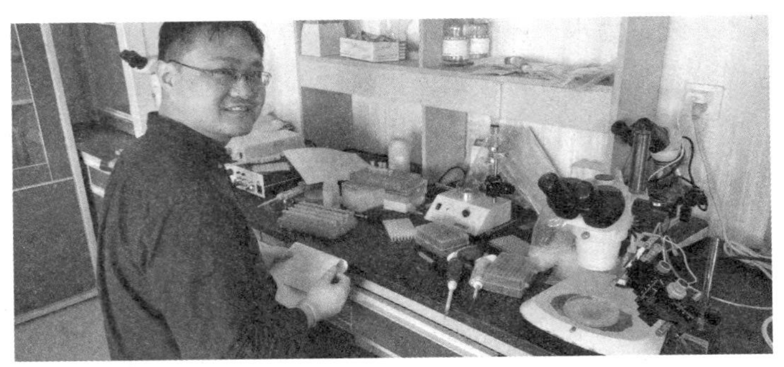

图 11　半滑舌鳎性别检测

表 2　2020 年提供“鳎优 1 号”受精卵信息

日期	单位名称	受精卵数量/kg	培育鱼苗数量/万尾
5 月 16 日	中国水产科学研究院下营增殖实验站	1.1	30
5 月 22 日	天津滨海新区天世农水产养殖有限公司	1.8	85
5 月 24 日	潍坊市三新水产技术开发有限公司	1.1	32
5 月 30—31 日	天津兴泊水产养殖有限公司	2	110
5 月 24 日—6 月 2 日	唐山市曹妃甸区会达水产养殖有限公司	3.5	120
10 月 8 日	唐山市曹妃甸区会达水产养殖有限公司	2.3	150

8　种业调研和种业发展规划编写及科技培训

先后赴烟台市牟平区、高新区、开发区、海阳市、莱阳市等地调研，实地考察了烟台市水产种业现状和存在的问题（图 12）；主持编写了《烟台市现代水产种业发展规划》，为烟台市水产种业发展进行顶层设计，对规划建设水产种业基地、推动烟台市产业转型升级、以产业振兴带动经济发展和渔民增收具有重要意义。

图 12 烟台市水产种业调研

此外，2020 年 12 月 3—5 日，本岗位陈松林研究员在汕头大学主持召开全国性水产生物技术学术会议，吸引了来自国内近百所高校和科研单位的 520 余位代表到场。会议充分发挥了岗位对我国水产种业发展的作用，为我国水产种业研究领域的学者、技术精英及青年学子提供了一个启迪思想、展示成就、交流经验的平台。代表们就如何利用水产生物技术创新成果驱动现代种业发展进行了深入交流，进一步促进了现代水产生物技术在水产种业中的应用和发展，加强了国内外水产生物技术领域的交流与合作，促进了水产养殖业的转型与升级。陈松林研究员还多次受邀做大会报告或技术培训，开展半滑舌鳎性别控制和抗病基因组选择育种相关的报告培训。

（陈松林、李仰真、王磊、李希红、刘洋、周茜、杨英明、邵长伟）

大黄鱼种质资源与品种改良技术研发进展

大黄鱼种质资源与品种改良岗位

1　大黄鱼种质资源研究

从广东台山、福建东山、浙江岱衢洋等地采集海区野捕大黄鱼，通过基因组重测序挖掘SNP标记，进行了群体遗传结构、遗传分化等分析。地区间受选择信号分析在7号染色体上发现了一个显著的选择信号，内部包含热休克蛋白相关基因，提示大黄鱼不同群体间耐热性差异与热休克蛋白有关（图1）。利用SNP计算个体之间的遗传距离，绘制聚类树，结果显示：大部分闽粤族（宁德养殖群体）都能够聚类在一起；一部分台山个体可以聚为一类，而很大一部分东山、台山个体及宁波个体聚类在一起，难以分辨（图2）。提取主成分进行群体分层分析也得到同样的结果（图3），说明从浙江到广东自然海区中的大黄鱼已然混杂。

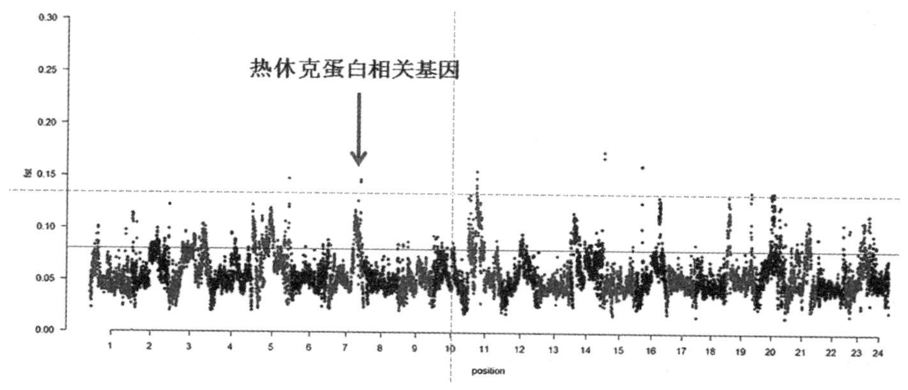

图1　Fst统计量大黄鱼全基因组检测选择信号

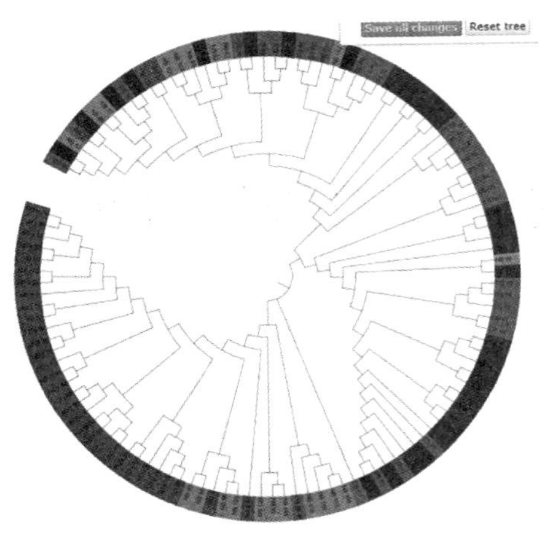

图 2　大黄鱼群体间遗传距离聚类图

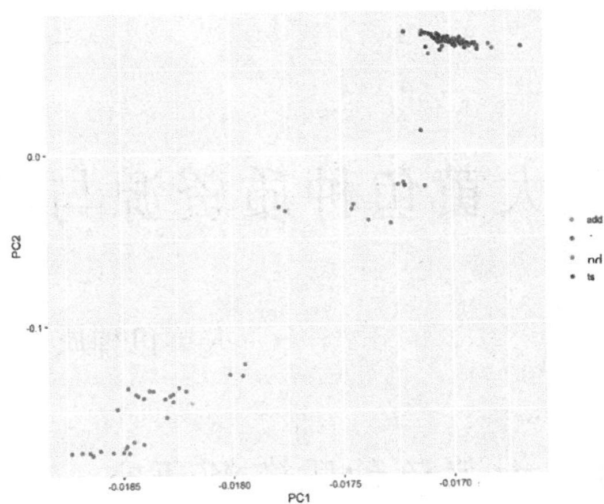

图 3　大黄鱼群体间分层分析

2　大黄鱼品质改良育种技术研究

对 2018 年的选育群（福康 1801）进行了继代选育，共挑选亲鱼 800 尾，育苗 1 200 万尾（福康 18-F2，表 1），并对 2019 年的选育群进行了跟踪观察，结果表明选育的福康大黄鱼生长较快，而且规格整齐、体型好。2020 年 1 月分别取"福康 1801"和同期在同样地点同样条件养殖的普通大黄鱼各 15 尾，每尾鱼取 5 g背部肌肉，5 尾鱼的肌肉混合制成 1 个测样，每组 3 个测样，进行脂肪酸含量分析。其中DHA和EPA含量的测定结果见表 2。选育组EPA+DHA含量比对照组高 10.5%。

表 1　各选育组产卵量、受精率、孵化率和出苗量

组别	产卵量/kg	受精率/%	孵化率/%	出苗量/万尾
福康 18-F2	53.5	61.7	94.4	1 200
ppr1801-F2	45.0	48.9	83.8	280
ppr20-01	1.50	36.7	62.7	5.0
ppr20-02	1.45	31.0	60.5	4.0
耐粗饲	2.15	43.4	73.4	10.0

表 2　2018 年大黄鱼高品质选育群肌肉EPA和DHA测定结果

组别	EPA	DHA	EPA+DHA
福康 1801	4.72 ± 0.150	11.91 ± 0.266	16.63 ± 0.327
对照组	4.02 ± 0.130	11.15 ± 0.305	15.17 ± 0.346
提高率/%	19.2	7.4	10.5

注：表中EPA与DHA含量单位为mg/g，即每克干重肌肉中含有的量。

3　黄鱼抗内脏白点病选育技术研究

3 月下旬从选留的ppr1801（2018 年抗内脏白点病选育群）中挑选亲鱼 340 尾，进行继代选育，共育苗 280 万尾，称为ppr1801-F2（表 1）；另外，从 1 个无明显亲缘关系的养殖群体中挑选候选亲鱼 384 尾，用MassArray进行分子标记分型，根据 2017 年和 2019 年筛选的抗内脏白点病分子标记分别计算GEBV，根据GEBV确定入选亲本，培育了 2 个新的抗内脏白点病选育群ppr20-01 和ppr20-02，分别育苗 5 万尾和 4 万尾（表 1）。表 3 列出 2 个抗病选育组入选亲本的GEBV。根据宁波综合试验站对本岗位 2019 年应用基因组选择技术选育的 2 组大黄鱼进行养殖效果跟踪观测的结果，抗内脏白点病选育组（ppr1901）各个阶段的养殖成活率都比较高，但生长速度低于针对肌肉HUFA含量与生长速度进行选育的福康 1901（表 4、表 5）。

表 3　2020 年抗内脏白点病大黄鱼选育入选亲本基因组育种值

ppr20-01				ppr20-02			
雌鱼		雄鱼		雌鱼		雄鱼	
ID后四位	育种值	ID后四位	育种值	ID后四位	育种值	ID后四位	育种值
9 206	2.063 0	5 198	2.209 6	5 569	3.576 7	9 197	3.546 4
5 111	2.031 0	4 091	2.027 9	8 677	3.546 8	4 834	2.632 6
9 362	1.971 4	9 304	1.759 0	8 685	2.563 3	9 207	2.457 6
9 519	1.723 6	9 104	1.689 2	5 140	2.457 6	8 675	2.457 4
5 118	1.704 3	9 219	1.683 2	4 667	2.457 6	0 199	2.399 4
9 351	1.693 5	8 965	1.663 4	8 954	2.185 9	4 672	1.805 1
9 195	1.693 2	9 427	1.539 9	5 058	2.183 6	0 825	1.581 4
7 345	1.692 2	5 175	1.525 0	7 272	1.987 0	8 655	1.581 0
5 119	1.687 8	0 228	1.510 7	9 522	1.986 0	9 309	1.544 0
5 187	1.686 9	8 682	1.508 5	5 166	1.581 8	0 967	1.512 5
5 102	1.684 8	5 113	1.501 4	9 360	1.581 5	9 521	1.339 1
8 537	1.596 9	9 514	1.436 9	8 960	1.581 3	8 961	1.338 7
0 666	1.593 2	9 517	1.364 4	8 546	1.581 1	9 284	1.338 0
5 173	1.543 9	9 230	1.199 9	9 081	1.550 3	5 181	1.309 5
8 905	1.524 1	4 434	1.160 6	1 660	1.543 7	5 184	1.308 4
5 155	1.519 7			0 834	1.512 4	5 183	1.109 8
9 524	1.504 2			9 227	1.383 2		
5 151	1.503 0			9 354	1.383 1		
8 942	1.502 8			9 225	1.367 2		
5 621	1.481 6			9 210	1.367 1		

续表

ppr20-01				ppr20-02			
雌鱼		雄鱼		雌鱼		雄鱼	
ID后四位	育种值	ID后四位	育种值	ID后四位	育种值	ID后四位	育种值
517 6	1.272 4			004 5	1.366 0		
921 1	1.165 3			921 4	1.362 2		

表 4　2019 年选育两组大黄鱼在宁波象山海区的养殖成活率

组别	抗病组ppr1901	福康 1901
2019 年 6 月起始数量	14 600	13 600
2019 年 10 月存活数量	10 300	8 800
存活率	70.55%	64.71%
越冬前数量	1 500	1 200
越冬后数量	1 278	983
存活率	85.20%	81.92%
2020 年 4 月起始数量	800	800
2020 年 9 月存活数量	644	629
存活率	80.50%	78.63%
总存活率	48.39%	41.68%

表 5　2019 年选育两组大黄鱼 2020 年在宁波象山养殖生长情况比较

品系	平均体重/g			
	5 月	6 月	8 月	9 月
福康 1901	322.3	389.7	550.3	579.9
ppr1901	292.9	401.7	479.2	515.6

4　大黄鱼耐粗饲选育技术研究

2019 年 11 月 20 日起，分别取耐粗饲选育大黄鱼JB1901 和普通大黄鱼 6 000 尾，各分为两组，每组 3 000 尾，各放于 1 口 4 m×4 m×4 m的网箱中进行了为期 180 d的养殖对比实验。表 6 是用不同饲料饲喂后，进行连续 180 d跟踪观测的结果。从表中可见，在同样饲料条件下，耐粗饲选育大黄鱼生长明显快于对照组，特别是持续喂养低鱼粉、低鱼油饲料的情况下，其生长速度显著快于对照组，说明选育的效果很显著。

表 6　耐粗饲选育大黄鱼及对照组不同饲料条件下生长情况

测定时间	耐粗饲富鱼粉	耐粗饲低鱼粉	对照组富鱼粉	对照组低鱼粉
起始体重/g	93.29 ± 24.31^{a}	88.57 ± 28.05^{ab}	85.34 ± 13.24^{ab}	81.42 ± 16.26^{b}

续表

测定时间	耐粗饲富鱼粉	耐粗饲低鱼粉	对照组富鱼粉	对照组低鱼粉
2019 年 12 月 20 日体重/g	125.04 ± 36.46[a]	114.1 ± 23.75[b]	103.24 ± 20.52[c]	98.01 ± 20.84[c]
2020 年 1 月 20 日体重/g	118.68 ± 28.63[ab]	128.47 ± 33.22[a]	124.53 ± 20.27[ab]	108.5 ± 24.93[b]
2020 年 3 月 20 日体重/g	154.49 ± 45.05[a]	143.97 ± 39.03[a]	150.01 ± 34.18[a]	128.7 ± 29.28[b]
2020 年 4 月 20 日体重/g	169.67 ± 50.41[a]	154.65 ± 46.46[bc]	161.88 ± 36.79[ab]	138.35 ± 31.02[c]
终末体重/g	190.81 ± 50.67[a]	173.76 ± 38.06[ab]	183.81 ± 40.06[ab]	153.72 ± 32.75[c]

注：实验起始时间是 2019 年 11 月 20 日，结束时间是 2020 年 5 月 17 日。

取上述 4 组鱼的肌肉进行生化成分分析，表 7 是对脂肪酸成分与含量测定的结果。表中数据显示，耐粗饲选育组肌肉中EPA与DHA含量显著高于对照组。在正常配合饲料（表中“富鱼粉”）喂养条件下，选育组EPA比对照组提高 8.8%，DHA含量相对提高 10.7%，DHA+EPA提高 10.0%；在低鱼粉饲喂情况下，选育组EPA比对照组提高 9.0%，DHA含量相对提高 12.2%，DHA+EPA提高 11.0%。这或许提示选育组大黄鱼具有较强的HUFA合成能力。利用抗内脏白点病选育同一群候选亲本和 2019 年春使用的辅助耐粗饲选育分子标记，2020 年春季同步建立了一个新的耐粗饲选育群，共育苗 10 万尾（表 1）。表 8 是耐粗饲选育入选亲本的GEBV。

表 7　耐粗饲选育大黄鱼与对照组肌肉脂肪酸成分及含量比较

脂肪酸种类	耐粗饲富鱼粉	耐粗饲低鱼粉	对照组高鱼粉	对照组低鱼粉
C14:0	2.07 ± 0.01	1.95 ± 0.03	2.03 ± 0.08	2.06 ± 0.02
C16:0	20.39 ± 0.05	20.25 ± 0.15	19.98 ± 0.21	20.4 ± 0.12
C18:0	5.61 ± 0.04	5.54 ± 0.04	5.40 ± 0.19	5.58 ± 0.07
C20:0	0.16 ± 0.03	0.25 ± 0.11	0.19 ± 0.02	0.19 ± 0.03
C16:1	6.36 ± 0.07	5.91 ± 0.21	6.03 ± 0.15	6.18 ± 0.21
C18:1N−9T	2.33 ± 0.03	2.34 ± 0.06	2.51 ± 0.11	2.45 ± 0.16
C20:1	1.12 ± 0.03	1.10 ± 0.02	1.14 ± 0.03	1.07 ± 0.01
C24:1	0.30 ± 0	0.28 ± 0.01	0.30 ± 0.01	0.28 ± 0.01
C18:2N−6	12.95 ± 0.1	13.42 ± 0.43	13.26 ± 0.25	12.95 ± 0.46
C18:3N−3	23.07 ± 0.3	22.78 ± 0.59	22.8 ± 0.47	23.64 ± 0.54
C20:4N−6	2.38 ± 0.1	2.58 ± 0.31	2.75 ± 0.16	2.83 ± 0.51
C20:5（EPA）	3.47 ± 0.02	3.27 ± 0.11	3.19 ± 0.21	3.00 ± 0.17
C20:3N−6	0.12 ± 0	0.14 ± 0	0.13 ± 0	0.13 ± 0
C20:3N−3	0.15 ± 0.01	0.14 ± 0	0.15 ± 0	0.14 ± 0
C22:6n−3（DHA）	6.09 ± 0.08	5.72 ± 0.18	5.50 ± 0.6	5.10 ± 0.38
C22:5N−3	1.05 ± 0	1.02 ± 0.02	0.97 ± 0.05	0.97 ± 0.04

表 8　2020 年耐粗饲大黄鱼选育入选亲本基因组育种值

雌鱼		雄鱼	
ID后四位	育种值	ID后四位	育种值
9 530	0.671 3	5 182	0.671 3
0 835	0.671 3	9 286	0.671 3
5 179	0.671 3	5 164	0.671 3
9 305	0.671 2	9 285	0.671 3
5 135	0.671 2	5 101	0.671 3
8 935	0.671 2	9 279	0.671 3
5 161	0.671 2	9 525	0.671 3
4 048	0.671 2	9 277	0.671 3
5 163	0.671 2	5 177	0.671 2
8 659	0.671 2	3 999	0.671 2
9 412	0.671 1	3 959	0.671 2
5 185	0.671 1	5 157	0.671 2
5 122	0.671 1	8 962	0.671 2
5 194	0.671 1	5 136	0.671 2
4 249	0.671 1	5 197	0.671 2
5 124	0.671 1	8 941	0.671 2
4 845	0.671 1		
8 656	0.671 1		
5 396	0.671 1		
8 669	0.671 1		
8 678	0.671 0		
0 045	0.671 0		

5　基因组育种相关技术研发

5.1　低密度测序SNP分型技术

利用测序深度 8 × 以上的数据进行模拟测试，结果表明，当测序深度达到 0.5 × 时，SNP填充的准确性及发现的SNP数量与 8 × 重测序均十分接近，基因组育种值预测值在各种样本量及遗传结构情况下也均与 8 × 测序深度十分接近，而测序费用将降低 3 倍（图 4、图 5）。这个结果为利用低深度重测序进行基因组选择或经济性状的全基因组关联分析提供了依据。论文已发表于*Aquaculture*（Zhang等，2021；文章号 736323）。

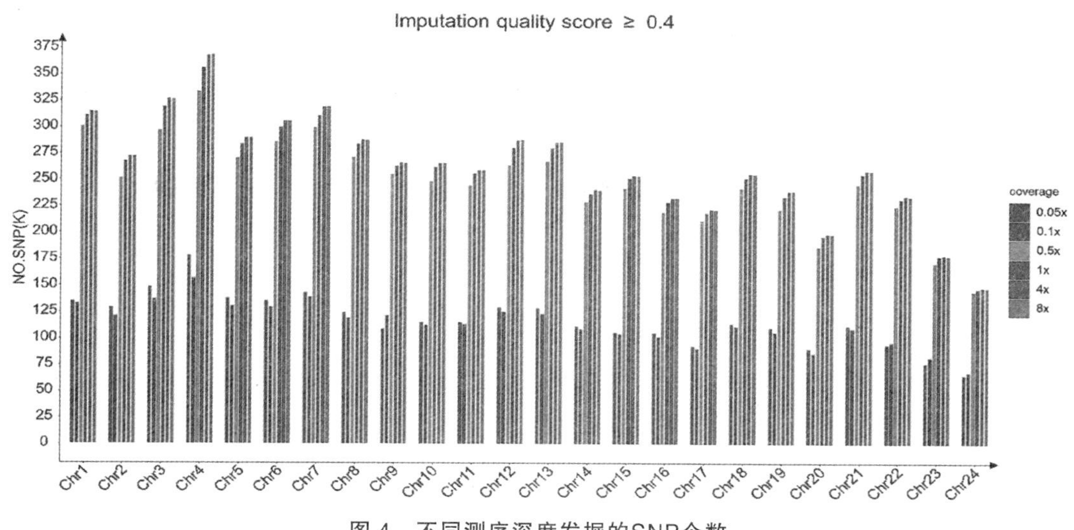

图 4　不同测序深度发掘的SNP个数

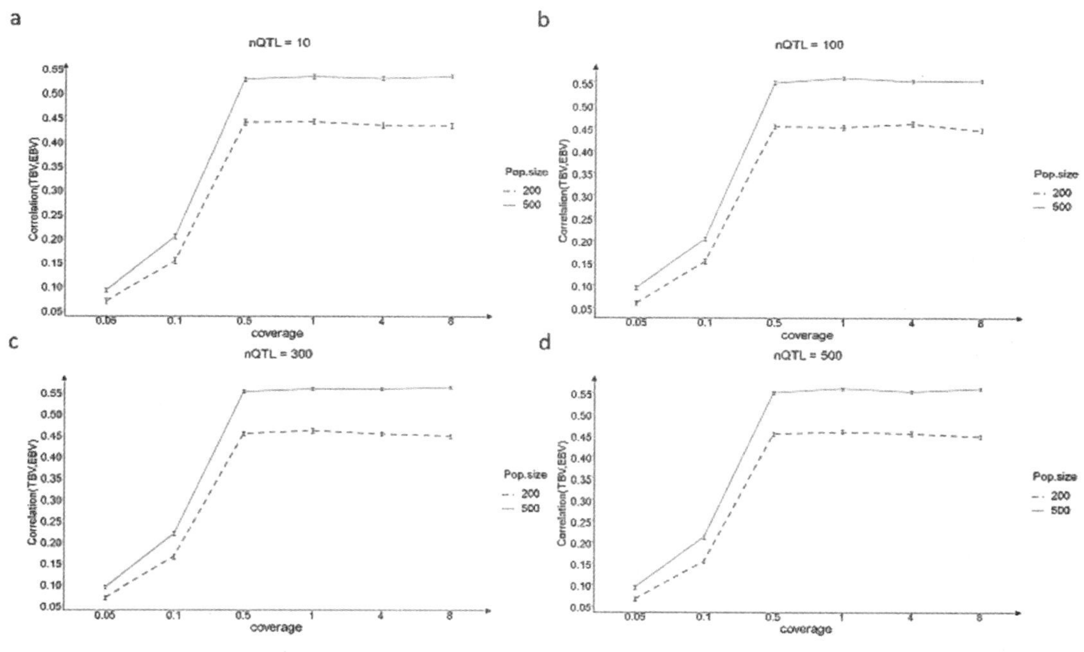

图 5　不同测序深度对育种值预测准确度的影响

5.2　基因组育种值预测的集成算法开发

当前基因组选择存在BayesA、BayesB、BayesCpai、GBLUP等多种算法，不同算法各具特点。BayesA适用于微效多基因模型，而BayesB和BayesCpai适用于主效基因模型。在实际应用中不同算法适用于不同性状，至今为止尚无一种“万能算法”。基于此不足，开发了一种基于人工智能的集成学习算法（ELPGV），能够整合所有现有算法而获得最准确的预测值。将新算法应用于人类疾病数据、奶牛产奶量数据、大黄鱼数据及模拟数据等，均表现出高准确性的特点（图 6），未来有希望获得广泛应用。

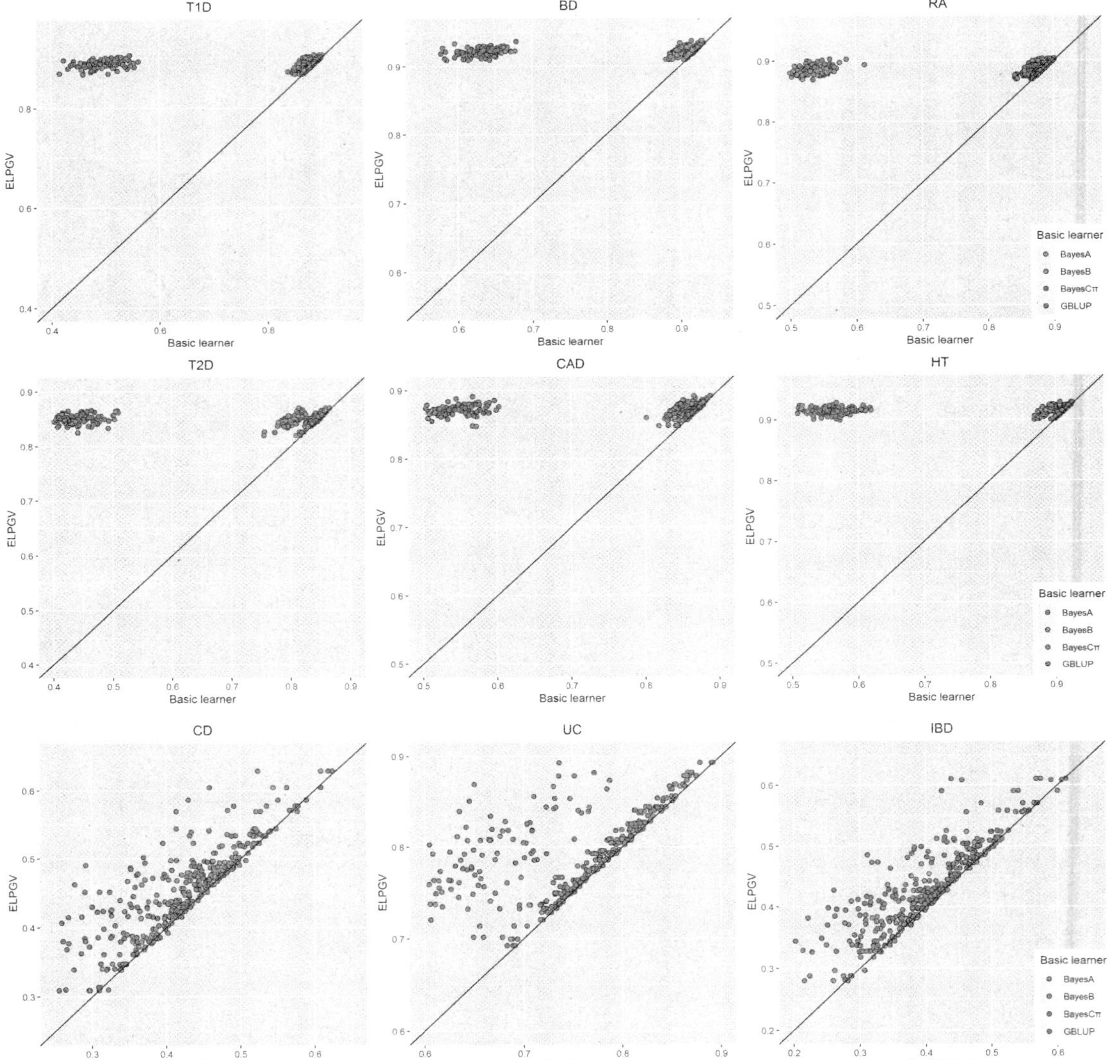

图 6 ELPGV与集成的统计模型效果比对图

5.3 鱼脸识别技术研究

进行基因组选择育种需要从候选亲本剪取鳍条，提取DNA，进行分子标记位点的基因型测定。为此需要对候选亲鱼注射PIT电子标记，这会对候选亲鱼造成创伤和严重的胁迫，使部分候选亲鱼因伤口感染等死亡。而且，每年总有一些个体发生PIT标记脱落，注射了PIT标记的亲鱼也失去了商品价格，无法销售。因此，本岗位尝试利用卷积神经网络，开发大黄鱼个体视频识别系统，用高清摄像机对每尾鱼拍摄 10 s视频，包括大约 600 帧照片，导入系统进行分析，寻找可用于个体识别的形态指标。通过不断迭代计算，最后获得计算模型，初步建立了1个基于卷积神经网络的大黄鱼个体识别系统，通过1～2 s短视频或1～2张照片，可对数据库中大黄鱼100%的个体进行准确识别（图7、图8）。

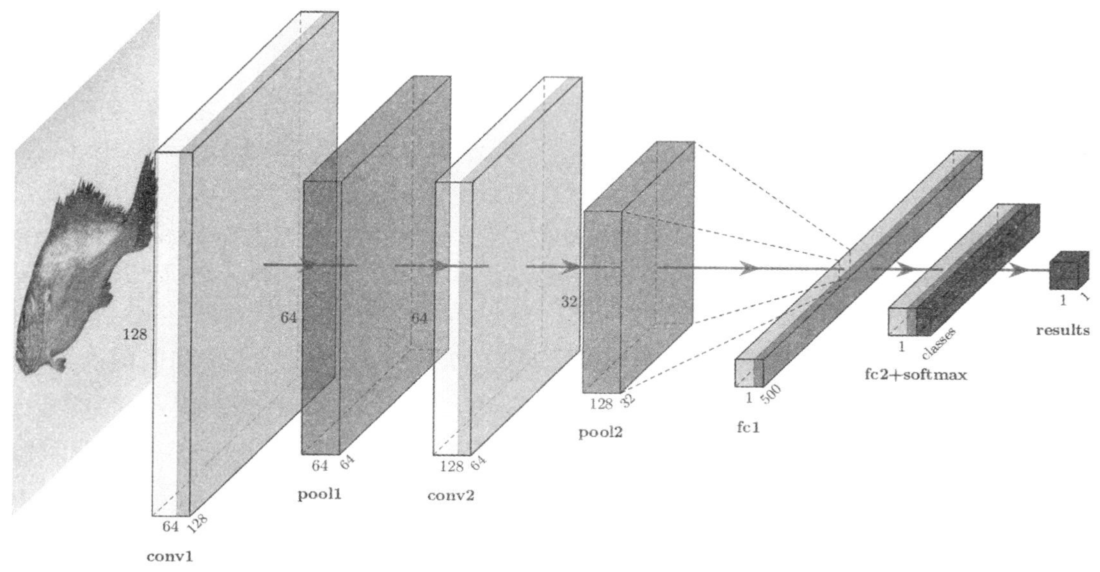

图7　大黄鱼个体识别系统模型框架

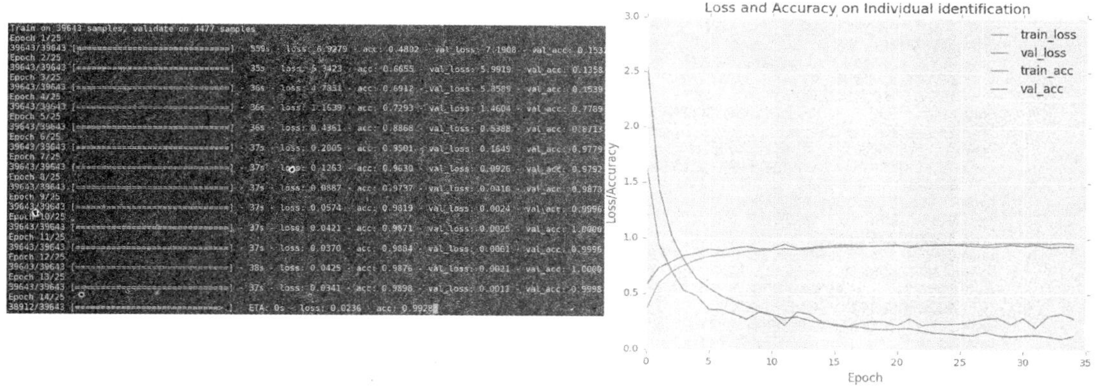

图8　基于卷积神经网络的大黄鱼个体识别系统

6　育种性状的遗传基础解析

6.1　用YY超雄鱼组装出连续性与完整性大幅度提高的参考基因组

组装良好的参考基因组是eQTL定位、基因组水平基因表达调控研究取得顺利进展的重要基础。2019年项目组与宁波市海洋与渔业研究院合作培育大黄鱼YY超雄鱼取得成功，今年春季选取1尾YY鱼，经PacBio的CCS模式测序，获得24 Gb HiFi read，组装出的图谱contig N_{50}达22.05 Mb，总长741.4 Mb，contig数减少到292个（表9）。包括Y染色体在内，整个基因组图谱的连续性和完整性大幅提高，为诸多相关研究提供了更好的基础。

表 9　大黄鱼基因组重新组装结果（Mb）

Fish	Assembly	N_{50}	Longest	Total Length	No. of contigs
YY ♂	contig	22.05	48.36	741.4	292

6.2　内脏白点病抗病相关位点的精细化定位

为了进一步提高遗传定位效果，将 2017 年和 2019 年 2 次攻毒群体测序数据（质控后可用个体 817）合并进行SNP挖掘，经质控后，获得 9、131、421 个SNP（图 9），基于Case-control模型和混合单标记模型进行GWAS分析。前者获得 54 个-log10（*P*）>6 的SNP，多数位于 1、3、4 和 13 号染色体，其中 22 个SNP定位于 14 个基因的内含子，chr15_6271873 SNP定位于*DC1I2*基因的外显子。基于单标记线性模型的GWAS结果获得 58 个-log10（*P*）>6 的SNP，多数位于 4、13、和 20 号染色体，其中有 31 个定位于 16 个基因的内含子。这些结果为深入研究阐明大黄鱼不同个体之间对内脏白点病抗病力差异的分子机制奠定了基础。

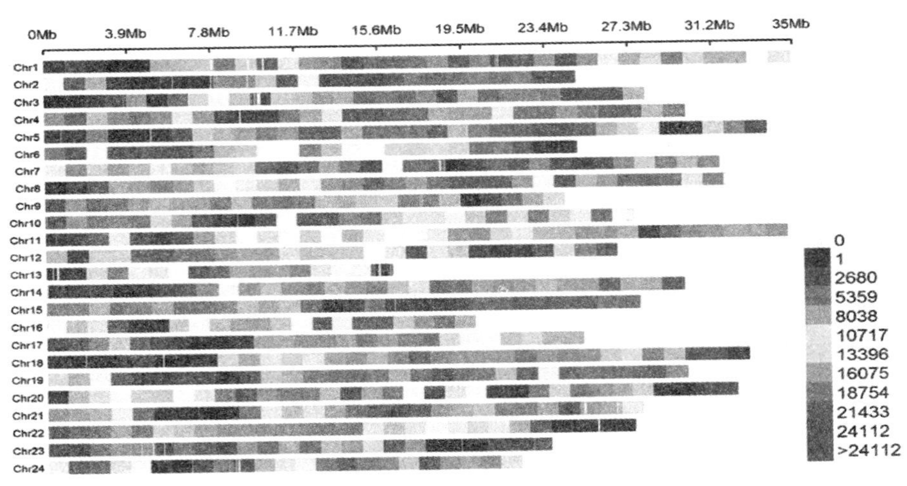

图 9　24 条染色体上SNP分布密度图

6.3　大黄鱼肝脏eQTL定位研究

利用 64 尾大黄鱼幼鱼肝脏转录组测序数据进行eQTL分析，共鉴定出 1 019 个目的基因的 2 427 个eQTL（图 10），其中 38 个基因位于抗内脏白点病性状GWAS定位区域。为获得更多抗病相关基因eQTL定位信息，另取 80 尾大黄鱼的脾脏进行RNA测序，测序数据质控后获得 19 804 个转录本的表达量与 7 660 600 个MAF>0.05 的SNP，分析结果共挖掘到 96 537 个local eQTL。用*P*<0.01 作为显著性筛选标准，得到与大黄鱼脾脏基因表达显著相关的 818 个SNP。目前正在整合两次eQTL分析以及抗病性状GWAS的结果。

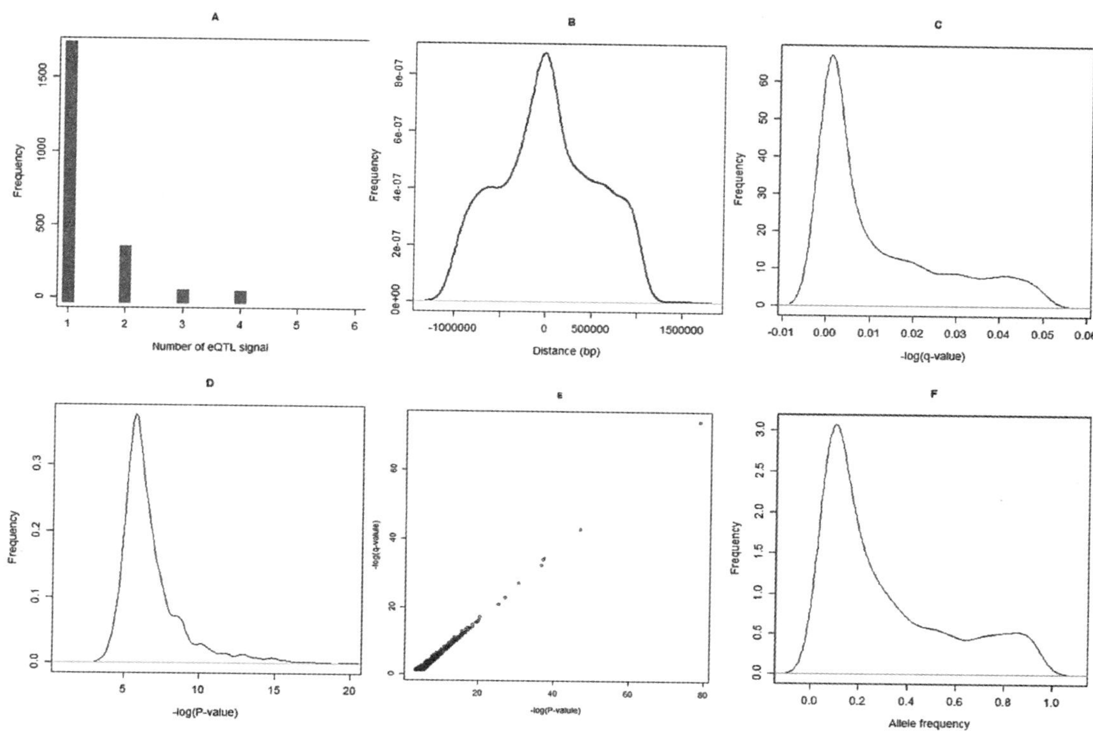

图 10　大黄鱼肝脏全基因组eQTL分布情况

A. 1 级、2 级、3 级、4 级、5 级eQTL频率；B. eQTL与靶基因距离分布；C和D. −log（*P*）和−log（*q*）分布；E. −log（*P*）和−log（*q*）的关系；F. 等位基因频率分布

（岗位科学家　王志勇）

石斑鱼种质资源与品种改良技术研发进展

石斑鱼种质资源与品种改良岗位

本年度是本岗位加入海水鱼产业技术体系的第四年，也是“十三五”的最后一年。围绕岗位的重点任务，本岗位进一步开展了石斑鱼种质资源保存与评价、石斑鱼优良品种（系）培育、石斑鱼重要性状相关功能基因挖掘和分子标记筛选与应用等方面的技术研究。

1 石斑鱼种质资源保存与评价

1.1 常见石斑鱼繁育群体种质资源的分析和评价工作

为了掌握我国常见石斑鱼繁育群体的种质状况，本岗位在海南、广东、福建等主要石斑鱼繁育场，收集了棕点石斑鱼、斜带石斑鱼、豹纹鳃棘鲈、赤点石斑鱼、云纹石斑鱼、驼背鲈等多种石斑鱼的繁育和养殖群体，并进行种质资源分析和评价。本年度完成了鞍带石斑鱼的遗传多样性分析，发现广东、福建、海南三省五个代表性采集点的鞍带石斑鱼遗传多样性非常高，没有明显的驯化迹象。

1.2 一种棕点石斑鱼精子的高效低温保存方法

本岗位开发了一种棕点石斑鱼精子的高效低温保存方法。通过一系列实验，确定了石斑鱼精子冷冻的最佳冷冻保护剂、冷冻条件、稀释比、平衡时间和解冻温度：① 体积分数为10%的二甲基亚砜（DMSO）和0.3 mol/L葡萄糖被证明是一种有效的冷冻保护剂；② 精子先放置在液氮面上方1.5 cm处，待冷却至−80℃以下后放入液氮保存；③ 与稀释倍数为1 ∶ 5、1 ∶ 9和1 ∶ 19时相比，当稀释倍数为（1 ∶ 3）~（4 ∶ 1）时，解冻后的运动能力显著提高；④ 平衡和解冻后的精子活力不受2 h平衡期的影响，表明棕点石斑鱼精子对10%的DMSO具有较高毒性耐受性；⑤ 30℃和40℃下的精子解冻后，活力明显高于25℃、50℃和60℃下的精子解冻后活力；⑥ 棕点石斑鱼精子可冷冻48 h而不降低其低温保存的适宜性。与新鲜精子相比，解冻精子的运动和曲线速度下降，但解冻后的精子在4℃条件下可贮藏2 h而不丧失受精能力，与新鲜精子相近（受精率92.7% ± 2.5%，孵化率87.7% ± 2.1%）。

2　石斑鱼优良品种（系）培育

2.1　虎龙杂交斑

自虎龙杂交斑培育成功以来，岗位团队每年都选留了一批杂交子代，以作育种之用。近年来，本团队围绕虎龙杂交斑新品种，开展了更进一步品种培育工作。目前，共获得两批棕点石斑鱼（♀）×虎龙杂交斑（♂）回交系、一批虎龙杂交斑（♀）×虎龙杂交斑（♂）自交系，以及一批母本棕点石斑鱼全同胞家系。团队开展了虎龙杂交斑养殖群体遗传多样性与遗传结构的微卫星分析，结果表明，杂交石斑鱼群体仍有较高的遗传多样性，并未出现明显的近交衰退。岗位团队进一步完善了石斑鱼工厂化循环水育苗技术体系，示范培育虎龙杂交斑苗种 20 万尾。

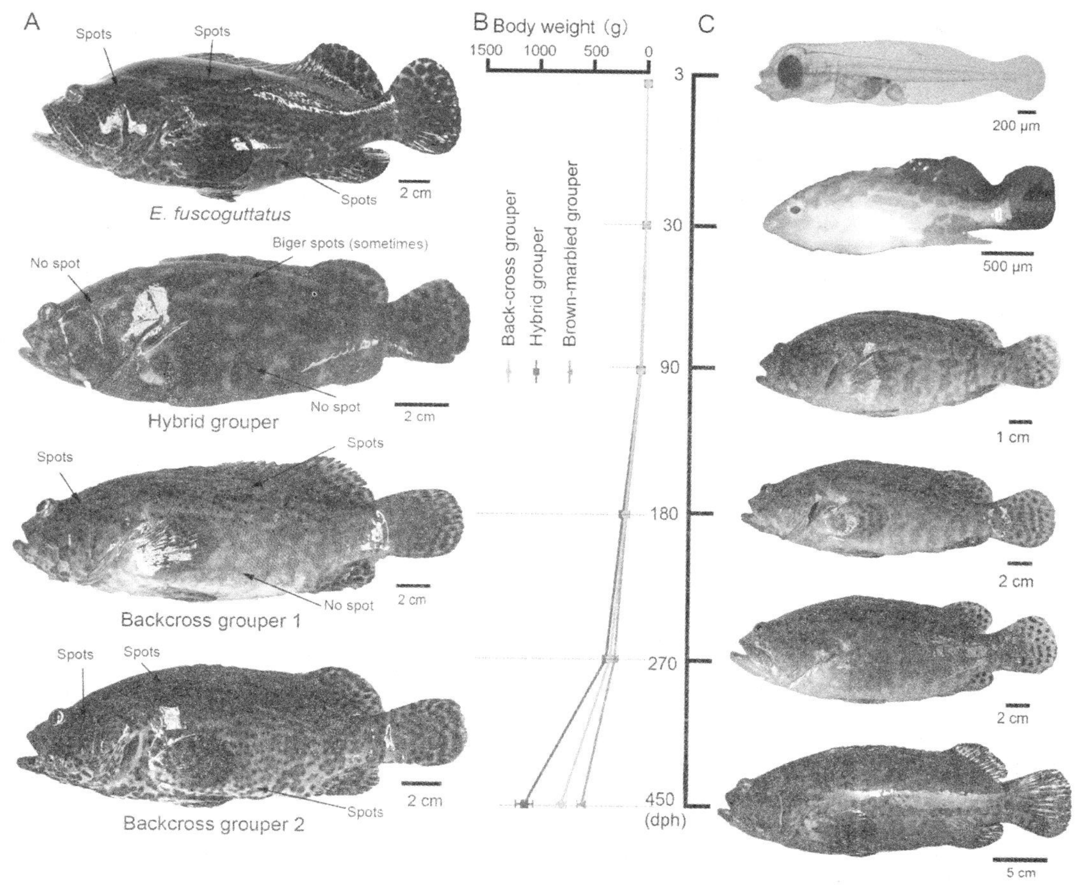

图 1　回交石斑鱼形态与生长曲线

A. 回交石斑鱼与 3 个亲本的形态差异；B. 回交石斑鱼及其亲本的生长曲线；C. 回交石斑鱼在不同生长阶段的形态特征

2.2 杉虎杂交斑

棕点石斑鱼的生长速度快于清水石斑鱼，而清水石斑鱼的抗逆性和抗病性要优于棕点石斑鱼。实验中利用棕点石斑鱼（*E. fuscoguttatus*，♀）与清水石斑鱼（*E. polyphekadion*，♂）进行杂交，希望获得具有优势性状的杂交后代。因此，岗位团队对棕点石斑鱼（♀）×清水石斑鱼（♂）及杂交子代（杉虎杂交斑）的可量性状数据、外形框架参数、分子遗传特征等进行了分析。结果显示，杉虎杂交斑综合两个亲本的体色，棕色暗斑与乳白色细块散布全身，且乳白色细块在身体后侧数量较多。杂交石斑鱼与其亲本的外形框架呈现出一定的差异；杂交子代杉虎杂交斑吻前端至头背部末端偏向母本棕点石斑鱼，呈现较长的拉伸；背部微微隆起，整体躯干前后延展距离较长；其尾部处于矩形与梯形之间，介于两个亲本之间。

同时，岗位团队使用微卫星标记对亲本及杂交子代的遗传特征进行分析。本实验采用RAD-seq技术，筛选到7对可以在亲本及杂交子代中稳定扩增且遗传多样性较高的微卫星标记。结果显示，相对于清水石斑鱼，杉虎杂交斑与母本棕点石斑鱼的遗传距离较近。

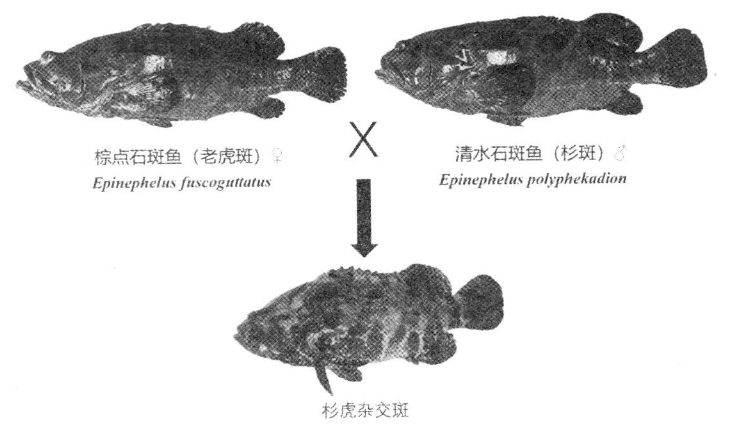

图 2　杉虎杂交斑及其亲本

3　石斑鱼重要性状相关功能基因挖掘

3.1　石斑鱼性别相关基因挖掘及功能验证

在石斑鱼重要性状相关功能基因挖掘方面，岗位团队发现了30个染色质开放水平在性逆转过程中存在显著差异的基因。利用易染色质测序（ATAC-seq）和转录组测序（RNA-seq）对雌雄同体的斜带石斑鱼性腺进行测序分析，以确定开放的染色质区域和TF结合位点（图3A）。在性逆转早期，通过富集分析，发现3个转录因子显著富集，即ZNF263、SPIB和KLF9，并检测到这些转录因子与染色体结合的足迹（图3B）。首次鉴定了*star*和*rergl*在精巢中特异表达，*star*和*rergl*可作为雄性生殖细胞标记基因，还筛选了3

个性逆转相关通路中的核心基因（*cyp21a*、*ccnb2*、*gnas*）（图 3C），推测在斜带石斑鱼早期性逆转过程中，*cyp21a*是类固醇合成通路中的关键因子（图 3D）。

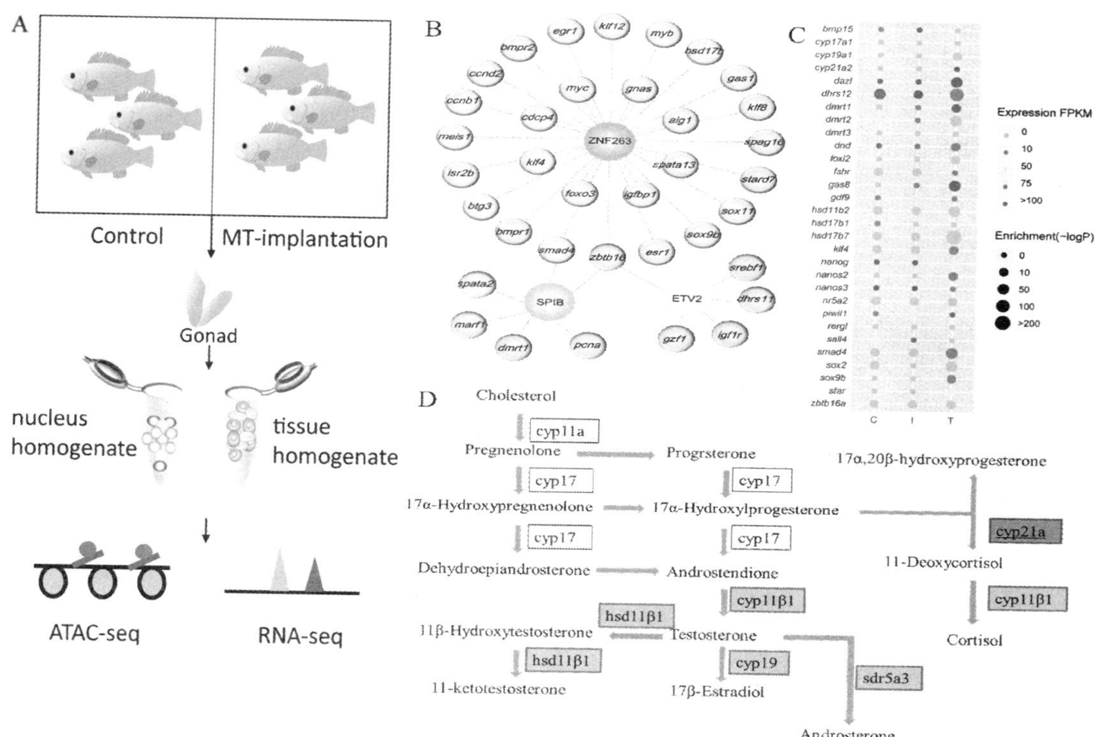

图 3 石斑鱼性别相关基因挖掘及功能验证

A. 斜带石斑鱼ATAC-seq与RNA-seq实验流程图；B. 性逆转早期显著富集的转录因子及下游因子；C. 差异表达基因表达情况圆点图；D. 类固醇合成通路中上调和下调的基因

3.2 斜带石斑鱼精原干细胞系验证及条件优化

3.2.1 斜带石斑鱼精巢生殖细胞特异基因和蛋白的细胞定位

通过原位杂交鉴定了 3 个特异表达在斜带石斑鱼精巢生殖细胞的标记基因，分别是*ly75*、*thy1*和*dmc1*。*ly75*特异表达于精原细胞，在精母细胞中则表达微弱或不表达，而在精子细胞则不表达；*thy1*特异表达于不同阶段的生精细胞；*dmc1*主要表达于精母细胞和精子细胞，而在精原细胞表达微弱或不表达。此外，确定了抗体Piwi、Dazl、Nanog和Ssea1能特异标记斜带石斑鱼精巢生殖细胞。抗体Piwi主要定位于生殖细胞的细胞质；抗体Dazl主要定位于生殖细胞的细胞核；抗体Nanog定位于精原细胞的细胞核和细胞质，以及精母细胞的细胞质；抗体Ssea1 定位于生殖细胞的细胞质。斜带石斑鱼精巢生殖细胞特异标记基因和蛋白可用于在mRNA水平和蛋白水平鉴定斜带石斑鱼精原干细胞系。

3.2.2　细胞因子对斜带石斑鱼精原干细胞系的影响

当白血病抑制因子（leukemia inhibitory factor，LIF）和碱性成纤维生长因子（basic fibroblast growth factor，bFGF）共同加入培养基时，斜带石斑鱼精原干细胞系的绝大部分细胞维持多角形细胞形态（图4），只有少量分化的表皮状细胞。这说明LIF和bFGF对于维持斜带石斑鱼精原干细胞系的细胞形态十分重要，而且LIF和bFGF的共同存在能显著加快斜带石斑鱼精原干细胞系的增殖速度。在基因表达层面，LIF和bFGF的共同存在可以显著提高生殖细胞特异基因的表达水平（图5）；尤其是减数分裂特异基因高表达，如*rec8*、*sycp3*和*dmc1*，这意味着该细胞系在体外条件下能启动减数分裂。

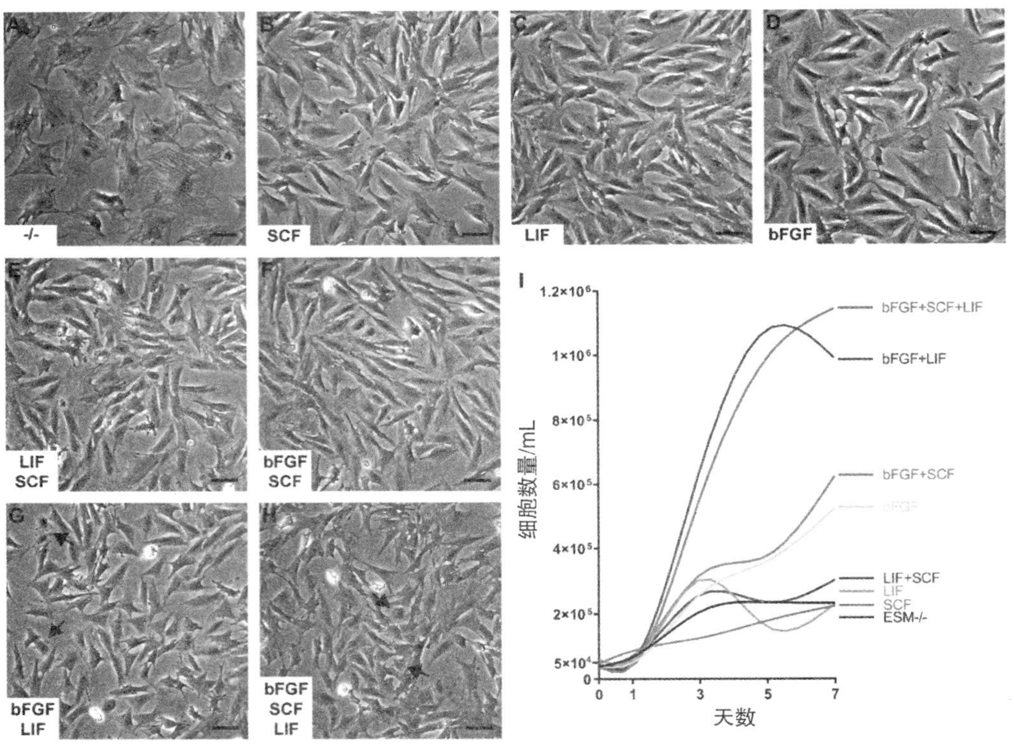

图4　不同细胞因子对斜带石斑鱼精原干细胞系的形态和生长速度的影响

A. 在不含细胞因子的培养基中，细胞完全表皮化；B ~ D. 在分别含有bFGF、LIF和SCF的培养基中，很多细胞发生表皮化；E、F. 在含有SCF以及LIF或bFGF的培养基中，部分细胞发生表皮化；G、H. 在含有LIF和bFGF的培养基中，绝大部分细胞保持多角形细胞形态；I. 含有LIF和bFGF的培养基显著促进细胞增殖。标尺 = 50 μm

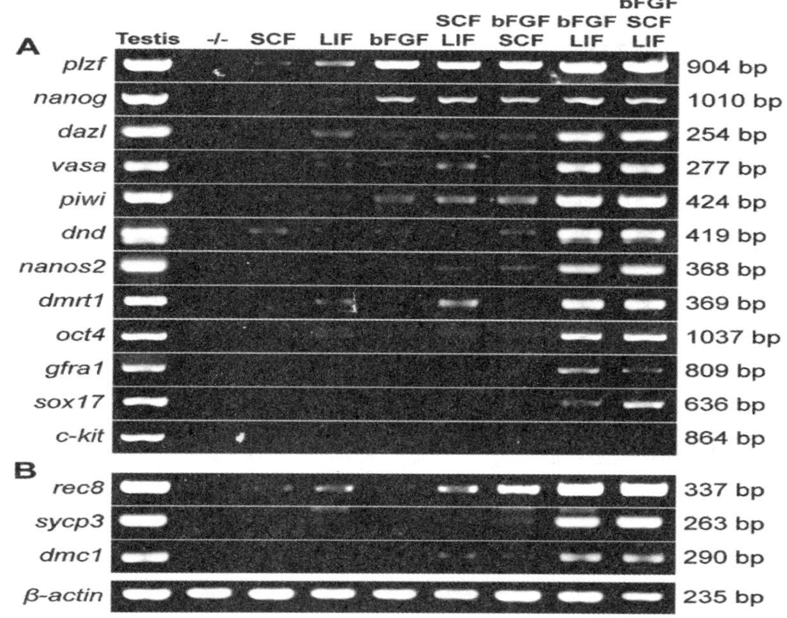

图 5 含有不同细胞因子的培养基对斜带石斑鱼精原干细胞特异基因的影响

A. 在含有LIF和bFGF的培养基中，生殖细胞特异基因高表达；

B. 在含有LIF和bFGF的培养基中，减数分裂特异基因高表达。*β-actin*为对照基因

4 分子标记筛选与应用

岗位团队绘制了高质量的染色体水平的豹纹鳃棘鲈基因组图谱，并对其基因结构进行了预测和注释；系统发育和分歧时间分析揭示了豹纹鳃棘鲈的进化地位；通过转录组测序分析发现数个与豹纹鳃棘鲈体色相关的基因，这些基因主要与类胡萝卜素代谢相关。另外，采用全基因组关联分析结合当下绘制的基因组图谱，对豹纹鳃棘鲈生长相关标记进行了筛选，发现 12 个与体高显著相关的SNP位点以及 4 个潜在相关的SNP位点。在QTL区域内，共获得 15 个与生长潜在相关的基因（图 6）。

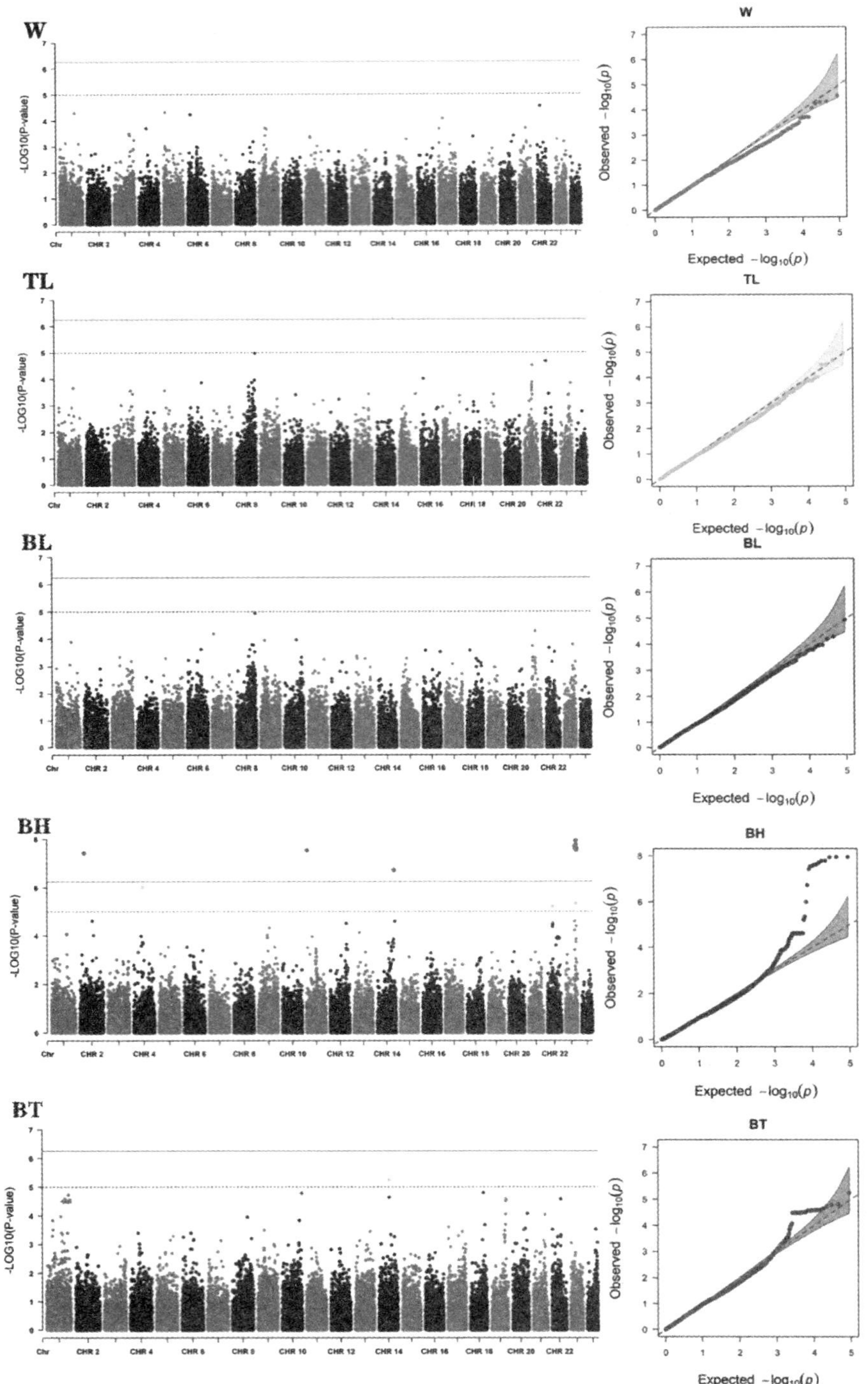

图 6　基于混合线性模型豹纹鳃棘鲈的体重（*W*）、全长（TL）、体长（BL）、体高（BH）和体宽（BT）的曼哈顿图和分位数–分位数图

实线代表全基因组显著性阈值，虚线代表潜在显著性阈值

（岗位科学家　刘晓春）

海鲈种质资源与品种改良技术研发进展

海鲈种质资源与品种改良岗位

1 “白蕉海鲈全产业链经营模式关键技术研究与示范”重点任务

本岗位温海深教授作为该重点任务的负责人，召集体系内12位岗位科学家及站长团队牵头，联合珠海市内龙头企业、中国水产流通与加工协会海鲈分会、广东省海鲈协会和珠海市农渔业技术推广部门，共计20个团队进行协同攻关。集成示范的主要内容包括海鲈优质苗种溯源及培育关键技术，海鲈池塘养殖投入品及水质控制技术，海鲈池塘养殖模式与智能化管理，海鲈养殖病害检测与防控技术，海鲈流通、加工与食品安全，海鲈全产业链技术经济分析。由本岗位组织，于2020年4月29日召开“白蕉海鲈全产业链经营模式关键技术研究与示范”任务线上启动会，明确了任务目标及各个参与单位的工作分工。2020年8月4—6日，在珠海市斗门区召开重点任务推进会并对3家海鲈企业进行了现场调研，体系参与单位与地方主管部门、行业协会、龙头企业一道，调研梳理产业发展中的问题，研讨交流工作进展，推进重点任务的有序落实。2020年11月25—26日，温海深等再赴珠海，对珠海市现代农业发展中心、珠海粤顺饲料有限公司等进行现场调研。本岗位团队在重点任务中主要承担“海鲈优质苗种溯源及培育关键技术”子任务，通过本年度的工作，已完成子任务的各项指标。

2 2020年度海鲈繁育及家系构建情况

2020年10月28日—11月4日，本岗位在山东省东营市利津县双瀛水产苗种有限责任公司繁殖车间进行“利津鲈鱼”人工繁殖，从69尾雌鱼、166尾雄鱼中挑选生长性能最好的16尾雌鱼、30尾雄鱼作为育种亲本进行催产和人工授精，期间亲鱼产卵计8.7 kg，共计85万尾鱼苗，目前平均体长达1.5 cm以上。新构建快速生长海鲈全同胞家系15个，选留2018年度繁育的F_1代家系2个继续培育，记录其生长性能指标。

3 2020年度海鲈种质资源与遗传改良研究进展

3.1 海鲈种质资源库构建

冷冻精子库：本年度补充采集黄渤海群体冷冻精液50 mL。到目前为止，保存我国沿海海鲈的代表性群体（黄渤海群体、福建群体、北部湾群体）的冷冻精液共计330 mL。

DNA种质库：采集黄渤海群体的野生海鲈DNA样本1 500余份，目前共保存我国沿海不同地理群体的海鲈DNA样本超过2 000份。

活体库：储备不同来源的海鲈亲鱼及后备亲鱼活体近2 000尾。

表型库：记录不同来源的海鲈个体的生长性能、形态特征及其他生物学性能（包括2018、2019年度已经完成的福建群体与黄渤海群体海鲈的生长性能及耐高温性状评估数据），数据量总计超1万尾。

3.2 全基因组选择育种参考群体构建

2020年10月16—24日，于河北省唐山市滦南县对黄渤海来源的野生海鲈生长复杂性状的表型数据进行测量、记录并采集个体DNA样品。共采集1 532尾海鲈的表型数据，包括体重、全长、体长、尾柄长、体高、厚度、头高、头长共8个性状指标。对每尾鱼取臀鳍3 cm左右，保存到无水乙醇中进行DNA样本采集，并在每尾鱼的背鳍处肌肉注射芯片标签用来区分个体。目前，正在对该批样本进行表型数据的统计分析及DNA提取。数据统计完成后，将根据海鲈各生长性状指标的分布特征，选取其中代表性样本300个，结合以往保存的福建野生群体样本、北部湾野生群体样本300个左右，进行全基因组重测序工作。

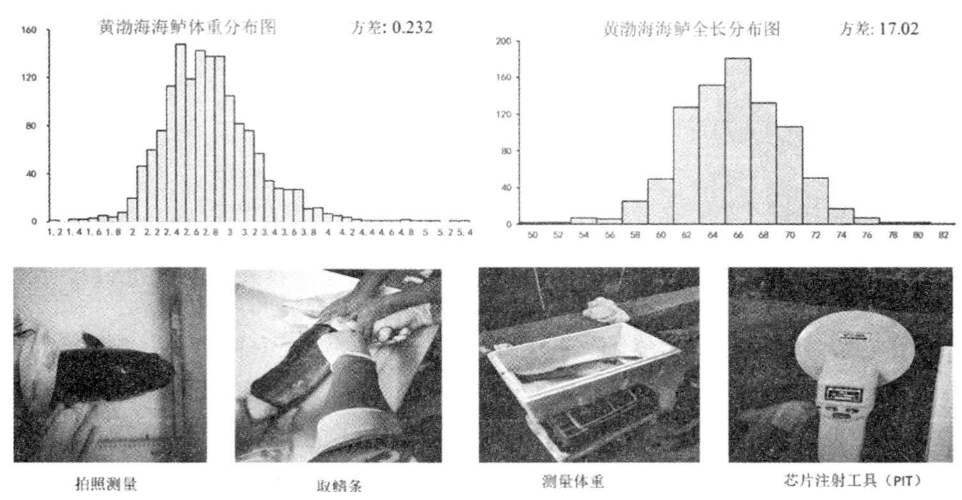

图1 黄渤海野生海鲈群体活体标记及样本采集

3.3　海鲈重要经济性状的遗传分子机制解析

3.3.1　形态学性状

对海鲈的形态学性状（体宽）进行QTL定位。共定位了16个与体宽相关的QTL，分布在1、3、10、15、20、21和22号共7个连锁群上，共包含222个SNP。可解释表型变异率范围是5.0% ~ 8.7%，LOD范围为3.75 ~ 6.58。总共筛选出17个体宽性状相关的候选基因，这些候选基因的功能涉及细胞增殖、分化、迁移（*fcgbp*、*prkca*、*dhrs12*、*foxq1*、*foxq2*、*rab11fi5*），细胞骨架重组（*mylk4a*），肌肉、骨骼发育（*foxc1a*、*pax3a*），钙离子通道（*cacng1a*、*cacng4a*、*cacng5a*）等多个方面（表1，图2）。本研究中定位的QTL、候选功能基因及分子标记有助于海鲈体型性状的分子标记辅助选育工作的开展。

表1　海鲈体宽性状的QTL统计

性状	QTL	LG	定位/cM	QTL 长度/cM	SNP数量	峰值标记	LOD	PVE/%
体宽	qBW-1.1	1	27.47 ~ 29.51	2.04	9	M-F-3882	4.26	5.9
	qBW-1.2	1	30.36 ~ 41.34	10.98	42	M-F-4709	5.33	7.1
	qBW-1.3	1	52.24 ~ 53.16	0.92	3	M-F-4462	4.11	5.5
	qBW-3.1	3	9.43 ~ 10.43	1.00	1	M-M-1819	3.97	5.3
	qBW-3.2	3	23.84 ~ 23.92	0.08	1	M-H-766	4.90	6.6
	qBW-3.3	3	35.61 ~ 35.77	0.16	3	M-F-2028	4.21	5.7
	qBW-3.4	3	42.54 ~ 42.63	0.09	3	M-H-560	4.41	5.9
	qBW-10.1	10	18.27 ~ 19.78	1.51	2	M-F-192	3.75	5.0
	qBW-10.2	10	23.91 ~ 40.67	16.76	51	M-F-2906	6.58	8.7
	qBW-10.3	10	41.36 ~ 54.71	13.35	82	M-M-3787	6.57	8.7
	qBW-15	15	81.56 ~ 81.64	0.08	2	M-M-4425	4.33	5.8
	qBW-20.1	20	63.13 ~ 68.22	5.09	4	M-M-1680	4.05	5.5
	qBW-20.2	20	69.84 ~ 71.38	1.54	11	M-M-2092	3.95	5.3
	qBW-21.1	21	55.73 ~ 55.77	0.04	1	M-M-1121	3.78	5.1
	qBW-21.2	21	61.14 ~ 69.41	8.27	47	M-M-721	5.20	6.9
	qBW-22	22	57.22 ~ 58.91	1.69	5	M-F-3116	4.02	5.4

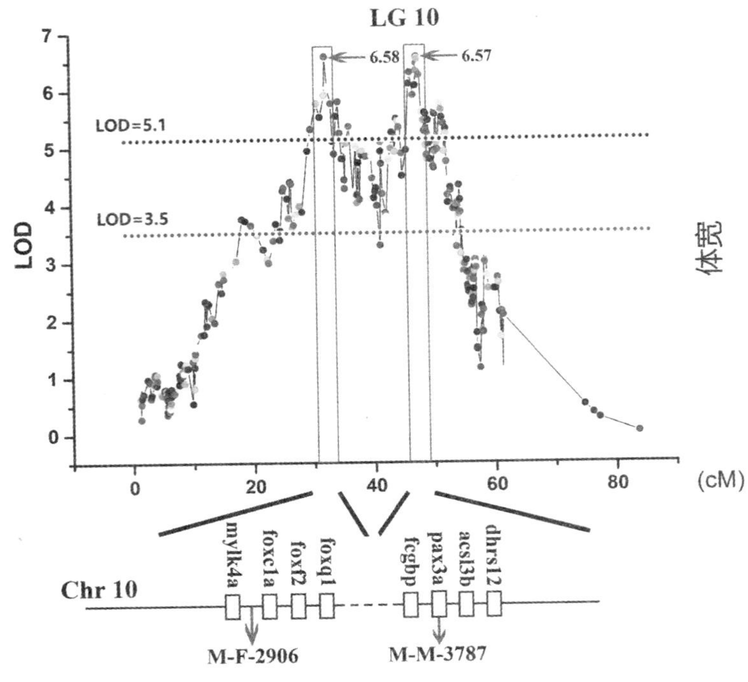

图 2　海鲈体宽性状的QTL精细定位结果

3.3.2　生长性状

基于上一年度构建的首张海鲈高密度遗传连锁图谱以及对生长性状的QTL精细定位结果，鉴定发现*fgfr4*基因与体重、体长的表型关联度最高，此外还定位到*fgf18*、*pax3a*、*smyd5*等参与骨骼肌发育的功能基因。对FGF通路的基因表达及分布情况进行检测，证实*fgfr4*作为FGF信号的受体在肌卫星细胞中高表达，与*myogenin*基因共定位（图 3），且受到*pax3*转录因子的调控，证实海鲈*fgfr4*可能参与肌卫星细胞的分化；*fgf18*、*fgf6a*、*fgf6b*的表达定位结果表明肌卫星细胞存在潜在的自分泌调控功能。

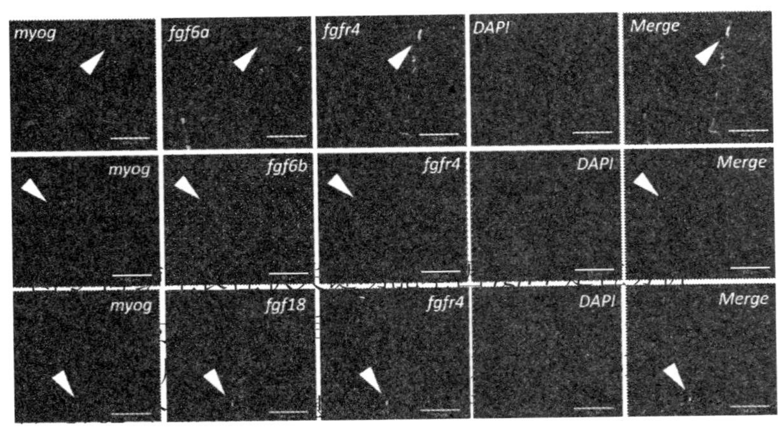

图 3　海鲈生长性状关键功能基因*fgfr4*定位分析

3.3.3　耐低氧性状

对低氧处理后 0 h、3 h、6 h、12 h四个时间点的海鲈鳃组织进行Illumina转录组测序和分析。以 0 h作为对照，在 3 h、6 h和 12 h分别鉴定到 1 242、1 487、1 762 个显著差异基因，并进行了Mfuzz差异基因表达趋势分析。GO功能注释及KEGG通路富集结果显示，与低氧耐受相关的HIF-1 通路和PI3K-Akt通路被显著富集，还富集出一些与应激响应以及DNA复制、糖酵解、碳代谢相关通路。此外还进行了GSEA基因集富集分析，结果主要富集在DNA复制、肌动蛋白细胞骨架调节、心肌细胞功能、EMC受体相互作用相关的通路。本研究结果为探索低氧胁迫下海鲈的分子调控机制提供了重要基础。

3.3.4　耐高温性状

测定了高温处理前后血清中谷丙转氨酶（ALT）、谷草转氨酶（AST）、葡萄糖（GLU）、乳酸脱氢酶（LDH）和总蛋白（TP）5 种生化指标及皮质醇（COR）、三碘甲状腺原氨酸（T3）和甲状腺素（T4）3 种激素指标。结果显示，高温胁迫后，ALT、AST和LDH呈现先升高后降低的趋势，在处理后 6 h达到峰值。其中，ALT在 24 h恢复至对照组水平。GLU、TP和COR整体呈上升趋势，至 12 h达浓度最高值，在 12 ~ 24 h下降，但均未恢复至对照组水平（图 4）。高温胁迫后 3 h，T4 急剧下降，在 6 h后上升恢复至对照组水平。而T3 在 3 h内没有显著变化，其后呈持续下降趋势，并在 24 h达到最小值。此外，对高温胁迫后各时间点的肝组织进行了转录组测序，以 0 h为对照组，在 3 h、6 h、12 h、24 h分别检测到 1 653、1 264、3 100 和 2 969 个显著差异表达基因。GO功能注释和KEGG通路富集分析结果表明，差异表达基因主要富集在氧化还原反应、RNA结合、内质网的蛋白质加工、精氨酸和脯氨酸代谢以及疾病发生相关的通路中。该研究结果为进一步研究海鲈高温响应的分子机制提供了重要的基础数据。

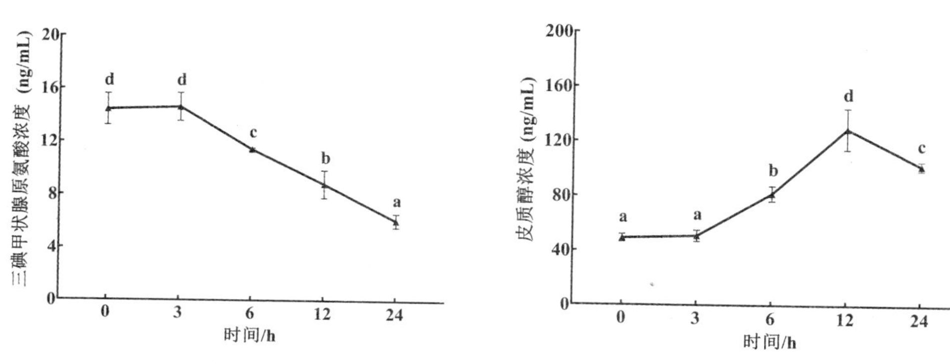

图 4　高温胁迫对海鲈血清皮质醇及三碘甲状腺原氨酸浓度的影响

3.4　海鲈性别分化相关机制解析

以海鲈孵化后 1 ~ 214 d（dph）的仔稚鱼、幼鱼以及 18 月龄的雌鱼和雄鱼为实验对象，研究了早期性腺发生、发育和分化情况；分析了性腺分化过程中性别相关基因（*cyp11b*和*cyp19a1a*）的表达及与性别之间的关系。研究表明：30 dph（平均全长1.28 cm ± 0.10 cm），首次在中肾管前端的腹腔膜周围观察到原始生殖细胞，说明30 dph前是海鲈胚后原始生殖细胞迁移至生殖嵴的关键时期；55 dph（2.45 cm ± 0.19 cm），观察到一对呈对称分布的原始性腺已经形成，说明海鲈幼鱼的原始性腺在30 ~ 55 dph（1.28 ~ 2.45 cm）之间发生；55 ~ 180 dph（2.45 ~ 12.28 cm），原始性腺不断发育变大，并且一直处于未分化状态；180 dph后性腺开始分化；195 dph（14.54 cm ± 1.54 cm）观察到精巢开始分化，卵巢于205 dph（15.86 cm ± 0.94 cm）开始分化，并且性腺的解剖学分化要早于细胞学分化；18月龄的海鲈幼鱼性腺发育到Ⅱ期（图5）。本实验结果不仅丰富了海鲈的繁殖生理学资料，也为其性别决定及分化相关研究提供了科学依据。

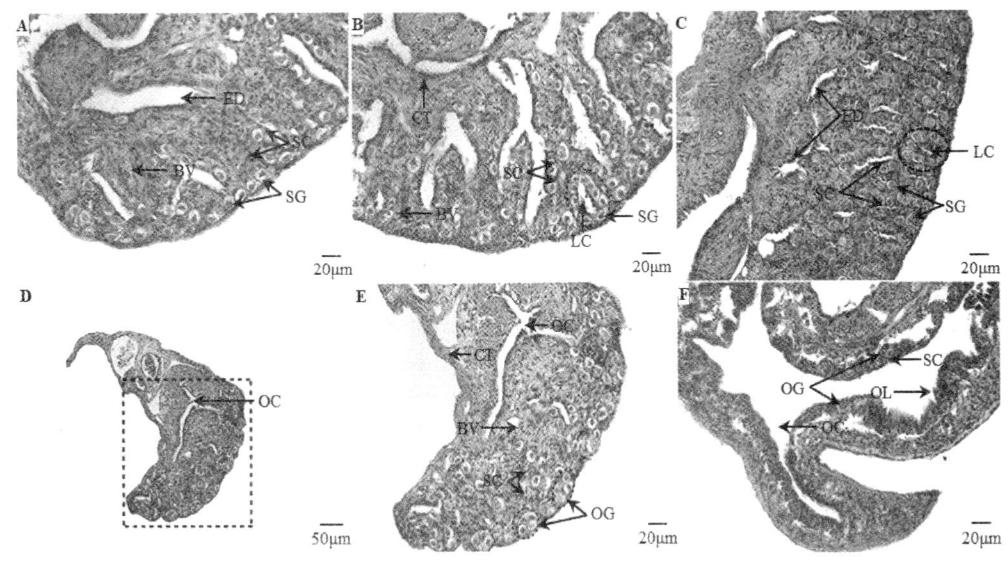

图5　海鲈精巢和卵巢的早期分化

3.5　海鲈受精卵基因编辑方法初步探索

应用高效电转染系统对海鲈受精卵进行基因编辑条件摸索。在电转染的1 000枚受精卵中，约有900枚正常发育至原肠期（约受精后18 h）。经紫外光下荧光显微镜观察发现，超过50%的胚胎中，不同部位均存在绿色荧光信号，表明GFP基因已经在仔鱼中表达。本实验说明利用电转化对海鲈受精卵基因编辑的方法具有可行性。

（岗位科学家　温海深）

卵形鲳鲹种质资源与品种改良技术研发进展

卵形鲳鲹种质资源与品种改良岗位

1　卵形鲳鲹F_4代苗种培育与性状测试

按照卵形鲳鲹育种计划，利用F_3代亲本进行催产，获得受精卵 12 kg，同时开展了卵形鲳鲹F_4代苗种培育，经过 33 d培育，获得卵形鲳鲹F_4代优质苗种 45.5 万余尾，苗种成活率为 50.5%，苗种规格 2.5 ~ 3.1 cm。选育系苗种分别运至海南陵水新村港和广东深圳南澳街道大碓村开展海区网箱养殖，并利用相同规格非选育苗种作为对照组，进行卵形鲳鲹选育系与对照组苗种的生长性能对比实验。结果显示：养殖 6 个月选育系苗种选育系体长和体质量较对照组性状平均提高比例分别为 10.59%和 18.48%（图 1），卵形鲳鲹选育系苗种体长和体重显示出良好选育效果。同时将苗种在海南陵水深水网箱进行推广养殖，经过 190 d，卵形鲳鲹选育品系体长平均值为 251.01 mm，增长率为 0.87 mm/d，体质量平均值为 520.93 g，增长率为 2.72 g/d，成活率为 88%。选育苗种生长速度快，成活率高，养殖经济效益显著。

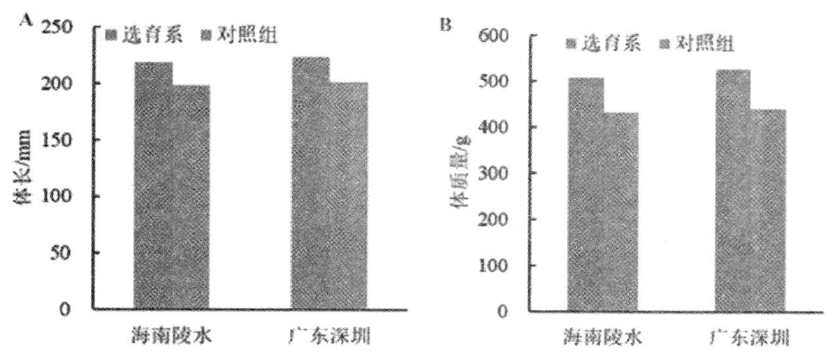

图 1　卵形鲳鲹选育系和对照组苗种体长（A）和体质量（B）比较

2　卵形鲳鲹雌雄性别分子标记开发

鰤与卵形鲳鲹属近缘物种。鰤性别由单个遗传因子决定，且定位到了性别决定区间。通过将鰤性别决定区间序列比对至卵形鲳鲹基因组，确定了候选性别决定区间。利用重测序检测候选性别决定区间内的变异，包括SNP和Indel，通过分析这些变异与性别的关系，筛选出与性别紧密连锁的标记，最后通过实验验证，获得 1 个SNP和 1 个Indel性别标记，其中Indel标记可以通过琼脂糖凝胶进行检测，准确率为 97%（图 2）。

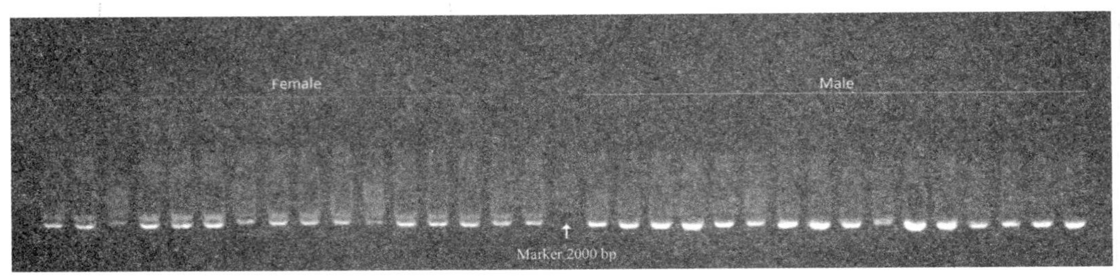

图 2　卵形鲳鲹性别标记

3　卵形鲳鲹经济性状全基因组关联分析

3.1　卵形鲳鲹生长性状全基因组关联分析

以体质量作为评价指标，挑选选育群体中体质量最大和最小个体进行基因组重测序，基于线性混合模型，运用GEMMA软件进行体质量和SNP位点的全基因组关联分析（GWAS）。当显著性关联阈值P=3.16E−05 时，得到 5 个与体质量性状显著关联的SNP位点，其分别位于 1 号、2 号、13 号和 17 号染色体，其表型解释率范围为 8.92% ~ 32.28%，且分别对应基因*mast3*、LOC108872678、*map1lc3b*、LOC111233274 和LOC108897062（图 3、表 1）。

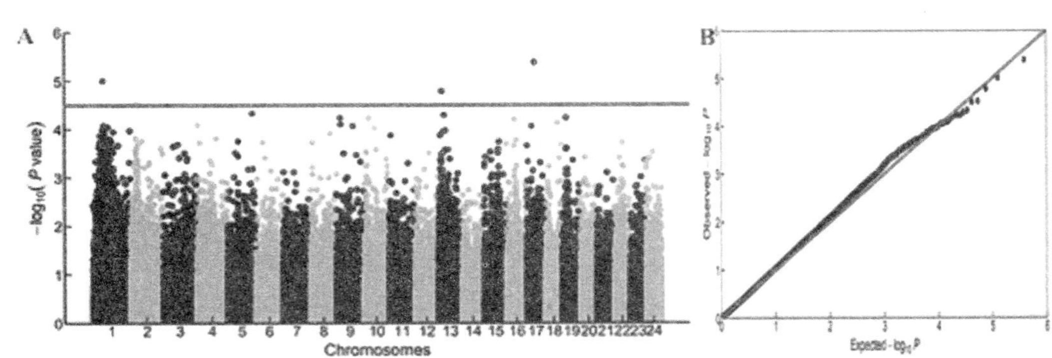

图 3　卵形鲳鲹体质量曼哈顿图（A）和QQ图（B）

表 1　卵形鲳鲹体质量显著关联SNP位点信息

染色体	位置	等位基因	P值	表型解释率	附近基因	位置
1	11496401	C/A	9.79E−06	28.25%	*mast3*	基因内
2	6472306	G/A	3.01E−05	32.28%	LOC108872678	基因内
2	8766370	C/T	3.13E−05	8.92%	*map1lc3b*	基因内

续表

染色体	位置	等位基因	*P*值	表型解释率	附近基因	位置
13	3884508	G/T	1.64E−05	23.88%	LOC111233274	基因内
17	8803256	G/A	4.23E−06	29.98%	LOC108897062	基因内

3.2　卵形鲳鲹抗刺激隐核虫病性状全基因组关联分析

以存活时间作为评价指标，挑选卵形鲳鲹感染刺激隐核虫存活时间最短的50尾和最长的50尾个体进行基因组重测序，并对测序数据进行SNP基因分型、群体遗传学和全基因组关联分析。当显著性关联阈值*P*=1E−06时，得到5个与抗刺激隐核虫病性状存活时间指标显著关联的SNP位点，其分别位于1号、9号、12号和20号染色体，其表型解释率范围为8.59% ~ 31.33%，且分别对应基因*mideasb*、*tusc3*、*ctnnd2a*、*adamts14*和*anapc16*（图4、表2）。

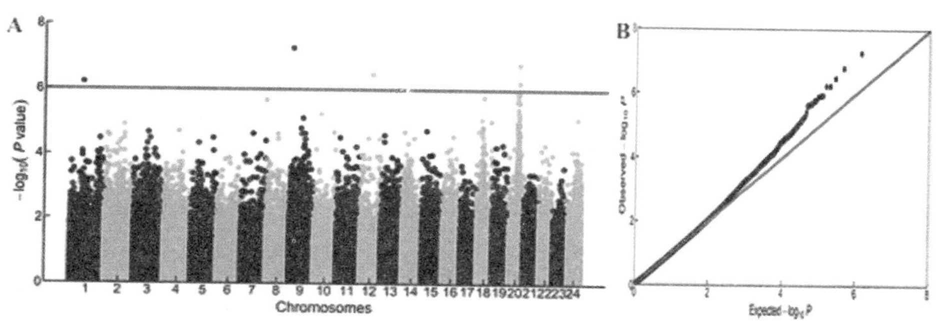

图4　卵形鲳鲹抗刺激隐核虫病性状曼哈顿图（A）和QQ图（B）

表2　卵形鲳鲹抗刺激隐核虫病性状显著关联SNP位点信息

染色体	位置	等位基因	*P*值	表型解释率	附近基因	位置
1	15846428	A/C	6.04E−07	25.78%	*mideasb*	基因内
9	3369598	A/C	5.35E−08	29.22%	*tusc3*	基因内
12	14900160	G/T	3.36E−07	31.33%	*ctnnd2a*	基因内
20	13012574	C/A	1.61E−07	24.19%	*adamts14*	基因内
20	13130970	T/A	5.99E−07	8.59%	*anapc16*	基因内

3.3　卵形鲳鲹耐低氧性状全基因组关联分析

以存活时间作为评价指标，挑选卵形鲳鲹低氧胁迫存活时间最短的50尾和最长的50尾个体进行基因组重测序，对测序数据进行SNP基因分型、群体遗传学和全基因组关联分析。当显著性关联阈值*P*=3.16E−06时，得到5个与耐低氧性状存活时间指标显著关联的SNP位点，其分别位于3号、4号、10号和17号染色体，其表型解释率范围为4.47% ~ 32.07%，且分别对应基因*mdga1*、*slc16a10*、*fam199x*、*gabra4*和loc111661707（图

5、表 3）。

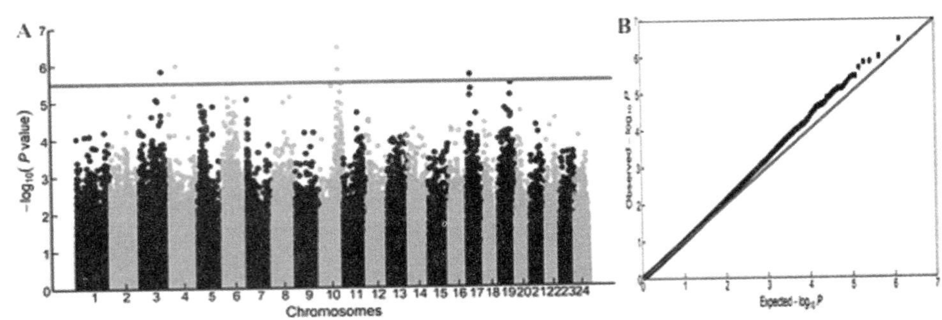

图 5　卵形鲳鲹耐低氧性状曼哈顿图（A）和QQ图（B）

表 3　卵形鲳鲹耐低氧性状显著关联SNP位点信息

染色体	位置	等位基因	*P*值	表型解释率	附近基因	位置
3	28384758	T/G	1.46E−06	4.47%	无	基因内
4	9934726	T/C	1.03E−06	5.91%	*mdga1*、*slc16a10*	基因间
10	24101852	T/C	3.54E−07	32.07%	*fam199x*	基因内
10	24194184	C/G	1.39E−06	22.15%	*gabra4*	基因内
17	4991215	A/G	2.03E−06	4.94%	loc111661707	基因内

4　不同蛋白源饲料对卵形鲳鲹转录组差异基因表达的影响

设计饲料蛋白分别完全替换成鱼粉（FM）和发酵豆粕（FSM）实验组进行养殖实验，养殖 8 周后随机采集 9 尾鱼体的肝脏组织进行转录组测序，共获得 2 241 个差异基因，包括 1 076 个上调基因和 1 165 个下调基因（图 6）。从KEGG富集分析中 20 个富集最显著通路可知内质网蛋白质加工通路上富集的基因数目最高，约占差异基因总数的 8%；其次为碳代谢通路，约占差异基因总数的 5%。

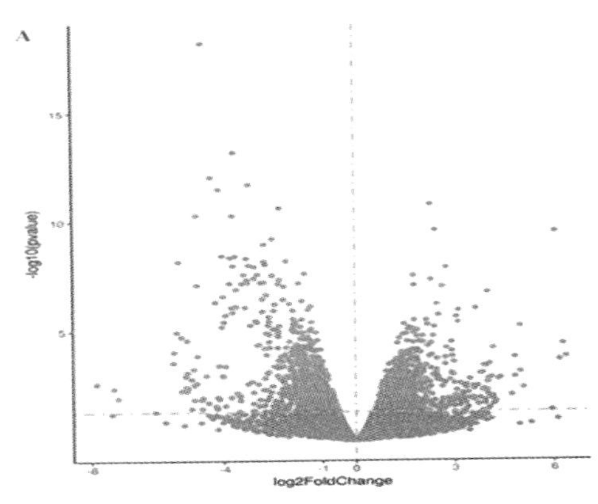

图 6　卵形鲳鲹鱼粉组和发酵豆粕组肝脏差异基因火山图

5　投喂发酵豆粕饲料的卵形鲳鲹异速生长个体转录组差异基因表达分析

从发酵豆粕饲料养殖实验组中选取体质量最大的个体和最小的个体分别组建快速生长组（FG）和缓慢生长组（SG），采集鱼体肝脏组织进行转录组测序分析，获得1 026个差异基因，包括358个上调基因和668个下调基因（图7）。KEGG富集分析结果表明，氧化磷酸化作用基因富集最为显著且数量最多，约占差异基因总数的14.3%。

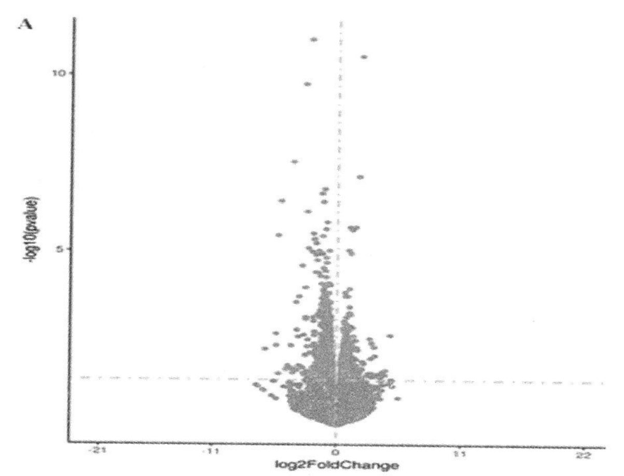

图7　卵形鲳鲹快速生长组和缓慢生长组肝脏差异基因火山图

6　卵形鲳鲹抗刺激隐核虫遗传机制解析

6.1　卵形鲳鲹抗刺激隐核虫感染模型构建

根据刺激隐核虫生活史，建立了刺激隐核虫人工培育技术，并利用培育的激隐核虫幼虫进行了人工感染卵形鲳鲹实验，证实水体刺激隐核虫幼虫浓度达到8 600个/升时才会引起感染；根据不同幼虫数量感染卵形鲳鲹的结果，拟合刺激隐核虫与卵形鲳鲹死亡率的回归方程为$y=5e-0.5x-0.523\ 2$（图8），确定了卵形鲳鲹感染刺激隐核虫96 h半数致死浓度为20 000个/升。为进一步验证96 h半数致死浓度，将2 000尾健康卵形鲳鲹放入刺激隐核虫浓度为20 000个/升的水体中进行感染，发现感染后40 h开始出现死亡，至47 h死亡率达到62%（图9）。

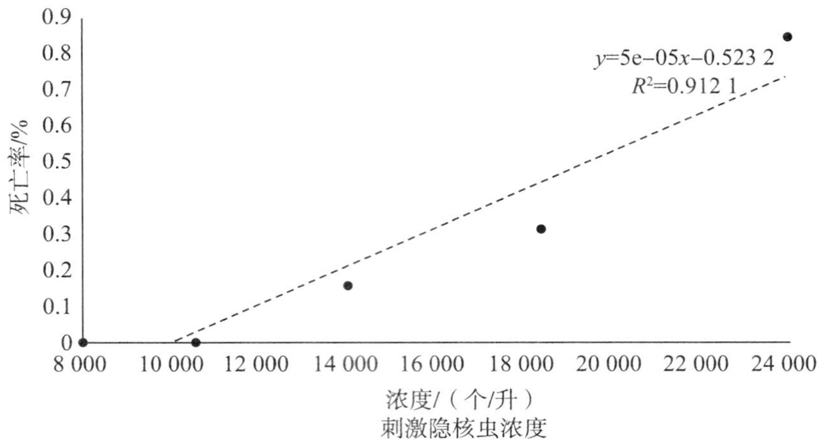

图 8　卵形鲳鲹感染刺激隐核虫浓度与死亡率

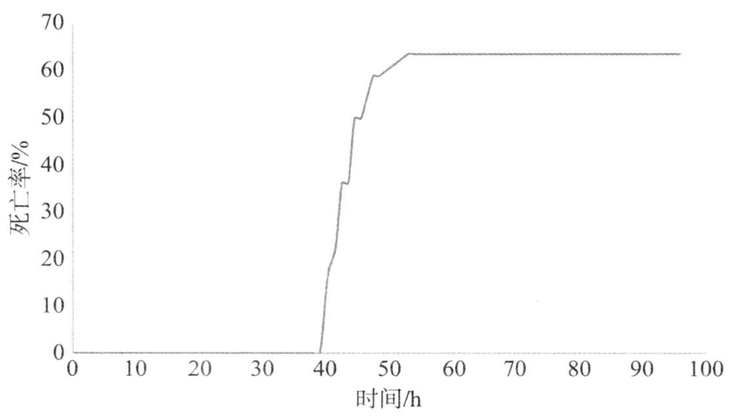

图 9　96 h卵形鲳鲹感染刺激隐核虫LD_{50}验证结果

6.2　卵形鲳鲹感染刺激隐核虫后生理生化分析

卵形鲳鲹感染刺激隐核虫组织学观察表明，其对卵形鲳鲹鳃丝组织和皮肤组织均造成一定程度损伤（图 10、图 11）。卵形鲳鲹感染刺激隐核虫不同组织的碱性磷酸酶（AKP）、酸性磷酸酶（ACP）、超氧化物歧化酶（SOD）和溶菌酶（LZM）的酶活性均较对照组显著上升（图 12）。

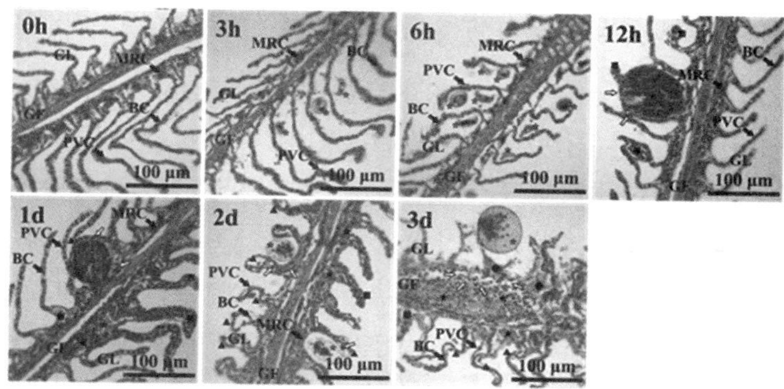

图 10　刺激隐核虫感染卵形鲳鲹鳃组织切片HE染色（200×）

GF：鳃丝；GL：鳃小片；PVC：上皮细胞；MRC：线粒体丰富细胞；BC：血细胞；▲：分离；■：肿胀；★：增生；●：坏死；白色箭头显示白细胞迁入并聚集于寄生部位；⋆：刺激隐核虫（感染 3 ~ 6 h：滋养体；感染 12 ~ 24 h：包囊前体；感染 48 h：包囊；感染 72 h：纤毛幼虫）

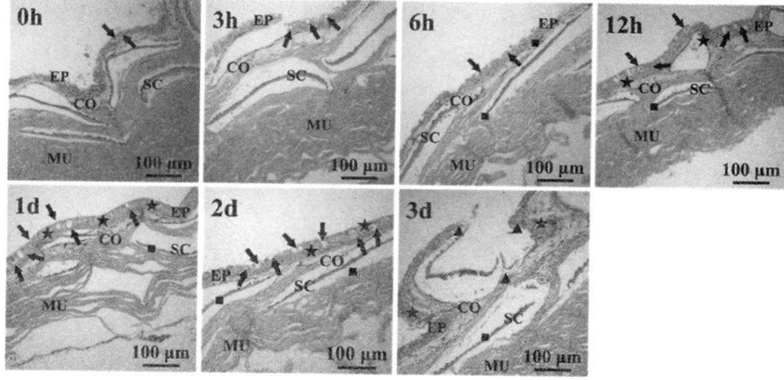

图 11　刺激隐核虫感染卵形鲳鲹皮肤组织切片HE染色（100×）

EP：表皮层；CO：真皮层；MU：肌肉层；▲：脱落；■：扁平；★：增厚；黑色箭头显示表皮层中腺层的腺体分布

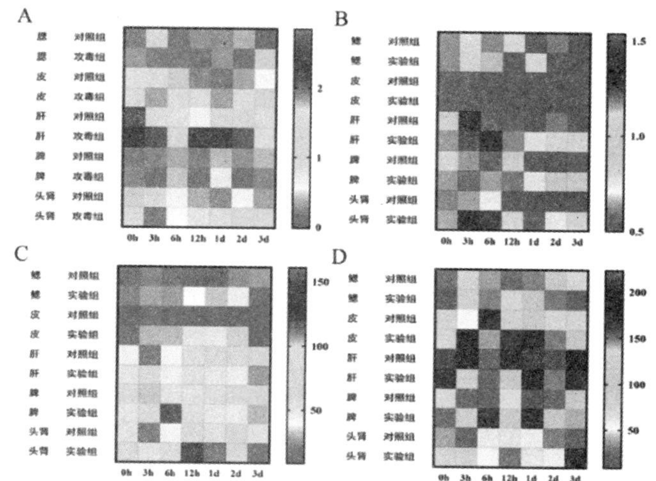

图 12　刺激隐核虫感染后卵形鲳鲹鳃、皮、肝、脾和头肾酶活力

A：AKP酶活力；B：ACP酶活力；C：SOD酶活力；D：LZM酶含量

6.3 卵形鲳鲹感染刺激隐核虫组学分析

根据卵形鲳鲹感染死亡情况，选取感染后最先死亡的50个个体组成易感群体（YK组），感染实验3 d后未死亡群体为抗感群体（KK组），对抗感群体和易感群体的随机个体鳃组织进行转录组和蛋白质组测序。结果显示，KK组与YK组间共检测到4 258个差异基因，其中上调基因2 096个，下调基因2 162个（图13）。KEGG富集分析显示这些基因集中在ECM-receptor interaction、eocal adhesion、DNA replication、endocytosis、one carbon pool by folate、cytokine-cytokine receptor interaction等通路。KK组与YK组间共同鉴定出蛋白5 094个，筛选获得差异表达的蛋白144个，其中显著上调的蛋白为73个，下调蛋白为71个。KEGG功能显著性富集分析表明差异蛋白主要集中在pertussis、Chagas disease、complement and coagulation cascades、staphylococcus aureus infection等通路（图14）。

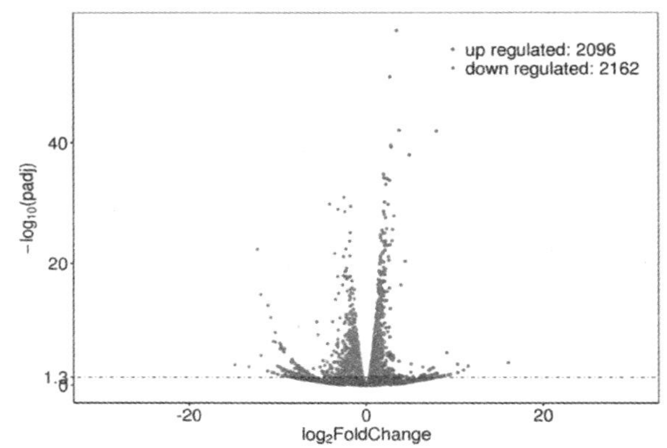

图13　卵形鲳鲹刺激隐核虫感染易感组与抗性组差异基因火山图

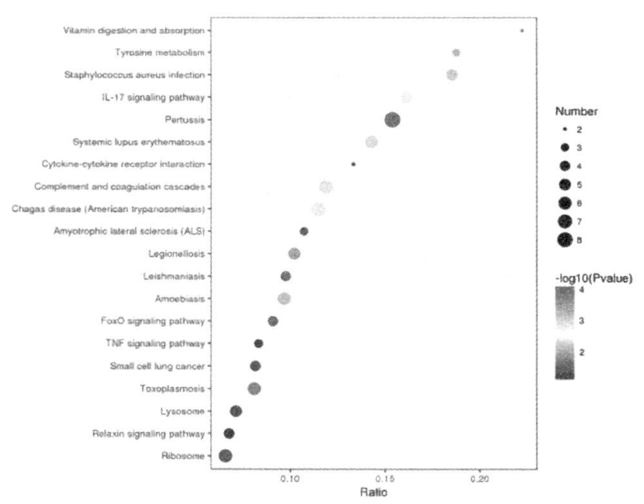

图14　卵形鲳鲹刺激隐核虫感染易感组与抗性组差异蛋白KEGG富集气泡图

7　卵形鲳鲹免疫相关基因功能研究

7.1　卵形鲳鲹TLR信号通路相关基因表达模式分析

研究了TLR信号通路中toll样受体 2（TLR2）、NEMO、核转录因子-κB（NF-κB）、肿瘤坏死因子α（TNFα）基因在刺激隐核虫感染后卵形鲳鲹鳃、皮、肝、脾和头肾组织的表达模式（图 15）。结果表明：TLR信号通路 4 个基因在刺激隐核虫感染后，在卵形鲳鲹不同组织中表达量均呈现上升趋势，其中TLR2 相对表达量在鳃中差异最小，肝表达差异最大，在 3 h至 6 h达到表达量最高峰；NEMO基因在脾中表达差异最小，肝表达差异最大，在 6 h至 12 h达到表达量最高峰；NFκB相对表达量在脾中最小，肝脏表达差异最大，同时在 6 h至 12 h达到表达量达到最高；TNFα相对表达量在头肾表达差异最小，皮表达差异最大，同时在 6 h至 12 h达到表达量最高峰。通过进一步解析TLR信号基因在卵形鲳鲹刺激隐核虫感染后的免疫调控机制，为卵形鲳鲹抗刺激隐核虫遗传基础解析奠定基础。

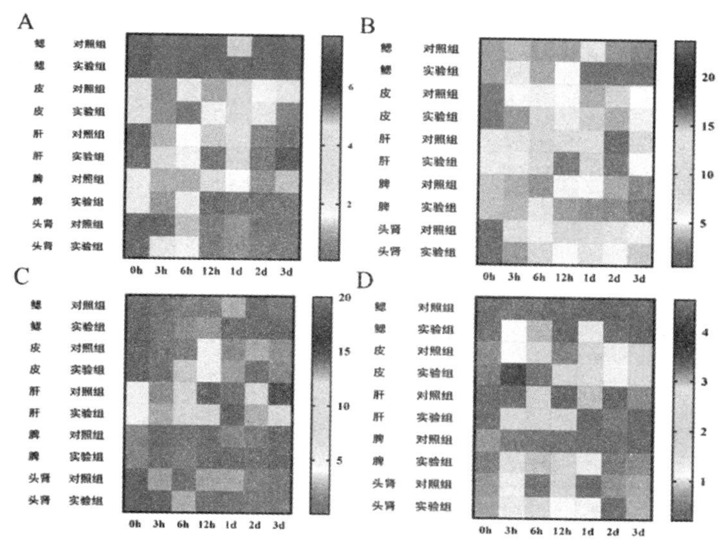

图 15　刺激隐核虫感染后卵形鲳鲹不同组织中的基因相对表达量

A：TLR2 表达模式；B：NEMO表达模式；C：NFκB表达模式；D；TNFα的表达模式

7.2　卵形鲳鲹Hsp90 基因家族在刺激隐核虫感染前后表达模式分析

利用qTPCR对ToHSP90α和ToHSP90β基因在卵形鲳鲹感染刺激隐核虫前后的表达模式进行分析，结果表明：ToHSP90α在感染后 12 h、24 h、72 h肝脏表达显著增加（$P<0.05$），72 h表达最高；脾脏各时间点ToHSP90α表达无明显差异；感染后 24 h、48 h、72 h肾脏表达显著增加（$P<0.05$），24 h表达最高（图 16）。ToHSP90β在肝组织中表达结果显示在感染后 6 h和 24 h表达显著增加（$P<0.05$），在 6 h表达最高；ToHSP90β在鳃内各时间点的表达无显著差异（$P>0.05$）；ToHSP90β在肾脏感染后 12 h和 24 h表达显著升高（$P<0.05$），6 h表达最高（$P<0.05$）（图 17）。

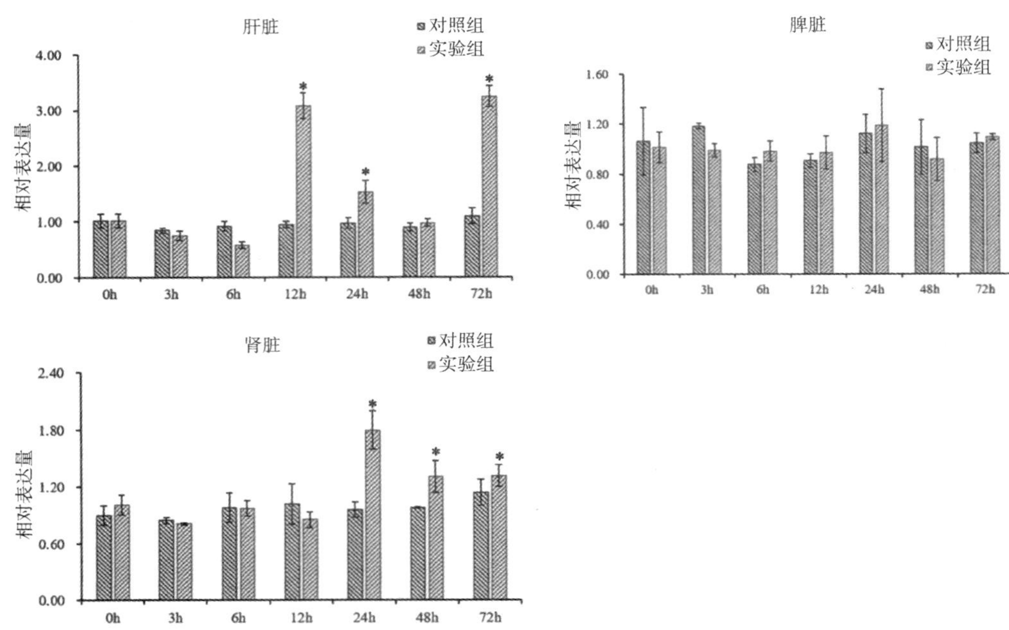

图 16　卵形鲳鲹感染刺激隐核虫后不同组织ToHSP90α的相对mRNA表达

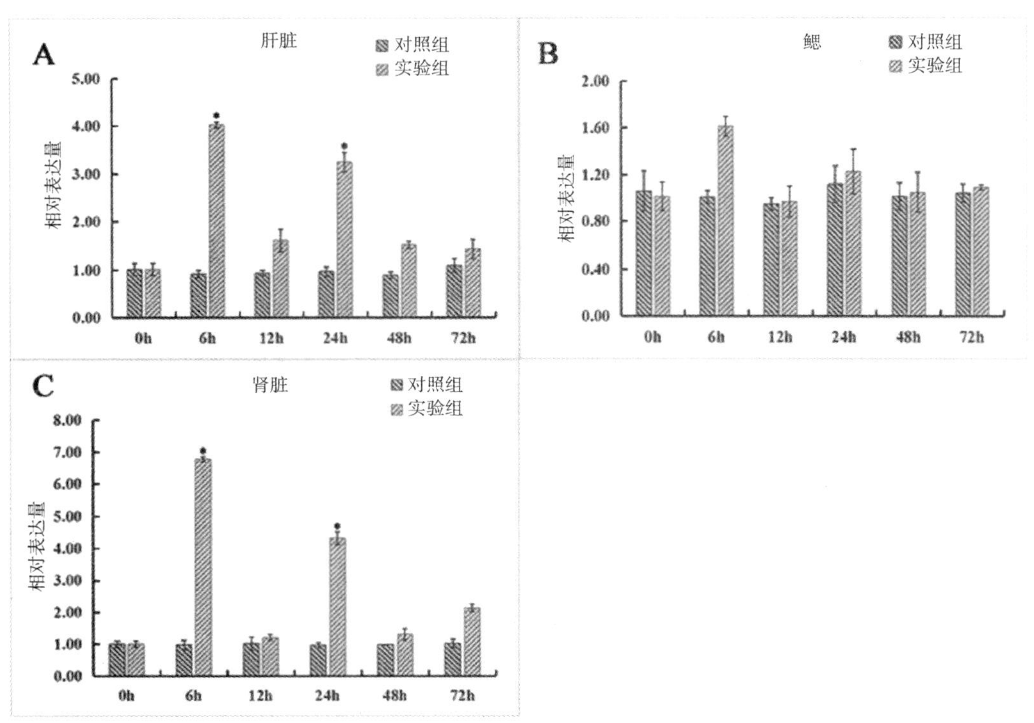

图 17　卵形鲳鲹感染刺激隐核虫后不同组织ToHSP90β的相对mRNA表达

（岗位科学家　张殿昌）

军曹鱼种质资源与品种改良技术研发进展

军曹鱼种质资源与品种改良岗位

2020年度，军曹鱼种质资源与品种改良岗位完成了军曹鱼的胚胎及仔稚鱼形态发育以及性腺发育周年变化的组织学观察、生殖细胞标记基因克隆与表达、稚鱼骨骼畸形特征、仔稚鱼的摄食与生长特性、低氧胁迫及乳酸菌对军曹鱼幼鱼肠道微生物群落结构影响、低温胁迫对军曹鱼幼鱼肝脏脂滴分布的影响等研究，以及军曹鱼耐低氧品系商品种苗规模化培育技术的研究及应用工作，并取得了一定进展。

1　军曹鱼的胚胎发育及仔稚鱼形态观察

在水温（27.0 ± 0.5）℃、盐度29、pH 8.3的条件下，军曹鱼胚胎从受精卵至孵化出膜历时26.5 h。根据军曹鱼胚胎发育特征，可将其胚胎发育整个过程划分为受精卵、卵裂、囊胚、原肠胚、神经胚、器官形成及孵化出膜7个阶段，共24个时期（图1、图2）。

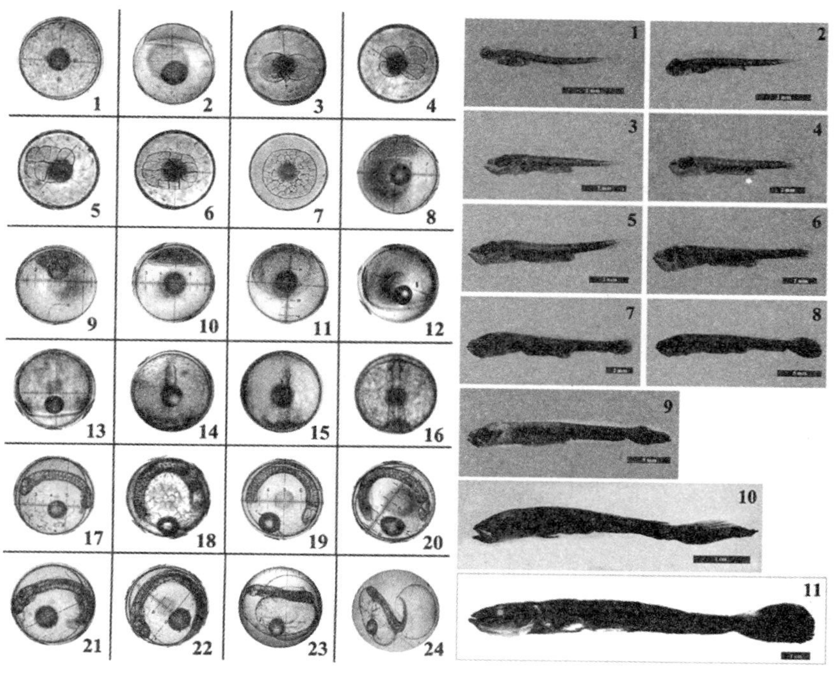

图1　军曹鱼的胚胎发育　　图2　军曹鱼仔稚鱼形态发育

2 军曹鱼精巢发育周年变化的组织学观察

60 dph军曹鱼（体长 24.58 cm ± 1.44 cm）精巢发育至Ⅰ期，呈细线状，同时也可观察到少量由精原细胞转化而成的初级精母细胞和次级精母细胞。90 dph军曹鱼（体长 31.10 cm ± 1.56 cm）的精巢发育已进入 Ⅱ 期，生殖细胞的数量较少，精小叶内可观察到精原细胞、初级精母细胞及次级精母细胞。120 dph军曹鱼（体长 36.75 cm ± 1.35 cm）的精巢处于Ⅱ ~ Ⅲ期，精小叶数量增多。150 dph军曹鱼（体长 40.27 cm ± 1.96 cm）的精巢发育进入Ⅲ期，精小叶数量进一步增多，因此在精小叶内可见大量的初级精母细胞、次级精母细胞、精细胞以及少量的精原细胞。185 dph军曹鱼（体长 46.50 cm ± 0.41 cm）精巢仍处于Ⅲ期，精小叶散布于整个精巢组织中，精小囊内初级精母细胞、次级精母细胞成堆出现。210 dph军曹鱼（体长 49.50 cm ± 1.22 cm）精巢已发育至Ⅳ期，精小叶的体积增大。360 dph军曹鱼（体长 63.38 cm ± 1.24 cm）精巢处于Ⅴ期（图 3）。

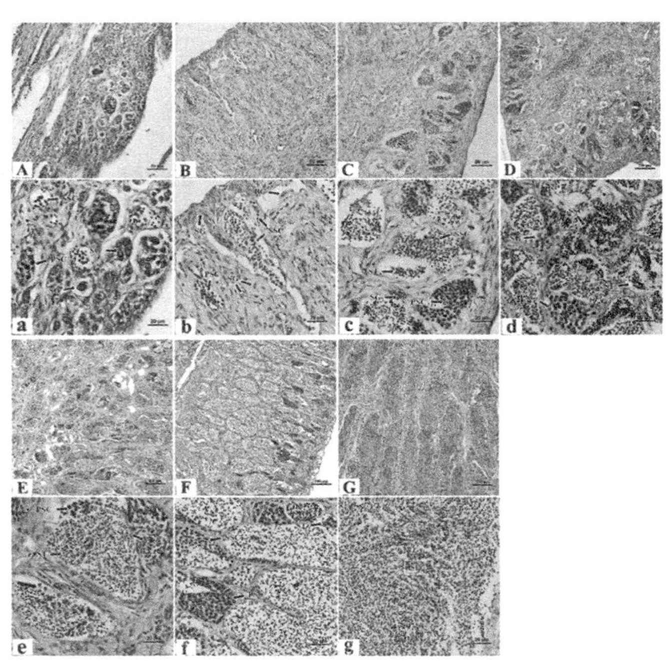

图 3　初次性成熟军曹鱼精巢周年发育的组织学变化

3 军曹鱼卵巢发育周年变化的组织学观察

60 dph军曹鱼（体长 24.20 cm ± 1.71 cm）的卵巢发育至Ⅰ期早期；90 dph军曹鱼（体长 31.47 cm ± 1.70 cm）的卵巢仍处于Ⅰ期；120 dph军曹鱼（体长 37.13 cm ± 2.01 cm）的卵巢处于Ⅰ ~ Ⅱ期；150 dph军曹鱼（体长 42.93 cm ± 1.47 cm）的卵巢发育进入Ⅱ期；185 dph军曹鱼（体长 47.67 cm ± 1.55 cm）的卵巢处于Ⅱ期，全部为第Ⅱ时相卵母细胞；

210 dph军曹鱼（体长52.57 cm ± 0.85 cm）的卵巢仍处于Ⅱ期；360 dph军曹鱼（体长67.17 cm ± 1.03 cm）的卵巢发育进入Ⅲ期（图4）。

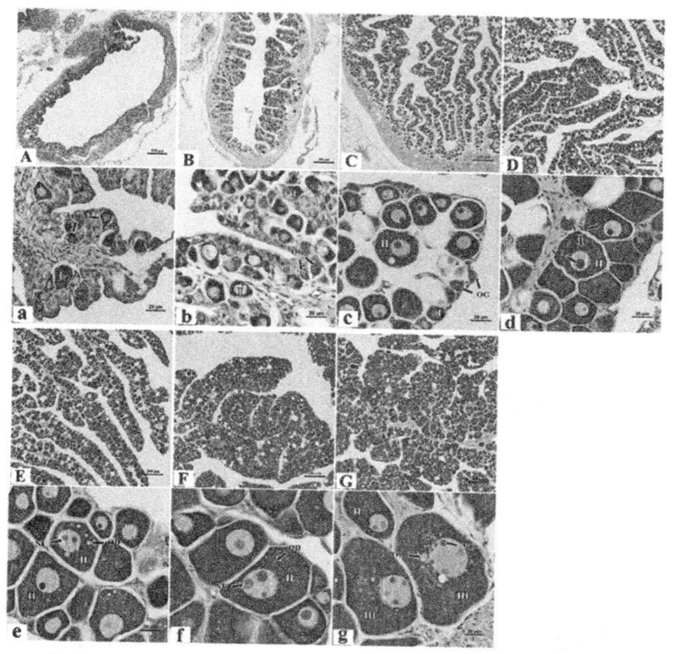

图4　初次性成熟军曹鱼卵巢周年发育的组织学变化

4　军曹鱼生殖细胞标记基因的克隆

从前期获得的军曹鱼全基因组数据库（暂未上传NCBI数据库）中提取5个生殖细胞标记基因（*vasa*、*dnd*、*nanos1*、*staufen1*、*gsdf1*）的CDS序列，利用RACE技术最终获得其全长cDNA序列。采用半定量RT-PCR研究了*Rcvasa*在军曹鱼（150 dph）各组织中的表达模式，结果表明，*Rcvasa*仅在精巢和卵巢中特异表达，且表达水平较高，而在性腺外的其他组织中均无表达（图5、图6）。

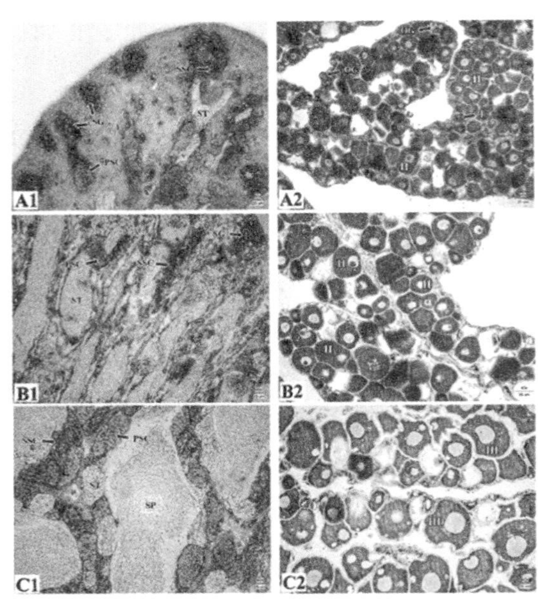

图 5　化学原位杂交法分析不同发育期性腺中*Rcvasa* mRNA的定位

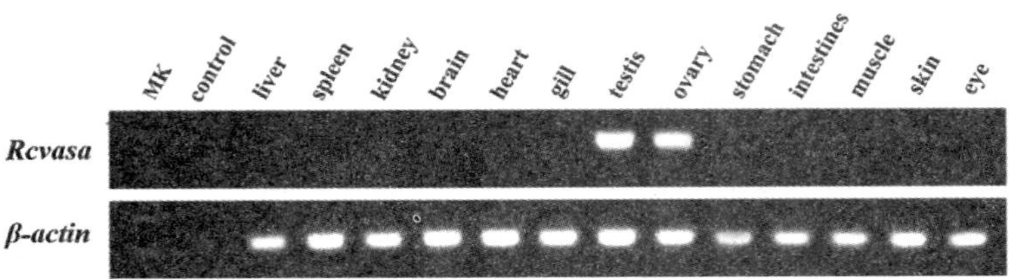

图 6　RT-PCR 分析 *Rcvasa* 在军曹鱼不同组织中的表达

5　军曹鱼稚鱼骨骼畸形特征分析

军曹鱼稚鱼颅骨畸形个体TL=（43.14 ± 7.13）mm，畸形率为 17.22%。共发现米克尔氏软骨畸形（MCD）、基舌骨畸形（BD）、基舌骨异位（BA）、舌弓下沉（LHA）等 4 种骨骼畸形类型（图 7），畸形率分别为 12.22%、2.78%、3.89%、1.11%。4 种颅骨骨骼畸形均未表现出显著可见的外部形态变化。

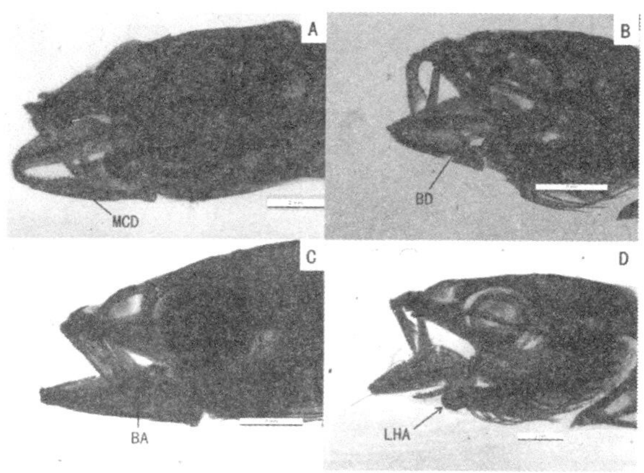

图 7　军曹鱼稚鱼颅骨骨骼畸形

军曹鱼稚鱼脊柱畸形个体TL=（46.67 ± 6.34）mm，畸形率为 10.56%。共发现 6 种骨骼畸形，分别为脊柱前凸（LO）、椎骨畸形（VD）、神经棘分叉（BNS）、脉棘分叉（BHS）、脉棘融合（HSF）、软骨冗余（CR）（图 8）。脉棘分叉和神经棘分叉的发生率最高，分别为 4.44%和 3.33%。在脊柱周围与脉棘之间发现有冗余的软骨存在。6 种骨骼畸形均未表现出显著可见的外部形态变化。

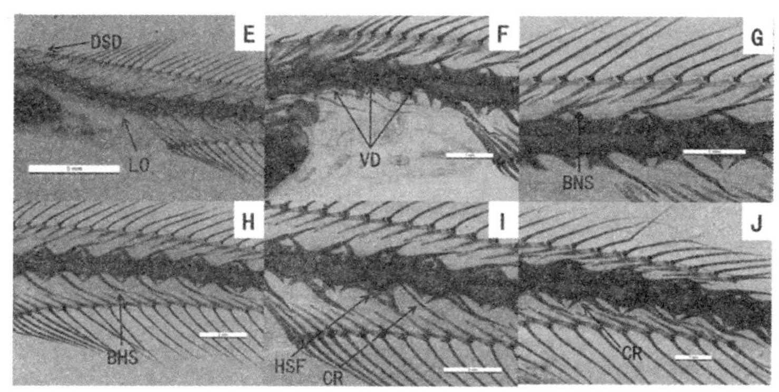

图 8　军曹鱼稚鱼脊柱骨骼畸形

军曹鱼稚鱼尾鳍骨骼畸形个体TL=（43.36 ± 8.27）mm，畸形率为 15.56%。共发现尾上骨缺失（ED）、尾上骨融合（EF）、尾上骨畸形（EDM）、尾下骨 1 缺失（HY1D）、尾下骨与侧尾下骨愈合（HAHF）、尾下骨 1 畸形（HY1DE）等 6 种骨骼畸形种类（图 9）。尾上骨缺失和尾上骨融合的发生率最高，分别为 7.78%和 3.89%。6 种骨骼畸形均未表现出显著可见的外部形态变化。

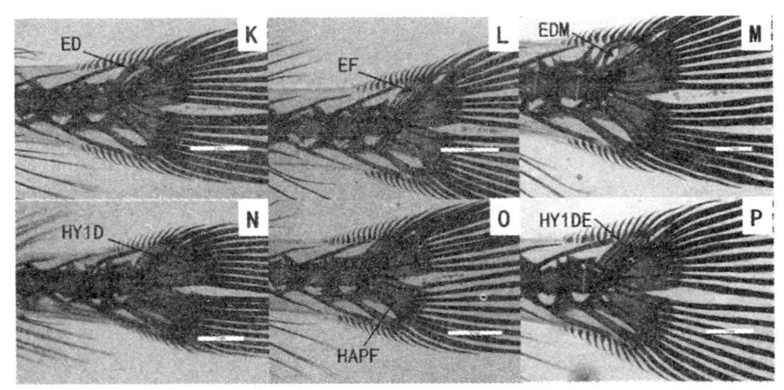

图 9　军曹鱼稚鱼尾鳍骨骼畸形

6　军曹鱼仔稚鱼的摄食与生长特性

在人工培育条件下，水温为 28 ~ 31℃时，对 130 尾仔稚鱼解剖观察结果显示，仔稚鱼的摄食发生率很高。3 日龄开口摄食的仔鱼消化道饱满度为 1 级，摄食发生率较低，仅为 70%；随着个体的生长发育，4 日龄以上的仔鱼摄食发生率均达 100%，饱食率逐渐提高；4 ~ 6 日龄仔鱼消化道饱满度 2 ~ 3 级，饱食率为 20% ~ 50%；8 ~ 24 日龄仔稚鱼消化道饱满度 2 ~ 4 级，饱食率为 70% ~ 80%（图 10）。

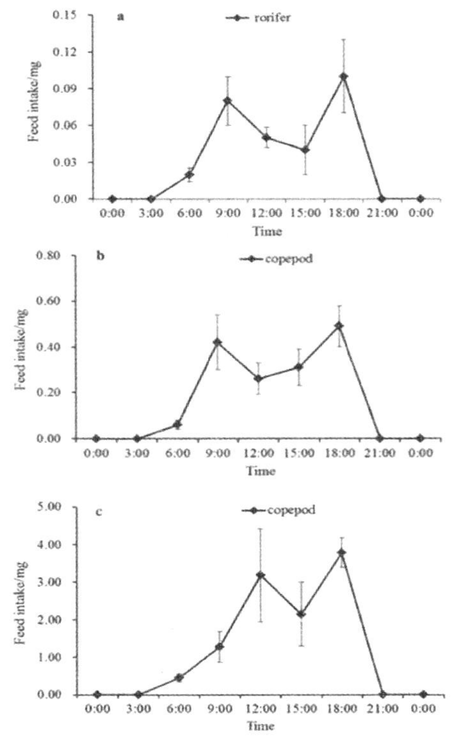

图 10　军曹鱼仔、稚鱼摄食节律

A. 5 日龄仔鱼；B. 10 日龄仔鱼；C. 24 日龄稚鱼

7　低氧胁迫对军曹鱼幼鱼肠道菌群的影响

把军曹鱼禁食 24 h后随机分为低氧胁迫（H组）和常氧对照（C组）2 个处理组，每个处理 3 个重复，每个重复 35 尾鱼。低氧胁迫组军曹鱼的水体溶氧浓度设计为 3 mg/L。各组样品共有的OTU数为 64 个，低氧组各组样品（H1、H7、H14、H28）特有的OTU数分别为 2 804、142、106 和 21 个，对照组各组样品（C1、C7、C14、C28）特有的OTU数分别为 191、104、92 和 116 个，其中H1 组特有OTU数最多，H28 组特有OTU数最少（图 11）。

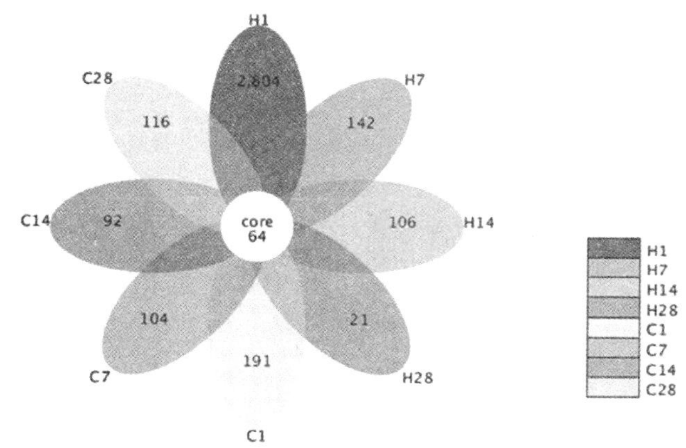

图 11　军曹鱼幼鱼肠道菌群OTU花瓣图

8　低氧胁迫下军曹鱼肝脏相关miRNA分析

为了鉴定低氧胁迫应激相关的miRNA，本实验对常氧和低氧条件下军曹鱼幼鱼的肝脏组织进行miRNA转录组测序分析，设置 3 个生物学重复，更能体现数据的可信度。得到了常氧组C-1、C-2、C-3 和低氧组S-1、S-2、S-3 共 6 个sRNA文库，随后采用Illumina测序技术进行测序分析（图 12、图 13）。

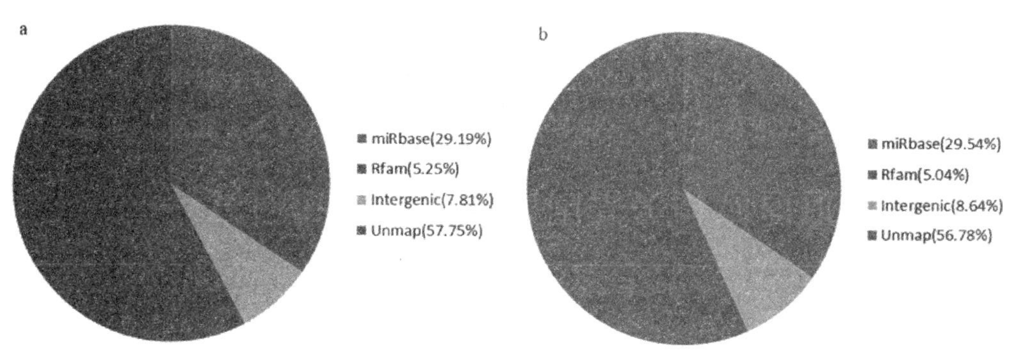

图 12　sRNA的分类统计

a. 正常氧组；b. 低氧组

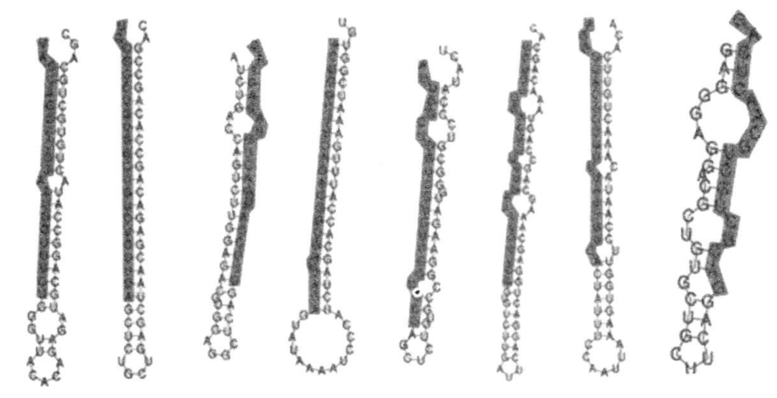

图 13　部分新预测miRNA的pre-miRNA二级结构预测图

9　乳酸菌对军曹鱼幼鱼生长及消化酶、免疫酶活性的影响

以喷洒方式在饲料中添加乳酸杆菌和粪肠球菌，可显著提高军曹鱼的生长性能、消化能力和非特异性免疫力，影响效果与添加量和添加乳酸菌种类有关。乳酸杆菌对军曹鱼的相关作用效果优于粪肠球菌，以 3.0×10^8 CFU/g乳酸杆菌的效果最佳（图 14）。

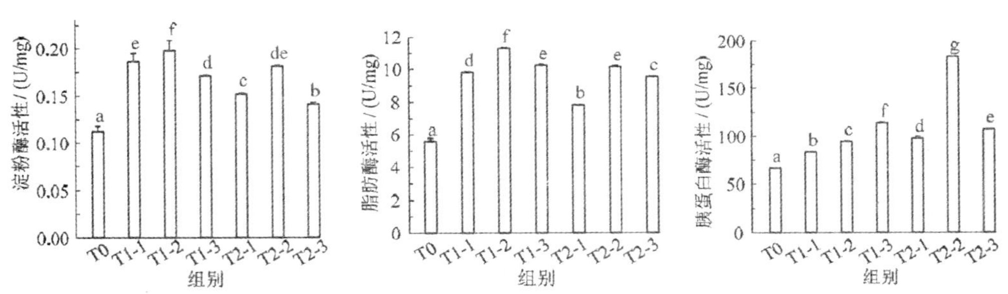

图 14　不同乳酸菌对军曹鱼幼鱼肠道消化酶的影响

10　乳酸菌对军曹鱼幼鱼肠道微生物群落结构影响比较分析

通过与数据库Silva132 比对，进行物种注释，并对不同分类层级统计，共发现 4 831 个OTU，其中，能够注释到数据库的OTU数目为 4 804（99.44%）。注释到界水平的比例为 99.44%；门水平的比例为 78.91%，主要包括变形菌门（Proteobacteria）、厚壁菌门（Firmicutes）、拟杆菌门（Bacteroidetes）（图 15）；纲水平的比例为 73.38%，占主导地位的为 γ－变形菌（Gammaproteobacteria）、α－变形菌（Alphaproteobacteria）、芽孢杆菌（Bacilli）；目水平的比例为 66.07%，优势菌群为黄单胞菌目（Xanthomonadales）、乳杆菌目（Lactobacillales）、鞘氨醇单胞菌目。

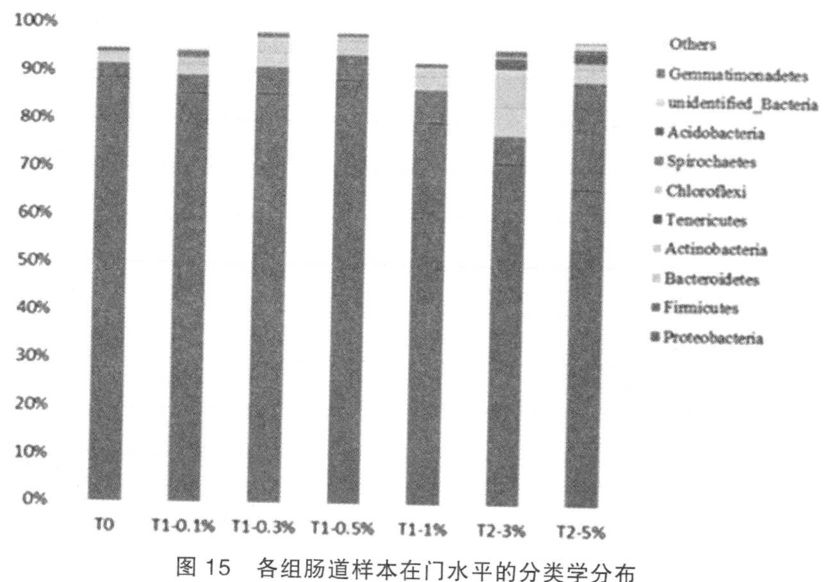

图 15　各组肠道样本在门水平的分类学分布

11　低温胁迫对军曹鱼幼鱼肝脏脂滴分布的影响

将军曹鱼幼鱼饲养于常温条件下，在 1 d、4 d和 7 d时肝脏均呈现脂滴分布均匀、无明显空白区域，且脂滴边缘清晰，融合现象不明显。而低温条件下饲养 1 d时出现了脂滴融合成较大且形状不规则的大脂滴的现象，但无明显空白区；4 d时脂滴融合的现象有所减少，大部分脂滴边缘清晰；7 d时出现较多空白区域，脂滴界限模糊且普遍融合成片（图 16）。对肝脏油红O染色切片进行脂滴面积统计发现，低温组脂滴面积在 1 d、4 d、7 d均极显著高于对照组。

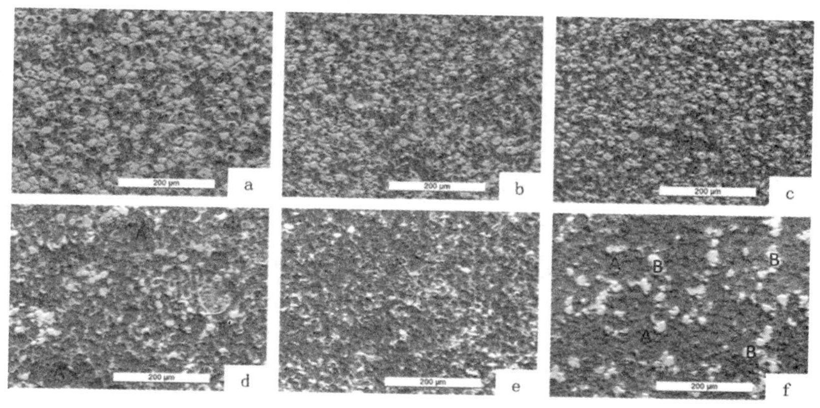

图 16　低温胁迫对军曹鱼幼鱼肝脏脂滴分布影响

12　低氧胁迫适应相关基因的克隆与表达研究

利用RACE技术克隆获得健康军曹鱼*Mn-SOD*基因的cDNA全长序列，通过生物信息学分析其序列结构特征，利用qRT-PCR方法分析*Mn-SOD*基因在军曹鱼不同组织中的表达情况，以及低氧-复氧过程中该基因在肝脏和脑组织的表达变化模式（图 17）。研究表明*Mn-SOD*基因在军曹鱼低氧胁迫应答中起重要作用。

利用RACE技术克隆了军曹鱼*HO*基因的cDNA全长，长 1 639 bp，开放阅读框 840 bp，编码 279 个氨基酸，5'非编码区（5'-UTR）518 bp，3'非编码区（3'-UTR）281 bp。系统进化分析结果显示，军曹鱼*HO*与尖吻鲈（*Lates calcarifer*）和高体鰤（*Seriola dumerili*）同源度最高，分别为 92.80%和 90.91%，聚为一支。军曹鱼*HO*基因在 9 种组织中均有表达，鳃的表达量最高。此外，肝脏中*HO*基因在低氧-复氧条件下mRNA表达量均无显著变化。鳃中*HO*基因在低氧胁迫后mRNA表达量升高，在复氧前后mRNA表达量先升高再降低，之后并一直保持较低的表达水平。

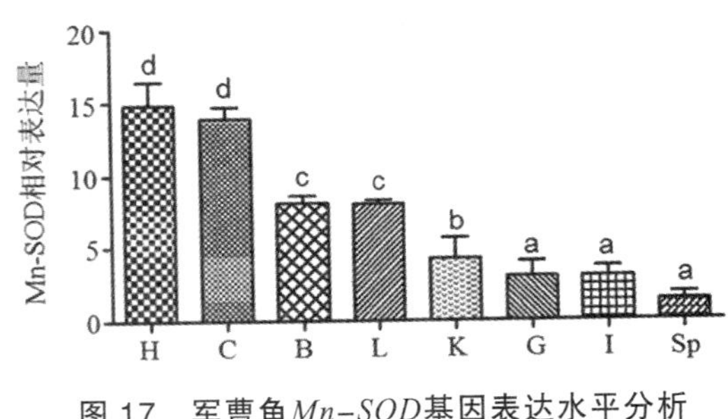

图 17　军曹鱼*Mn-SOD*基因表达水平分析

13　军曹鱼耐低氧品系种苗培育

2020 年 5 月 16 日，受国家现代农业产业技术体系——海水鱼体系委托，广东海洋大学科技处组织有关专家，在湛江市东海岛对“国家现代农业产业技术体系军曹鱼种质资源与品种改良岗位”（编号：CARS-47-G08）课题组“军曹鱼耐低氧品系种苗选育”结果进行现场测产验收。专家组听取汇报，查看相关生产记录，经现场围网面积抽样、量测，一致认为课题组采用耐低氧军曹鱼品系获得了后代种苗育苗成活率 44.6%，均体长 10.0 cm（体长范围：8.3 ~ 11.2 cm），现场抽样估算共有军曹鱼商品种苗 25 万尾。规格达到 4 cm 的军曹鱼种苗可以进行食性转换，摄食人工配合饲料，突破了军曹鱼该规格种苗进食冰鲜鱼糜的局限。

（岗位科学家　陈　刚）

河鲀种质资源与品种改良技术研发进展

河鲀种质资源与品种改良岗位

河鲀种质资源与品种改良岗位重点开展了红鳍东方鲀和暗纹东方鲀种鱼和苗种的选留、红鳍东方鲀全同胞家系的构建、红鳍东方鲀6月龄和12月龄生长性状的遗传力估计、红鳍东方鲀生长性状候选基因SNP的筛选及其与生长性状的关联分析、暗纹东方鲀生长性状候选基因的克隆及其SNP与生长性状的关联分析、红鳍东方鲀和暗纹东方鲀种质资源的调查等工作。

1　河鲀种鱼的选留、健康苗种的提供

按照红鳍东方鲀和暗纹东方鲀的品种特点，选留了红鳍东方鲀4龄以上的种鱼550尾、3龄种鱼300尾、2龄种鱼800尾。根据繁殖方案和年度市场销售计划，繁殖、培育并提供了健康的红鳍东方鲀苗种700多万尾。选择并培育了暗纹东方鲀2龄以上的种鱼10 000尾，培育了健康苗种1 000多万尾。

2　红鳍东方鲀快速生长家系的构建和养殖

对2018年构建并选留的家系18、家系20、混合家系和日本的家系群体进行了培育和养殖，根据环境条件和测定值选留日本的家系群体。对2019年选育的10个家系又进一步进行选留，选留了4个家系（家系9、家系10、家系13和家系14），其18月龄的生长情况见表1。

表1　2019年家系18月龄时体重、体长和体全长的分析

月龄	家系	个体数	体重/g		体长/cm		全长/cm	
			平均数及标准差$x \pm S$	变异系数/%	平均数及标准差$x \pm S$	变异系数/%	平均数及标准差$x \pm S$	变异系数/%
18	9	104	954.01 ± 172.13	18.04%	30 ± 1.7	5.67%	35.9 ± 1.9	5.29%
	10	100	888.64 ± 186.58	21.00%	29.8 ± 1.8	6.04%	35.1 ± 1.8	5.13%
	13	100	759.12 ± 91.31	12.03%	28.7 ± 1.4	4.88%	33.9 ± 1.6	4.72%
	14	103	943.06 ± 179.94	19.08%	30.5 ± 1.7	5.57%	35.7 ± 2.0	5.60%

由表 1 可知，18 月龄时家系 9、家系 10、家系 13 和家系 14 在体重、体长和体全长等生长性状上差异显著（$P<0.05$），家系 9 和家系 14 等生长性能较高，其次是家系 10，再次是家系 13。目前，这 4 个 2 龄家系在河北曹妃甸大连天正实业有限公司七车间养殖（平面图及对应的养殖池见图 1），其中家系 13 和家系 14 的部分核心群在大连天正实业有限公司大李家海上网箱养殖（图 2）。

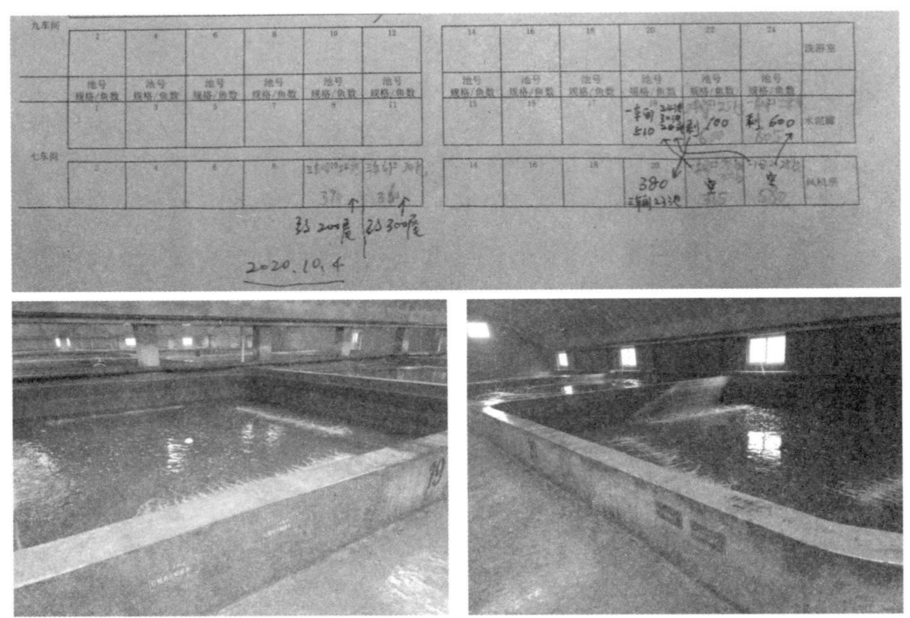

图 1　2019 年家系养殖分布的平面图及对应的养殖池

图 2　2020 年家系 13 和家系 14 的部分核心群在海上网箱养殖

2020 年春季，采用全同胞家系的育种方法构建了 32 个家系，在育苗阶段，根据成活率、生长情况进行了选择。至 2 月龄时，选留了 12 个家系（1 龄家系）。这 12 个家系在河北曹妃甸大连天正实业有限公司十一车间养殖（平面图、部分养殖池及生长测定见图 3）。6 月龄时对这 12 个家系进行了体重、体长和体全长等生长性状的测定及采样，测定结果见表 2。

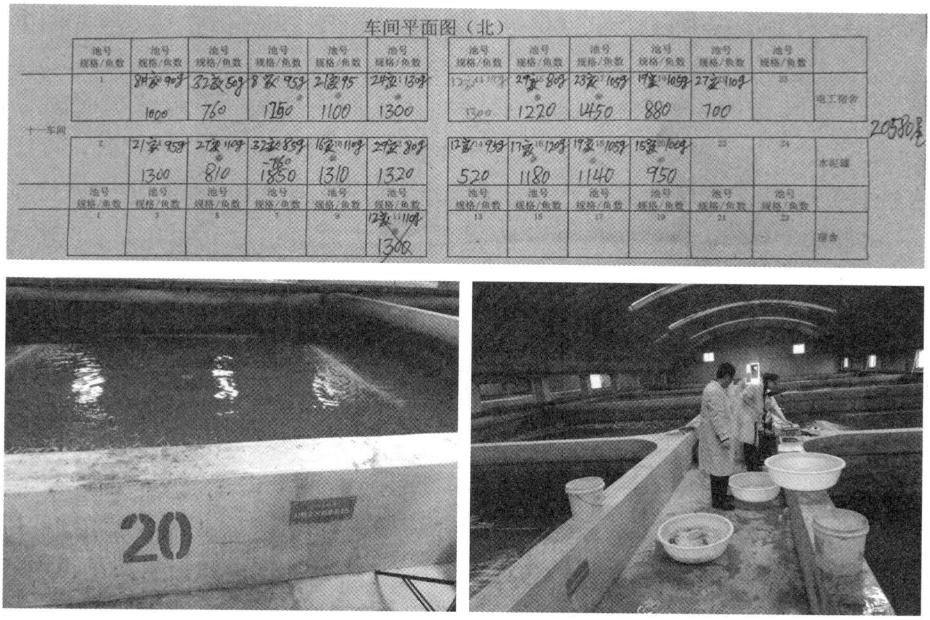

图 3　2020 年家系养殖分布的平面图及对应的养殖池

表 2　2020 年家系 6 月龄时体重、体长和体全长的分析

月龄	家系	个体数	体重/g 平均数及标准差 $x \pm S$	体重/g 变异系数/%	体长/cm 平均数及标准差 $x \pm S$	体长/cm 变异系数/%	全长/cm 平均数及标准差 $x \pm S$	全长/cm 变异系数/%
6	8	104	155.98 ± 41.18^{g}	26.40%	15.71 ± 1.4^{d}	8.91%	18.48 ± 1.58^{e}	8.55%
	12	100	185.1 ± 39.79^{bcd}	21.50%	17.24 ± 1.29^{ab}	7.48%	19.85 ± 1.6^{b}	8.06%
	15	100	183.8 ± 39.92^{cd}	21.72%	16.94 ± 1.45^{be}	8.56%	19.22 ± 1.63^{d}	8.48%
	16	104	195.85 ± 44.9^{b}	22.93%	17.4 ± 1.31^{a}	7.53%	19.6 ± 1.49^{bcd}	7.60%
	17	102	176.15 ± 41.34^{de}	23.47%	16.79 ± 1.3^{c}	7.74%	19.72 ± 1.66^{bc}	8.42%
	19	104	168.34 ± 39.05^{ef}	23.20%	16.69 ± 1.38^{c}	8.27%	19.32 ± 1.53^{cd}	7.92%
	21	104	157.36 ± 33.16^{fg}	21.07%	15.86 ± 1.12^{d}	7.06%	18.45 ± 1.36^{e}	7.37%
	23	101	171.68 ± 34.6^{e}	20.15%	16.83 ± 1^{c}	5.94%	19.39 ± 1.19^{cd}	6.14%
	24	103	201.46 ± 49.56^{a}	23.55%	17.53 ± 1.84^{a}	10.5%	20.4 ± 1.63^{a}	7.99%
	27	104	189.8 ± 46.84^{bc}	24.68%	16.68 ± 1.27^{c}	7.61%	19.22 ± 1.44^{d}	7.49%
	29	104	138.27 ± 37.87^{h}	27.39%	15.62 ± 1.55^{d}	9.92%	18.21 ± 1.63^{e}	8.95%
	32	103	138.8 ± 31.21^{h}	22.49%	15.94 ± 1.07^{d}	6.71%	18.45 ± 1.2^{e}	6.50%

从表 2 可知，6 月龄时 12 个家系在体重、体长和体全长等生长性状上有较大的差异。生长最快的家系为家系 24，生长最慢的家系为家系 29 和家系 32。

3　红鳍东方鲀 6 月龄、12 月龄生长性状的遗传力估计

利用 2019 年选育的 4 个全同胞家系体重、体长和体全长等生长性状的测定数据和 2020 年选留的 12 个全同胞家系体重、体长和体全长等生长性状的测定数据，对红鳍东方鲀 6 月龄和 12 月龄生长性状的遗传力进行了估计。结果表明，6 月龄体重、体长和体全长的遗传力分别 0.23、0.19 和 0.16，18 月龄这 3 个性状的遗传力分别 0.23、0.16 和 0.19。研究结果为红鳍东方鲀的品种改良提供了理论依据。

4　暗纹东方鲀*Leptin*基因的克隆、SNP筛选及其与生长性状的关联分析

瘦素（Leptin）是由肥胖基因（OB gene）编码的一类蛋白激素。哺乳动物的Leptin主要在白色脂肪组织中合成，其受体广泛表达于中枢神经和外周神经系统的组织中。Leptin与这些特定受体结合，调控动物的摄食、脂质代谢、血管生成、骨骼重塑、免疫、繁殖等生命活动。本岗位克隆了暗纹东方鲀*Leptin*基因的cDNA序列，筛选到了SNP位点，并与暗纹东方鲀的生长性状进行了关联分析。克隆*Leptin*基因的引物序列见表 3。

表 3　*Leptin*基因克隆及基因组DNA扩增引物序列

引物名称	引物序列（5’–3’）	作用
mlep–F	CAAGAGCAACACCTGGACAA	cDNA克隆
mlep–R	GCTCAAGGTTGTGGGTGTTTT	
lep–F	TATGGGACGATGGTGAAACG	基因组DNA PCR扩增
lep–R	ATGGCATCACGGAGGAAGAC	

克隆得到的暗纹东方鲀*Leptin*基因的cDNA序列长 661 bp，包括 459 bp的开放阅读框，编码 152 个氨基酸。克隆的Leptin的cDNA序列已上传至GenBank数据库中（登录号为：MT832308）。推测蛋白的相对分子质量为 19 948.69，等电点为 6.90，不稳定值数为 28.31，亲水性的总体平均值（GRAVY）为–0.089，结合ProtScale的预测结果推测蛋白为亲水的稳定蛋白。Leptin氨基酸序列含 19 个氨基酸组成的信号肽序列。

同源性分析结果显示，暗纹东方鲀*Leptin*氨基酸序列与红鳍东方鲀的相似度最高，为 96.71%，其次为菊黄东方鲀，相似度为 93.42%。与其他不同种属的鱼类相似度较低，与草鱼相似度仅为 25.25%。与其他脊椎动物的序列一致性则更低。基于鱼类和其他脊椎动物*Leptin*氨基酸序列的系统进化树显示，进化树可聚为 4 类，分别为鱼类、鸟类、两栖类、哺乳类。鱼类中，草鱼、鲤、鲢聚为一个分支，暗纹东方鲀、菊黄东方鲀、红鳍东方鲀聚为一个分支（图 4）。进化树分析与传统分类结果相一致。

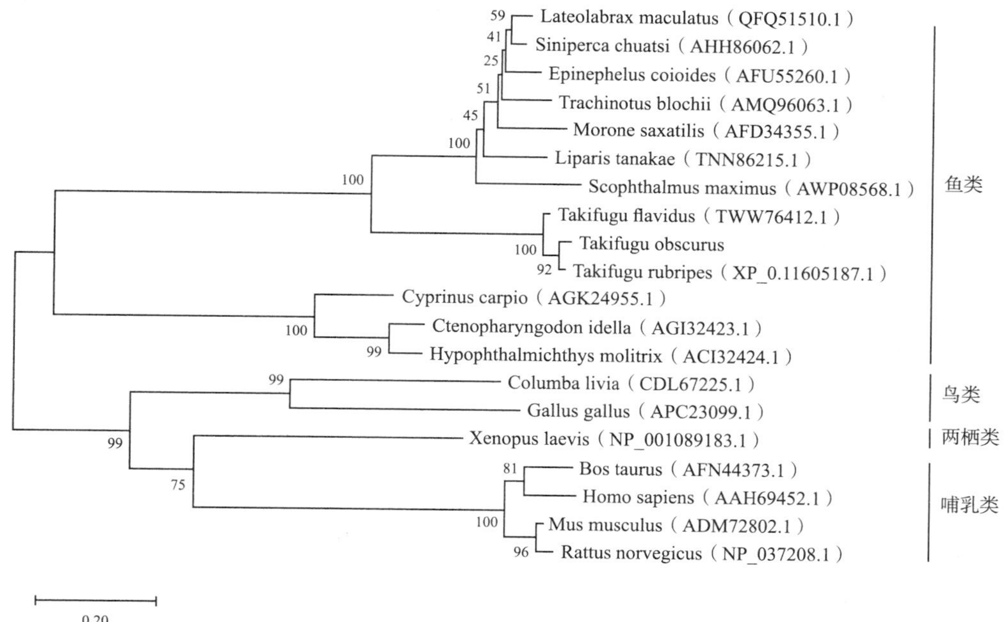

图 4　基于Leptin氨基酸序列构建的NJ系统进化树

在暗纹东方鲀*Leptin*基因中筛选得到 2 个多态性高、分型稳定的SNP位点：一个位于外显子 2（T24G），为同义突变，没有改变氨基酸的编码；另一个发生在内含子 2（T193A）。在本研究中，核酸位置以基因起始密码子的第一个碱基规定为+1。统计所有个体（178 个个体）序列，得到 2 个SNP的等位基因频率和基因型频率（表 4）。

表 4　*Leptin*基因 2 个SNP等位基因及基因型频率

位点	基因型	样品数	基因型频率	等位基因频率
T24G	TT	94	0.53	T/0.62
	TG	63	0.35	G/0.38
	GG	21	0.12	
T193A	TT	142	0.80	T/0.90
	TA	35	0.19	A/0.10
	AA	1	0.01	

采用单因素方差分析估计不同基因型与生长性状的相关性（表 5）。结果表明，T24G位点不同基因型个体间的体重存在显著差异（$P<0.05$），GG基因型显著小于TG和TT基因型，为劣势基因型。将 2 个SNP位点的不同基因型进行组合，得到 7 种双倍型，去除频率低于 2.5%的D3 型和D7 型，将剩下 5 种进行与生长的关联分析（表 6），结果显示：双倍型D5 的 3 个生长性状均值最高，体重显著高于D2 型、D4 型个体（$P<0.05$），极显著高于D6 型个体（$P<0.01$）；体长和体全长显著高于D6 型个体（$P<0.05$）。

表 5 *Leptin*基因SNP位点与生长性状的关联分析

位点	基因型（个体数）	体重/g	体长/cm	体全长/cm
T24G	TT（94）	244.42 ± 53.94[a]	18.79 ± 1.58	22.06 ± 1.72
	TG（63）	251.08 ± 48.18[a]	18.85 ± 1.43	22.19 ± 1.56
	GG（21）	221.88 ± 54.17[b]	18.42 ± 1.52	21.60 ± 1.73
T193A	TT（142）	243.73 ± 49.87	18.74 ± 1.47	21.99 ± 1.61
	TA（35）	251.49 ± 58.73	18.94 ± 1.62	22.38 ± 1.78
	AA（1）	–	–	–

注：相同位点同列中标有不同字母表示差异显著（$P<0.05$）。

表 6 *Leptin*基因不同双倍型与生长性状的关联分析

双倍型	SNP位点		频率	体重/g	体长/cm	体全长/cm
	T24G	T193A				
D1	TT	TT	0.269 7	247.13 ± 51.01	18.87 ± 1.45	22.10 ± 1.61
D2	TT	TA	0.078 7	234.86 ± 65.91[a]	18.47 ± 2.01	21.86 ± 2.16
D3	TT	AA	0.005 6	–	–	–
D4	TG	TT	0.432 6	246.20 ± 47.83[a]	18.74 ± 1.46	22.04 ± 1.58
D5	TG	TA	0.095 5	273.19 ± 44.58[Bb]	19.36 ± 1.22[b]	22.87 ± 1.31[b]
D6	GG	TT	0.095 5	222.93 ± 53.70[A]	18.34 ± 1.56[a]	21.48 ± 1.71[a]
D7	GG	TA	0.022 5	–	–	–

注：同列中标有不同大写字母者表示组间差异极显著（$P<0.01$），标有不同小写字母者表示组间差异显著（$P<0.05$）。

5 红鳍东方鲀*GHR2*基因SNP与生长性状的关联分析

生长激素（growth hormone，GH）作为鱼类等高等脊椎动物生理功能的多能内分泌调节因子，通过特异性细胞膜受体即生长激素受体（growth hormone receptor，GHR）发挥核心作用，该受体触发信号传导和基因表达的磷酸化级联反应。垂体分泌的生长激素与其受体结合才能将信号传递到靶细胞，诱发其分泌相关生长因子，如胰岛素样生长因子1（IGF−1），从而促进鱼类生长发育。在红鳍东方鲀基因组中，可以鉴定出2种推测的GHR：GHR1型和GHR2型。利用构建并选育的10个全同胞家系，在2月龄时，每个家系随机选取约100个个体，进行体重、体长、体全长的测定。根据NCBI上*GHR2*基因DNA序列（Genbank：NC_042290.1），使用Primer Premier 5在外显子（外显子2、3、4、5、8）部分设计引物并尽可能涵盖大部分的外显子，引物序列见表7。

表 7　*GHR2*基因的引物序列和位置等信息

引物名称	序列	定位	长度/bp	T_m/℃
Ghr2-F1	5'-TCCAATCGGTGCTTAGTT-3'	3 298 ~ 4 089	792	61.5
Ghr2-R1	5'-ATCCCATCTCCACATCAG-3'			
Ghr2-F2	5'-GCGTAGAGGATGTTTGGAG-3'	3 870 ~ 4 382	513	61.5
Ghr2-R2	5'-TTCACCTTTGGACGGGAT-3'			
Ghr2-F3	5'-GACATTGAGGAAACCACCAG-3	5 429 ~ 6 020	592	61.5
Ghr2-R3	5'-GCCCACTTACACCATCTACC-3'			

使用 3 对引物对亲本的DNA做PCR和测序后发现 10 个SNP，但内含子 4 的SNP3 C4180A前有 8 个连续的A且概率性地影响测序效果，所以只有 9 个SNP位点需要定位和分析（表 8），其中SNP1、SNP5、SNP10 发生错义突变。对GHR2-F1、GHR2-R1 引物做了家系 10、13、14 的PCR及测序，使用GHR2-F3、GHR2-R3 做了家系 5、6、7、10、12、13、14 的PCR及测序。

表 8　*GHR2*基因的SNP分布、密码子、氨基酸变化

SNP	位置	类型	密码子	氨基酸
SNP1 T3672C	外显子 3	错义突变	ATG→ACG	Met→Thr
SNP2 T3778C	外显子 3	同义突变	CCG→CCA	
SNP3 A4180C	内含子 4			
SNP4 T5610C	外显子 8	同义突变	ATT→ATC	
SNP5 C5692T	外显子 8	同义突变	AGC→AGT	
SNP6 A5731G	外显子 8	同义突变	CAA→CAG	
SNP7 G5761C	外显子 8	同义突变	GTG→GTC	
SNP8 G5803C	外显子 8	同义突变	GGG→GGC	
SNP9 C5910T	外显子 8	错义突变	ACG→ATG	Thr→Met
SNP10 C5978T	外显子 8	错义突变	CGC→TGC	Arg→Cys

家系 10 的 97 个样本的SNP1（T3672C）有 3 种基因型，统计后与生长性状进行单因素方差分析和邓肯法多重比较，CC型个体生长性状均显著高于TC型和TT型（$P<0.05$），结果见表 9。SNP1 T3672C在家系 13 只出现了TT型、TC型，而家系 14 中只出现了CC型和TC型，但家系 13、14 基因型间各生长性状差异均不显著。

表 9　SNP1 T3672C基因频率和各基因型对生长性状的影响

家系	基因型	个体数	基因频率 C	基因频率 T	基因型频率	体重/g	生长性状 体长/cm	体全长/cm
家系 10	TT	47	0.7	0.3	0.485	1.23 ± 0.41[b]	32.15 ± 4.21[b]	40.55 ± 4.82[b]
	TC	42			0.433	1.22 ± 0.33[b]	33.38 ± 3.51[b]	40.84 ± 4.44[b]
	CC	8			0.082	1.54 ± 0.32[a]	36.63 ± 3.78[a]	44.38 ± 4.14[a]
家系 13	TC	56	0.28	0.72	0.56	1.75 ± 0.5[a]	35.3 ± 3.28[a]	43.02 ± 4.14[a]
	CC	44			0.44	1.65 ± 0.52[a]	34.52 ± 4.56[a]	42.09 ± 5.18[a]
家系 14	TT	45	0.73	0.27	0.474	1.35 ± 0.32[a]	34.31 ± 2.72[a]	41.16 ± 3.27[a]
	TC	52			0.536	1.36 ± 0.32[a]	34.92 ± 2.79[a]	41.71 ± 3.18[a]

家系 6 的 100 个样本SNP5 C5692T有 2 种基因型，CC型体重显著高于CT型（$P<0.05$），而体长和体全长在各基因型间无显著差异，统计结果见表 10。家系 14 SNP5 C5692T的 2 个基因型间体重、体长、体全长差异均不显著。

表 10　SNP5 C5692T基因频率和各基因型对生长性状的影响

家系	基因型	个体数	基因频率 C	基因频率 T	基因型频率	体重/g	生长性状 体长/cm	体全长/cm
家系 6	CC	51	0.755	0.245	0.51	2.16 ± 0.65[a]	39.67 ± 4.65[a]	46.71 ± 4.86[a]
	CT	49			0.49	1.9 ± 0.56[b]	38.22 ± 4.45[a]	45.24 ± 4.75[a]
家系 14	CC	53	0.768	0.232	0.535	1.34 ± 0.31[a]	34.75 ± 2.72[a]	41.53 ± 3.13[a]
	CT	46			0.465	1.37 ± 0.31[a]	34.59 ± 2.82[a]	41.46 ± 3.32[a]

家系 6、7、10、12、13 共计 488 个样本的SNP9 C5910T（在家系 6、7、10、12、13 中和SNP4 T5610C连锁，同步突变）有 3 种基因型，CC型和TC型生长性状均显著高于TT型（$P<0.05$），而CC型和TC型间差异不显著，统计结果见表 11。

表 11　SNP9 C5910T的基因频率和各基因型对生长性状的影响

家系	基因型	个体数	基因频率 C	基因频率 T	基因型频率	体重/g	生长性状 体长/cm	体全长/cm
家系 6	TT	51	0.755	0.245	0.51	1.99 ± 0.58	38.78 ± 4.75	45.67 ± 4.88
	TC	49			0.49	2.07 ± 0.66	39.14 ± 4.46	46.33 ± 4.82
家系 7	TT	22	0.489	0.511	0.242	1.24 ± 0.49	32.36 ± 5.07	38.86 ± 5.6
	CC	20			0.22	1.15 ± 0.48	32.4 ± 3.82	38.65 ± 4.79
	TC	49			0.538	1.31 ± 0.44	33.24 ± 4.38	39.73 ± 5.06
家系 10	TT	28	0.455	0.545	0.28	1.26 ± 0.43	33.79 ± 4	41.25 ± 4.61
	CC	19			0.19	1.27 ± 0.33	34.16 ± 4	41.26 ± 4.04
	TC	53			0.53	1.24 ± 0.38	33.19 ± 3.97	40.47 ± 4.58

续表

家系	基因型	个体数	基因频率		基因型频率	体重/g	生长性状 体长/cm	体全长/cm
			C	T				
家系 12	CC	49	0.753	0.247	0.51	1.4 ± 0.49	33.29 ± 4.02	40.67 ± 4.81
	TC	48			0.49	1.39 ± 0.49	33.58 ± 4.67	41.04 ± 5.33
家系 13	CC	44	0.72	0.28	0.44	1.65 ± 0.52	34.52 ± 4.56	42.09 ± 5.18
	TC	56			0.56	1.75 ± 0.5	35.3 ± 3.28	43.02 ± 4.14
汇总	CC	186	0.64	0.36	0.38	1.58 ± 0.59^{a}	35.06 ± 4.89^{a}	42.22 ± 5.35^{a}
	TC	250			0.512	1.56 ± 0.59^{a}	34.89 ± 4.67^{a}	42.14 ± 5.24^{a}
	TT	52			0.11	1.25 ± 0.46^{b}	33.35 ± 4.74^{b}	40.29 ± 5.33^{b}

（岗位科学家　王秀利）

大菱鲆饲料蛋白高效利用研发进展

鲆鲽类营养需求与饲料岗位

本年度重点围绕“大菱鲆饲料蛋白高效利用技术研究与示范”开展研究。其中，针对大菱鲆饲料蛋白源高效利用技术，本年度进一步筛选评估了单细胞蛋白、棉籽浓缩蛋白等在大菱鲆中的利用效率，利用微生物发酵、益生菌添加等技术获得了提高非鱼粉蛋白利用的技术，获得了有效促进大菱鲆鱼体生长与饲料利用的投饲方案；围绕新蛋白源饲料生产与示范任务，通过与青岛赛格林生物工程有限公司、三通生物（潍坊）有限公司等饲料企业开展技术对接合作，在大菱鲆主养区进行新蛋白源饲料示范推广工作，取得明显的经济社会效益。

1 单细胞蛋白在大菱鲆饲料中应用效果评估

以大菱鲆为养殖对象，应用两种单细胞蛋白（单细胞蛋白A和单细胞蛋白B）替代大菱鲆饲料中 15%、30%、45%和 60%鱼粉，开展为期 8 周的养殖实验，养殖实验结束后对鱼体生长指标、鱼体常规和消化率进行测定。结果表明：单细胞蛋白A最高可以替代 45%的鱼粉而不会影响大菱鲆的生长指标，同时单细胞蛋白A添加可提高饲料消化率；单细胞蛋白B最高可以替代 30%的鱼粉而不影响大菱鲆的生长，随着其替代鱼粉水平继续增加，摄食率和饲料消化率显著降低；同时，单细胞蛋白B可降低鱼体肠道脂肪酶和胰蛋白酶的活力，提高肠道糜蛋白酶和胃蛋白酶的活性（表 1，表 2）。

表 1 单细胞蛋白A替代鱼粉对大菱鲆幼鱼生长的影响

	FM	15%	30%	45%	60%
平均末重/g	52.48 ± 1.49^{a}	49.32 ± 2.26^{ab}	48.21 ± 0.85^{ab}	43.61 ± 1.38^{ab}	42.72 ± 3.22^{b}
存活率/%	100.00 ± 0.00	100.00 ± 0.00	100.00 ± 0.00	100.00 ± 0.00	97.78 ± 2.22
特定生长率	2.87 ± 0.05^{a}	2.76 ± 0.08^{ab}	2.73 ± 0.03^{ab}	2.56 ± 0.05^{ab}	2.52 ± 0.13^{ab}
增重率/%	474.78 ± 16.34^{a}	440.22 ± 24.77^{ab}	428.07 ± 9.24^{ab}	377.68 ± 15.15^{ab}	367.93 ± 35.31^{b}
摄食率/（%/d）	1.53 ± 0.05	1.42 ± 0.03	1.47 ± 0.02	1.42 ± 0.05	1.44 ± 0.03
饲料效率/%	1.51 ± 0.04	1.59 ± 0.03	1.52 ± 0.03	1.51 ± 0.04	1.47 ± 0.04
蛋白质效率	2.95 ± 0.07	3.09 ± 0.05	2.97 ± 0.05	2.93 ± 0.07	2.87 ± 0.08
蛋白质留存率	0.48 ± 0.01	0.48 ± 0.01	0.49 ± 0.01	0.49 ± 0.01	0.48 ± 0.01

* FM表示鱼粉组（Fish Meal）

表 2　单细胞蛋白B替代鱼粉对大菱鲆幼鱼生长的影响

	FM[2]	15%	30%	45%	60%
平均末重/g	52.48 ± 1.49[a]	50.5 ± 1.21[a]	48.06 ± 1.14[a]	33.69 ± 1.07[b]	23.91 ± 2.42[c]
存活率/%	100.00 ± 0.00	100.00 ± 0.00	100.00 ± 0.00	98.89 ± 1.11	100.00 ± 0.00
特定生长率	2.87 ± 0.05[a]	2.80 ± 0.04[a]	2.72 ± 0.04[a]	2.14 ± 0.05[b]	1.56 ± 0.16[c]
增重率/%	474.78 ± 16.34[a]	453.18 ± 13.25[a]	426.35 ± 12.46[a]	269.01 ± 11.76[b]	161.85 ± 26.46[c]
摄食率/（%/d）	1.53 ± 0.05[bcd]	1.56 ± 0.01[abc]	1.52 ± 0.02[cd]	1.50 ± 0.01[cd]	1.43 ± 0.02[d]
饲料效率/%	1.51 ± 0.04[a]	1.45 ± 0.02[ab]	1.47 ± 0.03[ab]	1.25 ± 0.03[b]	1.01 ± 0.08[c]
蛋白质效率	2.95 ± 0.07[a]	2.84 ± 0.04[ab]	2.87 ± 0.06[ab]	2.45 ± 0.06[bc]	2.02 ± 0.15[c]
蛋白质留存率	0.48 ± 0.01[a]	0.46 ± 0.01[ab]	0.47 ± 0.01[ab]	0.41 ± 0.01[bc]	0.36 ± 0.02[c]

2　粪肠球菌发酵豆粕对大菱鲆氧化平衡、炎症反应及肠道菌群的影响

研究评估了粪肠球菌发酵豆粕对大菱鲆生长、抗氧化状态、肠道菌群、形态和炎症反应的影响。实验以鱼粉（FM）为主要蛋白源的饲料作为对照组，分别应用豆粕或粪肠球菌发酵豆粕（EFSM）替代饲料中45%的鱼粉，开展为期80 d的养殖实验。实验结果表明：应用粪肠球菌发酵豆粕可显著去除豆粕中的抗营养因子。与鱼粉组相比，SBM组的生长性能较差，但EFSM组与FM组相比无显著差异。通过对大菱鲆肠道形态观察发现，摄食SBM组饲料显著引起大菱鲆肠道炎症，对鱼体肠绒毛、微绒毛高度具有显著影响，同时固有层宽度和炎性细胞浸润增加。而EFSM组肠道病理破坏明显缓解。进一步分析鱼体肠道菌群发现，EFSM组与FM组的微生物群结构总体上比SBM组更相似。与SBM组比较，EFSM组肠道中益生菌乳酸菌显著增加，并能抑制弧菌丰度（图1）。本研究表明粪肠球菌发酵通过去除抗营养因子、提高抗氧化能力、抑制炎症反应和调节肠道微生物群，有效促进豆粕在大菱鲆饲料中的利用。

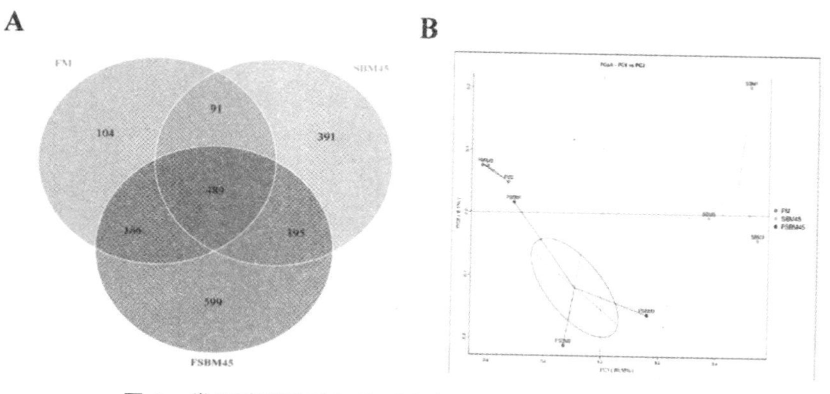

图 1　粪肠球菌发酵豆粕对大菱鲆肠道菌群结构的影响

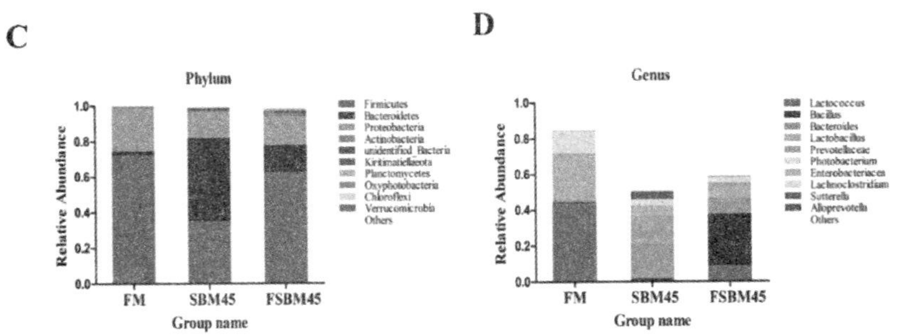

图 1　粪肠球菌发酵豆粕对大菱鲆肠道菌群结构的影响（续）

3　微生物降解大豆异黄酮高效菌株筛选与发酵条件优化

大豆异黄酮是豆粕中的主要营养拮抗因子，大菱鲆饲料中添加过高比例的豆粕往往影响鱼体生长，诱发肠道炎症。本研究通过筛选大豆异黄酮高效降解菌株，并通过固态发酵技术将大豆异黄酮降解，以提高豆粕营养价值。本团队应用筛选得到的 197 株菌，开展大豆异黄酮降解实验研究，对高效抗营养因子降解菌测序比对后获得 6 株菌，其中 5 株属于芽孢杆菌属，1 株属于酵母菌属。进一步采用固态发酵技术对发酵温度、基质含水量、菌种接种量、发酵时长等条件进行优化，获得了菌株高效降解大豆异黄酮的发酵条件（图 2）。

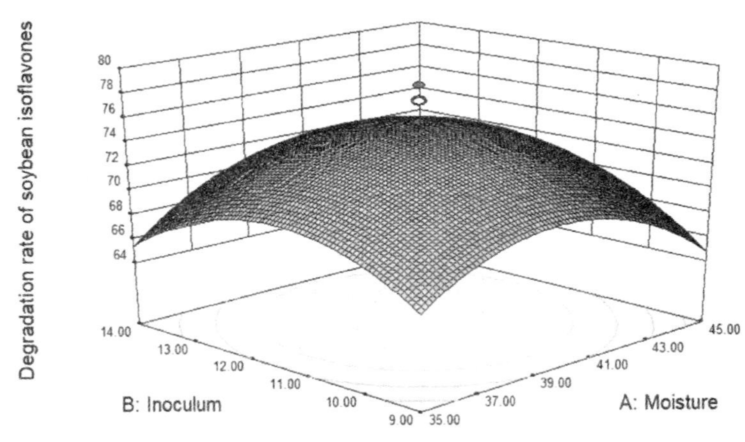

图 2　SF发酵菌株降解大豆异黄酮条件优化

4　芽孢杆菌T20 对大菱鲆肠道抗氧化能力的影响

本研究设计 2 种等氮、等脂的基础饲料，即鱼粉组（FM）饲料和对照组（CGI）饲料，对照组饲料为在鱼粉组饲料基础上添加 4.70%纯度为 70%的 β－伴大豆球蛋白；另外设计了一个处理组Vel，其为在负对照组饲料基础上添加 10^8 CFU/g芽孢杆菌T20。用这 3 种饲料分别投喂大菱鲆幼鱼 8 周，然后测定大菱鲆幼鱼后肠的抗氧化能力。实验结果表明：

与鱼粉组相比，CGI组的鱼的后肠过氧化氢酶（catalase，CAT）活力显著降低，并且后肠MDA含量显著升高；而与CGI组的鱼相比，Vel组的鱼的后肠SOD活力、CAT活力、T-AOC显著提高，并且后肠MDA含量显著降低（图 3）。因此，在饲料中添加芽孢杆菌T20 可以显著增强大菱鲆幼鱼摄食β-伴大豆球蛋白后的后肠抗氧化能力。

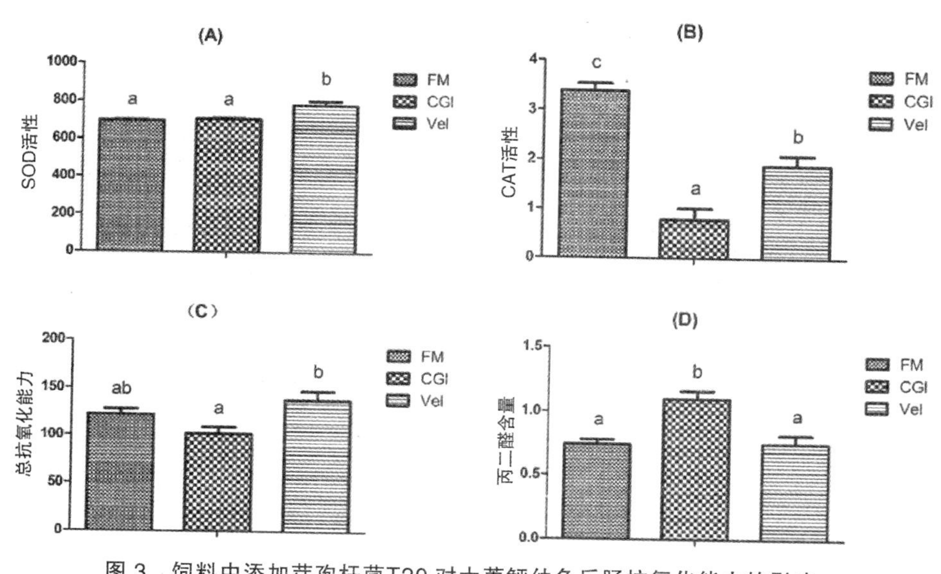

图 3 饲料中添加芽孢杆菌T20 对大菱鲆幼鱼后肠抗氧化能力的影响

5 *Shewanella* sp. MR-7 对大菱鲆肠道功能障碍的修复机制

肠道是水生动物最重要的营养消化、内分泌和免疫器官，肠道功能障碍会损害水生动物的生长性能和整体的健康状况。益生菌干预被认为是调节肠道稳态和改善肠道健康的有效途径。本岗位从大菱鲆肠道中分离出一株共生菌*Shewanella* sp. MR-7，通过测定肠道组织学、炎症反应、黏膜屏障功能和菌群结构评估了该菌是否能减缓脂多糖（LPS）诱导的大菱鲆肠道功能障碍。研究发现，*Shewanella* sp. MR-7 能显著减轻LPS导致的大菱鲆肠道损伤，表现为肠道绒毛和微绒毛的显著增高（图 4）。进一步研究发现，*Shewanella* sp. MR-7 能抑制LPS诱导的TLR-NF-κB信号通路的激活，使细胞因子的基因表达维持在正常水平，从而减缓炎症反应。相比于LPS处理组，*Shewanella* sp. MR-7 组大菱鲆后肠杯状细胞数量和*muc-2*基因表达量显著降低。此外，*Shewanella* sp. MR-7 修复了LPS诱导的肠道紧密连接蛋白相关基因（*zo-1*、*occludin*、*tricellulin*和*claudin-3*）的下调。进一步研究表明，*Shewanella* sp. MR-7 一定程度上抵消了LPS诱导的大菱鲆肠道菌群结构的改变，增强了益生菌乳酸菌*Lactobacillu*并抑制了假单胞菌*Pseudomonas*的生长，从而维持了整体的菌群平衡。

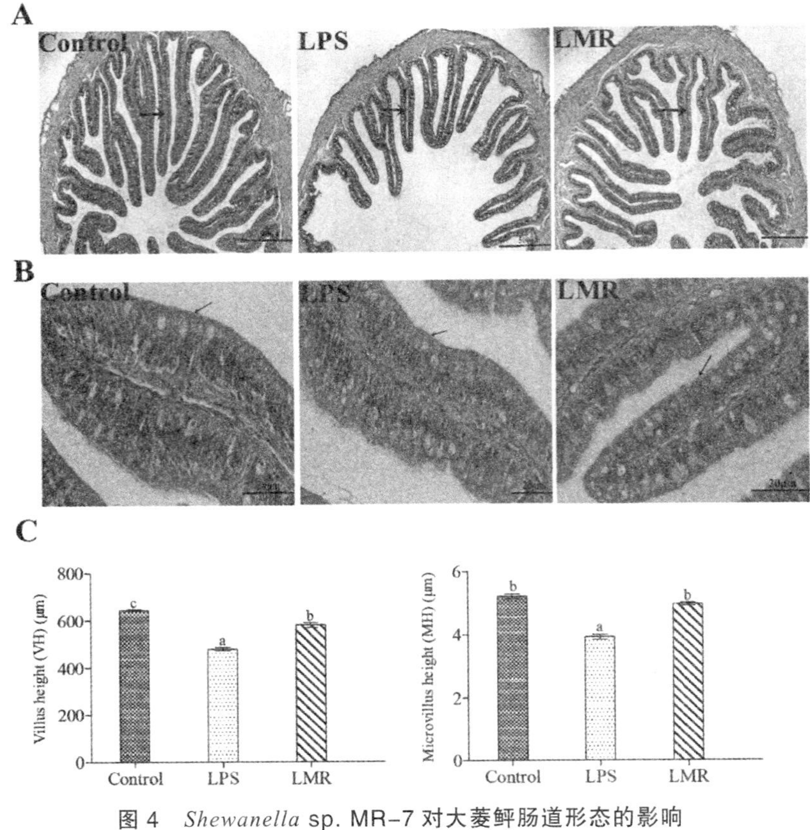

图 4　*Shewanella* sp. MR-7 对大菱鲆肠道形态的影响

6　植物蛋白替代鱼粉饲料中添加花生四烯酸对大菱鲆生长及免疫的影响研究

随着鱼粉资源的短缺，利用植物蛋白替代鱼粉是目前水产动物营养学研究的热点。但高比例植物蛋白替代会降低养殖动物的生长性能并引发一系列免疫应激反应。花生四烯酸（arachidonic acid，ARA）是一种 ω-6 多不饱和脂肪酸，对动物的生长及发育至关重要，但目前关于其对水产动物植物蛋白利用的研究较少。本实验系统研究了植物蛋白替代鱼粉后添加ARA对大菱鲆生长和免疫功能的影响，分别配制了鱼粉组（0.6 g/kg ARA）、植物蛋白组（0.2 g/kg ARA）、添加ARA的植物蛋白组（2.6、7.4、11.8 g/kg ARA）5 种等氮、等能饲料。结果表明，用植物蛋白替代鱼粉可降低鱼体体重增长率，特定生长率和最终体重也有所降低；而添加 11.8 g/kg的ARA可使鱼体生长恢复到与FM组相似的水平；此外，植物蛋白替代还降低了先天免疫酶的活性并引发了肠道炎症，ARA的补充显著改善了肠道炎症；膳食ARA恢复了抗炎细胞因子（*tgf-β*）的表达，降低了促炎细胞因子（*tnf-α*、*il-1β*和*il-8*）mRNA水平（图 5）。

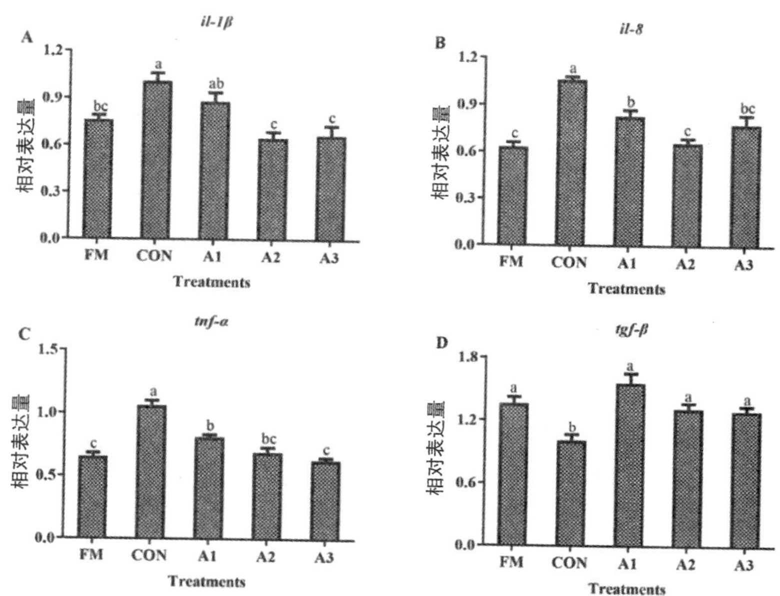

图 5　植物蛋白替代鱼粉饲料中添加ARA对大菱鲆肠道免疫应答的影响

7　黄芪多糖可作为大菱鲆饲料免疫增强剂

为应对鱼粉资源短缺问题，植物蛋白源被普遍用于水产养殖饲料中，但随之而来的则是各种免疫相关疾病。因此，在水产饲料中添加免疫增强剂已成为维持水产动物健康和替代抗生素的有效途径。本岗位对黄芪多糖（APS）的鱼用效果进行了系统分析。研究发现APS能够显著提高大菱鲆的生长性能，饲料中添加 150 mg/kg APS可显著提高肝脏总抗氧化能力、谷胱甘肽过氧化物酶活性和溶菌酶活性。同时，黄芪多糖能诱导Toll样受体基因（*tlr5α*、*tlr5β*、*tlr8*和*tlr21*），降低*tlr3*和*tlr22*基因的表达。此外，添加黄芪多糖能显著提高大菱鲆肝脏炎症基因（*myd88*和*nf-κb p65*）和促炎因子（*tnf-α*和*il-1β*）的表达，抑制抑炎因子*tgf-β*的表达（图 6）。

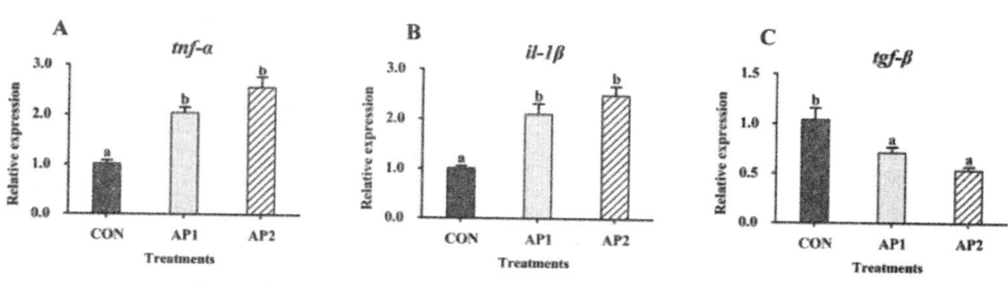

图 6　饲料添加黄芪多糖对大菱鲆肝脏炎症因子表达的影响

8 饲料中添加天蚕素对大菱鲆肠炎的缓解作用研究

设计4种等氮、等脂的饲料，即鱼粉组（FM）、豆粕替代40%的鱼粉蛋白的豆粕组（SBM）以及分别在豆粕组饲料中添加0.5 g/kg和1.0 g/kg天蚕素（CAD）的C1和C2处理组，饲喂大菱鲆12周，探究CAD对于摄食高水平豆粕所诱发的大菱鲆肠炎的缓解作用。实验结果表明：在豆粕饲料中添加CAD能够显著缓解高水平豆粕造成的大菱鲆肠炎症性损伤，表现为增加肠道绒毛周长比，减少炎性细胞浸润，降低肠道炎症因子nf-κb、tnf-α、il-1β和ifn-γ的基因表达水平，上调肠道紧密连接蛋白claudin-3、claudin-4、occludin和zonula occludens-1的基因表达水平。此外，与SBM组相比，C1处理组大菱鲆后肠菌群结构向着有利于抗炎的表型发展，表现为增加Blutia相对丰度和Firmicutes/Bacteroides比值，并减少Prevotellaceae的相对丰度（图7）。

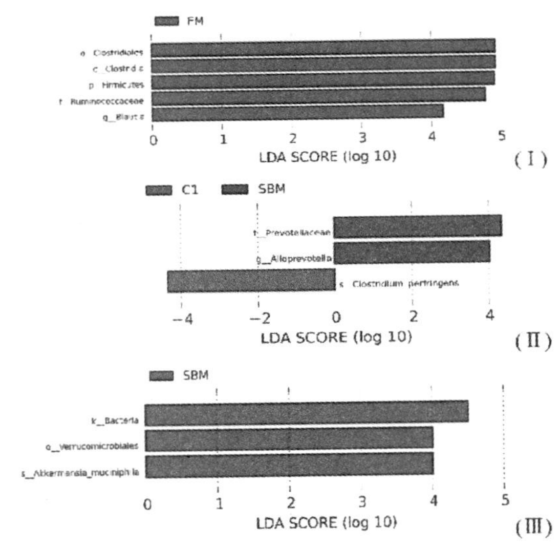

图7 不同处理组大菱鲆后肠相对丰度分类分析

（岗位科学家 麦康森）

大黄鱼营养需求与饲料开发技术研发进展

大黄鱼营养需求与饲料岗位

本年度大黄鱼营养需求与饲料岗位针对大黄鱼不同生长阶段养殖过程中营养与饲料的突出问题，主要开展了幼鱼营养和仔稚鱼营养研究。研究内容主要包括以下方面：在大黄鱼幼鱼上，进行了多种绿色饲料添加剂的功效评估，开展了新型蛋白源和脂肪源的替代研究，探究了微塑料对大黄鱼生理状况的影响，通过对上述研究成果的集成和总结，开发了大黄鱼高效人工配合饲料。在大黄鱼仔稚鱼上，开发了仔稚鱼的新型功能性添加剂和磷脂源，探究了饥饿和昼夜节律对稚鱼营养生理的影响，并对微颗粒饲料的生产工艺进行了优化，在此基础上开发出诱食性好且稳定性高的大黄鱼人工微颗粒饲料。同时，通过与福建天马、大北农、粤海和七好等公司合作，推广应用大黄鱼养殖环保型全价颗粒配合饲料，完成了国家海水鱼产业技术体系年初大黄鱼产业发展质量提升会议所规定的任务，示范区大黄鱼养殖配合饲料使用率大幅度提升，达到60%以上。完成了2020年度国家海水鱼产业技术研发中心基础数据库和国家海水鱼产业技术体系大黄鱼营养需求与饲料岗位数据库的数据收集。本年度共发表（含接收）SCI论文13篇，新申请国家发明专利2项，另有2项国家发明专利进入实质审查阶段。培养全日制博士/硕士研究生共9人，博士后1人。本年度共参加各类技术推介、宣传、培训和会议11次，培训技术推广人员、相关从业人员和科技示范户360余人次，发放宣传手册360本。积极开展体系内、体系间的交流与合作，积极参与第四届大黄鱼种业创新工程研讨会和大黄鱼养殖安全保障与产业链价值提升技术总结会等国内外学术会议。

1　优化大黄鱼人工微颗粒饲料和养成期饲料配方

1.1　新原料的开发

1.1.1　米糠油替代鱼油对大黄鱼生长和生理生化指标的影响

本实验中以米糠油分别替代0%（对照组）、25%、50%、75%和100%的鱼油，配制出5种等氮、等脂的实验饲料。选择初始体重为（13.1 ± 0.02）g的大黄鱼600尾，随机分成5组，每组3个重复，每个重复40尾鱼，进行为期63 d的摄食生长实验。结果表明，随着米糠油替代比例的升高，大黄鱼幼鱼的生长性能呈现先升高后降低的趋势，其中25%

米糠油替代鱼油组相较于 50%、75%和 100%替代鱼油组可以显著提高大黄鱼幼鱼的终末体重、特定生长率和增重率（图 1）。综上所述，以特定生长率为评价指标，25%米糠油替代鱼油组效果最好。

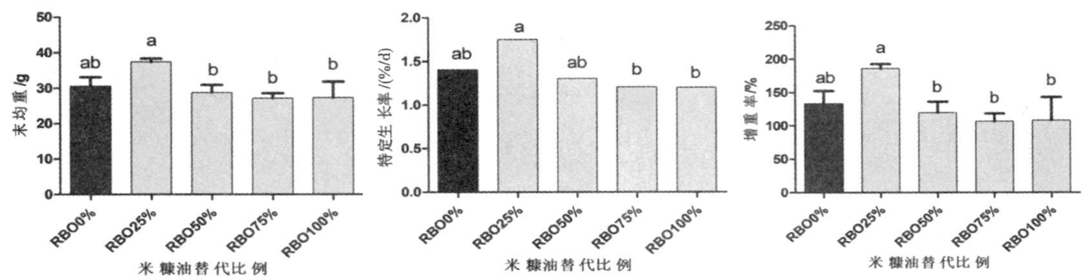

图 1 米糠油替代鱼油对大黄鱼生长性能的影响

1.1.2 花生粕替代鱼粉对大黄鱼生长及免疫机能的影响

本实验设计了花生粕部分替代鱼粉（42.5%粗蛋白和 12.6%粗脂肪）的等氮、等脂饲料，替代比例依次为 0、15%、30%、45%和 60%。选择初始体重为 13.0 g ± 0.74 g的大黄鱼幼鱼进行实验，随机分成 5 组，每个组 3 个重复，每个重复 60 尾幼鱼，进行为期 70 d 的摄食生长实验。结果表明，随着花生粕替代鱼粉比例升高，大黄鱼生长性能呈现先升高后降低的趋势，花生粕替代比例为 15%时，大黄鱼幼鱼的终末体重和特定生长率最高，当替代比例达到 15% ~ 60%时生长性能下降（图 2）。综上所述，以特定生长率为评价指标，花生粕替代比例为 15%时效果最好。

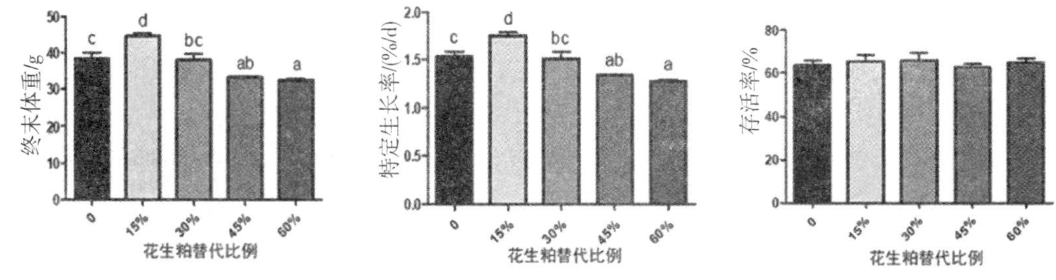

图 2 饲料中添加花生粕替代鱼粉对大黄鱼生长性能的影响

1.1.3 葵花籽粕替代鱼粉对大黄鱼生长及免疫机能的影响

本实验设计了葵花籽粕部分替代鱼粉的等氮、等脂（42.5%粗蛋白和 12.6%粗脂肪）饲料，替代比例依次为 0、8%、16%、24%和 32%。选择初始体重为 13.0 g ± 0.52 g的大黄鱼幼鱼进行实验，随机分成 5 组，每个组 3 个重复，每个重复 60 尾幼鱼，进行为期 70 d 的摄食生长实验。实验结果表明，随着葵花籽粕替代比例的升高，存活率没有发生明显改变，且终末体重和特定生长率在葵花籽粕替代比例为 8% ~ 24%时差异不显著，替代比例为 32%时生长性能显著降低（图 3）。综上所述，葵花籽粕可替代饲料中 24%的鱼粉而不影响大黄鱼幼鱼的生长。

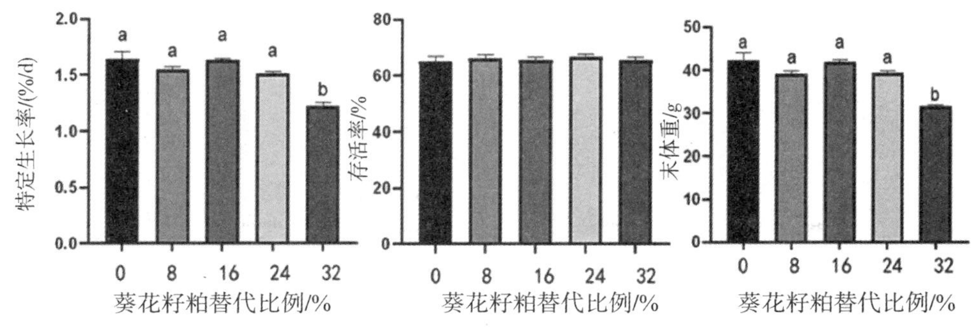

图 3　饲料中添加葵花籽粕替代鱼粉对大黄鱼生长性能的影响

1.1.4　乙醇梭菌蛋白替代鱼粉对大黄鱼生长及免疫机能的影响

本实验设计了乙醇梭菌蛋白部分替代鱼粉的等氮、等脂（42.5%粗蛋白和12.6%粗脂肪）饲料，替代比例依次为0%、25%、50%、75%和100%。选择初始体重为（13.0 g ± 0.48 g）的大黄鱼幼鱼进行实验，随机分成5组，每个组3个重复，每个重复60尾幼鱼，进行为期70 d的摄食生长实验。实验结果表明，随着乙醇梭菌蛋白替代比例的升高，大黄鱼幼鱼生长性能呈先升高后降低趋势。其中，当乙醇梭菌蛋白替代比例为50%时，促生长效果最好；替代比例为75%时，终末体重和特定生长率最低（图4）。综上所述，当乙醇梭菌蛋白替代鱼粉比例为50%时，可提高大黄鱼幼鱼的生长性能。

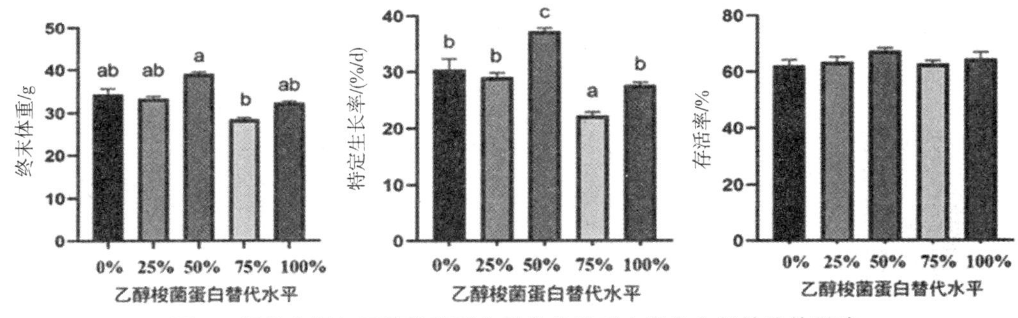

图 4　饲料中添加乙醇梭菌蛋白替代鱼粉对大黄鱼生长性能的影响

1.1.5　棉籽蛋白替代鱼粉对大黄鱼生长及免疫机能的影响

本实验设计了棉籽蛋白部分替代鱼粉的等氮、等脂（42.5%粗蛋白和12.6%粗脂肪）饲料，替代比例依次为0%、20%、40%、60%和80%。选择初始体重为（13.0 g ± 0.56）g的大黄鱼幼鱼进行实验，随机分成5组，每个组3个重复，每个重复60尾幼鱼，进行为期70 d的摄食生长实验。实验结果表明，随着棉籽蛋白替代比例的升高，大黄鱼幼鱼的存活率没有发生明显改变。当棉籽蛋白替代比例为20%时，终末体重和特定生长率有显著的升高；当替代比例达到40% ~ 80%时，终末体重和特定生长率出现下降趋势（图5）。综上所述，当棉籽蛋白替代鱼粉比例为20%时，可提高大黄鱼幼鱼的生长性能。

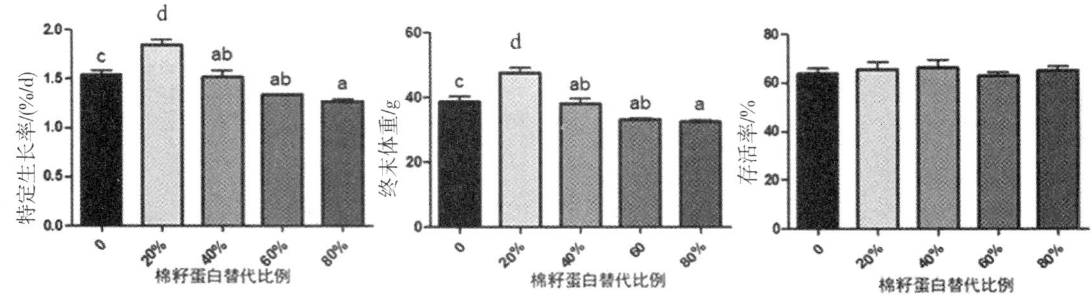

图 5　饲料中添加棉籽蛋白替代鱼粉对大黄鱼生长性能和存活率的影响

1.2　幼鱼绿色饲料添加剂的开发

1.2.1　高比例豆油替代条件下单月桂酸甘油酯对大黄鱼幼鱼生长和抗氧化能力的影响

本实验在豆油 100%替代鱼油的饲料（42.5%粗蛋白和 12.3%粗脂肪）中分别添加 0.02%、0.04%、0.08%和 0.16%的单月桂酸甘油酯（鱼油组和豆油组为对照组），配制成 4 种等氮、等脂的实验饲料。结果表明，随着饲料中单月桂酸甘油酯添加比例的升高，大黄鱼幼鱼终末体重、增重率和特定生长率随之升高。单月桂酸甘油酯添加组相比于豆油组，其肝脏总抗氧化能力（T-AOC）和过氧化氢酶（CAT）活性显著升高，且添加比例为 0.02% ~ 0.04%时效果最为显著（图 6）。因此，在饲料中添加 0.02% ~ 0.04%的单月桂酸甘油酯可以显著提高大黄鱼幼鱼生长性能和抗氧化能力。

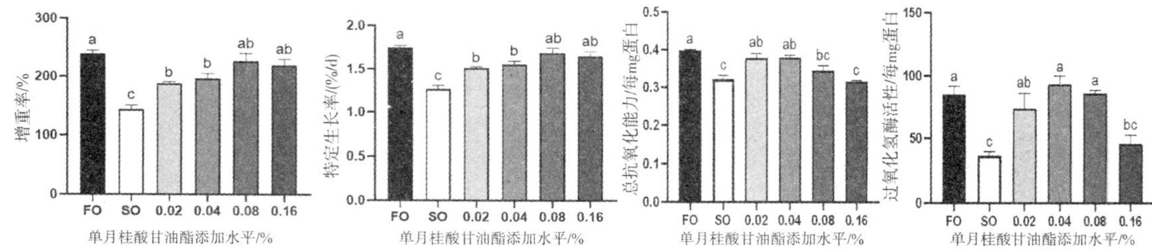

图 6　单月桂酸甘油酯对大黄鱼幼鱼生长性能和抗氧化能力的影响

1.2.2　豆油替代鱼油饲料中添加辛酸钠对大黄鱼幼鱼肝脏的影响

本实验在基础饲料（42%粗蛋白和 12.5%粗脂肪）中用豆油完全替代鱼油后，分别添加 0%、0.07%、0.21%、0.63%和 1.89%的辛酸钠，制成 6 种等氮、等脂实验饲料，分别投喂 6 个处理组：FO（鱼油组）、SO（豆油组）、S1（豆油替代后添加 0.07%辛酸钠）、S2（豆油替代后添加 0.21%辛酸钠）、S3（豆油替代后添加 0.63%辛酸钠）和S4（豆油替代后添加 1.89%辛酸钠）。选择初始体重为（13 ± 0.17）g的大黄鱼幼鱼进行实验，随机分成 6 组，每组 3 个重复，每个重复 60 尾鱼，进行为期 10 周的摄食生长实验。实验结果表明，辛酸钠可以显著降低豆油引起的肝体比上升、肝脏TG沉积，同时还能显著提高肝脏*cpt-1*的mRNA表达，增强肝脏对脂肪酸的氧化作用（图 7）。后续分析实验正在进行中。

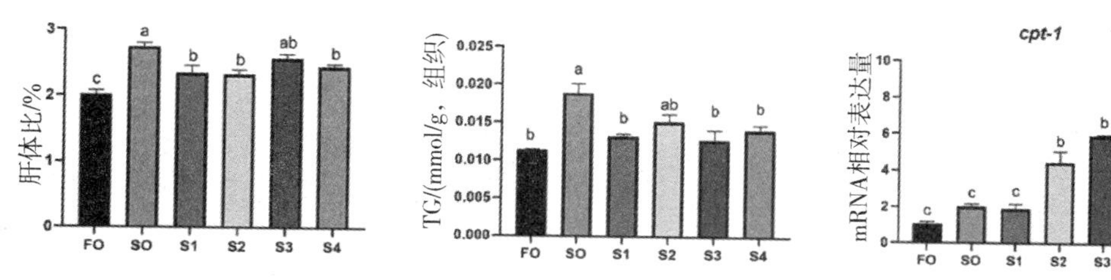

图 7 辛酸钠对大黄鱼幼鱼肝脏相关指标的影响

1.2.3 植物甾醇对高脂诱导下大黄鱼不同组织脂质组成的影响

为探讨植物甾醇对高脂诱导下大黄鱼不同组织脂质组成的影响，本实验以45.03%粗蛋白和12.52%粗脂肪的饲料为正对照组（NO），以45.03%粗蛋白和18.52%粗脂肪的饲料为负对照组（HO），在负对照组的基础上，分别添加0.5%、1.0%和1.5%的植物甾醇（0.5PS、1.0PS和1.5PS），配制成5种等氮的实验饲料。选择初始体重为（13.07 ± 0.02）g的大黄鱼幼鱼进行实验，随机分成5组，每组3个重复，每个重复60尾幼鱼，进行为期70 d的养殖实验。结果表明：随着植物甾醇添加水平的增加，大黄鱼幼鱼肝脏和肌肉的甘油三酯和总胆固醇含量呈上升趋势。其中，负对照组肝脏和肌肉的甘油三酯和总胆固醇含量均显著高于0.5%植物甾醇组（$P<0.05$），但0.5%植物甾醇组与正对照组相比无显著差异（$P>0.05$）（图8）。综上所述，适量的植物甾醇可通过降低高脂诱导下大黄鱼的肝脏甘油三酯和总胆固醇含量来抑制肝脏脂肪沉积，本实验以0.5%植物甾醇添加水平的抑制效果最佳。

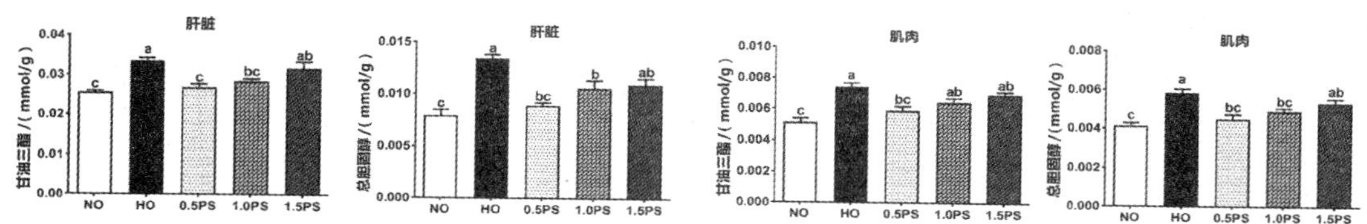

图 8 植物甾醇对高脂饲料喂养的大黄鱼不同组织甘油三酯和胆固醇含量的影响

1.2.4 饲料中添加胆汁酸对大黄鱼生长、脂代谢和肌肉品质的影响

本实验以大黄鱼为研究对象，以鱼油组（FO）和豆油组（BA0）为正负对照组，并在豆油组基础饲料中分别添加0.03%（BA1）、0.06%（BA2）和0.15%（BA3）的胆汁酸，配制5种等氮、等能饲料，探究添加不同水平胆汁酸对大黄鱼幼鱼生长、生理生化、肌肉品质和脂肪代谢的影响。选择初始体重为（13.1 ± 0.02）g的大黄鱼，随机分成5组，每组3个重复，每个重复40尾鱼，进行为期63 d的摄食生长实验。结果表明：饲料中添加胆汁酸显著影响大黄鱼幼鱼末均重、增重率、特定生长率、饲料系数和肝体比。其中，FO和BA2末均重、增重率、特定生长率和饲料效率显著高于BA0，其余各组间均无差异；BA1肝体比显著高于其余各组；存活率和摄食量各组间均无显著差异（图9）。综上所述，豆油饲料中添加0.06%的胆汁酸能够促进大黄鱼幼鱼的生长。

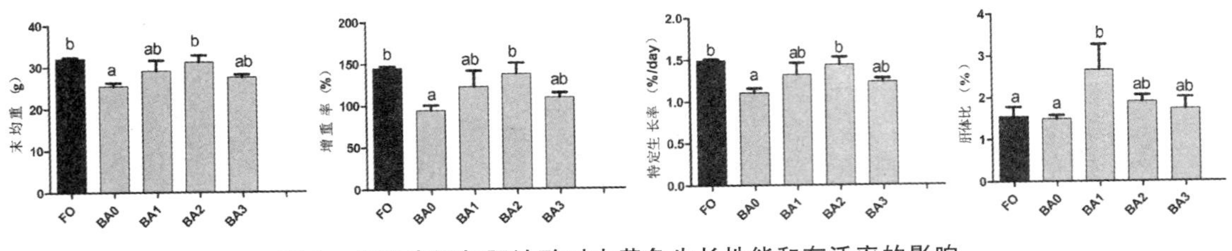

图 9　饲料中添加胆汁酸对大黄鱼生长性能和存活率的影响

1.3　大黄鱼营养与环境——聚苯乙烯纳米微塑料对大黄鱼幼鱼脂代谢及肌肉品质的影响

在饲料中分别添加 0（对照组）、1 mg/kg、10 mg/kg、100 mg/kg聚苯乙烯纳米塑料，模拟大黄鱼通过食物链摄入微塑料，实验周期为 21 d。结果表明，聚苯乙烯纳米塑料处理组肝脏甘油三酯含量显著高于对照组（$P<0.05$）。与对照组相比，聚苯乙烯纳米塑料处理组肝脏脂肪分解相关基因*atgl*和*pparα*表达显著下调（$P<0.05$）（图 10）。饲料中添加 100 mg/kg聚苯乙烯纳米塑料显著增加肌肉硬度（$P<0.05$）。与对照组相比，饲料中添加 10 mg/kg和 100 mg/kg聚苯乙烯纳米塑料极显著增加肌肉黏附性而降低肌肉胶着性（$P<0.01$）（图 11）。综上所述，在饲料中添加纳米塑料诱导肝脏脂肪沉积，改变肌肉品质。

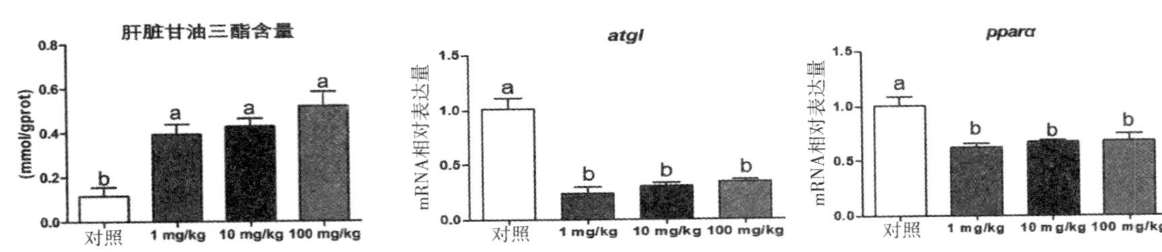

图 10　聚苯乙烯纳米塑料对大黄鱼肝脏脂肪代谢的影响

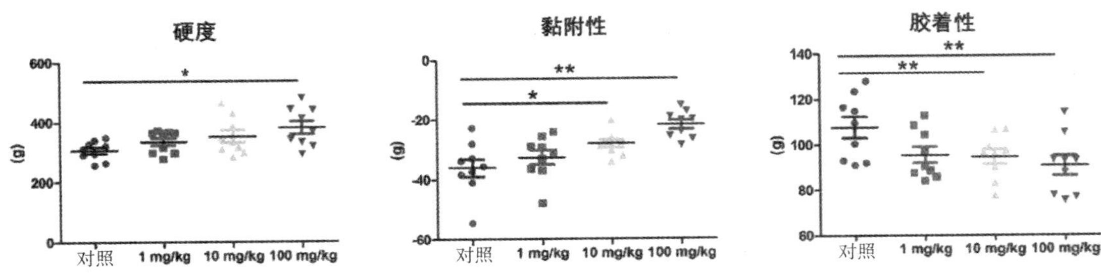

图 11　聚苯乙烯纳米塑料对大黄鱼肌肉质构的影响

1.4　仔稚鱼摄食与代谢研究

1.4.1　饥饿胁迫与复投喂对大黄鱼稚鱼后续生长的影响

本实验旨在探究饥饿胁迫与复投喂对大黄鱼稚鱼后续生长的影响，以25日龄大黄鱼稚鱼为实验对象进行饥饿胁迫与复投喂实验。实验处理组为正常投喂组（Control），饥饿3 d（Strvation-3d）和饥饿5 d（Strvation-5d），在饥饿期间第3天（S-3d）和第5天（S-5d）及复投喂期间的第2天（RF-2）、第5天（RF-5）、第10天（RF-10）和第15天（RF-15）进行取样分析。实验结果表明，在复投喂期间，复投喂后的第5、10和15天，饥饿3 d和饥饿5 d处理组的体长和体重显著低于正常投喂组（$P<0.05$）（图12）。

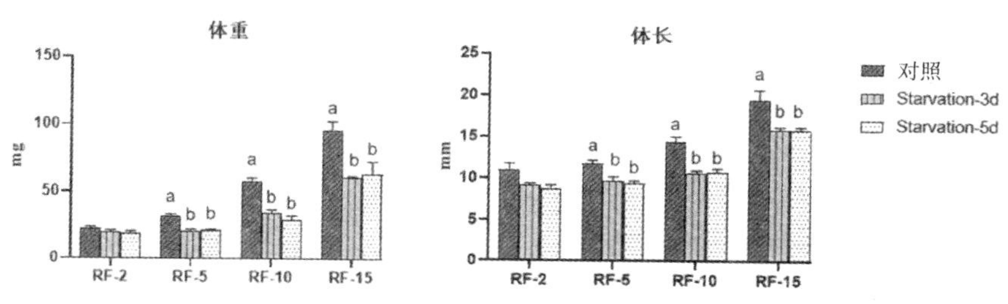

图12　复投喂期间对大黄鱼稚鱼体重和体长的影响

1.4.2　昼夜周期与摄食对大黄鱼稚鱼的脂质代谢的影响

本实验旨在探究昼夜周期与摄食对大黄鱼稚鱼甘油三酯和游离脂肪酸的影响，以20日龄大黄鱼稚鱼为实验对象，暂养15 d适应昼夜周期和摄食节律后，设计正常摄食组（Fed）和禁食组（Fast）进行为期1 d的差异处理，于第2天选取6个时间点进行取样（授时因子：ZT8、ZT12、ZT16、ZT20、ZT0、ZT4。其中ZT8～ZT16为白天，ZT20～ZT4为夜晚）。实验结果表明，禁食组甘油三酯的水平随时间有显著下降趋势，ZT24处的甘油三酯含量显著低于ZT12处（$P<0.05$），游离脂肪酸水平无显著改变（$P>0.05$）（图13）。

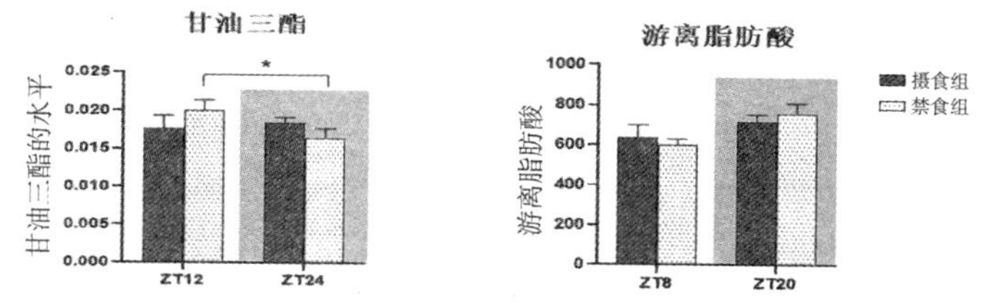

图13　昼夜周期与摄食对大黄鱼稚鱼甘油三酯和游离脂肪酸水平的影响

1.5　稚鱼功能性饲料添加剂的开发

1.5.1　饲料中添加阿魏酸养殖大黄鱼稚鱼的实验研究

饲料中添加阿魏酸可以显著提高大黄鱼稚鱼的存活率和特定生长率（$P<0.05$），但对

鱼体粗蛋白、粗脂肪和水分含量无显著影响（$P>0.05$）。大黄鱼稚鱼抗氧化酶活力随着阿魏酸添加比例的升高呈现上升的趋势。20 mg/kg和40 mg/kg的阿魏酸能够显著提高稚鱼内脏团过氧化氢酶活力（$P<0.05$）。此外，大黄鱼稚鱼的胰蛋白酶等消化酶随着阿魏酸添加量的增加呈现先升高后降低的趋势，阿魏酸添加量为20 mg/kg时，胰蛋白酶活力显著高于对照组（$P<0.05$）（图14）。因此，饲料中添加20 ~ 40 mg/kg的阿魏酸能够促进大黄鱼稚鱼生长，提高抗氧化能力和消化酶活力。

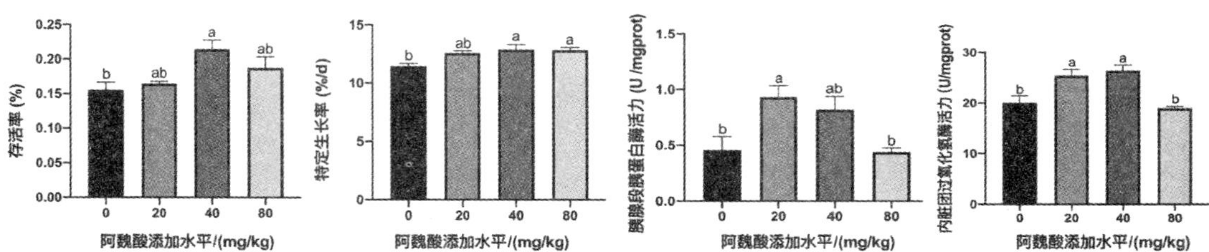

图14　饲料中添加阿魏酸对大黄鱼稚鱼生长性能和酶活力的影响

1.5.2　饲料中添加虾青素养殖大黄鱼稚鱼的实验研究

饲料中添加虾青素对稚鱼存活率和特定生长率无显著影响，对鱼体粗蛋白、粗脂肪和水分含量无显著影响（$P>0.05$）。大黄鱼稚鱼的胰蛋白酶活力随着虾青素添加量的增加呈现升高的趋势，在虾青素添加量为80 mg/kg时，内脏团胰蛋白酶活力显著高于对照组（$P<0.05$）。大黄鱼稚鱼抗氧化酶活力随着虾青素添加比例的升高呈现上升的趋势，40 mg/kg的虾青素能够显著提高稚鱼内脏团过氧化氢酶活力（$P<0.05$）。虾青素具有降脂功效，显著降低了大黄鱼体内脏团甘油三酯含量，显著升高了肝脂肪酶基因相对表达量（$P<0.05$）（图15）。因此，饲料中添加虾青素能够增强大黄鱼稚鱼消化酶活力，提高抗氧化能力和促进脂质代谢。

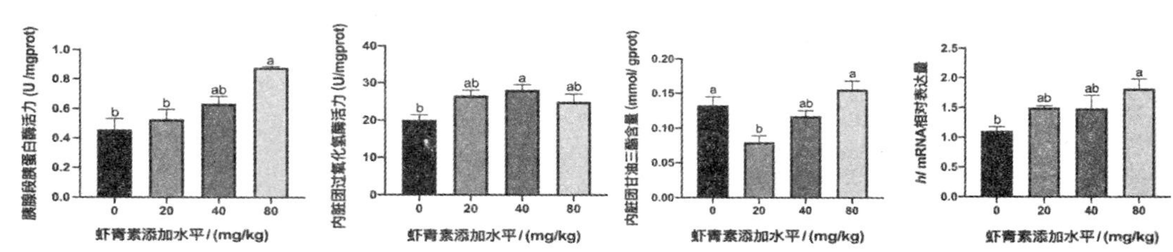

图15　饲料中添加虾青素对大黄鱼稚鱼内脏团酶活力和脂肪代谢的影响

1.6　稚鱼磷脂源的应用研究——不同磷脂源对大黄鱼稚鱼生长、消化酶活力及抗氧化能力的影响

与大豆磷脂组和葵花磷脂组相比，蛋黄磷脂组大黄鱼稚鱼的终末体长、终末体重、特定生长率显著提高（$P<0.05$），而存活率各组之间无显著差异（$P>0.05$）。与大豆磷脂组和葵花磷脂组相比，蛋黄磷脂组大黄鱼稚鱼过氧化氢酶（CAT）活力显著提高（$P<0.05$）。

与大豆磷脂组相比，蛋黄磷脂组肠道刷状缘碱性磷酸酶（AKP）活力显著提高（$P<0.05$），其他各组之间无显著差异（$P>0.05$）（图 16）。因此，在饲料中加入蛋黄磷脂能促进大黄鱼稚鱼生长，增强消化酶活力，提高抗氧化能力。

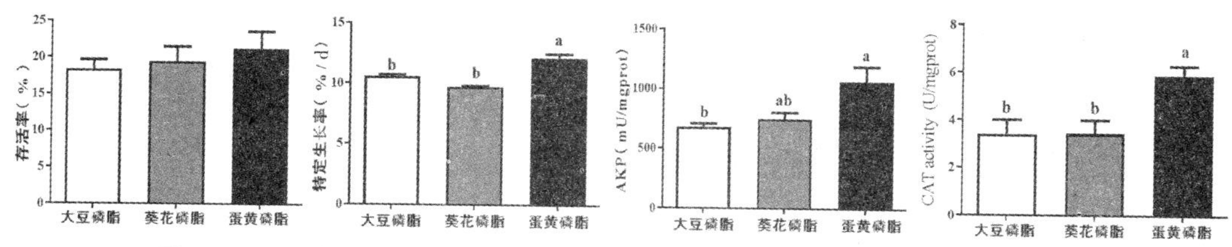

图 16　不同磷脂源对大黄鱼稚鱼生长性能、消化酶活力和抗氧化能力的影响

1.7　微颗粒饲料生产工艺优化——不同工艺生产的微颗粒饲料对大黄鱼稚鱼生长性能的影响

以我国重要海水养殖鱼类大黄鱼为研究对象，比较直接挤压制粒后外喷海藻酸钠溶液包膜（工艺 1）、原料熟化+制粒后外喷海藻酸钠溶液包膜（工艺 2）和原料熟化+制粒后外喷鱼油与硬脂酸混合液包膜（工艺 3）对大黄鱼稚鱼生长性能的影响。选择初始体重为 2.58 mg ± 0.30 mg的大黄鱼稚鱼，随机分成 3 组，每组 3 个重复，每个重复 2 000 尾鱼，进行为期 30 d的摄食生长实验。结果表明：投喂工艺 3 的大黄鱼仔稚鱼末均重和特定生长率最高，且显著高于工艺 1；各组间体长和存活率均无显著差异（图 17）。这表明，在饲料加工过程中，同时增加原料熟化和鱼油与硬脂酸混合液外喷工艺，显著改善了大黄鱼稚鱼的生长性能。

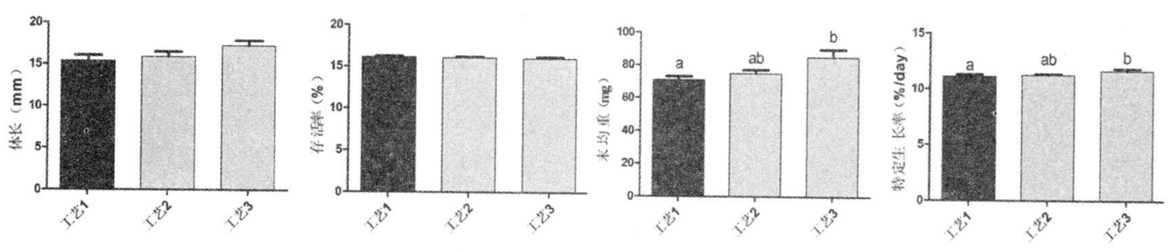

图 17　不同工艺微颗粒饲料对大黄鱼稚鱼生长性能和存活率的影响

2　大黄鱼专用诱食剂的开发

2.1　饲料中添加大麻二酚（CBD）对大黄鱼生长、食欲和脂代谢的影响

本实验以大黄鱼为研究对象，以鱼油组（FO）和豆油组（CBD0）为正、负对照组，并在豆油组基础饲料中分别添加 25（CBD25）、50（CBD50）、100（CBD100）、250（CBD250）mg/kg的CBD，设计 6 种等氮、等脂饲料，研究在饲料中添加不同水平CBD对大黄鱼幼鱼生长、食欲和脂代谢的影响。选择初始体重为 13.1 g ± 0.02 g的大黄鱼 720 尾，

随机分成 6 组，每组 3 个重复，每个重复 40 尾鱼，进行为期 63 d的摄食生长实验。结果表明：饲料中添加CBD显著影响了大黄鱼末均重、特定生长率、摄食量和体形（体高体长比）。其中，FO和CBD100 组末均重和特定生长率显著高于CBD0 组，其余各组间均无差异；CBD100 组摄食量显著高于CBD0 组，FO组显著高于CBD0 组、CBD50 组和CBD250 组，其余各组间均无差异（图 18）。综上所述，豆油饲料中添加 100 mg/kg的大麻二酚能够促进大黄鱼幼鱼的摄食和生长。

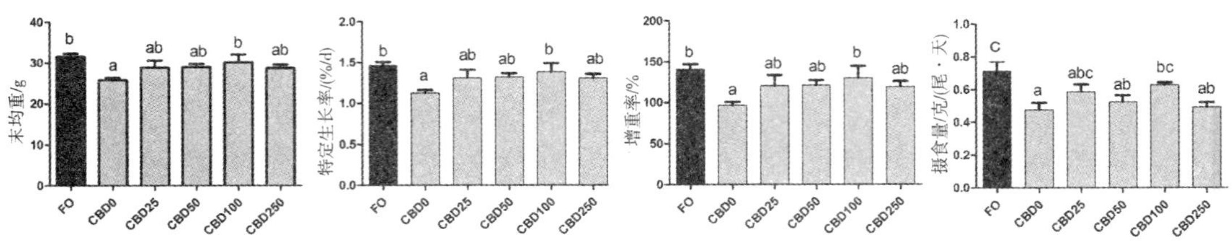

图 18　饲料中添加大麻二酚（CBD）对大黄鱼生长性能和摄食量的影响

2.2　大黄鱼稚鱼诱食剂

2.2.1　饲料中添加大蒜素养殖大黄鱼稚鱼的实验研究

通过添加不同水平的大蒜素（0%、0.005%、0.01%和 0.02%），配制了 4 种等氮（53%粗蛋白）、等脂（19%粗脂肪）的人工微颗粒饲料，养殖周期为 30 d。实验结果显示，大黄鱼稚鱼的总抗氧化能力（T-AOC）随大蒜素添加量的升高有逐渐升高的趋势，0.005% ~ 0.02%大蒜素显著提高了稚鱼T-AOC活力（$P<0.05$），0.02%大蒜素显著提高稚鱼过氧化氢酶（CAT）活力（$P<0.05$）（图 19）。因此，饲料中添加 0.02%的大蒜素能够提高大黄鱼稚鱼的抗氧化能力。

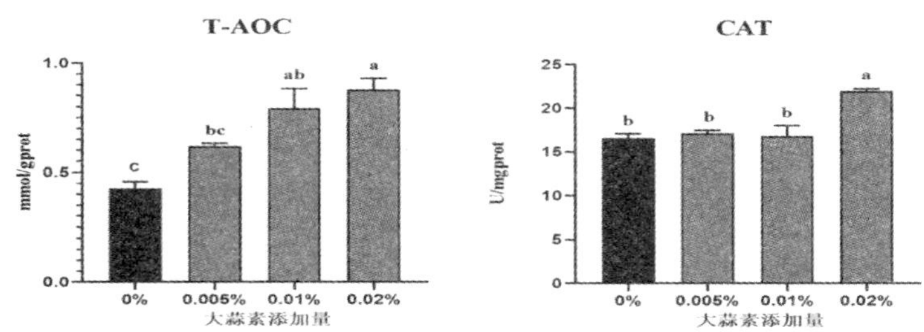

图 19　饲料中添加大蒜素对大黄鱼稚鱼抗氧化能力的影响

2.2.2　饲料中添加杜仲叶提取物养殖大黄鱼稚鱼的实验研究

在基础饲料中分别添加杜仲叶提取物（0%、0.5%、1.0%和 2.0%），配制成 4 种等氮（53%粗蛋白）、等脂（18%粗脂肪）的微颗粒饲料，进行为期 30 d的摄食生长实验。结果显示，大黄鱼稚鱼体内一氧化氮（NO）含量和总一氧化氮合酶（T-NOS）活力随杜仲叶提取物添加量的上升有先升高后降低的趋势，1.0%杜仲叶提取物显著提高了稚鱼一氧化氮含量及T-NOS活力（$P>0.05$）（图 20）。因此，添加 1.0%杜仲叶提取物能提高大黄鱼稚鱼免疫能力。

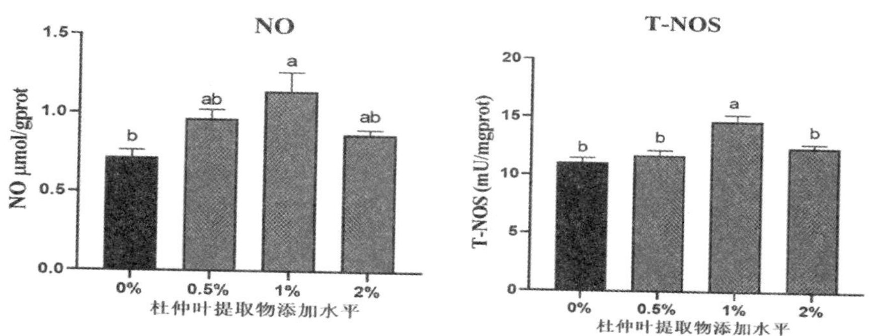

图 20　饲料中添加杜仲叶提取物对大黄鱼稚鱼免疫力的影响

2.2.3　饲料中添加核苷酸养殖大黄鱼稚鱼的实验研究

在基础饲料中分别添加核苷酸 0%、0.5%、1.0%和 2.0%，配制成 4 种等氮（53%粗蛋白）、等脂（18%粗脂肪）的微颗粒饲料，养殖周期为 30 d。结果显示，大黄鱼稚鱼T-AOC随核苷酸添加量的升高有逐渐升高的趋势，2.0%核苷酸显著提高了稚鱼T-AOC酶活力（$P<0.05$）。此外，0.5% ~ 2.0%核苷酸显著提高了稚鱼过氧化氢酶活力（$P<0.05$）（图 21）。因此，添加 2%核苷酸可以显著提高大黄鱼稚鱼的抗氧化能力。

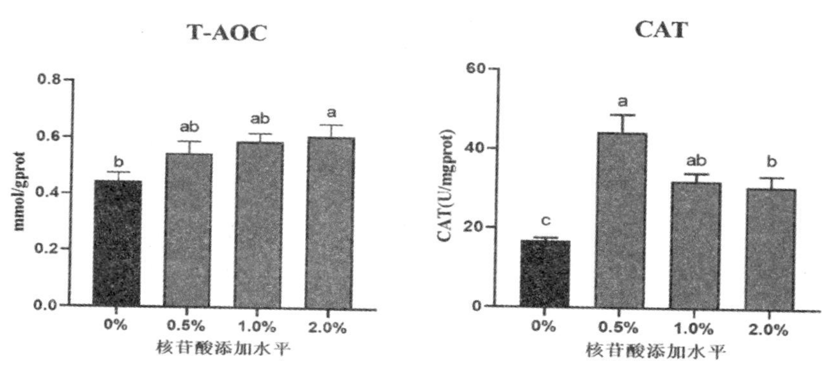

图 21　饲料中添加核苷酸对大黄鱼稚鱼抗氧化能力的影响

（岗位科学家　艾庆辉）

石斑鱼营养需求与饲料技术研发进展

石斑鱼营养需求与饲料岗位

2020年，本岗位按体系年度工作任务要求，进一步修正典型养殖模式下营养供给模型，完善投饲技术并推广示范；进一步集成石斑鱼安全优质高效环保饲料技术并示范；加快相关成果与技术的推广应用，促进产业健康发展。集成的相关技术获国家海洋科学技术一等奖1项、广东省科技进步二等奖1项。

1 完善石斑鱼对营养参数需求数据库

主要对维生素类营养素对石斑鱼生长、代谢和免疫等造成的影响进行研究，并对高脂条件下维生素类营养素对石斑鱼生长与免疫的调控进行分析。

1.1 维生素A缺乏对珍珠龙胆石斑鱼幼鱼的生长性能及道免疫功能的影响

根据维生素A（VA）水平对应的增重率（WGR）折线回归分析模型，珍珠龙胆石斑鱼幼鱼对VA的需求量为2 688.58 IU/kg。维生素A缺乏会通过抑制肠道免疫功能，对肠道健康产生负面影响，从而降低生长性能（表1、图1、图2）。

表1 饲料不同水平维生素A对珍珠龙胆石斑鱼生长性能的影响

指标	VA0	VA1	VA2	VA3	VA4	VA5
IBW/g	9.04 ± 0.41	9.01 ± 0.24	8.97 ± 0.28	9.05 ± 0.26	9.02 ± 0.27	9.00 ± 0.24
FBW/g	46.78 ± 0.87^{a}	50.32 ± 0.07^{abc}	50.77 ± 1.26^{bc}	53.13 ± 2.26^{c}	50.64 ± 2.25^{bc}	48.13 ± 0.17^{ab}
WGR/%	417.54 ± 9.61^{a}	458.51 ± 0.74^{bc}	466.05 ± 13.99^{bc}	487.10 ± 24.95^{c}	461.46 ± 24.93^{bc}	434.74 ± 1.81^{ab}
SGR/（%/d）	3.35 ± 0.04^{a}	3.51 ± 0.01^{ab}	3.52 ± 0.08^{ab}	3.61 ± 0.09^{b}	3.52 ± 0.09^{ab}	3.42 ± 0.01^{a}
FCR	0.86 ± 0.02^{c}	0.74 ± 0.04^{ab}	0.73 ± 0.02^{a}	0.73 ± 0.06^{a}	0.81 ± 0.07^{abc}	0.84 ± 0.01^{bc}
PER	2.39 ± 0.05^{a}	2.73 ± 0.08^{bc}	2.78 ± 0.06^{c}	2.94 ± 0.19^{c}	2.72 ± 0.12^{bc}	2.52 ± 0.03^{ab}
SR/%	76.67 ± 3.34	86.67 ± 3.34	87.78 ± 6.94	83.33 ± 8.82	76.67 ± 3.34	78.89 ± 5.09
HSI/%	3.37 ± 0.34^{b}	2.67 ± 0.21^{ab}	2.51 ± 0.23^{ab}	2.18 ± 0.23^{a}	2.85 ± 0.63^{ab}	3.12 ± 0.60^{ab}
VSI/%	10.63 ± 1.41	9.62 ± 0.72	9.45 ± 1.22	9.88 ± 1.13	9.97 ± 1.54	10.43 ± 1.03
CF/（g/cm^{3}）	3.24 ± 0.32	3.04 ± 0.12	2.97 ± 0.44	3.08 ± 0.15	3.18 ± 0.21	3.21 ± 0.20

注：VA0、VA1、VA2、VA3、VA4、VA5分别代表维生素A添加水平为0、1 000、2 000、4 000、8 000、16 000 IU/kg的组。

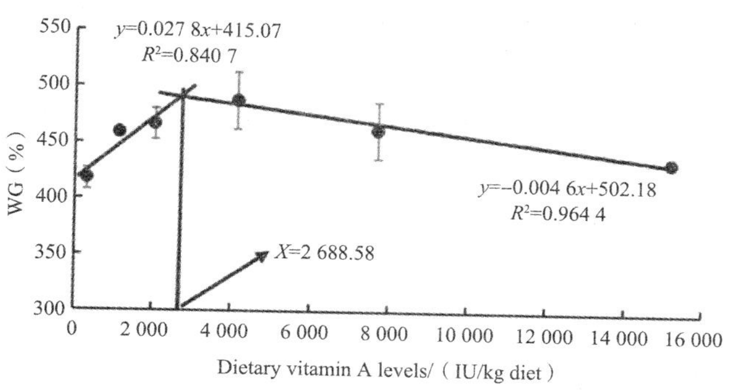

图 1　饲料维生素A水平与珍珠龙胆石斑鱼增重率的关系

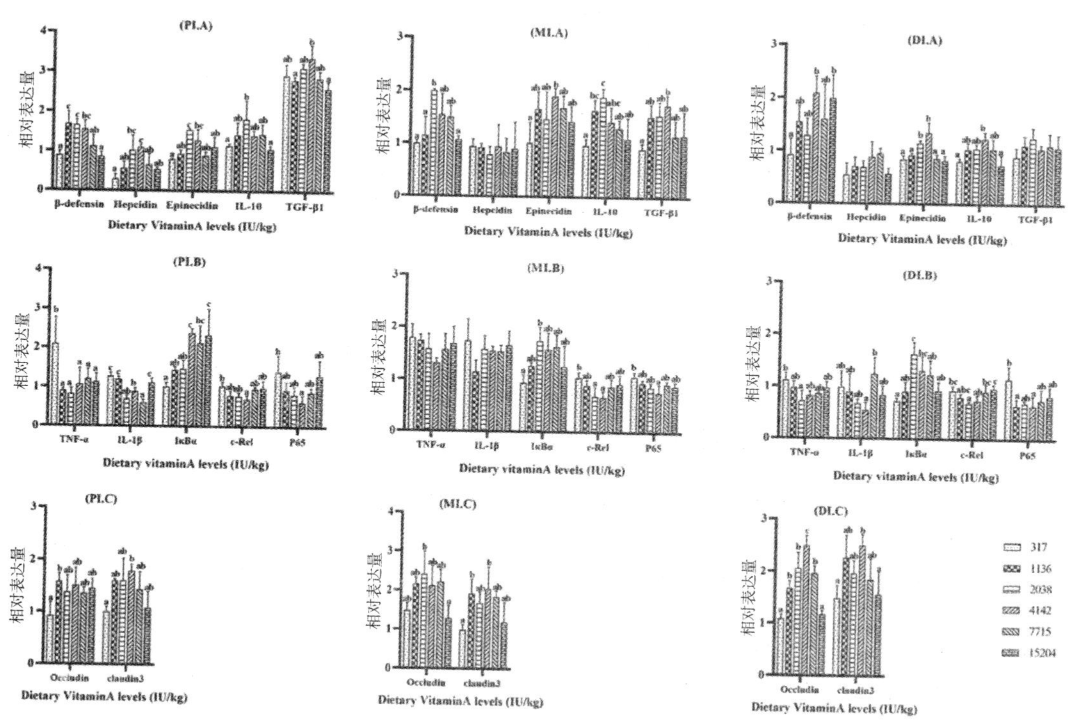

图 2　饲料不同水平维生素A对珍珠龙胆石斑鱼肠道炎性相关基因表达的影响

1.2　维生素E对珍珠龙胆石斑鱼幼鱼的生长性能、肝脏抗氧化能力和脂肪代谢的影响

适宜添加量的维生素E（VE）可显著提高珍珠龙胆石斑鱼幼鱼的增重率（WGR）、特定生长率（SGR）和蛋白质效率比（PER）；根据特定生长率折线回归分析模型，日粮中适宜VE水平为133.45 mg/kg；饲料中添加VE显著降低珍珠龙胆石斑鱼幼鱼血清中甘油三酯水平（表 2、图 3、表 3）。

表 2　饲料不同水平维生素E对珍珠龙胆石斑鱼生长性能的影响

指标	VE0	VE1	VE2	VE3	VE4	VE5
WG/%	432.70 ± 9.92[a]	442.59 ± 13.90[ab]	468.87 ± 17.08[bc]	484.54 ± 17.48[c]	475.46 ± 7.97[bc]	474.84 ± 11.15[bc]
SGR/（%/d）	3.41 ± 0.04[a]	3.45 ± 0.05[ab]	3.55 ± 0.07[bc]	3.60 ± 0.06[c]	3.57 ± 0.03[bc]	3.57 ± 0.04[bc]
FCR	0.84 ± 0.02	0.81 ± 0.02	0.79 ± 0.05	0.77 ± 0.02	0.76 ± 0.05	0.77 ± 0.03
PER	2.51 ± 0.04[a]	2.56 ± 0.05[ab]	2.65 ± 0.16[ab]	2.81 ± 0.04[b]	2.76 ± 0.16[ab]	2.71 ± 0.07[ab]
SR/%	78.89 ± 5.09	81.11 ± 1.92	78.89 ± 10.18	81.11 ± 6.94	77.78 ± 3.85	78.89 ± 3.85
HSI/%	2.15 ± 0.18	1.99 ± 0.11	2.48 ± 0.11	2.64 ± 0.23	2.37 ± 0.30	2.35 ± 0.42
VSI/%	9.62 ± 0.63	9.79 ± 0.83	10.41 ± 0.75	10.21 ± 1.27	9.59 ± 0.56	9.42 ± 0.89
CF/（g/cm³）	2.67 ± 0.30[a]	2.86 ± 0.21[ab]	2.86 ± 0.15[ab]	3.08 ± 0.19[b]	3.02 ± 0.23[b]	2.93 ± 0.14[ab]

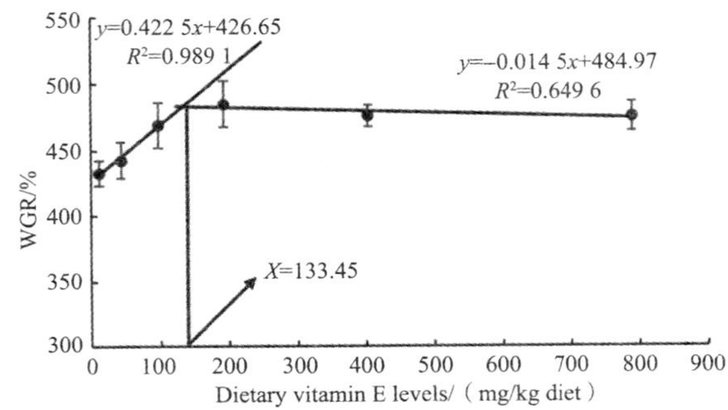

图 3　饲料维生素E水平与珍珠龙胆石斑鱼增重率的关系

表 3　饲料不同水平维生素E对珍珠龙胆石斑鱼血清生化指标的影响

生化指标	VE0	VE1	VE2	VE3	VE4	VE5
LDL/（mmol/L）	0.34 ± 0.13	0.48 ± 0.12	0.37 ± 0.08	0.38 ± 0.05	0.53 ± 0.08	0.33 ± 0.03
HDL/（mmo/L）	1.37 ± 0.25	1.47 ± 0.12	1.39 ± 0.28	1.34 ± 0.10	1.32 ± 0.16	1.56 ± 0.22
T-CHO/（mmol/L）	1.70 ± 0.23	1.61 ± 0.33	1.46 ± 0.26	1.34 ± 0.09	1.74 ± 0.18	1.37 ± 0.12
TG/（mmo/L）	0.89 ± 0.33[b]	0.43 ± 0.18[a]	0.39 ± 0.10[a]	0.37 ± 0.13[a]	0.53 ± 0.17[a]	0.39 ± 0.10[a]

1.3　高脂饲料中添加胆碱对珍珠龙胆石斑鱼生长的影响

在高脂饲料中添加胆碱显著影响了石斑鱼的存活率。其中，2.5%组的存活率最低且显著低于其他 4 组（$P<0.05$）；1.0%组存活率最高，显著高于胆碱水平为 2.0%和 2.5%组（$P<0.05$）；各组间FW、WGR、SGR和FCR无显著性差异（表 4）。

表 4　高脂饲料中不同水平胆碱对珍珠龙胆石斑鱼生长性能的影响

指标	0%	0.5%	1.0%	1.5%	2.0%	2.5%
IBW/g	6.85 ± 0.00	6.84 ± 0.00	6.85 ± 0.01	6.85 ± 0.01	6.85 ± 0.00	6.85 ± 0.01
FBW/g	31.48 ± 0.18	32.80 ± 1.09	32.89 ± 2.26	32.27 ± 2.09	31.90 ± 4.56	–
WG/%	359.20 ± 2.78	379.25 ± 15.79	380.64 ± 32.96	371.17 ± 30.93	365.82 ± 66.83	–
SGR/（%/d）	2.93 ± 0.01	3.01 ± 0.06	3.01 ± 0.13	2.97 ± 0.12	2.91 ± 0.30	–
FCR	1.27 ± 0.03	1.27 ± 0.07	1.06 ± 0.04	1.36 ± 0.14	1.80 ± 0.45	–
SR/%	82.67 ± 1.33[bc]	84.00 ± 2.31[bc]	86.67 ± 6.67[c]	74.67 ± 13.92[bc]	49.33 ± 9.33[ab]	28.00 ± 2.31[a]

1.4　高脂饲料中添加肌醇对珍珠龙胆石斑鱼生长的影响

在高脂饲料中添加肌醇对石斑鱼的SR和FCR无显著性影响（$P>0.05$），但FCR随肌醇水平的升高呈先下降后上升的趋势，0.16%组水平最低；WGR、SGR均在 0.64%组取得最大值，且显著高于对照组（$P<0.05$）（表 5）。

表 5　高脂饲料中不同水平肌醇对珍珠龙胆石斑鱼生长性能的影响

指标	0%	0.04%	0.08%	0.16%	0.32%	0.64%
IBW/g	6.77 ± 0.00	6.76 ± 0.00	6.75 ± 0.01	6.77 ± 0.00	6.76 ± 0.00	6.75 ± 0.00
FBW/g	32.46 ± 0.71[a]	34.20 ± 0.54[ab]	36.81 ± 2.85[abc]	40.28 ± 0.73[bc]	40.06 ± 0.34[bc]	41.12 ± 1.96[c]
WG/%	379.76 ± 10.42[a]	406.02 ± 7.86[ab]	445.48 ± 42.14[abc]	494.97 ± 10.42[bc]	492.69 ± 5.12[bc]	509.13 ± 29.12[c]
SGR/（%/d）	3.01 ± 0.04[a]	3.12 ± 0.03[ab]	3.26 ± 0.15[abc]	3.43 ± 0.03[bc]	3.42 ± 0.02[bc]	3.47 ± 0.09[c]
FCR	1.10 ± 0.02	1.14 ± 0.03	1.19 ± 0.12	0.97 ± 0.01	0.98 ± 0.03	1.02 ± 0.07
SR/%	96.00 ± 2.31	88.00 ± 4.00	82.00 ± 2.00	96.00 ± 4.00	84.00 ± 4.00	85.33 ± 10.67

2　新型蛋白源的开发与应用效果评估

评估了单细胞蛋白（小球藻和甲烷蛋白）、昆虫蛋白（黑水虻）等一批新型非粮蛋白源在石斑鱼饲料的应用效果并确定其在饲料中的适宜和安全用量，完善石斑鱼对非粮蛋白源生物利用率数据库。

2.1　小球藻替代鱼粉对珍珠龙胆石斑鱼生长性能、免疫酶活和肠道形态的影响

替代组的FBW、WGR和SGR均显著低于对照组，三个小球藻替代组之间无显著差异。随着小球藻替代水平的提高，肝体比不断提高（表 6）。石斑鱼血清中超氧化物歧化酶、谷草转氨酶、谷丙转氨酶的活性均随着小球藻的替代水平增加而显著提高（表 7）。石斑鱼后肠皱襞长度和肌层厚度都随着替代水平的增加而显著降低（表 8）。

表 6　小球藻粉替代鱼粉对珍珠龙胆石斑鱼生长性能和形态学指标的影响

指标	C	C15	C30	C45
IBW/g	9.39 ± 0.06	9.4 ± 0.07	9.39 ± 0.17	9.4 ± 0.06
FBW/g	71.79 ± 0.7[b]	63.22 ± 0.91[a]	63.86 ± 2.03[a]	63.36 ± 2.1[a]
WGR/%	664.77 ± 7.28[b]	572.88 ± 9.86[a]	579.79 ± 21.47[a]	573.94 ± 22.26[a]
SGR/（%/d）	3.57 ± 0.02[b]	3.34 ± 0.03[a]	3.36 ± 0.05[a]	3.35 ± 0.06[a]
FCR	0.87 ± 0.01	0.89 ± 0	0.9 ± 0	0.87 ± 0.03
SR/%	100 ± 0	100 ± 0	94.44 ± 2.22	96.67 ± 3.33
CF/（g/cm^3）	2.79 ± 0.09	2.78 ± 0.14	2.79 ± 0.04	2.73 ± 0.06

表 7　小球藻替代鱼粉对珍珠龙胆石斑鱼血清免疫酶活的影响

指标	C	C15	C30	C45
ACP/（U/g prot）	10.1 ± 1.74	9.54 ± 0.17	7.33 ± 0.5	6.79 ± 0.73
SOD/（U/L）	42.95 ± 0.21[a]	45.44 ± 1.09[a]	53.25 ± 6.07[ab]	60.05 ± 1.83[b]
GPT/（U/L）	50.92 ± 2.03[a]	61.54 ± 3.59[b]	57.2 ± 1.02[ab]	63.75 ± 2.44[b]
GOT/（U/L）	15.69 ± 1.93[a]	32.64 ± 1.42[b]	35.92 ± 1.09[b]	33.98 ± 3.32[b]

表 8　小球藻替代鱼粉对珍珠龙胆石斑鱼肠道形态的影响

指标	C	C15	C30	C45
皱襞长度/um	423.04 ± 16.96[b]	383.67 ± 17.07[ab]	382.61 ± 16.31[ab]	361.25 ± 10.5[a]
皱襞宽度/um	73.14 ± 1.57	78.56 ± 2.63	76.88 ± 1.97	76.37 ± 2.2
肌层厚度/um	97.83 ± 4.82[b]	83.32 ± 4.23[ab]	83.93 ± 3.93[ab]	78.22 ± 3.59[ab]
GOT/（U/L）	15.69 ± 1.93[a]	32.64 ± 1.42[b]	35.92 ± 1.09[b]	33.98 ± 3.32[b]

2.2　甲烷蛋白替代鱼粉对珍珠龙胆石斑鱼生长性能和体成分的影响

甲烷蛋白替代不同水平鱼粉对石斑鱼的增重率、特定生长率、摄食量和饲料系数的影响都无显著性差异，随着替代量的增加，肝体比和脏体比呈现上升趋势（表 9）。各组在全鱼粗脂肪、肌肉水分及肌肉粗脂肪上都无显著性差异，但随着替代量的增加，全鱼粗脂肪呈现上升趋势，全鱼水分较对照组显著降低（表 10）。

表 9　甲烷蛋白替代鱼粉对珍珠龙胆石斑鱼生长性能和形态学指标的影响

指标	FM	M5	M10	M20	M30
WG/%	201.40 ± 4.83[ab]	210.81 ± 6.15[ab]	199.96 ± 1.68[ab]	214.69 ± 9.07[b]	195.94 ± 9.51[ab]
SGR/（%/d）	2.04 ± 0.029 8[ab]	2.10 ± 0.036 9[ab]	2.03 ± 0.010 4[ab]	2.12 ± 0.052 8[b]	2.01 ± 0.059 4[ab]
FR/g	1 740.31 ± 45.47[ab]	1 875.42 ± 119.82[b]	1 688.51 ± 13.86[ab]	1 736.99 ± 34.35[ab]	1 675.30 ± 38.02[ab]
FCR	1.000 0 ± 0.005 8	1.033 3 ± 0.098 4	0.976 7 ± 0.006 7	0.936 7 ± 0.024 0	0.993 3 ± 0.033 8
SR/%	100	100	100	100	100

续表

指标	FM	M5	M10	M20	M30
HSI/%	2.58 ± 0.070 6[b]	2.45 ± 0.028 9[ab]	2.38 ± 0.011 5[a]	2.42 ± 0.048 4[ab]	2.51 ± 0.055 1[ab]
VSI/%	1.34 ± 0.100 2[a]	1.49 ± 0.107 3[ab]	1.39 ± 0.079 4[ab]	2.09 ± 0.045 1[c]	2.04 ± 0.080 9[c]
CF/（g/cm^3）	6.33 ± 0.188 9[a]	6.91 ± 0.072 1[ab]	6.83 ± 0.196 7[ab]	7.49 ± 0.390 1[bc]	7.71 ± 0.060 1[c]

表 10　甲烷蛋白替代鱼粉对珍珠龙胆石斑鱼体成分的影响

指标	FM	M5	M10	M20	M30
全鱼水分/%	73.14 ± 0.176 7[b]	72.02 ± 0.395 1[a]	72.22 ± 0.104 1[a]	72.27 ± 0.101 4[a]	72.20 ± 0.073 3[a]
全鱼粗脂肪/%	14.49 ± 1.191 5	15.65 ± 0.991 3	16.39 ± 1.851 0	18.25 ± 0.990 4	18.26 ± 1.150 5
肌肉水分/%	78.00 ± 0.077 7	77.75 ± 0.168 0	77.61 ± 0.129 0	77.89 ± 0.088 8	77.72 ± 0.305 6
肌肉粗脂肪/%	5.35 ± 0.309 9	5.83 ± 0.386 2	5.63 ± 0.358 5	5.64 ± 0.228 6	5.57 ± 0.377 4

2.3　黑水虻替代鱼粉对珍珠龙胆石斑鱼生长性能、免疫酶活和肠道形态的影响

黑水虻替代组的终末均重、增重率和特定生长率均显著低于对照组，饲料系数显著高于对照组。随着黑水虻替代水平的提高，肝体比不断提高，B30 组肝体比显著高于对照组（表 11）。石斑鱼血清中超氧化物歧化酶、谷草转氨酶、谷丙转氨酶的活性均随着黑水虻的替代水平增加而显著提高（表 12）。石斑鱼后肠皱襞长度和肌层厚度都随着替代水平的增加而显著降低（表 13）。

表 11　黑水虻替代鱼粉对珍珠龙胆石斑鱼生长性能和形态学指标的影响

指标	C	B10	B20	B30
IBW/g	9.39 ± 0.06	9.4 ± 0.15	9.41 ± 0.8	9.38 ± 0.15
FBW/g	71.79 ± 0.7[c]	67.84 ± 1.14[b]	61.83 ± 1.07[a]	59.73 ± 1.52[a]
WG/%	664.77 ± 7.28[c]	621.74 ± 11.88[b]	556.84 ± 12.43[a]	536.22 ± 16.04[a]
SGR/（%/d）	3.57 ± 0.02[c]	3.41 ± 0.03[b]	3.3 ± 0.03[a]	3.34 ± 0.04[a]
FCR	0.87 ± 0.01[a]	0.92 ± 0.01[b]	1.01 ± 0.02[c]	1 ± 0[c]
SR/%	100 ± 0	96.67 ± 1.92	94.44 ± 1.11	98.89 ± 1.11
CF/（g/cm^3）	2.79 ± 0.09	2.78 ± 0.14	2.79 ± 0.04	2.73 ± 0.06

表 12　黑水虻替代鱼粉对珍珠龙胆石斑鱼血清免疫酶活的影响

指标	C	B10	B20	B30
ACP/（U/g prot）	10.1 ± 1.74	10.36 ± 0.25	9.1 ± 0.18	11.39 ± 0.28
SOD/（U/L）	42.95 ± 0.21[a]	44.15 ± 1.09[a]	48.29 ± 1.56[ab]	52.7 ± 2.02[b]
GPT/（U/L）	50.92 ± 2.03[a]	52.9 ± 3.07[ab]	58.5 ± 1.71[ab]	60.23 ± 3.19[b]
GOT/（U/L）	15.69 ± 1.93[a]	22.31 ± 2.95[ab]	22.23 ± 1.7[ab]	25.91 ± 4.22[b]

表 13　黑水虻替代鱼粉对珍珠龙胆石斑鱼肠道形态的影响

指标	C	B10	B20	B30
皱襞长度/um	423.04 ± 16.96[b]	415.49 ± 10.6[b]	346.72 ± 15.16[a]	334.12 ± 12.41[a]
皱襞宽度/um	73.14 ± 1.57	74.08 ± 1.87	78.38 ± 1.96	77.67 ± 2.47
肌层厚度/um	97.83 ± 4.82[b]	94.29 ± 4.86[ab]	89.52 ± 3.57[ab]	82.34 ± 3.73[a]

3　饲料添加剂的开发应用

在弄清花生粕、棉籽蛋白等大宗非粮饲料资源替代鱼粉对石斑鱼造成影响的基础上，开发壳寡糖（COS）、三丁酸甘油酯和胆汁酸等添加剂，促进大宗非粮饲料资源在石斑鱼中的高效利用。

3.1　花生粕替代鱼粉对珍珠龙胆石斑鱼生长、免疫力及相关基因表达的影响

饲料中花生粕的替代水平对石斑鱼SR、FR、CF和HIS均无显著影响（$P>0.05$）。随着饲料中替代水平的增加，WG和SGR呈现先升高后降低的趋势，VIS逐渐升高（表 14）。以增重率为判断依据，构建三次回归曲线模型，得出饲料中用花生饼替代 10%的鱼粉有最佳的增重率（图 4）。

表 14　花生粕替代鱼粉对珍珠龙胆石斑鱼生长性能和形态学指标的影响

指标	P0	P1	P2	P3	P4	P5	P6
IBW/g	13.2 ± 0.05	13.2 ± 0.05	13.2 ± 0.05	13.2 ± 0.05	13.2 ± 0.05	13.2 ± 0.05	13.2 ± 0.05
WG/%	425.51 ± 20.54[ab]	430.77 ± 24.60[a]	423.86 ± 22.44[ab]	388.25 ± 5.80[b]	309.87 ± 10.78[c]	300.65 ± 17.87[c]	302.70 ± 17.53[c]
SR/%	97.50 ± 1.66	98.33 ± 1.92	100.00 ± 0.00	97.50 ± 3.19	98.33 ± 3.33	95.00 ± 7.94	95.00 ± 1.93
FCR	0.71 ± 0.02[a]	0.71 ± 0.06[a]	0.70 ± 0.04[a]	0.69 ± 0.02[a]	0.85 ± 0.04[b]	0.84 ± 0.06[b]	0.76 ± 0.08[b]
SGR/（%/d）	2.96 ± 0.07[a]	2.97 ± 0.08[a]	2.95 ± 0.08[a]	2.83 ± 0.02[a]	2.51 ± 0.05[b]	2.47 ± 0.08[b]	2.48 ± 0.08[b]
FR/g	27.25 ± 1.08	27.49 ± 1.85	27.45 ± 1.41	25.95 ± 0.61	29.23 ± 2.01	27.90 ± 0.78	28.43 ± 1.92
CF/（g/cm^3）	3.26 ± 0.22	3.25 ± 0.26	3.17 ± 0.13	3.18 ± 0.24	3.04 ± 0.23	3.15 ± 0.28	3.22 ± 0.19
HSI/%	8.49 ± 0.88[a]	8.90 ± 1.50[a]	9.35 ± 1.50[ab]	9.50 ± 0.99[ab]	9.63 ± 0.71[ab]	10.57 ± 1.05[b]	10.50 ± 0.52[b]
VSI/%	2.06 ± 0.49	2.14 ± 0.76	2.29 ± 0.77	2.36 ± 0.54	2.42 ± 0.41	2.63 ± 0.67	2.53 ± 0.49

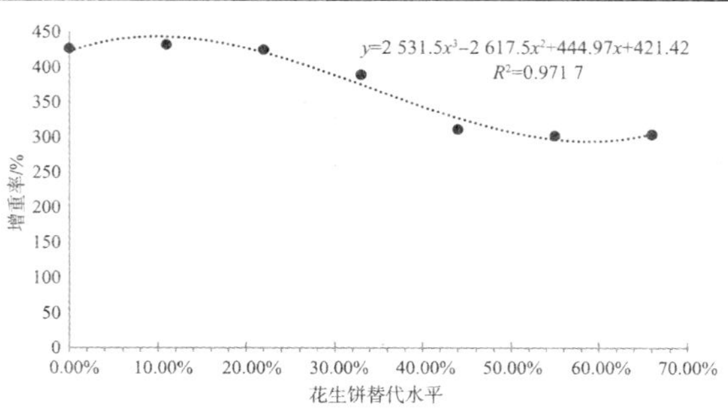

图 4　饲料中花生饼替代水平与珍珠龙胆石斑鱼增重率的关系

3.2 壳寡糖对珍珠龙胆石斑鱼生长性能及肠道健康的影响

适宜浓度的COS（0.4% ~ 0.6%）可显著提高珍珠龙胆石斑鱼幼鱼的生长性能。COS0.4 组的FW、WG和SGR显著升高，FCR显著降低（表 15）。进行SGR的多项式曲线分析发现，珍珠龙胆石斑鱼的最适合COS添加量为 0.45%（图 5）。石斑鱼肠道皱襞的高度和宽度随着COS添加水平的增加而先升后降，在COS0.4 组达到最大值；固有层厚度变化趋势相反，在COS0.4 组中呈现最小值（图 6）。

表 15 高水平替代鱼粉条件下添加COS对珍珠龙胆石斑鱼生长性能和形态学指标的影响

指标	FM	COS0	COS0.2	COS0.4	COS0.6	COS0.8	COS1	标准误	*P*值
IW/g	13.20	13.20	13.20	13.17	13.19	13.20	13.19	0.0048	0.37
FW/g	64.92^{bc}	59.60^{a}	64.61^{bc}	65.97^{c}	60.58^{ab}	62.00^{abc}	59.04^{a}	0.67	<0.01
WG/%	391.79^{ab}	351.52^{a}	389.31^{ab}	401.42^{b}	368.04^{ab}	375.96^{ab}	358.11^{ab}	4.91	0.021
SGR/（%/d）	2.87^{c}	2.69^{a}	2.84^{bc}	2.88^{c}	2.79^{b}	2.76^{ab}	2.68^{a}	0.019	0.020
FCR	0.74^{a}	0.81^{b}	0.78^{ab}	0.75^{a}	0.79^{ab}	0.80^{b}	0.82^{b}	0.072	0.045
SR/%	100	100.00	97.78	94.44	98.89	98.89	98.89	0.63	0.11
HSI/%	1.54	1.73	1.57	1.45	1.44	1.41	1.51	0.041	0.10
VSI/%	6.87	6.66	7.08	7.32	6.97	6.91	6.89	0.071	0.33
CF/%	3.07^{a}	3.06^{a}	3.03^{a}	3.13^{a}	3.28^{b}	3.12^{a}	3.17^{ab}	0.020	<0.01

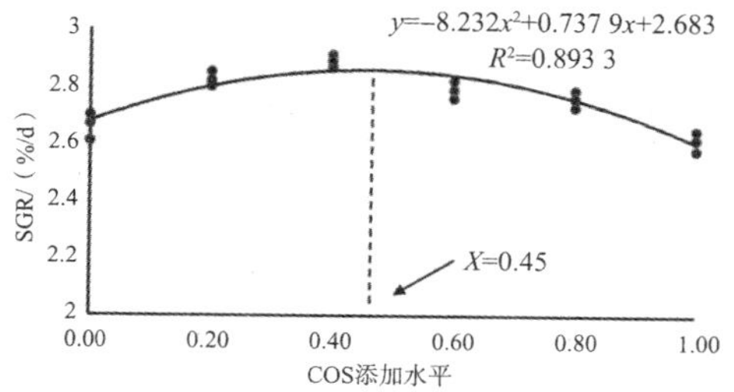

图 5 饲喂不同COS添加水平的石斑鱼特定生长率的多项式曲线分析

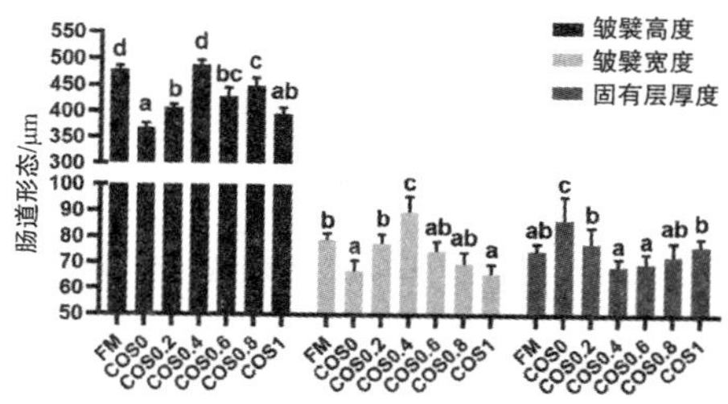

图 6 石斑鱼的肠道形态测量

3.3 棉籽蛋白高水平替代鱼粉条件下添加三丁酸甘油酯对珍珠龙胆石斑鱼生长、饲料利用率和形态学指标的影响

棉籽蛋白替代 45%的鱼粉蛋白后会显著降低珍珠龙胆石斑鱼的增重率和特定生长率，显著提高饲料系数，但对存活率无显著影响（表 16）。以增重率为判据，利用棉籽蛋白替代 45%的鱼粉蛋白后，三丁酸甘油酯最适添加量为 0.186%（图 7）。棉籽蛋白替代鱼粉并添加三丁酸甘油酯后，可使饲料成本降低 21.70% ~ 21.97%，添加量过高则会增加成本（图 8）。

表 16　高水平替代鱼粉条件下添加三丁酸甘油酯对珍珠龙胆石斑鱼生长性能的影响

指标	FM	0	0.02	0.04	0.08	0.16	0.32
IW/g	7.28 ± 0.00	7.28 ± 0.00	7.28 ± 0.00	7.28 ± 0.00	7.28 ± 0.00	7.22 ± 0.03	7.28 ± 0.00
WG/%	777.22 ± 13.42	646.53 ± 10.70[a]	690.25 ± 10.15[b]	741.02 ± 11.71[c]	758.50 ± 5.61[c]	771.15 ± 22.37[c]	729.70 ± 15.31[bc]
SGR/（%/d）	3.88 ± 0.03	3.59 ± 0.03[a]	3.69 ± 0.02[b]	3.80 ± 0.03[c]	3.84 ± 0.01[c]	3.86 ± 0.05[c]	3.78 ± 0.03[bc]
FCR	0.75 ± 0.02	0.86 ± 0.02[b]	0.81 ± 0.01[ab]	0.76 ± 0.02[a]	0.77 ± 0.01[a]	0.77 ± 0.02[a]	0.80 ± 0.02[a]
SR/%	96.67 ± 1.93	96.67 ± 0.00	97.78 ± 2.22	100.00 ± 0.00	98.89 ± 1.11	97.78 ± 1.11	97.78 ± 2.22

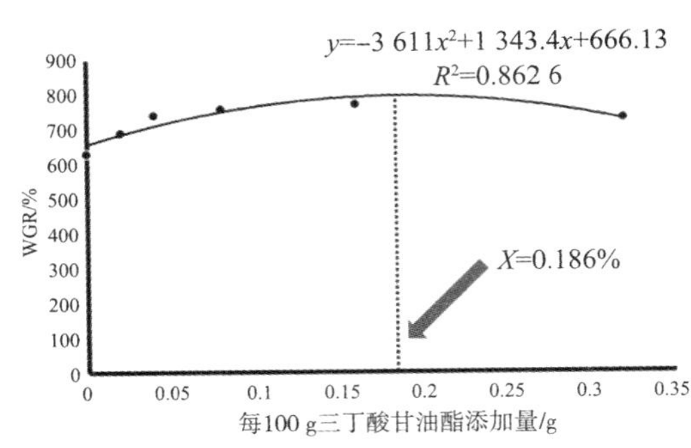

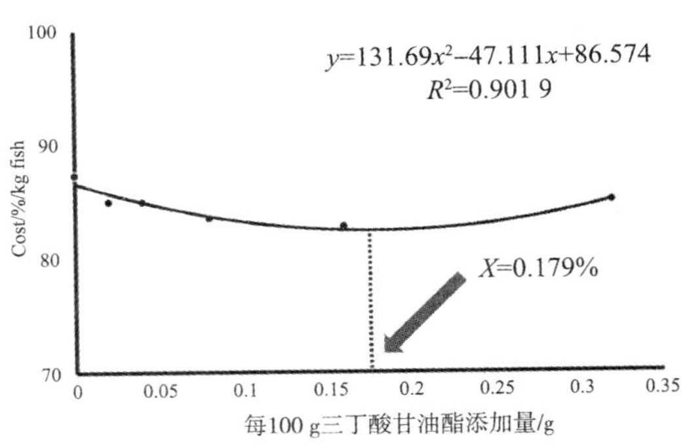

图 7　三丁酸甘油酯最适添加量（以增重率和生产 1 kg鱼饲料成本为判据）

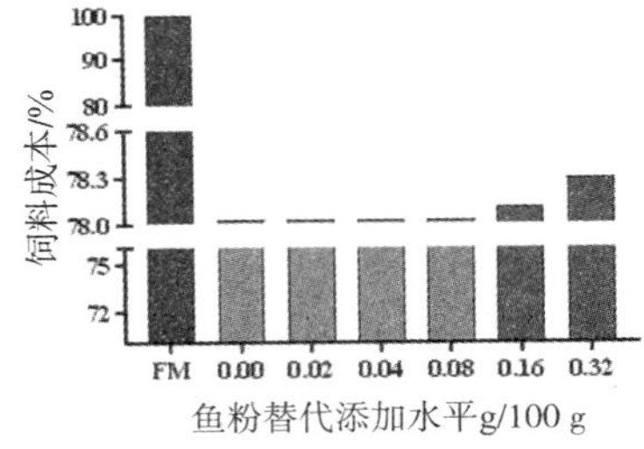

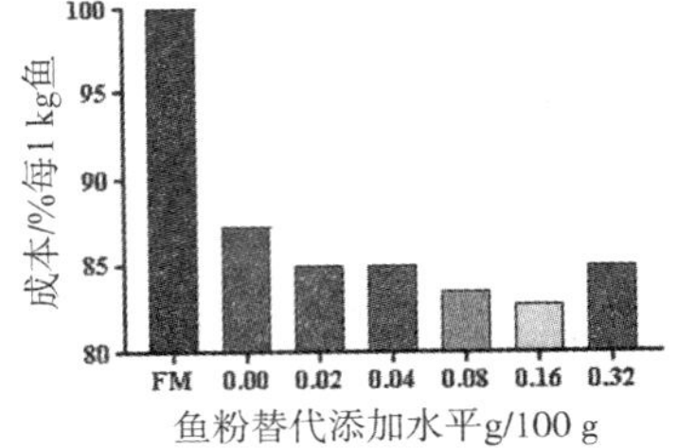

图 8　饲料成本百分比以及生产 1 kg鱼饲料成本百分比变化

3.4　高脂饲料下外源胆汁酸对珍珠龙胆石斑鱼幼鱼的脂肪代谢和脂肪沉积的影响

与对照组（CD组）相比，高脂饲料（HD）使石斑鱼的SGR、VSI和HSI显著升高，FR和FCR著降低（$P<0.05$）。与HD组相比，胆汁酸添加组（B3D）石斑鱼的WGR、SGR显著升高，HSI、FI和FCR和显著降低（$P<0.05$）（表 17）。以增重率为判断依据，构建一元折线回归模型，得出饲料胆汁酸添加量为 0.09%有最佳的增重率（图 9）。HD组的脂肪沉积显著增多，添加胆汁酸后脂肪沉积显著改善，并在B3D组时达到最低（图 10）。

表 17　胆汁酸对珍珠龙胆石斑鱼生长性能和形态学指标的影响

指标	CD	HD	B1D	B2D	B3D	B4D	B5D
IBW/g	7.80 ± 0.00	7.80 ± 0.00	7.80 ± 0.01	7.80 ± 0.00	7.80 ± 0.00	7.80 ± 0.00	7.80 ± 0.00
FBW/g	66.91 ± 1.39[a]	68.03 ± 1.45[ab]	68.53 ± 0.66[ab]	69.11 ± 0.60[ab]	71.47 ± 0.50[b]	68.67 ± 1.62[ab]	68.05 ± 0.68[ab]
SR/%	95.00 ± 2.15[a]	97.50 ± 0.83[ab]	98.34 ± 0.96[ab]	98.34 ± 0.96[ab]	100.00 ± 0.00[b]	99.17 ± 0.83[b]	99.17 ± 0.83[b]

续表

指标	CD	HD	B1D	B2D	B3D	B4D	B5D
WG/%	731.00 ± 2.90^{a}	763.49 ± 26.06^{ab}	779.00 ± 15.02^{bc}	786.57 ± 7.45^{bc}	811.37 ± 4.99^{c}	780.61 ± 21.02^{bc}	762.90 ± 3.01^{ab}
SGR/（%/d）	3.78 ± 0.01^{a}	3.87 ± 0.04^{b}	3.88 ± 0.02^{bc}	3.90 ± 0.01^{bc}	3.96 ± 0.01^{c}	3.88 ± 0.04^{bc}	3.85 ± 0.01^{ab}
FCR	0.85 ± 0.00^{c}	0.80 ± 0.02^{b}	0.79 ± 0.01^{b}	0.79 ± 0.00^{b}	0.76 ± 0.01^{a}	0.79 ± 0.02^{b}	0.81 ± 0.00^{b}
FR/g	2.39 ± 0.01^{c}	2.26 ± 0.03^{b}	2.25 ± 0.02^{b}	2.25 ± 0.01^{b}	2.18 ± 0.01^{a}	2.23 ± 0.03^{b}	2.28 ± 0.00^{b}
HSI/%	9.00 ± 0.24^{a}	11.34 ± 0.25^{bc}	11.39 ± 0.27^{bc}	11.84 ± 0.14^{c}	10.73 ± 0.14^{b}	11.11 ± 0.34^{bc}	11.09 ± 0.14^{bc}
VSI/%	2.29 ± 0.10^{b}	2.57 ± 0.05^{c}	2.30 ± 0.10^{bc}	2.42 ± 0.08^{bc}	1.99 ± 0.10^{a}	2.29 ± 0.06^{bc}	2.3 ± 0.06^{bc}
CF/（g/cm^{3}）	2.43 ± 0.02	2.44 ± 0.05	2.46 ± 0.07	2.49 ± 0.04	2.48 ± 0.04	2.47 ± 0.05	2.46 ± 0.03

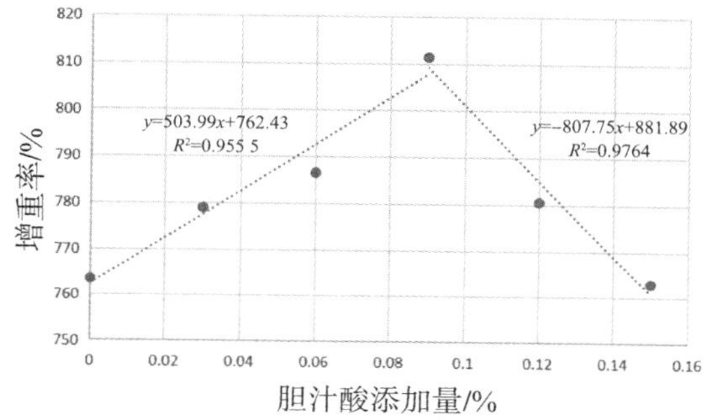

图 9　饲料胆汁酸添加量与珍珠龙胆石斑鱼增重率的关系

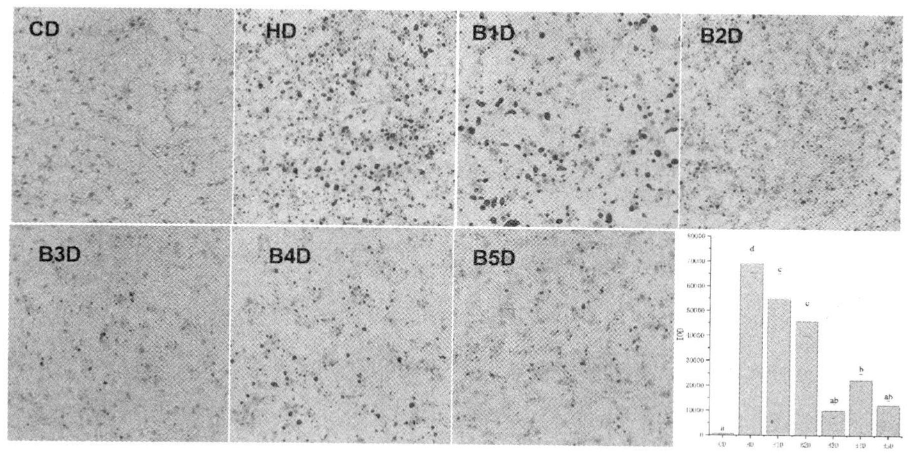

图 10　各实验组的肝脏油红O切片和脂滴的积分光密度（IOD）

4　饲料添加剂的开发应用

利用酶解和乳化等技术，提升鸡肉粉和肠膜蛋白等蛋白资源在石斑鱼中的利用，并对其对肠道健康造成的影响进行深入研究，进一步优化石斑鱼消化道健康的营养调控策略。

4.1　酶解肠膜蛋白粉替代鱼粉对珍珠龙胆石斑鱼肠道组织结构和菌群的影响

在棉籽蛋白添加量为6%的基础上，饲料中添加6%的酶解肠膜蛋白粉替代鱼粉，可显著改善珍珠龙胆石斑鱼前肠皱襞宽度和肠道菌群多样性（表18、表19）。

表18　酶解肠膜蛋白粉对珍珠龙胆石斑鱼肠道组织学的影响

单位：μm

	指标	EH0	EH3	EH6	EH9	EH12
	皱襞高度	496.51 ± 7.67	559.08 ± 29.13	504.14 ± 13.62	500.55 ± 43.29	561.45 ± 26.07
前肠	皱襞宽度	69.22 ± 1.46^{b}	74.72 ± 5.19^{ab}	86.70 ± 1.50^{a}	71.06 ± 5.02^{ab}	76.68 ± 3.98^{ab}
	肌层厚度	110.29 ± 3.31^{a}	92.58 ± 2.97^{ab}	89.18 ± 5.24^{ab}	89.93 ± 3.45^{ab}	83.54 ± 6.99^{b}
	皱襞高度	518.01 ± 30.07^{a}	466.30 ± 12.80^{ab}	461.16 ± 8.11^{ab}	408.70 ± 39.25^{ab}	380.20 ± 22.93^{b}
中肠	皱襞宽度	87.33 ± 2.57^{a}	77.25 ± 2.28^{ab}	78.20 ± 5.21^{ab}	73.14 ± 2.47^{ab}	68.80 ± 3.74^{b}
	肌层厚度	107.68 ± 4.07^{a}	99.47 ± 3.19^{ab}	86.17 ± 5.51^{bc}	78.47 ± 1.54^{c}	75.32 ± 2.59^{c}
	皱襞高度	468.75 ± 12.36^{b}	512.05 ± 28.79^{ab}	542.48 ± 31.93^{ab}	600.32 ± 10.78^{a}	604.24 ± 15.37^{a}
后肠	皱襞宽度	87.93 ± 4.08	82.73 ± 3.33	71.00 ± 5.78	76.90 ± 1.91	82.46 ± 8.36
	肌层厚度	131.18 ± 13.97^{bc}	100.27 ± 4.48^{c}	117.91 ± 6.70^{c}	178.57 ± 2.75^{ab}	191.94 ± 17.80^{a}

表19　酶解肠膜蛋白粉对珍珠龙胆石斑鱼肠道菌群α多样性的影响

指标	EH0	EH3	EH6	EH9	EH12
OTU	1 140.67 ± 21.07	1 054.67 ± 43.51	1 074.67 ± 47.72	1 175.00 ± 32.72	1 149.67 ± 7.97
Good's coverage	0.996 1 ± 0.000 3	0.996 0 ± 0.000 7	0.994 6 ± 0.000 9	0.997 1 ± 0.000 4	0.996 8 ± 0.000 2
Shannon	5.17 ± 0.04^{b}	5.19 ± 0.11^{b}	5.58 ± 0.05^{a}	5.23 ± 0.06^{b}	5.25 ± 0.07^{b}
Simpson	0.023 0 ± 0.003 0	0.0 255 ± 0.0 013	0.027 2 ± 0.001 2	0.023 9 ± 0.003 9	0.024 7 ± 0.002 3
ACE	1 185.03 ± 46.59	1 098.96 ± 42.25	1 192.74 ± 19.81	1 213.76 ± 24.40	1 198.90 ± 9.20
Chao 1	1 135.58 ± 64.05	1 124.62 ± 56.90	1 206.07 ± 33.99	1 228.60 ± 21.23	1 204.67 ± 10.99

4.2　酶解鸡肉粉替代鱼粉对珍珠龙胆石斑鱼肠道组织结构和菌群的影响

饲料中添加15%的酶解鸡肉粉替代鱼粉可显著增加前肠的皱襞高度和宽度，但对肠道菌群的OTU和α多样性指数、前10个优势菌门和优势菌属无显著影响（表20、表21、图11）。

表20　酶解肠膜蛋白粉对珍珠龙胆石斑鱼肠道组织学的影响

单位：μm

	指标	EP0	EP3	EP6	EP9	EP12	EP15	EP18
	皱襞高度	448.60 ± 17.85^{c}	512.83 ± 42.10^{bc}	558.82 ± 35.81^{abc}	572.23 ± 17.09^{abc}	599.92 ± 49.72^{ab}	667.29 ± 11.17^{a}	530.68 ± 23.06^{abc}
前肠	皱襞宽度	70.36 ± 2.85^{b}	66.44 ± 3.95^{b}	74.08 ± 5.61^{b}	72.59 ± 4.51^{b}	77.72 ± 6.73^{ab}	99.16 ± 3.49^{a}	82.17 ± 3.64^{ab}
	肌层厚度	82.28 ± 5.21	104.71 ± 10.75	94.16 ± 3.41	88.95 ± 5.19	103.24 ± 9.56	92.73 ± 4.68	90.84 ± 1.78

续表

	指标	EP0	EP3	EP6	EP9	EP12	EP15	EP18
中肠	皱襞高度	433.61 ± 2.92[b]	469.88 ± 31.67[b]	470.69 ± 21.37[b]	502.32 ± 32.91[b]	451.85 ± 21.96[b]	453.64 ± 9.46[b]	633.97 ± 29.43[a]
	皱襞宽度	71.82 ± 2.16	76.99 ± 0.62	82.10 ± 5.33	76.76 ± 4.53	87.93 ± 5.14	80.50 ± 4.78	87.91 ± 4.22
	肌层厚度	105.49 ± 1.01	98.86 ± 4.42	104.31 ± 2.85	105.41 ± 4.47	103.73 ± 2.90	99.18 ± 2.58	112.37 ± 3.70
后肠	皱襞高度	545.55 ± 27.79	537.49 ± 16.64	574.13 ± 33.23	512.63 ± 27.94	541.77 ± 20.22	536.34 ± 31.71	555.84 ± 8.52
	皱襞宽度	91.91 ± 1.67	89.66 ± 1.04	86.56 ± 1.76	84.01 ± 2.75	87.80 ± 1.65	86.46 ± .31	90.67 ± 3.79
	肌层厚度	103.31 ± 5.20[bc]	95.98 ± 3.23[c]	125.82 ± 8.17[abc]	119.64 ± 8.05[abc]	119.36 ± 7.42[abc]	138.69 ± 6.39[a]	128.46 ± 5.15[ab]

表 21 酶解鸡肉粉对珍珠龙胆石斑鱼肠道菌群 α 多样性的影响

项目	EP0	EP3	EP6	EP9	EP12	EP15	EP18
OTU	976.33 ± 4.26	987.67 ± 5.93	981.33 ± 8.69	970.33 ± 5.17	961.00 ± 8.08	981.33 ± 3.71	966.67 ± 3.71
shannon	5.13 ± 0.09	5.11 ± 0.11	5.20 ± 0.04	5.01 ± 0.01	5.30 ± 0.01	5.26 ± 0.04	5.01 ± 0.08
simpson	0.024 ± 0.003	0.027 ± 0.004	0.021 ± 0.002	0.028 ± 0.002	0.018 ± 0.000	0.020 ± 0.001	0.027 ± 0.002
ACE	1 001.06 ± 0.81	989.01 ± 8.89	988.28 ± 25.55	996.59 ± 4.20	1 011.77 ± 6.88	1 004.37 ± 9.55	996.60 ± 6.63
chao 1	1 001.91 ± 2.19	998.40 ± 12.32	993.38 ± 25.78	1 007.74 ± 7.17	1 022.25 ± 8.48	1 009.30 ± 8.10	1 005.63 ± 8.67

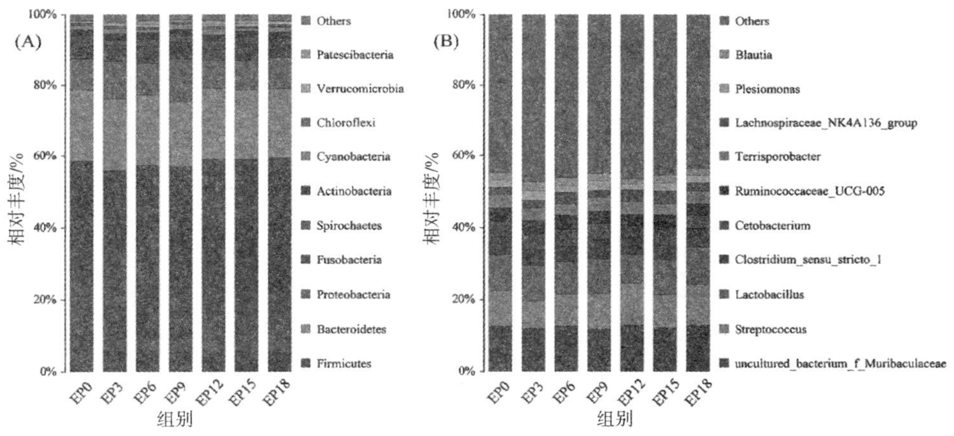

图 11 珍珠龙胆石斑鱼前 10 个优势菌门（A）和优势菌属（B）

4.3 乳化肠膜蛋白粉替代鱼粉对珍珠龙胆石斑鱼肠道组织结构和菌群的影响

在棉籽蛋白添加量为 6%的基础上，添加酶解肠膜蛋白粉替代鱼粉对珍珠龙胆石斑鱼前肠和中肠组织结构、肠道菌群的OTU和 α 多样性指数、前 10 个优势菌门和优势菌属均无显著影响（表 22、表 23、图 12）。

表 22　乳化肠膜蛋白粉对珍珠龙胆石斑鱼肠道组织学的影响

单位：μm

	指标	HPM0	HPM3	HPM6	HPM9	HPM12
前肠	皱襞高度	496.51 ± 7.67	468.53 ± 28.00	484.92 ± 41.09	534.60 ± 37.80	562.40 ± 32.09
	皱襞宽度	69.22 ± 1.46	73.31 ± 5.81	62.23 ± 5.47	75.18 ± 5.32	65.12 ± 2.18
	肌层厚度	110.29 ± 3.31[a]	102.39 ± 2.42[ab]	106.10 ± 6.22[a]	82.46 ± 5.47[bc]	78.60 ± 4.62[c]
中肠	皱襞高度	518.01 ± 30.07	460.28 ± 30.33	439.72 ± 28.71	405.45 ± 22.03	404.40 ± 19.60
	皱襞宽度	87.33 ± 2.57	86.68 ± 4.47	76.93 ± 4.22	71.22 ± 3.48	70.81 ± 4.07
	肌层厚度	107.68 ± 4.07[a]	82.18 ± 5.20[b]	98.01 ± 4.90[ab]	84.92 ± 2.79[b]	87.07 ± 5.90[b]
后肠	皱襞高度	468.75 ± 12.36[ab]	404.31 ± 22.97[b]	555.08 ± 10.89[a]	454.68 ± 23.96[b]	493.74 ± 20.48[ab]
	皱襞宽度	87.93 ± 4.08[a]	66.45 ± 5.86[b]	81.67 ± 5.21[ab]	82.81 ± 1.46[ab]	88.66 ± 3.36[a]
	肌层厚度	131.18 ± 13.97[bc]	110.19 ± 6.97[bc]	174.43 ± 6.90[a]	138.35 ± 6.72[ab]	91.55 ± 5.52[c]

表 23　乳化肠膜蛋白粉对珍珠龙胆石斑鱼肠道菌群 α 多样性的影响

指标	HPM0	HPM3	HPM6	HPM9	HPM12
OTU	1 053.00 ± 24.66	1 096.00 ± 11.14	1 063.00 ± 14.05	1 100.00 ± 7.37	1 084.67 ± 14.86
Good's coverage	0.995 5 ± 0.001 2	0.997 0 ± 0.000 1	0.997 2 ± 0.000 2	0.996 3 ± 0.000 1	0.996 0 ± 0.000 2
Shannon	5.42 ± 0.15	5.35 ± 0.06	5.41 ± 0.05	5.42 ± 0.04	5.39 ± 0.09
Simpson	0.021 1 ± 0.003 2	0.020 3 ± 0.002 2	0.018 0 ± 0.001 1	0.015 5 ± 0.000 8	0.016 8 ± 0.002 8
ACE	1 106.33 ± 30.01	1 137.99 ± 7.44	1 100.74 ± 14.43	1 146.78 ± 6.25	1 132.60 ± 15.08
Chao 1	1 125.07 ± 27.32	1 154.68 ± 5.41	1 115.32 ± 15.02	1 166.59 ± 1.99	1 144.27 ± 4.47

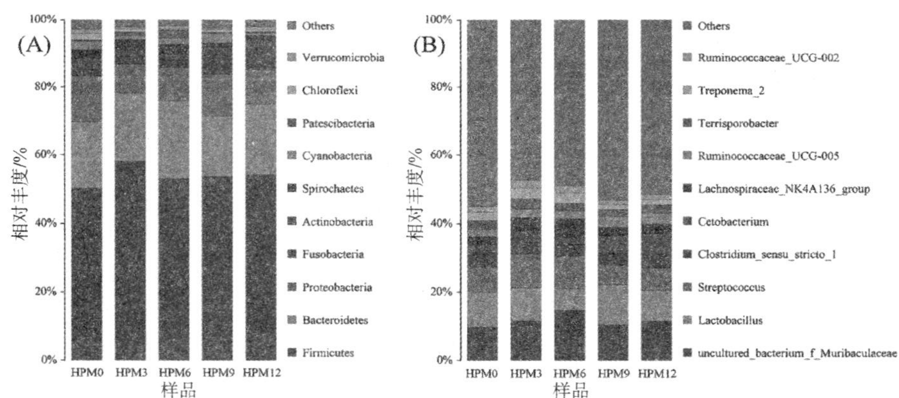

图 12　珍珠龙胆石斑鱼前 10 个优势菌门（A）和优势菌属（B）

5　典型养殖模式营养供给模型的完善与示范

分别建立珍珠龙胆石斑鱼、斜带石斑鱼典型养殖模式（池塘、工业化循环水、网箱）下营养供给模型6个。

6　石斑鱼安全高效环保饲料技术示范与推广应用

集成高效安全饲料配制技术并推广示范，初步构建了一套适合我国典型养殖模式下石斑鱼全周期养殖的高效安全饲料生产技术体系。在指定生产线（广东粤群、广东恒兴、湛江澳华、珠海海一）生产推广饲料1.9万t、新增产值2.5亿元；在湛江雷州、福建漳浦推广应用，饲料系数降低10%～15%，氮、磷排放降低30%以上。行业配合饲料普及率提升到60%以上。

（岗位科学家　谭北平）

军曹鱼、卵形鲳鲹营养与饲料技术研究进展

军曹鱼、卵形鲳鲹营养需求与饲料岗位

2020年，本岗位围绕重点任务开展了如下研究工作：卵形鲳鲹高效优质环保饲料配方得到进一步优化及示范推广；研究饲料脂质和复合蛋白对卵形鲳鲹健康、肌肉品质的影响，初步建立其营养调控技术；确定了有利于卵形鲳鲹健康的3种功能性饲料添加剂的适宜应用水平；确定了军曹鱼饲料中复合蛋白替代鱼粉的适宜水平为20% ~ 40%。

1 卵形鲳鲹高效优质环保饲料配方得到进一步优化及示范推广

1.1 卵形鲳鲹配合饲料中蛋白和脂肪适宜添加比的确认

以鱼粉和基础蛋白（鸡肉粉、大豆浓缩蛋白和玉米蛋白粉）为蛋白源，鱼油为脂肪源，配制5种等能饲料（P1 ~ P5）。P1：鱼粉和鱼油为对照组［粗蛋白（CP）45%，粗脂肪（CL）12%］；P2：混合蛋白替代80%鱼粉（CP45%，CL12%）；P3 ~ P5：在P2组的基础上用鱼油替代大豆浓缩蛋白，使其CP/CL水平分别为43/14、41/16和39/18。于近海网箱中养殖卵形鲳鲹幼鱼（初始体重约12.60 g）8周。结果显示，各饲料组鱼增重率、特定生长率、蛋白效率、存活率均无显著差异（P>0.05）。P5组鱼肝体比和脏体比显著高于P2组（P<0.05），其他组间无显著差异（图1）。各饲料组肌肉的可食用品质（熟肉率和持水率）无显著差异（P>0.05），但P2 ~ P4组鱼的肌肉剪切力、硬度、黏性、弹性、咀嚼性、胶着性和黏聚性均显著高于对照组和P5组（P<0.05）。以上说明，卵形鲳鲹饲料中CP与CL的适宜添加比例为41/16 ~ 45/12。

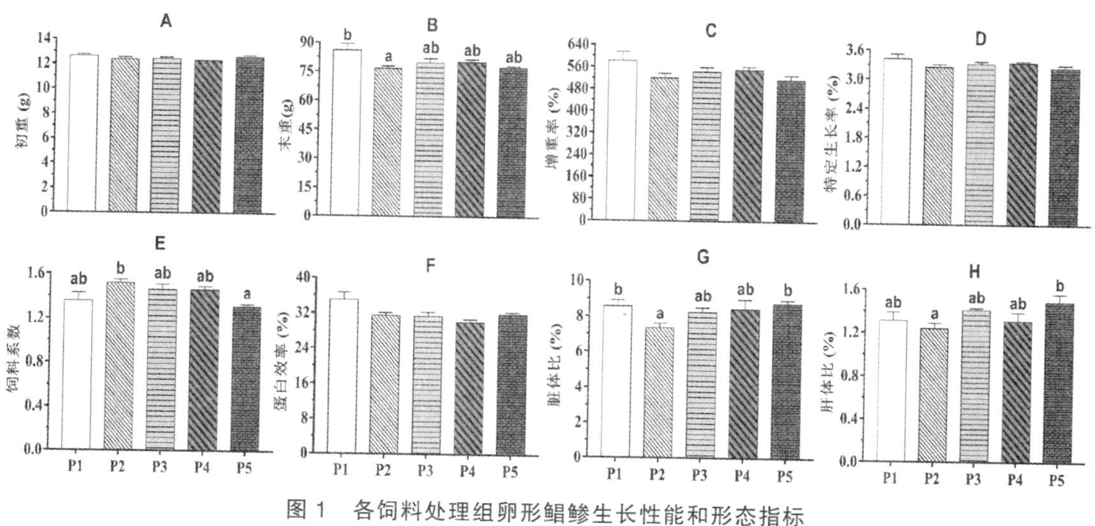

图 1　各饲料处理组卵形鲳鲹生长性能和形态指标

1.2　卵形鲳鲹复合油产品养殖效果的确认

本实验比较了 3 种复合油［卵形鲳鲹复合油，公司复合油（鱼油：豆油=2 ：1），复合油Ⅲ（鱼油：豆油=1 ：2）］的养殖效果。以鱼油为对照脂肪源，配制蛋白含量为 42%、脂肪含量为 12%的 5 种配合饲料（D1 ~ D5）。D1：30%鱼粉和 8%卵形鲳鲹复合油；D2：12%鱼粉、18%复合蛋白和 8%鱼油；D3 ~ D5 在D2 蛋白源的基础上，分别配以 8%卵形鲳鲹复合油、8%公司复合油、8%复合油Ⅲ。于近海网箱养殖卵形鲳鲹幼鱼（初始体重约 9.0 g）60 d。结果显示，D1、D2 和D3 组间鱼的增重率、饲料系数和形态指数都无显著差异（$P<0.05$）（图 2）。D3 组熟肉率、持水率、硬度和回复性与D1 和D2 组无显著差异（$P>0.05$），且其剪切力显著高于D1 和D2 组（$P<0.05$），而D4 组剪切力、D5 组持水率显著低降低（$P<0.05$）。综上所述，在油脂添加水平为 8%条件下，卵形鲳鲹复合油和公司复合油对卵形鲳鲹促生长效果与鱼油一致，且卵形鲳鲹复合油配以复合蛋白使用可改善卵形鲳鲹肌肉品质。

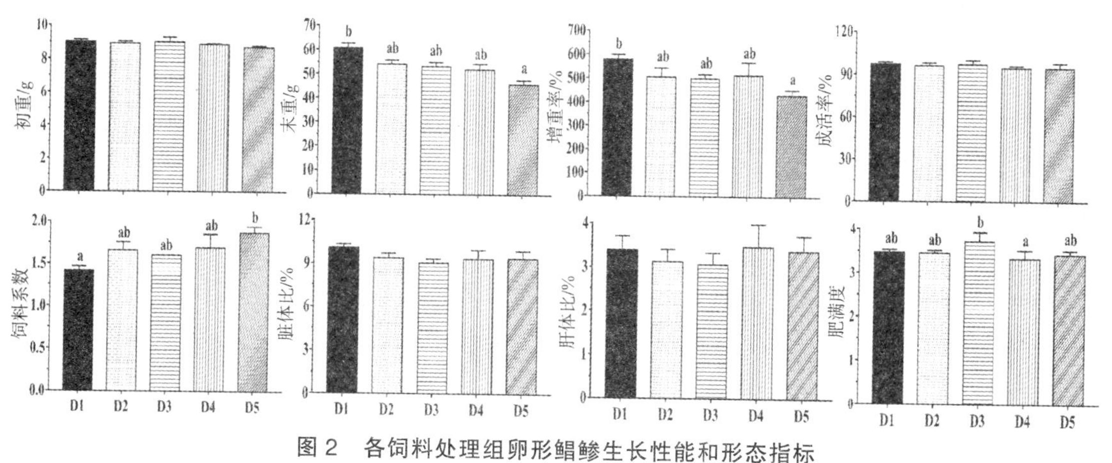

图 2　各饲料处理组卵形鲳鲹生长性能和形态指标

1.3　确定了卵形鲳鲹复合油在饲料中的适宜添加水平

本实验主要以鱼粉、复合蛋白为蛋白源，鱼油、公司复合油（鱼油：豆油=2：3，某饲料公司配比）、卵形鲳鲹复合油为脂肪源，配制7种配合饲料（F0～F6，粗蛋白42%）。F0（对照组）脂肪源为鱼油（粗脂肪12%），F1～F3以卵形鲳鲹复合油为脂肪源，F4～F6以公司复合油为脂肪源。其中，F1～F3和F4～F6的粗脂肪含量分别为12%、15%、18%。以上述7种饲料于近海网箱中养殖卵形鲳鲹幼鱼9周。生长性能指标（图3）、血清生化指标、血清抗氧化指标结果表明，在12%～15%饲料脂肪水平条件下，卵形鲳鲹复合油可完全替代鱼油，且优于公司复合油；但是，在18%饲料脂肪水平条件下，鱼体氧化应激增强，健康生长受到一定影响。肌肉品质及质构特性方面：在12%饲料脂肪水平下，卵形鲳鲹复合油组的肌肉回复性优于鱼油，且其肌肉硬度、弹性、胶着性和熟肉率显著高于公司复合油组（$P<0.05$）；在饲料脂肪水平为15%和18%条件下，卵形鲳鲹复合油组鱼肌肉硬度、黏聚性和熟肉率显著高于公司复合油组（$P<0.05$）。上述结果说明，当饲料脂肪添加水平≤15%时，卵形鲳鲹复合油的生长效果显著优于公司复合油，且有利于脂肪转运，抗氧化应激能力更强，肌肉品质更优。

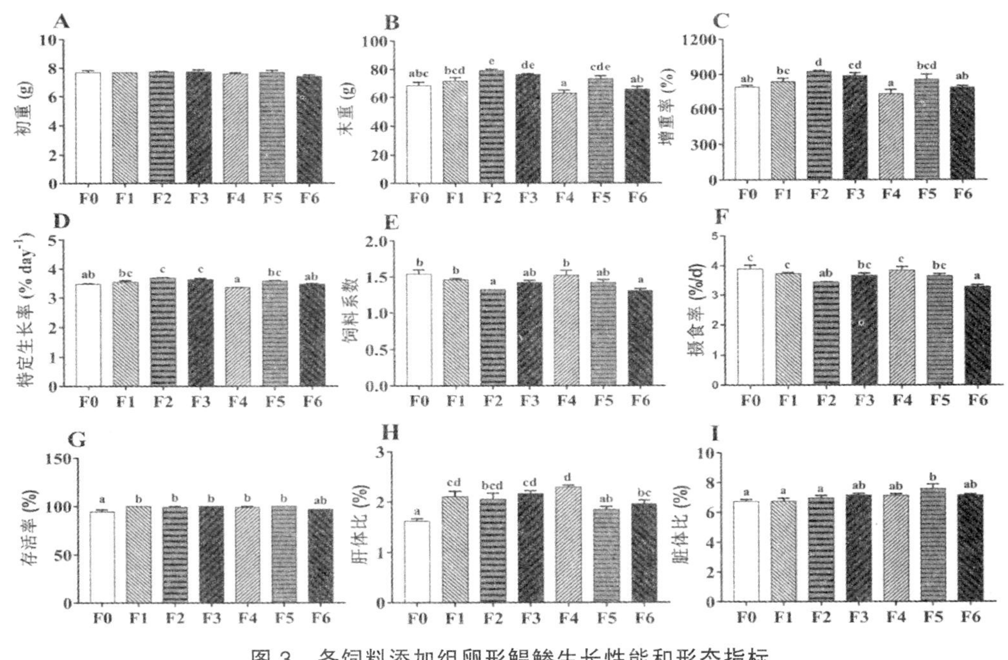

图3　各饲料添加组卵形鲳鲹生长性能和形态指标

1.4　确定卵形鲳鲹配合饲料中复合蛋白和鱼膏替代鱼粉的适宜水平

本研究以30%鱼粉饲料为对照组（D1），利用本岗位开发的一种复合蛋白和德宁公司鱼膏蛋白组合替代D1饲料中47%～80%鱼粉，配制3种实验饲料（D2～D4），使其鱼粉含量分别为16%、11%、6%。D1～D4的蛋白质含量为42%，脂肪含量为12%。于近海网箱中饲养卵形鲳鲹幼鱼（初始体重约 7.28 g）62 d。生长性能结果显示，各组鱼的生长性能无显著差异（$P>0.05$）（图 4）。随着饲料鱼粉替代水平的升高，肝脏与肌肉过氧化氢酶、肝脏还原型谷胱甘肽、肌肉超氧化物歧化酶和肝脏与肌肉总抗氧化能力呈显著上升趋势，当配合饲料中替代水平升高到 80%时达到最大值（$P<0.05$）；肝脏丙二醛则呈显著下降趋势，当配合饲料中替代水平升高到 80%时达到最小值（$P<0.05$）。结果说明，卵形鲳鲹配合饲料中复合蛋白配合鱼膏蛋白替代 80%鱼粉不会对其生长性能造成负面影响，且有利于提高卵形鲳鲹抗氧化能力。因此，复合蛋白配合鱼膏蛋白至少可替代饲料中 80%鱼粉，使饲料鱼粉含量低至 6%。

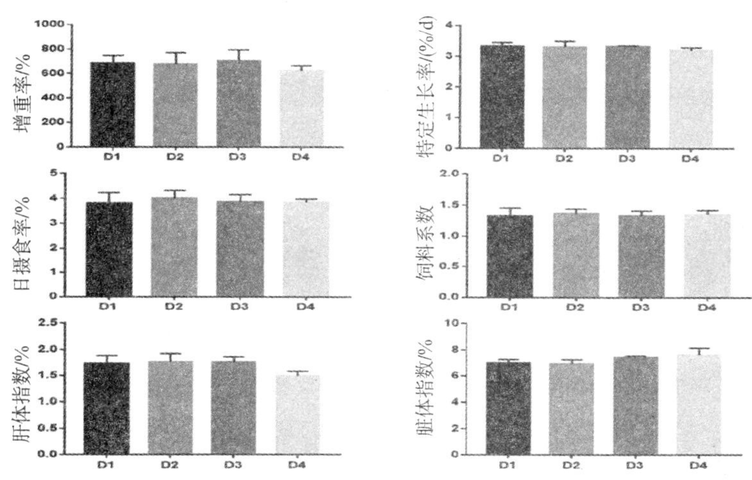

图 4 各饲料处理组卵形鲳鲹生长性能及形态指标

1.5 卵形鲳鲹高效低成本配方饲料的应用示范推广

2020 年度，本岗位联合体系珠海和陵水试验站在广东阳江海纳水产有限公司、海南海丰渔业发展集团有限公司建立了卵形鲳鲹高效低成本配方饲料的应用示范基地（图 5），示范养殖水面 1 470 亩。以示范养殖基地为培训和示范中心，将卵形鲳鲹高效低成本饲料于广东、海南、广西养殖片区推广，在推动卵形鲳鲹养殖业的绿色发展、增产增效等方面发挥示范作用。

图 5 海纳公司开展中试的卵形鲳鲹配方饲料及阳江、海南建立的示范基地

2　改善卵形鲳鲹健康和肌肉品质的营养调控技术

2.1　筛选有利于卵形鲳鲹生长及肝脏健康的饲料脂肪源

为筛选适宜卵形鲳鲹健康生长的脂肪源，本研究选择了 8 种代表性植物油（VO），即富含饱和脂肪酸（SFA）的椰子油（CO）、棕榈油（PO），富含单不饱和脂肪酸（MUFA）的山茶油（OTO）、橄榄油（OO），富含n−6 多不饱和脂肪酸（PUFA）的菜籽油（CNO）、花生油（PNO），以及富含n−3 PUFA的亚麻籽油（LO）、紫苏籽油（PFO）作为饲料脂肪源，以鱼油（FO）为对照，配制 9 种等氮、等脂的配合饲料，开展 8 周的网箱养殖实验。结果表明：CO和PFO有利于卵形鲳鲹生长，PO对生长不利；PNO能够增强卵形鲳鲹肝脏脂肪分解（*cpt1*和*pparα*）与转运（*apoB100*和*fabp1*）相关基因的表达（图 6）。

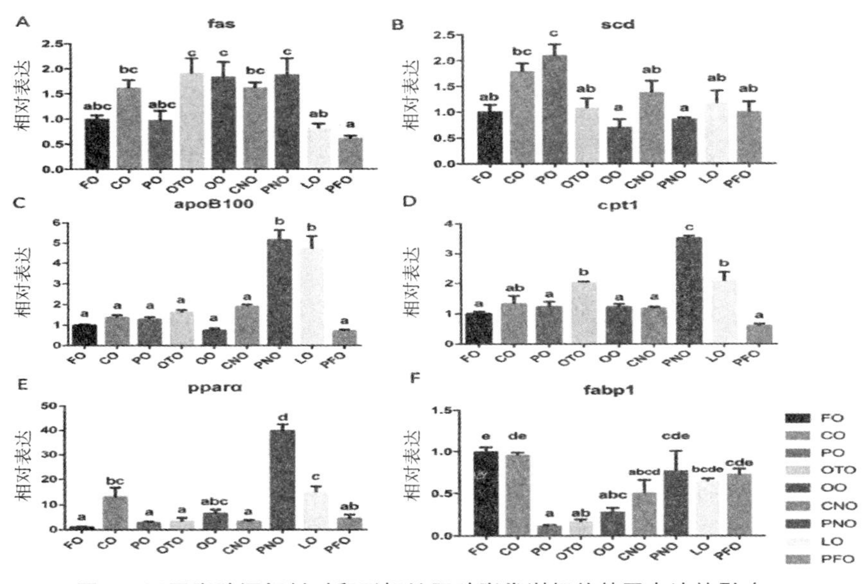

图 6　不同脂肪源饲料对卵形鲳鲹肝脏脂代谢相关基因表达的影响

2.2　探讨饲料n−3 高不饱和脂肪酸（HUFA）调控卵形鲳鲹肝脏脂肪代谢的机制

前期研究表明，饲料中添加 1.24% ~ 1.73% n−3 HUFA可提高卵形鲳鲹肌肉总抗氧化能力、改善肌肉品质。本年度利用二代测序技术，对不同HUFA水平饲养的卵形鲳鲹肝脏进行转录组测序。结果显示，高HUFA水平饲料组与低HUFA水平饲料组之间存在 287 个差异表达基因（上调基因 140 个，下调基因 147 个）。对差异表达基因进行KEGG分析，发现差异表达基因主要参与 10 条信号通路，并且在这 10 条信号通路中，参与Ppar细胞通路的基因最多，表明Ppar信号通路可能参与这些基因表达的调控（图 7）。qRT−PCR结果表明，高HUFA水平组*pparγ*表达水平显著上调，说明*Pparγ*途径参与卵形鲳鲹肝脏HUFA沉积的调控。

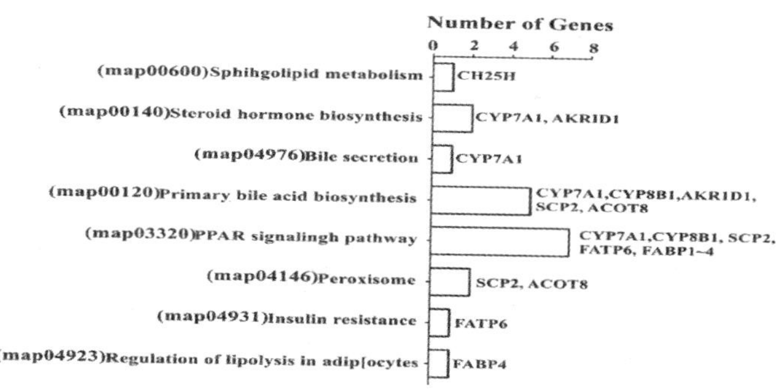

图 7　参与HUFA摄取沉积的候选基因KEGG分析

2.3　初步揭示饲料n-3 HUFA影响卵形鲳鲹肌肉脂质组成的分子基础

通过比较分析不同n-3 HUFA水平饲料投喂的卵形鲳鲹肌肉脂肪的脂肪酸分子组成，发现随着饲料n-3 HUFA水平升高，肌肉中磷脂PC含量升高，PE含量显著降低（$P<0.05$）（表 1）。脂质中的n-3 HUFA（EPA+DHA）含量在各组间呈现不同变化规律（图 8）。各组间肌肉TAG脂肪酸位置分布差异不大。以上结果表明，饲料中n-3 HUFA水平影响卵形鲳鲹肌肉TAG和PL分子的脂肪酸组成，但不影响肌肉TAG分子中脂肪酸的位置分布。

表 1　饲料中n-3 HUFA水平对卵形鲳鲹肌肉脂质分子水平［在总脂质中的占比（%）］的影响

项目	饲料组别					
	D1	D2	D3	D4	D5	D6
TAG	74.33 ± 2.85^{a}	80.64 ± 3.23^{ab}	84.53 ± 4.44^{b}	75.93 ± 2.23^{a}	78.18 ± 3.98^{ab}	72.47 ± 4.34^{a}
PC	4.72 ± 0.42^{b}	3.41 ± 0.36^{a}	4.66 ± 0.28^{b}	6.70 ± 0.18^{c}	4.61 ± 0.38^{b}	4.88 ± 0.33^{b}
PE	1.76 ± 0.14^{a}	2.71 ± 0.06^{d}	2.35 ± 0.02^{c}	2.26 ± 0.13^{bc}	1.98 ± 0.16^{ab}	2.11 ± 0.05^{bc}

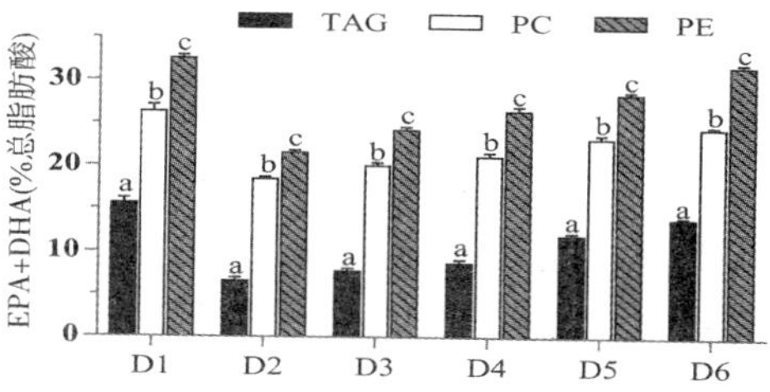

图 8　不同饲料处理组卵形鲳鲹肌肉中n-3 HFUA在TAG、PC和 PE的位置分布

2.4　发现饲料HUFA可影响卵形鲳鲹的肠道健康

为了探讨饲料中DHA和EPA对卵形鲳鲹肠道健康的影响，本实验在卵形鲳鲹的配合饲料中分别添加DHA纯化油（FD）、EPA纯化油（FE），使其配合饲料中分别富含DHA和EPA，以鱼油组（FF）为对照，养殖 10 周。结果显示，饲料中添加EPA或DHA后，前肠组织形态并无明显差异，但FE组的肠道杯状细胞明显增多（图 9）；FE组肠道酸性磷酸酶

(ACP)和碱性磷酸酶(ALP)活性显著升高;FD和FE组血清二胺氧化酶(DAO)及肠道溶菌酶(LZM)活性均显著降低,且肠道弧菌的丰度降低,肠道乳酸菌的含量增加,FE组最为明显。

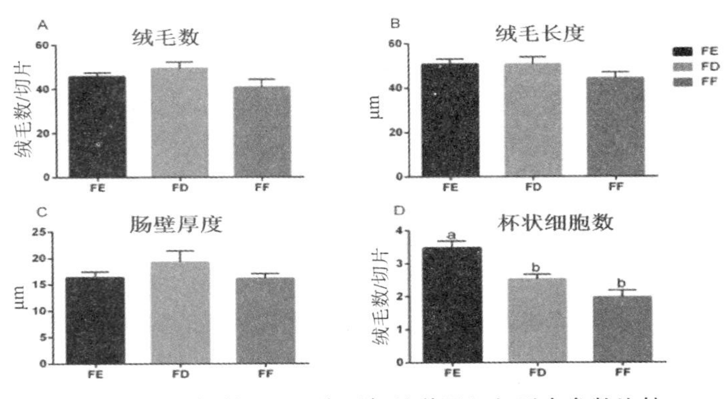

图9 不同饲料处理组卵形鲳鲹前肠组织形态参数比较

2.5 初步揭示复合蛋白有效替代卵形鲳鲹饲料中40% ~ 80%鱼粉的机制

利用发酵豆粕、肉骨粉等陆生动植物蛋白源按不同比例组成复合蛋白Ⅰ、Ⅱ和Ⅲ。以添加30%鱼粉饲料为对照组(D1组),复合蛋白Ⅰ分别替代对照组中40%和60%鱼粉的饲料为D2组和D3组,复合蛋白Ⅱ分别替代40%和60%鱼粉的饲料为D4组和D5组,复合蛋白Ⅲ分别替代对照组中60%和80%鱼粉的饲料为D6组和D7组,配制7种等氮、等脂饲料(CP:45%;CL:12%),养殖卵形鲳鲹幼鱼8周。前期结果表明,复合蛋白源替代饲料40% ~ 80%鱼粉对卵形鲳鲹幼鱼生长性能无显著影响。本年度进一步发现,复合蛋白Ⅲ替代80%鱼粉可显著增加卵形鲳鲹鱼体的氨基酸含量(图10)。复合蛋白替代卵形鲳鲹配合饲料60%和80%的FM后,可提高肌肉组织的脂肪含量,但对肌肉的质构特性和前肠绒毛结构无显著影响(P>0.05)(图11)。以上研究成果表明复合蛋白Ⅲ可显著提高卵形鲳鲹肌肉必需氨基酸(EAA)和脂肪水平,对卵形鲳鲹肠道绒毛结构无结构损伤。研究结果进一步解释了复合蛋白高比例替代卵形鲳鲹饲料中的鱼粉呈现优良性状的机制,为饲料原料的高效利用以及养殖卵形鲳鲹品质的提升奠定基础。

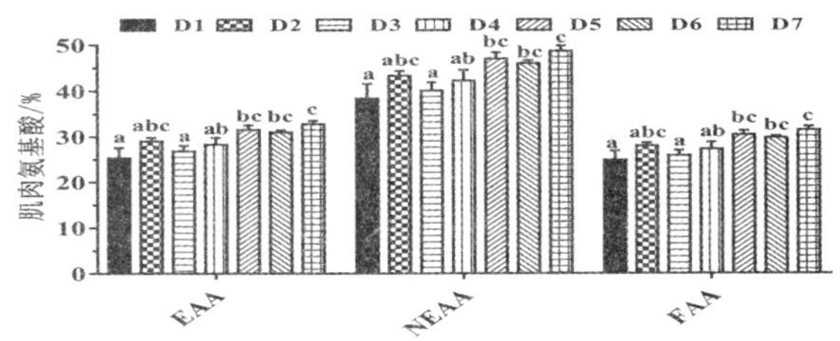

图10 不同处理组肌肉组织氨基酸组成比较

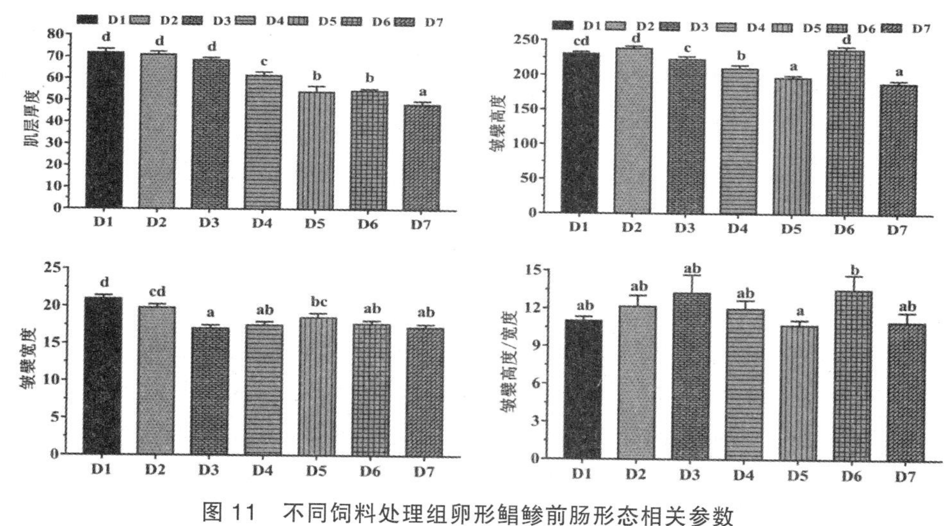

图 11 不同饲料处理组卵形鲳鲹前肠形态相关参数

3 有利于卵形鲳鲹健康的功能性饲料添加剂的开发应用

3.1 初步揭示小檗碱有益于肝脏健康的机制

前期研究发现高脂饲料中添加 1 000 mg/kg小檗碱，有利于鱼体生长，改善卵形鲳鲹对高脂饲料的利用率，维护肝脏和肠道结构的完整性。本实验比较分析不同饲料处理组对卵形鲳鲹肝脏脂代谢相关基因表达的影响（图 12）。结果显示，与高脂组相比，小檗碱的添加显著提高了肝脏脂代谢相关基因（*hsl*、*srebp1*和*fabp1*）的表达水平，表明小檗碱可能通过促进鱼体肝脏脂肪的分解、合成及转运，达到减少高脂饲料对卵形鲳鲹肝脏和肠道结构的损伤的效果。

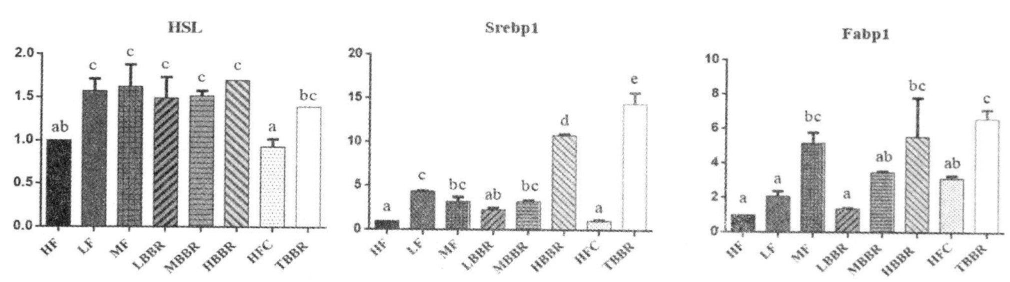

图 12 不同处理组卵形鲳鲹肝脏脂代谢基因的表达量

3.2 丙酮酸钙可改善高脂饲料引起的肝脏脂肪沉积现象

为了评估丙酮酸钙在卵形鲳鲹中的降脂效果，在卵形鲳鲹的高脂低蛋白饲料中添加不同水平（D0 ~ D4 组，0 ~ 1.0%）的丙酮酸钙（CP），养殖卵形鲳鲹幼鱼（体重约 11.7 g）8 周。生长结果显示，当饲料中添加 0.75%丙酮酸钙时，卵形鲳鲹的终末体重、增重率、特定生长率显著升高（$P<0.05$）（表 2），同时，显著降低卵形鲳鲹肝脏粗脂肪含量（$P<0.05$），改善高脂饲料引起的肝脏脂质过度沉积现象。

表 2　不同饲料投喂组卵形鲳鲹生长性能指标比较

组别	D0	D1	D2	D3	D4
	0	0.25	0.50	0.75	1.00
初始体重/g	11.85 ± 0.10	11.43 ± 0.17	11.68 ± 0.18	11.77 ± 0.25	11.57 ± 0.04
终末体重/g	37.30 ± 0.43^{a}	40.58 ± 0.23^{b}	40.74 ± 0.12^{b}	41.28 ± 0.31^{b}	38.14 ± 0.68^{a}
增重率/%	218.00 ± 2.98^{a}	253.84 ± 1.07^{bc}	263.71 ± 3.12^{c}	267.08 ± 3.82^{c}	239.31 ± 11.37^{b}
特定生长率/（%/d）	1.77 ± 0.02^{a}	1.98 ± 0.01^{bc}	2.00 ± 0.03^{bc}	2.04 ± 0.02^{c}	1.95 ± 0.04^{b}
饲料系数	1.84 ± 0.04^{c}	1.76 ± 0.00^{b}	1.65 ± 0.02^{a}	1.67 ± 0.01^{a}	1.82 ± 0.02^{bc}
肥满度	3.65 ± 0.05	3.70 ± 0.05	3.68 ± 0.06	3.73 ± 0.02	3.65 ± 0.03
脏体比/%	8.87 ± 0.40	8.95 ± 0.27	8.51 ± 0.36	8.24 ± 0.05	8.95 ± 0.33
肝体比/%	2.63 ± 0.09^{b}	2.51 ± 0.26^{b}	2.50 ± 0.04^{b}	1.88 ± 0.02^{a}	1.85 ± 0.02^{a}

3.3　胍基乙酸可缓解植物蛋白饲料对卵形鲳鲹生长及肠道健康的负面影响

为了探讨卵形鲳鲹的植物蛋白饲料中添加胍基乙酸的效果，在豆粕和大豆浓缩蛋白完全替代鱼粉的配合饲料中，添加不同水平的胍基乙酸（G0 ~ G3 组，0%、0.05%、0.1%、0.15%），并以鱼粉组（F0 组）作为对照组，养殖卵形鲳鲹幼鱼（体重约 11.60 g）8 周。结果显示，添加 0.1%胍基乙酸（G2）组有助于促进卵形鲳鲹的生长，其生长性能与鱼粉组相当，且可缓解植物蛋白替代鱼粉引起的肠道损伤（图 13），提高肝脏的抗氧化能力。

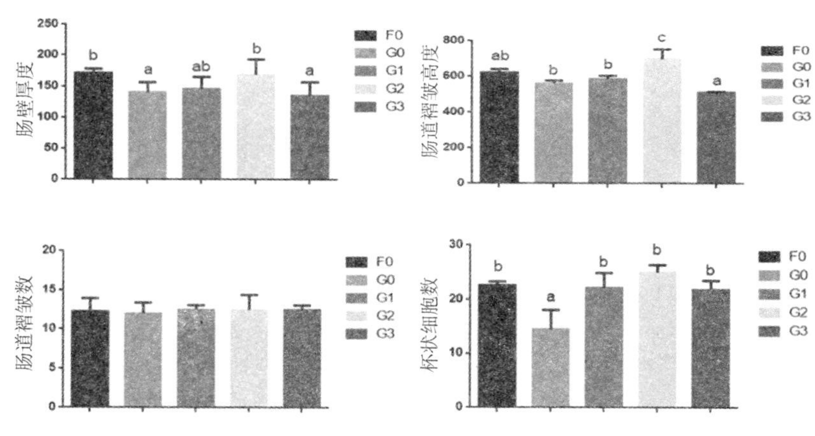

图 13　不同饲料处理组卵形鲳鲹前肠组织形态

4　复合蛋白源在军曹鱼饲料中的开发应用

为评估陆生复合蛋白源在军曹鱼饲料中的应用效果，以 30%鱼粉饲料为对照（D1），利用复合蛋白分别替代对照组中20%、40%和60%鱼粉，配制3种实验饲料（D2 ~ D4），D1 ~ D4的蛋白质含量为52%，脂肪含量为12%。在室内养殖桶（1 m^3）中饲养军曹鱼幼鱼（初始体重约41.55 g）50 d。结果表明：与对照组（含30%鱼粉）相比，替代20%鱼粉组鱼的生长性能、饲料系数和免疫抗氧化性能指标无显著差异，但40%和60%鱼粉替代组的生长性能显著低于对照组（图14）。以上结果说明复合蛋白至少可替代军曹鱼幼鱼饲料中20%鱼粉，饲料中鱼粉添加量可降至24%以下。

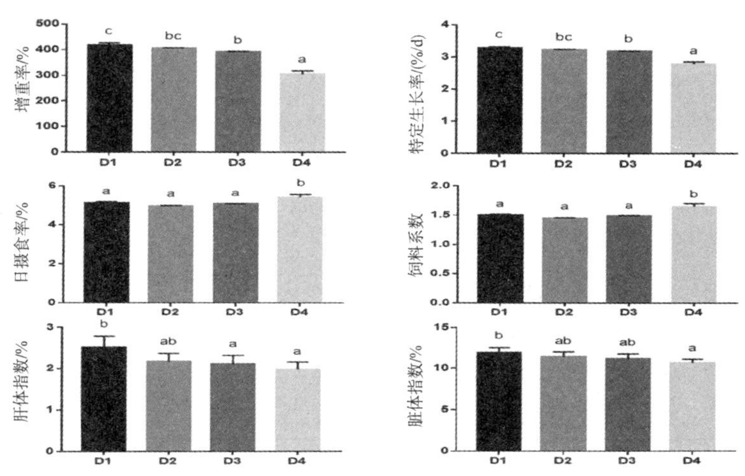

图14 养殖50 d后不同饲料处理组鱼生长性能指标

分析各饲料投喂组血清生化指标发现，替代组血清总蛋白、白蛋白显著低于对照组（$P<0.05$），但D2组（20%替代）尿素氮与血氨则无显著差异（$P>0.05$）；同时，20%替代水平血清碱性磷酸酶水平显著低于对照组（$P<0.05$）（表3）。结果说明，20%替代水平一定程度减弱机体蛋白新陈代谢效率，但不影响蛋白分解代谢效率。

表3 不同饲料投喂组血清蛋白质代谢指标的比较

项目	组别			
	D1	D2	D3	D4
总蛋白/（g/L）	36.77 ± 1.09[b]	31.96 ± 0.9[a]	31.05 ± 1.27[a]	29.36 ± 0.85[a]
白蛋白/（g/L）	9.07 ± 0.47[b]	7.76 ± 0.16[a]	6.88 ± 0.18[a]	7.12 ± 0.22[a]
球蛋白/（g/L）	27.9 ± 1.5[b]	24.17 ± 0.76[ab]	23.99 ± 0.6[ab]	22.23 ± 0.89[a]
尿素氮/（mmol/L）	5.27 ± 0.36[b]	4.71 ± 0.2[b]	3.55 ± 0.17[a]	3.81 ± 0.15[a]
血氨/（μmol/L）	759.68 ± 66.36[b]	614.09 ± 19.24[ab]	420.04 ± 13.8[a]	480.56 ± 8.87[a]
碱性磷酸酶/（$\times 10^{-2}$ U/mL）	8.65 ± 0.36[b]	6.10 ± 0.23[a]	6.21 ± 0.51[a]	5.28 ± 0.03[a]
酸性磷酸酶/（$\times 10^{-2}$ U/mL）	6.37 ± 0.42	6.80 ± 0.04	5.59 ± 0.41	6.26 ± 0.81

抗氧化能力指标结果显示，20%替代组鱼肝脏与肌肉还原型谷胱甘肽和肌肉总抗氧化能力显著低于对照组（$P<0.05$），但其他指标无显著差异（表4）。

综上所述，复合蛋白替代配合饲料 20%鱼粉对军曹鱼生长性能无负面影响，但一定程度影响其抗氧化能力。

表 4　不同饲料投喂组肝脏肌肉抗氧化指标比较

抗氧化指标	组别			
	D1	D2	D3	D4
肝脏				
过氧化氢酶/（U/mg）	19.54 ± 1.73	21.15 ± 0.60	17.57 ± 1.39	21.4 ± 0.97
还原型谷胱甘肽/（μmol/g）	45.56 ± 2.63[b]	29.63 ± 2.4[a]	29.56 ± 2.25[a]	31.17 ± 2.05[a]
超氧化物歧化酶/（U/mg）	119.85 ± 1.53	109.26 ± 8.52	95.86 ± 5.07	99.44 ± 9.9
总抗氧化能力/（mmol/g）	1.80 ± 0.09	1.48 ± 0.15	1.75 ± 0.05	1.44 ± 0.14
丙二醛/（nmol/mg）	2.98 ± 0.36	2.05 ± 0.04	2.23 ± 0.16	2.58 ± 0.13
肌肉				
过氧化氢酶/（U/mg）	0.27 ± 0.01[b]	0.24 ± 0.02[b]	0.17 ± 0.02[a]	0.14 ± 0.01[a]
还原型谷胱甘肽/（μmol/g）	10.49 ± 1.38[b]	4.84 ± 0.18[a]	4.95 ± 0.4[a]	6.52 ± 0.16[a]
超氧化物歧化酶/（U/mg）	14.76 ± 0.43	13.16 ± 0.44	13.98 ± 0.46	16.40 ± 1.26
总抗氧化能力/（μmol/g）	70.00 ± 4.77[c]	40.14 ± 3.38[b]	43.24 ± 2.15[b]	25.44 ± 1.18[a]

（岗位科学家　李远友）

海鲈营养需求与饲料技术研发进展

海鲈营养需求与饲料岗位

根据本年度的重点任务，筛选了羟基酪醇、槲皮素等多种具有改善海鲈肝脏功能的植物提取物，为改善海鲈肝功能提供具体方案。获得了主要营养需求参数，开发了池塘养殖海鲈的高效配合饲料。此外，针对夏季海鲈养殖的高温应激，研究了硒、钾等多种矿物质元素对高温期海鲈生长的影响；通过优化营养参数，开发了高温期海鲈配合饲料，可使鱼体生长速度提高 7.7%，饲料系数降低 8.77%，氨氮排放降低 8.77%。

1　白蕉海鲈全产业链经营模式关键技术与示范

参与“白蕉海鲈全产业链经营模式关键技术与示范”任务，并负责调查饲料中抗生素、农药和有害重金属的残留。实地调研取样后，经实验室分析，主要厂商的饲料不含违禁的抗生素，农药残留水平符合国家标准，但有部分饲料中个别重金属超标，可能与鱿鱼膏或者某些添加剂的不当使用有关。

2　改善海鲈肝功能的饲料添加剂的开发与中试

2.1　饲料中添加槲皮素对海鲈生长及肝脏脂肪沉积的影响

海鲈的养殖过程常出现脂肪肝。鱼类脂肪肝是指以肝脏脂肪沉积过多为典型特征的、会引起代谢紊乱的代谢性疾病的统称，常会给鱼体带来许多不利影响，如生长变慢、抗应激能力变差等。因此，开发缓解海鲈脂肪肝的添加剂有重要的意义。配制 4 种饲料，分别为 11%脂肪组（LFD）、16%脂肪组（HFD）、16%脂肪加 0.05%槲皮素组（HFD+0.05%Q）、16%脂肪加 0.1%槲皮素组（HFD+0.1%Q）、16%脂肪加 0.2%槲皮素组（HFD+0.1%Q），养殖海鲈 8 周。结果表明：饲料中添加槲皮素（0.1%水平最明显）对海鲈生长有显著的改善作用，且显著减少了脂肪的沉积（表 1、表 2、图 1）。

表 1 饲料中添加槲皮素对海鲈生长的影响

组别	WG/%	SGR	FCR	PER	FI/g
NFD	747.75 ± 0.02[bc]	3.82 ± 0.02[bc]	1.05 ± 0.02[b]	2.03 ± 0.03[b]	93.45 ± 0.94[a]
HFD	661.53 ± 13.12[a]	3.62 ± 0.03[a]	1.17 ± 0.02[c]	1.83 ± 0.04[a]	91.38 ± 1.76[ab]
HFD+0.05%Q	713.10 ± 10.75[b]	3.74 ± 0.02[b]	1.07 ± 0.01[b]	1.99 ± 0.02[b]	90.97 ± 0.22[ab]
HFD+0.1%Q	764.47 ± 5.20[c]	3.85 ± 0.01[c]	0.95 ± 0.02[a]	2.24 ± 0.04[c]	88.57 ± 0.58[ab]
HFD+0.2%Q	725.70 ± 6.53[bc]	3.77 ± 0.01[bc]	1.05 ± 0.02[b]	2.03 ± 0.04[b]	87.87 ± 0.82[b]

表 2 饲料中添加槲皮素、黄连素和羟基酪醇对腹脂率等形态指标的影响

组别	腹脂率/%	肝体比/%	脏体比/%	肥满度
NFD	5.20 ± 0.09[a]	1.14 ± 0.01[b]	9.52 ± 0.08[a]	1.83 ± 0.01[a]
HFD	8.10 ± 0.14[c]	0.87 ± 0.03[a]	12.42 ± 0.19[c]	1.96 ± 0.02[b]
HFD+0.05%Q	6.13 ± 0.10[b]	1.06 ± 0.01[b]	10.53 ± 0.16[b]	1.93 ± 0.02[b]
HFD+0.1%Q	5.89 ± 0.26[ab]	1.09 ± 0.01[b]	10.23 ± 0.16[ab]	1.99 ± 0.01[b]
HFD+0.2%Q	5.73 ± 0.10[ab]	1.13 ± 0.05[b]	10.12 ± 0.29[ab]	1.98 ± 0.01[b]

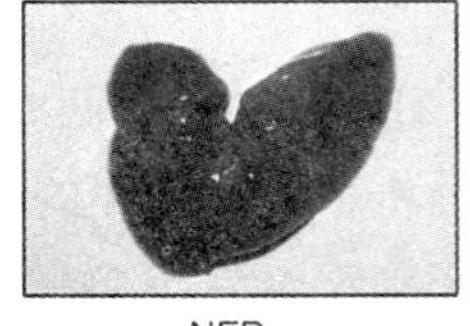
NFD

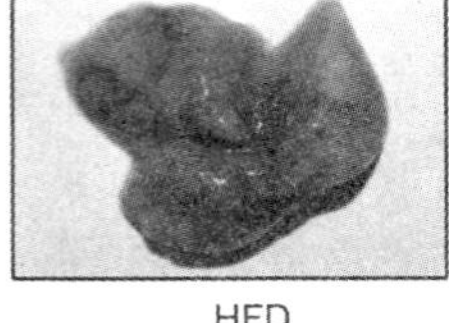
HFD

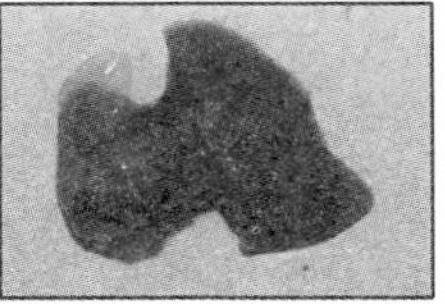
HFD+0.1%Q

图 1 高脂饲料中添加 0.1%槲皮素可显著改善肝脏的颜色

2.2 饲料中添加 4-苯基丁酸钠（4-PBA）对海鲈肝脏脂肪沉积的影响

4-PBA具有缓解细胞内质网应激的作用。本实验研究了 4-PBA添加到饲料中对海鲈肝脏脂肪沉积的影响，设计 4 组，分别为低脂饲料、高脂饲料、高脂饲料+10 mg/kg 4-PBA、高脂饲料+50 mg/kg 4-PBA。结果表明：4-PBA对海鲈的生长无不利影响，4-PBA显著减少肝脏的脂肪沉积、缓解肝细胞内质网应激（图 2）。

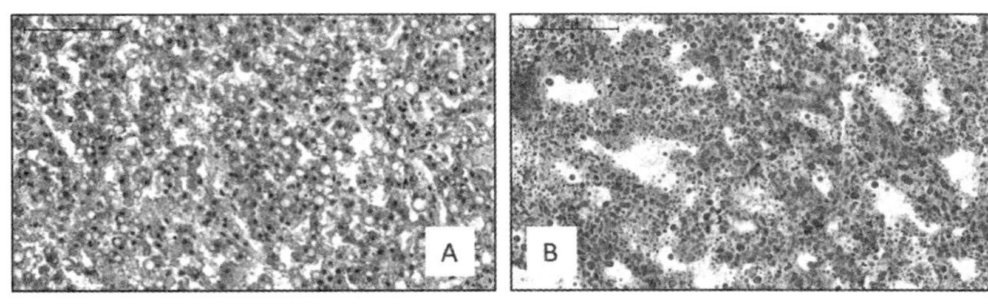

图 2 饲料中添加 4-PBA对肝细胞脂肪沉积的影响

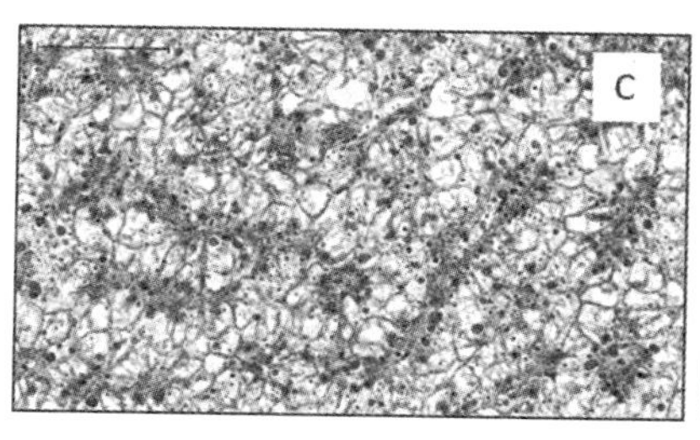

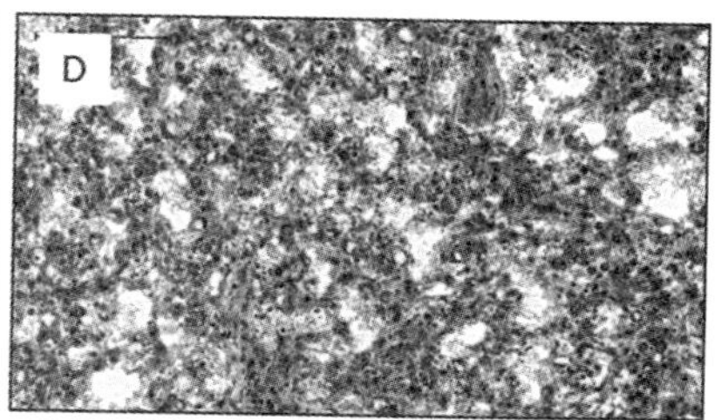

图 2　饲料中添加 4-PBA对肝细胞脂肪沉积的影响（续）

3　饲料新型蛋白源的开发

3.1　菌体蛋白替代鱼粉对海鲈生长的影响

菌体蛋白也叫微生物蛋白，是用工农业废料、石油或天然气人工培养的微生物菌体，具有不占用耕地、能工业化生产的特点。本实验旨在明确菌体蛋白分别替代 10%、20%、30%、40%和 50%的鱼粉后，对海鲈生长、消化和免疫的影响。以鱼油、豆油为主要脂肪源，以不同比例的鱼粉、豆粕、鸡肉粉、菌体蛋白为蛋白源，设计 5 组等氮、等脂的饲料，采用定量投喂方式，养殖海鲈 8 周后，测定相关指标。结果表明：菌体蛋白替代 10%鱼粉可显著提高海鲈的增重率（表 3）。

表 3　菌体蛋白替代鱼粉对海鲈生长性能的影响

组别	终体重/g	增重率/%	饲料系数	蛋白质效率	摄食量/g
对照	32.20 ± 0.57[a]	197.47 ± 3.59[a]	1.00 ± 0.01	2.28 ± 0.03	18.63 ± 1.18
10%替代	35.50 ± 0.71[b]	223.21 ± 14.04[b]	0.98 ± 0.04	2.33 ± 0.08	16.77 ± 1.54
20%替代	32.35 ± 0.35[a]	200.95 ± 12.52[a]	1.05 ± 0.01	2.15 ± 0.01	17.15 ± 1.27
30%替代	32.40 ± 0.14[a]	201.51 ± 9.20[a]	1.12 ± 0.18	2.06 ± 0.33	18.33 ± 0.85
40%替代	32.00 ± 0.42[a]	193.09 ± 8.56[a]	1.08 ± 0.06	2.13 ± 0.13	17.73 ± 1.56
50%替代	30.37 ± 1.02[a]	190.44 ± 8.05[a]	1.18 ± 0.00	1.93 ± 0.00	19.50 ± 0.67

3.2　菌体蛋白替代豆粕对海鲈生长的影响

本实验旨在探讨菌体蛋白在高豆粕饲料中的作用。实验设 5 组：鱼粉组、豆粕组、3.5%菌体蛋白组、7%菌体蛋白组、10%菌体蛋白组。选取身体健康、规格均一的海鲈幼鱼 300 尾（初始体重为 14 g左右），随机分为 15 缸，每缸 20 尾鱼，分别饱食投喂 5 种饲料，养殖 8 周后采集样品，进行分析。由结果可知，豆粕组鱼体的生长显著降低，饲料系数显著升高；菌体蛋白组，仅有 3.5%添加组生长接近豆粕组，但饲料系数最低，表明菌体蛋白可能对消化具有改善作用（表 4）。

表 4　菌体蛋白替代豆粕对海鲈生长性能的影响

组别	初体重/g	末体重/g	增重率/%	饲料系数	蛋白质效率	摄食量/g
鱼粉组	13.9 ± 0.06	93.6 ± 0.34[c]	572.7 ± 2.27[c]	1.08 ± 0.01[ab]	2.10 ± 0.01[a]	85.64 ± 0.17
豆粕组	13.9 ± 0.06	80.6 ± 2.07[b]	477.4 ± 12.46[b]	1.16 ± 0.03[b]	1.96 ± 0.03[a]	75.44 ± 0.50
3.5%BPM	13.9 ± 0.07	78.0 ± 2.25[b]	459.5 ± 18.18[b]	0.96 ± 0.03[a]	2.39 ± 0.08[b]	59.58 ± 1.13
7%BPM	13.9 ± 0.08	56.1 ± 2.16[a]	319.7 ± 1.68[a]	1.10 ± 0.07[ab]	2.05 ± 0.05[a]	47.96 ± 1.54
10.5%BPM	14.0 ± 0.06	55.6 ± 4.70[a]	298.1 ± 33.14[a]	1.13 ± 0.13[ab]	2.05 ± 0.22[a]	44.65 ± 0.47

4　海鲈高温期饲料配方的技术整合、中试

4.1　海鲈对饲料钾需要量的研究

钾作为常量元素，对鱼类营养和生理机能有着重要影响，钾缺乏会导致鱼类出现厌食现象、饲料效率下降，从而生长减慢。因此，探明饲料中钾的适宜含量对于饲料的配制非常必要。实验饲料以鱼粉、酪蛋白、谷蛋白粉为蛋白源，鱼油和大豆油为脂肪源，糊精为主要糖源，并补充无机盐、维生素等配制出基础饲料。然后分别在基础饲料中添加不同梯度（0.25%、0.5%、0.75%、1%、1.25%）的钾，钾源为KCl。

由结果可知，水体盐度和饲料钾水平对海鲈生长性能有着显著影响。双因素方差分析结果表明，终末均重、增重率、特定生长率、摄食率、饲料系数、存活率均显著受水体盐度及饲料钾水平影响。淡水中对照组的海鲈增重率、特定生长率显著低于其他各组。随着饲料钾水平的升高，鱼增重率呈现先升高后降低的趋势（表 5）。以海鲈增重率为评价指标，采用二次回归分析，得出淡水中海鲈对饲料钾的需求量为 0.92%。海水养殖条件下，钾水平对鱼体增重率无显著影响。

表 5　不同盐度水体中钾水平对海鲈生长的影响

水体/钾水平	增重率/%	特定生长率	摄食率/（%/d）	饲料系数
淡水/0.09	133 ± 10.3[a]	1.80 ± 0.09[a]	2.03 ± 0.03[a]	1.44 ± 0.06[bc]
淡水/0.34	502 ± 19.7[c]	3.82 ± 0.07[c]	3.60 ± 0.14[b]	1.20 ± 0.04[ab]
淡水/0.59	583 ± 22.8[cd]	4.09 ± 0.07[c]	3.61 ± 0.04[b]	1.15 ± 0.02[a]
淡水/0.84	596 ± 16.0[d]	4.13 ± 0.05[c]	3.80 ± 0.06[b]	1.16 ± 0.03[a]
淡水/1.09	591 ± 20.3[d]	4.11 ± 0.06[c]	3.61 ± 0.03[b]	1.15 ± 0.01[a]
淡水/1.33	564 ± 18.7[cd]	4.03 ± 0.06[c]	3.59 ± 0.03[b]	1.15 ± 0.02[a]
海水/0.09	389 ± 13.9[b]	3.38 ± 0.06[b]	3.72 ± 0.14[b]	1.33 ± 0.06[abc]
海水/0.34	369 ± 10.9[b]	3.28 ± 0.05[b]	3.62 ± 0.12[b]	1.36 ± 0.06[abc]
海水/0.59	373 ± 22.3[b]	3.30 ± 0.10[b]	3.58 ± 0.09[b]	1.31 ± 0.05[abc]
海水/0.84	358 ± 11.8[b]	3.24 ± 0.06[b]	3.70 ± 0.14[b]	1.37 ± 0.06[abc]

续表

水体/钾水平	增重率/%	特定生长率	摄食率/（%/d）	饲料系数
海水/1.09	357 ± 8.4^{b}	3.23 ± 0.04^{b}	3.88 ± 0.10^{b}	1.45 ± 0.05^{c}
海水/1.34	371 ± 17.0^{b}	3.30 ± 0.08^{b}	3.47 ± 0.10^{b}	1.33 ± 0.07^{abc}
P				
钾水平	<0.01	<0.01	<0.01	0.04
水体	<0.01	<0.01	<0.01	<0.01
交互作用	<0.01	<0.01	<0.01	0.01

4.2　饲料中添加不同钙源对海鲈生长的影响

钙是鱼体内含量最多的无机元素，大约有99%的钙和80%的磷通常以结晶化合物形式存在于骨骼和鳞片中。钙既可以维持鱼类的健康生长和骨骼的正常发育，还可以参与神经传导、肌肉收缩、渗透压调节、血液凝固和多种酶反应等过程。目前尚没有对饲料中不同钙源的研究以及海鲈对不同钙源利用率的差别的研究。因此，本研究可以找出较为合适的钙源，为生产实践提供科学依据。

以酪蛋白和脱骨鱼粉为蛋白源，鱼油、豆油为脂肪源，并补充鱿鱼膏、矿物质混合物、维生素混合物等为基础配方的组成部分，配制5组饲料：D1组（对照组，不添加钙）、D2组（氯化钙0.98%）、D3组（乳酸钙1.86%）、D4组（羟基磷灰石2.50%）、D5组（羟基磷灰石5.00%）。分别在淡水或海水条件下养殖8周后，采集样品并分析。结果表明：在淡水养殖条件下，氯化钙和2.5%羟基磷灰石组的鱼体生长速度低于对照组；海水养殖条件下，各种钙源对鱼体生长无显著影响（表6）。

表6　不同钙源对海鲈生长的影响

组别	终末体重/g	增重率/%	摄食率/%	饲料效率	存活率/%
淡水/D1	77.9 ± 1.43^{ab}	768 ± 18.2^{ab}	3.09 ± 0.08^{ab}	0.90 ± 0.03^{ab}	91.6
淡水/D2	68.3 ± 1.39^{c}	669 ± 18.2^{b}	3.07 ± 0.04^{ab}	0.88 ± 0.02^{ab}	90.0
淡水/D3	74.2 ± 0.35^{bc}	724 ± 7.39^{ab}	2.96 ± 0.03^{a}	0.92 ± 0.01^{ab}	88.3
淡水/D4	70.6 ± 4.11^{c}	688 ± 40.8^{b}	3.22 ± 0.06^{b}	0.84 ± 0.02^{b}	93.3
淡水/D5	82.3 ± 1.44^{a}	819 ± 15.4^{a}	3.02 ± 0.04^{ab}	0.94 ± 0.02^{a}	93.3
海水/D1	73.1 ± 2.53	359 ± 18.4	2.72 ± 0.03^{a}	0.84 ± 0.01	100
海水/D2	72.9 ± 2.37	360 ± 20.9	2.55 ± 0.02^{b}	0.89 ± 0.02	100
海水/D3	67.3 ± 4.14	320 ± 25.2	2.67 ± 0.01^{ab}	0.81 ± 0.03	100
海水/D4	70.0 ± 2.60	342 ± 17.0	2.71 ± 0.05^{ab}	0.83 ± 0.03	100
海水/D5	68.2 ± 3.15	327 ± 21.3	2.71 ± 0.04^{ab}	0.82 ± 0.03	100

4.3 硒代蛋氨酸对海鲈生长性能、抗氧化性能和肌肉质构的影响

硒是谷胱甘肽过氧化物酶的组成成分。硒可以利用还原型谷胱甘肽，将过氧化氢和脂肪酸过氧化氢转化为水和脂肪酸，从而保护细胞膜免受氧化损伤，在水产动物应对高温应激方面有重要的作用。硒代蛋氨酸是一种有机硒，具有吸收快、利用率高、毒副作用小、环境污染少等特点。

根据海鲈的营养需求特点，以鱼粉、豆粕、鸡肉粉为蛋白源，以鱼油、豆油为脂肪源，配制蛋白水平为45.45%、脂肪水平为12.66%的饲料，并添加矿物元素和多种维生素。基础饲料中硒代蛋氨酸的添加水平分别为0（对照组）、7.5、15、30、60、90 mg/kg，硒含量实测值分别为0.71、0.85、0.99、1.27、1.80、2.47 mg/kg。养殖海鲈8周后，采集样品并进行分析。结果表明：饲料中添加适量的硒代蛋氨酸可以促进海鲈的生长；与对照组相比，饲料硒含量为0.99 mg/kg时显著提高了海鲈的增重率与饲料效率（表7）。

表7　饲料中不同水平硒代蛋氨酸对海鲈生长性能的影响

硒水平	0.71 mg/kg	0.85 mg/kg	0.99 mg/kg	1.27 mg/kg	1.80 mg/kg	2.47 mg/kg
终末体重/g	81.0 ± 0.76^{a}	82.2 ± 0.57^{a}	91.9 ± 2.52^{b}	88.6 ± 0.19^{ab}	81.2 ± 0.39^{a}	83.7 ± 2.84^{ab}
增重率/%	566 ± 15.1^{a}	553 ± 7.06^{a}	654 ± 31.7^{b}	612 ± 1.17^{ab}	575 ± 10.0^{ab}	586 ± 9.88^{ab}
饲料效率	0.95 ± 0.01^{a}	0.94 ± 0.01^{a}	1.01 ± 0.00^{b}	0.97 ± 0.00^{ab}	0.95 ± 0.02^{a}	0.96 ± 0.01^{ab}

4.4 n-3/n-6 PUFA对海鲈生长和脂肪代谢的影响

对于海水鱼，n-3系列高不饱和脂肪酸即二十二碳六烯酸（DHA）和二十碳五烯酸（EPA）最为重要。亚油酸（LA）是n-6系列不饱和脂肪酸中重要的脂肪酸之一，同高不饱和脂肪酸一样，在构成细胞膜结构和维持细胞膜的功能方面起着重要的作用。n-3/n-6 PUFA的配比及其代谢产物的相对平衡，是维持机体健康的根本因素。它能维持鱼体生物膜的结构，提高水产动物的适口性，降低饲料成本；若发生改变，必然导致各种代谢途径改变，引起一系列的生理反应，如生长性能下降、死亡率升高、代谢紊乱、炎症等疾病出现。因此，饲料中保持适宜的n-3/n-6 PUFA比例，对海水鱼的生长和健康都有重要的影响。

根据海鲈的营养需求特点，以鱼粉、大豆浓缩蛋白、谷蛋白粉为蛋白源，以DHA纯化油、EPA纯化油、LA纯化油为脂肪源配制7种饲料，分别为n-3组、n-3/n-6=8、n-3/n-6=4、n-3/n-6=1、n-3/n-6=0.5、n-6组，养殖海鲈8周后采集样品。结果表明，随着n-3/n-6 PUFA比例的降低，终末均重、增重率和特定生长率呈先上升后下降的趋势，肝体比、脏体比和肥满度各组间差异不显著，腹脂率增加（表8）。

表 8　n-3/n-6 PUFA对海鲈生长性能的影响

组别	末均重/g	增重率/%	脏体比/%	肝体比/%	腹脂率/%	肥满度/（g/cm^3）
n-3	25.8 ± 0.37[a]	135 ± 3.42[a]	8.02 ± 0.24	1.24 ± 0.10	1.87 ± 0.05[a]	1.65 ± 0.02
n-3/n-6=8	23.6 ± 0.06[a]	125 ± 11.2[a]	7.62 ± 0.26	1.03 ± 0.04	2.10 ± 0.16[ab]	1.63 ± 0.01
n-3/n-6=4	37.0 ± 1.18[b]	237 ± 10.6[b]	8.31 ± 0.33	1.13 ± 0.12	2.23 ± 0.11[ab]	1.66 ± 0.06
n-3/n-6=2	38.7 ± 0.09[b]	252 ± 0.79[b]	8.60 ± 0.39	0.93 ± 0.05	2.66 ± 0.11[bc]	1.67 ± 0.01
n-3/n-6=1	47.4 ± 0.37[d]	323 ± 7.85[c]	8.06 ± 0.52	1.03 ± 0.06	3.08 ± 0.03[c]	1.69 ± 0.01
n-3/n-6=0.5	44.3 ± 0.33[c]	294 ± 8.81[c]	9.15 ± 0.18	1.10 ± 0.07	3.34 ± 0.12[c]	1.77 ± 0.04
n-6	43.2 ± 0.36[c]	292 ± 3.23[c]	9.59 ± 0.66	1.31 ± 0.09	4.05 ± 0.19[d]	1.73 ± 0.02

（岗位科学家　张春晓）

河鲀营养需求与饲料技术研发进展

河鲀营养需求与饲料岗位

2020 年，河鲀营养需求与饲料岗位围绕体系年度工作任务要求，进一步完善河鲀基础营养素的数据库，研究鱼粉的可替代蛋白源及饲料营养素与养殖密度之间的关系，开发河鲀高效环保饲料替代鲜杂鱼等方面的工作。

1 进一步完善河鲀营养需求及饲料利用参数

1.1 红鳍东方鲀幼鱼对饲料中异亮氨酸需求量的研究

在基础饲料中添加 0%、0.3%、0.6%、0.9%、1.2%、1.5%的晶体异亮氨酸（实测含量为 1.23%、1.47%、1.61%、1.98%、2.17%、2.31%），以甘氨酸、谷氨酸、天冬氨酸作为其等氮替代物配制出 6 种等氮、等脂饲料，对初始体重为（29.00 ± 0.01）g的红鳍东方鲀幼鱼进行 10 周的喂养实验。结果表明：随饲料中异亮氨酸含量升高，蛋白质沉积率呈现先升高后下降趋势，在 1.98%及 2.17%组达到最高，显著高于 1.23%组（$P<0.05$）（图 1）；鱼体蛋白含量呈现先上升后下降趋势，在 1.61%、1.98%及 2.17%组达到最高，显著高于 1.23%组（$P<0.05$）；血清游离异亮氨酸含量随饲料异亮氨酸含量的增高呈现先升高后趋于平缓的趋势，肌肉游离异亮氨酸含量随着饲料异亮氨酸的增加呈现先降低后升高的趋势。以蛋白质沉积率、鱼体蛋白质作为评价指标，根据二次回归曲线得到，红鳍东方鲀幼鱼对异亮氨酸需求量为 1.83% ~ 1.96%饲料干物质。

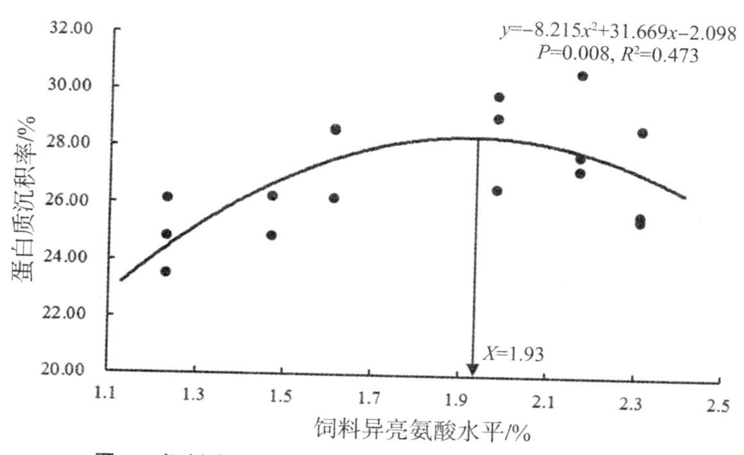

图 1 饲料中异亮氨酸含量与蛋白质沉积率之间的关系

1.2 红鳍东方鲀幼鱼对饲料中亮氨酸需求量的研究

在基础饲料中添加 0%、0.4%、0.8%、1.2%、1.6%、2.0%的晶体亮氨酸（实测饲料亮氨酸水平分别为 1.92%、2.49%、2.86%、3.26%、3.63%、4.07%）。将红鳍东方鲀幼鱼（初体重 29.00 g）放入 18 个网箱中，每个网箱放 35 尾，进行 10 周养殖实验。生长结果显示，饲料中不同亮氨酸水平对红鳍东方鲀幼鱼的终末体重、存活率、增重率、特定生长率、饲料效率、蛋白质效率和蛋白质沉积率均无显著影响（$P>0.05$），同时，对鱼体营养成分粗蛋白、粗脂肪和水分含量以及鱼体形体指标肥满度、脏体比和肝体比也无显著影响（$P>0.05$）。血清和肌肉游离支链氨基酸的结果显示，饲料中不同亮氨酸水平显著影响红鳍东方鲀的血清游离亮氨酸、异亮氨酸和缬氨酸及肌肉游离亮氨酸，且血清支链氨基酸的变化在 1.92%亮氨酸组含量最低，而在 4.07%亮氨酸组最高，肌肉游离亮氨酸也是在 1.92%组最低，显著低于 3.63%和 4.07%亮氨酸组（$P<0.05$）。以血清游离亮氨酸含量为参考指标，做折现拟合模型得到，初始体重大约 29.00 g的红鳍东方鲀幼鱼的亮氨酸需求量为 3.43%（图 2）。

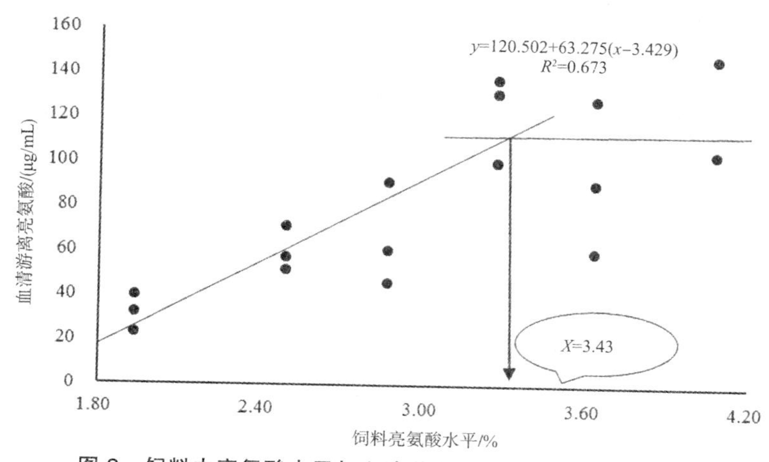

图 2 饲料中亮氨酸水平与血清游离亮氨酸含量之间的关系

1.3 鸡肉粉替代鱼粉对暗纹东方鲀生长及饲料利用的影响

以体重 16.5 g的暗纹东方鲀幼鱼为研究对象，基础饲料含 45%的鱼粉，分别用鸡肉粉替代基础饲料中 15%、30%、45%和 60%的鱼粉，配制成 5 种实验饲料，研究鸡肉粉替代鱼粉对于暗纹东方鲀的生长及饲料利用的影响。养殖实验在南通市中洋现代渔业科技产业园基地进行，每天投喂 3 次（07：00、11：30 和 16：30）。结果表明，不同水平鸡肉粉替代鱼粉显著影响暗纹东方鲀的增重率、特定生长率、饲料效率和蛋白质效率。增重率和特定生长率表现为随着鸡肉粉替代鱼粉水平的提高，呈先趋于平缓后降低的趋势；而饲料效率和蛋白质效率表现为随着鸡肉粉替代鱼粉水平的提高，呈先升高后降低的趋势。但是，鸡肉粉替代鱼粉对暗纹东方鲀幼鱼的鱼体粗蛋白、粗脂肪、灰分和水分以及鱼体形体指标肥满度、肝体比和脏体比无显著差异（$P>0.05$）。因此，以特定生长率和饲料效率为评价指标，做折现拟合模型，得到在基础饲料鱼粉为 45%的条件下，鸡肉粉最适替代鱼粉的水平为 24.32% ~ 30.00%，占饲料配方的鱼粉水平为 10.94% ~ 13.5%。

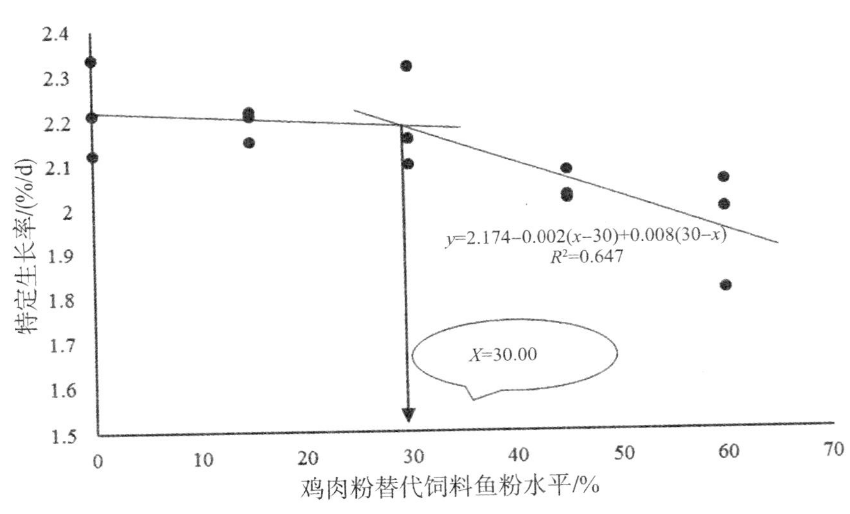

图 3 饲料中鸡肉粉替代鱼粉水平与特定生长率之间的关系

2 研究饲料营养素与养殖密度之间的关系

2.1 不同饲料磷含量和养殖密度对红鳍东方鲀脂质代谢、磷代谢、钙代谢、血清生理生化指标和磷排泄的影响

为全面研究不同饲料磷水平和养殖密度对红鳍东方鲀的影响，设计了两因素三水平（2×3）共为期 8 周的养殖实验。配制了 3 种饲料，磷含量占饲料干重分别为 0.68%（低磷组）、0.98%（中磷组）和 1.31%（高磷组），其中有效磷含量分别为 0.44%、0.76%和 1.06%。设置 3 个密度梯度，分别为 1.53 kg/m³（低密度组）、2.30 kg/m³（中密度

组）和 3.06 kg/m^3（高密度组）。每组饲料设 3 个重复。结果表明，中磷组和高磷组的全鱼磷、钙含量显著高于低磷组（$P<0.01$），但饲料处理对脊骨磷和钙含量的影响不显著（$P>0.05$）（表 1）。在血清中，高磷组的磷含量显著低于低磷组（$P<0.05$），而对钙含量的影响不显著（$P>0.05$）。饲料磷含量和养殖密度对脊骨磷含量、脊骨钙含量和全身钙含量的影响存在显著性交互作用（$P<0.05$）。血清中脂质相关的生化指标表明，与低磷组相比，中磷组和高磷组血清总胆固醇、高密度脂蛋白、低密度脂蛋白的含量均显著低于低磷组（$P<0.01$），而饲料处理对血清甘油三酯和葡萄糖的含量没有显著性影响。但中磷组和高磷组中的 25-羟基维生素D_3 含量显著高于高磷组，低密度组和高密度组中的 25-羟基维生素D_3 含量显著高于中磷组（$P<0.05$）。与低磷组相比，较高的饲料磷含量降低碱性磷酸酶和皮质醇的含量，但增加了甲状旁腺激素含量。除 25-羟基维生素D_3 外，养殖密度对血清生化指标无显著影响。饲料磷含量和养殖密度对 25-羟基维生素D_3、降钙素、甲状旁腺激素和皮质醇的影响存在显著交互作用。综上所述，红鳍东方鲀幼鱼对饲料磷有较高的需求，高水平的饲料磷可以减少脂肪沉积。高养殖密度（3.06 kg/m^3）对其他生理参数影响很小。在饲料磷含量和养殖密度对磷、钙代谢的影响之间观察到了显著的交互作用。这些结果为研究海水鱼的磷生理以及磷营养与养殖条件之间的交互作用提供了新的思路。

表 1　磷、钙在实验红鳍东方鲀体内的沉积

饲料分组	磷			钙		
	脊骨/%	全鱼/%	血清/（mmol/L）	脊骨/%	全鱼/%	血清/（mmol/L）
LP/LD	9.85 ± 1.11	1.46 ± 0.04	0.3 ± 0.01	17.13 ± 2.02	1.54 ± 0.05	1.44 ± 0.04
LP/MD	7.67 ± 0.47	1.61 ± 0.04	0.3 ± 0.01	13.37 ± 0.81	1.81 ± 0.04	1.45 ± 0.02
LP/HD	9.3 ± 0.98	1.59 ± 0.02	0.26 ± 0.01	16.13 ± 1.70	1.8 ± 0.02	1.46 ± 0.01
MP/LD	7.21 ± 0.69	1.75 ± 0.03	0.24 ± 0.01	12.43 ± 1.07	2.21 ± 0.06	1.47 ± 0.00
MP/MD	9.04 ± 0.32	1.73 ± 0.06	0.26 ± 0.01	16.07 ± 0.61	2.18 ± 0.06	1.44 ± 0.02
MP/HD	8.24 ± 0.28	1.92 ± 0.08	0.25 ± 0.02	14.57 ± 0.67	2.52 ± 0.11	1.4 ± 0.03
HP/LD	8.54 ± 0.41	1.91 ± 0.05	0.22 ± 0.02	15.23 ± 0.67	2.4 ± 0.10	1.42 ± 0.02
HP/MD	8.86 ± 0.32	1.83 ± 0.10	0.22 ± 0.05	15.8 ± 0.65	2.28 ± 0.14	1.42 ± 0.02
HP/HD	7.65 ± 0.48	1.87 ± 0.04	0.21 ± 0.04	13.6 ± 0.82	2.32 ± 0.05	1.37 ± 0.03
P（two-way ANOVA）						
蛋白	0.315	0.000（A/B/B）	0.012（B/AB/A）	0.439	0.000（A/B/B）	0.705
密度	0.957	0.178	0.621	0.943	0.052	0.615
蛋白 × 密度	0.041	0.135	0.89	0.031	0.035	0.494

2.2　饲料中蛋白质含量及养殖密度对红鳍东方鲀幼鱼血清、肠道和肝脏相关生化指标的影响

本实验以平均初始体重 15.60 g的红鳍东方鲀幼鱼为研究对象，研究饲料中蛋白含量及养殖密度对红鳍东方鲀幼鱼生血清、肠道和肝脏相关生理生化指标的影响。设计两因素

三水平（2×3）的实验，配制3种不同蛋白梯度：38.87%（低蛋白组）、45.55%（中蛋白组）及51.00%（高蛋白组）。设置3个密度梯度：1.53 kg/m^3（体积0.196 m^3的实验桶，每桶20尾鱼，低密度组）、2.30 kg/m^3（每桶30尾鱼，中密度组）、3.06 kg/m^3（每桶40尾鱼，高密度组）。每组饲料设3个重复，养殖实验为期8周，在室内流水系统内进行。结果显示，饲料蛋白质含量和养殖密度没有使胃蛋白酶、胰蛋白酶产生显著差异，出现这种结果的原因可能是红鳍东方鲀幼鱼对40%～50%的饲料蛋白含量不敏感；当养殖密度一定时，低蛋白组的血清总蛋白浓度显著高于中蛋白组，高蛋白组与低、中蛋白组没有显著差异，说明39%蛋白质含量的饲料刺激了红鳍东方鲀幼鱼血液中的蛋白质更替；饲料蛋白含量和养殖密度并未对红鳍东方鲀幼鱼葡萄糖和皮质醇产生显著影响，但随着养殖密度的升高，血浆中的血糖和皮质醇含量均有上升趋势（表2）。因此，饲料蛋白含量和养殖密度会在一定程度上影响红鳍东方鲀机体的蛋白代谢和脂肪代谢。

表2　饲料蛋白含量和养殖密度对红鳍东方鲀抗应激相关生化指标的影响

饲料分组	肝脏谷草转氨酶/（U/g）	肝脏谷丙转氨酶/（U/g）	血清谷丙转氨酶/（U/g）	血清谷草转氨酶/（U/g）	血清皮质醇水平/（ng/mL）	血糖水平/（mg/dL）
1（P39/D20）	6.49±1.50	14.22±0.72	12.35±6.88	6.22±1.51	35.50±1.02	5.28±1.15
2（P39/D30）	7.81±1.05	12.46±0.31	18.60±11.45	7.56±3.95	33.29±6.69	3.35±1.45
3（P39/D40）	7.08±1.10	12.90±1.28	10.13±2.37	5.02±0.79	36.94±3.25	4.43±0.96
4（P45/D20）	6.58±0.78	11.71±0.48	11.00±2.98	5.71±2.56	31.92±3.53	3.38±0.84
5（P45/D30）	6.54±1.47	13.81±3.40	16.02±5.88	5.32±1.84	36.19±3.31	3.08±1.38
6（P45/D40）	6.64±0.96	14.29±2.45	12.19±2.71	7.84±0.47	39.90±0.35	5.04±1.01
7（P51/D20）	8.24±0.70	11.34±3.06	13.99±5.75	5.26±2.18	34.63±2.31	4.49±1.48
8（P51/D30）	11.64±3.67	18.46±3.78	15.96±1.66	4.17±1.14	37.68±0.11	3.83±0.73
9（P51/D40）	7.34±0.89	15.90±0.51	13.96±0.91	6.05±1.46	42.22±4.10	7.46±2.40
单因素ANOVA						
P	0.438	0.527	0.976	0.937	0.535	0.466
双因素ANOVA						
P（蛋白）	0.162	0.483	0.94	0.741	0.553	0.44
P（密度）	0.386	0.426	0.509	0.916	0.135	0.16
P（蛋白×密度）	0.675	0.421	0.979	0.745	0.823	0.693

3　红鳍东方鲀对饲料不同水平氨基酸及多肽蛋白的代谢响应

3.1　饲料不同牛磺酸水平对红鳍东方鲀牛磺酸代谢的响应

本实验探究红鳍东方鲀对饲料不同水平牛磺酸的代谢响应。在基础饲料中分别添加0、

3、6、9、12、20 g/kg牛磺酸（分别为T0、T3、T6、T9、T12和T20组），并另外设对照组，添加12 g/kg半胱氨酸（Cys）。养殖实验选择初始体重（20.05 ± 0.06）g的鱼，每个养殖桶放25尾鱼。结果表明，肌肉和肝脏游离牛磺酸随着饲料牛磺酸的增加而升高，然而，在Cys和T0组之间无显著差异（P>0.05）。肝脏中游离蛋氨酸的含量随着饲料牛磺酸的增加而升高，这暗示添加外源牛磺酸对肝脏的蛋氨酸起到节约作用。肝脏CSD的活性和基因表达方面，与T9、T12和T20组相比，T0组显著下调（P<0.05），肝脏CDO活性和基因表达在T0组和添加牛磺酸组（T3、T6、T9、T12和T20组）之间无显著差异（P>0.05）。肌肉中TAUT的表达水平随饲料牛磺酸的增加呈先降低后趋于平缓的趋势，拐点出现在牛磺酸含量为8.2 g/kg组（图4）。红鳍东方鲀不能在肝脏中将饲料中的半胱氨酸合成牛磺酸，但是在饲料中添加牛磺酸能起到节约蛋氨酸的作用。因此，牛磺酸被认为是红鳍东方鲀的条件必需氨基酸。

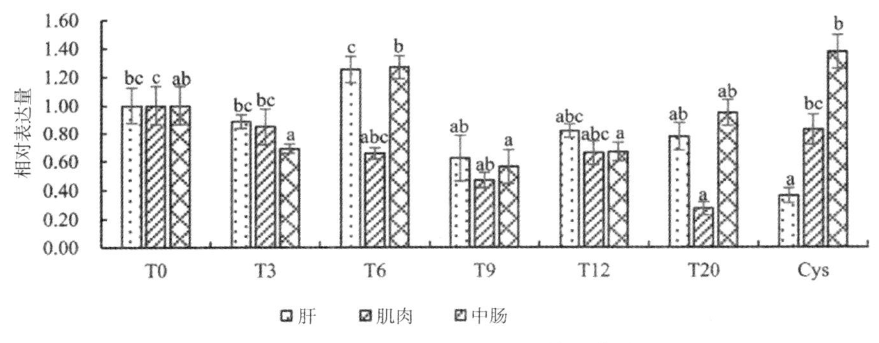

图4　肝脏、肌肉和中肠TAUT的基因表达水平

3.2　饲料不同精氨酸水平对红鳍东方鲀氨基酸吸收及蛋白合成的响应

研究旨在测定饲料不同精氨酸水平对红鳍东方鲀肠道小肽和氨基酸转运载体表达及肌肉TOR信号通路的影响。设计蛋白含量为480 g/kg的等氮饲料，其蛋白由鱼粉、玉米蛋白粉和混合晶体氨基酸提供，然后添加不同水平的晶体精氨酸，使饲料的精氨酸测定含量分别为19.1、21.5、24.4、26.7、30.0、32.5 g/kg（饲料干物质）。实验选择初始体重为19.97 g的幼鱼，每桶为25尾鱼。结果表明，随着饲料精氨酸含量的增加，肠道小肽转运载体PepT1和氨基酸转运载体CAT1、y^+LAT2的表达水平呈先升高后降低的变化趋势，且拐点出现在24.4 g/kg精氨酸组。肠道b^0，$^+$AT在21.5、24.4 g/kg精氨酸组显著高于32.5 g/kg精氨酸组（P<0.05）。另外，饲料不同牛磺酸水平对肌肉TOR信号通路相关基因TOR、4E-BP1和S6K1的表达均无显著影响（P>0.05）。饲料中适宜水平的精氨酸能够上调肠道小肽和氨基酸转运载体的表达，但是对肌肉TOR信号通路无显著调控作用。

3.3　水解鱼蛋白对红鳍东方鲀氨氮排泄、氨基酸转运及蛋白合成的影响

以平均初始体重14.96 g的红鳍东方鲀幼鱼为研究对象，研究水解鱼蛋白替代鱼粉对

红鳍东方鲀幼鱼氨氮排泄、氨基酸转运及蛋白合成的影响。设计 2 个对照组，正对照组鱼粉为 40%，负对照组鱼粉为 28%，并在负对照组中分别添加 5.2%、10.4%水解鱼蛋白（替代 6%、12%鱼粉），共配制 4 种等氮、等脂实验饲料，每组饲料设 3 个重复。养殖实验为期 8 周，在室内流水系统内进行。静水投喂 3 h后，正对照组水体中氨氮浓度显著高于负对照组和 5.2%水解鱼蛋白组（$P<0.05$），与 10.4%水解鱼蛋白组差异不显著（$P>0.05$）；10.4%水解鱼蛋白组显著高于 5.2%水解鱼蛋白组（$P<0.05$），与负对照组差异不显著（$P>0.05$）（图 5）。5.2%水解鱼蛋白组与负对照组差异不显著（$P>0.05$）。肠道小肽转运载体PepT1 及氨基酸转运载体EAAT3、PAT1 和y^+LAT2 随水解鱼蛋白替代鱼粉升高而上调，且与正对照组的鱼粉变化趋势一致；CAT1 和B0AT1 的表达随水解鱼蛋白替代鱼粉升高而下调，但也与正对照组的鱼粉变化趋势一致。水解鱼蛋白替代鱼粉对肌肉的TOR和S6K1 的表达无显著影响（$P>0.05$），但显著上调 4E−BP1 的表达（$P<0.05$）。研究表明，饲料中添加一定量的水解鱼蛋白替代鱼粉具有一定的促生长作用，但较高的鱼粉含量会造成水体中氨氮排泄量的增加，添加适量的水解鱼蛋白（5.2%）可减少水体中的氨氮排泄量。另外，肠道小肽和氨基酸转运载体对水解鱼蛋白的响应与高鱼粉组一致，表明水解鱼蛋白替代鱼粉可以调节植物蛋白氨基酸吸收，达到与鱼粉类似的效果。同时，也发现水解鱼蛋白对肌肉蛋白质合成具有一定的促进作用。

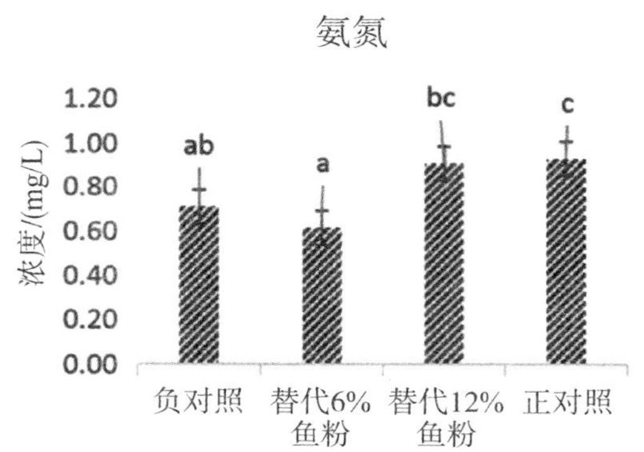

图 5　水解鱼蛋白替代鱼粉对红鳍东方鲀幼鱼静水投喂 3 h后水体中亚硝氮、氨氮浓度的影响

4　开发提升牛蛙下脚料利用技术 1 套

牛蛙具有生长快、肉味鲜美、营养丰富（表 3）等优点，是经济价值较高的水产养殖动物。近年来，国内牛蛙养殖业发展迅猛，养殖产量呈现爆发性增长。然而，养殖产量的增长造成牛蛙下脚料的增多，如果不能合理处置，不但浪费资源，而且造成环境的污染。本体系南通实验站在牛蛙加工季每天产生大量的牛蛙下脚料，给企业造成了极大的困扰。受南通实验站委托，借鉴成熟的水解鱼蛋白技术，利用双酶法研发出 1 套提升牛蛙下脚料利用价值的技术，并已经应用于养殖动物开展替代鱼粉养殖实验。从结果来看，养殖动物生长良好，达到废物循环利用的目的。

表 3　牛蛙小脚料水解物营养组成

营养组成		占比/（%，干重）
粗蛋白		68.15
粗脂肪		1.72
氨基酸		
	牛磺酸	0.08
	天冬氨酸	5.39
	苏氨酸	2.31
	丝氨酸	3.47
	谷氨酸	8.99
	甘氨酸	12.03
	丙氨酸	5.04
	胱氨酸	0.39
	缬氨酸	2.09
	蛋氨酸	0.82
	异亮氨酸	1.74
	亮氨酸	3.11
	酪氨酸	1.38
	苯丙氨酸	2.35
	赖氨酸	3.21
	组氨酸	1.09
	精氨酸	3.91
	脯氨酸	5.94

（岗位科学家　梁萌青）

海水鱼类病毒病防控技术研发进展

海水鱼类病毒病防控岗位

2020 年海水鱼体系病毒病防控岗位重点开展了我国主要海水养殖鱼类重要病毒性病原流行病学调查、病原检测技术、石斑鱼虹彩病毒（SGIV）灭活疫苗临床试验批件申报准备工作、海水鱼类病毒感染致病机制、石斑鱼虹彩病毒病发生风险评估及益生菌深度发酵及应用等工作，取得如下进展。

1　主要海水养殖鱼类重要病毒的流行暴发情况监测

2020 年度对我国海水鱼主要养殖地（海南、广东、山东和福建等地）进行 10 多次病毒病发生和流行情况调研，共采集患病鱼组织样品 300 多份，采集的鱼类包括石斑鱼、篮子鱼、卵形鲳鲹、斑石鲷、金钱鱼、大黄鱼、海鲈和鲆鲽类等。患病鱼的症状包括红头、红嘴，趴底昏睡，脾脏肿大，鳍条出血，黑身，眼球突出、呈青色，眼底浑浊，大规模死亡，等等。检测结果表明，石斑鱼主要病毒性病原仍为虹彩病毒和神经坏死症病毒，造成本年度石斑鱼苗种发病的主要是神经坏死症病毒。另外，在广东台山发病的石斑鱼中检测到淋巴囊肿病毒和SGIV混合感染。海鲈的病毒性病原为细胞肿大虹彩病毒和神经坏死症病毒，神经坏死症病毒的阳性率约 20%，而细胞肿大虹彩病毒的阳性率超过 40%。在 8—9 月送检的大黄鱼白鳃病组织样品中检测到大黄鱼虹彩病毒。在患病卵形鲳鲹的组织中检测到蛙虹彩病毒和神经坏死症病毒（图 1）。对 10 月采集的患出血病的大菱鲆进行检测，发现部分样品牙鲆弹状病毒呈阳性，但是也不排除北方鲆鲽类中出现疑似新的病毒性病原。

2　海水鱼类重要病毒检测技术的开发

在筛选识别海水鱼类病毒粒子或病毒蛋白核酸适配体的基础上，结合核酸适配体和胶体金，研制了检测病毒的横向流生物传感器（LFB）检测试纸条。LFB由样品垫、结合垫、硝酸纤维素膜和吸收垫组成，它们组装在塑料黏合PVC底板上。将样品垫浸泡在样品垫缓冲液（0.5%Triton、2%蔗糖、1%BSA、50 mmol/L，pH 8.0）中，室温下干燥过夜。将C线探针 2 和T线探针 3 分别用三维往复划线喷金仪（中国上海金标）在硝酸纤维素膜上进行划线，形成控制线和检测线。在病毒感染的组织或细胞样品中加入Aptamer1 和

Aptamer2孵育。Aptamer1具有生物素修饰，可被链霉亲和素（SA）修饰的磁珠捕获，从而用于富集。Aptamer2被用于扩增，可作为链置换扩增反应的模板。将SA包被磁珠加入混合物后，用磁器分离架将Aptamer2–病毒感染的细胞–Aptamer1–磁珠复合物收集，进行链置换扩增反应。将扩增的产物滴加到试纸条的样品垫上，扩增产物会与T线探针结合，5 min内即可观察到结果。实验检测结果显示，赤点石斑鱼神经坏死病毒（RGNNV）和SGIV的检测试纸条能对特定的病原进行识别检测（图2）。此外，开发的试纸条灵敏度较高，如RGNNV的检测试纸条可以检测低至5 ng或5×10^3 RGNNV感染的石斑鱼脑细胞中的病毒CP蛋白，而SGIV的检测试纸条可以检测5×10^4 mL^{-1} SGIV感染的细胞。目前，正在和公司进行合作开发RGNNV试纸条相应的诊断试剂盒。该方法利用核酸适配体代替传统的抗体，无需抗体的制备与纯化，具有很高的检测特异性。整个测试过程1 h即可完成。这种生物传感器在检测传统渔业病毒感染领域具有巨大的潜力。

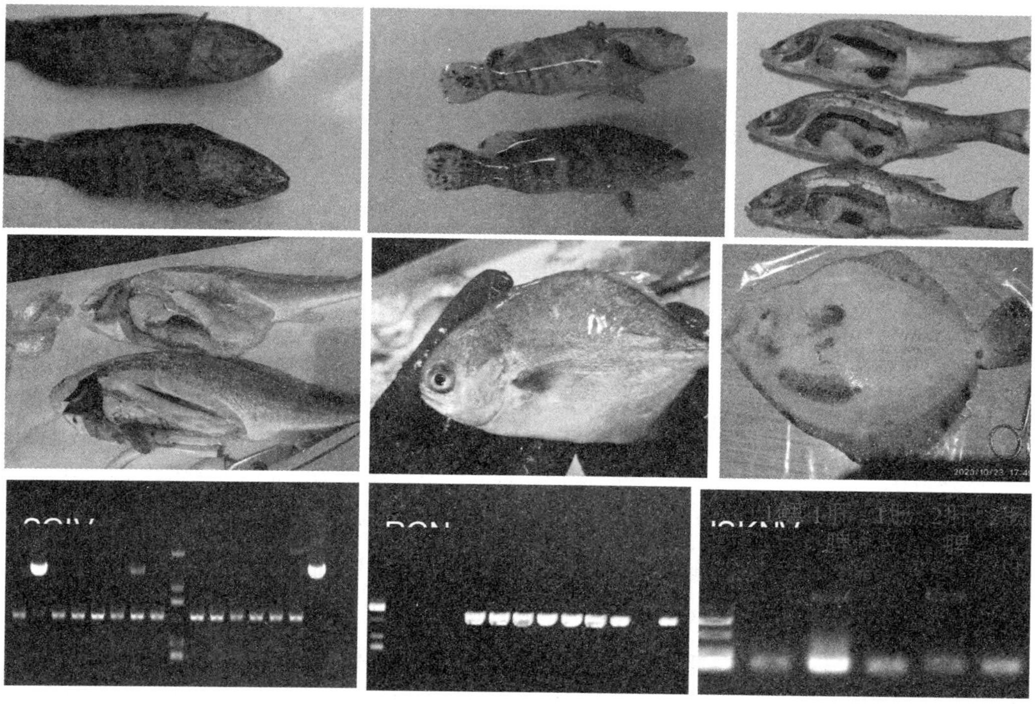

图1　患病鱼症状及PCR检测结果

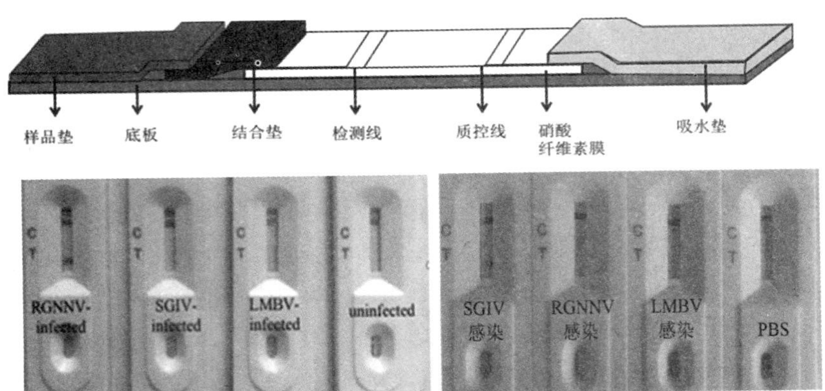

图 2　侧向流层析试纸条对RGNNV的检测具有特异性

3　海水鱼类病毒的分离鉴定

3.1　大黄鱼病毒的分离鉴定

2020 年 7 月初，宁德霞浦地区养殖大黄鱼开始出现白鳃症状，体系成员进行了现场调研和样品采集。患病鱼体色偏白；鳃丝发白，呈极度贫血状态；具有呈白色或黄色的肝脏、呈贫血状态的肾脏以及肿大的脾脏。采集患病鱼的肝脏、脾脏和肾脏做病理切片，观察大黄鱼白鳃时内脏的病理变化。肝脏细胞发生明显的空泡样变性和脂肪变性。脾脏和肾脏组织中出现肿大的细胞，肾脏组织发生明显的细胞坏死。通过病毒宏基因组学方法分析采集的鳃样品中所携带的病毒谱情况。宏病毒组的数据表明，尽管采集的患病大黄鱼的鳃组织中含有可以引起水生动物疾病的病毒病原体序列，如鮰疱疹病毒 I 型、鲤疱疹病毒 I 型等，但是这些病毒在其中的丰度非常低，故初步推断引起大黄鱼白鳃病的不是病毒性病原。在随后的 8—9 月，由体系内宁德和宁波综合试验站送样，检测组织中携带海水鱼常见病毒的情况。在患病鱼肝脏和脾脏中检测到细胞肿大虹彩病毒，PCR测序结果显示，病毒MCP的序列与已知大黄鱼虹彩病毒（LYCIV）的MCP序列同源性为 99%。同时，将宁波综合试验站送的细胞肿大虹彩病毒检测阳性的大黄鱼患病组织碾磨、过滤，接种到自主建立的海鲈仔鱼细胞系上，细胞出现明显的病变。反复接种几代后仍能出现相似的CPE。成功分离到一株大黄鱼虹彩病毒，进行宏病毒组测序后获得病毒全基因组信息。测序获得大黄鱼细胞肿大虹彩病毒（LCMV）的基因组全长 112 282 bp，含有 140 个左右的开放阅读框（ORF）。基因组同源性搜索结果显示其与RSIV同源度约为 98%，与LYCIV的同源度约为 97%（图 3）。

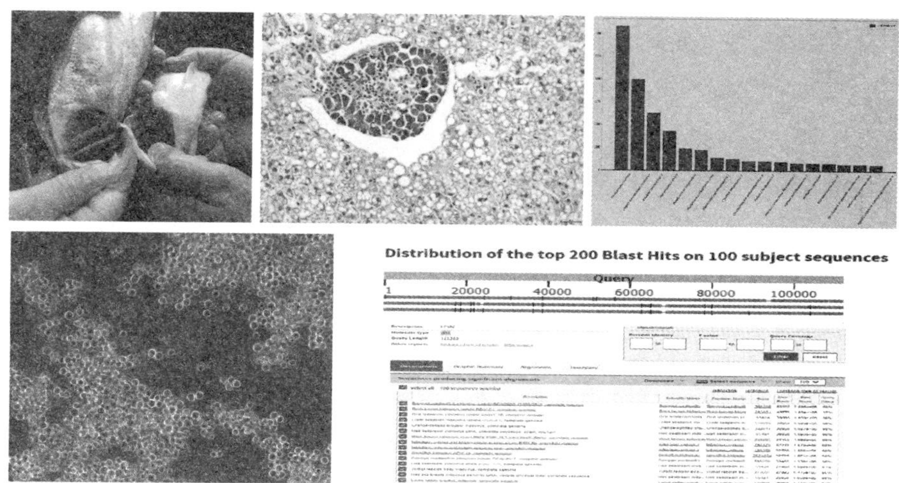

图 3　大黄鱼白鳃病病毒性病原检测及大黄鱼虹彩病毒的分离

3.2　海鲈病毒的分离鉴定

对 2020 年 3—6 月采集的海鲈病鱼样品进行病毒性病原检测，结果表明：检测到的病毒性病原中，细胞肿大虹彩病毒检出阳性率超过 30%。病鱼表现为黑身，一般体表无其他异常症状；漂浮于水面；鳃丝贫血、色浅或有出血点；解剖可见脾脏肿大甚至发黑，部分肾脏肿大、发黑。将病鱼碾磨、过滤，接种到自主建立的海鲈仔鱼细胞系SPF上，出现明显的细胞变圆现象。反复接种几代后，仍能出现相似的细胞病变特征。通过电镜观察，发现病变的细胞中含有大量的病毒颗粒。利用细胞肿大虹彩病毒的MCP引物做PCR扩增，能扩增出明显的阳性条带。故从患病海鲈中成功分离到一株海鲈细胞肿大虹彩病毒，命名为SPIV（图 4）。

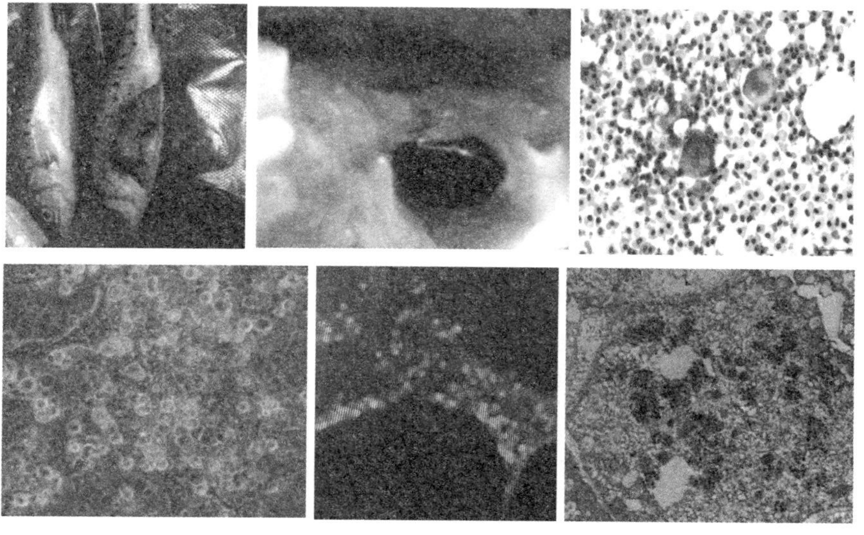

图 4　海鲈虹彩病毒的分离

4　石斑鱼蛙虹彩病毒病灭活疫苗（HN株）开发与临床批件申报

4.1　石斑鱼蛙虹彩病毒病灭活疫苗（HN株）实验室产品对不同规格、不同品种石斑鱼安全实验

用实验室试制的3批石斑鱼蛙虹彩病毒病灭活疫苗（HN株）对体重5 ~ 8 g石斑鱼分别进行一次单剂量（0.1毫升/尾）、单剂量重复（0.1毫升/尾+0.1毫升/尾）及一次超剂量（0.2毫升/尾）接种，接种疫苗后观察14 d。结果表明，石斑鱼蛙虹彩病毒病灭活疫苗（HN株）对5 ~ 8 g的石斑鱼安全性良好。同时，对5 ~ 8 g的健康石斑鱼分别进行一次超剂量接种，接种疫苗后每天定量喂饲，持续饲养观察1个月，于免疫后0 d、14 d和28 d统计实验鱼的存活数并测实验鱼的体重。结果表明，石斑鱼蛙虹彩病毒病灭活疫苗（HN株）对石斑鱼的生产性能无明显影响。

用实验室试制的3批石斑鱼蛙虹彩病毒病灭活疫苗（HN株）对体重为10 ~ 15 g、30 ~ 50 g、100 ~ 150 g、300 ~ 500 g和1 000 ~ 1 200 g的健康石斑鱼分别进行一次超剂量接种，接种疫苗后观察14 d。结果表明，石斑鱼蛙虹彩病毒病灭活疫苗（HN株）对体重为10 ~ 15 g、30 ~ 50 g、100 ~ 150 g、300 ~ 500 g和1 000 ~ 1 200 g的石斑鱼安全性良好。

用实验室试制的3批石斑鱼蛙虹彩病毒病灭活疫苗（HN株）对体重为5 ~ 8 g的健康斜带石斑鱼（*Epinephelus coioides*）、鞍带石斑鱼（*Epinephelus lanceolatus*）、棕点石斑鱼（*Epinephelus fuscoguttatus*）、赤点石斑鱼（*Epinephelus akaara*）和珍珠龙胆石斑鱼［*E. fuscoguttatus*（♀）×*E. lanceolatus*（♂）］分别进行一次超剂量接种，接种疫苗后观察14 d。结果表明，石斑鱼蛙虹彩病毒病灭活疫苗（HN株）对斜带石斑鱼、珍珠龙胆石斑鱼等多个品种石斑鱼的安全性良好。

4.2　石斑鱼蛙虹彩病毒灭活疫苗（HN株）临床试验材料申报

2020年3月18日，向农业农村部兽医局、农业农村部兽药评审中心申请临床试验公函，具体内容如下。

由华南农业大学和广东永顺生物制药股份有限公司联合研制的石斑鱼蛙虹彩病毒病灭活疫苗（HN株）临床试验申请已按照农业部442号令、55号公告及1704号公告要求，完成了临床试验前各项的研究工作，包括《石斑鱼蛙虹彩病毒病灭活疫苗（HN株）制造及检验试行规程》《石斑鱼蛙虹彩病毒病灭活疫苗（HN株）质量标准》、该产品的各项生产工艺的研究以及质量研究、该产品在GMP车间中间试制生产的制造与检验，提出石斑鱼蛙虹彩病毒病灭活疫苗（HN株）的临床试验设计方案。实验结果表明，石斑鱼蛙虹彩病

毒病灭活疫苗（HN株）生产工艺科学、合理，安全性及效力检验符合要求，中间试制生产产品质量稳定，因此完全可以在该中间试制生产基础上进行批量生产。

广东永顺生物制药股份有限公司已与符合兽药临床试验研究质量管理规范（兽药GCP）要求的莱州明波水产有限公司、茂名滨海新区宸熙生物科技有限公司和海南晨海水产有限公司达成了临床试验协议。向农业农村部兽医局和农业农村部兽药评审中心提出石斑鱼蛙虹彩病毒病灭活疫苗（HN株）临床试验的申请，并按《兽用新生物制品临床试验审批》要求提交相关资料一式二份，办理新研制开发制品“石斑鱼蛙虹彩病毒病灭活疫苗（HN株）”的临床试验审批手续，请予以审查批复。（附农业农村部行政受理通知书）

5　石斑鱼虹彩病毒病发生的风险评估

本研究利用层次分析法（analytic hierarchy process，AHP）构建了石斑鱼虹彩病毒病的风险评估模型。通过查阅石斑鱼虹彩病毒病有关文献资料，结合近几年本岗位对我国南方石斑鱼主要养殖区石斑鱼虹彩病毒病流行病学调查数据，咨询并结合养殖一线的技术人员、养殖户和鱼病兽医师及国内外相关专家的经验等，总结归纳出疾病发生风险因子，最后筛选出石斑鱼养殖过程中新加坡石斑鱼虹彩病毒病发生的相关风险因素。利用层次法将上述确定的相关分析因素进行归类，构建石斑鱼虹彩病毒病的分析指标体系。此风险评估指标体系由目标层、准则层和指标层组成，初步确定石斑鱼虹彩病毒病发生的风险因素包括准则层5项风险因素（B1 ~ B5）、指标层20项风险因素（C1 ~ C20）。利用德尔菲法（delphi method）对相关风险指标建立判断矩阵，并求解判断矩阵一致性。在对所有组别中判断矩阵通过一致性验证后进行排序，计算每一个指标层对最高层的相对重要性排序，即总排序（表1）。层次总排序后，一致性检验得出CR=0.065 2<0.1，故总排序一致性检验通过。分析结果表明：是否携带虹彩病毒、养殖密度、水温和邻近区域发病情况是石斑鱼虹彩病毒病发生的高危风险因素，溶解氧为高风险（V2），其余的为中度和低风险。从结果表现可以看出虹彩病毒病是病原、环境和宿主相互作用产生的结果。其中石斑鱼是否携带虹彩病毒权重最高，表明苗种的健康才是最为重要的环节，在养殖过程中应加强苗种的检验检疫。

表1　指标层总排序

	B1	B2	B3	B4	B5	
	0.129 8	0.367 2	0.173 3	0.032 7	0.297 1	
C1	0.624 0					0.081 0
C2	0.094 6					0.012 3
C3	0.182 0					0.023 6
C4	0.099 3					0.012 9

续表

	B1	B2	B3	B4	B5	
	0.129 8	0.367 2	0.173 3	0.032 7	0.297 1	
C5		0.676 8				0.248 5
C6		0.117 2				0.043 0
C7		0.122 6				0.045 0
C8		0.083 4				0.030 6
C9			0.606 0			0.105 0
C10			0.090 3			0.015 7
C11			0.077 2			0.013 4
C12			0.226 5			0.039 3
C13				0.186 3		0.006 1
C14				0.058 2		0.001 9
C15				0.557 1		0.018 2
C16				0.198 4		0.006 5
C17					0.092 2	0.027 4
C18					0.063 8	0.018 9
C19					0.378 0	0.112 3
C20					0.466 0	0.138 4

6 海水鱼类病毒感染致病机制研究

6.1 SGIV和RGNNV感染对自噬的调节作用机制

利用蛋白免疫印迹，结合电镜和荧光显微镜，研究了SGIV对自噬的调节作用。研究结果表明，在感染早期，SGIV侵染引起宿主细胞自噬活动增强；随着感染时间延长，SGIV表现为抑制自噬（图5）。SGIV抑制自噬的策略有两种：① 改变p53定位，病毒感染使其从细胞核中转移到细胞质中发挥抑制自噬的功能；② 编码与自噬相关蛋白Atg5相互作用的病毒蛋白（VP48、VP122和VP132），阻碍LC3-Ⅰ向LC3-Ⅱ转换进而影响自噬体形成。抑制自噬促进病毒复制，促进自噬抑制病毒复制。与SGIV相反的是，RGNNV感染GS细胞能诱导细胞自噬，且病毒诱导的自噬为病毒复制非依赖性的。抑制自噬抑制RGNNV病毒复制，而促进自噬促进病毒复制，且RGNNV能够利用自噬过程中产生的自噬体、自噬溶酶体等膜结构进行复制。

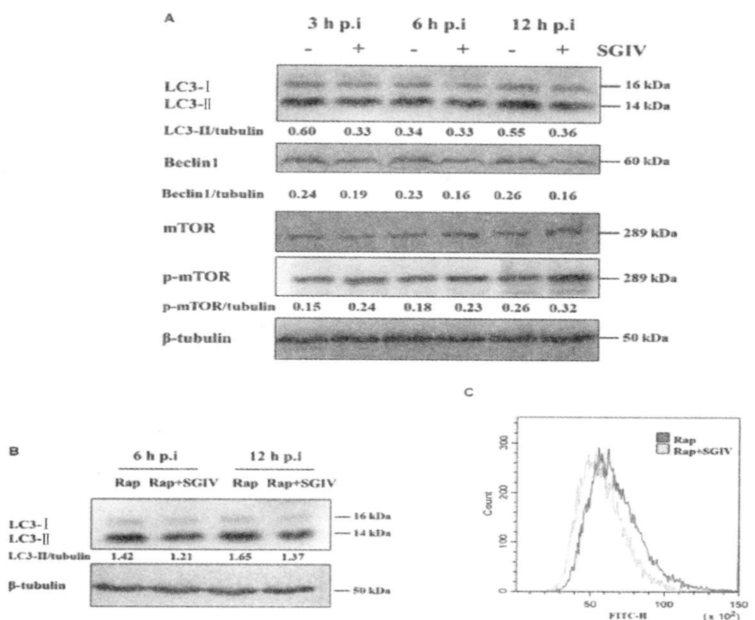

图 5　SGIV抑制宿主细胞自噬

6.2　神经坏死症病毒RGNNV感染引起细胞空泡化的机制

RGNNV感染细胞后典型的细胞病变特征是胞质内出现大小不一的空泡，但是对于病毒引起空泡化的机制知之甚少。研究结果表明RGNNV感染过程中，胞质内的空泡会融合形成大的空泡，同时空泡化伴随细胞死亡。值得注意的是，RGNNV感染引起的空泡内滞留了Lyso-Tracker，而将Mito-Tracker和ER-Tracker排除在外，RGNNV感染细胞中出现了异常肿胀的溶酶体，表明RGNNV引起的胞质空泡来源于溶酶体细胞器（图 6）。同时，RGNNV感染细胞的胞质空泡化和细胞死亡被H^+-ATPase抑制剂（bafilomycin A1）完全阻断，说明溶酶体酸化是空泡化形成的必要条件。nigericin和monensin对RGNNV感染细胞的空泡化和细胞死亡也有明显的抑制作用，提示溶酶体功能与RGNNV感染诱导的细胞死亡密切相关。此外，在RGNNV感染过程中发现空泡部分与GFP-LC3 Ⅱ呈点状共定位，自噬抑制剂 3-MA治疗后，空泡化程度明显减轻，死亡细胞明显减少，提示自噬参与了RGNNV感染引起的溶酶体空泡化和细胞死亡。

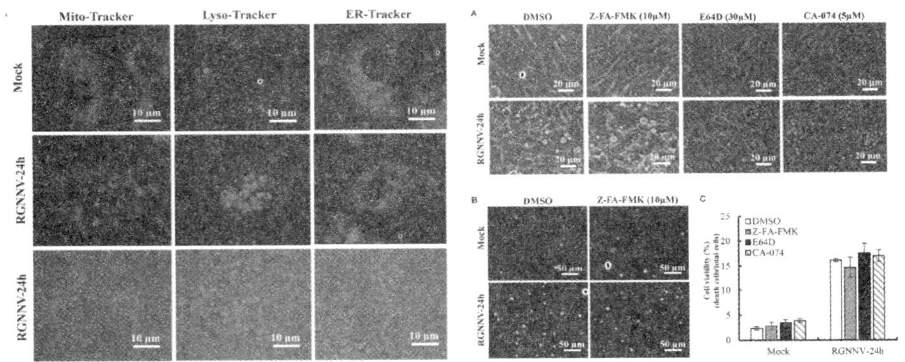

图 6　RGNNV感染诱导的细胞质空泡来源于溶酶体细胞器

6.3　RGNNV诱导和利用细胞脂肪酸合成帮助病毒复制

本实验旨在研究RGNNV感染细胞的整体代谢特征，以及细胞脂肪酸合成在RGNNV感染中的作用。与模拟感染细胞相比，RGNNV感染细胞中 71 种细胞代谢物发生了显著变化。RGNNV感染时，参与氨基酸合成和代谢的代谢产物水平显著降低，而与脂肪酸合成相关的代谢产物水平则显著上调。其中，色氨酸和油酸被认为是RGNNV感染最重要的生物标志物。此外，RGNNV感染可诱导脂滴的形成和脂肪酸合成酶（FASN）的重定位（图 7），提示RGNNV诱导病毒感染并需要脂肪生成。外源添加棕榈酸（PA）可增强RGNNV感染，抑制FASN和乙酰辅酶A羧化酶（ACC）可显著降低RGNNV的复制。此外，抑制棕榈酰化和磷脂合成，或破坏脂肪酸β氧化，均显著抑制了病毒的复制。结果表明，细胞脂肪酸合成和线粒体β氧化是RGNNV完成病毒生命周期所必需的。本实验首次证明了体外感染RGNNV破坏了宿主细胞的代谢，在此过程中，细胞脂肪酸的合成能够参与RGNNV的复制。

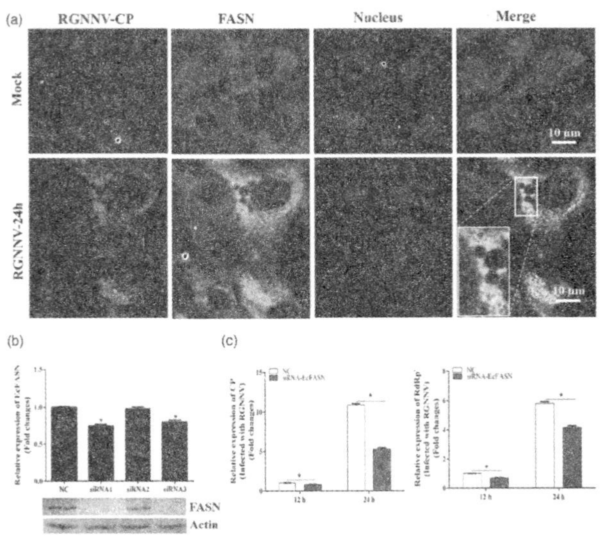

图 7　RGNNV感染引起FANS的移位以及沉默FASN对病毒复制的影响

7 海鲈肠道益生菌的分离鉴定

分别采集健康与患病的养殖海鲈肠道内容物，涂布于营养琼脂平板，随机挑选不同形态的菌落进行细菌分离，共分离到微生物菌株38株。采用16S测序比对的方法，鉴定出其中的25株细菌。其中包括从健康海鲈肠道分离到的一株可能是益生菌的菌株——土壤咸海鲜芽孢杆菌（*Jeotgali bacillus*）。研究报道*Jeotgali bacillus*多分离于海洋沉积物，可以产β-葡萄糖苷酶（属纤维素酶类）、蛋白酶等。从海鲈肠道分离到该菌株，表明它可能是海鲈肠道原籍益生菌株，与营养消化相关。其是否与增强海鲈免疫与抗病能力有关，需要进一步实验分析。另外，从患病鱼肠道分离的多数细菌菌株被鉴定为病原菌或条件致病菌，主要包括嗜水气单胞菌、维氏气单胞菌、杀鲑气单胞菌、弗氏柠檬酸杆菌等，这表明患病时养殖海鲈肠道中细菌性病原增多。

8 筛选与NNV抗感/易感性状显著关联的SNP分子标记

在石斑鱼中利用全基因组关联分析（GWAS）对NNV抗感群体和易感群体进行了分析，共筛选出36 311个SNP分子标记，其中有5个SNP标记与NNV抗感/易感性状显著关联，这5个SNP位点分别定位于*EPHA7*、*Osbpl2*、*GPC5*、*CDH4*和*Pou3f1*基因上（图8）。该研究结果为石斑鱼神经坏死病毒抗病育种研究提供了重要的技术支持和理论依据。

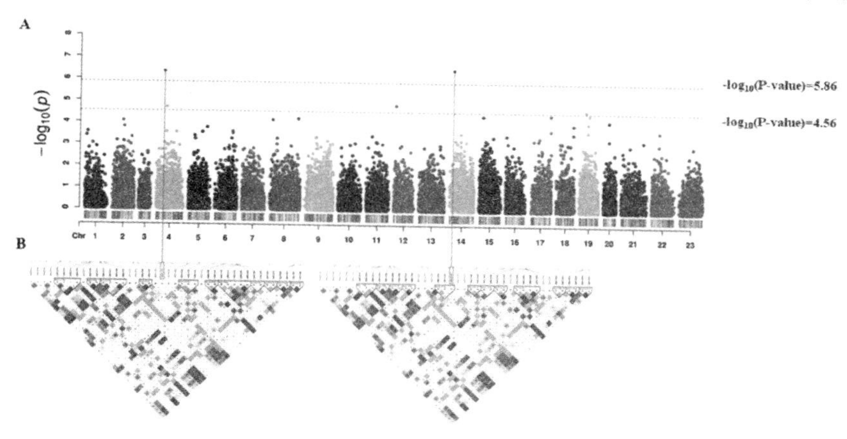

图8 GWAS筛选获得的SNP位点的曼哈顿图

9 RNA编辑技术CRISPR/CasRx系统用于鱼体内RNA病毒的干扰

采用最新的RNA编辑技术CRISPR/CasRx系统（CasRx是一种小型VI-D效应体（Cas13d），具有RNA敲除效率，可能对RNA病毒有干扰作用。针对该系统进行改造，加入斑马鱼的U6启动子，提高其效率。同时针对石斑鱼神经坏死病毒衣壳蛋白设计了特异性的靶向序列。将该系统转染到细胞和通过颅腔注射到石斑鱼的脑，发现不论是在细胞还是活体中都能够有效地敲降NNV病毒。这些结果表明CRISPR/CasRx可用于设计对鱼体内RNA病毒的干扰，为其他RNA病毒的RNA免疫提供了一种潜在的新机制。

10　中草药或藻类作为饲料添加剂对石斑鱼生长和抗病力的影响

将不同比例的艾叶（传统的中药成分）和半叶马尾藻（具有免疫特性）分别加入石斑鱼的饲料中，经过一段时间的饲养，从生长性能、免疫机制、消化生理等几个角度阐释艾叶和马尾藻在石斑鱼的生长与免疫中的作用。研究发现随着饲料中艾叶比例的增加，石斑鱼增重率显著增加，在添加6%时达到最高（110.68%），在8%时略有下降（102.61%）；不同比例半叶马尾藻的添加同样也影响石斑鱼的增重率，在添加6%时达到最高（135.42%），在8%时略有下降（115.75%）。在进行SGIV病毒感染时发现，饲料中高含量的艾叶、马尾藻使实验鱼出现死亡的时间推迟，死亡率也明显降低（图9）。

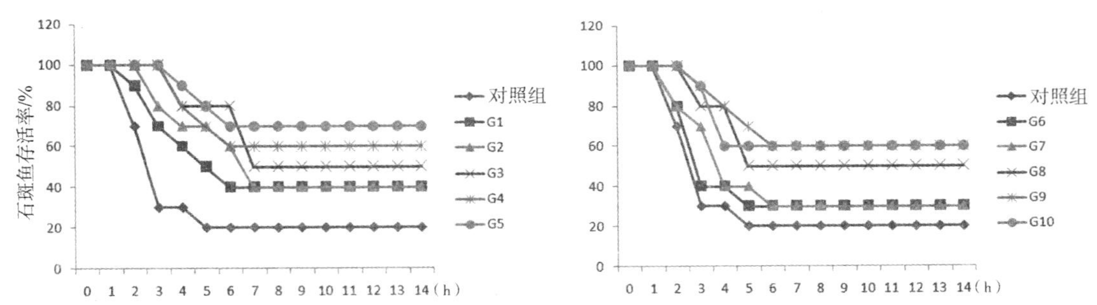

图9　不同比例的艾叶和半叶马尾藻对石斑鱼抗病力的影响

G1. 0.5%艾叶　G2. 1%艾叶　G3. 2%艾叶　G4. 4%艾叶　G5. 6%艾叶　G6. 1%马尾藻　G7. 2%马尾藻　G8. 4%马尾藻　G9. 6%马尾藻　G10. 8%马尾藻

11　年度进展小结

（1）调研10多次，总计采集疑似患病鱼组织样品300余份，确定主要海水养殖鱼类病毒性病原；初步完成海水养殖鱼类重要病毒流行暴发情况的监测报告。

（2）基本排除大黄鱼白鳃病由病毒性病原引起，分离鉴定到2株海水鱼虹彩病毒（大黄鱼虹彩病毒和海鲈虹彩病毒）。

（3）基于核酸适配体和胶体金，开发了2种海水鱼病毒的侧向流层析检测试纸条。

（4）完成了石斑鱼蛙虹彩病毒病灭活疫苗临床批件的申报，制备了海鲈虹彩病毒的灭活疫苗。

（5）阐明了石斑鱼虹彩病毒、神经坏死症病毒与宿主相互作用，以及对自噬、免疫和代谢的调控机制。

（6）运用层次分析法构建了石斑鱼虹彩病毒病发生的风险评估模型，整理了石斑鱼虹彩病毒病流行暴发特点及安全防控技术。

（7）完成与石斑鱼产业科企对接合作，与广东茂名滨海新区宸熙生物、明波水产及海南晨海水产有限公司签订了技术对接合作协议。

（8）利用GWAS筛选与NNV抗感/易感性状显著关联的SNP分子标记，探索RNA编辑技术CRISPR/CasRx系统用于鱼体内RNA病毒的干扰，评价了艾叶或半叶马尾藻作为饲料添加剂对石斑鱼生长和抗病力的影响。

（岗位科学家　秦启伟）

海水养殖鱼类细菌病防控技术研发进展

细菌病防控岗位

1 大菱鲆养殖病害免疫防控技术攻关与集成示范

针对大菱鲆养殖主产区的主要流行性病害（弧菌病、爱德华氏菌病、杀鲑气单胞菌病），以获得国家新兽药证书的大菱鲆疫苗为核心产品依托，以“科技+龙头企业”产研联合示范推广为载体，通过在辽宁和山东大菱鲆主产区龙头企业的工厂化养殖系统的疫苗联合接种生产性示范及病害免疫防控技术培训，在龙头养殖企业率先探索建立起疫苗接种的健康生产管理体系，进而辐射带动本地区的病害防控方式转型升级，逐步实现兽药明显减量使用的经济、社会和生态效应。

通过研究贯穿整个大菱鲆生产养殖周期的两种疫苗联合接种策略（先浸泡后注射&同时注射接种），评价了不同接种策略的免疫响应特征以及对实际生产中大菱鲆饲料转化率、死淘率等关键生产性能的影响，并根据大菱鲆的免疫响应特征制订出了符合大菱鲆养殖生产系统的免疫接种计划与操作规程。

评价研究显示，两种接种策略均显示出良好的免疫效力和接种安全性（表 1，表 2），应根据大菱鲆养殖阶段的适用接种方式和主要病害威胁作为联合接种策略的制订考量。

表 1 先浸泡后注射接种策略对大菱鲆生产性能的影响评价

组别	平均日增重/g	饵料系数	死淘率/%
免疫组	0.89 ~ 1.04	0.9	1.4
对照组	0.69 ~ 0.86	1.2	2.0

注：大菱鲆初始免疫接种规格 3 ~ 5 g，针对爱德华氏菌和鳗弧菌的RPS分别为 52.5%和 72.7%

表 2 同时注射接种策略对大菱鲆生产性能的影响评价

组别	平均日增重/g	饵料系数	死淘率/%
免疫组	1.4 ~ 1.5	1.2	1.8
对照组	1.1 ~ 1.2	1.5	2.8

注：大菱鲆初始免疫接种规格 70 ~ 80 g，针对爱德华氏菌和鳗弧菌的RPS分别为 76%和 84%

在葫芦岛综合试验站和烟台综合试验站的协助下，在辽宁兴城（龙运井盐水水产有限公司等）和山东牟平（烟台天源水产公司等）大菱鲆养殖龙头企业的工厂化养殖车间进行了弧菌病疫苗-爱德华氏菌疫苗联合免疫接种生产应用示范与规程开发，分别实施了17.7万尾和5万尾份联合免疫接种。实施疫苗联合接种后，免疫大菱鲆池组病害发生率下降至5%以下，各种兽药用量减少70%～80%（药品支出），养殖成活率达99%以上，平均增产（体重）8%左右（图1和图2），实现全程“无抗”养殖，显著降低了兽药使用量和病害干扰，为今后全面建立以疫苗为核心的“无抗”健康养殖新模式提供了示范样本。

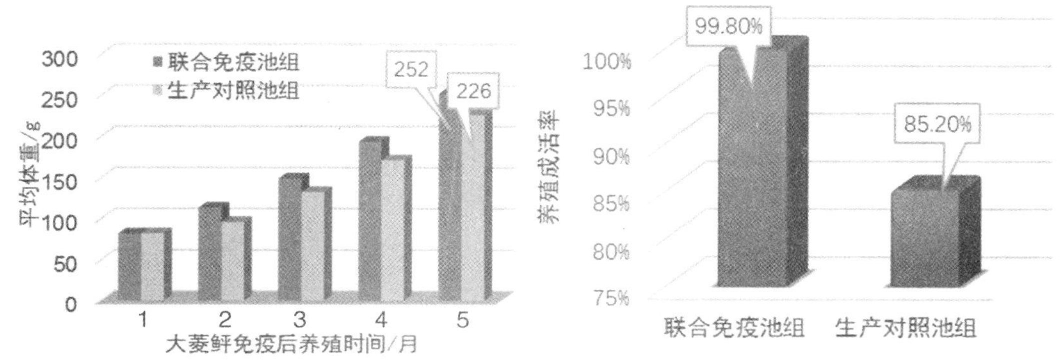

图1　大菱鲆疫苗联合接种生产性能评价（5个月评价期）

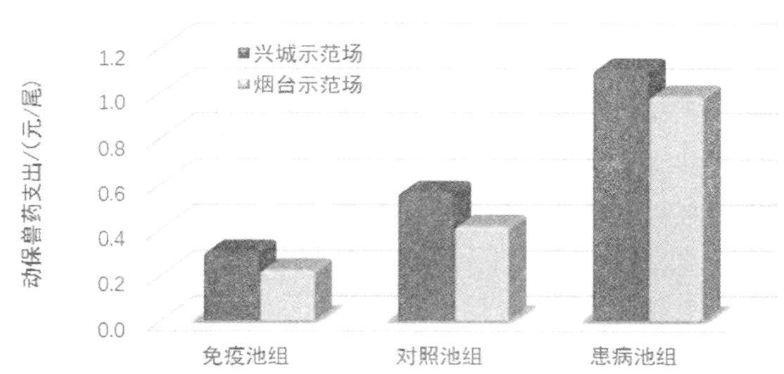

图2　大菱鲆疫苗联合接种后兽药减量评价

同时，为实现覆盖从苗种到养成全周期的计划免疫，在山东省威海大菱鲆苗种繁育基地采用投饵和浸泡接种方式对30万尾份大菱鲆苗（稚鱼，3～5 cm）进行了爱德华氏菌疫苗的免疫接种。接种示范显示：免疫大菱鲆鱼苗生长速度较快，比同期苗繁育周期缩短8 d以上，经济效益明显增加。

根据生产应用示范，对大菱鲆养殖生产过程适宜接种免疫空间和免疫方式进行了优化，制订了《大菱鲆疫苗联合接种生产接种操作规程》，对相关接种鱼龄标准、疫苗联合接种方式与接种操作进行了规范，使接种规程根据不同养殖生产方式更加具有适用性和标准化、规范化。示范效果表明目标病害防控效果明显，大菱鲆免疫后生长状态优于生产对照池组，有助于今后为养殖企业建立更为安全有效的病害防控生产体系提供示范参考。

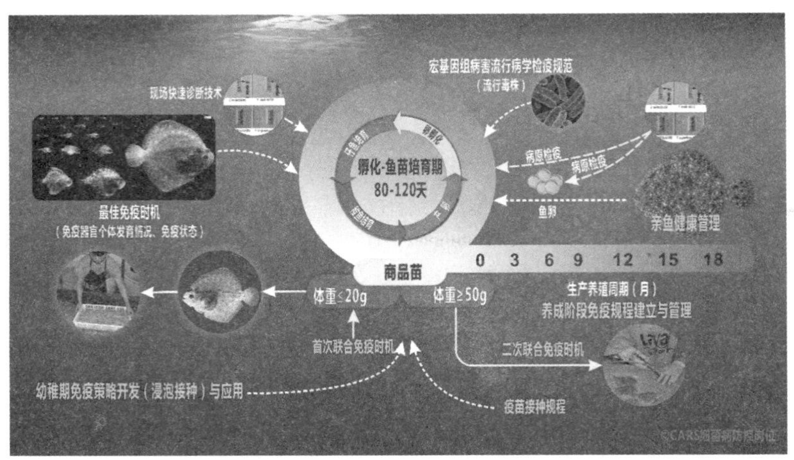

图 3　大菱鲆全程疫苗联合接种免疫策略与规程制定

2　大黄鱼细菌病免疫防控技术开发

围绕“大黄鱼养殖安全保障与产业链价值提升技术”重点任务要求，进行了大黄鱼细菌病免疫防控相关技术的临床前开发，确立了灭活疫苗（开发周期短，应对市场急需）和减毒活疫苗（免疫效力高）两种产品开发路线，包括大黄鱼人工感染模型的建立以及疫苗开发与效力评价。在动物模型研究中，建立了浸泡和注射不同感染方式下的疫苗效力评价的杀香鱼假单胞菌感染模型；在灭活疫苗开发上，主要通过配伍不同佐剂等研制候选灭活疫苗，采用建立的大黄鱼感染模型对疫苗效力进行评价，筛选获得可激发产生针对杀香鱼假单胞菌的抗体和免疫保护效果的佐剂配方，获得 2 个灭活疫苗候选产品，免疫保护率均达到 80%以上。此外，在对福建流行株全基因组测序与生物信息学分析的基础上，采用岗位研制的PACE技术构建并筛选获得大黄鱼内脏白点病减毒活疫苗候选株共计 2 株，为下一步深入的临床试验奠定了优选疫苗产品基础。

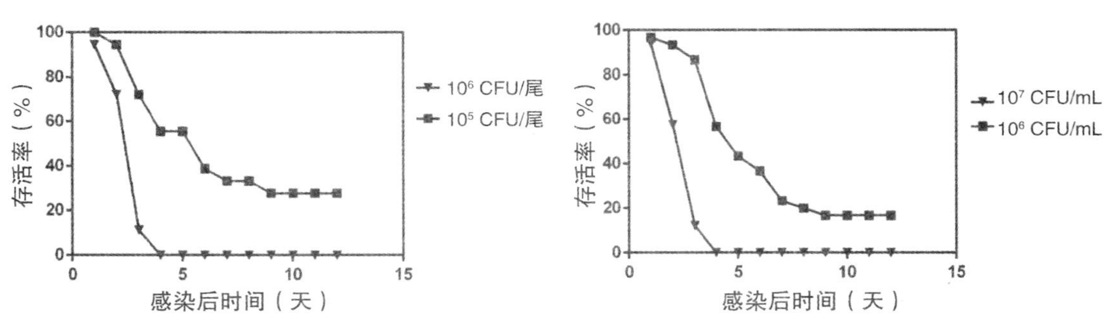

图 4　动物模型构建中不同剂量杀香鱼假单胞菌注射（左）和浸泡（右）感染大黄鱼的存活曲线

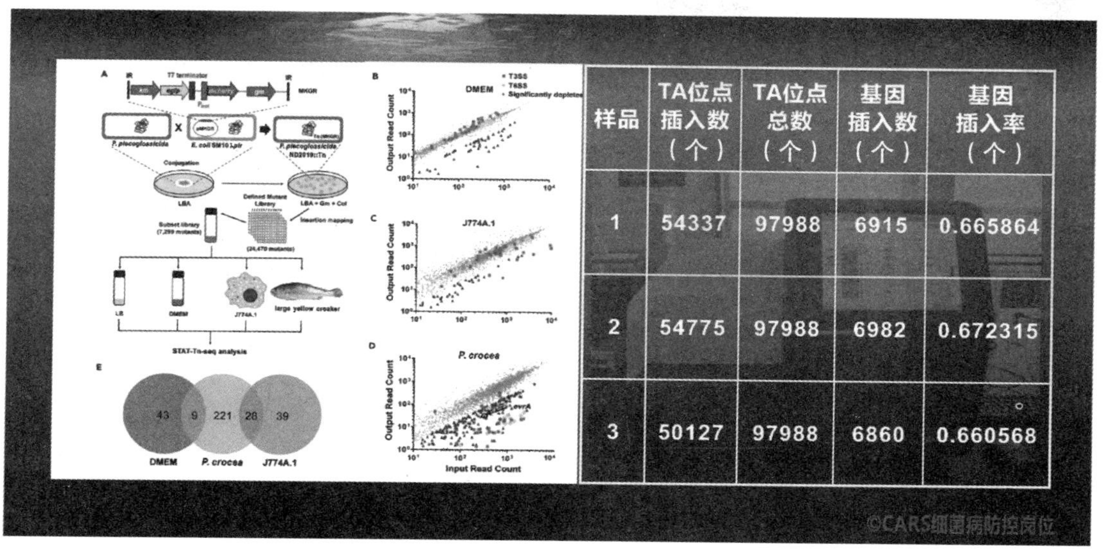

样品	TA位点插入数（个）	TA位点总数（个）	基因插入数（个）	基因插入率（个）
1	54337	97988	6915	0.665864
2	54775	97988	6982	0.672315
3	50127	97988	6860	0.660568

图 5　大黄鱼减毒活疫苗构建中获得的较为饱和的杀香鱼假单胞菌转座子插入突变体文库

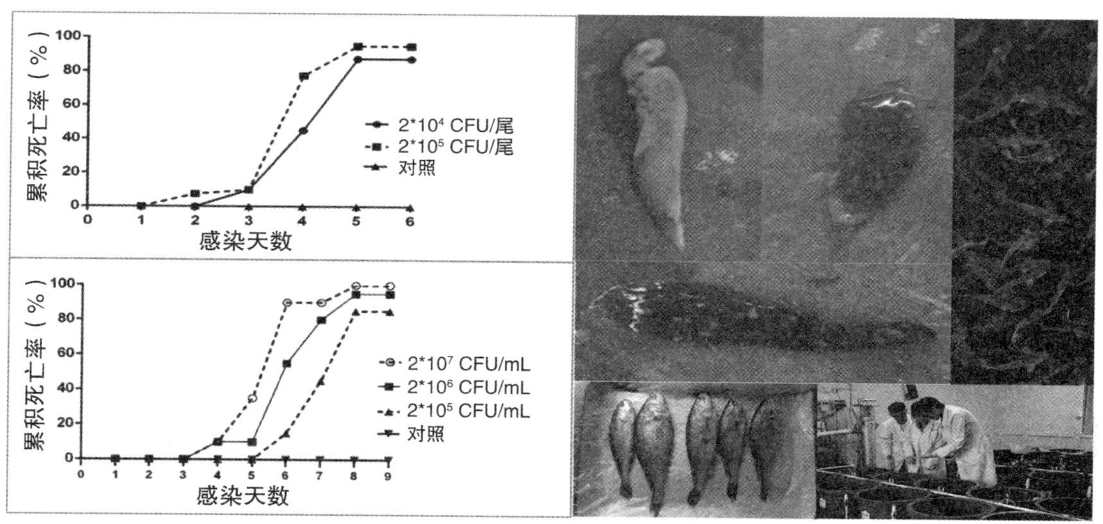

图 6　不同攻毒方式、不同攻毒剂量和不同攻毒温度下的大黄鱼动物模型建立

2020 年 5—10 月，对上述候选疫苗进行了制备工艺开发，并以此产品在浙江舟山实验基地进行了 2 000 尾规模的灭活疫苗安全与效力评价，分别考察了不同剂型和不同佐剂应用于大黄鱼的开发潜力，为进一步优化筛选高效疫苗产品奠定了坚实的临床前研发基础和技术积累。

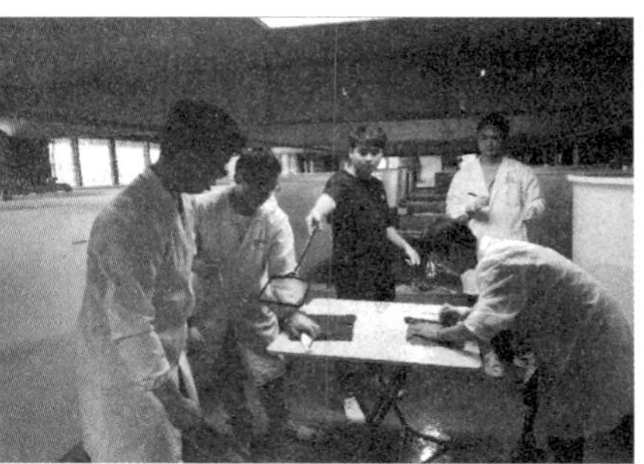

图 7　浙江实验基地实施大黄鱼疫苗临床前评价

3　海鲈细菌病防控技术研究

围绕“白蕉海鲈全产业链经营模式关键技术与示范”要求，在养殖主产区完成本年度海鲈鱼细菌性病害流行病学调查，完善了海水鱼重要细菌性病原毒株菌种库建设，并确定维氏气单胞菌、美人鱼发光杆菌、鰤鱼诺卡氏菌等海鲈主要细菌性病原 3 株。

图 8　白蕉海鲈养殖区流行病学调研

同时开发了基于重组酶聚合酶扩增反应（RPA）技术的病原菌快速检测试纸条，结合侧向流检测技术以海鲈细菌病原特异性基因实现高特异性、高灵敏度的简单、快速、有效地检测出养殖环境中的海鲈细菌病病原，检测限为 50 fg；其次，考虑到现场检测病原的可操作性，将纤维素试纸提取DNA的方法引入，对不同的细菌量进行DNA的提取，5 min内可成功提取到病原DNA，检测限为 50 个拷贝，而且将纤维素试纸提DNA-RPA-侧向流这 3 种技术的结合后能够有效检测到感染的海鲈鳃黏液中的细菌性病原。另一方面，初步建立了相关病原疫苗制备工艺，正在进行主要病原株的全基因组测序和生物信息学分析工作，为今后建立海鲈病害绿色防控技术奠定了可靠的流行病学、反向疫苗学和疫苗产品制造技术储备。

4　新型杀鱼爱德华氏菌减毒活疫苗构建策略开发

减毒活疫苗能有效预防胞内病原的传染病。然而，现有的大多数鱼类减毒活疫苗（LAVs）都是基于编码Ⅲ型分泌系统转座子组分的基因缺失，而T3SS是核心毒力系统，是具有显著免疫保护性的最强免疫原性的细菌性抗原。

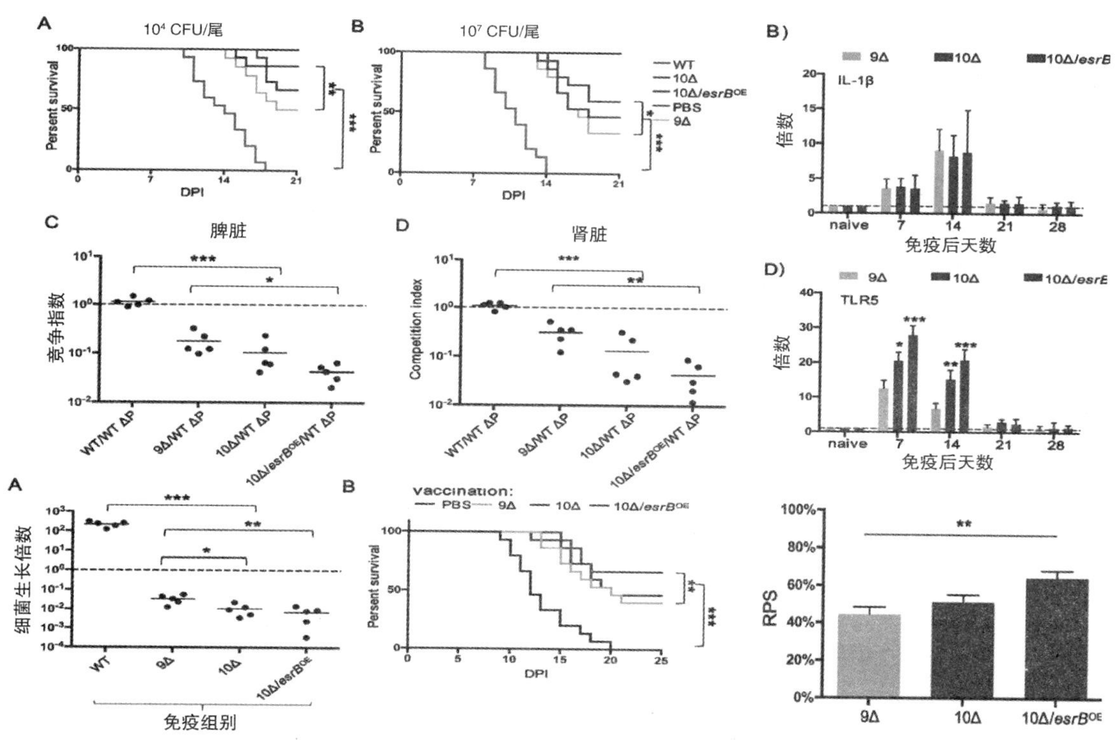

图 9　杀鱼爱德华氏菌减毒活疫苗设计新策略

在本研究中，系统性地删除了 9 个已建立的杀鱼爱德华氏菌T3SS效应子（aka 9Δ）和*esrB*阻遏子（10Δ）的编码可替代sigma因子的*rpoS*基因，然后在杀鱼爱德华氏菌中过表达*esrB*和T3SS，获得重组菌株 10Δ/esrB^{OE}。改造的菌株 10Δ 和 10Δ/esrB^{OE}表现出严重的减毒和体内定植缺陷。此外，腹腔注射 10Δ 和 10Δ/esrB^{OE}免疫大菱鲆，可显著提高脾、肾组织中抗原识别相关基因（TLR5）和获得性免疫应答相关基因（MHC II）的表达，增强宿主血清的杀菌能力。最后，10Δ/esrB^{OE}免疫增强了大菱鲆对野生型杀鱼爱德华氏菌毒株EIB202 的免疫保护作用。总的来说，这些发现表明 10Δ/esrB^{OE}是一种新颖的减毒活疫苗株，因此是构建高效细菌减毒活疫苗的一种潜在的新策略。该研究成果发表于*Fish and Shellfish Immunology*，2020，106：536-545。

以往的活疫苗构建策略往往基于缺失毒力基因靶点，在带来安全性的同时，往往也会削弱免疫效力，这是因为许多毒力因子也是具有强免疫原性的保护性抗原。本研究的成果是进行水产疫苗理性设计的一次成果探索，平衡疫苗设计中免疫效力和安全性的辩证关系，开启了一种新的疫苗构建策略，也为其他病原疫苗的研制开发提供了具有启发性的研制技术路线，将有力促进更多高效疫苗的筛选，提升水产疫苗的研发技术水平。

5 山东地区大菱鲆新型“出血症”疫情临床调查与防控建议

2020年10月中旬，根据国家海水鱼产业技术体系青岛综合试验站调研及部分养殖企业反馈，在山东大菱鲆主养区多地出现一种大菱鲆“新型”暴发性出血性流行病害，传播范围广、发病快、死亡率高，从出现明显症状到整池死亡约1周时间，乃至1个月内出现整养殖车间“清池”。很多大菱鲆养殖业场遭受严重损失。2020年年初多发以来，已蔓延波及至山东日照、黄岛、莱阳、莱州、乳山、海阳、昌邑以及江苏连云港赣榆县等两省多地大菱鲆养殖主养区，影响区域广大，且极具传染性。

病害典型现场临床症状表现为暴发初期患鱼池水面出现较多泡沫，池内大菱鲆摄食显著减少甚至不摄食，病鱼可见鱼背腹鳍出血溃疡症状。在严重的情况下，捞出的病鱼有“出血不止”现象。小规格（200 g以下）患病大菱鲆几天后出现大量死亡，死亡率可能高达100%，而较大规格的鱼大量死亡的时间比小规格鱼延后数天。多家养殖场和养殖户出现“清棚”，损失惨重。

病害发生以来，已有的化学药物（抗菌药物、消毒剂）疗法防治均未见任何明确有效效果。

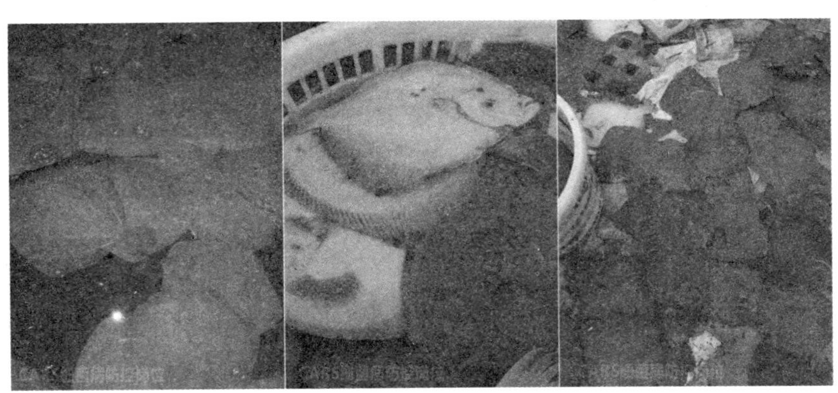

图10 大菱鲆“出血症”现场症状

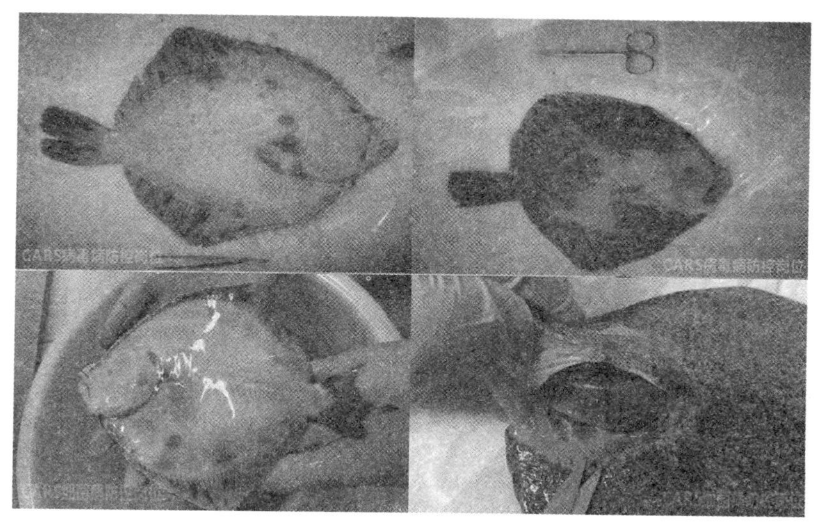

图 11　大菱鲆“出血症”临床大体外观体征（CARS疾病防控研究室临床诊断照片）

细菌病岗位联合病毒病岗位对病害主要流行的养殖区采集的多批次患病大菱鲆进行了临床外观及剖检大体检查、病理组织疑似病原核酸检测、病理组织电子显微镜镜检、病理组织宏基因组筛查等临床诊断。总体临检体征呈现较为明显的病毒性感染特征，偶有细菌性并发症状，使得病因判定复杂多变。为确诊病害“元凶”，对主要病变器官组织进行了疑似“元凶”病原特异性核酸检测和测序验证，最终结果证实所有病鱼样本主要感染靶器官病理组织核酸检测均呈现鲑鱼甲病毒（SAV）100%阳性率，核酸序列检测与国外已报道的SAV病毒相似性达 99%以上，证实为SAV病毒。

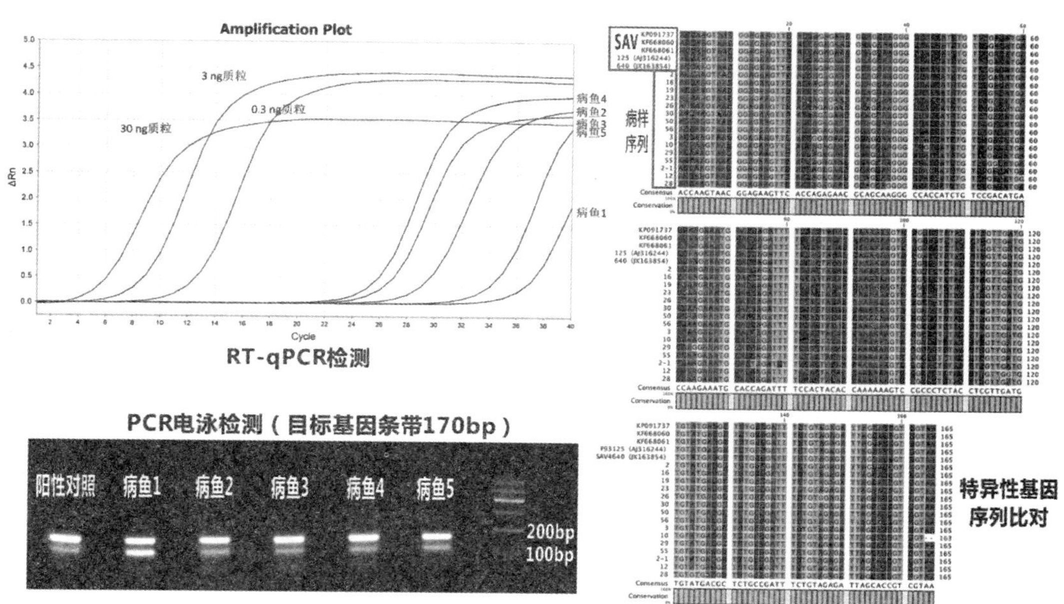

图 12　大菱鲆“出血症”病样核酸检测结果（样本采集自山东多地 3 批次病鱼内脏）

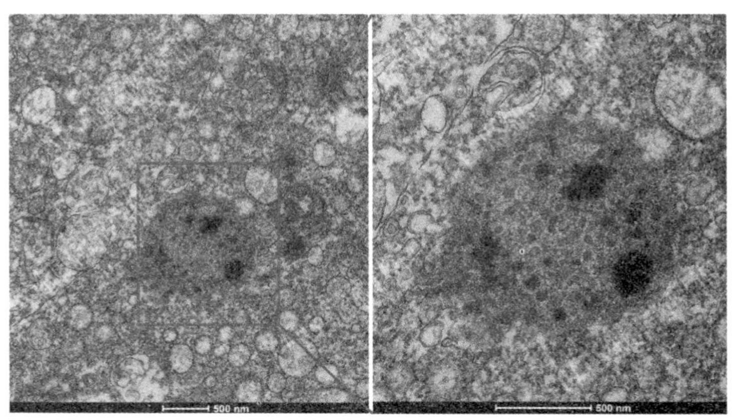

图 13　大菱鲆“出血症”病样电子显微镜切片镜检

为进一步佐证检测结果，进行了电镜切片镜检，在主要感染靶器官均可见球形病毒颗粒（与国外文献报道一致），并呈现典型的病毒性组织细胞病理病变特征。

综合以上严谨临床诊断结果，这起在山东大菱鲆主养区暴发性出现的大菱鲆新型“出血症”应为一起由鲑鱼甲病毒（SAV）为主要病原引发的病毒性传染病，并易伴有细菌性继发感染。其流行株亚型、传播途径和感染源尚需进一步大样本量筛查。

由于该病毒为世界动物卫生组织列出的主要须具报传染性病原，这将是在我国首次发现该病毒在水产养殖动物中流行性暴发，对大菱鲆产业的健康发展具有极大的潜在威胁。

依据上述大菱鲆暴发性严重疫情临床调查初步结果，向农业农村部渔业渔政管理局相关主管部门提交了临床调查报告和防控措施建议案，为主管部门进行科学决策提供咨询建议。同时，进一步的病原溯源、传播途径以及高效防控技术正在持续研究中。

（岗位科学家　王启要）

海水鱼寄生虫病防控技术研究进展

寄生虫病防控岗位

为了推动海水鱼产业提质增效及绿色发展，2020年度本岗位为实现大黄鱼刺激隐核虫病现场快速诊断，编辑了《刺激隐核虫病综合防控技术手册》；为解决流行性预警，建立了海水鱼养殖区刺激隐核虫幼虫检测技术；研发了防治刺激隐核虫病的纳米杀虫涂料和镀锌材料，以及混养罗非鱼防控刺激隐核虫病生态防控技术。另外，明确了硫酸铜对淀粉卵涡鞭虫生活史各个阶段的有效驱杀浓度和作用时间，及其安全浓度范围。在研究宿主抗刺激隐核虫的免疫反应机制方面，共研究了5个抗刺激隐核虫感染相关的免疫基因及其功能，并以石斑鱼为模式动物，深入揭示了IgM抗刺激隐核虫感染的免疫机理。以下为2020年海水鱼寄生虫病防控岗位技术研究进展的详细介绍。

1　大黄鱼刺激隐核虫病现场快速诊断与流行性预警

大黄鱼“三白病”中的刺激隐核虫病体表症状明显，借助普通光学显微镜可快速确诊，为实现刺激隐核虫病现场快速诊断，本岗位以大黄鱼为例，编辑了《刺激隐核虫病综合防控技术手册》，使养殖户借助手册便可实现现场快速诊断。

海水中刺激隐核虫幼虫数量与疾病暴发呈高度相关性，结合环境因素，通过监测海水中幼虫数量，便能对刺激隐核虫病暴发进行预警。前期研究中，构建了海水中刺激隐核虫核酸检测技术。本年度完善了样品的保存、运输方式，并且完成了相关技术在实际应用中的验证。结果表明，海水抽滤后的滤膜保存于裂解液中，常温下6 d内不会出现显著降解（图1A，B，C），该结果给我们提供了一种样品抽滤后简易的保存方式，并不需要低温运输。在应用该方法对卵形鲳鲹养殖海区海水样本验证试验中，发病海区的样品CT均值显著低于未发病海区采集的海水样品（$P<0.05$），未发病海区采集的海水样品与空白对照组无明显差异（$P>0.05$），且发病海区海水样品的CT均值为20.16 ± 0.63，经标准曲线预估约为25个幼虫（图1D）。目前本研究建立的荧光定量检测技术，可准确、迅速地对自然海水中存在的微量刺激隐核虫进行有效定量检测，有效用于海区中刺激隐核虫幼虫数量的检测与风险评估，成功构建了刺激隐核虫病的预测预报技术体系。

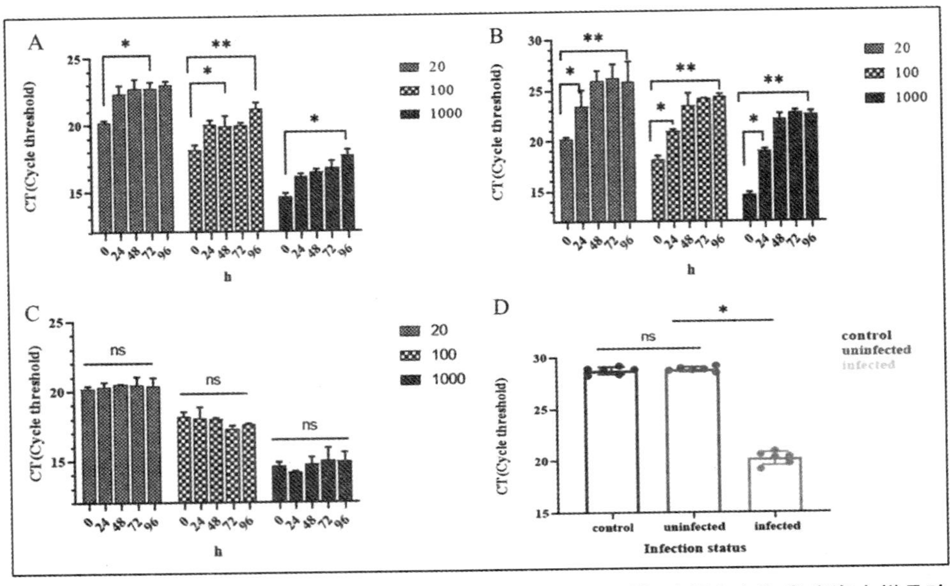

图 1　不同保存方法幼虫降解比较（A：4℃，B：冰袋保存，C：裂解液保存）和发病海水样品验证（D）

2　刺激隐核虫病的抗虫纳米涂料开发

前期研究发现，附着于铜片上的刺激隐核虫会被杀灭，并根据刺激隐核虫生物学特性，体外生活阶段的包囊会附着于池子底部的特点，将一种铜合金颗粒添加到鱼池涂料中，涂于鱼池底部可有效杀灭附着于池底的刺激隐核虫。本年度检测了抗虫纳米涂料的有效期和安全性，并对产品进行工艺优化。结果表明，抗虫纳米涂料在 6 个月内对病鱼的保护率可达 100%。检测水体和石斑鱼（养殖 3 个月）的Cu^{2+}浓度结果显示，释放的Cu^{2+}符合养殖水质要求，对照池和涂料池养殖 90 d鱼血清、肝脏和肌肉的Cu^{2+}浓度无显著差异（表 1）。研究表明研发的杀虫涂料可有效防控刺激隐核虫病，本研究对工厂养殖中刺激隐核虫病防控提供了安全有效的策略。

表 1　鱼在涂料池养殖 90 d后血清、肝脏和肌肉的Cu^{2+}含量

	血清（mg/kg）	肝脏（mg/kg）	肌肉（mg/kg）
对照组	14.25 ± 1.49	22.37 ± 2.71	0.23 ± 0.06
实验组	15.57 ± 1.54	21.70 ± 1.25	0.21 ± 0.02

3　镀锌材料在防控刺激隐核虫病和眼点淀粉卵涡鞭虫病中的应用

锌离子一直被用于预防细菌和寄生虫感染，在水产上硫酸锌也是主要的杀虫剂成分。

本实验将镀锌材料应用到防控刺激隐核虫病中，以期获得高效的防控效果。本实验所用的镀锌材料分为镀锌板和镀锌铁丝网，镀锌板规格为占底部面积的25%、56.25%和100%，镀锌铁丝网的规格为0.5、0.1和0.2 m^2/m^3。使用方式是放置在养殖池的底部。人工感染实验结果显示：镀锌板占养殖池的底部面积至少为56.25%，使用14 d；镀锌铁丝网的使用面积至少为0.2 m^2/m^3，使用时间为8 d，可有效降低患病卵形鲳鲹的寄生虫负载，提高患病鱼的成活率（图2A，B）。

镀锌材料在防控眼点淀粉卵涡鞭虫感染的效果，本实验应用镀锌板和镀锌铁丝网两种镀锌材料，镀锌板的规格为占底部面积的25%、56.25%和100%，镀锌铁丝网的规格为0.025、0.1和0.4 m^2/m^3，使用方式是放置在养殖池的底部。人工感染实验结果显示：镀锌板占养殖池的底部面积至少为56.25%，使用14 d；镀锌铁丝网的使用面积至少为0.1 m^2/m^3，使用时间为3 d，可有效降低患病卵形鲳鲹的寄生虫负载，提高患病鱼的成活率（图2C，D）。

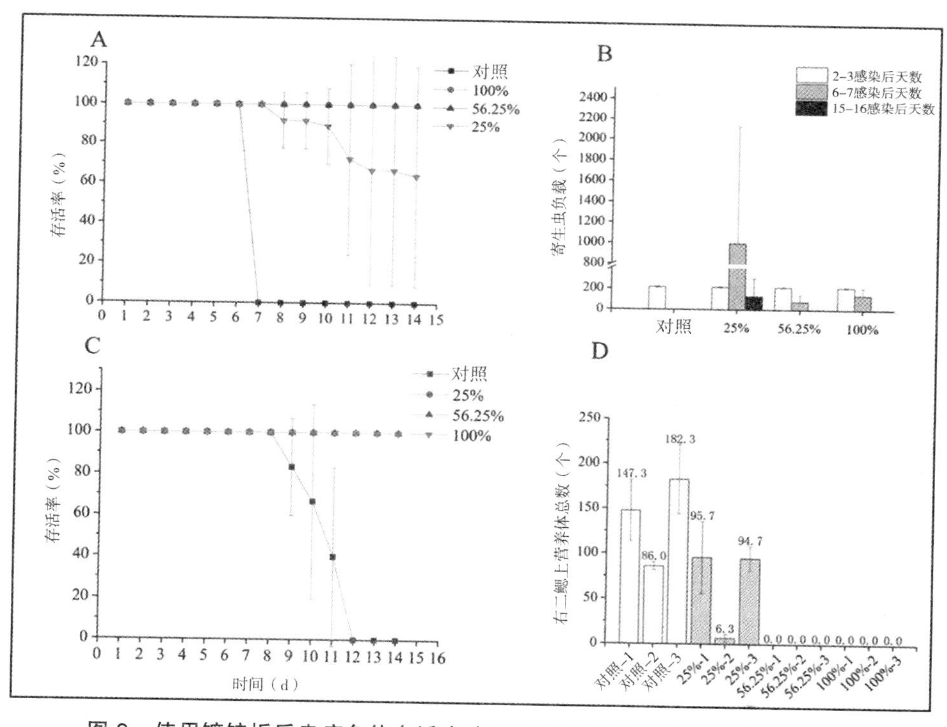

图2 使用镀锌板后患病鱼体存活率（A、C）和寄生虫载量变化（B、D）

A、B为刺激隐核虫，C、D为眼点淀粉卵涡鞭虫

4 混养罗非鱼防控刺激隐核虫病

罗非鱼具有广盐性和杂食性的特点。为了探究罗非鱼是否可以作为清洁鱼防控刺激隐核虫感染，本实验优化了红罗非鱼的海水驯化方法；检测了红罗非鱼清除水中包囊的速率；并应用红罗非鱼与卵形鲳鲹混养的方式（每平方米养殖13尾和19尾红罗非鱼），评

估红罗非鱼作为清洁鱼对卵形鲳鲹感染刺激隐核虫后的保护效果。实验结果显示，红罗非鱼在盐度为 12 的海水中暂养 2 d后，以每 2 d增加 6 个盐度单位的速率逐渐增加养殖水盐度，驯化至盐度为 28 时的存活率为 100%。红罗非鱼清除包囊的速率与水体中包囊的数量呈正相关，速率高达 207.60 个包囊/小时（图 3A）。在混养实验中，经过二次重复感染后，13 尾/平方米组和 19 尾/平方米组中卵形鲳鲹的载虫量相对于对照组分别减少了 46.60%和 93.57%，其相对保护率分别为 84.44%和 100%（图 3B）。但经过三次重复感染后，实验组的保护效果与对照组相比不显著。实验结果说明了红罗非鱼可以通过清除包囊从而降低刺激隐核虫对鱼体的二次感染。

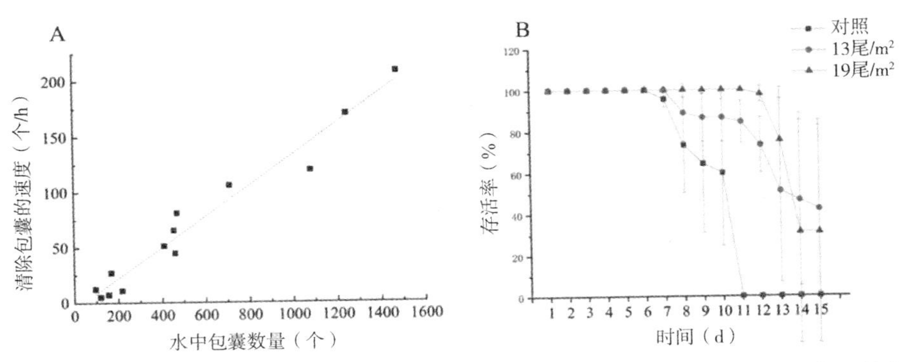

图 3　红罗非鱼啄食包囊的速率与水中包囊数量的关系（A），混养罗非鱼对感染了刺激隐核虫的卵形鲳鲹的保护效果（B）

5　卵形鲳鲹淀粉卵涡鞭虫病分离鉴定

2020 年 6 月深圳大鹏新区养殖的卵形鲳鲹幼鱼暴发严重的淀粉卵涡鞭虫病，在感染鱼鳃、鳍条和皮肤均发现大量淀粉卵涡鞭虫寄生。跟踪发现，该病具有发病速度快，死亡率高等特点，感染鱼在 3 d内死亡率高于 90%。对健康鱼和感染鱼鳃和脾脏进行组织病理学分析，结果显示感染鱼鳃小片间隙可见淀粉卵甲藻分布，鳃丝上皮细胞增生，局部鳃小片变短甚至消失，出现鳃小片根部融合；感染鱼脾脏黑色素巨噬细胞中心明显增多。健康鱼和感染鱼血清生理生化指标检测发现，相较于健康鱼，感染鱼血清中血糖、谷丙转氨酶、谷草转氨酶、乳酸脱氢酶浓度均明显升高。将深圳虫株 18S序列与世界各地已报导的虫株 18S序列进行比对，结果显示深圳虫株 18S序列与宁德虫株完全相同，与地中海、红海等地虫株仅存在一个碱基的差异。扫描电子显微镜可以清楚地看到淀粉卵涡鞭虫营养体通过假根寄生在鳃上，包囊发育形式为均等二分裂（图 4）。

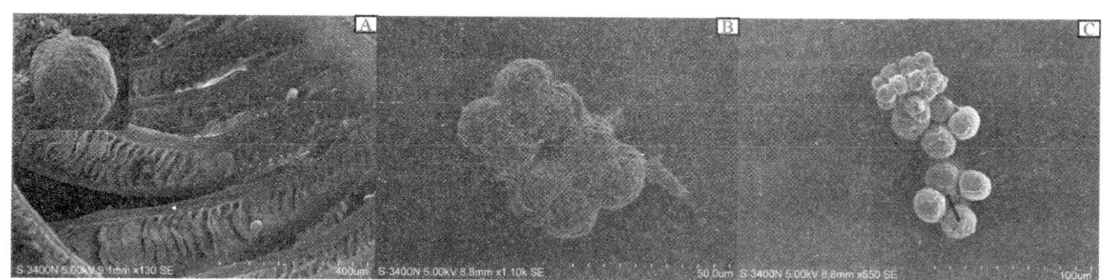

图 4　营养体和包囊扫描电子显微镜观察

6　硫酸铜防治卵形鲳鲹淀粉卵涡鞭虫病的研究

为在生产上更科学地使用硫酸铜防治淀粉卵涡鞭虫病，用卵形鲳鲹作为动物模型研究了硫酸铜对淀粉卵涡鞭虫生活史各个阶段的有效驱杀浓度和作用时间，并评估其对卵形鲳鲹幼鱼的安全浓度范围。结果显示，卵形鲳鲹幼鱼对硫酸铜的耐受性强，安全浓度为小于43.06 mg/L。用3.13、0.78、0.20 mg/L硫酸铜分别药浴处理10、30、60 min可100%驱杀涡孢子；用4、2、1、0.5 mg/L硫酸铜分别药浴浸泡鱼体2、2、4、8 h可完全（100%）清除鱼体上的营养体；而包囊对硫酸铜的耐受性强，用100 mg/L的硫酸铜连续浸泡，仍有90%以上的包囊能继续分裂。根据淀粉卵涡鞭虫生活史各个阶段对硫酸铜的敏感性差异，设计了用低浓度硫酸铜药液连续浸泡患病鱼的方法杀灭刚孵出的涡孢子，以消除患病鱼的二次感染。药浴试验显示，在0.2、0.4 mg/L硫酸铜溶液中连续药浴10 d，对患病鱼的相对保护率分别为80%和90%，表明使用低浓度硫酸铜连续药浴可有效防治卵形鲳鲹淀粉卵涡鞭虫病。

7　石斑鱼IgM抗刺激隐核虫感染的免疫研究

本研究首先制备了鼠抗石斑鱼IgM多克隆抗体，其可特异性识别石斑鱼血清和黏液中的IgM，同时也可以标记细胞；以此抗体分选的细胞具有淋巴细胞的形态，且表达鱼类IgM阳性B细胞特征性分子标记（IgM、IgD和MHC II）。石斑鱼血清中的IgM主要为四聚体，同时也存在少量二聚体，而黏液中的IgM主要为四聚体。糖基化分析显示石斑鱼IgM重链可发生糖基化。石斑鱼IgM在各组织中表达丰富，其中头肾、脾脏、幽门盲囊及肠道等组织的抗体分泌能力较强，免疫组化也在这些组织中检测到了IgM阳性细胞。

为研究石斑鱼IgM在抗刺激隐核虫感染免疫中的作用，首先构建了刺激隐核虫体表感染石斑鱼免疫模型：经3次免疫后，石斑鱼可抵抗约90%的刺激隐核虫再次感染。经刺激隐核虫免疫后，石斑鱼血清及黏液中的特异性及总IgM水平均显著上升，组织块体外培养试验显示这些 IgM可由头肾和皮肤中的抗体分泌细胞进行分泌，且皮肤中的IgM抗体分泌细胞在免疫组中显著上升；另外，被动免疫试验证实石斑鱼抗刺激隐核虫特异性IgM可由血液转运至皮肤黏液，暗示系统免疫组织产生的特异性IgM抗体也可转运至黏膜免疫组织参加应答；通过体外和体内的试验均证实IgM可与刺激隐核虫发生特异性结合；免疫组血清经IgM亲和层析柱吸附后对幼虫的阻动能力下降；对免疫组石斑鱼的IgM进行RNA干扰或IgM阳性细胞进行屏蔽后，可观察到刺激隐核虫的感染率显著上升，说明IgM及其阳性细胞参与刺激隐核虫的抗虫免疫。

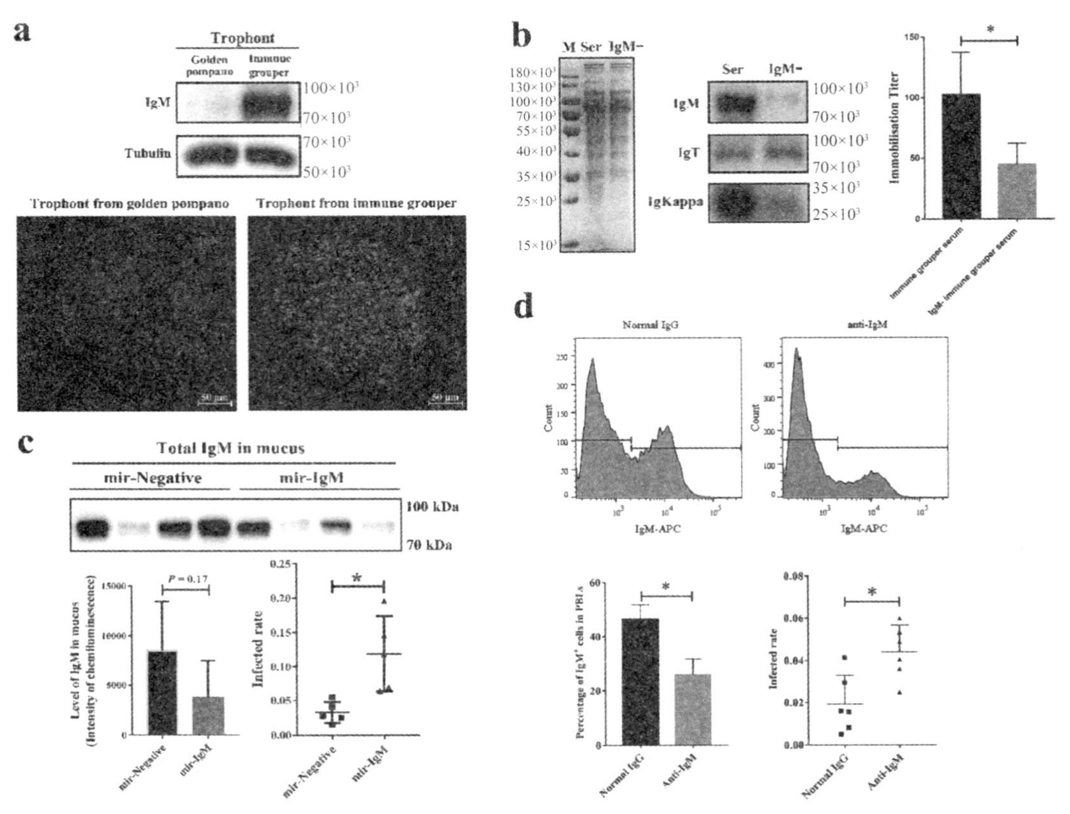

图 5　部分IgM抗刺激隐核虫感染机制结果

a. Western blot及免疫荧光检测免疫石斑鱼皮肤分离的滋养体中IgM含量；b. 经anti-IgM亲和层析柱吸附后的免疫组石斑鱼血清对幼虫的阻动能力下降；c. 敲降IgM后的免疫石斑鱼感染率上升：Western blot检测注射干扰质粒后免疫石斑鱼黏液中总IgM水平；注射干扰质粒后免疫石斑鱼感染率统计；d. 经IgM阳性细胞屏蔽后的免疫组石斑鱼感染感染率上升：流式检测IgM阳性细胞屏蔽效果；IgM阳性细胞屏蔽后后免疫石斑鱼感染率统计；数据表示为平均值±标准差，n=5，*表示显著差异（P<0.05）。

8　石斑鱼感染刺激隐核虫的免疫反应机制进一步研究

为了揭示宿主抗刺激隐核虫的免疫反应机制，2020年度本实验室继续研究石斑鱼抗刺激隐核虫感染免疫机制，共克隆石斑鱼5个与抗刺激隐核虫感染相关的免疫基因，并对这些基因的功能进行了研究，包括C-RAF原癌基因、NADPH氧化酶、IκB激酶IKKα

（EcIKKα-1和-2）、IRAK-4激酶。结果表明，EcMpeg1阳性细胞、NADPH氧化酶、IκB激酶IKKα和IRAK-4激酶参与了石斑鱼对刺激性隐核虫感染的抗性过程；Raf-MEK-ERK级联反应参与了对病毒或寄生虫感染的应答。

（岗位科学家　李安兴）

海水鱼养殖环境胁迫性疾病与综合防控技术研发进展

环境胁迫性疾病与综合防控岗位

2020 年，环境胁迫性疾病与综合防控岗位重点围绕海水鱼生理生化指标监测、大黄鱼养殖环境监测与流行病调查、海水鱼免疫调节剂研发等重点任务开展工作。测定了大黄鱼和大菱鲆的血清生理生化指标，获得相关数据 40 条；从低氧胁迫大黄鱼的鳃和心脏组织中分别鉴定了 1 546 个和 2 746 个差异表达基因，获得大黄鱼低氧胁迫的标志基因 3 个；建立了大黄鱼虹彩病毒、溶藻弧菌和变形假单胞菌双重TaqMan探针法荧光定量PCR检测方法，在宁德大黄鱼主要养殖区开展了养殖环境监测和流行病学调查工作，揭示了大黄鱼“三白病”的流行规律及其与环境因子之间的关系，建立了大黄鱼病害监测技术体系；筛选、获得了具有免疫调节作用的分子 3 种，发现黄芪多糖脂质体作为饲料添加剂，兼具免疫调节和抗应激的功效，有效地降低养殖大黄鱼的死亡率。

1 海水鱼生理生化参数检测

本年度测定了大菱鲆和大黄鱼的血清生理生化指标，获得相关统计数据 40 条（表 1）。大菱鲆血清中未检出 γ-谷氨酰基转移酶（GGT），而过氧化氢酶（CAT）和低密度脂蛋白胆固醇（LDL-C）的含量相对稳定。大黄鱼血清 γ-谷氨酰基转移酶（GGT）和低密度脂蛋白胆固醇（LDL-C）的含量相对稳定，不随季节变化而发生明显改变，适合作为海水鱼环境应激诊断的标志分子。

表 1 大菱鲆和大黄鱼血清生理生化指标

编号	指标	大菱鲆	大黄鱼
1	丙二醛（MDA）/（nmol/mL）	29.0 ~ 144.0	10.5 ~ 60.1
2	过氧化氢酶（CAT）/（U/mL）	2.4 ~ 5.3	2.2 ~ 10.6
3	肌酐（Cre-P）/（μmol/L）	2.0 ~ 21.0	2.0 ~ 14.0
4	γ-谷氨酰基转移酶（GGT）/（U/L）	0	27.0 ~ 29.3
5	总接胆红素（T-Bil）/（μmol/L）	22.0 ~ 30.4	28.0 ~ 29.0
6	丙氨酸氨基转移酶（ALT）/（U/L）	1.0 ~ 24.0	0.9 ~ 1.7

续表

编号	指标	大菱鲆	大黄鱼
7	直接胆红素（D-Bil）/（μmol/L）	0.6 ~ 2.4	0.1 ~ 0.9
8	高密度脂蛋白胆固醇（HDL-C）/（mmol/L）	0.1 ~ 1.86	0.1 ~ 1.1
9	低密度脂蛋白胆固醇（LDL-C）/（mmol/L）	1.03 ~ 2.97	1.4 ~ 7.4
10	天门冬氨酸氨基转移酶（AST）/（U/L）	0.10 ~ 0.24	1.0 ~ 2.2
11	甘油三酯（TG）/（mmol/L）	0.04 ~ 0.17	0.2 ~ 1.3
12	总蛋白（TP）/（g/L）	7.5 ~ 24.5	1.7 ~ 7.4
13	白蛋白（ALB）/（g/L）	2.0 ~ 5.9	1.4 ~ 36.0
14	总胆固醇（TC/CHO）/（mmol/L）	1.44 ~ 3.2	0.4 ~ 0.7
15	葡萄糖（GLU）/（mmol/L）	0.23 ~ 2.85	0.2 ~ 0.4
16	尿酸（UA）/（μmol/L）	22 ~ 76.0	0.2 ~ 3.6
17	钙离子（Ca^{2+}）/（mmol/L）	0.14 ~ 1.07	0.4 ~ 18.0
18	镁离子（Mg^{2+}）/（mmol/L）	0.23 ~ 0.72	0.1 ~ 0.8
19	二氧化碳（CO_2）/（mmol/L）	1.9 ~ 7.9	1.6 ~ 3.7
20	无机磷（IP）/（mmol/L）	0.58 ~ 2.63	0.3 ~ 0.4

2　低氧胁迫大黄鱼鳃和心脏转录组学研究

测定了低氧胁迫大黄鱼脾脏和头肾转录组。低氧胁迫 6 h、12 h和 48 h，大黄鱼鳃中分别发现了 420、357 和 167 个基因表达上调，543、243 和 309 个基因表达下调；相应时间点心脏中分别有 1 099、413 和 296 个基因上调表达，865、262 和 488 个基因下调表达（图 1）。基于GO和KEGG分类的结果，发现低氧胁迫导致大黄鱼鳃中HIF-1 信号通路相关基因（*HIF-1α*、*EGLN1*、*VEGFA*、*ABCG2*、*LDHA*、*TF*、*TFR1*和*IGFBP1*）表达水平显著上调，而离子转运相关基因（*HVCN1*、*RHBG*、*RHCG2*、*RYR2*、*SCN4A*、*SLC4A4*、*SLC20A2*和*TRPC1*）的表达水平显著下调；大黄鱼心脏中HIF-1 信号通路（*HIF-1α*、*HIF-1AN*、*EGLN*、*VEGFA*、*ABCG2*、*CP*和*IGFBP1*）、糖酵解通路（*ALDOB*、*HK1*、*LDHA*和*GAPDHS*）和心肌收缩过程相关基因（*Actc1*、*Acta1*、*TnTc*和*CACNB4*）表达水平都显著上调。比较两个组织的转录组数据发现低氧胁迫大黄鱼鳃和心脏中低氧诱导因子 1α（*HIF-1α*）、血管内皮生长因子A（*VEGFA*）和L型乳酸脱氢酶A链（*LDHA*）表达水平都显著上调，可以作为大黄鱼低氧胁迫的标志基因。

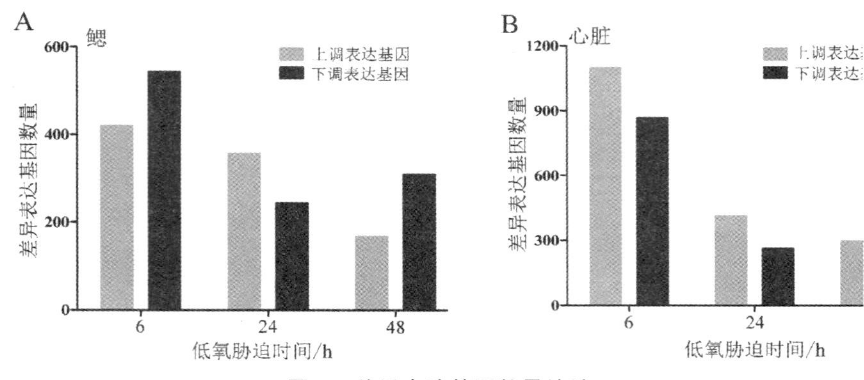

图 1　差异表达基因数量统计

3　海水病原特异性检测技术

3.1　大黄鱼虹彩病毒双重TaqMan探针法荧光定量PCR检测方法

根据大黄鱼虹彩病毒（LYCIV）基因组序列（GenBank登录号：AY779031），设计了两对特异性引物和TaqMan探针，分别扩增LYCIV的*ORF021R*和*ORF129R*基因。建立的大黄鱼虹彩病毒双重TaqMan探针法荧光定量PCR检测方法，可特异性地检出大黄鱼虹彩病毒，与同科的蛙病毒和同属的传染性脾肾坏死病毒无交叉反应（图 2A），检测灵敏度约为 100 拷贝/微升病毒基因组（图 2B）。

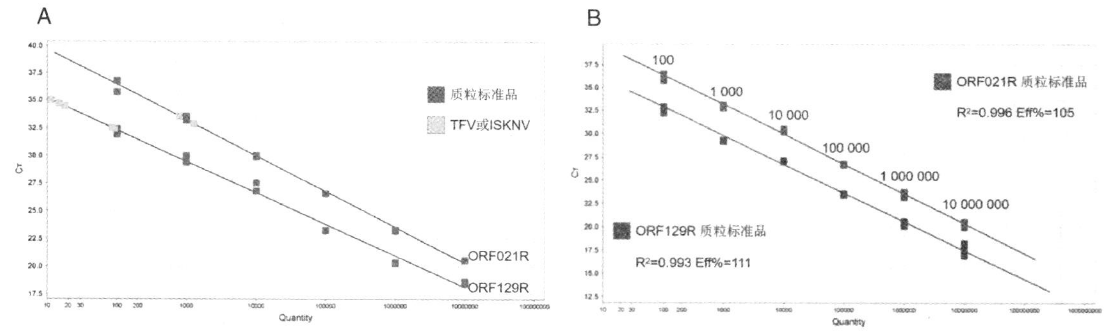

图 2　大黄鱼虹彩病毒双重TaqMan探针法荧光定量PCR检测方法特异性与灵敏度

A. 特异性分析。红色为质粒标准品，绿色为蛙病毒（TFV）或传染性脾肾坏死病毒（ISKNV）基因组样品。B. 灵敏度检测。红色为ORF021R质粒标准品，蓝色为ORF129R质粒标准品，R2 为标准曲线相关系数，Eff%为基因扩增效率。

3.2　溶藻弧菌双重TaqMan探针法荧光定量PCR检测方法

根据溶藻弧菌（*Vibrio alginolyticus*）基因组序列，选取*rpoS*基因（GenBank登录号：EU224457）和*toxR*基因（GenBank登录号：KJ579443）作为靶基因，设计了特异性引物与探针。同时使用两对引物和探针能够特异性地检测溶藻弧菌，检测灵敏度约为 50 拷贝/

微升（图 3）。

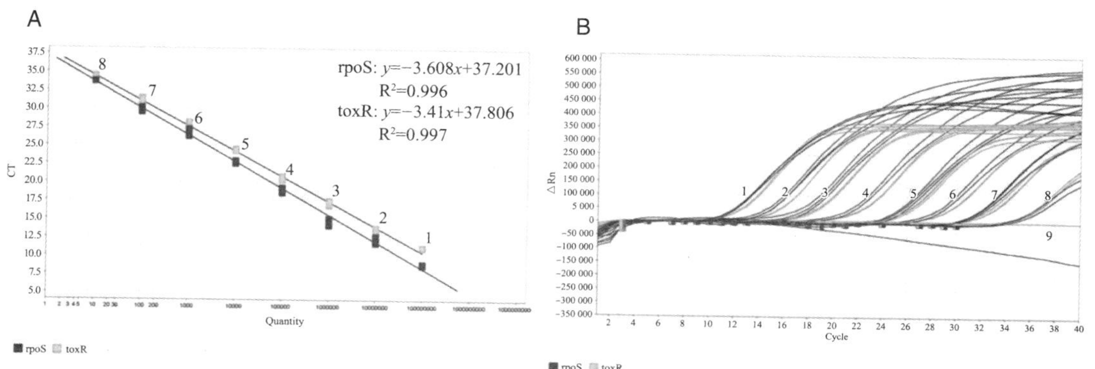

图 3　溶藻弧菌双重TaqMan探针法荧光定量PCR检测方法灵敏度

同时利用溶藻弧菌 2 个基因的特异性引物和对应探针进行灵敏度检测。1 ～ 8 分别是浓度为 5×10^7、5×10^6、5×10^5、5×10^4、5×10^3、5×10^2、5×10^1 和 5×10^0 拷贝/微升的质粒；9 为阴性对照。

3.3　变形假单胞菌双重TaqMan探针法荧光定量PCR检测方法

根据变形假单胞菌*gyrB*和*rpoD*基因序列，设计了两对特异性引物及对应的TaqMan探针，建立了变形假单胞菌的多重TaqMan探针法荧光定量PCR检测方法。该方法特异性好，检测其他的常见病原菌，如坎氏弧菌、无乳链球菌、铜绿假单胞菌、嗜水气单胞菌、副溶血弧菌、哈维氏弧菌、溶藻弧菌、希瓦氏菌、诺卡氏弧菌、停乳链球菌、恶臭假单胞菌和荧光假单胞菌等均为阴性结果。检测极限约为 100 拷贝/微升（图 4），可以满足生产上大黄鱼内脏白点病的病原检疫需要。

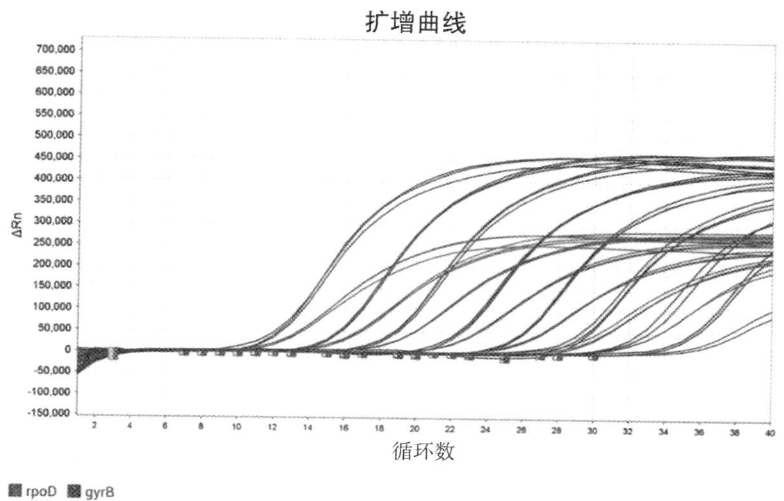

图 4　变形假单胞菌双重TaqMan探针法荧光定量PCR检测技术灵敏度分析

同时利用变形假单胞菌的 2 个基因的引物和对应探针进行的灵敏度检测的标准曲线，图中从左到右检测拷贝数依次为 1×10^2、1×10^3、1×10^4、1×10^5、1×10^6 和 1×10^7，即灵敏度为 100 拷贝/微升。

4 大黄鱼内脏白点病发病情况与养殖环境中微生物群落关系

内脏白点病是目前大黄鱼养殖过程中危害严重的细菌性疾病，给大黄鱼养殖产业造成了重大的经济损失。宁德大黄鱼主要养殖区水体微生物群落分析结果显示，养殖水体中的细菌共有 3 302 个分类操作单元（OTU），可划分为 40 个门（phylum），782 个属。其中变形菌（*Proteobacteria*）、拟杆菌（*Bacteroidia*）和放线菌（*Actinobacteria*）为优势菌，在所有样品中相对丰度均较高（图 5），同时各个样品中微生物群落 α 多样性指数均较高，表明大黄鱼内脏白点病发病期间养殖水体中具有较高的微生物群落多样性。对不同月份 3 个养殖区水体中的假单胞菌属细菌相对丰度进行分析发现，大湾水体中假单胞菌属细菌在 6 月相对丰度最高，盘前和官井洋水体中假单胞菌属细菌在 5 月相对丰度最高，3 个养殖区假单胞菌属细菌相对丰度均在 11 月最低，假单胞菌属细菌的相对丰度在 3—11 月之间呈现先升高后降低的趋势（图 6），与大黄鱼内脏白点病的发病情况相吻合。

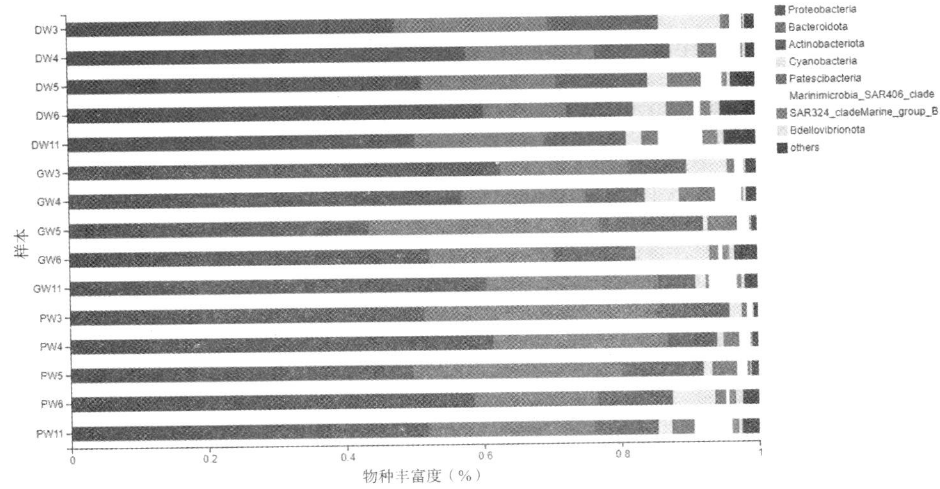

图 5　3 个大黄鱼养殖区不同月份水体微生物Class水平的相对丰度

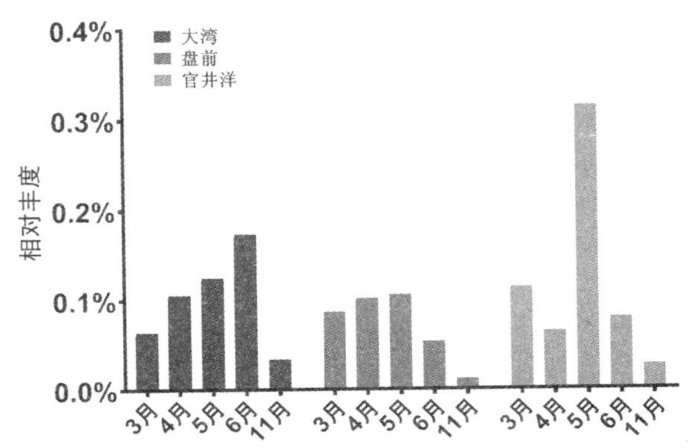

图 6　3 个大黄鱼养殖区不同月份样品中假单胞菌属的相对丰度

5　鱼类免疫调节剂研发

5.1　大黄鱼TNF-α1和TNF-α2促进单核/巨噬细胞活化

大黄鱼TNF-α2（*Lc*TNF-α2）的开放阅读框长714个核苷酸，编码1个237个氨基酸的蛋白质，含有1个23个氨基酸的跨膜区，在T^{71}/L^{72}残基上有一个TACE限制性位点，一个肿瘤坏死因子家族标签序列（I^{108}-F^{135}）和两个保守的半胱氨酸残基（C^{39}和C^{179}）。*Lc*TNF-α1和*Lc*TNF-α2基因在所有受检测组织和免疫相关细胞中都有表达，溶藻弧菌刺激后，*Lc*TNF-α1和*Lc*TNF-α2在脾脏和头肾中表达水平显著上调。灭活的溶藻弧菌刺激后，原代大黄鱼头肾单核/巨噬细胞（MO/Mϕs）中*Lc*TNF-α1和*Lc*TNF-α2基因的转录水平均有显著升高。重组*Lc*TNF-α1和*Lc*TNF-α2蛋白（r*Lc*TNF-α1和r*Lc*TNF-α2）不仅显著增加单核/巨噬细胞内活性氧（ROS）和一氧化氮（NO）的产生，而且诱导促炎细胞因子（IL-1β、IL-6、IL-8和TNF-α1）的表达。*Lc*TNF-α1和*Lc*TNF-α2的功能差异主要体现在仅r*Lc*TNF-α1显著增强MO/Mφ的吞噬功能（图7），并诱导TNF-α2的表达，而*Lc*TNF-α2则没有相应的效果。

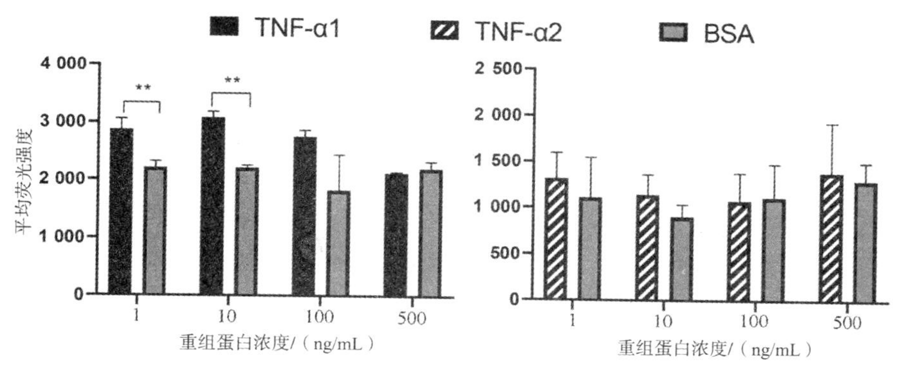

图7　r*Lc*TNF-α1和r*Lc*TNF-α2对大黄鱼单核/巨噬细胞吞噬能力影响

5.2　大黄鱼粒细胞集落刺激因子GCSFa

粒细胞集落刺激因子（Granulocyte colony-stimulating factor，GCSF）是一种可以促进粒细胞和单核/巨噬细胞增殖和分化的生长因子。大黄鱼GCSFa（*Lc*GCSFa），其开放阅读框全长636 bp，编码211个氨基酸的蛋白，成熟肽具有1个保守的IL-6样结构域。*Lc*GCSFa为组成型表达，在溶藻弧菌（*Vibrio alginolyticus*）或poly（I：C）刺激后，大黄鱼头肾和脾脏中*Lc*GCSFa基因的表达水平均发生显著上调。*Lc*GCSFa在大黄鱼原代头肾白细胞，巨噬细胞以及粒细胞中也均有表达，LPS或poly（I：C）刺激后，原代头肾白细胞和粒细胞内*Lc*GCSFa的转录水平均显著上调。重组表达的*Lc*GCSFa蛋白（r*Lc*GCSFa）在体内和体外显著促进头肾白细胞的增殖（图8），并且上调中性粒细胞增值相关转录因子（STAT3和STAT5）的转录水平和磷酸化水平。*Lc*GCSFa可能通过激活转录因子

STAT3 和STAT5 来促进大黄鱼头肾白细胞的增殖。

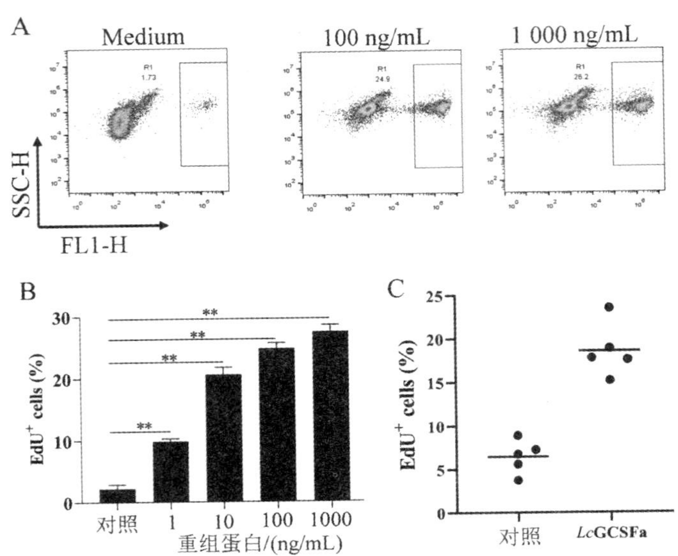

图 8　rLcGCSFa诱导大黄鱼头肾白细胞增殖

A. 体外实验分析r*Lc*GCSFa对头肾白细胞增殖的影响。B. 统计分析A图中头肾白细胞中EdU^+的比例（n=6）。C. 体内实验分析r*Lc*GCSFa对头肾白细胞增殖的影响。

5.3　黄芪多糖作为饲料添加剂使用增强大黄鱼免疫力和抗应激能力

黄芪多糖（APS）是中药黄芪的主要活性成分之一。本研究表明黄芪多糖脂质体（APSL）显著抑制在PMA诱导下的大黄鱼巨噬细胞的氧呼吸暴发活性，提高巨噬细胞的氮呼吸暴发活性和巨噬细胞在LPS刺激时的吞噬活性。此外，25 μg/mL APSL能显著提高巨噬细胞内炎症反应相关基因*TNF-α*、*IL-1β*、*IL-6*、*IL-8*、*iNOS*和*IFN-γ*基因的mRNA表达量，且效果均优于 100 μg/mL APS。体外试验结果表明APSL对大黄鱼头肾巨噬细胞有显著的免疫调节作用，且效果优于APS（图 9）。饲喂实验发现APSL和APS均能够不同程度地提升大黄鱼头肾巨噬细胞的氮呼吸爆发活性及吞噬活性，提高血清中血清总蛋白（TP）和白蛋白（ALB）含量，降低丙二醛（MDA）含量（表 2），增强血清内溶菌酶（LZM）、超氧化物歧化酶（SOD）、酸性磷酸酶（ACP）和碱性磷酸酶（AKP）的活性（表 3），且APSL的效果更佳、用量更低。

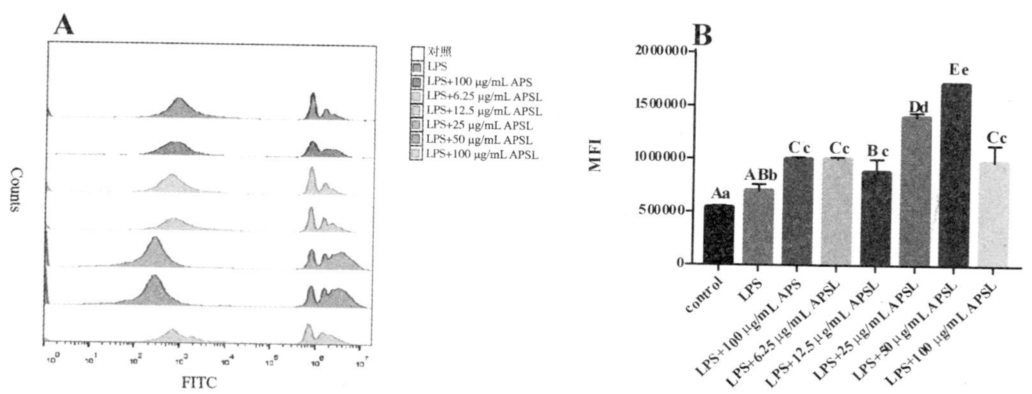

图 9　不同浓度APSL对LPS刺激离体大黄鱼头肾巨噬细胞吞噬活性的影响

表 2　APSL对大黄鱼血清中丙二醛含量影响

处理/（mg/kg）	15 d	30 d	45 d
对照	13.96 ± 0.67^{Aa}	15.54 ± 7.43^{Aa}	10.43 ± 1.72^{Aa}
空白	12.34 ± 5.61^{Aab}	12.92 ± 5.40^{Aab}	11.98 ± 4.65^{Aa}
100 μg/mL APS	9.35 ± 2.49^{ABab}	7.46 ± 1.48^{Abc}	11.25 ± 1.15^{Ba}
50 μg/mL APSL	9.01 ± 3.31^{Aab}	4.74 ± 1.33^{Ac}	8.04 ± 0.35^{Aab}
100 μg/mL APSL	7.28 ± 2.33^{Ab}	6.97 ± 1.41^{Abc}	6.02 ± 0.19^{Ab}
200 μg/mL APSL	7.53 ± 1.48^{Ab}	6.53 ± 1.26^{Abc}	5.96 ± 1.06^{Ab}

（岗位科学家　陈新华）

海水鱼养殖设施与装备技术研发进展

养殖设施与装备岗位

2020 年，养殖设施与装备岗位主要开展了大菱鲆养殖提质稳产关键技术攻关与集成示范、大型养殖平台气力投饲系统研制、船载舱养的系统构建关键技术、水产行业标准《工厂化循环水养殖车间施工质量验收规范》编制等方面研究，完成国信 1 号大型养殖工船舱养系统设计和工程经济性分析等技术示范推广工作，取得的研究进展总结如下：

1　大菱鲆养殖提质稳产关键技术攻关与集成示范

1.1　关键水质调控装备优化试制

重点对大菱鲆工厂化循环水养殖关键装备进行优化试制。

针对低压纯氧增氧装备，将传统串联式矩形多级腔体结构升级为圆形米字型混合腔结构，提高设备紧凑性；将多孔布水升级为溅水器布水，优化了淋水均匀性，提高气液混合效率，同时降低加工制作难度；将浸没式尾气管升级为泄气阀形式，简化设备操作难度。完成设备样机试制 1 台，氧气吸收利用率 65% ~ 70%，出水溶解氧浓度 13 ~ 15 mg/L，如图 1 所示。

图 1　低压纯氧增氧装备试制样机

针对流化床生物滤器超高比表面积滤料易逃逸、老化生物膜易阻碍营养盐和溶解氧传质效率的问题，研发滤器自清洗技术。采用超声波传感器对砂层高度进行实时监控，结合水泵对表层砂粒进行剪切冲刷。使用0.2 mm粒径超高比表面积玻璃珠作为生物滤料，自主研制自清洗流化床生物滤器原理样机1台（图2），集成构建实验系统1套。结果显示，砂层增高速度从每周1.8%下降到每周0.3%，滤料逃逸从每周126 g下降到每周28 g，自清洗控制效果明显。

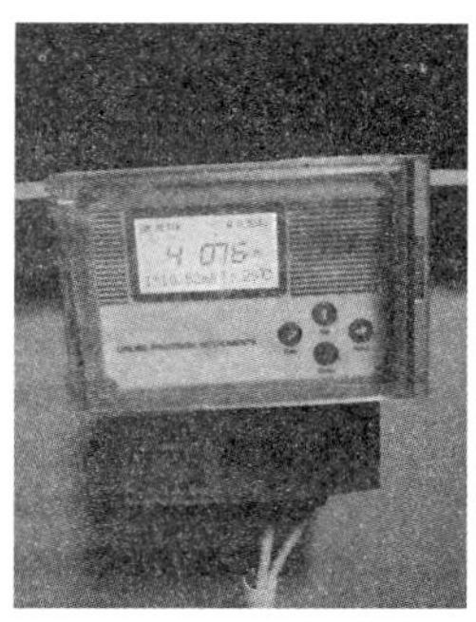

图2　自清洗流化床生物滤器试制样机

针对轨道式自动投饲系统技术集成度，试制样机1套（图3），集成无级变速驱动、RFID精准定位、柔性绞龙（或气送）补料、红外线传感器避障、电量呼吸灯提示、远程无线通讯等功能，形成设计图纸1套。

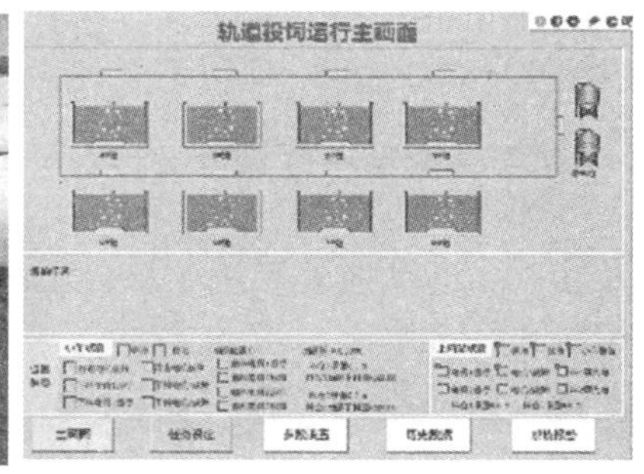

图3　轨道式自动投饲系统试制样机

1.2　大菱鲆标准化育苗和养殖车间设计

形成800 m^2标准型大菱鲆工厂化循环水育苗车间设计图纸1套（图4）。总体布置采用典型的双排鱼池单通道设计，同时，考虑到鱼苗对水质的要求更高，且产业附加值相对较高，水处理方面采用全设备形式模块化组装设计。单个车间设计育苗密度可以达到17.5 kg/m^3，最大饲喂负荷50 kg/d，日换水不超过15%。

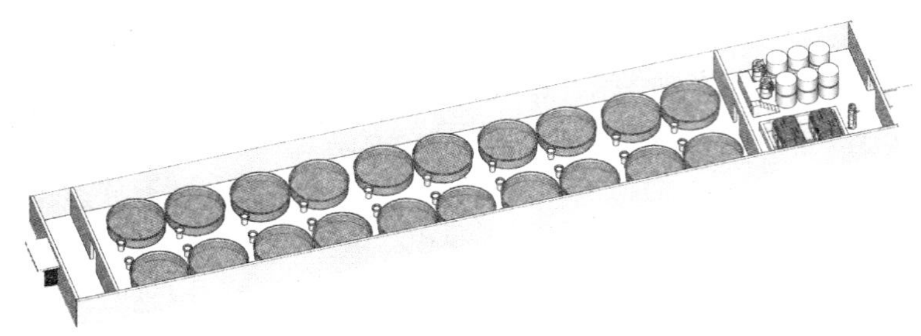

图 4　800 m^2 标准型大菱鲆工厂化循环水育苗车间效果图

形成 1 000 m^2 标准型大菱鲆工厂化循环水成鱼养殖车间设计图纸 1 套（图 5）。结合“三阶段养殖工艺”，设计每套养殖系统为 7 个养殖池，第一阶段使用 1 口池，第二阶段 2 口，第三阶段使用 4 口。同时，考虑系统投资建设和运行成本，水处理方面采用设施建设为主，设备配套为辅的形式。设计养殖密度 30 kg/m^3，日换水不超过 15%。

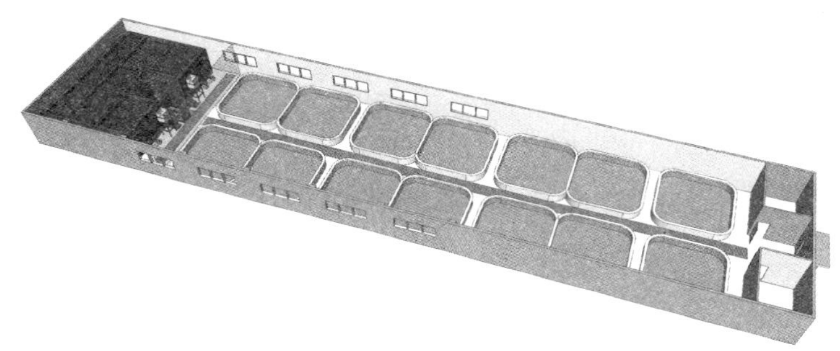

图 5　1 000 m^2 标准型大菱鲆工厂化循环水育苗车间效果图

1.3　完成《辽宁省兴城市大菱鲆产业转型升级发展规划》编制

组织体系内 6 个功能研究室的 7 位岗位共同完成《辽宁省兴城市大菱鲆产业转型升级发展规划》编制（以下简称规划），综合分析了兴城市大菱鲆产业发展现状和面临的问题，系统梳理了产业发展思路和目标，提出了循环水养殖模式转型升级、尾水综合治理、养殖数字化物联网三项重大措施工程，对现代渔业园区起步区（3 700 亩）进行了统筹规划和布局。2020 年 12 月 8 日，体系在兴城市主持召开了“兴城市大菱鲆养殖产业转型升级发展规划专家论证会”。与会专家组和兴城市委、市政府领导认真听取了规划编制组工作汇报，经讨论一致认为该规划符合国家和地方政策，有助于推动兴城市大菱鲆养殖产业技术升级、提质增效和渔民增收，对我国大菱鲆产业的健康和可持续发展具有重要意义。

2　大型气力投饲系统研发

以满足大型船载养殖鱼舱自动投饲为目标，设计并研制气力自动投饲系统 1 套，并完成第三方性能检测工作。系统由罗茨风机、空气冷却器（制冷机和换热器）、料仓、下料器、分配器、撒料器、管路和控制系统组成。配备了 2 个料仓，每个料仓容量为 200 kg，各料仓可储存不同的饲料。具有料仓缺料报警和设备故障报警功能。可实现对任一养殖槽的半自动化投喂（人为临时指定需要投喂的点位及其投饲量，手动启动系统，系统自动完成投饲过程）；亦可根据预设程序，系统全自动启动为程序所指定的养殖池进行定时定量自动投喂，每天最多可设置 8 组自动投饲程序（即每天最多可喂 8 餐）。系统可通过现场触摸屏和按钮控制。系统预留有以太网口，可配备远程控制系统（或物联网系统）。

国家渔业机械仪器质量监督检验中心依据水产行业标准《投饲机》SC/T 6023—2011，对设备进行了性能检测。结果表明设备最大投饲距离 4.4 m、最大投饲能力 500 kg/h、投饲破碎率 1.4%、颗粒饲料着地均匀，无明显偏向等，设备性能整体符合产品设计要求（图 6）。

编号：2020Y#112　　　　共 4 页　第 1 页

国家渔业机械仪器质量监督检验中心
检 测 报 告

样品名称	风送式投饲机	型号规格	STFF-3000
		商　标	未标注
委托单位及地址	中国水产科学研究院渔业机械仪器研究所 上海市杨浦区赤峰路 63 号 5 号楼（邮政编码：200092）		
委托日期	2020 年 9 月 25 日	受样日期	2020 年 10 月 10 日
生产单位	中国水产科学研究院渔业机械仪器研究所	样品等级	合格品
样品数量	1 台	样品状态	完　好
生产日期/出厂编号	2020 年 6 月 30 日/未标注	检测类别	委托检测
检测结论	根据 2020Y#112 技术服务协议书的要求，对样品的“工作噪声（声功率级）”、“最大投饲距离”等 12 个项目进行了检测，所检项目的检测结果均符合《SC/T 6023-2011 投饲机》标准的要求，检测结果的数据详见本报告第 3~4 页。 （检测报告专用章） 签发日期：2020 年 10 月 26 日		
备注	赴中国水产科学研究院渔业机械仪器研究所江苏如东试验基地现场检测。		

批准人：　　审核人：　　主检人：
职务/职称：　　职务/职称：　　职务/职称：

检验报告专用纸张

图 6　气力投饲系统实物图和检测报告

3 船载舱养的系统构建关键技术研发

针对分区反冲洗集污、看台式、阵列式3种船载舱养系统开展了以大西洋鲑和大菱鲆为主的养殖实验，验证了系统技术的可行性，并通过专家现场验收。

3.1 游泳性鱼类舱养系统

设计提出一种分区反冲洗集污鱼舱结构以解决养殖鱼舱晃荡影响颗粒物快速集中和排出的问题。具体通过在池底安装隔离网，宽2.4 m，离池底1 m，倾角5°，隔离网下部安装4个大流量喷水口，制造反冲洗水流；反冲洗水流通过4台变频电机（1.1 kW，最大流量44 m^3/h，扬程4 m），反冲洗流量通过流量计显示。（图7）

图7 游泳性鱼类舱养实验系统

实验选用大西洋鲑，来自国信东方（烟台）循环水鲑鱼养殖基地，平均每个池子放置392尾，每条鱼均重（2.79±0.23）kg，平均养殖密度4.21 kg/m^3，实验正常时投喂量为1.6 kg/d。于2020年4月29日将鱼移入系统，5月8日开始实验（表1），实验周期3个月。

表1 实验池和对照池换水量的设定依据

鱼池	换水率	设计流量	出水口和通径	进水口截面流速
实验池（240 m^3）	2次/天	20 m^3/h	20×DN30 mm	0.39 m/s
	4次/天	40 m^3/h		0.79 m/s
	6次/天	60 m^3/h		1.18 m/s
	8次/天	80 m^3/h		1.58 m/s
对照池（240 m^3）	12次/天	120 m^3/h	4×20×DN36 mm	0.41 m/s

实验结果显示：① 在高换水量条件下，池内水体的流速值较高，且无明显的分域区分布趋势；在低换水量条件下，提高推流的流量有助于隔离网上下两层水流速值差异化分布；② 不同换水量条件下，高换水量对于水质的净化效果最佳，从节能高效等方面综合考虑，本套系统以40 m^3/h的换水量（即4次/天换水率）可达到理想处理效果；③ 本套系统以40 m^3/h的换水量时，推流反冲洗流量选择单台流量40 m^3/h（即总推流流量160 m^3/h）

对于氨氮浓度、浊度和水质等指标的下降效果较好；④ 在上述条件下进行养殖实验，实验池水质与高换水量 120 m^3/h（即 12 次/天换水率）的对照池无显著差异，表明在系统中可通过较低换水率达到正常养殖生产。

3.2 底栖性鱼类多层看台式舱养系统

3.2.1 多层看台式舱养系统

根据大型养殖鱼舱的具体形状尺度，将养殖舱在空间上环绕布置、在纵深上分割为若干层，形成养殖水体充分利用的养殖单元，提高大型养殖舱养殖水体的空间利用率，构建以底栖性鱼类为养殖对象的多层看台式舱养系统。

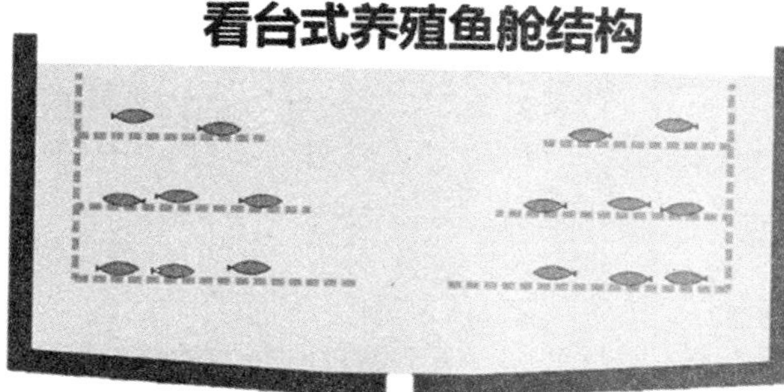

图 8 多层看台式舱养实验系统

实验选用大菱鲆，规格（496 ± 25）克/尾，平均放养密度 2.5 kg/m^3，实验正常时投喂量为 1.6 kg/d。于 2020 年 5 月底将鱼移入系统，6 月 1 日开始实验，实验周期 1 个月。实验结果显示：① 使用看台式舱养系统养殖大菱鲆 1 250 尾，100 天实验周期内大菱鲆摄食正常，存活率 99.76%；② 不同养殖分层内浊度和水色无显著差异；氨氮浓度的变化趋势由表层向下逐渐升高，差异显著；③ 通过投饲位置的变化引诱可引导大菱鲆在不同水层的分布。研究可为大型工船养殖底栖鱼类提供了新思路。

3.2.2 底栖性鱼类多层阵列式舱养系统

在鱼舱中部设置圆形浸没式栖息平台，鱼舱中部设置总排污管上下贯通。总排污管在每段隔层底部设开孔进行集中排污。前期通过初步流态模拟结果显示分层结构对试验模型鱼池的流态影响很大，原有的旋转流态被破坏，底部出水流量变小；单层网箱底部设置密网有助于水流从单层开孔位置排出；循环量增大能增加鱼池中的水流流速，但对整体流态影响不大。本系统主要通过对工船养殖舱进行人为分区分层，同时配备相应的赶鱼起鱼设备，从而实现大型养殖舱养殖水体的高空间利用率，可有效降低劳动力成本、促进养殖对象良好生长、提高养殖生产效率和效益。（图 9）

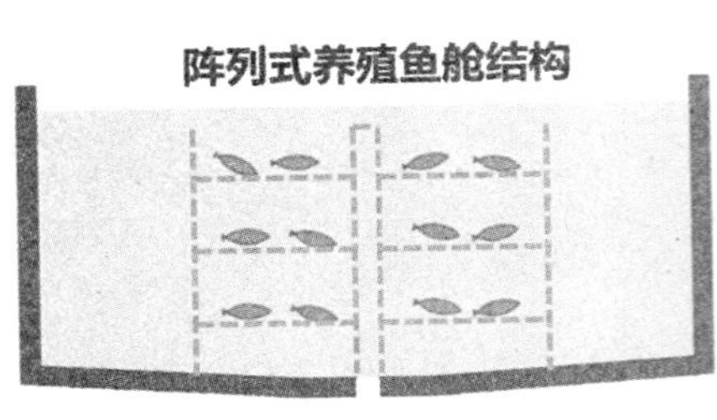

图 9　阵列式养殖鱼舱

实验用鱼选用大菱鲆，规格（496 ± 25）克/尾，共放养大菱鲆 200 kg，其中，上层放养 160 kg、中层和底层各 20 kg。于 2020 年 5 月底将鱼移入系统，6 月 1 日开始实验，实验周期 1 个月。实验结果显示：① 使用阵列式舱养系统养殖大菱鲆 405 尾（表层 160 kg，中层和底层各 20 kg），100 天实验周期内大菱鲆摄食正常，存活率 99.01%；② 不同养殖分层内浊度、水色、氨氮等水质指标均无显著差异，但中、下层养殖密度远低于上层，在养殖密度上还需要展开进一步实验。

3.3　大型养殖设施射流曝气增氧装备技术

根据网箱、围网、工船等规模尺度，研制应急射流曝气增氧设备样机 1 台（图 10），开展不同进气压力和曝气水深的对比试验，实验表明：装置扩散范围可以达到φ6 m，进气压力 0.2 MPa条件下，进气量可达到 30 kg/h以上，增氧量在 5.4 kg/h以上，增加 0.8 m 水深增氧效率可提高 1.7%左右，水深若达到 15 m，增氧效率可增加 20%以上。(表 2、表 3)

表 2　高进气压力组

指标	正放（出水口在上部）			倒放（出水口在底部）		
	实验一	实验二	实验三	实验四	实验五	实验六
压力	0.2 MPa	0.2 MPa	0.2 MPa	0.2 MPa	0.2 MPa	0.2 MPa
进气流速	7.8 m^3/h	7.8 m^3/h	7.8 m^3/h	7.6 m^3/h	7.9 m^3/h	7.8 m^3/h
进气量	30.56 kg/h	30.56 kg/h	30.56 kg/h	30.15 kg/h	31 kg/h	30.56 kg/h
增氧量	5.4 kg/h	6.05 kg/h	5.61 kg/h	5.97 kg/h	6.51 kg/h	6.25 kg/h
增氧效率	18%	19.80%	18.36%	19.80%	21%	20.45%

表 3　低进气压力组

指标	正放（出水口在上部）			倒放（出水口在底部）		
	实验一	实验二	实验三	实验四	实验五	实验六
压力	0.15 MPa	0.15 MPa	0.15 MPa	0.15 MPa	0.15 MPa	0.15 MPa
进气流速	5.6 m^3/h	4.8 m^3/h	4.5 m^3/h	4.6 m^3/h	4.8 m^3/h	4.6 m^3/h
进气量	18.26 kg/h	15.65 kg/h	14.66 kg/h	15.03 kg/h	15.68 kg/h	15.03 kg/h

续表

指标	正放（出水口在上部）			倒放（出水口在底部）		
	实验一	实验二	实验三	实验四	实验五	实验六
增氧量	4.43 kg/h	4.1 kg/h	4.65 kg/h	4.92 kg/h	4.65 kg/h	4.50 kg/h
增氧效率	24.26%	26.20%	31.72%	32.73%	29.66%	29.94%

图 10　应急射流曝气增氧装备技术

4　国信 1 号大型养殖工船舱养系统技术方案设计和建设工程经济性分析

完成了国信 1 号 10 万吨级大型养殖工船舱养系统总体工艺方案、纯氧增氧系统（图 12）、应急增氧设备、鱼舱集中排水装置（图 13）鱼舱海水交换系统（图 11）等设计。设计养殖大黄鱼密度 18 kg/m^3，根据工船项目实施进度，于 2020 年 12 月中旬启动开工仪式。

另外，对国信 1 号大型养殖工船大黄鱼养殖模式进行了工程经济性分析，包括投资估算、成本分析、收入及税金分析、利润分析、现金流分析、资金平衡和风险分析等方面。结果表明，项目总投资估算为 49 659.5 万元，运营后计算期内（12 年）年均利润总额为 3 805.8 万元（扣除财务费用）、年均净利润为 3 318.2 万元，总投资收益率为 9.0%，项目效益良好。

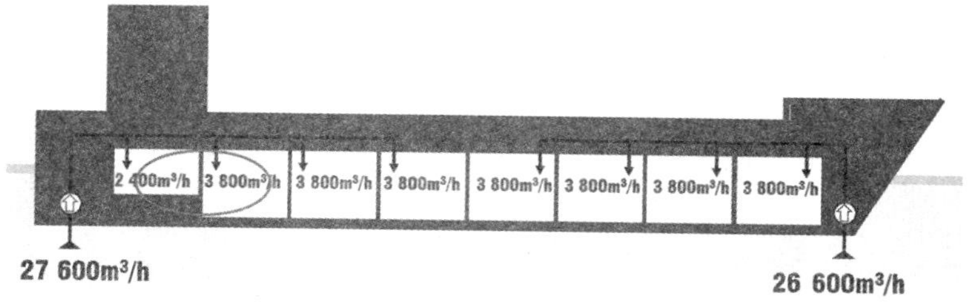

图 11　养殖鱼舱海水交换系统示意图

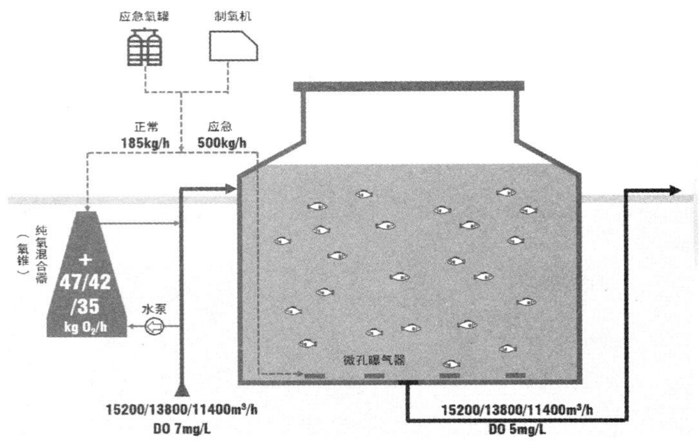

图 12　养殖鱼舱纯氧增氧系统示意图

图 13　养殖鱼舱多通道排水装置设计效果图

5　水产行业标准《工厂化循环水养殖车间施工质量验收规范》编制

标准规定了工厂化循环水养殖车间施工质量验收的程序和组织、质量验收和档案要求，描述了通用建筑、水池构筑物、养殖设备安装工程、电气设备安装工程、管线安装工程、附属工程、功能性试验和空载试运转对应的验收要求和检验方法等内容。本文件适用于新建、扩建或改建的工厂化循环水养殖车间的施工质量验收。2020 年 10 月，项目组完成标准征求意见和送审稿编制，并相应完成编制说明修改工作，2020 年 11 月 25 日组织召开标准预审会。

6　年度进展小结

（1）对低压纯氧增氧、竖流式沉淀器、自清洗生物流化床、轨道式自动投饲系统、螺杆式自动投饲机等装备进行了优化试制，形成 800 m^2 的标准型大菱鲆工厂化循环水育苗车间设计图纸 1 套、1 000 m^2 成鱼养殖车间设计图纸 1 套。

（2）组织编写《辽宁省兴城市大菱鲆产业转型升级发展规划》，助推辽宁工厂化水产养殖业发展。

（3）完成青岛国信 1 号 10 万吨级大型工船养殖系统总体工艺、纯氧增氧系统、应急增氧设备、鱼舱排水装置等技术方案和图纸设计，整船于 2020 年 12 月中旬开工建造。

（4）构建了分区反冲洗集污、看台式、阵列式 3 种船载舱养系统，开展了以大西洋鲑和大菱鲆为主的养殖实验并通过专家组现场验收，达到预期设计要求。

（5）设计构建一套基于浮式平台的大型气力投饲系统，完成对分配器、自动控制系统、软件等方面的优化设计。并通过国家渔业机械仪器质量监督检验中心的现场性能检测，设备性能整体符合产品设计要求。

（岗位科学家　倪　琦）

海水鱼类养殖水环境调控技术研发进展

养殖水环境调控岗位

2020年，养殖水环境调控岗位建立及优化了生态工程化养殖尾水处理工艺和处理系统，优化并示范了养殖尾水工程化处理技术工艺与处理系统，进行了功能性藻类筛选、海马齿铁-碳（Fe-C）人工湿地（CWs）等养殖尾水处理工艺研发，开展了养殖水质硝酸盐（NO_3^--N）对鱼类养殖生物过程影响等工作，取得重要进展。

1　生态工程化养殖尾水处理工艺和处理系统建立及优化

建立和优化了工厂化养殖尾水处理工艺及系统（图1，图2），该工艺结合海水养殖尾水特点，集成物理过滤、生物处理和贝藻生态处理技术和装备，于威海圣航水产科技有限公司建立生态工程化养殖尾水处理系统应用与示范基地1处，建设面积1 060 m^2，日处理养殖尾水6 000 m^{3}以上。系统运行良好，养殖尾水处理后的各项水质指标均符合《海水养殖水排放要求》（SC/T 9103—2007）一级标准，实现养殖尾水达标排放，达标率为100%（表1）。

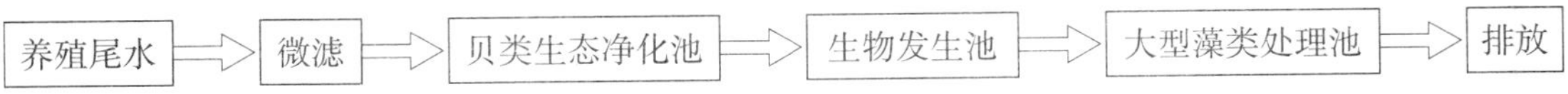

养殖尾水 ⇒ 微滤 ⇒ 贝类生态净化池 ⇒ 生物发生池 ⇒ 大型藻类处理池 ⇒ 排放

图1　生态工程化养殖尾水处理工艺

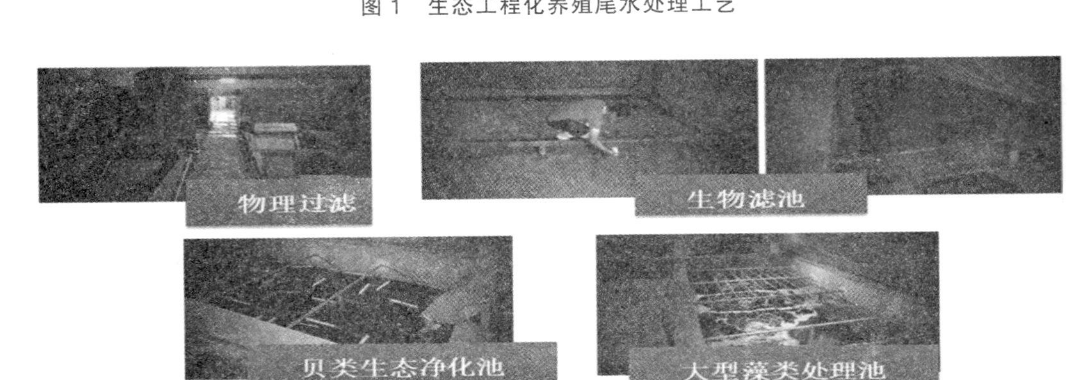

图2　生态工程化养殖尾水处理系统建立

表 1　养殖尾水检测数值

单位：mg/L

时间	2020 年 9 月 22	2020 年 11 月 3	2020 年 11 月 13	《海水养殖水排放要求》（SC/T 9103—2007）一级标准
TAN	0.204	0.128	0.091 5	
NO_2^--N	0.045 6	0.016 2	0.027 8	
NO_3^--N	0.188	0.12	0.066 3	
TIN	0.438	0.289	0.189	1
PO_4^{3-}-P	0.005 4	0.013 1	0.022 6	0.05
硫化物	0.006 5	0.005 1	0.001 2	
COD_{Mn}	1.32	0.75	0.12	10
BOD_5	0.53	0.6	0.5	
铜	0.001 1	0.021 0	0.019	0.1
锌	0.042	0.115	0.103	0.2

2　养殖尾水工程化处理技术工艺与处理系统优化示范

针对天津滨海新区杨家泊养殖企业园区的已有规划、厂房布局和现状、生产及水质特点等，通过新车间建设、旧车间改建、室内池塘水系统改造，进行工程化设计，集成了物理过滤、生物处理和化学消毒杀菌的技术和装备，创新构建了适宜北方地区工厂化海水养殖的尾水处理技术工艺，建立了工程化养殖尾水处理系统 8 套，每套系统的建筑面积为 700 ~ 1 000 m^2。经有资质的水质检测机构检测，各系统处理效果良好，处理后的尾水水质（氨氮、CODcr、pH、总氮、总磷、悬浮物等）达到天津市污水综合排放标准（DB12/356—2018）二级标准和国家现行地表水环境质量标准（GB3838—2002）V类水标准，实现达标排放。

3　功能性藻类筛选及对氮、磷的吸收过程与效能评估

初步筛选出两种具有尾水净化功能的功能性藻类，鼠尾藻和江蓠，评估并比较两种藻类对养殖尾水中氮、磷的吸收效能（图 3）。结果表明（图 4），鼠尾藻、江蓠对尾水中N、P均有一定去除效果。对于鼠尾藻处理N，处理 16 h时，总无机氮浓度低于 1.0 mg/L，已达二级排放标准，处理 48 h后，总无机氮浓度低于 0.5 mg/L，已达一级排放标准；处理P，活性磷酸盐浓度，处理 12 h时低于 0.1 mg/L，已达到二级排放标准，处理 48 h后浓度低于 0.05 mg/L，已达一级排放标准；处理 72 h后，鼠尾藻对总无机氮的去除率为 75.86%、活性磷酸盐的去除率为 87.5%。对于江蓠处理N，处理 12 h时，总无机氮浓度低于 1.0 mg/L，已达二级排放标准，处理 36 h后，总无机氮浓度低于 0.5 mg/L，已达一级排放标准。处理P，活性磷酸盐浓度，处

理 8 h时为 0.1 mg/L，已达二级排放标准；处理 24 h后，浓度低于 0.05 mg/L，已达一级排放标准；处理 72 h后，对总无机氮的去除率为 86.62%、活性磷酸盐去除率为 90.48%。

综上，鼠尾藻、江蓠均能有效吸收尾水中N、P，江蓠处理能力高于鼠尾藻，加之江蓠为广温性藻类，因此优先选择江蓠作为尾水处理功能性大型藻类（图 5）。

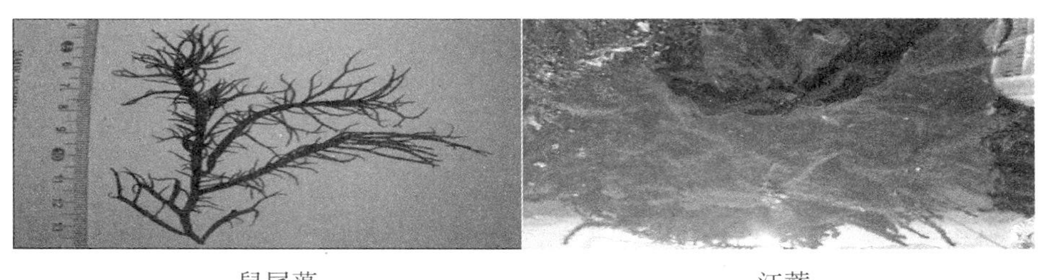

鼠尾藻　　江蓠

图 3　大型功能性藻类

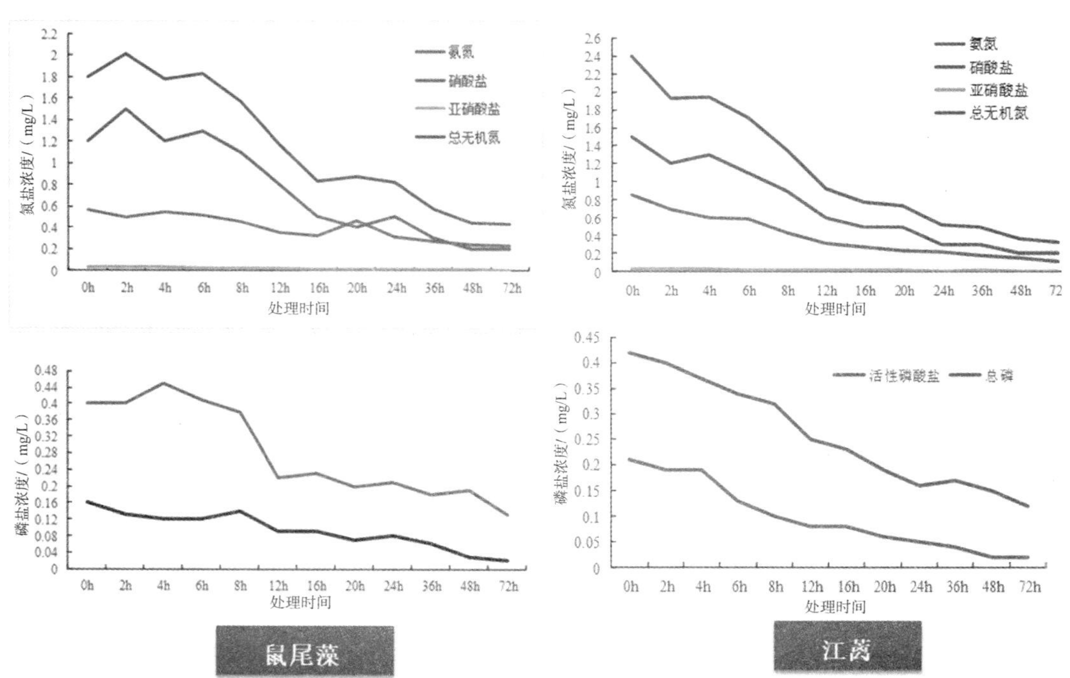

图 4　大型功能性藻类营养盐吸收效能对比

图 5　大型功能性藻类采样及尾水处理

4　海马齿Fe-C人工湿地尾水处理工艺研发

4.1　Fe-C对海马齿人工湿地物化因子的影响

不同处理（A无Fe-C组、B 33% *v/v* Fe-C组、C 50% *v/v* Fe-C组、D 33% *v/v* Fe-C但无植物组）下，进水和CWs理化因子（T、pH、盐度、DO）的变化如图 6 所示。含有Fe-C的系统pH（B，8.08 ± 0.31；C，8.30 ± 0.36；D，8.16 ± 0.25）比进水（7.45 ± 0.36）和无Fe-C系统的pH显著增高（A，7.43 ± 0.45）(P<0.05)；对于DO（图 6d），湿地出水DO显著低于进水（3.86 ± 0.96 mg/L），特别是具有Fe-C的湿地系统（即B 1.12 ± 0.19 mg/L；C，0.96 ± 0.34 mg /L；D，0.86 ± 0.32 mg / L）。

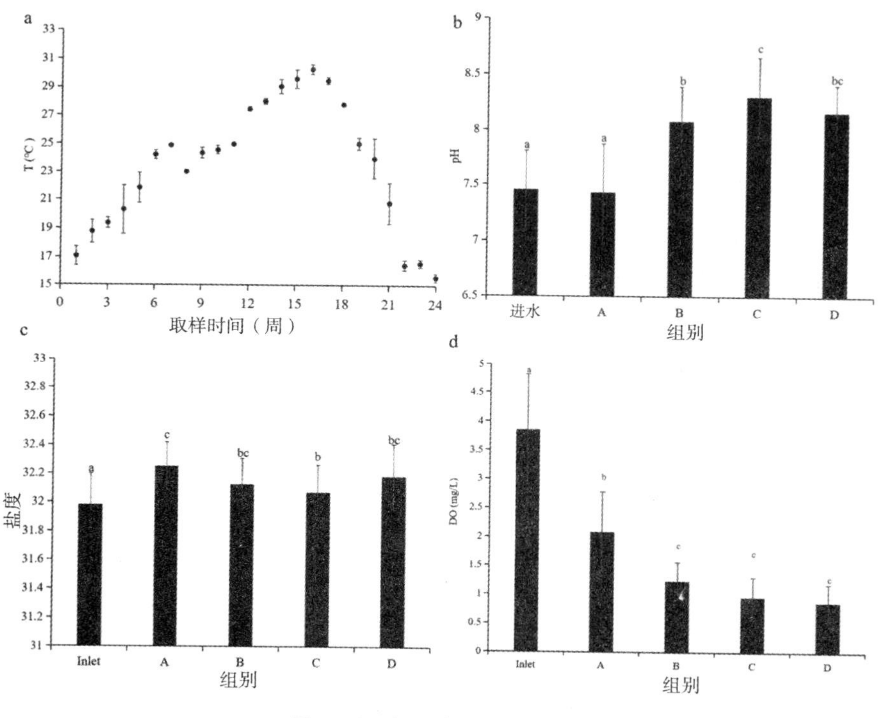

图 6　湿地系统理化因子变化

4.2　Fe-C强化人工湿地脱氮的效能

Fe-C人工湿地可有效去除海水养殖尾水中的含氮营养盐。结果表明（图 7），Fe-C存在对CWs TAN去除有一定抑制作用；Fe-C对CWs NO_2^--N的去除无显著影响；Fe-C可显著促进CWs对NO_3^--N和TIN的去除，去除率提高了 20% ~ 30%，含 33%*v/v* Fe-C的CWs平均去除率最高，NO_3^--N去除率为（60.02 ± 6.17）%，TIN去除率为（63.40 ± 12.11）%；含 50%*v/v* Fe-C的CWs系统平均NO_3^--N去除率为（51.01 ± 5.33）%，TIN去除率为（50.90 ± 12.47）%。另外，与B系统出水相比，没有海马齿的系统（D）平均NO_3^--N和TIN

去除率分别为（33.41 ± 5.81）%，（48.54 ± 17.82）%明显较低，表明海马齿的存在可提高CWs对NO_3^--N和TIN的去除，提高 20% ～ 30%。

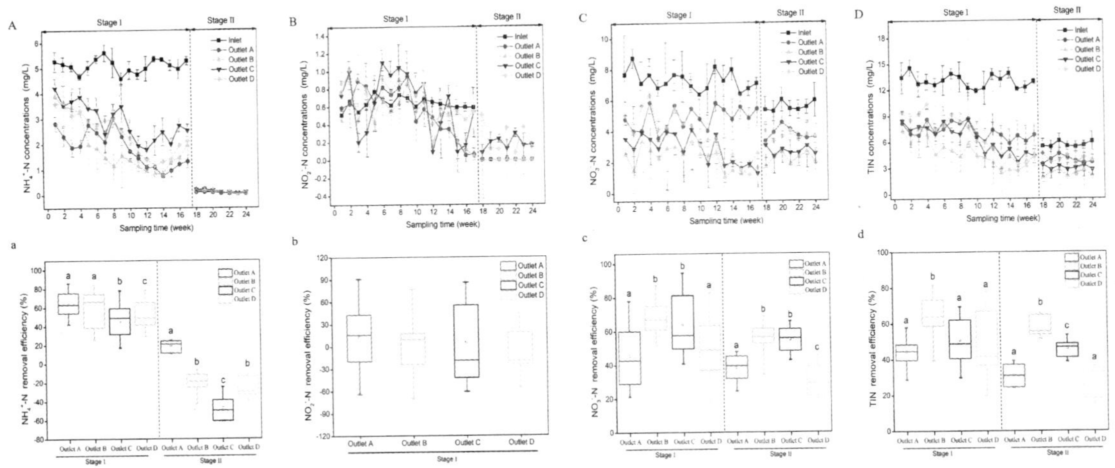

图 7 进水和不同处理下人工湿地出水氮盐浓度和去除率
（A和a，TAN；B和b，NO_2^--N；C和c，NO_3^--N；D和d，TIN）

4.3 Fe-C对人工湿地基质微生物α-多样性的影响

结果表明（表 2），具有 33%*v*/*v* Fe-C的系统（B）比其他系统具有更高的微生物多样性；另外，海马齿的存在显著提高了CWs的微生物多样性。

表 2 不同处理人工湿地系统基质微生物多样性指数

Sample	Observed_ species	Chao1 index	Shannon index	Simpson index	ACE	PD_whole_tree
A	2304 ± 97[a]	2568 ± 93[a]	8.14 ± 0.27[a]	0.98 ± 0.00[a]	2597 ± 80[a]	181 ± 11[a]
B	2472 ± 240[a]	2824 ± 396[a]	8.17 ± 0.60[a]	0.98 ± 0.02[a]	2909 ± 464[a]	191 ± 6[a]
C	2195 ± 125[a]	2482 ± 157[a]	8.05 ± 0.16[a]	0.98 ± 0.00[a]	2500 ± 150[a]	179 ± 12[a]
D	1594 ± 186[b]	1786 ± 202[b]	7.04 ± 0.31[b]	0.96 ± 0.01[b]	1805 ± 222[b]	144 ± 1[b]

注：表中数字右上方字母表示差异显著性。

4.4 Fe-C人工湿地微生物菌群组间差异

NMDS分析显示（图 8），Fe-C和海马齿的存在对人工湿地基质微生物菌群具有显著影响（Stress=0.056）。

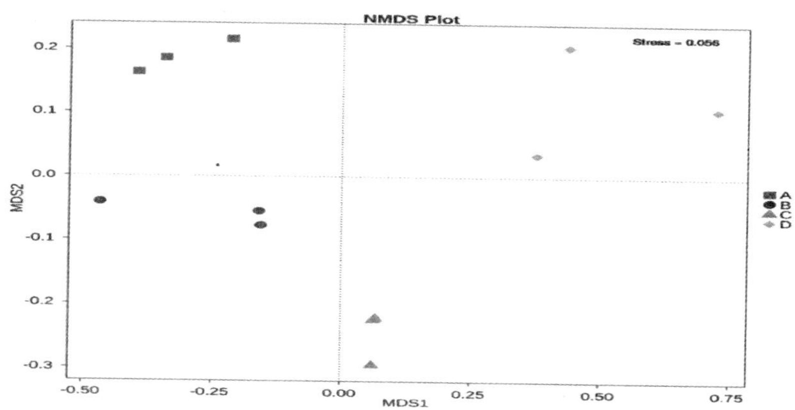

图 8　不同处理下，人工湿地基质微生物非度量多维尺度统计（NMDS）

4.5　Fe–C对人工湿地微生物菌群组成的影响

门水平上，丰度最高的10个优势菌门（图9）为：变形菌门（Proteobacteria），蓝藻菌门（Cyanobacteria），拟杆菌门（Bacteroidetes），放线菌门（Actinobacteria），厚壁菌门（Firmicutes），酸杆菌门（Acidobacteria），绿弯菌门（Chloroflexi），疣微菌门（Verrucomicrobia），Gracilibacteria，未命名菌（unidentified_Bacteria），这些菌门与硝化反硝化密切相关。Fe–C的存在明显提高了反硝化相关菌，放线菌（Actinobacteria）和疣微菌门（Verrucomicrobia）的丰度。

属水平上，与硝化反硝化相关的菌属相对丰度（表3）显示，Fe–C的存在显著提高了湿地系统中反硝化细菌的丰度，特别是典型异养反硝化细菌的相对丰度。自养反硝化细菌相对丰度在含Fe–C的湿地系统中高于无铁碳系统，但差异不显著。相反，Fe–C的存在降低了硝化相关的功能菌属丰度。

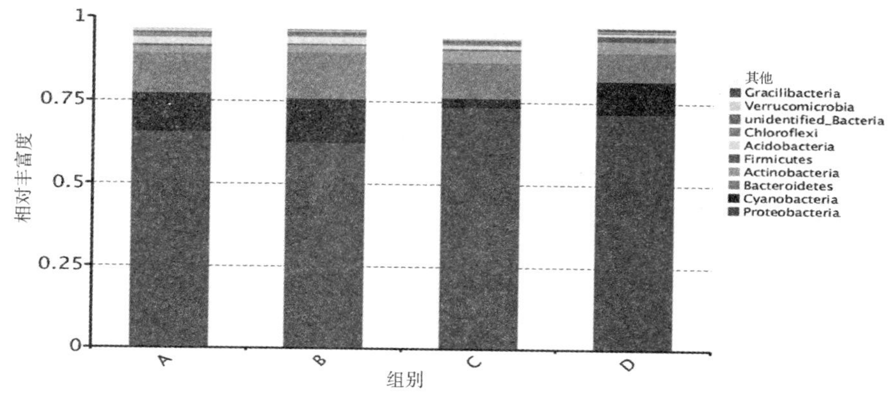

图 9　不同处理下人工湿地微生物优势菌门相对丰度

表 3　基质重要功能微生物相对丰度

菌属		相对丰度/%			
		A	B	C	D
反硝化相关菌					
异养	*Ruegeria*	7.64	3.99	3.83	4.53
	Woeseia	3.44	3.35	2.31	2.48
	Marinicella	1.72	2.45	0.61	0.55
	Denitromonas	0.28	0.22	0.10	0.01
	Denitratisoma	0.00	0.00	0.00	0.11
	Rothia	0.00	0.00	0.00	0.08
	Alteromonas	0.09	0.18	0.09	1.28
	Pseudoalteromonas	0.62	6.49	9.27	17.28
	unidentified_Rhodospirillales	0.10	0.25	0.52	0.43
	Rhodopseudomonas	0.02	0.02	0.01	0.01
	Sum of heterotrophic denitrification related	13.91[a]	16.96[b]	16.73[b]	26.75[c]
自养	*Thiohalophilus*	0.31	0.59	0.20	0.22
	Candidatus_Thiobios	0.39	0.39	0.29	0.16
	Thiothrix	0.03	0.02	0.00	0.01
	Pseudomonas	0.03	0.05	0.05	0.08
	Thioalkalispira	0.01	0.01	0.03	0.02
	Candidatus_Thiodiazotropha	0.06	0.01	0.00	0.00
	Thiomicrorhabdus	0.00	0.04	0.01	0.01
	unidentified_Thiotrichaceae	0.03	0.01	0.01	0.01
	Thioalkalimicrobium	0.00	0.00	0.00	0.01
	Hyphomonas	0.14	0.17	0.58	0.19
	Hyphobacterium	0.04	0.08	0.14	0.10
	Hyphomicrobium	0.01	0.02	0.01	0.00
	Enhydrobacter	0.00	0.00	0.00	0.00
	Sum of autotrophic denitrification related	1.05	1.39	1.34	0.82
	Sum of denitrification related	14.96[a]	18.35[b]	18.05[b]	27.56[c]
硝化相关菌					
	Nitrosomonas	0.89	0.63	0.32	0.22
	Nitrospina	0.99	0.59	0.36	0.27
	unidentified_Nitrospiraceae	0.04	0.05	0.87	0.21
	Nitrococcus	0.65	0.49	0.34	0.41
	Candidatus_Nitrosotalea	0.02	0.05	0.02	0.81
	Sum of nitrification related	2.58[a]	1.81[b]	1.91[b]	1.92[b]

注：表中数字右上方字母表示显著差异$P<0.05$

4.6　Fe-C对人工湿地脱氮酶活和基因的影响

Fe-C的存在可显著促进湿地厌氧氨氧化和反硝化过程，湿地厌氧氨氧化（HDH）和反硝化（NAR、NIR、NOR、NOS）关键酶活、功能基因（*nirk*、*nirS*、*qnorB*、*nosZ*）显著上调；对于硝化过程，AOB和NOB的关键酶活AMO和NXR及相应编码基因*amoA*和*nxrA*，在无Fe-C湿地中（A）显著高于有Fe-C湿地（图 10）。

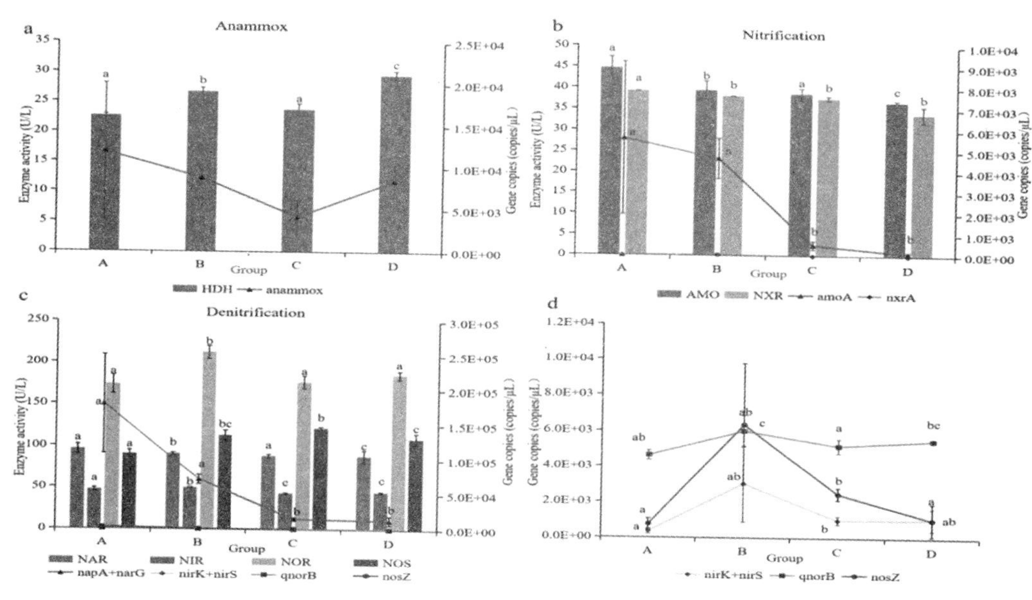

图 10　不同处理下人工湿地微生物脱氮酶活和基因变化

5　养殖水环境硝酸盐（NO_3^--N）对鱼类养殖生物过程影响研究

不同浓度硝氮对大菱鲆幼鱼的肝脏、鳃、肠道组织产生不同程度的组织学损伤，损伤程度表现出浓度依赖性的剂量效应（图 11）。

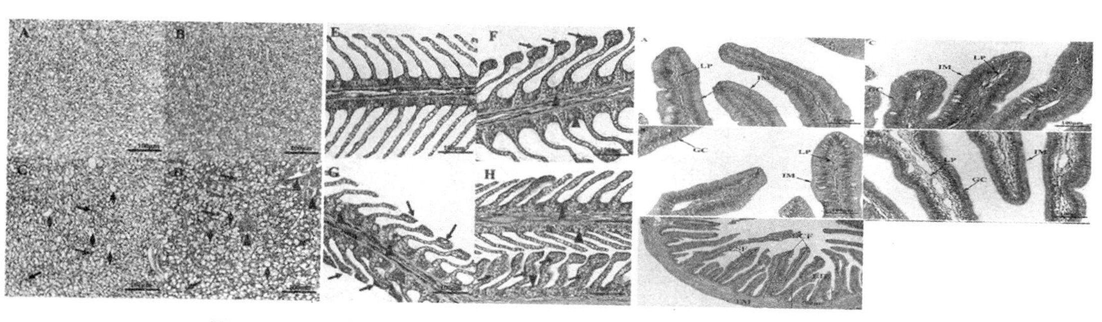

图 11　不同浓度硝氮对大菱鲆幼鱼肝脏、鳃、肠道的组织学影响

6　不同光谱环境对云龙石斑受精卵孵化影响研究

本研究以云龙石斑胚胎为研究对象，选取了囊胚期、原肠期、体节期、心跳期、孵化前共 5 个不同发育时期，分析了不同光谱下云龙石斑孵化率、初孵仔鱼畸形率及wnt信号通路的表达差异，为构建云龙石斑受精卵孵化构建适宜的光环境，为人工繁育和生产提供指导意见，研究结果介绍如下。

6.1　不同光谱对云龙石斑孵化率的影响

不同光谱下云龙石斑孵化率差异如图 12 所示。全光谱下孵化率显著高于红光和黑暗条件下的孵化率。黑暗条件下的孵化率显著低于其他光谱，仅有 10%左右。

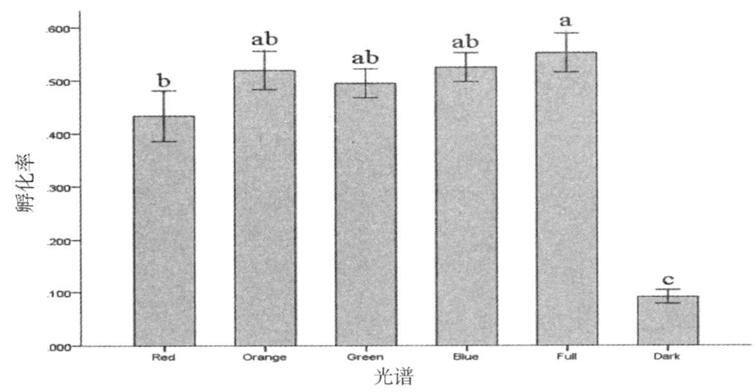

图 12　不同光谱下云龙石斑受精卵孵化率差异

柱上字母表示差异显著性

6.2　不同光谱对云龙石斑初孵仔鱼畸形率的影响

初孵仔鱼畸形率如图 13 所示，不同光谱下，全光谱和黑暗条件下的畸形率显著高于橙光。

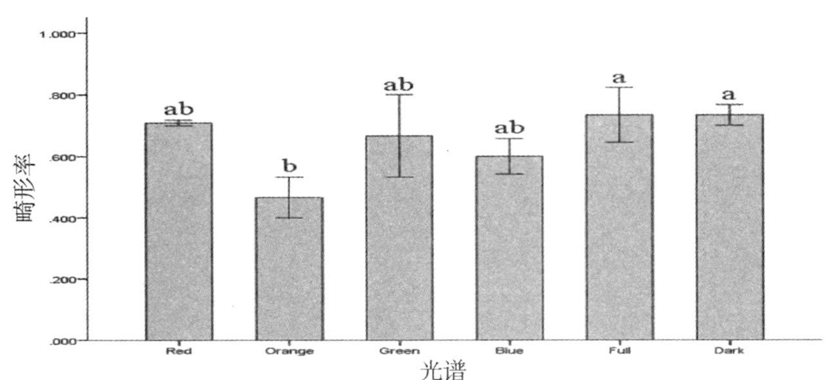

图 13　不同光谱下云龙石斑初孵仔鱼畸形率差异

柱上字母表示差异显著性

6.3 不同光谱下云龙石斑受精卵wnt信号通路表达

结果如图 14 所示，除fzd2、dkk2、lbh在孵化期不存在显著性差异之外，其他不同发育时期，黑暗条件下，4 个wnt信号通路调节基因的表达量显著降低。表明黑暗条件下可能存在wnt信号通路表达的异常。

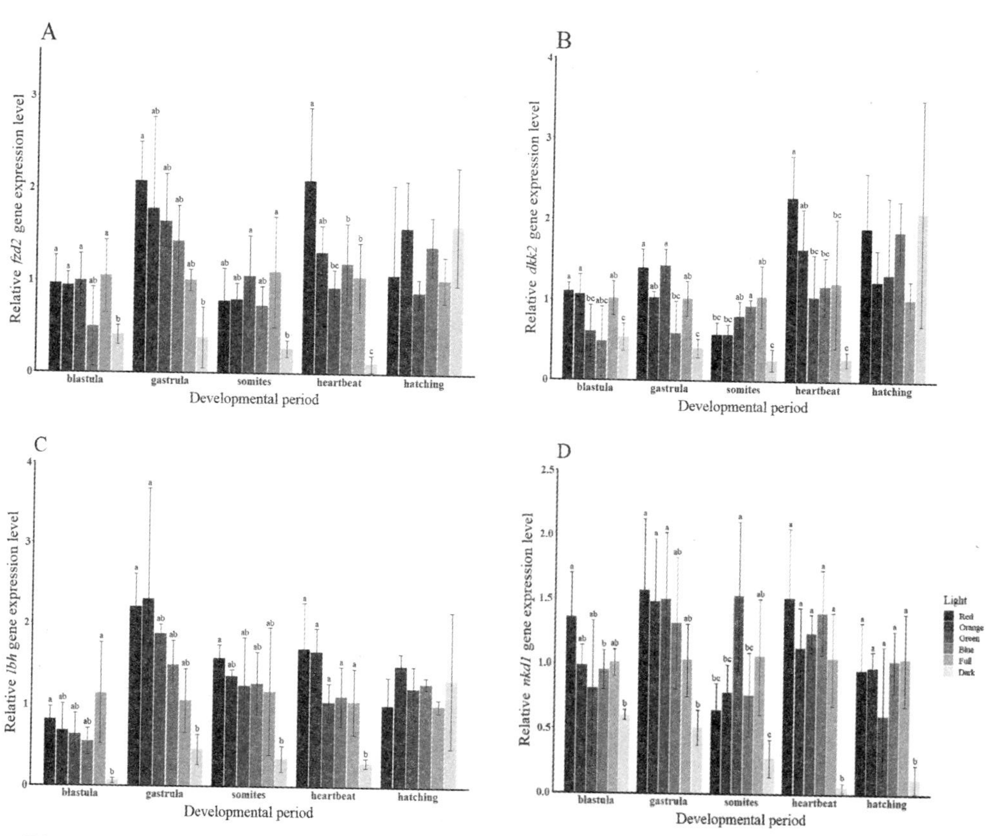

图 14 不同光谱下云龙石斑胚胎fzd2（A）、dkk2（B）、lbh（C）、nkd1（D）表达差异

综上，光照环境对云龙石斑受精卵发育和孵化具有显著影响。橙光下初孵仔鱼畸形率更低，黑暗环境会造成孵化的滞后和孵化率降低。光照环境对受精卵发育和孵化的影响，可能与wnt信号通路表达情况有关，与其他组相比，黑暗条件下可能存在wnt信号通路表达异常，进而影响到胚胎的正常发育和孵化。

（岗位科学家 李 军）

海水鱼类网箱设施与养殖技术研发进展

网箱养殖岗位

2020年，网箱养殖岗位围绕大黄鱼传统小型网箱养殖升级改造、示范应用绿色环保抗风浪网箱、养殖环境定期监测与评估、围栏生态养殖模式集成示范、围栏结构优化等重点任务开展技术研发，主要进展介绍如下。

1 大黄鱼传统小型网箱养殖升级改造

本年度网箱养殖岗位继续在宁德海域实施传统网箱升级改造工作。通过优化HDPE“大套小”浮台式网箱和HDPE“板材+环保浮球”式渔排的网箱结构与制造工艺，依托福建金贝尔公司网箱设施制造基地，安装升级改造的塑胶网箱11 306口、抗风浪深水网箱103口。此外，与宁德试验站合作，新建全塑胶养殖网箱384口和抗风浪深水网箱6口，在大黄鱼主养区完成塑胶网箱升级改造21 837口、抗风浪深水网箱505口，网箱健康养殖示范52万m^2，有力支撑了福建宁德地区传统网箱升级改造总体任务的实施。同时，通过岗位团队“海水网箱养殖产业升级模式示范基地”的带动，宁德市蕉城区白基湾海域80%以上的传统网箱实现了升级改造，昔日设施陈旧、布局过密、污染严重的网箱养殖区现今已换新颜，成为海上一道亮丽的风景（图1）。

图1 钢制平台式方形抗风浪网箱

2 新型材料网具试验与新型环保网箱研发

岗位团队研制了一套15 m×15 m×10 m的PET网，在广西北部湾外海进行了验证试验，经过近 6 个月的海上挂网试验（2020 年 2 月 14 日至 2020 年 7 月 29 日），验证该新型PET网不仅具有良好的耐生物附着性能，而且成功经历了长达 1 个多月“北部湾西南大风”高海况，表现出优良的抗风浪和耐流性能（图 2）。

针对近海内湾水域网箱养殖中养殖废弃物（包括残饵、鱼类排泄物、死鱼等）不断积累和沉积造成水域环境污染的问题，岗位团队与中集蓝海洋科技公司合作，开发了一种具有养殖废弃物收集功能的新型环保网箱，目前已完成了针对宁德海域HDPE塑胶网箱养殖废弃物收集的方案设计（图 3）。

图 2　PET新型网衣材料网箱

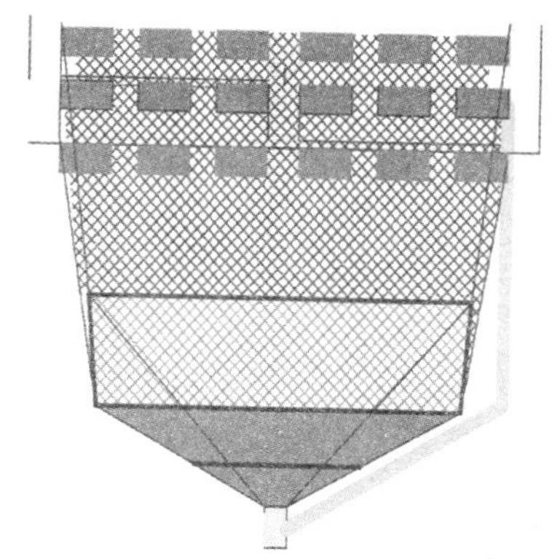

图 3　具有养殖废弃物收集功能的环保网箱

3　围栏、网箱养殖区生态环境监测与评估

3.1　莱州湾大型围栏养殖环境调查

在莱州湾开展管桩大围栏养殖对海区生态环境影响调查，根据海洋调查规范，设定养殖区 2 个站点，辐射区 3 个站点，对照区 1 个站点，共计 6 个监测站点。于 2020 年 7 月、9 月、11 月对 6 个监测站点进行了 3 次调查（图 4）。

主要结论：3次调查结果显示，管桩大围栏养殖对养殖区和辐射区水质和沉积整体环境未造成显著影响，各调查站位调查指标呈现季节性变化，无机氮含量呈现冬季含量高于夏、秋季的特点。沉积环境指标均符合第一类沉积标准，但管桩大围栏养殖区站位沉积物总氮、有机氮含量均高于辐射区、对照区站位，说明管桩大围栏养殖对沉积环境具有一定的影响。

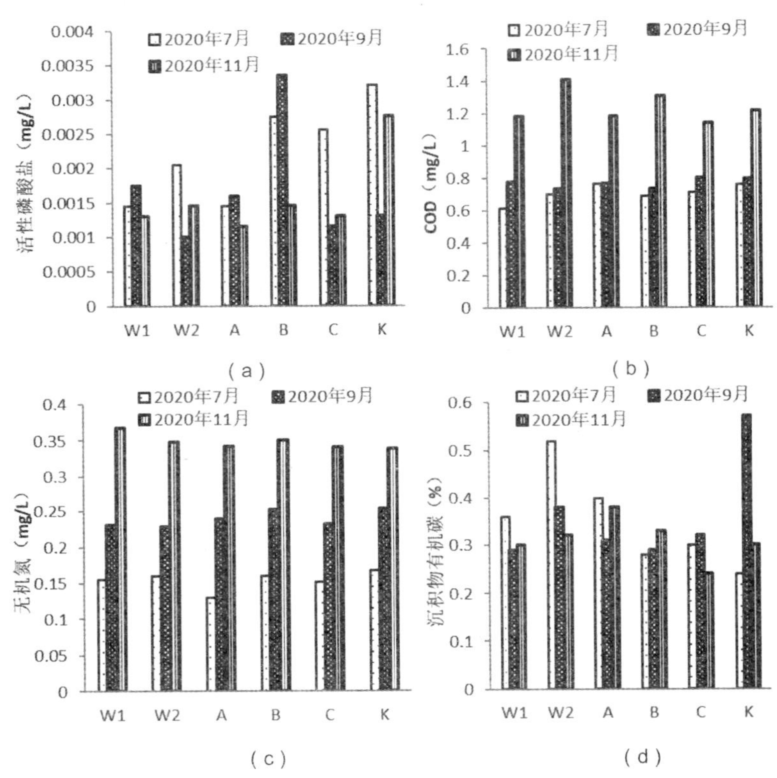

图4　调查各站位活性磷酸盐、COD、无机氮、沉积物有机碳

3.2　福建宁德近海网箱养殖区环境调查

以深水网箱、塑胶网箱和木质网箱养殖区为监测对象，在宁德市三都澳海域深水大网箱养殖区设置监测点1个，标记为D，在宁德市三都澳海域近岸新型塑胶网箱养殖区和近岸传统木质网箱养殖区各设2个监测点，分别标记为H1、H2和M1、M2。于2019年11月下旬、2020年11月中旬对其进行养殖环境基础数据采集，掌握升级改造后深水网箱、近岸新型塑胶网箱和近岸传统木质网箱养殖区环境影响状况，通过对比分析，从环境和污染负荷等方面评价网箱升级改造环境影响效果（图5～图10）。

主要结论：2019年11月活性磷酸盐和无机氮指标不超标是由于2019年开始大面积拆除不合格网箱，三都澳海域大范围停止养殖，海区得到休养，无机氮、活性磷酸盐指标降低，水质处于贫营养状态，有机污染状况处于轻度污染及以下。而2020年11月超标严重，是由于改造完成网箱区大面积恢复养殖，导致海区无机氮、活性磷酸盐指标升高，但相较于 2017 年、2018 年海水无机氮、活性磷酸盐含量、富营养化状况、有机污染状况已经明显降低。重新规划后海区整体污染情况得到一定程度的改善和缓解。

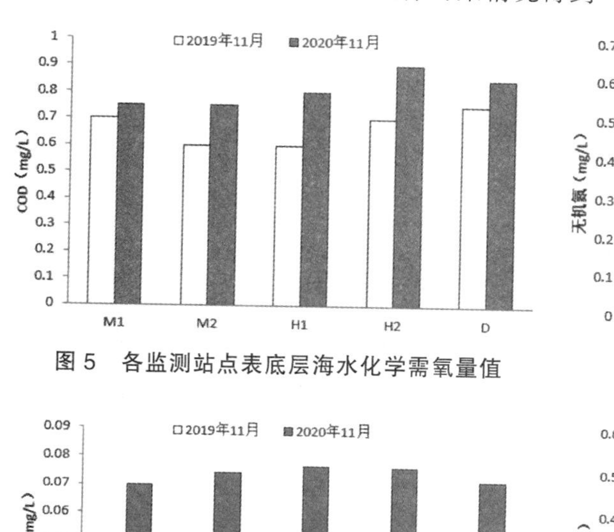

图 5　各监测站点表底层海水化学需氧量值

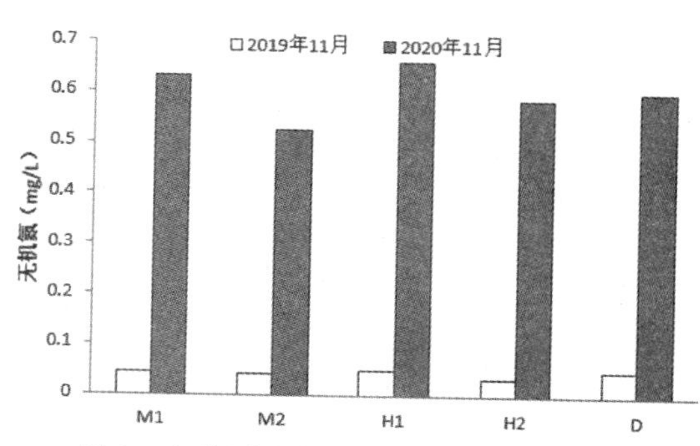

图 6　各监测站点表底层海水无机氮含量

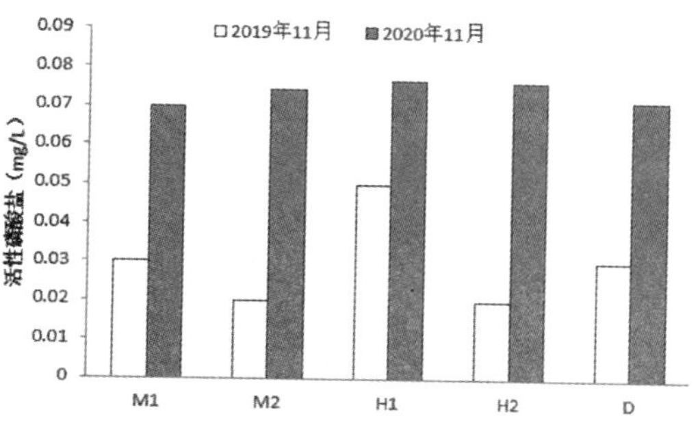

图 7　各监测站点表底层海水活性磷酸盐含量

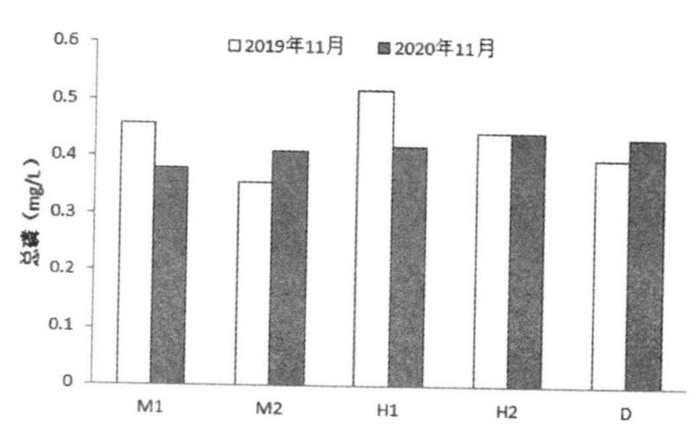

图 8　各监测站点海水总磷含量

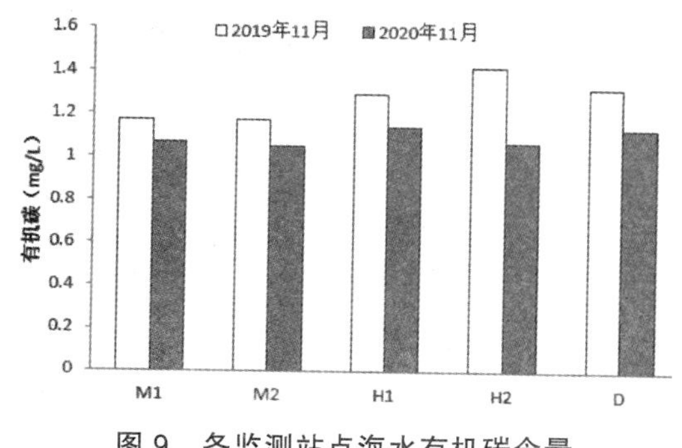

图 9　各监测站点海水有机碳含量

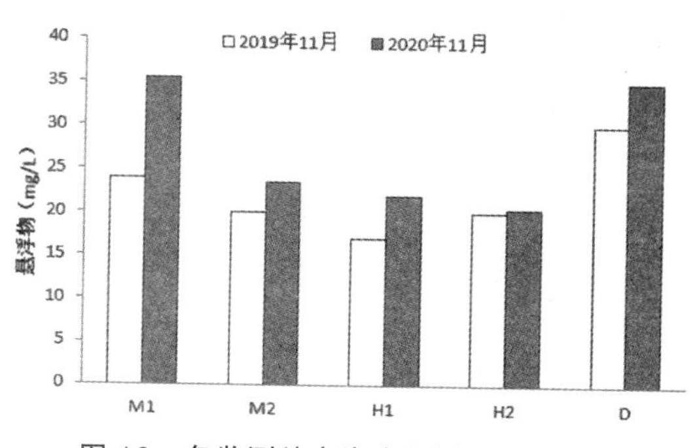

图 10　各监测站点海水悬浮颗粒物含量

4　大型围栏生态养殖模式集成示范

建立了围栏养殖陆海接力鱼苗转运技术，配套了鱼苗转运箱、运输车、活鱼船、转运起吊等设施，转运成活率 100%。集成大型围栏设施、养殖配套装备及陆海接力养殖工艺，开展了斑石鲷、黄条鰤、半滑舌鳎、梭鱼等鱼类养殖示范，累计投放苗种 6.4 万尾，养殖成活率 96%以上，生长状况良好。

放养均重（1 250.25 ± 15.25）g、体长（56.47.34 ± 1.48）cm，大规格半滑舌鳎 740 尾；随后放养体重（845.21.25 ± 15.21）g、体长（40.34 ± 3.56）cm，梭鱼 1 000 尾，最后放养（77.80 ± 6.94）g、体长（12.62 ± 1.38）cm，斑石鲷 6 万尾。根据养殖斑石鲷、梭鱼和半滑舌鳎摄食行为、胃排空特性，利用 3 个料仓（2.2 m^3/料仓，1.5 t饲料/料仓）和 12 根投围管（气动输送饵料）的自动投喂系统，实现了围栏养殖鱼类大水面定时定量智能化投喂（图 11）。

图 11　围栏大水面智能化投喂

根据斑石鲷、梭鱼和半滑舌鳎、游泳分层行为习性，在水下 3 m、7 m和 13 m，选址布控远程水质多参数传感器（溶解氧、温度、盐度、叶绿素等），水下云台摄像机（50 m 耐压耐腐蚀），实现了养殖环境和鱼群实时监测、大数据传输和智能化管理决策（图 12）。

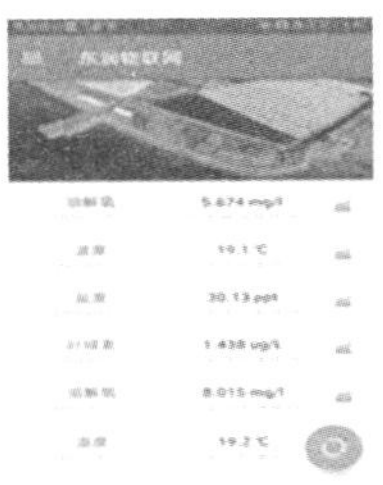
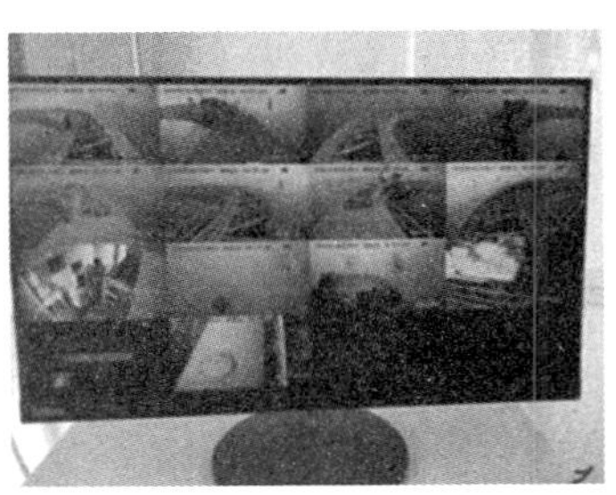

图 12　养殖环境和鱼群实时监测

半滑舌鳎、梭鱼和斑石鲷分别经过 12 个月、10 个月和 50 d的养殖，半滑舌鳎体重（1 800.91 ± 14.75）g、体长（71.81 ± 1.03）cm，成活率 98%，特定生长率 0.11 ± 0.04（表 1）；梭鱼体长（1 350.46 ± 15.32）g、体长（52.66 ± 3.45）cm，成活率 98%，特定生长率为 0.16 ± 0.006；斑石鲷（179.91 ± 14.75）g、体长（17.81 ± 1.03）cm，成活率 98%，特定生长率为 1.68 ± 0.006。

表 1　围栏养殖半滑舌鳎生长性状

	体长（cm）	全长（cm）	体重/g	肝体比/%	脏体比/%	肥满度	特定生长率/%
起始	56.47 ± 1.48	67.21 ± 8.88	1 250.25 ± 15.25	2.09%	4.24%	69.43 ± 0.4	0.11 ± 0.04
结束	71.81 ± 1.03	86.44 ± 3.58	1 800.91 ± 14.75	3.31%	4.66%	48.63 ± 0.9	

注：同列数值后不同上标英文字母表示差异显著（$P<0.05$），同列未标注字母表示无显著差异（$P>0.05$）。

5　管桩围栏结构优化研究

针对管桩围栏进行整体结构强度、模态分析，并基于打桩深度、水深、管桩间距对管桩围栏结构进行优化。计算中选取了不同管桩间距、不同打桩深度模型分别施加波浪载荷进行计算。为保证模型的对称性，保证工作平台和垂钓平台之间管桩数量相同，初步确定管桩数量分别为 96、88、80、72、64 对应的外侧管桩间距为 4.166 m、4.545 m、4.999 m、5.555 m、6.249 m。整体管桩围栏有限元模型如图 13 所示。

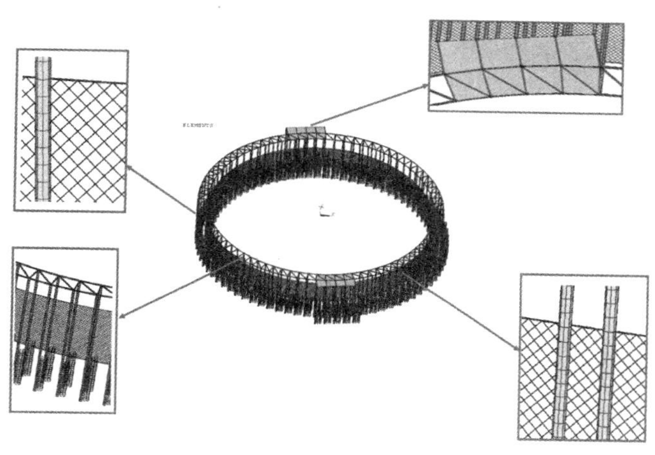

图 13　管桩围栏整体有限元模型

如图 14 所示，在打桩深度为 7.5 m，管桩间距为 4.166 m时，周期一定时，随着波高的增加，最大位移值增加；波高一定时，随着周期的增加，最大位移值减小。如图 15 所示，在波高为 1.44 m，周期为 5.73 s时，管桩间距一定时，随着打桩深度的增加，最大位移值减小；打桩深度一定时，随着管桩间距的增加，最大位移值增大。如图 16 所示，渔网在靠近水面受到的波浪载荷最大，产生的变形也最大（图中红色位置为较大值位置）。提取最大变形处网目合力约为 76 N，若网目被海上附着物堵塞将使网目受力明显增加，需要定时清理附着物。

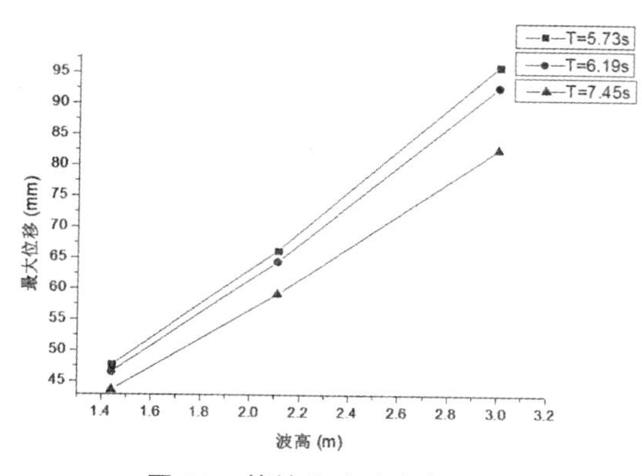

图 14　管桩位移随波高变化

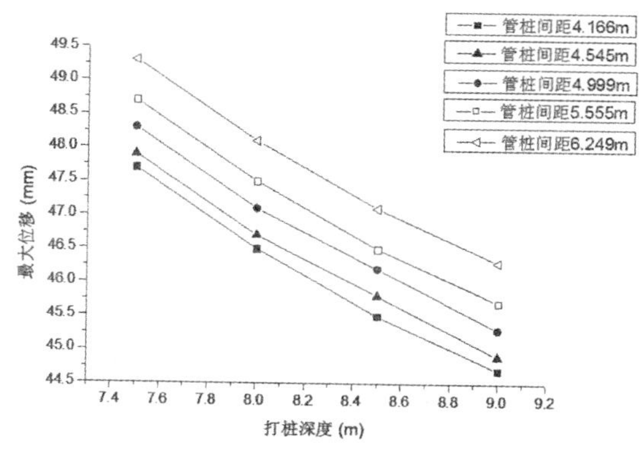

图 15　管桩位移随打桩深度变化

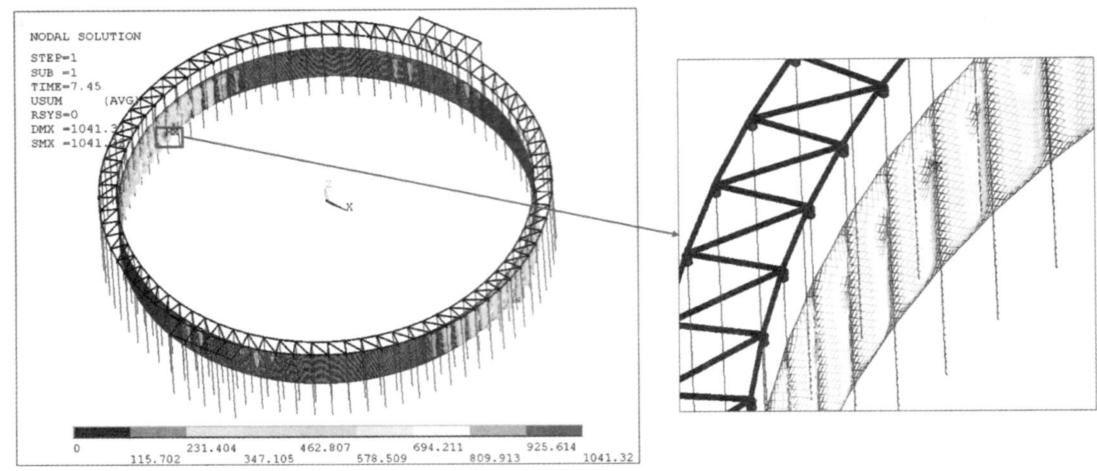

图 16 网衣最大变形

6 年度进展小结

（1）在福建宁德实施大黄鱼传统小型网箱养殖升级改造，网箱健康养殖示范 52 万 m^2。

（2）在广西北部湾外海进行了新型PET网衣网箱验证试验，完成底部带有残饵收集装置环保网箱设计。

（3）在宁德三都澳网箱养殖区与莱州湾围栏养殖区设置监测点，进行养殖环境基础数据采集，跟踪监测网箱养殖区水环境变化情况，撰写评估报告。

（4）建立了围栏养殖陆海接力鱼苗转运技术工艺，开展了斑石鲷、黄条鰤、半滑舌鳎、梭鱼等鱼类养殖示范。

（5）针对管桩围栏进行整体结构强度、模态分析，并基于打桩深度、水深、管桩间距对管桩围栏结构进行优化。

（岗位科学家　关长涛）

海水鱼池塘养殖技术研发进展

池塘养殖岗位

2020 年，本岗位开展了海鲈工程化池塘高效精养示范、牙鲆岩礁池塘养殖示范、黄条鰤“工程化池塘+工厂化车间”接力育苗技术开发、水质在线监测系统升级等重点工作，并开展了海水鱼类生殖与生长调控机制、肠道微生态调控等前瞻性研究，为优化海水鱼类健康养殖技术提供理论参考。

1　海鲈工程化池塘高效精养示范

2020 年 3 月，在珠海斗门基地利用两口面积为 8 亩的工程化精养池塘开展了海鲈养殖示范，在 4#塘放养全长 2 ~ 3 cm的苗种 6.5 万尾，养殖成活率达 85.20%，截止 11 月底，养殖鱼平均体重 563 g，养殖单产达 3 897.3 千克/亩，5#塘放苗 6.8 万尾，养殖成活率达 86.80%，养殖鱼平均体重 551 g，养殖单产达 4 065.2 千克/亩，养殖鱼生长至养殖单产达 3 891.3 千克/亩，养殖成活率达 86%，完善了工程化池塘生态养殖技术规范。

2　工程化池塘精养技术拓展应用

将工程化池塘精养技术应用到尖吻鲈养殖生产中，在珠海基地选取 2 口面积为 8 亩的精养池塘进行技术示范。其中，1#池塘放苗数量 4.8 万尾，养殖成活率为 76.8%，截止到 11 月底，养殖鱼平均体重达 521 克/尾，养殖单产达 2 400.7 千克/亩，2#塘放苗 5.5 万尾，养殖成活率为 75.50%，目前养殖鱼平均体重达 535 克/尾，养殖单产达 2 776.9 千克/亩，表明工程化精养池塘在尖吻鲈养殖方面应用效果较好。针对春季多雨、夏季高温和台风等环境胁迫较多的现状，将一种来源于植物的以有机酸、五羟基糠醛等为主成分的绿色抗应激产品应用于尖吻鲈池塘养殖生产中，结果显示：应用抗应激产品的池塘养殖鱼摄食与游泳行为较为活跃，肝脏和肾脏等组织的免疫酶指标显著优于对照组（图 1），表明所使用的抗应激产品具有较为明显的鱼体免疫增强效果，可为开发海鲈池塘养殖应激消减技术提供依据。

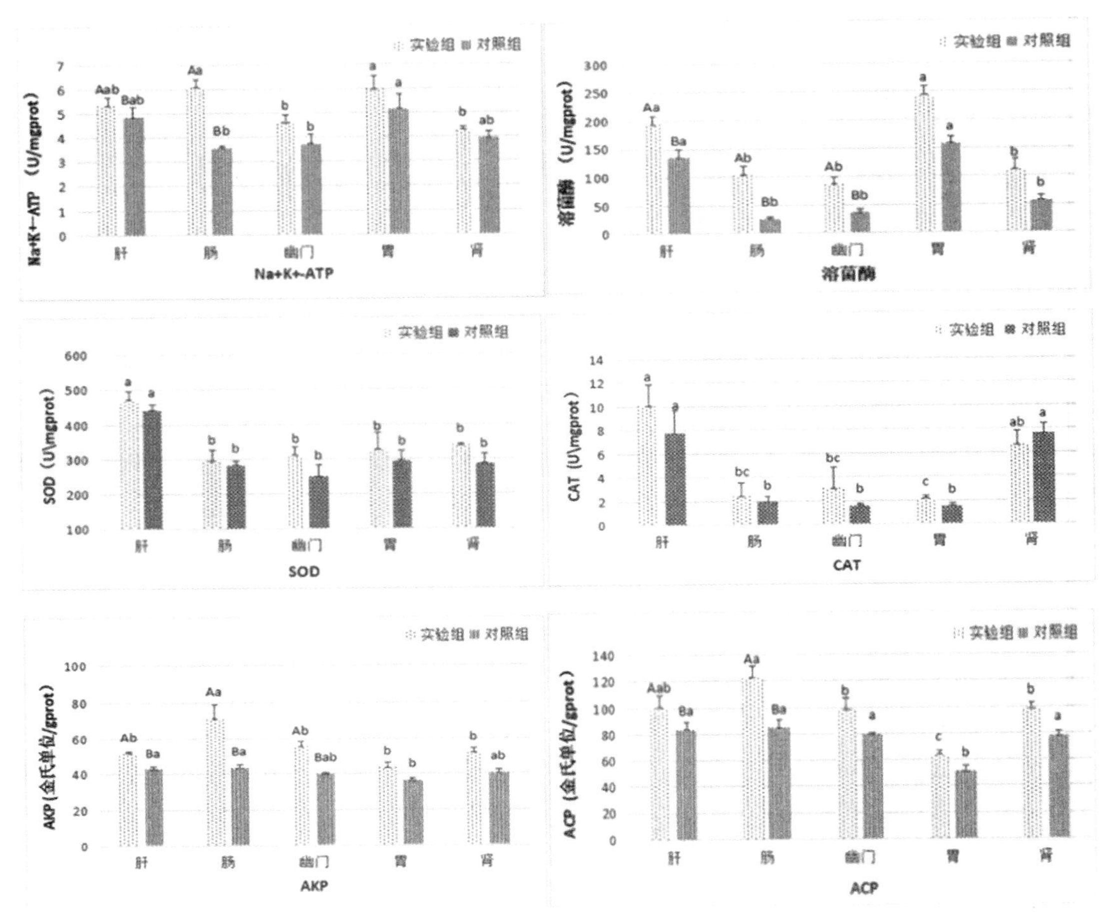

图 1　不同处理组尖吻鲈各组织相关酶活力

图中小写字母不同代表同一处理组不同组织间差异显著（$P<0.05$），大写字母不同代表同一组织不同处理组间差异显著（$P<0.05$）

3　牙鲆工程化岩礁池塘高效养殖示范

2020 年，在青岛基地利用 2 口面积分别为 12 亩和 5 亩的工程化岩礁池塘开展牙鲆高效养殖示范，5 月放养全长 15 ~ 18 cm的大规格牙鲆苗种 10 万尾、4.5 万尾，按照之前开发的工程化岩礁池塘高效养殖技术进行生产示范，目前养殖鱼平均体重分别达 804 克/尾、832 克/尾，养殖单产分别达 5 802.2 千克/亩、6 784.1 千克/亩，养殖成活率分别为 86.6%、90.6%，制定鲆鲽类工程化池塘高效养殖技术团体标准 1 项，完成鲆鲽类工程化池塘生态养殖技术成果评价，成果总体达国际先进水平；建立示范基地 1 个。在牙鲆工程化岩礁池塘养殖示范过程中，研究了池塘养殖牙鲆消化道菌群结构特征及其在营养代谢过程中（摄食前 0 h、摄食后 6 h和 12 h）的丰度变化及调控作用，为池塘养殖饵料精准投喂技术制定提供参考。

3.1　池塘养殖牙鲆消化道菌群结构特征及其演变趋势

查明了池塘养殖牙鲆消化道菌群组成信息与分布特征：在属水平，拟杆菌属、乳杆菌属、Lachnospiraceae_NK4A136_group、不动杆菌属、*Alistipes*、普氏菌属和螺杆菌属为胃、幽门盲囊和肠道共有优势菌属。其中，拟杆菌属、不动杆菌属、梭杆菌属、*Alloprevotella*、糖霉菌属等沿着消化道呈先上升后下降趋势，乳杆菌属、Lachnospiraceae_NK4A136_group、*Alistipes*则呈现先下降后上升的趋势。探明了营养代谢过程中牙鲆消化道菌群多样性变化趋势：胃中的菌群多样性呈现先下降后上升趋势，幽门盲囊和肠道中的菌群则呈现逐渐上升的趋势，并且幽门盲囊中摄食后 12 h时的Chao 1 指数显著高于 0 h时的（$P<0.05$）（图 2）。优势菌属中的拟杆菌属、乳杆菌属、Lachnospiraceae_NK4A136_group、不动杆菌属、*Alistipes*、普氏菌属、MND1、螺杆菌属、*Romboutsia*、鞘氨醇单胞菌属为营养消化吸收过程中三个部位共有的优势菌属，其中，乳杆菌属、不动杆菌属的丰度均呈现先上升后下降趋势。梭杆菌属、*Escherichia-Shigella*、肠杆菌属为幽门盲囊中特有的优势定植菌属，显示了消化道菌群的时间和空间异质性（图 3）。而梭杆菌属、*Escherichia-Shigella*的丰度逐渐下降，肠杆菌属的则先上升后下降。同时，鞘氨醇单胞菌属中的部分菌株具有较好的脱氮能力，肠杆菌属部分菌株为亚硝化反硝化聚磷菌，两类微生物广泛应用在废水处理中，后续对这两类优势菌群进行分离纯化与发酵，应用于养殖过程中对池塘养殖水体中氨氮、磷的降解可能会有一定效果。

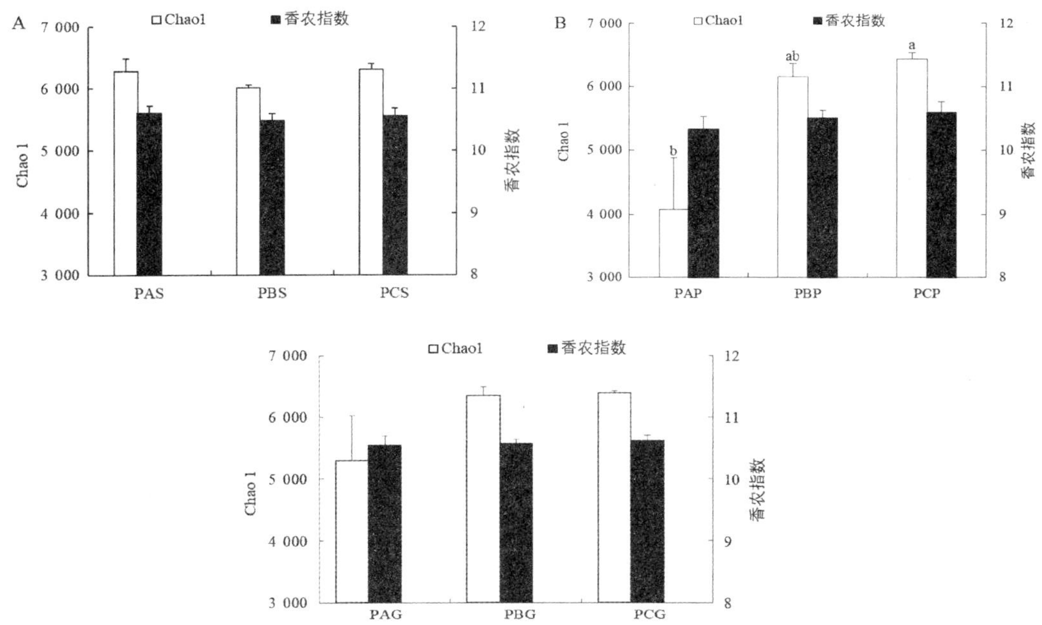

图 2　牙鲆消化道菌群多样性变化趋势

PAS、PBS、PCS表示 0h、6 h和 12 h牙鲆胃组织，PAP、PBP、PCP表示 0h、6 h和 12 h牙鲆幽门盲囊组织，PAG、PBG、PCG表示 0h、6 h和 12 h牙鲆肠道组织

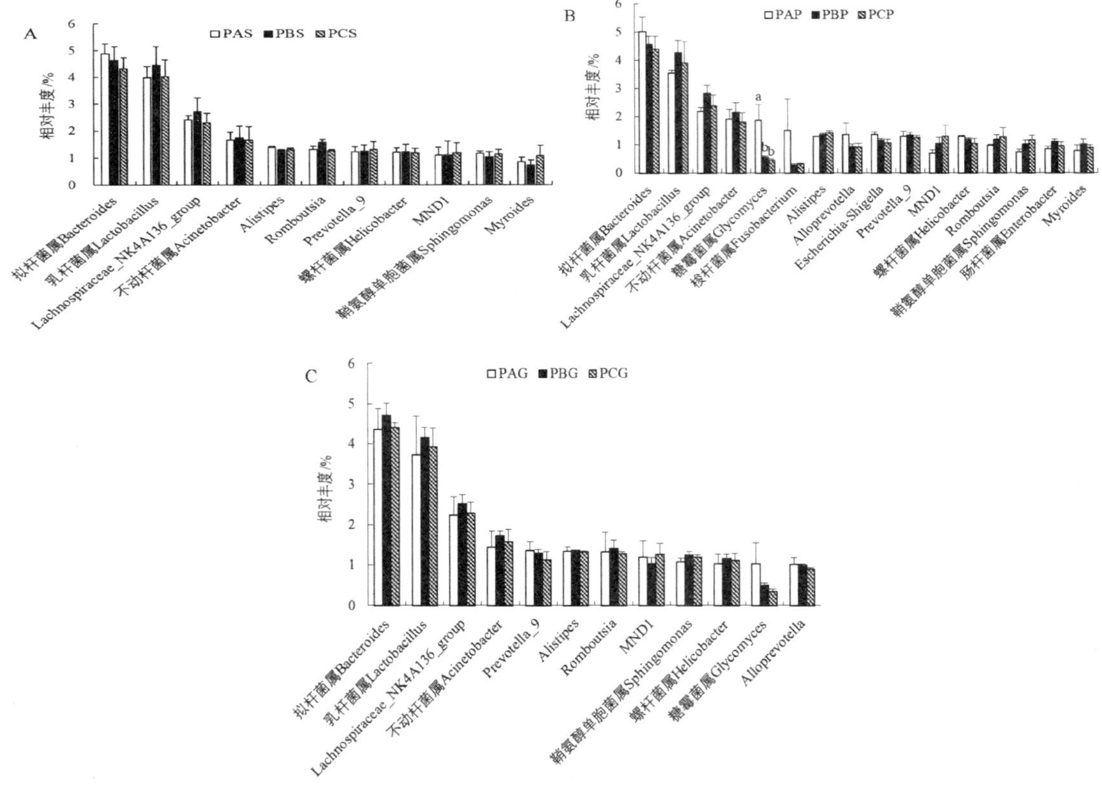

图 3 牙鲆消化道菌群结构变化特征

3.2 牙鲆消化酶、代谢酶活性变化趋势

胃中的胃蛋白酶呈现先上升后下降趋势，但是各取样时间点间差异不显著。幽门盲囊、肠道、肝脏中胰蛋白酶和糜蛋白酶活性基本呈现先上升后下降趋势，其中幽门盲囊中的胰蛋白酶、肠道和肝脏中的糜蛋白酶活性差异显著（表 1）。血清中谷草转氨酶和谷丙转氨酶活性随着消化吸收的进行均呈现先下降后上升趋势（表 2）。

表 1 各部位蛋白酶活性分析（每克组织鲜重）

分组	胃蛋白酶（U/g）	胰蛋白酶（U/g）	糜蛋白酶（U/g）
PAS	53.56 ± 1.22	–	–
PBS	54.14 ± 1.80	–	–
PCS	50.65 ± 0.75	–	–
PAP	–	10.88 ± 0.15^{ab}	69.47 ± 2.40
PBP	–	11.76 ± 0.35^{b}	77.50 ± 4.30
PCP	–	10.72 ± 0.23^{a}	68.43 ± 1.08
PAG	–	11.20 ± 0.22	29.99 ± 1.03^{b}

续表

分组	胃蛋白酶（U/g）	胰蛋白酶（U/g）	糜蛋白酶（U/g）
PBG	–	11.59 ± 0.12	34.86 ± 0.72[c]
PCG	–	10.64 ± 0.39	27.94 ± 1.26[a]
PAL	–	11.29 ± 0.19	27.73 ± 0.62[a]
PBL	–	11.24 ± 0.42	34.03 ± 0.78[b]
PCL	–	10.96 ± 0.27	27.62 ± 1.18[a]

表 2 血清中谷草转氨酶和谷丙转氨酶活性

分组	谷草转氨酶（U/L）	谷丙转氨酶（U/L）
0 h	95.00 ± 3.20[b]	16.18 ± 0.41[b]
6 h	72.80 ± 0.38[a]	12.59 ± 0.56[a]
12 h	86.92 ± 2.72[b]	16.23 ± 0.43[b]

4 黄条鰤“工程化池塘+工厂化车间”接力育苗技术

2020 年，在大连基地利用自主设计建造的室外工程化小型连体池塘育苗系统，开发了黄条鰤池塘育苗技术，攻克了节能控温育苗、生物饵料生态培养与多种搭配、苗种应激消减与畸形防除等技术难关，显著提高了苗种早期成活率。结合工厂化循环水养殖系统进行苗种中间培育，解决了苗种分级筛选、饵料转换与营养平衡等关键技术，提高了饵料转换率、生长率和成活率，建立了“工程化池塘+工厂化车间”接力育苗新方法和新技术，实现了苗种的规模化生产，降低了育苗成本。2020 年通过“工程化+工厂化”黄条鰤苗种培育方法体系成功培育出平均全长 4.8 ~ 6.8 cm的黄条鰤苗种 60.8 万尾，于 5 月 27 日通过专家组的现场验收。

5 池塘养殖专用设备的研制与应用

2020 年，在珠海基地对建立的池塘养殖水质在线监测系统进行了升级改造，优化了系统运行的技术参数，添加了增氧机智能启动功能，可根据池塘养殖溶氧水平自动启停塘内增氧设备，实现了池塘养殖水环境的实时预警与增氧调控。同时，根据池塘养殖鱼类的生物学特性和摄食习性，筛选了一种池塘养殖自动投饵机，变频式控制，投饲距离 15 ~ 25 m，投喂角度大于 140°，摸清了设备适宜海鲈池塘养殖投饵的运行参数，为海鲈池塘养殖饵料精准投喂提供了支撑。

6 生殖调控机制研究

解析了黄条鰤生殖功能基因*lpxrfa*及其受体*lpxrfa-r*的结构及进化特性，查明了其组织表达分布特征（图 4），探明了其在早期生长发育过程中的时空表达特性（图 5），通过腹腔注射的方式验证了LPXRFa多肽具有促进黄条鰤幼鱼生长激素和促性腺激素表达的作用，相关结果为黄条鰤生殖调控机制研究提供了基础资料积累。

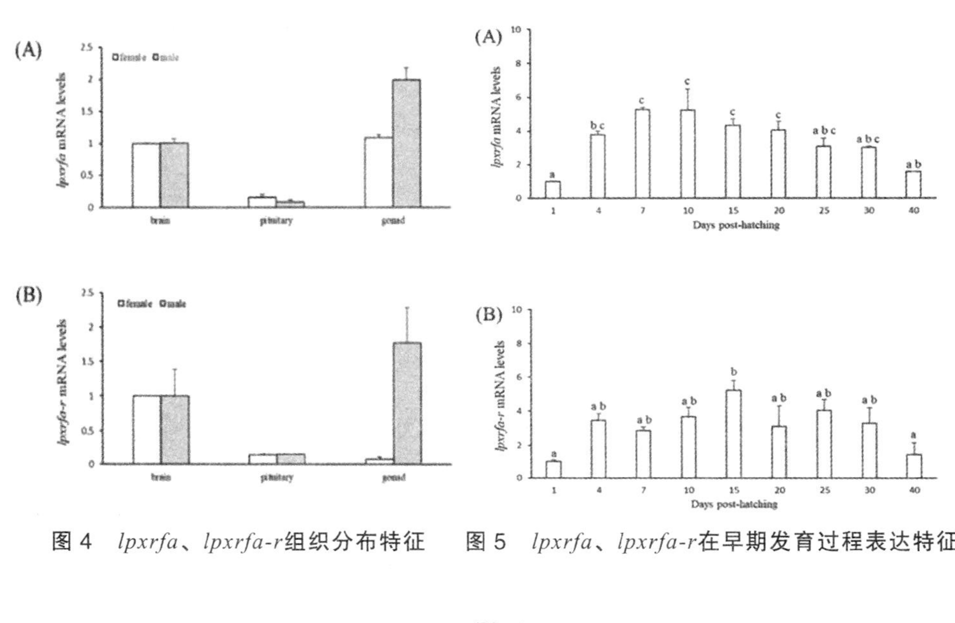

图 4　*lpxrfa*、*lpxrfa-r*组织分布特征　　图 5　*lpxrfa*、*lpxrfa-r*在早期发育过程表达特征

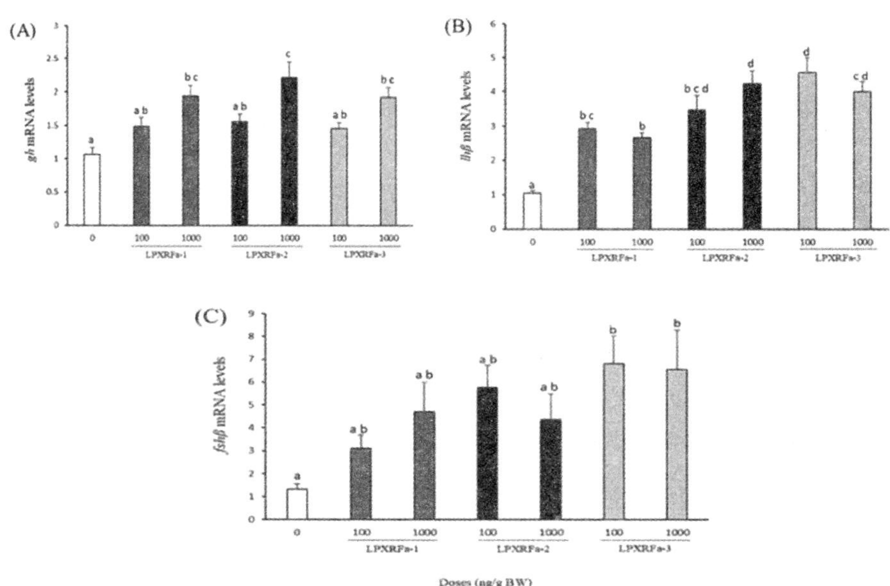

图 6　腹腔注射LPXRFa多肽对黄条鰤垂体*gh*、*lhβ*和*fshβ*表达量的影响

7　摄食调控机制

克隆了半滑舌鳎*spx2*基因，查明其在不同脑区的分布表达特征（图 7）。为了建立摄食与*spx2*之间的联系，进行了饥饿再投喂实验，并检测了*spx2*在脑-垂体-性腺轴上不同组织中的表达情况（图 8），为完善半滑舌鳎摄食调控机制奠定理论基础。

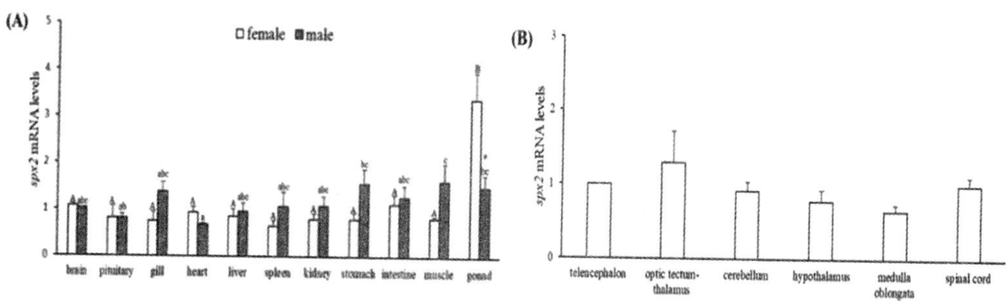

图 7　半滑舌鳎*spx2*组织分布（A）及脑区分布（B）表达分析

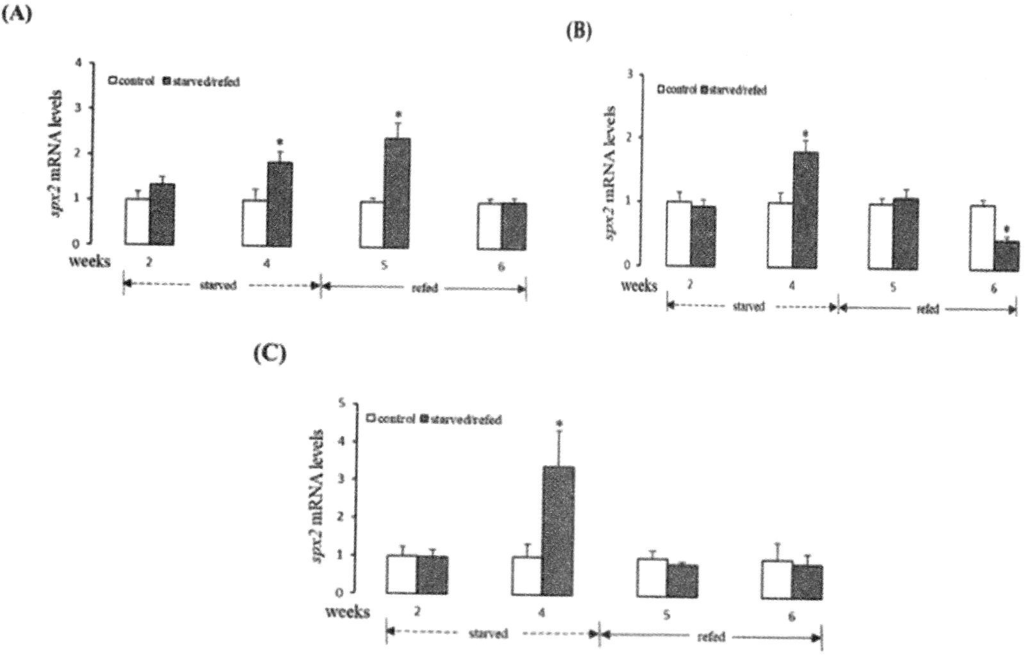

图 8　饥饿再投喂状况下脑（A）、垂体（B）和卵巢（C）中*spx2*表达分析

8 年度研究进展小结

（1）完成了海鲈工程化池塘高效精养技术示范，养殖单产达 3 981.38 千克/亩，养殖成活率达 86%，完善了工程化池塘生态养殖技术工艺，建立海鲈池塘精养示范基地 1 个。

（2）开展了工程化池塘高效精养技术拓展应用，将相关的技术应用到尖吻鲈池塘养殖过程中，养殖单产达 2 588.8 千克/亩，养殖成活率达 76.15%，结合绿色抗应激产品增强尖吻鲈免疫水平，为开发海鲈池塘养殖应激消减技术提供依据。

（3）完成了牙鲆工程化岩礁池塘高效养殖示范，制定团体标准 1 项，完成成果评价 1 项，总体达国际先进水平，阐明池塘养殖牙鲆消化道菌群结构特征及其在营养代谢过程中的演变趋势，为池塘养殖饵料精准投喂技术制定提供参考。

（4）构建了黄条鰤“工程化池塘+工厂化车间”接力育苗技术，成功培育出平均全长 4.8 ~ 6.8 cm的黄条鰤苗种 60.8 万尾，实现了苗种的规模化生产，进一步完善了工程化池塘苗种培育技术规范。

（5）升级了池塘养殖水质在线监测系统，实现了池塘养殖水环境的实时预警与增氧调控，并筛选了一种池塘养殖自动投饵机，为海鲈池塘养殖饵料精准投喂提供了支撑，进一步提升了池塘高效养殖设施。

（6）在海水鱼类生殖与摄食调控机制方面取得了新进展，为池塘养殖技术创新提供了理论依据。

（岗位科学家　柳学周）

海水鱼工厂化养殖模式技术研发进展

工厂化养殖模式岗位

1 开展了应用LED新型光源对传统工厂化照明系统进行升级改造工程

在莱州综合试验站9 820 m^2工厂化循环水车间中，全部采用LED新型光源对传统工厂化照明系统进行了升级改造，并用于东星斑循环水养殖；在日照红旗现代渔业产业园区27 000 m^2工厂化循环水养殖车间中，设计使用了LED新型光源，并在2020年海水鱼养殖生产中应用，均取得了良好效果。制订LED新型光源在工厂化养殖中应用的轻简化实用技术操作手册——东星斑工厂化养殖LED补光技术1份。

2 开展了半滑舌鳎外源性营养因子维生素E的使用方法研究

研究旨在探究维生素E对半滑舌鳎垂体组织中生长激素基因表达的影响。在每千克等氮等能的基础饲料中分别添加0、400 mg和1 600 mg的*DL*-α-生育酚乙酸酯（维生素E）投喂半滑舌鳎（*Cynoglossus semilaevis*）成鱼（464 ± 2.6）g，进行为期8周的养殖实验；另外，在L-15培养基中添加0 μmol/L、18 μmol/L和54 μmol/L的维生素E，对半滑舌鳎成鱼（464 ± 2.6）g的垂体细胞进行为期3 d的体外原代培养实验。分别取垂体组织和原代细胞，通过荧光实时定量PCR分析其gh mRNA的相对表达量。实验结果表明：垂体组织中gh mRNA的相对表达量随着饲料中维生素E含量的增加而呈现先升高后下降的变化趋势，在400 mg/kg组时显著高于其他各组（$P<0.05$）；随着细胞培养液中维生素E浓度的升高，gh mRNA的相对表达量显著增加（$P<0.05$）。由此可见，适宜浓度的维生素E能够促进半滑舌鳎垂体组织中生长激素基因的表达。

本研究表明，饲料中添加400 mg/kg维生素E（*DL*-α-生育酚乙酸酯）时，gh mRNA表达量最高，而进一步添加至1 600 mg/kg时会抑制其表达。

3 循环水养殖条件下不同光照周期对石斑鱼生长表型、生理代谢及内分泌调控的影响

光照周期是一个重要的周期性变动环境因子，光照周期作为一种信号刺激，直接作用于鱼类神经及皮肤系统，引起其内分泌及血液循环等发生相应的变化，进而影响其行为与生长发育。光照周期是室内水产养殖生产中可控的环境因子，在动物生长发育过程中发挥着重要的作用。尤其是对鱼类，鱼类体内的很多激素有明显的昼夜变化节律，而这些激素在鱼类内分泌调控中的作用机制目前并不清楚。本研究挑选一批健康活泼的珍珠石斑鱼苗种投放在四套循环水养殖系统中开展实验。实验分为四个不同的处理组，分别为24L（光照）：0D（黑暗）、16L：8D、12L：12D、8L：16D，每组三个重复，每个重复放养300条（35±3.0）g的珍珠石斑鱼幼鱼。每日投喂分7：00，19：00两次，每次记录投喂量并吸出残饵记录重量。每日换水1/2观察并记录石斑鱼摄食情况，体型变化和死亡数目，同时测定水中溶解氧、温度、pH、氨氮等水质指标。实验第29天时，在7：00投喂后开始取样，每组取3尾鱼，取样的同时测定水中溶氧、温度和光照强度。石斑鱼体长用直尺测量，体质量、饵料质量用电子天平称量，称量时将石斑鱼体表水分吸干，然后解剖取前肠、胃、肝，−80℃保存。我们为期一周的实验发现，24 h光照和16 h光照的两个处理组内石斑鱼的摄食率较另外两组明显较高，耗氧率也较高。说明充足的光照时间能提高石斑鱼的摄食能力，但过多的摄食和游动又加快了鱼类的耗氧。另外，我们也将从营养代谢、生长激素、类胰岛素生长因子、褪黑素及司登尼亚钙素等方面着手全面研究石斑鱼在不同光周期对其各项生理调控的作用机制，旨在通过研究摸索出一个高效的光照周期策略，为工厂化养殖石斑鱼提供思路，从而提高养殖效率和电力资源的利用。

4 开展了工厂化养殖石斑鱼昼夜节律与循环水水质关联性研究

开展了工厂化养殖石斑鱼昼夜节律与循环水水质关联性研究，本研究旨在测定石斑鱼在RAS中的昼夜节律代谢以及探讨石斑鱼新陈代谢对水质的影响，为完善RAS管理方法和减少对鱼类的压力提供数据支持。如图1、图2、图3、图4的结果显示，DO、TAN、亚硝酸盐-N、OCR、胃蛋白酶具有统计学意义的日节律。表1结果显示DOe与OCR（$r=-0.986$，$P<0.01$）、胃蛋白酶（$r=-0.945$，$P<0.05$）、脂肪酶（$r=-0.882$，$P<0.05$）呈负相关；TAN与OCR（$r=0.676$，$P<0.05$）、TOR（$r=0.948$，$P<0.05$）呈正相关；亚硝酸盐-N与OCR（$r=0.761$，$P<0.05$）。我们的实验表明，鱼类的日常代谢节律与水质参数之间存在内在的联系，并表现出一定程度的同向性，通过改变管理实践，最大限度地减少对鱼类的压力，有助于调整RAS的性能。

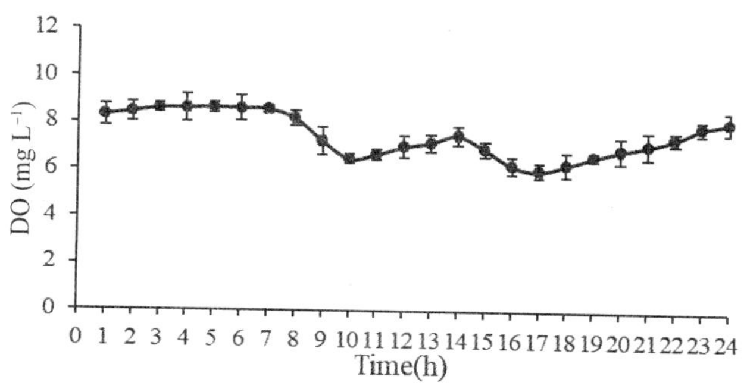

图 1　养殖水体溶解氧浓度昼夜变化

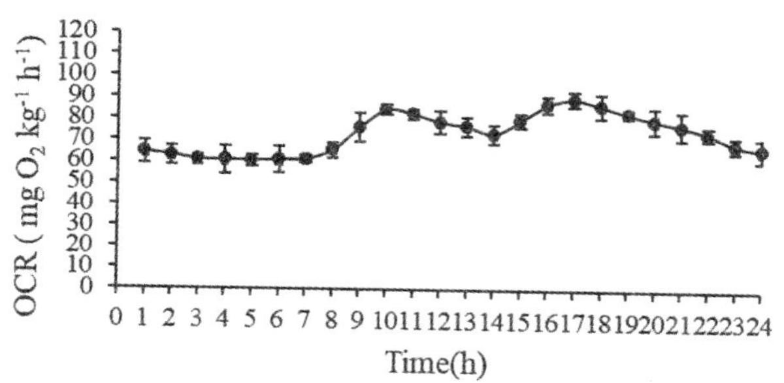

图 2　石斑鱼耗氧率昼夜变化

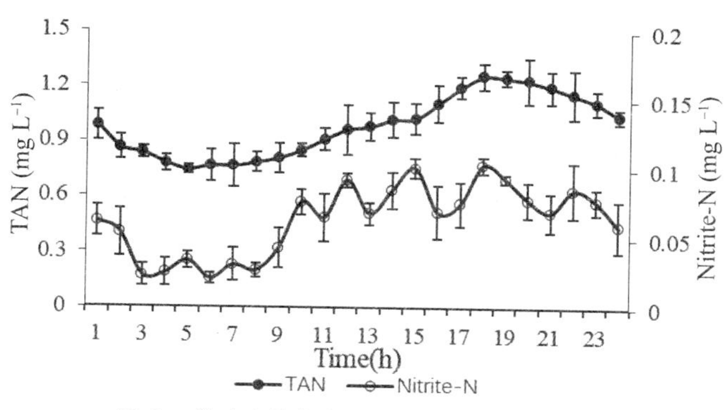

图 3　养殖水体氨氮、亚硝酸盐氮昼夜变化

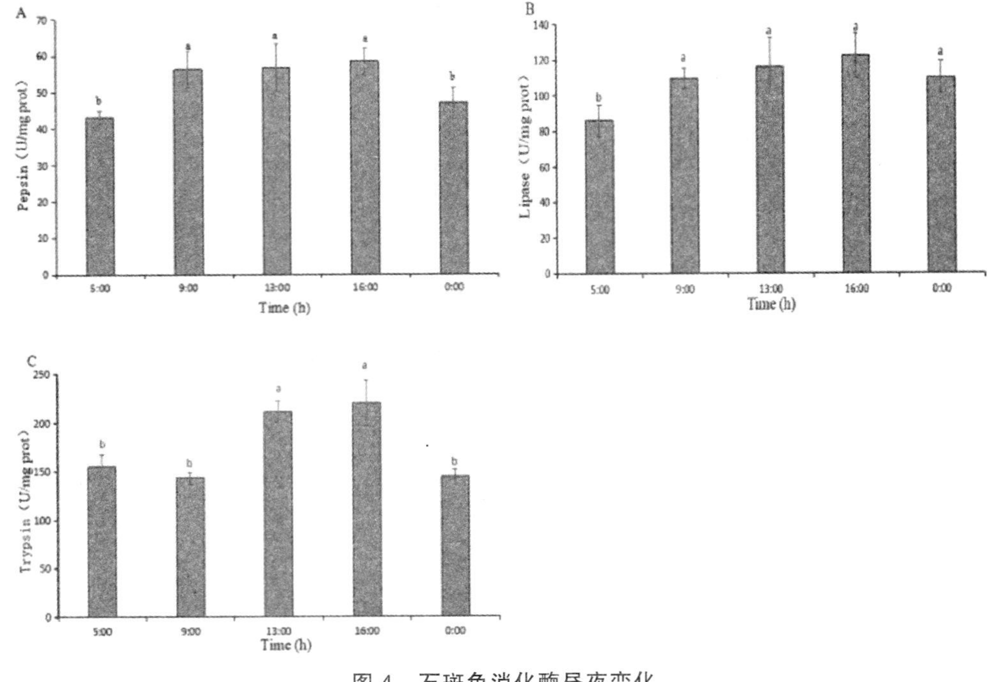

图 4　石斑鱼消化酶昼夜变化

5　开展了大菱鲆促性腺激素功能研究

本研究以欧亚养殖良种大菱鲆（*Scophthalmus maximus*）为实验材料，运用组织切片、原位杂交、cDNA末端快速扩增（RACE）、实时荧光定量PCR和原核表达等技术手段，比较了雌性大菱鲆和小鼠垂体组织形态结构、细胞类型和促性腺激素（FSHβ 和LHβ）在垂体中的分布；筛选出在大菱鲆卵巢发育过程中下丘脑、垂体、卵巢和肝脏中的最佳内参基因；获取了大菱鲆促性腺激素共同糖蛋白α亚基（CGα）和LHβ的全长cDNA序列，分析其生物信息学特性，查明了其组织表达和下丘脑−垂体−性腺（HPG）轴关键基因（fshβ、lshβ、cgα、GnRH、kiss及kissr）在仔鱼早期发育过程中的表达规律；通过大肠杆菌原核表达成功制备了大菱鲆FSHβ 和LHβ 重组蛋白，为丰富大菱鲆生殖内分泌调控机制研究内容、大菱鲆苗种标准化生产提供有效技术支撑。

6　开展了大菱鲆大规格苗种耐高温性能和生理响应研究

温度是影响大菱鲆工厂化循环水养殖的重要环境因素之一。开展了（106.96 ± 15.71 g）的大菱鲆对高温耐受和生理反应研究。结果发现，通过梯度升温，大菱鲆大规格苗种，维持在 27℃高温 96 h后开始出现死亡。在升温过程中，其呼吸频率在升温前期显著加快，而后降低，升温后期则无显著变化（图 1）。

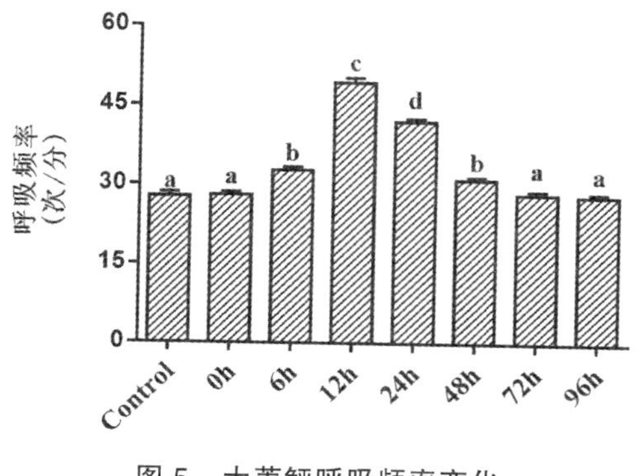

图 5　大菱鲆呼吸频率变化

血液皮质醇和葡萄糖浓度呈先上升而后逐渐下降的变化趋势，肝脏的丙二醛浓度显著升高，过氧化氢酶显著降低。以上结果表明，高温胁迫导致了大菱鲆大规格苗种发生显著生理响应，在工厂化养殖过程中 27℃高温，96 h内需要采取相应控温措施保障其健康存活。

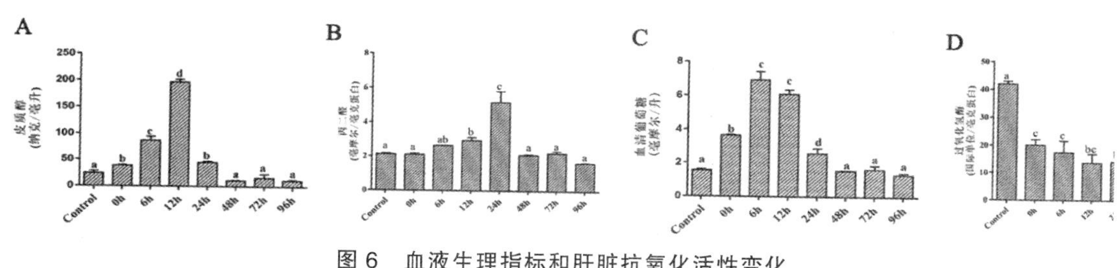

图 6　血液生理指标和肝脏抗氧化活性变化

7　低氧胁迫对工厂化养殖许氏平鲉生理功能羡慕影响

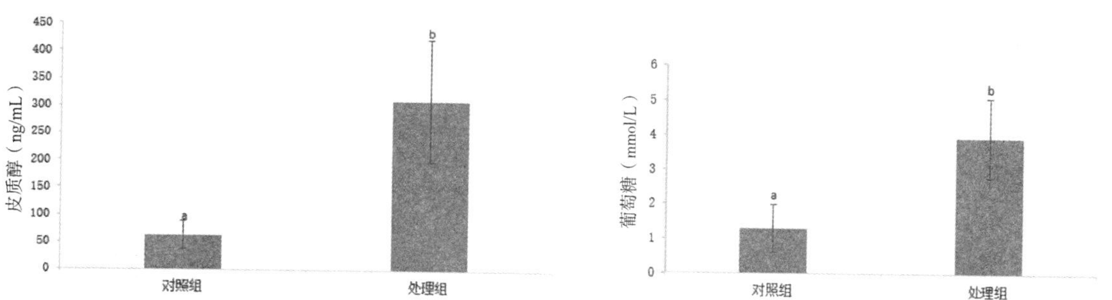

图 7　工厂化养殖大菱鲆低氧胁迫条件下血液皮质醇

低氧是影响工厂化养殖鱼类生长和抗性等经济性状的主效应因素之一。研究了 100.50 ± 0.93 g的大菱鲆对低氧耐受能力，发现在模拟工厂化养殖自然海水和深井海水静止水体中，在水温 16 ~ 18℃条件大菱鲆幼鱼最低溶氧耐受浓度为 1.80 mg/L，此后逐渐开始死亡，在随后 3 小时内全部死亡。同时发现，相关血液生理指标皮质醇、葡萄糖浓度显著升高（图 5），红细胞体积、血红蛋白含量、血红蛋白浓度，血红蛋白变异系数和平均血小板体积显著升高（表 1）。

表 1　低氧胁迫对工厂化养殖大菱鲆血液生理指标影响

	正常对照组	低氧胁迫组
白细胞数目 10^9/L	87.35 ± 25.17[a]	123.26 ± 20.49[b]
红细胞数目 10^{12}/L	1.11 ± 0.28[a]	1.26 ± 0.32[a]
血红蛋白g/L	57.18 ± 12.71[a]	67.36 ± 14.65[a]
红细胞积压%	17.17 ± 4.12[a]	20.5 ± 5.40[a]
平均红细胞体积	156.23 ± 8.24[a]	164.9 ± 2.52[b]
平均红细胞血红蛋白含量pg	41.83 ± 4.26[a]	53.90 ± 6.58[b]
平均红细胞血红蛋白浓度g/L	214.45 ± 26.95[a]	332.18 ± 39.86[b]
红细胞分布宽度变异系数%	19.60 ± 7.98[a]	26.53 ± 11.17[b]
血小板数目 10^9/L	40.90 ± 16.10[a]	40.54 ± 17.80[a]
平均血小板体积fl	5.16 ± 0.43[a]	5.66 ± 0.232[b]
血小板分布宽度	18.77 ± 0.76[a]	19.25 ± 0.57[a]

上述差异变化血液生理生化指标，为大菱鲆工厂化健康养殖参数筛选提供了数据库资源，实现健康指标的定向筛选。

8　不同投喂频率对大规格红鳍东方鲀生长、摄食及相关生理特性研究

不同投喂频率养殖红鳍东方鲀苗种 60 d后，其生长指标见表 1。由表中可以看出：红鳍东方鲀在投喂频率四次的条件下，终末体重、增重率、特定生长率及存活率最高，饲料系数最低，其次为投喂六次组，连续投喂组的终末体重、增重率、特定生长率及存活率均最低，饲料系数最高（$P>0.05$）。不同投喂频率对红鳍东方鲀的肝体比产生了一定影响，其中投喂四次及六次的肝体比显著高于连续及两次投喂组（$P<0.05$）；另外不同投喂频率对红鳍东方鲀脏体比及肥满度均无明显的影响（$P>0.05$）。

试验鱼的体生化组成见表 2。各组红鳍东方鲀幼鱼全鱼的水分及灰分无显著差异（$P>0.05$）；而全鱼脂肪含量随着投喂次数的增加而升高，投喂四次全鱼脂肪含量显著高于连续及二次投喂组（$P<0.05$）。不同投喂频率条件下全鱼的蛋白质含量无显著差异，但随着投喂次数的增加均具有升高的趋势（$P>0.05$）。

表 2　不同投喂频率对红鳍东方鲀生长性能的影响

处理Treatments	连续投喂	两次	四次	六次
初始体重IBW/g	15.72 ± 1.12	15.63 ± 0.71	15.33 ± 0.82	15.58 ± 1.09
终末体重FBW/g	67.74 ± 1.43[a]	72.80 ± 1.54[b]	80.91 ± 1.54[c]	78.92 ± 1.95[c]

续表

处理Treatments	连续投喂	两次	四次	六次
增重率BWG/%	329.18 ± 6.99[a]	366.00 ± 12.49[b]	427.90 ± 11.07[c]	408.38 ± 12.61[c]
特定生长率SGR（%/d）	2.43 ± 0.03[a]	2.56 ± 0.04[b]	2.77 ± 0.04[c]	2.71 ± 0.04[c]
饲料系数FCR	1.26 ± 0.07[a]	1.14 ± 0.03[b]	0.93 ± 0.06[c]	0.95 ± 0.08[c]
肝体比HSI/%	14.89 ± 0.58[a]	12.52 ± 1.09[b]	16.24 ± 0.73[c]	16.01 ± 0.65[c]
脏体比VSI/%	19.45 ± 1.60	19.47 ± 1.11	17.56 ± 3.64	20.22 ± 2.06
肥满度CF	2.77 ± 0.10	2.35 ± 0.27	2.74 ± 0.22	2.55 ± 0.28
存活Survival/%	77.00 ± 3.50[a]	82.00 ± 1.37[a]	89.00 ± 2.67[b]	90.00 ± 1.89[b]

注：数据表示方式为均值 ± 标准差。结果后不同字母表示组间差异显著（$P<0.05$）。

不同投喂策略在一定程度上对红鳍东方鲀产生了应激反应。连续及二次投喂组的皮质醇及血糖均显著高于四次和六次投喂组（$P<0.05$），而连续投喂和两次投喂、四次投喂及六次投喂组之间均差异不显著（$P>0.05$）；连续投喂组乳酸的含量均显著高于其他三组，其次是两次投喂组（$P<0.05$），四次及六次投喂组间差异不显著（$P>0.05$）。

表 3 不同投喂频率对红鳍东方鲀应激反应的影响

处理Treatments	连续投喂	两次	四次	六次
皮质醇cortisol（ng/mL）	1.86 ± 0.09[a]	2.11 ± 0.20[a]	1.16 ± 0.10[b]	1.32 ± 0.11[b]
血糖glucose（mmol/L）	1.62 ± 0.05[a]	1.70 ± 0.15[a]	1.19 ± 0.13[b]	1.32 ± 0.13[b]
乳酸lactate（mmol/L）	6.59 ± 0.25[a]	5.34 ± 0.27[b]	4.60 ± 0.15[c]	4.82 ± 0.11[c]

注：数据表示方式为均值 ± 标准差。结果后不同字母表示组间差异显著（$P<0.05$）。

不同的投喂频率对红鳍东方鲀肝脏抗氧化能力产生了一定的影响。其中连续及两次投喂组SOD活力及MDA含量均显著高于四次和六次投喂组（$P<0.05$），而它们两者间彼此并没有表现出差异显著性（$P>0.05$）。连续投喂组CAT活力及GPX含量略高于两次投喂组（$P>0.05$），而显著高于四次和六次投喂组（$P<0.05$），两次投喂组两者的含量均低于四次及六次投喂组，但差异不显著（$P>0.05$）。GSH在连续投喂组的含量表现出了最高，其次为两次投喂组，最后为四次及六次投喂组（$P<0.05$），其中四次及六次组间并无明显的差异性（$P>0.05$）。

9 大规格红鳍东方鲀胃排空模型研究

研究结果显示，红鳍东方鲀胃含物随着时间的延长而显著降低，其中在饱食 2 h之时，红鳍东方鲀胃的排空率达到 85%，4 h后大幅度降低，达到 74%，6 h后，红鳍东方鲀胃排空率迅速下降，并降到 38%，当饱食 12 h时，其胃排空率超过 90%，且在 16 h时，胃基本排空。我们根据胃排空率进行了图形拟合，发现拟合的二次方和三次方模型适用红鳍东方鲀胃排空率的模拟，其中根据R方的判定，三次方更加适合；因此我们取用三次方方程计算得出红鳍东方鲀胃排空时间在 14.2 h和 22.4 h。但是现实中当胃排空率达到 90%左右时，基本即属于排空，因此我们计算了达到 90%时的时间为 11.2 h。

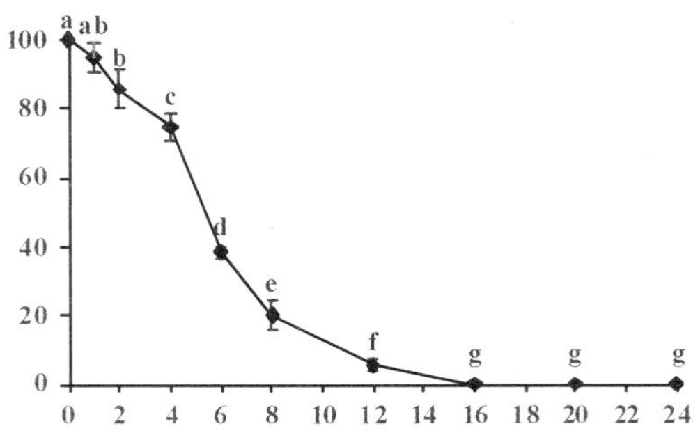

图 8　红鳍东方鲀胃饱食后的排空时间变化

从现有的数据来看，连续投喂及两次投喂类型不利于红鳍东方鲀的生长；我们分析认为连续投喂模式造成了红鳍东方鲀过饱食状态，不仅导致消化酶利用率的大大降低，而且加快食物消化及排空速度，导致营养物质浪费，另外，高频率的投喂可能导致鱼类机体花费大量的运动用于消化过多的饲料，从而影响营养物质的吸收，更为重要的是红鳍东方鲀在抢食过程中经常发生撕咬现象，这可能是造成其氧化应激的主要原因；其次，两次投喂模式也同样引起了红鳍东方鲀生长，我们认为，日投喂两次的模式不足以满足现阶段红鳍东方鲀幼鱼的营养需求，投喂次数的降低可能导致红鳍东方鲀营养不良。另外，我们也发现不合理投喂（连续投喂及两次投喂）可以导致免疫压力，血液压力血糖、皮质醇、乳酸，肝脏氧化压力上升；鱼类在面临不利条件下，尤其是营养不良的情况下，皮质醇增高，可以通过 2 种途径（需要更多的能量面对应急）一通过无氧代谢增加能量，导致乳酸积累，二分解糖原来增加能量，导致血糖降低。因此，从现有数据我们得出，四次到六次投喂模式最适合现阶段的红鳍东方鲀幼鱼（60 克左右）。

（岗位科学家　黄　滨）

海水鱼类深远海养殖技术研发进展

深远海养殖岗位

1　智能化升潜网箱模型水动力性能试验

根据渔具模型试验准则进行模型试验。在拖车前端两侧各有一根可水平和垂直调节的宝剑，将网箱框架通过锚缆连接在宝剑上，采用拖动模型网箱的办法来进行试验，根据运动转换定律，拖车车速等同于水流速度。选取相对应的实际流速为 0.30 m/s、0.45 m/s、0.6 m/s、0.75 m/s、0.9 m/s、1.05 m/s的 6 组试验流速，分别测试浮、沉两种状态的箱体受力情况。

1.1　浮态

网箱采用四点锚泊的方式，迎流面的前端两点安装测力传感器进行力的采集。由图 1 可看出，随着流速的增加，网箱的受力也不断变大，在流速为 1.05 m/s时，总的力值达到 171 kN。图 2 是流速为 1.05 m/s时的试验图片，网箱框架前端迎流面已经有 2/5 被压入水面下了，此时网箱的两个锚泊点受力分别为 82.6 kN（左）和 88.4 kN（右）。

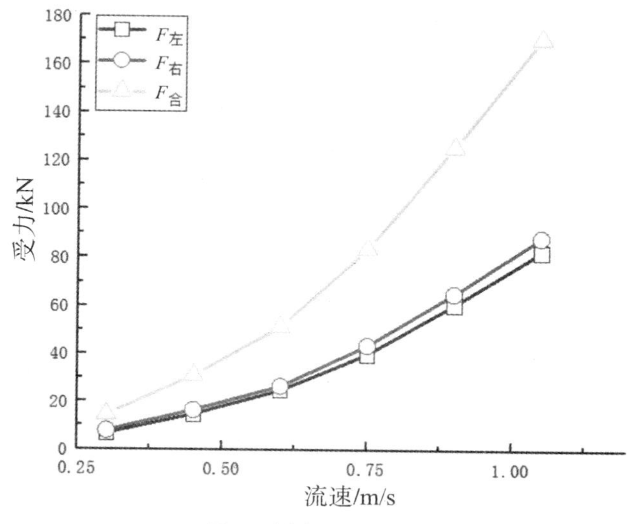

图 1　浮态受力图

图 2　流速为 1.05 m/s时模型图

1.2　沉态

图 3 为网箱沉态时的箱体受力图，总体受力趋势与浮态时的受力基本相同，都是随着流速不断增大阻力也随之变大。流速为 1.05 m/s时，箱体迎流面的两个锚泊点受力分别为 95.8 kN和 97.1 kN。

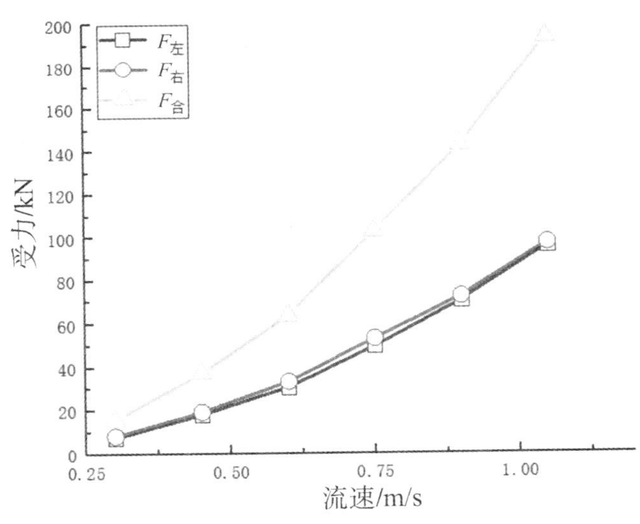

图 3　沉态受力图

图 4 是浮、沉两种状态的受力比较图，两种状态下箱体的总体受力趋势相同，都随着流速的增大而增加。在相同的流速条件下，沉态比浮态的总受力值大 8.3% ~ 24.1%，在低流速 0.3 m/s时，浮态受力为 14.4 kN，沉态受力为 15.6 kN，在流速为 1.05 m/s时，浮态受力为 171 kN，沉态受力为 193 kN。

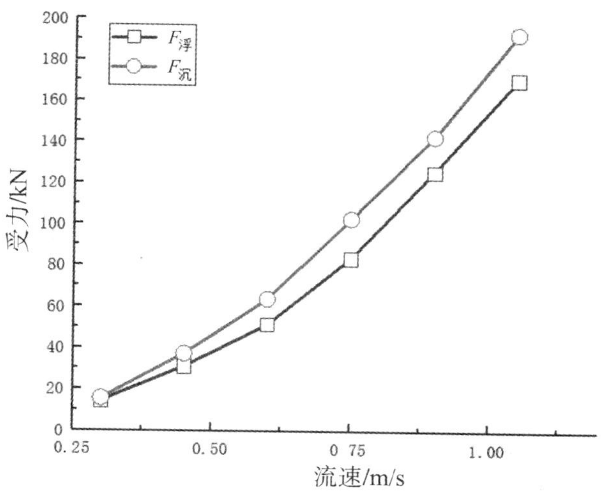

图 4 浮、沉态受力比较图

网箱箱体的浮态和沉态的整体受力均随流速的增加而增大，在相同的外界条件下，沉态比浮态的总受力值大 8.3% ~ 24.1%，这也说明箱体框架在箱体整体受力中占10% ~ 25%，这与海上实测的研究结果也一致。在浮态时，因箱体采用铜合金网衣结构，使得箱体本身自重较大，在流速达到 1.05 m/s时发现网箱框架已有 2/5 左右浸没在水中了，建议使用大于 250 mm管径的双浮管结构或者采用 250 mm的三浮管结构以增加框架的整体浮力。

2 智能升潜式养殖网箱部分结构设计与加工

本网箱系统用于远程实时调节，监控网箱的位置、姿态及海域周围环境，通过系统内置的浮舱、沉舱调节网箱的深度及姿态，增强网箱调节的实时性，提高养殖效率，降低恶劣环境造成的损害，系统带有网箱各种参数的采集和显示功能。系统主要由网箱主体集成设备和陆上设备组成。网箱设备包括浮舱、沉舱系统，网箱无线通信设备，网箱检测系统（包含深度、姿态、温度等检测元器件）等；岸上设备包括太阳能供电中继电台、监控收发电台等。智能网箱系统可用于大型网箱养殖，实时优化网箱参数，提高网箱性能和养殖效益，还可用于网箱研发过程中网箱性能测试，通过软硬件的集成，其水下监测系统、水下声学通信系统和操控软件还可以用于海洋捕捞领域其他作业方式，方便水下参数的采集、显示、存储和控制。

2.1 电气系统设计

系统由控制主机箱（带工控机、路由器、12VDC电源、显示器、键盘和各种接口；工控机预装Linux系统软件和各种驱动）、网箱传感器仓（包括深度/温度传感器、电池电压传感器、姿态传感器、电源转换模块、无线通信模块、RS485 网络服务器、电源、水下连接器等）、电池仓、各种海缆及接头组成。（图 5）

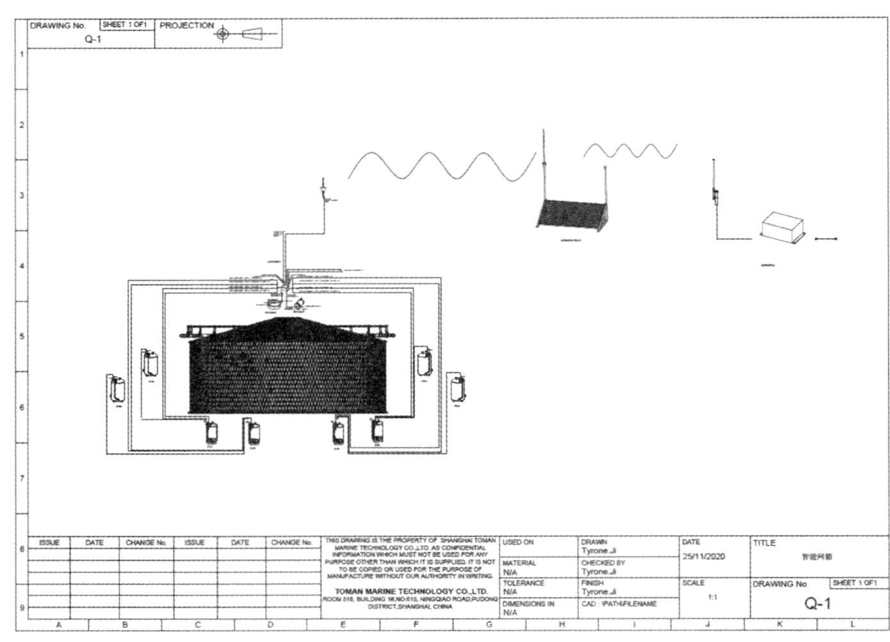

图 5　电气系统设计图

2.2　网箱主体结构设计

智能网箱在水中可以通过沉舱与浮舱之间的水量来调节其在水中是在水面还是在水下。网箱系统需要通过锚或者重块来固定系统在水中的位置，以防止网箱在水中移动。锚系系统主要连接于浮舱，通过对浮舱的固定，浮舱与网箱的连接，来达到设备连接网箱的目的。（图 6）

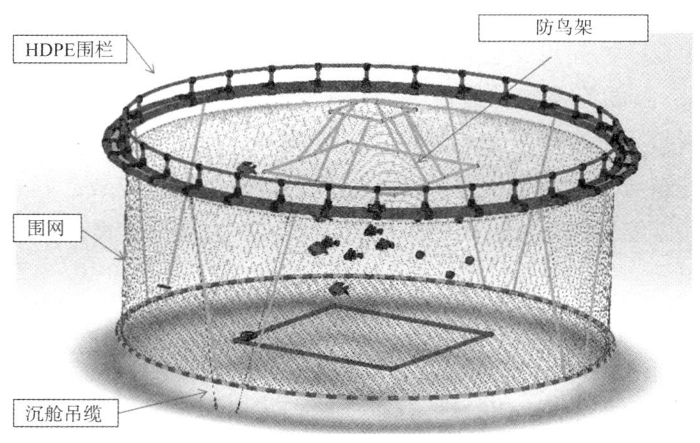

图 6　网箱主体结构设计

2.2.1　HDPE浮管

网箱养殖主体结构中的主框架采用HDPE材料，其规格参数见表 1。HDPE材料浮管具有以下特性：耐压——HDPE在 20℃静液压强度（环向应力 8.0 MPa，100 h）不破裂、不渗漏；耐腐——HDPE管可耐多种化学介质的腐蚀，聚乙烯是电的绝缘体，因此不会发生腐烂、生锈或电化学腐蚀现象；化学稳定性好，在室温条件下，不溶于任何有机溶剂，耐酸、碱和各种盐类的腐蚀；抗风浪——HDPE管道具有光滑的表面，其曼宁系数为 0.009，光滑的表面和非黏附特性保证HDPE管水流阻力小，抗风浪能力强；摩擦——摩擦系数较高，能有效固定浮管和支架的位置。

表 1　HDPE浮管规格参数

类型	数量（mm）	直径（mm）	管径（mm）	壁厚（mm）	材质密度（g/cm^3）
ϕ250 管（内）	1	16 273.57	250.00	14.80	0.95
ϕ250 管（外）	1	17 293.57	250.00	14.80	0.95

2.2.2　支架

等距穿在浮管上，定位内外管的相对位置，上口和竖管连接。支架设计如图 7 所示。

图 7　支架设计图

2.2.3　扶手管

连接浮管和扶手管，定位三管。扶手管规格参数如表 2 所示。

表 2　扶手管规格参数

类型	数量（mm）	直径（mm）	管径（mm）	壁厚（mm）	材质密度（g/cm^3）
扶手管	1	8 136.78	125	7.4	0.95

2.2.4　竖管

一端连接支架，另一端连接三通，熔合固定。竖管规格参数如表 3 所示。

表 3　竖管规格参数

类型	数量（mm）	管径（mm）	壁厚（mm）	材质密度（g/cm^3）
竖管	25	125	7.7	0.95

2.2.5　三通

和竖管固结，穿在扶手管上，固定扶手管的位置。三通结构设计如图 8 所示。

图 8　三通结构设计图

2.2.6　盖网、侧网、防鸟架

盖网规格参数：盖网面积 198.94 m^2，重量：150 kg。侧网规格参数：面积 300 m^2，面积密度：4.83 kg/m^2。防鸟网架固定在扶手管上，加上盖网，使海鸟接触不到网箱表面。

2.3　浮舱、沉舱机构及保护外壳设计

浮舱、沉舱是调节网箱升潜的关键装置。浮舱由罐体、上下吊耳、水泵等结构组成，上吊耳与浮筒连接，下吊耳与网箱连接，水泵与沉舱通过水管相互泵水改变整体净浮力。沉舱由罐体、吊耳、水泵、配重块等结构组成，吊耳用于连接网箱，水泵用于将罐体内的水泵入浮舱，改变净浮力。

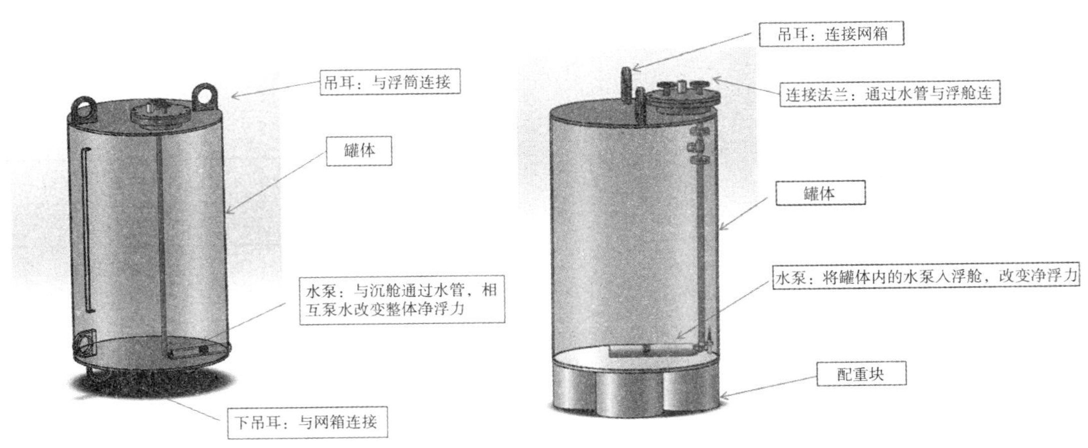

图 9　浮舱（左）、沉舱（右）结构设计图

2.4　无线通讯设计

本系统所使用的无线通讯电台具有低功率、高带宽、体积小、抗干扰能力强等特点。其特征为：点对多点宽带接入及数据传输、一个中心节点最多连接16个子节点；支持高达25 dBm的发射功率；支持1.4 MHz、3 MHz、5 MHz、10 MHz、20 MHz带宽；支持816 MHz、1 437 MHz两个频段（定制化产品）；最远可以提供远达15 km的距离传输；支持自动功率控制；支持自动频点控制；支持网口通信；支持IP65防水等级。

2.4.1　电台测试

电台测试地点：杭州；电台测试距离：12 km；电台功率：0.3 W；功耗：<5 W；电台连接设备：海康测试摄像头（200 W，8 M码率）。

摄像机连接端所处位置在居民楼上，另一段电台所处位置在山上，之间距离为12 km。测试经过：到达山上后，架设2 Dbi天线，通过便携电池供电，连接电脑，测试本地电台与电脑连接，远端电台通电后电台之间通过自组网自动连接，连接上后可以通过电台上的指示灯颜色（红、橙、绿）区分电台之间通讯信号强度。绿色为强，橙色为中，红色为弱。2 Dbi天线连接测试带宽为9 M。更换4 Dbi天线测试带宽为14 M。更换5 Dbi天线测试带宽为20 M。连接远端海康测试摄像机，编码格式H264（无压缩码率）。将海康摄像机码率调节为8 M，通过VLC软件解析海康摄像机RTSP推流视频数据（与实际网箱系统软件视频解析方式相同），上山电脑可以流畅播放8M码率的海康摄像机视频，无卡顿掉帧情况，检查实时流量，在8 ~ 9 M，满足两路4 M摄像机H265编码（此编码实际占用带宽为H264一般）播放需求，同时留有50%余量，满足系统设计要求。此电台具有自动组网、操作简单、网络接口、连接方便、低功耗、拓展性强等特点。

图10　测试现场

2.5　深度/温度传感器

材质：316不锈钢；测温范围：−20 ~ 85 ℃；压力范围：0 ~ 200米；供电电压：5VDC；通信接口：Modbus RS485。

2.6　内外倾角传感器

电压：5V。量程：加速度 ± 16 g。分辨率：加速度 6.1 e ~ 5 g。角度精度：XY轴 0.1°。姿态测量稳定性：0.01°。采样频率：200 Hz。输入接口：Modbus RS485。

2.7　电池舱设计

电池舱外壳为水下密封设计，设计耐压 100 m；水下连接器方便安装和拆卸时插拔。电池电压：24 VDC，电池容量：10 AH。电池舱设计如图 11 所示。

图 11　电池舱设计图

2.8　天线浮筒设计

天线浮筒用于安装信号接收天线，使天线始终浮于海面，增加信号输送的效率，实现养殖网箱升潜功能的远距离控制。天线浮筒设计效果如图 12 所示。

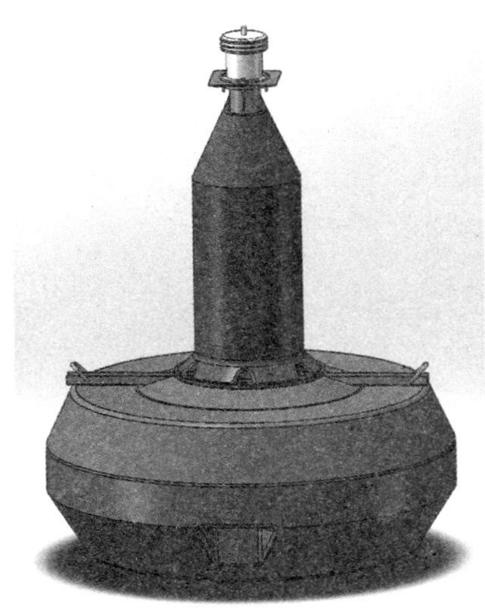

图 12　天线浮筒设计效果图

2.9　锚泊系统设计

本系统中提供的系泊盘、配重，可以保证绳子垂直，随着波浪起伏，系泊盘的重力作用，使绳子垂直，不会上浮从而影响水面的船舶行驶和作业。并且通过系泊盘将这个系统连接到一起，受力将分散到主浮管上面，也能更好地保护主浮管。连接处的绳子会在海水中不停地晃动，在连接处会加快绳子的磨损，所以我们在绳子、链条和卸扣的连接处会加上一个套环，更好地保护绳子，增加绳子的使用寿命。升降网箱不同于一般网箱，网箱在降到海水里面的时候，绳子会有所松动，使用铁坠，将绳子给配重，沉下去，以免绳子缠绕打结，影响整套锚固体系。

根据经验，使用犁锚，因为犁锚的抓地力大，能产生自身重力 20 倍的抓地力，但是犁锚抛锚结束后需要派潜水员下去检查，查看锚的位置，以及抓地情况。

Delta锚属于大抓力锚，可以产生 10 倍自重的抓力，而且是无杆锚，抛锚施工相对于犁锚，比较简单，易于操作。锚敷设计方案如图 13 所示，锚泊结构示意图如图 14 所示。

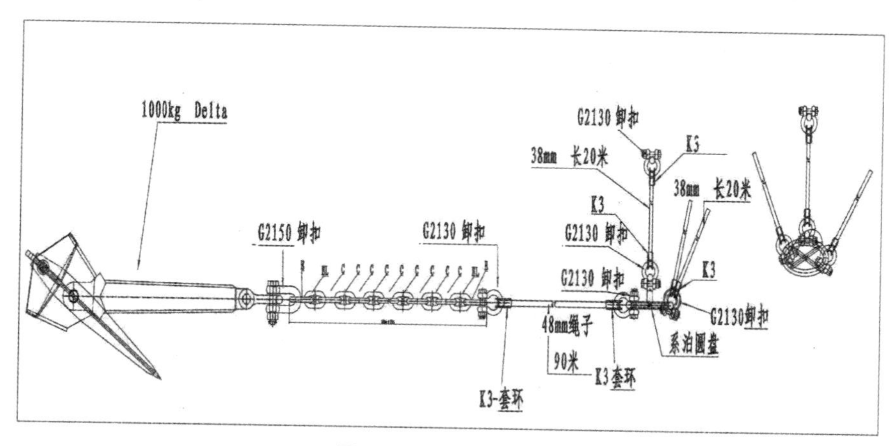

图 13　锚敷设计方案

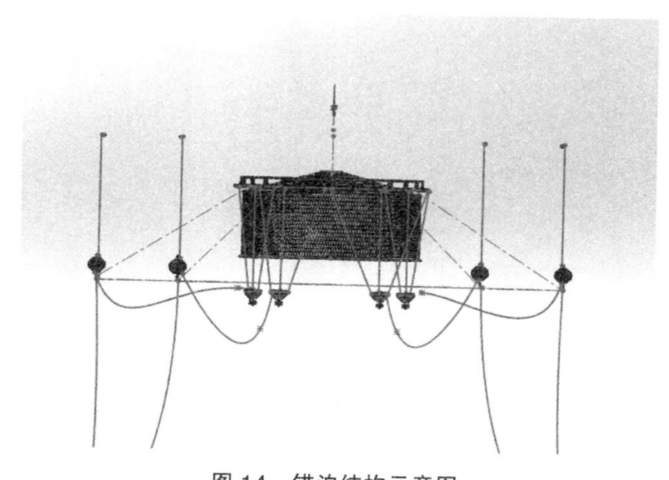

图 14　锚泊结构示意图

2.10 控制软件优化设计

网箱可单独或联动控制。气象、水文、导航和网具（水平扩张除外）要接入相应的设备。系统实时显示左右网箱的到船距离、水温、深度、拉力、前后倾角、内外倾角、剩余电池容量参数，可设置位移速度、目标位置。如果网箱位置和软件读取的有偏差可使用偏移校准。可通过刷新图标，刷新当前状态。（图 15）

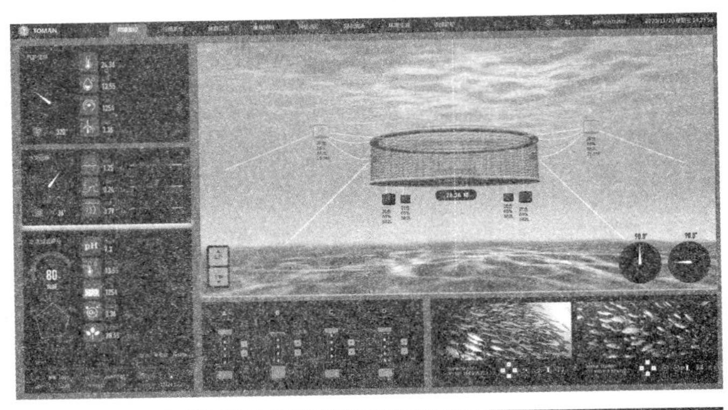

图 15　网箱上浮（上）、下沉（下）软件界面

（岗位科学家　王鲁民）

海水鱼智能化养殖技术研发进展

智能化养殖岗位

1　海水工厂化循环水养殖物联网系统

开展了基于养殖环境和生产要素、面向养殖全流程的物联网精准监测控制技术研究，构建了能够实时监测溶解氧、pH、盐度等水质环境指标，温度、湿度、气压、光照强度等车间环境指标，养殖池水位、管道流量、流速等水循环系统指标的工厂化循环水养殖物联网监测系统，实现了溶解氧、水温、pH、盐度等养殖水体水质指标，光照强度、温度、湿度、气压等养殖车间环境指标以及循环水系统水位、管道流量、流速的实时监测。

在实时监测养殖水体、车间环境和循环水系统的基础上，耦合养殖水体环境、养殖车间环境、水质、气象和循环水系统等要素，研发了水质自动调控系统、车间环境自动调控系统、循环水自动控制系统和微滤、紫外消毒、增氧等生产设备集中自动控制系统。

1.1　精准监测系统

由养殖水体水质监测、养殖车间环境监测、循环水系统监测和养殖池监测四个子系统构成。

1.1.1　养殖水体水质监测

实时采集养殖水体的溶解氧、水温、pH、电导率等水质信息，实现水质信息的实时监测、全面感知、自动采集和标准化输出。

1.1.2　养殖车间环境监测

实时采集养殖车间的温度、湿度、光照强度、气压等养殖环境信息。

1.1.3　循环水系统监测

实时监测循环水全系统，监测外源水水位，循环水处理区水质、水位，循环水管道水压、流速等。

1.1.4　养殖池监测

实时监测养殖池水位、进水及排水流量等。

1.2 自动控制系统

控制系统由水质调控子系统、车间环境调控子系统、循环水控制子系统和养殖设备集中控制子系统构成，实现水质、车间环境、循环水系统和养殖设备的自动控制。系统输出点包括传感器清洗装置4路进水阀、4路出水阀，循环水系统1路进水泵、1路出水泵，1路超声波清洗、1路振动、2路轴流风机、4路灯光照明、4路主水泵、4路紫外线消毒、4路主进水阀、4路加热循环控制、4路热水进水阀、4路冷水进水阀、4路投料机、4路回水阀、4路水质监测、1路车间环境监测和1路声光报警装置。

1.2.1 水质调控

基于溶解氧、pH、水温、电导率等水质数据，建立增氧、调温等控制模型，实现水质的精准调控。

1.2.2 车间环境控制

在监测空气温度、光照强度、气压等环境信息基础上，根据不同养殖品种、不同生长阶段建立控制模型，实现通风、增温、光照等自动调控。

1.2.3 循环水系统控制

基于循环水系统监测数据和控制模型，对循环水外源水泵、循环养殖水泵、管道阀门、水位调节等进行自动控制。

1.2.4 养殖设备集中自动控制

开发养殖设备集中控制系统，实现增氧、投饵、给水、排水、紫外消毒、微滤等养殖设备的集中自动控制。

2 养殖作业移动机器人

机器人原型机如图1所示，基本参数如表1所示。机器人具备遥控模式和自主行走模式。在遥控模式下可以平稳、准确地到达指定位置；自主导航模式下可以实现点对点的导航，具备自主行走能力。

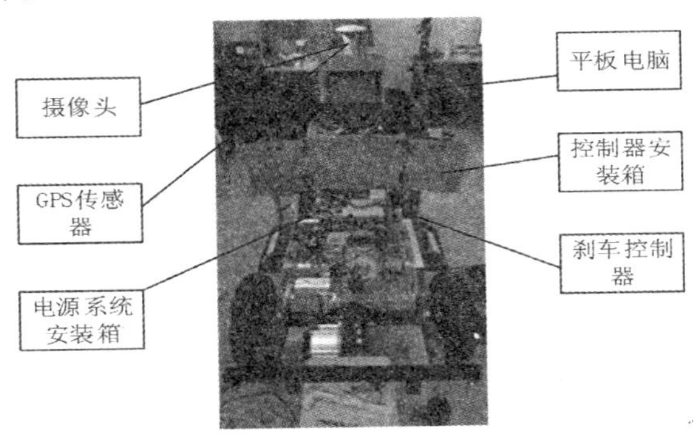

图1　机器人原型样机

表 1　基本参数

性能指标	参数值
驱动方式	两轮驱动
行走方式	轮胎
转向方式	舵机转向
工作电压	48 V
工作模式	遥控和自主行走

2.1　机器人结构

机器人结构如图 2 所示。采用后驱三轮结构，机器人采用后轮三轮驱动、前轮转向式设计，在保证灵活平稳运行的同时缩小了转向半径，以更好地适应车间作业环境。负载机构靠近驱动轮安装，以保证行驶稳定性，同时提高整体机动性。与同种驱动方式的四轮移动底盘相比三轮式的转向半径更小、更灵活。车体周围布置 6 个工业级超声波传感器，在工作时实时监测周围环境，与车体搭载的 360° 无线摄像头配合完成避障工作，摄像头通过网络将机器人工作环境实时传输到远程控制终端以便控制者观察工作状态。

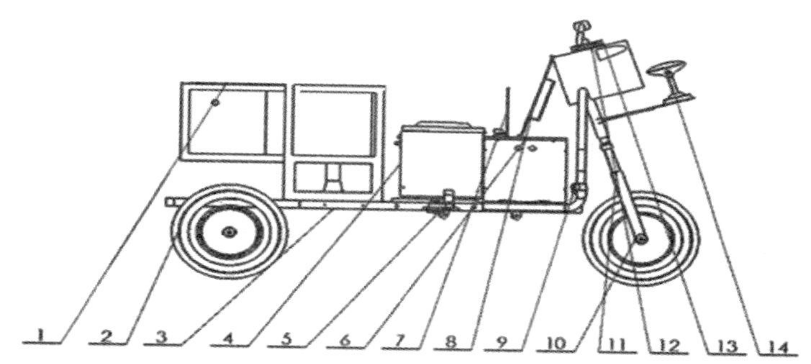

图 2　机器人结构简图

1. 执行机构　2. 驱动轮　3. 车体机架　4. 电池箱　5. 刹车机构总成　6. 控制箱　7. 无线数传电台　8. 车载平板电脑　9. 超声波传感器　10. 转向轮　11. 无线摄像头　12. 转向机构总成　13. 车灯　14. GPS移动端

2.2　双模工作方式

机器人采用人机协同工作方式，具有远程遥控和自主导航双系统工作模式，既可独立工作又能相互协同。

自主导航模式：自主导航模式对地形地貌、空旷度等作业环境有较高要求，如遇到特殊障碍难以决策时，机器人会中断当前作业等待操控人员帮助或者返航。车载端GPS与基站端GPS配合使其工作在实时检测（RTK）模式下，提高导航精度。系统初始化后，单片机系统将GPS读取的数据传输到车载电脑中，根据待作业区域地图模型和当前位置信息进行路径规划。控制系统根据路径信息对子系统的各级电机发送动作指令，使其按照已规划的路径行驶作业，期间GPS以一定频率读取移动底盘当前位置信息对照当前路径。如有偏差，系统会根据偏差量进行调节以按照预设路径行驶。由超声波传感器、压力传感器和摄像头组成的避障系统实时监测周围环境，如遇到障碍物，传感器发出相应信号并启动刹车电机，同时将系统切换到遥控模式下，通过人工干预排除障碍。

遥控模式：移动端与遥控端通过无线数传电台进行数据传输，机器人摄像头将其周围环境经过车载无线网实时传输到控制端显示界面，方便操控者做决策。控制者将动作指令通过数传电台发送，车载移动端电台接收指令后将其传输给车载电脑进行指令解读，解读后的指令经由电脑串口传输给下级单片机，由单片机子系统向各级电机发送信号，在各个电机的配合作用下使机器人完成动作。

2.3　测控系统

机器人需承载养殖生产设施、饵料等，需要高功率大负载的电气测控系统，以实现实时电量监控、低电量报警、漏电保护等基本功能。主要包括环境感知系统、运动执行系统、控制决策系统、通讯模块四大部分，如图 3 所示。

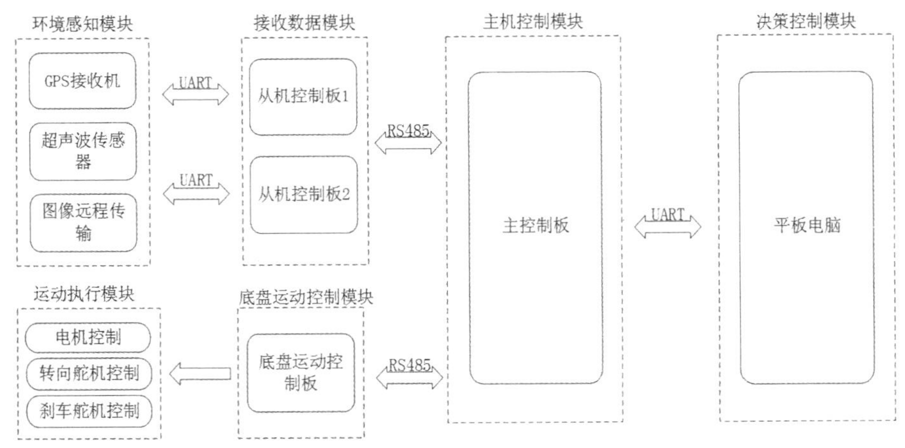

图 3　测控系统结构图

3　工厂化循环水养殖半滑舌鳎生长优化调控技术

3.1　盐度对半滑舌鳎标准代谢和窒息点的影响

利用流水式呼吸室测定 2 个规格（475 ~ 500 g、910 ~ 940 g）半滑舌鳎在 4 个盐度（8、16、24、32）下的标准代谢和窒息点，为半滑舌鳎循环水养殖水中溶解氧的控制提供依据。结果表明，盐度对半滑舌鳎标准代谢（以耗氧率表示）有显著影响；盐度为 24 时，在保证正常代谢的前提下，475 ~ 500 g半滑舌鳎养殖水体中溶解氧不能低于 6.83 mg/L，910 ~ 940 g半滑舌鳎养殖水体中溶解氧不能低于 6.23 mg/L；在保证半滑舌鳎［（900 ± 100）g］正常代谢的前提下，盐度为 32 的水中溶解氧不能低于 6.65 mg/L，盐度为 16 的水中溶解氧不能低于 6.80 mg/L，盐度为 8 的水中水中溶解氧不能低于 7.40 mg/L；大规格（910 ~ 940 g）半滑舌鳎的窒息点低于小规格（475 ~ 500 g）的；在 8、16、24、32 盐度下，24 盐度下半滑舌鳎的耗氧率最低；在 8、16、24、32 这 4 个盐度下，盐度越高，窒息点越低。（表 2、表 3）

表 2　不同规格半滑舌鳎的标准代谢（用耗氧率表示）和窒息点

规格（g）	盐度	耗氧率［mg/（g·h）］	窒息点（mg/L）
475 ~ 500	24	0.15[a]	1.53[a]
910 ~ 940	24	0.08[a]	1.45[b]

注：同一列不同字母表示差异显著（$P<0.05$）。

表 3　盐度对半滑舌鳎标准代谢（用耗氧率表示）和窒息点的影响

规格（g）	盐度	耗氧率［mg/（g·h）］	窒息点（mg/L）
910 ~ 940	8	0.16[a]	1.52[a]
	16	0.12[b]	1.48[a]
	24	0.08[d]	1.45[a]
	32	0.11[bc]	1.42[a]

注：同一列不同字母表示差异显著（$P<0.05$）。

3.2　半滑舌鳎在标准代谢与低氧代谢条件下的转录差异分析

在盐度为 24、水温为（22 ± 0.2）℃条件下，利用流水式呼吸室检测半滑舌鳎［体重（857 ± 12）g］在标准代谢［水中溶解氧（7.3 ± 0.2）mg/L，水流速 60 L/h］和低氧代谢［水中溶解氧（4.1 ± 0.3）mg/L，水流速 14 L/h］条件下的转录水平差异。结果表明，与标准代谢（S）相比，低氧代谢（H）组鳃（G）组织里有 958 个差异表达基因，其中 431 个上调表达，527 个下调表达；低氧代谢（H）组肝胰脏（H）中有 1 193 个差异表达基因，其中 728 个上调表达，465 个下调表达。在差异表达的基因中，有 14 167 个基因在鳃和肝胰脏中均表达，分别有 375、468 个独有的基因在鳃、肝胰脏中差异表达。GO功能富集分析表明，低氧代谢条件下，鳃中显著上调的基因主要富集在非膜结合细胞器、氧化还原过程、细胞骨架、小分子代谢过程、氧化还原酶活力等；肝胰脏中显著上调的基因主要富集在细胞质、氧化还原过程、小分子代谢过程、氧化还原酶活力等。KEGG通路富集分析表明，低氧条件下鳃中碳代谢、三羧酸循环、谷胱甘肽代谢、脂肪酸代谢、丙酮酸代谢通路相关基因显著上调，肝胰脏中胰岛素信号通路、碳代谢、FoxO信号通路、PPAR信号通路、糖酵解/糖异生、糖代谢、氨酰tRNA合成通路相关基因显著上调。综上，低溶解氧条件下半滑舌鳎的代谢紊乱，产生氧化损伤。

4 基于大数据的半滑舌鳎生长优化调控系统模型

分别采用主成分分析（principal component analysis，PCA）和线性辨别分析（linear discriminant analysis，LDA）两种方法对原始数据进行降维，筛选出影响半滑舌鳎生长发育的主要影响因子（主分量）。将筛选出的主分量作为BP神经网络建模的对象，其他分量作为噪声忽略不计。利用主分量训练BP神经网络，得到基于BP神经网络的半滑舌鳎生长模型，通过模型可预测半滑舌鳎体质量。

4.1 基于主成分分析和线性辨析分析的半滑舌鳎生长影响因子选取

4.1.1 主成分分析

对标准化后的半滑舌鳎生长数据进行主成分分析运算，得出成分矩阵、各成分方差及特征值，如表 4、表 5 所示；并生成相应的碎石图，如图 4 所示。

表 4 成分矩阵

影响因素	成分 1	成分 2	成分 3	成分 4	成分 5	…	成分 15
存活天数	0.951	−0.085	0.207	−0.176	0.008	…	0.068
存活率	−0.850	0.227	−0.373	0.160	0.086	…	0.012
饵料直径	0.916	−0.009	0.156	−0.307	0.093	…	−0.034
投喂量	0.900	0.032	0.128	−0.316	0.077	…	−0.007
温度	0.835	0.034	−0.101	0.327	−0.011	…	0.001
养殖密度	−0.808	0.308	−0.393	−0.127	0.101	…	0.014
水体光强度	−0.023	0.869	0.464	0.139	0.000	…	0.000
溶解氧	0.833	-.000 9	−0.137	0.188	−0.007	…	−0.004
盐度	0.716	-.000 1	−0.060	0.041	−0.217	…	−0.001
pH	−0.169	-.035 2	0.297	0.667	−0.443	…	0.000
弧菌数	−0.671	-.028 3	0.471	−0.194	0.103	…	0.002
细菌总数	0.290	−0.199	0.096	0.557	0.719	…	0.000
投喂次数	−0.003	0.863	0.480	0.123	−0.007	…	0.000
亚盐	−0.615	−0.299	0.497	−0.262	0.071	…	0.002
氨氮	−0.363	−0.357	0.529	0.080	0.023	…	−0.001

表 5 各成分方差及特征值

成分	特征值总计	方差百分比（%）	累积（%）
1	6.906	46.042	46.042
2	2.115	14.103	60.145
3	1.702	11.344	71.489

续表

成分	特征值总计	方差百分比（%）	累积（%）
4	1.313	8.754	80.243
5	0.809	5.396	85.640
6	0.688	4.586	90.226
7	0.599	3.992	94.218
8	0.334	2.227	96.444
9	0.200	1.334	97.779
10	0.180	1.203	98.982
11	0.074	0.491	99.473
12	0.032	0.213	99.685
13	0.024	0.158	99.844
14	0.017	0.115	99.959
15	0.006	0.041	100.000

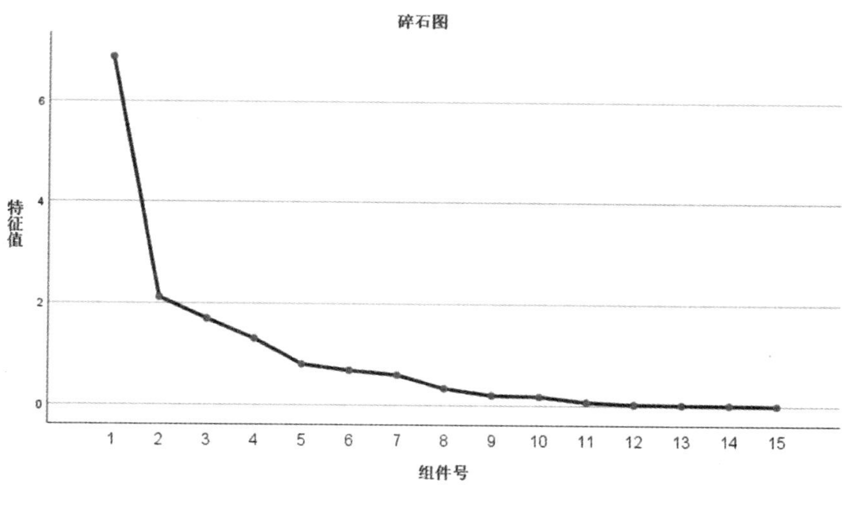

图 4　碎石图

按照累计贡献率准则和碎石图准则进行主成分选取，最终确定主成分为 5 个。

4.1.2　线性辨别分析

对标准化后的半滑舌鳎生长数据进行线性辨别分析，得出结构矩阵、各成分方程及特征值（结构矩阵、各成分方程及特征值表略），确定维度为 14。

4.2　基于BP神经网络的半滑舌鳎生长模型构建

将采用PCA方法和LDA方法分别筛选出的 5 个影响因子和 14 个影响因子作为BP神经

网络的输入，以半滑舌鳎的实际体质量作为输出，进行生长模型的训练和测试，模型输出结果如图 5、图 6 所示。

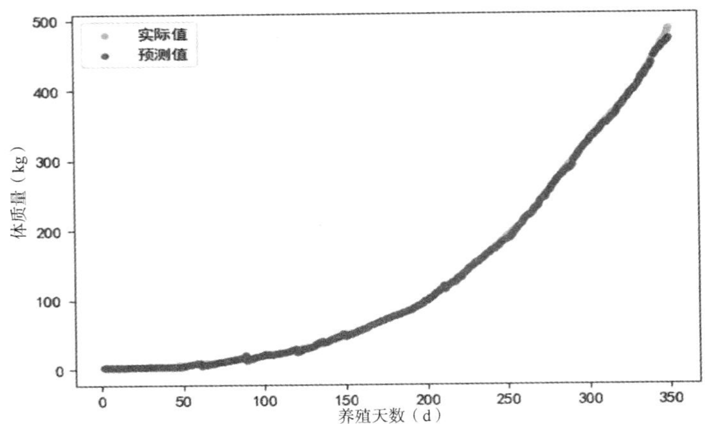

图 5　基于PCA的半滑舌鳎BP神经网络模型输出预测曲线

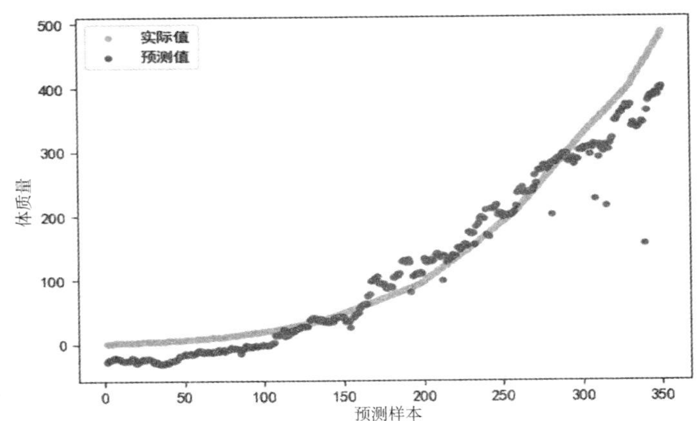

图 6　基于LDA的半滑舌鳎BP神经网络模型输出预测曲线

通过对比表明，采用LDA方法构建的半滑舌鳎BP神经网络生长模型进行预测结果波动较大，拟合效果较差。基于PCA方法构建的半滑舌鳎BP神经网络生长模型的预测结果优于采用LDA方法构建的半滑舌鳎BP神经网络生长模型，与实际数据较为接近。

5　半滑舌鳎养殖决策支持系统

系统基于Python 3.6+Django、Mysql 8.0 数据库开发环境，具有投喂方案决策、水质监测、养殖密度调整决策、分鱼决策等功能模块。

（岗位科学家　田云臣）

海水鱼保鲜与贮运技术研发进展

保鲜与贮运岗位

2020 年，海水鱼保鲜与贮运岗位重点开展了气调、不同减菌化处理方式对暗纹东方鲀冷藏期间品质变化的研究；研发获得了海鲈、大菱鲆、卵形鲳鲹等不同贮藏温度、时间下的货架期预测技术，研制了货架期预测指示器系统。

1　暗纹东方鲀贮运保鲜技术，开发出适合电商和超市的商品化产品

1.1　不同减菌化处理方式对暗纹东方鲀冷藏期间品质变化影响

研究了微酸性电解水（slightly acidic electrolyzed water, SAEW）、臭氧水（ozonated water，OW）与乙醇溶液（ethanol water，EW）等三种不同减菌化处理方式对暗纹东方鲀冷藏期间品质变化影响。将新鲜暗纹东方鲀分别在SAEW、OW与EW溶液浸渍处理 10 min，沥干后装入无菌PE袋中，于 4℃冰箱中贮藏，以无菌水清洗样品为对照组（CK）。贮藏期间每隔 2 d分别进行微生物（菌落总数）、理化（pH、质构分析、总挥发性盐基氮、硫代巴比妥酸、色差）与感官（色泽、气味、形态与弹性）等指标测定，综合评价其对暗纹东方鲀冷藏期间品质变化影响。结果表明（图 1 至图 5），三个处理组样品的pH、TVB-N值、质构、菌落总数与嗜冷菌数均优于对照组；EW处理会使其脂肪氧化速度加剧，对样品色差、感官影响较大；SAEW与OW处理后样品可有效抑制其微生物繁殖与脂肪氧化，延缓TVB-N值与pH上升，维持暗纹东方鲀良好的感官品质，比对照组 8 d的货架期延长 2 ~ 3 d，而EW处理可延长冷藏货架期至少 3 d。由指标间相关性分析得出，TVB-N值、TBA值同质构（弹性、回复力）、菌落总数与嗜冷菌数等指标均显著相关。

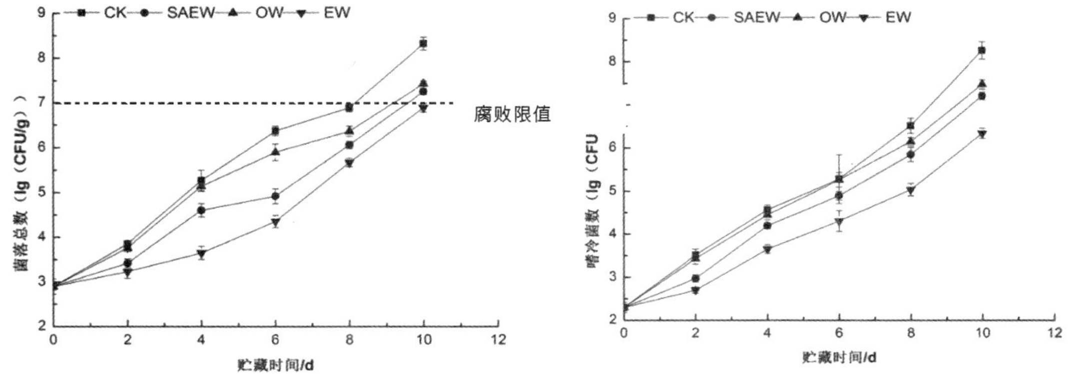

图 1 不同减菌化处理方式对暗纹东方鲀冷藏期间菌落总数与嗜冷菌数的影响

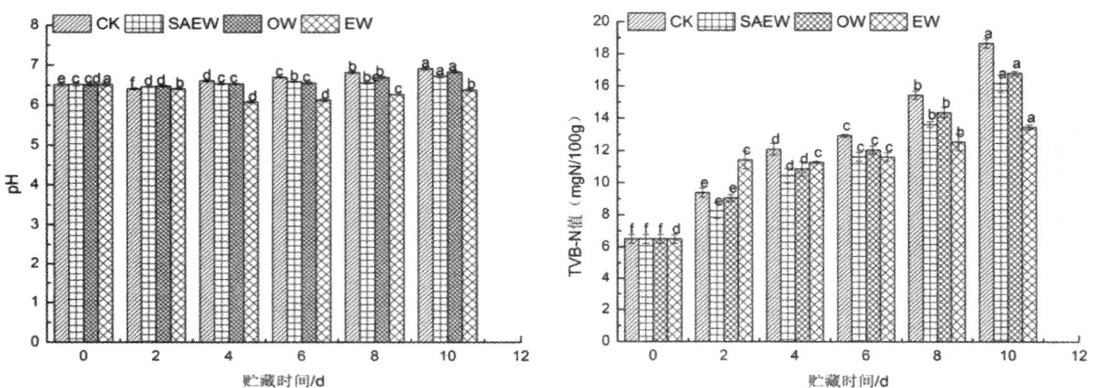

图 2 不同减菌化处理方式对暗纹东方鲀冷藏期间pH、TVB-N值变化影响

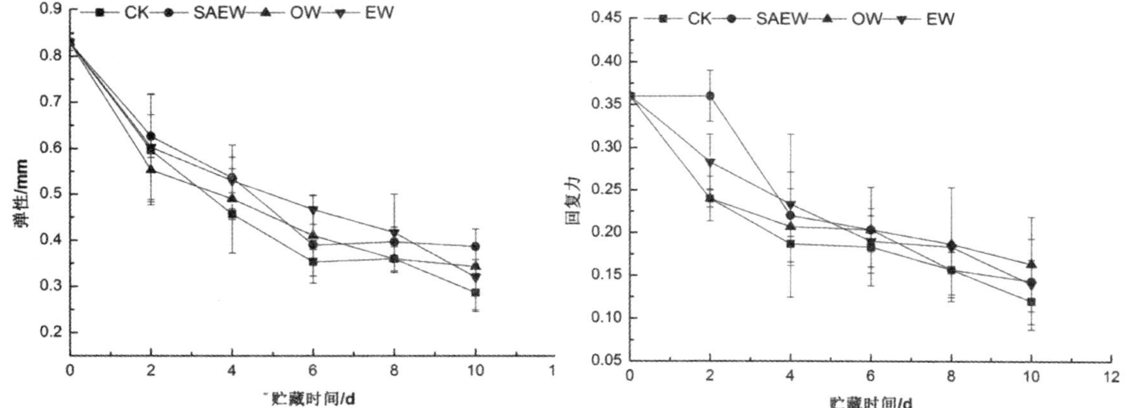

图 3 不同减菌化处理方式对暗纹东方鲀冷藏期间弹性和回复力变化影响

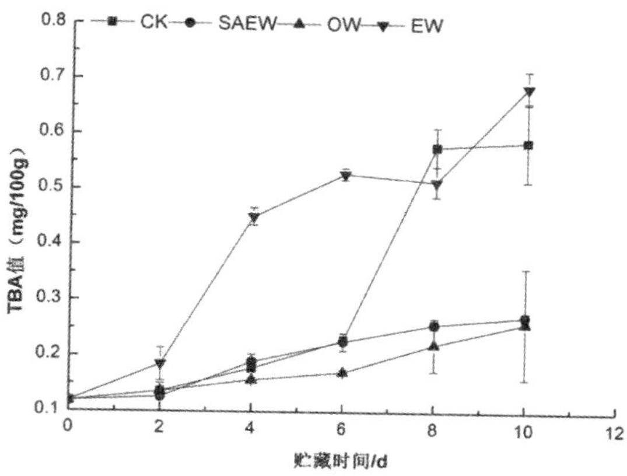

图 4　不同减菌化处理方式对暗纹东方鲀冷藏期间TBA值变化影响

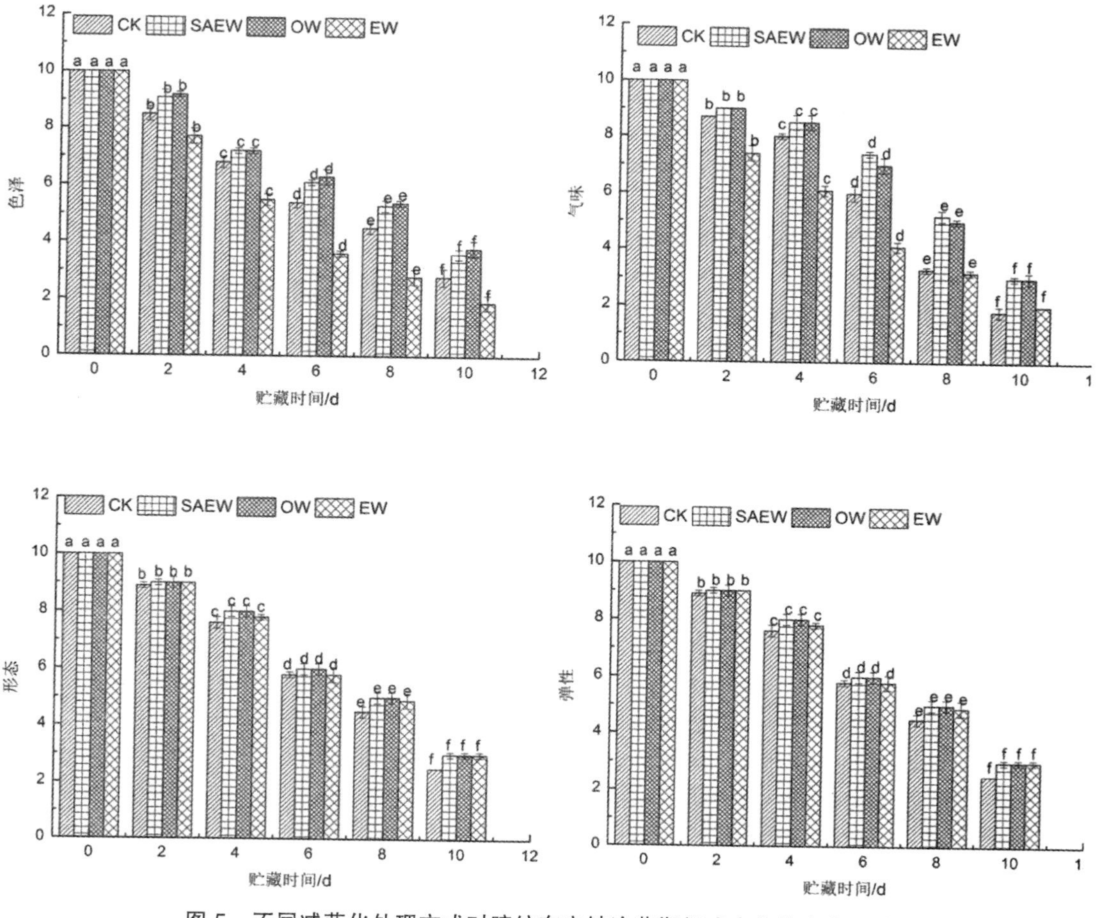

图 5　不同减菌化处理方式对暗纹东方鲀冷藏期间感官分值变化影响

1.2　不同气体比例气调包装对冷藏河豚鱼品质特性的影响

研究不同气体比例气调包装对冷藏河豚鱼品质特性的影响。如表 1 所示，设置不同气体比例（O_2、CO_2 与N_2）对河豚鱼进行气调包装并于 4℃冷藏，每隔 2 d测定其感官、理化和微生物指标（图 6 至图 11），可得出：气调包装结合 4℃冷藏可有效地延缓河豚鱼腐败变质进程，以 60% CO_2/5% O_2/35% N_2 组效果最好，可有效地维持河豚鱼组织结构，抑制微生物的生长繁殖，将货架期由空气对照组的 7 d延长至 12 d。从菌落总数、假单胞菌和腐败希瓦氏菌数看，AP组上升最快，贮藏第 8 天时已达到货架期上限 7.00 lg CFU/g，其次VP组第 10 天时不可食用，而MAP1，MAP2，MAP3，MAP4 的货架期分别为 12 d、10 d、14 d、12 d。假单胞菌和腐败希瓦氏菌表现出相同的变化趋势，AP组皆最先达到货架期上限，而VP和MAP有效延缓了假单胞菌和腐败希瓦氏菌的繁殖速度，以MAP3 效果最佳（$P<0.05$）。

表 1　不同组别样品的包装方式

组别	包装方式
AP	空气包装
VP	真空包装
MAP1	气调包装 1（40%CO_2/5%O_2/55%N_2）
MAP2	气调包装 2（40%CO_2/40%O_2/20%N_2）
MAP3	气调包装 3（60%CO_2/5%O_2/35%N_2）
MAP4	气调包装 4（60%CO_2/40%O_2）

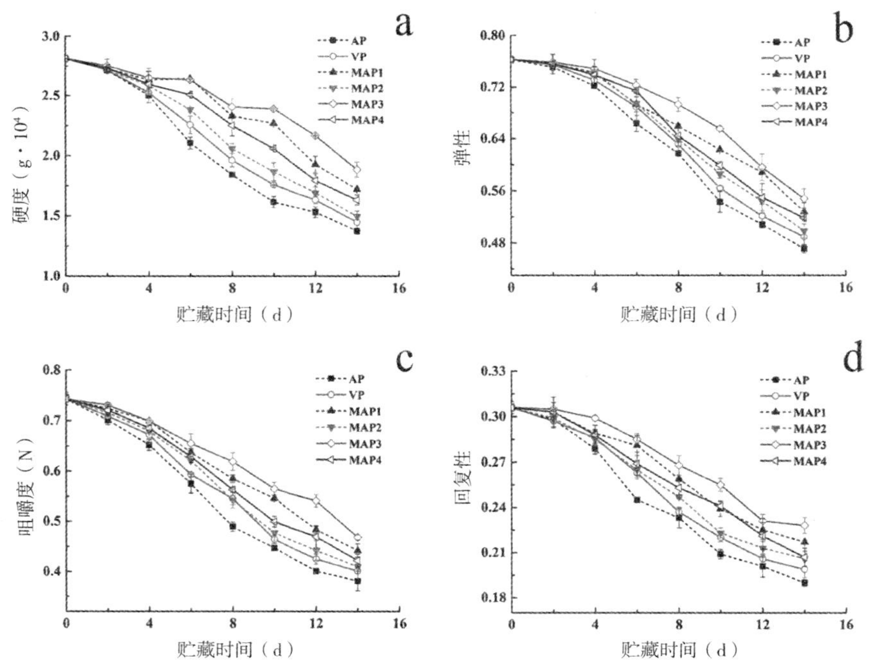

图 6　不同气体比例气调包装对冷藏河豚鱼硬度、弹性、回复性和咀嚼性的影响

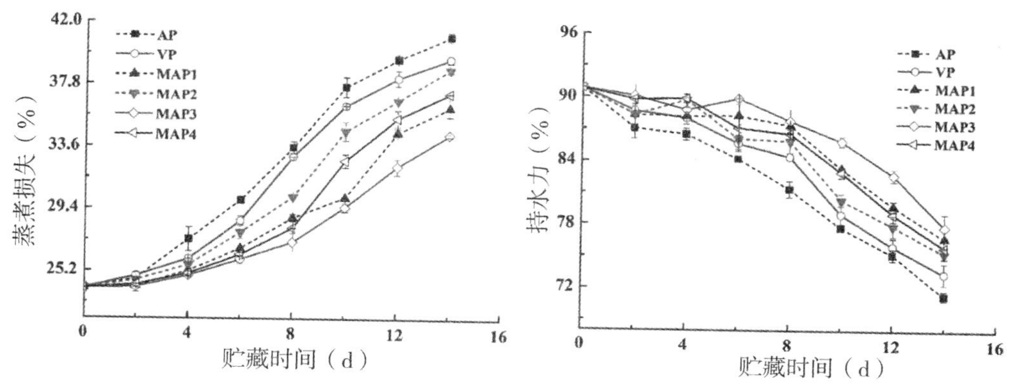

图 7　不同气体比例气调包装对冷藏河豚鱼蒸煮损失、持水力的影响

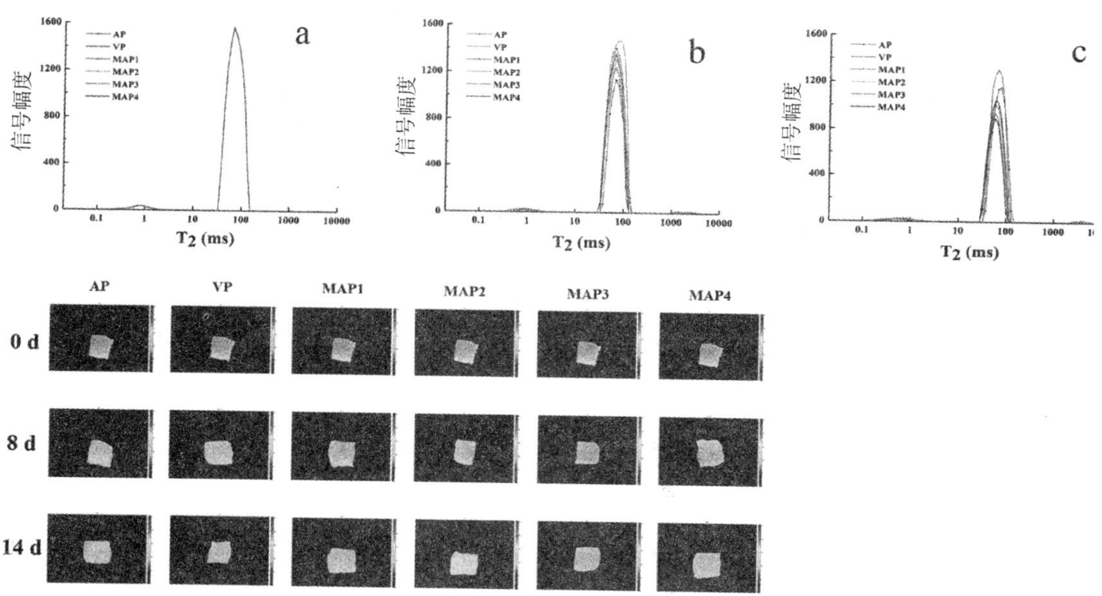

图 8　不同气体比例气调包装对冷藏河豚鱼水分迁移的影响

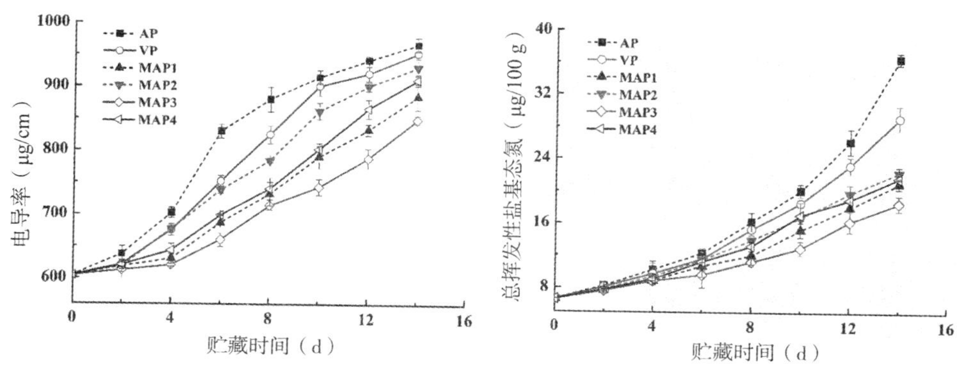

图 9　不同气体比例气调包装对冷藏河豚鱼电导率、挥发性盐基的影响

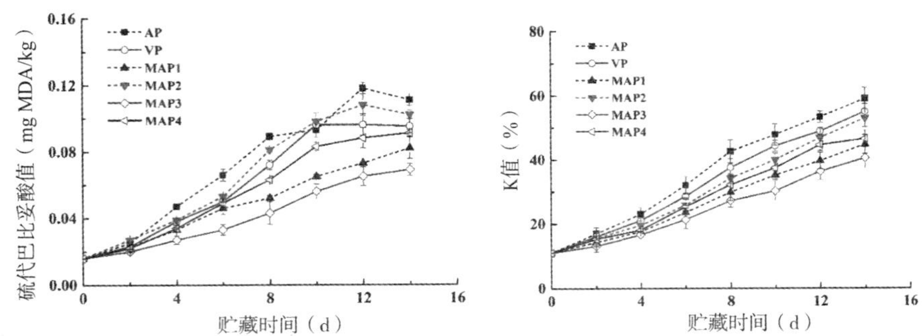

图 10　不同气体比例气调包装对冷藏河豚鱼硫代巴比妥酸值、鲜度值的影响

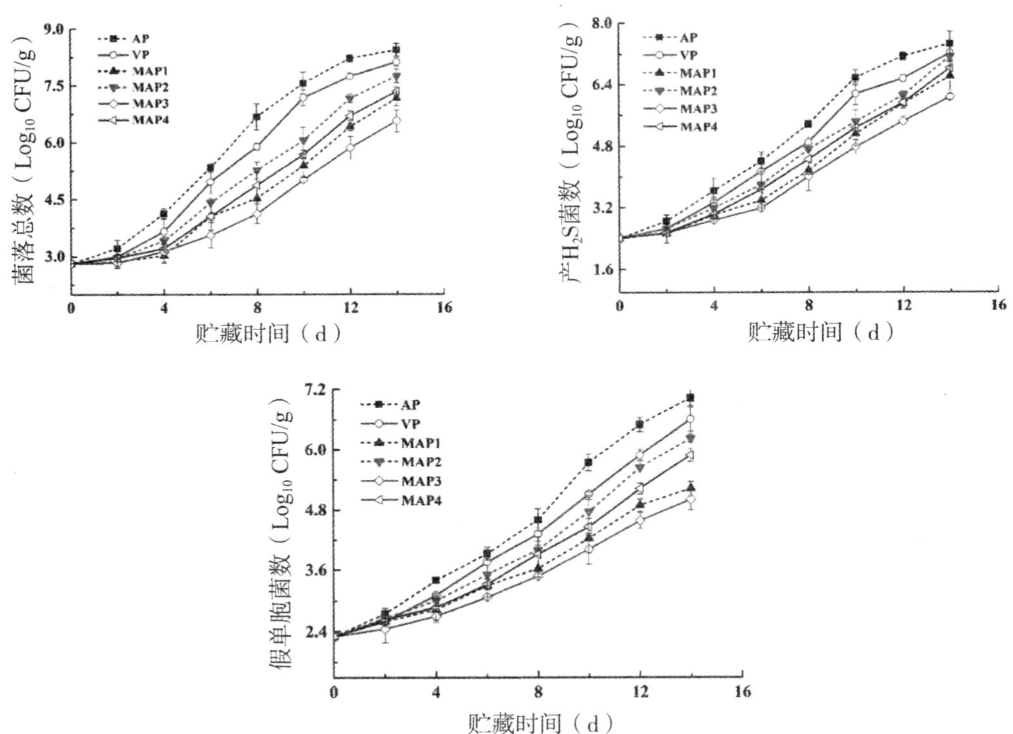

图 11　不同气体比例气调包装对冷藏河豚鱼菌落总数、腐败希瓦氏菌和假单胞菌的影响

2　贮运过程中海水鱼品质变化动态监控技术

2.1　海鲈在不同温度贮藏过程中货架期预测技术

为了探究海鲈在不同温度贮藏过程中品质变化及实时监测物流过程中的货架期，将海鲈贮藏在-3℃、0℃、4℃、10℃、15℃条件下，测定持水力、低场核磁共振横向弛豫时间（low-field nuclear magnetic resonance，LF-NMR）、质构、硫代巴比妥酸（thiobarbituric acid，TBA）值、挥发性盐基氮（total volatile base nitrogen，TVB-N）值与菌落总数

（total viable count，TVC），并进行感官评分和观测海鲈鱼背部肌肉微观结构，此外构建了货架期预测模型。结果显示（表 2），随贮藏温度的降低，海鲈鱼品质下降速率越慢，货架期越长，但在−3℃下因微冻造成贮藏前期品质下降明显，在 0℃下贮藏的海鲈更能维持其组织纤维结构、品质最佳；在各温度下贮藏的海鲈中的不易流动水随着贮藏时间的延长不断减少，不易流动水从细胞内部逐渐迁移到细胞间、肌纤维间，造成流动水含量的升高，海鲈鱼肉水分分布的改变与其品质劣变相对应。采用Arrhenius方程构建的贮藏温度、贮藏时间与TVB−N值和TVC之间的动力学模型（表 3），可用于−3 ~ 15℃范围内海鲈货架期的预测。

表 2　海鲈在不同贮藏温度条件下品质变化的动力学模型参数

指标	温度（K）	初始值（$M0$）	反应速率常数（k）	回归系数（R^2）
TVB−N	270	7.68	0.062 21	0.984 22
	273	7.68	0.086 92	0.990 35
	283	7.68	0.250 40	0.984 97
	288	7.68	0.554 67	0.984 82
TVC	270	3.505	0.034 92	0.956 84
	273	3.505	0.042 18	0.965 37
	283	3.505	0.100 79	0.917 63
	288	3.505	0.236 85	0.920 00

TVB−N货架期预测模型为：

$$t_N=\frac{\ln(M_N-M_{N0})}{2.108\times10^{14}\exp\left(-\frac{80\ 495.31}{RT}\right)}$$

菌落总数货架期预测模型为：

$$t_C=\frac{\ln(M_C-M_{C0})}{1.555\times10^{14}\exp\left(-\frac{81\ 797.22}{RT}\right)}$$

表 3　海鲈在 4℃贮藏条件下货架期的预测值和实测值

品质指标	贮藏温度（K）	预测值（d）	实测值（d）	相对误差（%）
TVB−N	277	9.19	10	8.1
TVC	277	11.45	10	14.5

2.2　不同贮藏温度下大菱鲆货架期预测技术

为探究大菱鲆在不同贮藏温度下品质特性与货架期的关系，将大菱鲆贮藏在−3℃、0℃、4℃、10℃和 15℃条件下，测定其感官品质、挥发性盐基总氮（TVB−N）值、菌落总数、硫代巴比妥酸值、电导率的变化，并且观测了肌肉的微观结构，采用LF−NMR分析了鱼肉中水分迁移状况，此外还建立了TVB-N值及TVC与贮藏时间和温度的动力学模型（表 4，5）。研究发现随着贮藏时间的延长，五种不同贮藏温度下鱼肉中不易流动水均减少，货架期终点各贮藏温度下的样品相对于新鲜鱼肉其肌纤维结构均由紧密变得疏松；TVB-N和TVC变化预测模型中的活化能和指前因子分别为 79.50 kJ/mol和 75.07 kJ/mol，1.3×10^{14} 和 7.62×10^{12}。选用 10℃作验证性实验，结果表明实测值与预测值相对误差在 10%以内，因此可根据TVB-N值及菌落总数对大菱鲆贮藏在-3 ~ 15℃的货架期进行实时预测。283 K温度下大菱鲆的货架期预测误差如表 6 所示。

表 4　不同贮藏温度下大菱鲆品质变化的动力学模型参数

品质指标	温度条件（K）	反应速率常数（k）	回归系数（R^2）
TVB-N	270	0.056 01	0.997 59
	273	0.092 45	0.936 37
	277	0.102	0.975 01
	288	0.504 81	0.989 61
TVC	270	0.023 65	0.953 96
	273	0.034 95	0.953 99
	277	0.046 94	0.898 12
	288	0.186 02	0.827 01

表 5　TVB-N和TVC变化预测模型中的指前因子（$A0$）和活化能（E_a）

品质指标	指前因子（A_0）	活化能（E_a，kJ/mol）	回归系数（R^2）
TVB-N	1.3×10^{14}	79.50	0.986 9
TVC	7.62×10^{12}	75.07	0.996 09

大菱鲆基于TVB-N的货架期预测模型：

$$t_{sL}=\frac{\ln\left(B_{\mathrm{TVB-N}}/B_{\mathrm{TVB-N_0}}\right)}{1.3\times10^{14}\exp\left(-\frac{79.50\times10^{3}}{RT}\right)}$$

大菱鲆基于TVC的货架期预测模型：

$$t_{sL}=\frac{\ln\left(B_{\mathrm{TVC}}/B_{\mathrm{TVC_0}}\right)}{7.62\times10^{12}\exp\left(-\frac{75.07\times10^{3}}{RT}\right)}$$

表 6　283 K温度下大菱鲆的货架期预测误差

品质指标	温度条件（K）	预测值（d）	实测值（d）	相对误差（%）
TVB-N	283	4.65	5	-7
TVC	283	5.63	5	12.6

2.3　卵形鲳鲹货架期预测的电子鼻评价

利用电子鼻对卵形鲳鲹在不同贮藏温度与贮藏时间下的挥发性气味变化进行了分析，并对电子鼻测定获得的数据进行了主成分分析（PCA）与判别因子分析（DFA）分析。将电子鼻PCA与DFA分析获得的卵形鲳鲹的气味变化突变点作为气味变化的切分点与理化品质指标值（菌落总数）相结合，建立了卵形鲳鲹在273 ~ 283 K下的$Q10$货架期预测模型。结果表明（图12，图13），电子鼻PCA与DFA分析能很好地将分别贮藏于273 K、283 K与293 K下的卵形鲳鲹随着贮藏时间变化的气味进行区分。贮藏于不同温度条件下的卵形鲳鲹的TVB-N与TVC回归拟合方程均符合一级化学动力学模型（R^2>0.95）。基于电子鼻PCA与DFA分析获得的283 K与293 K下的气味变化切分点与相同温度下理化品质指标变化具有较好的对应关系，采用Arrhenius动力学模型推导公式求得卵形鲳鲹在（273 ~ 283 K）与（283 ~ 293 K）温度段内菌落总数的$Q10$值，并结合283 K与293 K温度下电子鼻PCA与DFA分析获得的气味变化货架期切分点，从而得到的卵形鲳鲹在（273 ~ 283 K）与（283 ~ 293 K）温度段内的$Q10$货架期预测模型：

（273 ~ 283 K）温度段下货架期预测模型：

$$^{SL}(273\sim283\ \text{K})=3\times3.008\,\frac{283-T}{10}$$

其中：T为273 ~ 283 K间的任一贮藏温度，K

（283 ~ 293 K）温度段下货架期预测模型：

$$^{SL}(283\sim293\ \text{K})=1.5\times3.423\,\frac{293-T}{10}$$

其中，T为283 ~ 293 K间的任一贮藏温度，K

上述模型预测的货架期与实测值的相对误差均小于10%。所获得两个温度段下的货架期预测模型能很好地对（273 ~ 283 K）与（283 ~ 293 K）温度段下的卵形鲳鲹货架期进行预测。

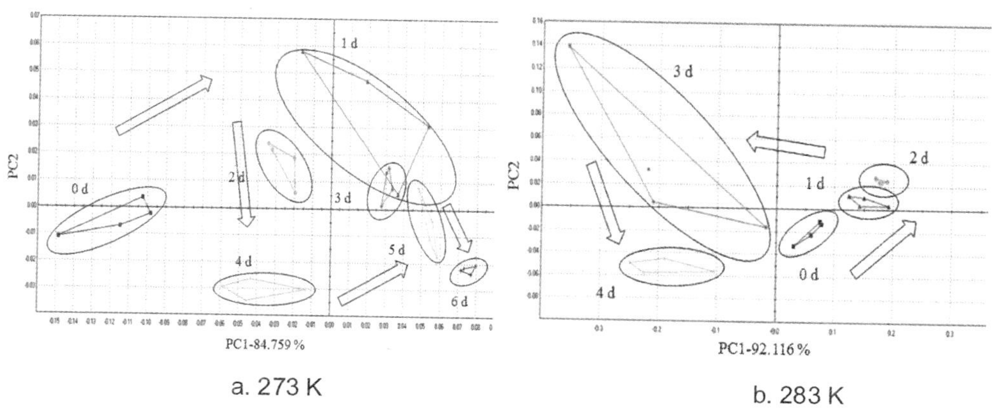

a. 273 K　　b. 283 K

图12　贮藏于273 K、283 K与293 K下的卵形鲳鲹挥发性气味在不同贮藏时间内的PCA图

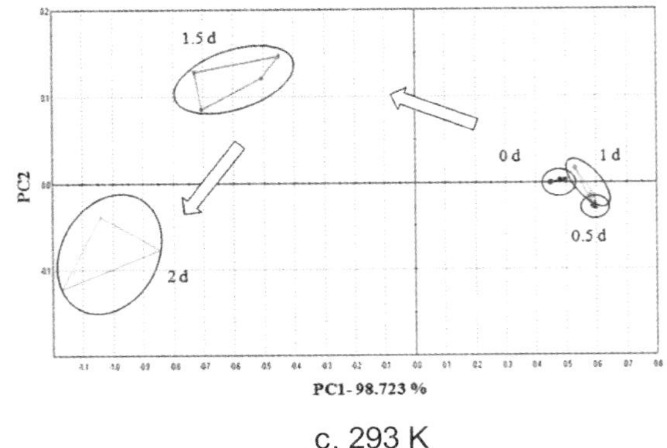

c. 293 K

图 12　贮藏于 273 K、283 K与 293 K下的卵形鲳鲹挥发性气味在不同贮藏时间内的PCA图（续）

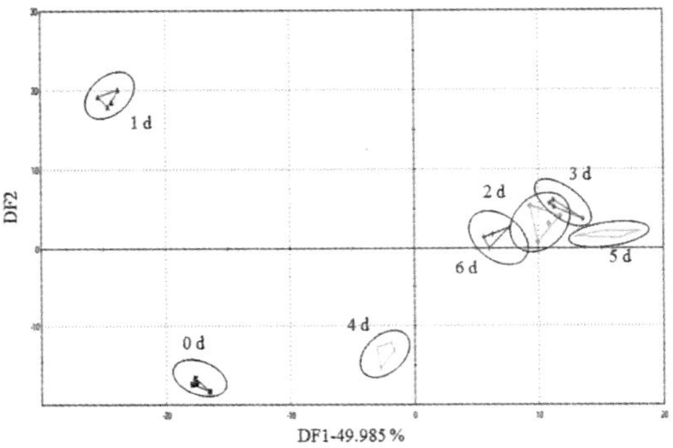

a. 273 K

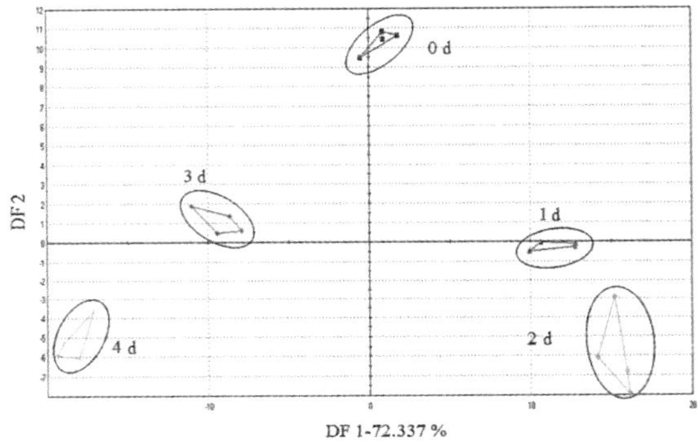

b. 283 K

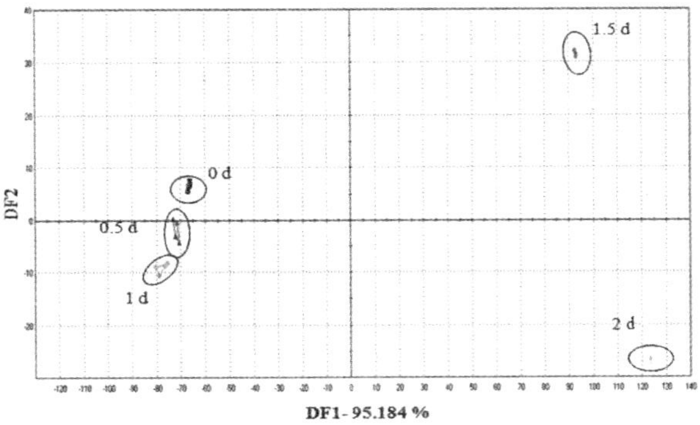

c. 293 K

图 13　贮藏于 273 K、283 K与 293 K下的卵形鲳鲹挥发性气味在不同贮藏时间的DFA图

表 7　卵形鲳鲹不同理化指标在两个温度段上活化能E_A和$Q10$的计算值

理化指标	活化能（kJ/mol）	$Q10$（273 ~ 283 K）值	$Q10$（283 ~ 293 K）值	lnk回归拟合方程	R^2
TVBN	79.93	3.471	1.807	$y=-7.1654x+24.518$	0.944 3
TVC	70.75	3.008	3.423	$y=-9.3449x+33.904$	0.992 3

表 8　卵形鲳鲹在不同贮藏温度下货架期的预测值和实测值

贮藏温度	货架期预测值（d）	货架期实测值（d）	相对误差（%）
276 K	6.49	7.0	7.286
281 K	3.74	4.0	6.500
289 K	2.45	2.5	2.000

1.3　海水鱼电子式货架期指示设备的研制

RFID货架期预测指示器及货架期预测跟踪和管理服务系统：应用计算机技术，研制具有自主知识产权的、能实测和记录冷藏链时间–温度变化和预测剩余货架期的无线传输的电子式时间–温度–指示系统，不仅能监测记录生鲜水产品温度历程，而且还可根据温度历程估计剩余货架期。

整个货架期预测指示器系统由RFID货架期预测指示器以及冷链水产品货架期预测和跟踪信息服务系统构成。RFID货架期预测指示器是一个带有RFID标签功能的小型货架期预测指示器装置，通过装置冷链产品当前实时温度、位置等数据进行采集，同时通过内置不同冷链水产品货架期预测算法对冷链当前货架期进行实时计算预测，并对其显示和相应的预警以及将数据上传到服务器上。货架期预测跟踪和管理服务系统通过实时接收到冷链过程各个阶段不同RFID货架期预测指示器结合RFID标签，跟踪每个冷链每个阶段货架期的变化情况，实时对冷链各种产品货架期进行管理和基于冷链协同管理要求的货架期协同分析，实时对货架期当前问题进行报警，评估整个冷链的质量。具体结构如图 14 所示。

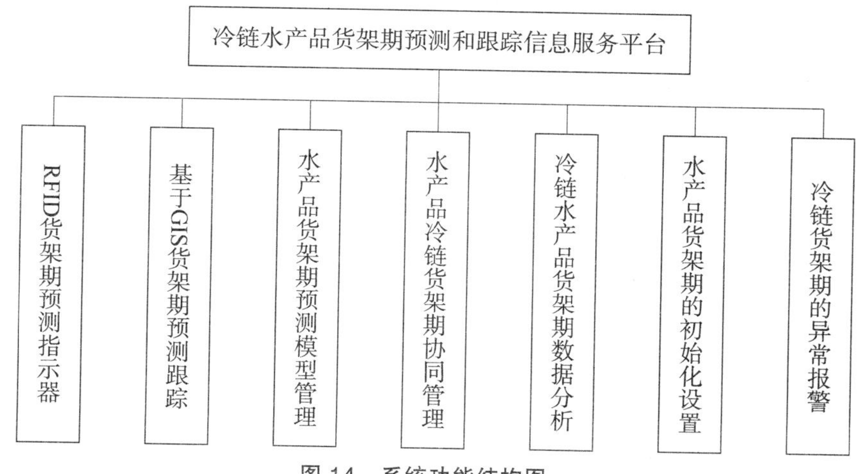

图 14　系统功能结构图

货架期预测指示器结构框图如图15所示，其是一个微小型的便携式装置，内置在水产品的包装箱内，全程监测水产品的温度变化，同时实时计算水产品的货架期，并传输到基于区块链的水产品质量控制管理与溯源系统中，实现货架期的全程管理。装置是一个嵌入式Web Service的智能RFID货架期预测装置，由8051内核为核心的主控电路，以及充放电管理模块、电源模块、RFID通信模块、传感器模块、控制器模块、液晶模块、按键模块、时钟模块等组成。主要功能是货架期初始化、货架期模型的更新、货架期跟踪、货架期的显示、历史数据、货架期预警等功能。

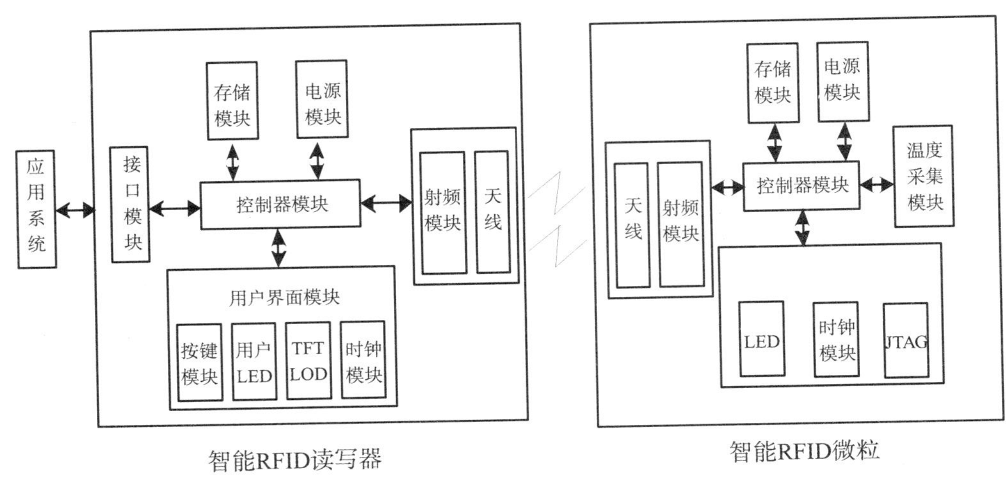

图15 RFID货架期指示器结构框图

（岗位科学家 谢 晶）

海水鱼鱼肉特性与加工关键技术研究进展

鱼品加工岗位

1　研究不同热加工方式对海鲈鱼肉品质的影响

1.1　揭示不同加热温度对海鲈鱼肌肉品质的影响

以海鲈背部肌肉为原料，研究其经热处理后中心温度分别达到40℃、50℃、60℃、70℃、80℃、90℃和100℃时水分含量、总巯基含量、肌原纤维蛋白含量、色差、风味、加热失重率、质构、Ca^{2+}-ATP酶活性和表面疏水性等指标的变化。结果见图1至图6，鱼肉的L^*值、a^*值和b^*值随着温度的升高而增加，上升速度先快后慢；鱼肉的硬度、内聚性、咀嚼度和蛋白质表面疏水性等指标随温度的上升先升高后下降，而弹性、水分含量、肌原纤维蛋白浓度、总巯基含量和Ca^{2+}-ATPase酶活性一直下降。SDS-PAGE电泳条带表明，随着中心温度的升高，大部分肌原纤维蛋白发生变性，但有极少数的肌动蛋白未发生变性。研究表明：综合色差、质构和感官评分的变化规律，海鲈鱼肉的终点加热温度控制在70℃为宜，这为海鲈鱼肉的合理热加工提供理论依据。

1.2　分析阐明热加工方式对海鲈鱼肉蛋白的影响

通过研究蒸、煮、烤、微波和炸五种加工方式下，海鲈鱼肌肉蛋白的加热失重率、色泽、质构、水分、肌原纤维蛋白的含量、总巯基含量以及Ca^{2+}-ATP酶活力、SDS-PAGE凝胶电泳分析以及感官等指标的变化。结果见图7至图9，不同加工方式会使海鲈鱼肉有不同程度的水分流失、可溶性氮化合物流出，其中炸和微波样品水分流失、可溶性氮化合物流出严重，导致两者的加热失重率高以及水分含量低，蒸和煮样品的水分流失较少，加热失重率较少和水分含量高。热处理后的海鲈鱼肌肉L^*值和b^*值增大而a^*值减少，其中微波和炸的a^*值和b^*值较大，鱼肉更具有诱人的色泽，与感官评测结果一致；五种加工方式对鱼肉的弹性无明显差异，微波样品的硬度和咀嚼性最大，而蒸和煮的硬度和咀嚼性最小，结果与感官测定的口感和组织形态评分结果一致。在蛋白特性中，不同加工方式对于鱼肉的肌肉蛋白都有不同的损失以及蛋白质的变性，其中微波和蒸样品的损失以及蛋白变性程度较少，蛋白含量较多，炸样品的蛋白损失以及蛋白变性程度最为严重。综合考虑各个指标表明，使用蒸的加工方式后海鲈鱼肉加热失重率低、水分含量高、蛋白含量较高、口感和肌肉组织形态良好，是五种加工方式中最适宜加工海鲈的方式。

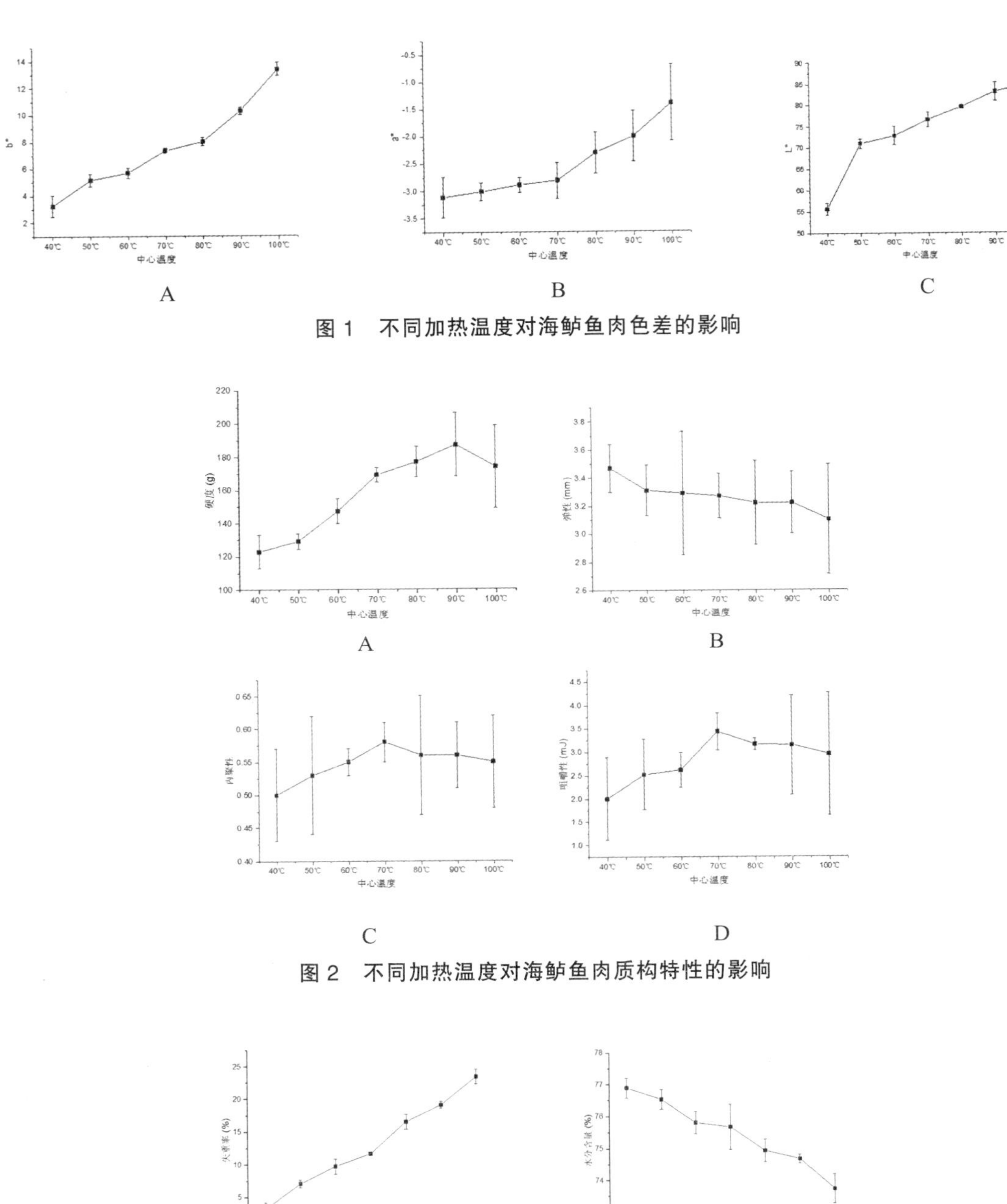

图 1　不同加热温度对海鲈鱼肉色差的影响

图 2　不同加热温度对海鲈鱼肉质构特性的影响

图 3　不同加热温度下海鲈鱼肉失重率、水分含量的影响

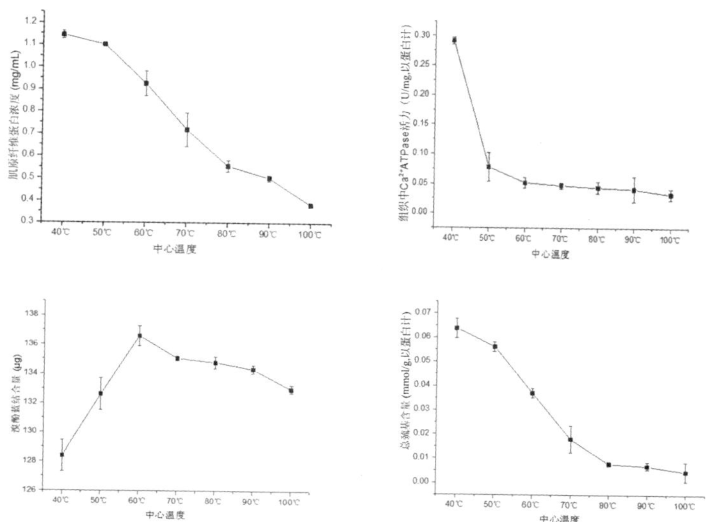

图 4　不同加热温度下海鲈鱼肉的蛋白质组分的影响

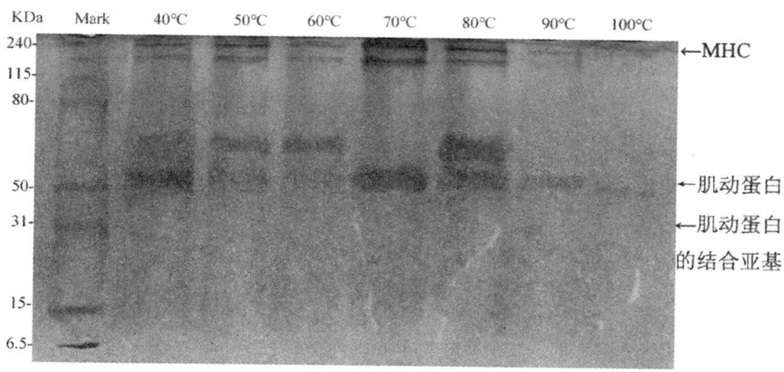

图 5　不同加热温度下海鲈鱼肉肌原纤维蛋白的SDS-PAGE电泳图

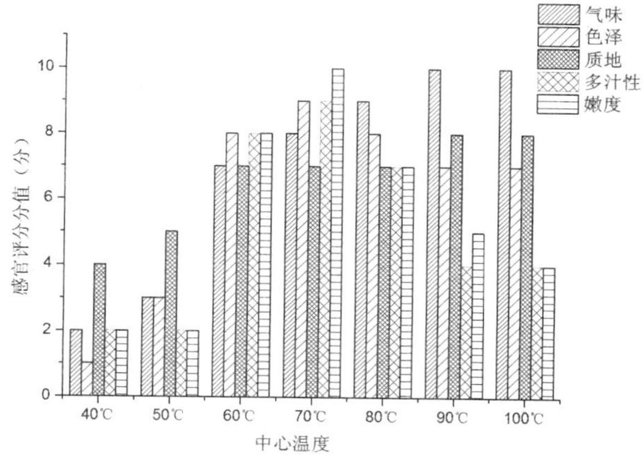

图 6　不同加热温度下海鲈鱼片的感官评分

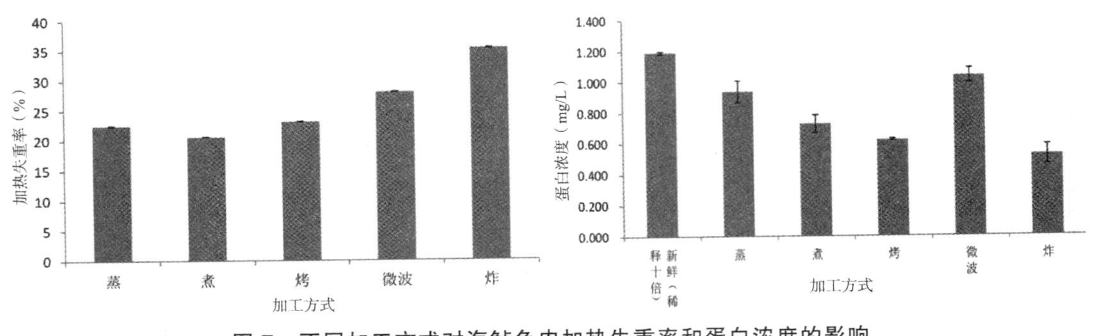

图 7　不同加工方式对海鲈鱼肉加热失重率和蛋白浓度的影响

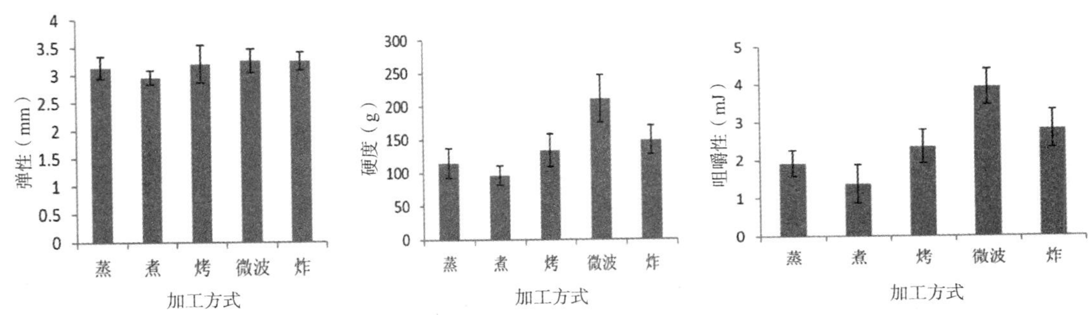

图 8　不同加工方式对海鲈鱼肉质构的影响

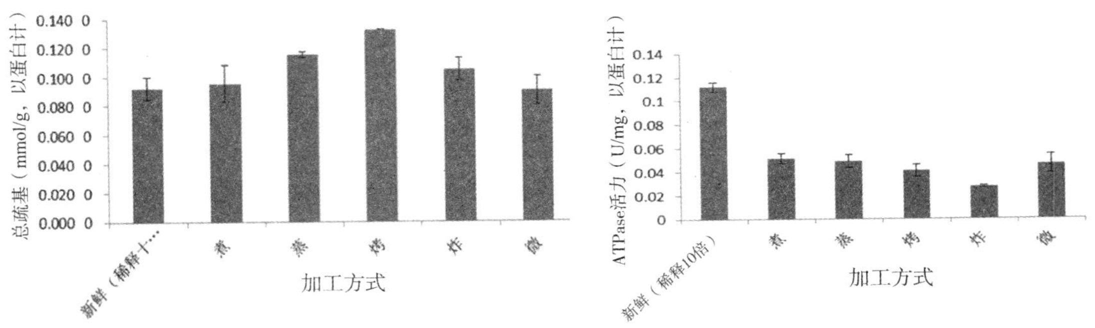

图 9　不同加工方式对海鲈肌肉蛋白的总巯基含量和 Ca^{2+}-ATP酶的影响

2　研究分析主要海水鱼鱼肉特征组分

2.1　揭示 23 种主要海水鱼鱼肉蛋白凝胶、质构、白度和持水等特性，为鱼糜加工原料提供基础数据。

通过测定常见 23 种海水鱼鱼肉的凝胶强度、质构特性、白度和持水性等指标（表 1），结果表明，海水鱼凝胶强度在（165.81 ± 18.83）~（818.37 ± 52.01）g · cm范围内，其中有 14 种鱼大于 300 g · cm；硬度在 68.00 ~ 425.33 g，内聚性在 0.60 ~ 0.85 范围内，弹性在 0.86 ~ 0.99 范围内，胶黏性在 56.20 ~ 320.67 g，咀嚼性范围在 52.60 ~ 303.57 g内；

白度值（*W*）在（65.47 ± 0.83）～（89.90 ± 0.70）范围内；持水性在 72.20% ～ 90.49% 范围内。对凝胶性能的综合分析认为，黄鳍鲷、真鲷、高体鰤、黄花鱼、黄唇鱼、长体蛇鲻均适合作为鱼糜加工的品种。

2.2　阐明 5 种大宗养殖海水鱼在二段式热凝胶过程的蛋白物性变化。

对卵形鲳鲹（*Trachinotus ovatus*）、海鲈（*Perca fluviatilis*）、黄鳍鲷（*Acanthopagrus latus*）、尖吻鲈（*Lates calcarifer*）、鲻鱼（*Mugil cephalus*）这 5 种主要养殖海水鱼在鱼糜加工中二段式热凝胶过程中的凝胶强度、质构、色泽、pH和水分含量进行测定。结果见表 2。相比于第一段加热鱼糜凝胶，经过第二段加热时，5 种海水鱼的凝胶强度、硬度、胶黏性、咀嚼性和亮度值（L^*）、白度值（*W*）均显著增大，咀嚼性指数和弹性指数的变化程度不明显；而对于持水性，经过第二段加热时，黄鳍鲷、海鲈、卵形鲳鲹和尖吻鲈显著增大，鲻鱼持水性却有所减小；加热使鱼糜水分含量降低，pH显著增大，但均在鱼糜适宜加工范围内（6.70 ～ 7.01）。

2.3　10 种主要海水鱼的特征脂肪酸组成分析

由表 3 可见 10 种海水鱼鱼肉中粗脂肪含量为 4.39% ～ 10.86%。海鲈、黄花鱼、卵形鲳鲹、褐篮子鱼的脂肪含量较高，均高于 10%，紫红笛鲷、鲻鱼的脂肪含量最少。C14:0、C15:0、C16:0 和C17:0 是海水鱼共有的脂肪酸。饱和脂肪酸中最丰富的是C16:0（棕榈酸），其次是C18:0（硬脂酸）。C16:1 和C18:1 是 10 种海水鱼中共有的单不饱和脂肪酸，其中C18:1（油酸）含量最高。C18:2、C18:3、C20:4、C20:5 和C22:6 是 10 种海水鱼共有的多不饱和脂肪酸，其中C22:6（DHA）含量最高，其次是C20:5（EPA），占脂肪酸总量为 11.36% ～ 40.06%，其中黄花鱼、黑鲷、紫红笛鲷、鲻鱼、小沙丁鱼占比均在 30%以上。

2.4　明确海水鱼鱼糜凝胶品质与磷脂的相关性

鱼糜凝胶品质与磷脂组分进行相关性分析见表 4，结果表明不同种类海水鱼鱼糜凝胶硬度为 68 ～ 425.33 g，内聚性为 0.65 ～ 0.89，弹性为 2.5 ～ 2.98 mm，咀嚼性为 1.55 ～ 9.07 mJ，鱼糜凝胶强度为 165.81 ～ 818.37 g · cm，白度值为 65.47 ～ 89.9，持水性为 72.07% ～ 88.49%。鱼糜粗脂肪含量为 3.25% ～ 13.0%，鱼糜凝胶磷脂含量分别是：海水鱼鱼糜凝胶每克肌肉中磷脂酰乙醇胺（phosphati-dylethanolamine，PE），也称脑磷脂，含量为 0.34 ～ 2.55 mg，溶血脑磷脂（lysophosplatidy lethanolamine，LPE）含量为 0.04 ～ 0.05 mg，磷脂酰肌醇（phosphatidyl inositol，PI）含量为 0.06 ～ 0.51 mg，磷脂酰胆碱（phosphatidyl choline，PC），也称卵磷脂，含量为 0.03 ～ 1.96 mg，溶血卵磷脂（lysophosphatidyl choline，LPC）含量为 0.04 ～ 6.15 mg，在所有被检测的海水鱼鱼糜凝胶中共检测出PE、LPE、PI、PC和LPC五种磷脂成分。鱼糜凝胶品质特性与磷脂相关性为

表 1　不同种类海水鱼鱼糜质构特性、持水性和白度

鱼种	硬度/g	内聚性	弹性指数	胶黏性/g	咀嚼性指数/g	凝胶强度/g · cm	持水性/%	白度值/W
卵形鲳鲹	127.60 ± 15.77	0.75 ± 0.05	0.99 ± 0.02	95.68 ± 15.62	88.54 ± 16.98	245.26 ± 19.16	84.59 ± 1.09	77.75 ± 0.86
海鲈	109.75 ± 10.92	0.68 ± 0.08	0.90 ± 0.02	74.48 ± 6.31	66.95 ± 6.70	293.88 ± 23.66	74.03 ± 1.35	82.75 ± 0.33
尖吻鲈	68.00 ± 2.12	0.77 ± 0.01	0.94 ± 0.01	56.60 ± 1.41	52.60 ± 0.57	165.81 ± 18.83	72.20 ± 0.56	87.24 ± 0.35
黄鳍鲷	199.83 ± 14.01	0.70 ± 0.01	0.90 ± 0.01	155.9 ± 9.46	140.23 ± 6.98	518.63 ± 9.15	83.42 ± 1.36	85.42 ± 0.34
黄花鱼	232.71 ± 15.96	0.71 ± 0.05	0.86 ± 0.03	170.89 ± 12.98	147.57 ± 13.45	314.67 ± 84.99	84.84 ± 1.60	70.57 ± 0.69
黄唇鱼	425.33 ± 24.52	0.79 ± 0.02	0.94 ± 0.01	320.67 ± 13.07	303.57 ± 19.26	818.37 ± 52.01	77.40 ± 1.23	80.09 ± 0.43
高体鰤	259.43 ± 24.64	0.67 ± 0.04	0.91 ± 0.03	192.76 ± 19.80	176.10 ± 21.10	622.59 ± 86.22	80.00 ± 0.58	84.38 ± 0.34
褐篮子鱼	303.30 ± 19.30	0.71 ± 0.03	0.90 ± 0.01	215.27 ± 13.93	193.71 ± 10.25	586.27 ± 80.94	72.07 ± 0.98	65.47 ± 0.83
真鲷	233.92 ± 22.20	0.78 ± 0.02	0.92 ± 0.01	174.87 ± 17.02	160.12 ± 17.12	485.03 ± 97.25	80.51 ± 0.59	89.00 ± 0.93
黑鲷	177.83 ± 23.38	0.65 ± 0.03	0.91 ± 0.10	130.62 ± 19.13	119.30 ± 11.23	432.61 ± 12.67	87.35 ± 1.17	89.90 ± 0.70
紫红笛鲷	186.60 ± 13.70	0.71 ± 0.06	0.89 ± 0.03	133.60 ± 16.20	120.44 ± 10.33	364.13 ± 35.52	88.49 ± 0.83	81.90 ± 0.71
平鲷	210.90 ± 15.70	0.77 ± 0.04	0.93 ± 0.04	161.70 ± 15.9	152.05 ± 15.00	183.31 ± 6.47	87.72 ± 0.02	79.01 ± 0.58
宝石石斑鱼	122.00 ± 7.41	0.83 ± 0.30	0.93 ± 0.04	101.00 ± 3.74	94.10 ± 3.08	212.06 ± 26.95	82.91 ± 0.77	81.44 ± 0.70
断斑石鲈	215.00 ± 21.15	0.75 ± 0.02	0.94 ± 0.01	161.80 ± 21.22	151.68 ± 18.86	504.98 ± 39.01	80.76 ± 1.04	80.89 ± 0.36
云斑海猪鱼	181.92 ± 28.16	0.77 ± 0.03	0.92 ± 0.02	149.78 ± 26.17	137.15 ± 24.82	470.34 ± 48.91	72.84 ± 2.95	89.69 ± 0.43
老虎斑	215.25 ± 17.39	0.85 ± 0.02	0.95 ± 0.01	188.88 ± 18.20	179.27 ± 19.18	470.91 ± 51.74	90.49 ± 1.32	87.80 ± 0.30
青铜石斑鱼	231.25 ± 35.41	0.72 ± 0.04	0.94 ± 0.01	192.05 ± 35.06	181.38 ± 34.13	471.98 ± 63.44	87.93 ± 0.25	89.62 ± 0.45
镶点石斑鱼	175.69 ± 16.97	0.77 ± 0.03	0.95 ± 0.01	146.13 ± 15.84	138.39 ± 14.38	226.17 ± 66.86	85.14 ± 1.14	86.15 ± 1.24
鲻鱼	201.40 ± 8.81	0.72 ± 0.02	0.93 ± 0.01	158.68 ± 9.71	146.10 ± 11.57	457.08 ± 40.49	81.33 ± 0.98	73.32 ± 0.18
长体蛇鲻	175.75 ± 8.18	0.60 ± 0.03	0.89 ± 0.03	104.95 ± 8.90	93.28 ± 6.69	246.61 ± 52.24	74.18 ± 1.43	83.23 ± 0.20
鳗鲡	378.8 ± 46.32	0.78 ± 0.08	0.92 ± 0.02	289 ± 14.98	268.71 ± 11.42	635.03 ± 192.75	73.33 ± 1.89	66.89 ± 0.27
斑点马鲛	154.40 ± 13.10	0.79 ± 0.01	0.93 ± 0.03	121.60 ± 9.80	111.50 ± 10.30	364.93 ± 31.49	78.84 ± 0.94	73.88 ± 0.48
长体金线鱼	123.50 ± 3.90	0.81 ± 0.06	0.95 ± 0.02	99.3 ± 7.3	94.1 ± 7.2	297.64 ± 25.55	78.63 ± 1.35	80.86 ± 0.20

表 2 不同加热阶段质构特性、白度、持水性、水分含量和pH的变化

加热阶段	鱼种	凝胶强度	硬度/g	内聚性	弹性指数	胶黏性/g	咀嚼性指数/g	白度值 /W	持水性/%	含水量/%	pH
第一段（40℃ /30min）	卵形鲳鲹	59.82 ± 4.76^{aA}	31.58 ± 4.43^{aA}	0.68 ± 0.07^{aA}	0.89 ± 0.02^{aB}	23.25 ± 3.27^{aA}	72.50 ± 1.02^{aB}	69.81 ± 2.76^{aC}	77.53 ± 0.60^{bcA}	6.79 ± 0.01^{bB}	
	尖吻鲈	63.98 ± 0.12^{aA}	25.17 ± 4.64^{aA}	0.67 ± 0.06^{aA}	0.82 ± 0.05^{aA}	19.10 ± 4.89^{aA}	77.25 ± 0.36^{aC}	46.10 ± 0.11^{aA}	79.12 ± 0.09^{aB}	6.78 ± 0.02^{bB}	
	鲻	104.46 ± 4.90^{cA}	69.40 ± 8.08^{aC}	0.85 ± 0.03^{aB}	0.94 ± 0.01^{aC}	62.02 ± 8.66^{aC}	59.44 ± 0.5^{aA}	87.64 ± 2.40^{bD}	76.92 ± 0.06^{bA}	6.57 ± 0.02^{cA}	
	黄鳍鲷	155.30 ± 11.17^{dA}	58.67 ± 6.17^{aB}	0.73 ± 0.01^{aA}	0.89 ± 0.02^{aB}	48.60 ± 6.10^{aB}	73.77 ± 0.33^{aB}	70.54 ± 1.27^{aC}	77.56 ± 0.56^{bcA}	6.55 ± 0.02^{cA}	
	海鲈	75.61 ± 2.28^{bA}	25.25 ± 2.91^{aA}	0.69 ± 0.08^{aA}	0.91 ± 0.03^{aB}	19.67 ± 3.74^{aA}	80.53 ± 0.97^{aD}	60.67 ± 1.18^{aB}	77.85 ± 0.62^{cA}	6.56 ± 0.03^{bA}	
第二段（40℃ /30min+ 90℃ /30min）	卵形鲳鲹	266.18 ± 23.10^{bB}	142.41 ± 13.56^{bB}	0.75 ± 0.05^{aA}	0.98 ± 0.01^{bA}	106.99 ± 10.27^{bB}	78.24 ± 1.33^{bB}	86.79 ± 0.98^{bC}	76.89 ± 0.16^{bA}	7.01 ± 0.01^{cE}	
	尖吻鲈	188.98 ± 16.17^{aB}	79.03 ± 4.46^{bA}	0.76 ± 0.08^{aA}	0.95 ± 0.04^{bA}	60.06 ± 2.361^{bA}	88.00 ± 0.93^{bD}	70.79 ± 0.96^{bA}	78.57 ± 0.06^{aB}	6.92 ± 0^{dD}	
	鲻	470.09 ± 37.28^{cB}	218.36 ± 9.91^{bC}	0.73 ± 0.03^{bA}	0.93 ± 0.03^{aA}	163.42 ± 9.01^{bC}	74.02 ± 0.98^{bA}	83.93 ± 1.98^{aB}	76.53 ± 0.62^{bA}	6.77 ± 0.01^{eC}	
	黄鳍鲷	543.23 ± 17.55^{dB}	211.29 ± 10.21^{bC}	0.70 ± 0.05^{aA}	0.90 ± 0.05^{aA}	158.19 ± 17.46^{bC}	86.12 ± 0.77^{bC}	85.82 ± 0.97^{bC}	76.21 ± 0.97^{bA}	6.73 ± 0.01^{eB}	
	海鲈	301.21 ± 21.34^{bB}	125.75 ± 13.01^{bB}	0.69 ± 0.09^{aA}	0.90 ± 0.01^{aA}	90.76 ± 6.21^{bB}	86.63 ± 0.43^{bC}	77.13 ± 2.01^{bA}	77.55 ± 0.35^{bcAB}	6.70 ± 0.03^{dA}	

注：不同小写字母表示同种鱼同一指标第一段加热和第二段加热差异显著（$P<0.05$），不同大写字母表示同一加工阶段不同种鱼差异显著（$P<0.05$）。

表 3 十种海水鱼鱼肉的脂肪酸组成和含量/%

脂肪酸	金鲳鱼	黄鳍鲷	褐篮子鱼	黄花鱼	黑鲷	紫红笛鲷	尖吻鲈	鲻鱼	小沙丁鱼	海鲈
总脂肪含量	10.18 ± 1.66	8.72 ± 0.70	10.46 ± 0.10	10.69 ± 0.87	6.40 ± 0.26	4.39 ± 0.17	6.21 ± 1.07	4.68 ± 0.68	8.46 ± 30.37	10.86 ± 0.73
C10:0	0.2 ± 0	—	—	—	—	—	—	—	—	—
C12:0	0.03 ± 0	0.03 ± 0	0.4 ± 0.01	0.06 ± 0.01	0.06 ± 0.01	—	—	—	—	—
C14:0	1.48 ± 0.01	1.64 ± 0.06	1.55 ± 0.04	2.14 ± 0.04	2.34 ± 0.02	3.59 ± 0.34	0.93 ± 0	0.61 ± 0.1	4.76 ± 0.02	2.64 ± 0.12
C15:0	0.17 ± 0	0.16 ± 0.01	0.16 ± 0	0.32 ± 0	0.32 ± 0	0.33 ± 0.01	0.32 ± 0.19	0.33 ± 0.05	0.42 ± 0.04	0.35 ± 0.03
C16:0	17.87 ± 0.05	17.07 ± 0.4	17.55 ± 0.07	18.99 ± 0.04	18.53 ± 1.45	19.76 ± 0.06	19.86 ± 0.2	21.31 ± 0.25	26.92 ± 0.69	22.03 ± 0.41
C17:0	0.2 ± 0	0.26 ± 0.03	0.22 ± 0.04	0.51 ± 0.01	0.44 ± 0.02	0.52 ± 0.02	0.24 ± 0.02	0.42 ± 0.02	0.35 ± 0.01	0.82 ± 0.1
C18:0	6.2 ± 0.03	7.48 ± 0.2	5.38 ± 0.03	8.21 ± 0.07	9.56 ± 0.15	9.99 ± 0.35	8.82 ± 0.04	11.3 ± 0.17	6.15 ± 0.04	6.37 ± 0.43
C20:0	0.19 ± 0	—	—	—	—	—	—	—	—	—
∑SFA	26.33 ± 0	26.63 ± 0.16	25.27 ± 0.04	30.23 ± 0.08	31.24 ± 1.3	34.2 ± 0.09	30.16 ± 0.03	33.98 ± 0.39	38.59 ± 0.74	32.21 ± 0.78

注：∑SFA表示饱和脂肪酸总和。

续表

脂肪酸	金鲳鱼	黄鳍鲷	褐篮子鱼	黄花鱼	黑鲷	紫红笛鲷	尖吻鲈	鲻鱼	小沙丁鱼	海鲈
C16:1	3.43 ± 0	3.89 ± 0.1	6.24 ± 0.04	7.67 ± 0.1	5.87 ± 0.04	6.67 ± 0.29	1.87 ± 0.34	2.03 ± 0.13	8.65 ± 0.14	7.91 ± 0.42
C17:1	0.29 ± 0	0.17 ± 0	0.13 ± 0.01	0.43 ± 0.01	0.58 ± 0.08	0.35 ± 0.01	—	—	—	1.33 ± 0.08
C18:1	27.38 ± 0.01	24.45 ± 0.36	24.96 ± 0.2	16.8 ± 0.02	17.54 ± 0.38	17.28 ± 0.42	23.97 ± 0.11	13.04 ± 2.04	6.89 ± 0.01	17.59 ± 0.51
C20:1	1.45 ± 0.03	0.61 ± 0.02	1.44 ± 0	0.67 ± 0.03	0.53 ± 0.03	0.11 ± 0.03	—	—	—	—
C22:1	0.2 ± 0.01	—	—	—	—	—	—	—	—	—
∑MUFA	32.75 ± 0.04	29.13 ± 0.24	32.77 ± 0.15	25.57 ± 0.11	24.52 ± 0.36	24.41 ± 0.15	25.84 ± 0.45	15.07 ± 2.17	15.54 ± 0.15	26.84 ± 1.01
C17:3	—	—	—	—	—	0.18 ± 0.01	—	—	—	—
C18:2	26.19 ± 0.01	19.32 ± 0.4	22.94 ± 0.36	7.13 ± 0.02	5.9 ± 0.21	2.52 ± 0.06	23.46 ± 0.74	7.43 ± 2.52	1.07 ± 0.03	5.38 ± 0.33
C18:3	0.66 ± 0.02	1.54 ± 0.02	2.1 ± 0.32	0.96 ± 0.02	1.23 ± 0.05	1.98 ± 0.03	1.19 ± 0.05	1.92 ± 1.26	3.11 ± 0.05	1.69 ± 0.73
C20:2	2.09 ± 0.01	0.47 ± 0.03	1.21 ± 0.01	0.19 ± 0.02	0.3 ± 0.01	—	—	—	—	—
C20:3	—	0.39 ± 0.06	2.2 ± 0.17	0.53 ± 0.02	0.39 ± 0.04	—	0.55 ± 0.01	—	0.18 ± 0.1	—
C20:4	0.62 ± 0	1.34 ± 0.09	1.18 ± 0	2.96 ± 0.01	3.62 ± 0.23	3.98 ± 0.07	2.15 ± 0.29	5.74 ± 0.55	1.45 ± 0.09	4.12 ± 0.67
C20:5	2.82 ± 0.02	6.51 ± 0.41	3.23 ± 0.16	10.14 ± 0.06	8.54 ± 0.29	9.63 ± 0.33	2.93 ± 1.6	3.46 ± 0.32	16.26 ± 0.49	2.4 ± 0.02
C21:4	—	—	0.3 ± 0.07	—	1.42 ± 0.04	1.19 ± 0.01	—	1.98 ± 0.25	—	—
C22:6	8.54 ± 0.1	14.66 ± 0.2	8.82 ± 0.14	22.3 ± 0.3	22.83 ± 0.07	21.91 ± 0.15	13.73 ± 1.63	30.41 ± 1.92	23.8 ± 1.31	27.36 ± 0.59
∑PUFA	40.92 ± 0.04	44.24 ± 0.4	41.97 ± 0.18	44.2 ± 0.19	44.24 ± 0.94	41.39 ± 0.24	43.99 ± 0.42	50.95 ± 1.78	45.87 ± 0.89	40.95 ± 0.23
EPA&DHA	11.36 ± 0.07	21.17 ± 0.6	12.05 ± 0.02	32.44 ± 0.24	31.37 ± 0.36	31.54 ± 0.17	16.66 ± 0.03	33.87 ± 2.24	40.06 ± 0.82	29.76 ± 0.61
∑MUFA/SFA	1.24 ± 0.02	1.09 ± 0	1.3 ± 0.07	0.85 ± 0.02	0.78 ± 0.01	0.71 ± 0.02	0.86 ± 0	0.44 ± 0	0.4 ± 0	0.83 ± 0.03

注：SFA为饱和脂肪酸；MUFA.单不饱和脂肪酸；PUFA.多不饱和脂肪酸；—.表示未检测到；EPA为C20：5；DHA为C22：6；∑MUFA/表示单不饱和脂肪酸总和。

表 4　不同种海水鱼磷脂组成的含量及百分比

单位：mg/g

鱼种	PE	LPE	PI	PS	PC	SM	LPC	总
金鲳鱼	0.32 ± 0.03 39.02%	0.04 ± 0 4.88%	0.12 ± 0.08 14.63%	0.03 ± 0 3.66%	0.23 ± 0.09 28.05%	0.05 ± 0.01 6.10%	0.05 ± 0 6.10%	0.82 ± 0.01
黄鳍鲷	0.4 ± 0.02 44.44%	0.04 ± 0 4.44%	0.17 ± 0.02 18.89%	0.03 ± 0 3.33%	0.2 ± 0.07 22.22%	0.02 ± 0 2.22%	0.04 ± 0.01 4.44%	0.9 ± 0.06
褐篮子鱼	0.68 ± 0.03 49.28%	0.07 ± 0 5.07%	0.21 ± 0.02 15.22%	0.04 ± 0 2.90%	0.28 ± 0.06 20.29%	0.06 ± 0 4.35%	0.04 ± 0.01 2.90%	1.38 ± 0.06
黄花鱼	0.26 ± 0.08 45.61%	—	0.1 ± 0.02 17.54%	0.02 ± 0 3.51%	0.03 ± 0 5.26%	—	0.16 ± 0.02 28.07%	0.57 ± 0.01
黑鲷	0.56 ± 0.04 52.83%	—	0.1 ± 0.01 9.43%	—	0.04 ± 0 3.77%	—	0.36 ± 0.05 33.96%	1.06 ± 0.75
紫红笛鲷	0.35 ± 0.05 43.21%	0.04 ± 0.01 4.94%	0.04 ± 0.01 4.94%	—	0.03 ± 0 3.70%	—	0.35 ± 0.03 43.21%	0.81 ± 0.09
尖吻鲈	1.32 ± 0.16 30.63%	—	0.18 ± 0.03 4.18%	—	0.06 ± 0 1.39%	—	2.74 ± 0.13 63.57%	4.31 ± 0.3
鲻	1.99 ± 0.03 25.35%	0.07 ± 0 0.89%	0.18 ± 0.06 2.29%	—	0.09 ± 0.02 1.15%	—	5.52 ± 0.24 70.32%	7.85 ± 0.95
小沙丁鱼	0.56 ± 0.04 29.32%	0.06 ± 0 3.14%	0.09 ± 0.03 4.71%	—	—	—	1.2 ± 0.41 62.83%	1.91 ± 0.68
海鲈	1.48 ± 0.38 37.56%	—	0.31 ± 0.02 7.87%	0.05 ± 0 1.27%	2.1 ± 0.56 53.30%	—	—	3.94 ± 0.96

（表 5）：PE与LPC之间呈极显著正相关，PI与硬度之间呈显著正相关，咀嚼性与LPE呈显著正相关，与凝胶强度之间呈显著负相关，白度与内聚性、弹性、持水性之间呈显著正相关。根据鱼肉磷脂、鱼糜凝胶磷脂与鱼糜品质的相关性结果，综合考虑，筛选出适合做鱼糜的鱼种为金鲳鱼、黄鳍鲷、尖吻鲈、鲻和海鲈。

表 5　海水鱼鱼糜凝胶磷脂与鱼糜品质特性的相关性

	PE	LPE	PI	PC	LPC	凝胶强度	硬度	内聚性	弹性	咀嚼性	白度/*W*	持水性
PE	1	0.256	0.739	0.649	0.943**	−0.362	0.598	−0.19	0.073	0.493	0.285	0.517
LPE	0.256	1	0.555	0.18	0.199	−0.736	0.65	−0.087	0.42	0.819*	0.234	0.543
PI	0.739	0.555	1	0.719	0.747	−0.516	0.887*	−0.428	−0.133	0.659	−0.063	0.205
PC	0.649	0.18	0.719	1	0.577	−0.653	0.58	0.087	0.215	0.616	0.262	0.195
LPC	0.943**	0.199	0.747	0.577	1	−0.248	0.479	−0.172	−0.107	0.312	0.261	0.482
凝胶强度	−0.362	−0.736	−0.516	−0.653	−0.248	1	−0.519	−0.376	−0.738	−0.909*	−0.594	−0.616
硬度	0.598	0.65	0.887*	0.58	0.479	−0.519	1	−0.585	−0.031	0.784	−0.231	0.089
内聚性	−0.19	−0.087	−0.428	0.087	−0.172	−0.376	−0.585	1	0.715	0	0.849*	0.506
弹性	0.073	0.42	−0.133	0.215	−0.107	−0.738	−0.031	0.715	1	0.585	0.815*	0.709
咀嚼性	0.493	0.819*	0.659	0.616	0.312	−0.909*	0.784	0	0.585	1	0.327	0.508
白度	0.285	0.234	−0.063	0.262	0.261	−0.594	−0.231	0.849*	0.815*	0.327	1	0.873*
持水性	0.517	0.543	0.205	0.195	0.482	−0.616	0.089	0.506	0.709	0.508	0.873*	1

注：*表示显著水平为 0.05，**表示显著水平为 0.01。

2.5　建立了海水鱼类鱼肉特征指纹图谱数据库

采用气相色谱、紫外光谱、液相色谱、转录组技术和SSR标记等技术构建了10种鱼肌肉的特征组分的指纹图谱，构建了以鱼肉为加工原料的主要成分及特征组分含量、指纹图谱，其中特征组分包括粗蛋白、水分、灰分、粗脂肪、简单重复序列标记（simple sequence repeats，SSR）、脂肪酸、维生素E和磷脂（图10）。各种特征组分在数据库中所占的权重不同，其中磷脂所占权重最大，为28%，其次是不饱和脂肪酸，占15%。同时根据各种特征组分与凝胶特性的相关性进行建模，可通过本数据库对适合鱼糜加工的鱼种进行选择，为鱼类原料加工提供数据支撑，并为后续加工研究提供数据参考。

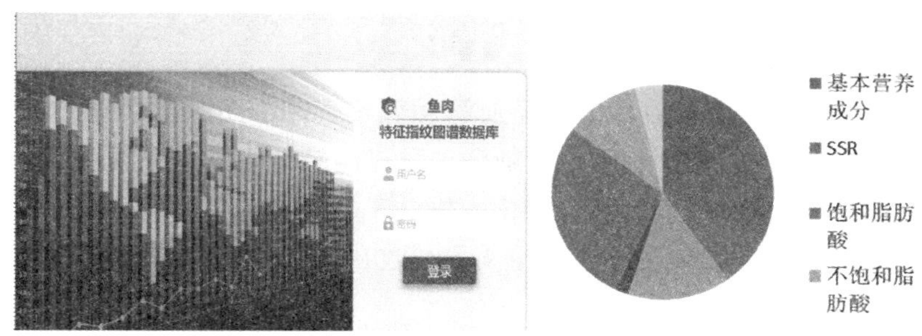

图10　鱼肉特征组分数据库及各组分所占权重

3　研究海鲈、大黄鱼加工关键技术

3.1　优化复合生物脱腥剂对海鲈的脱腥工艺

为实现产业化可控海鲈脱腥问题，提高产品品质和满足消费人群的需要，在天然植物直接脱腥的基础上，进一步开发可定量易获得的生物脱腥剂，研究建立了在水产加工车间温度［（15±2）℃］条件下，复合生物脱腥剂进行海鲈鱼脱腥的最佳工艺参数。经感官评价表明处理后鱼片无腥味，且对鱼片的色泽、质地、新鲜度均无影响。经气相色谱-质谱分析得出海鲈鱼片脱腥后风味物质种类基本不变，而己醛、2-已烯醛、庚醛、E-2-壬烯醛、癸醛、3，5-辛二烯-2-酮等腥味物质含量明显降低。脱腥后的海鲈鱼肉鲜味氨基酸的相对含量仅降低了3.6%～4.2%，表明脱腥处理不影响鱼的鲜味（图11）。脱腥后海鲈SFA的相对百分比下降了6.0%，MUFA和PUFA的相对百分比分别上升了4.5%和0.7%。该工艺操作简单，脱腥剂易获得，且可实现定量脱腥，很适合在产业中推广应用。

图 11　新鲜海鲈鱼和脱腥后的风味轮图

3.2　研究椰香海鲈调理食品工艺技术

研究建立了适合当前消费需求的高品质海鲈调理食品加工技术。通过采用单因素实验，分析椰子粉添加量、盐添加量和白砂糖添加量对海鲈鱼片的感官品质的影响，再通过响应面法对椰汁海鲈鱼片调理配方进行优化，建立了最佳椰香海鲈调理配方：椰子粉添加量为 30%，盐添加量为 7%，白砂糖添加量为 1%，以及操作工艺技术。

3.3　基于电商冷链物流模式下的冷鲜海鲈调理食品的保鲜技术

为防止海鲈冷藏过程微生物生长、保持水分和鲜度，研发了一种海鲈复配保鲜剂：0.4%的 ε－聚赖氨酸与 0.3%的魔芋葡甘聚糖。用其处理海鲈鱼片，然后在（4 ± 1）℃下贮藏，测定贮藏过程中海鲈鱼片的pH、汁液流失率、硬度、硫代巴比妥酸值、挥发性盐基氮值、菌落总数和感官品质等指标的变化情况（图 12），表明该复配保鲜剂能明显抑制海鲈鱼片在贮藏期间的水分流失与微生物的繁殖速率，具有较好的抑菌和抗氧化的保鲜效果。

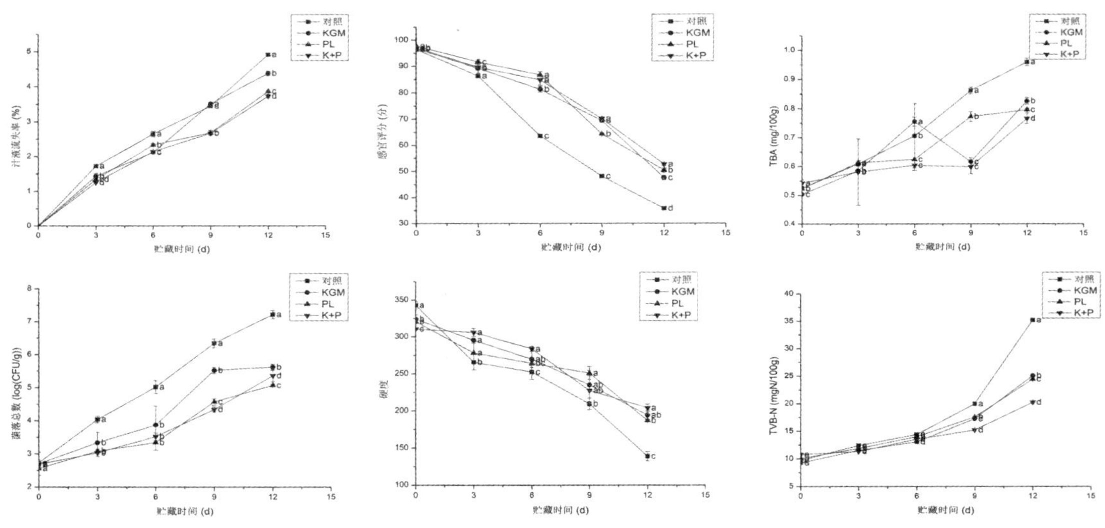

图 12　保鲜剂对海鲈冷藏期间品质的影响

3.4 海鲈调理食品不同包装方式对品质和货架期的影响

研究开发了可食性薄膜配方工艺，研究确定了气调包装的充气比例和条件。

在此基础上，研究调理海鲈鱼片分别在以下条件下处理。A：未经可食性薄膜包装，真空包装，4℃贮藏。B：经可食性薄膜包装，真空包装4℃贮藏。C：未经可食性薄膜包装，气调包装，4℃贮藏。D：经可食性薄膜包装，气调包装，4℃贮藏。E：未经可食性薄膜包装，真空包装，−3℃贮藏。F：经可食性薄膜包装，真空包装，−3℃贮藏。G：未经可食性薄膜包装，气调包装，−3℃贮藏。H：经可食性薄膜包装，气调包装，−3℃贮藏下检测分析不同处理条件下产品的品质指标变化，结果如图13所示，表明气调包装的调理鲈鱼片品质优于采用真空包装的，货架期在4℃贮藏可达15 d，比真空包装延长5 ~ 6 d；经可食性薄膜处理的比未使用的可延长货架期至3 ~ 6 d，经可食性薄膜处理后的海鲈在−3℃微冻下气调包装货架期可达66 d，较相同处理条件下真空包装延长10 d。

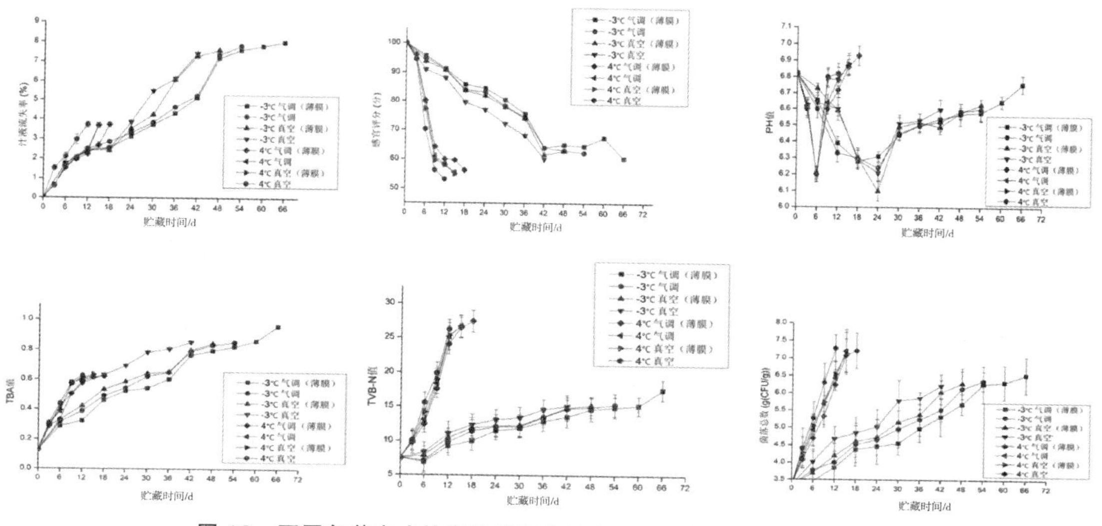

图13 不同包装方式的海鲈调理食品在不同贮藏条件下的品质变化

3.5 开发冰藏海水鱼片的抗氧化保鲜剂，阐明其作用机制

开发了由琼胶寡糖和表没食子儿茶素没食子酸酯（EGCG）等组成的抗氧化保鲜剂，并将其应用于海水鱼片，处理后的鱼片在冰藏期间的色泽、质构、新鲜度指标和蛋白质生化指标变化见图14，处理组在冰冷藏期间硬度下降率仅为对照组的一半，显著抑制鱼片冰藏期间硬度值的下降，色差值变化程度均较小，TBA值在贮藏期间均未出现大幅度增加，冰藏至第16天时，*K*值为（50.79 ± 1.96）%；TVC分别为（5.80 ± 0.15）g、（5.41 ± 0.16）g、（5.27 ± 0.201）g（CFU/g），仍在可接受范围内，能较好地保持鱼片的感官品质，而通过蛋白质生化指标分析表明肌原纤维蛋白含量降低了22.37%，巯基含量下降了22.29%。鱼片贮藏期间肌原纤维蛋白二级结构中螺旋均随贮藏时间的延长而显著减少，但处理组无规则卷曲含量增长幅度较小，所以能有效抑制蛋白质的变性与氧化。

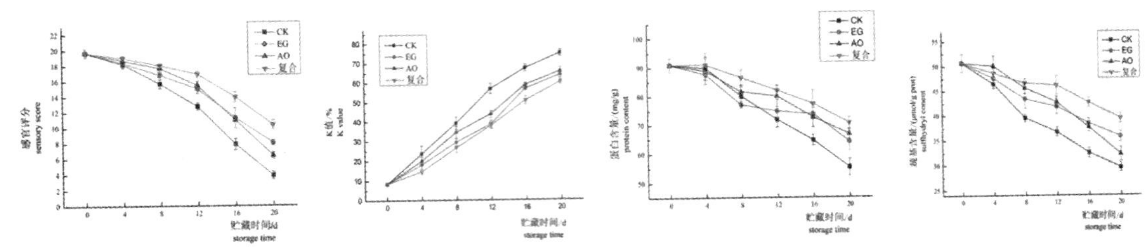

图 14　冰藏期间海水鱼片的感官、鲜度和蛋白质指标变化

3.6　大黄鱼鱼肝的生化组成

近年来我国大黄鱼产量不断增加，进而在加工大黄鱼的过程中产生了大量的鱼副产物（如肝脏等），为了提高鱼副产物的利用率，获得更高的价值，对大黄鱼肝的生化组成进行了详细的分析与评价，以期为接下来营养和功能性产品的开发提供依据。结果表明，大黄鱼肝中水分含量较鱼肉低，为 45.71%，蛋白质含量为 8.25%，脂肪含量为 37.97%。大黄鱼肝中含有丰富的氨基酸，总含量为 7.14%，谷氨酸为含量最多的游离氨基酸，占总氨基酸的 13%，且赖氨酸与亮氨酸含量也较为丰富，分别为 0.66%与 0.63%（表 6）。脂肪酸的测定结果见表 7，不饱和脂肪酸含量多达 62.63%，其中EPA和DHA占 9.42%。由表 8 可见大黄鱼肝还富含磷脂，其中磷脂酰乙醇胺（PE）含量最高，为 0.356 3 mg/mL。表 9 表明大黄鱼肝中富含钙、铜、铁、碘、钾、镁、锰、钠、磷、硒、锌等对人体有益的微量元素，且重金属元素（如汞，砷，镉等）含量均低于中国鱼类重金属限量标准。大黄鱼肝中含量最高的维生素是维生素A（5.41 mg/100 g），其次是维生素E（1.080.008 mg/100 g）；在维生素B族中，维生素pp含量最高，为 4.00 mg/100 g，维生素B_1 和维生素B_2 的浓度分别为 0.119 mg/100 g和 0.381 mg/100 g。大黄鱼肝的挥发性风味成分共检测到 49 种化合物，包括 19 种醛、3 种醇、4 种酮、14 种烃类、2 种酸和 7 种芳烃，形成鱼肝风味的关键成分是醛、酮和醇类化合物；大黄鱼肝脏中通过感官评价及电子鼻分析，共选择了 10 种气味来描述大黄鱼的肝脏，表明大黄鱼肝主要特征气味是：鱼腥味、玫瑰味、脂肪味和水果味。

表 6　大黄鱼肝的氨基酸组成

氨基酸	含量（g/100 g）	氨基酸	含量（g/100 g）
Arg[b]	0.42 ± 0.011	Pro[a, b]	0.27 ± 0.015
Lys	0.66 ± 0.021	His	0.20 ± 0.006
Tyr[b]	0.27 ± 0.004	Phe	0.35 ± 0.10
Met[b]	0.20 ± 0.006	Leu[b]	0.63 ± 0.042
Glu[a, b]	0.93 ± 0.024	Ile	0.35 ± 0.007
Val	0.45 ± 0.007	Thr	0.38 ± 0.006
Gly[a, b]	0.38 ± 0.005	Try[b]	0.10 ± 0.001
Ala	0.49 ± 0.015	Asp	0.71 ± 0.013

续表

氨基酸	含量（g/100 g）	氨基酸	含量（g/100 g）
Ser	0.35 ± 0.011		

表 7 大黄鱼肝的脂肪酸组成

脂肪酸名称	含量（g/100 g）	脂肪酸名称	含量（g/100 g）
C12:0	0.034 3 ± 0.000 23	C20:0	0.085 9 ± 0.000 09
C13:0	0.014 0 ± 0.000 09	C20:1	0.808 0 ± 0.002 70
C14:0	2.250 0 ± 0.003 00	C20:2	0.194 0 ± 0.000 40
C14:1	0.112 0 ± 0.001 30	C20:3（*n*−6）	0.063 8 ± 0.000 39
C15:0	0.430 0 ± 0.002 20	C20:4（*n*−6）	0.711 0 ± 0.006 10
C16:0	30.500 0 ± 0.070 00	C20:3（*n*−3）	0.083 0 ± 0.000 61
C16:1	19.900 0 ± 0.060 00	C20:5（*n*−3）（EPA）	2.280 0 ± 0.025 00
C17:0	0.399 0 ± 0.001 60	C22:0	0.048 6 ± 0.000 71
C18:0	2.440 0 ± 0.011 00	C22:1（*n*−9）	0.027 2 ± 0.000 60
C18:1（*n*−9）	27.100 0 ± 0.070 00	C22:6（DHA）	7.140 0 ± 0.069 00
C18:2（*n*−6）	3.490 0 ± 0.003 00	C24:0	1.250 0 ± 0.013 00
C18:3（*n*−3）	0.569 0 ± 0.004 50	C24:1	0.155 0 ± 0.001 20
SFA	37.451 8		
MUFA	48.102 2		
PUFA	14.530 8		

表 8 大黄鱼肝的磷脂组成

磷脂	磷脂全称	质量分数（mg/mL）
PE	Phosphatidyl ethanolamine	0.356 3 ± 0.000 6
LPE	Lysolecithin	0.047 0 ± 0.003 5
PI	Phosphatidyl inositol	0.038 7 ± 0.009 8
PS	Phosphatidyl serine	0.045 3 ± 0.005 1
PC	Phosphatidyl choline	0.033 7 ± 0.005 0
SM	Sphingomyelin	0.031 7 ± 0.000 5
LPC	Lysophosophatidyl choline	0.004 0 ± 0.002 0

表 9 大黄鱼肝的矿物元素组成

序号	元素	质量分数（mg/kg）	序号	元素	质量分数（mg/kg）
1	Na	695.300 ± 2.130	10	Ni	0.191 ± 0.057
2	Mg	214.016 ± 1.130	11	Cu	1.834 ± 0.009
3	Al	10.979 ± 0.370	12	Zn	24.224 ± 0.123
4	K	2 175.677 ± 0.140	13	As	1.269 ± 0.043

续表

序号	元素	质量分数（mg/kg）	序号	元素	质量分数（mg/kg）
5	Ca	19.345 ± 0.240	14	Se	2.502 ± 0.100
6	Cr	0.407 ± 0.160	15	Ag	0.155 ± 0.009
7	Mn	1.126 ± 0.110	16	Cd	0.067 ± 0.007
8	Fe	26.055 ± 0.100	17	Hg	0.013 ± 0.003
9	Co	0.020 ± 0.006	18	Pb	0.463 ± 0.050

3.7 大黄鱼鱼肝酶法制备鱼肝油的关键技术

通过对大黄鱼加工副产物含量最大的部分——鱼肝的营养组成进行分析发现其油脂含量最高，且是富含高不饱和脂肪酸的鱼肝油，所以以大黄鱼肝脏为原料，选用最佳的蛋白酶水解提取大黄鱼肝油，以提取率为评价指标，对酶解工艺条件进行优化，并分析其品质和脂肪酸组成。结果（图 15、表 10、表 11）表明，大黄鱼肝油的最佳酶解工艺为中性蛋白酶添加量 2.5%、料液比 1 ： 2（g/mL）、pH 7.3、酶解时间 4.0 h、酶解温度 50.3 ℃。该工艺条件下提取率为 78.39%，其品质较淡碱法好，油脂澄清，酸价为（5.830.15）mg/g，碘价为（142.650.22）mg/100 g，含有 13 种脂肪酸（较淡碱法多 5 种），且不饱和脂肪酸为 8 种，其中饱和脂肪酸含量为 19.71 g/100 g，单不饱和脂肪酸含量为 62.63 g/100 g，多不饱和脂肪酸含量为 17.62 g/100 g。酶法提取大黄鱼肝油的提取率、品质及脂肪酸组成均优于淡碱法。

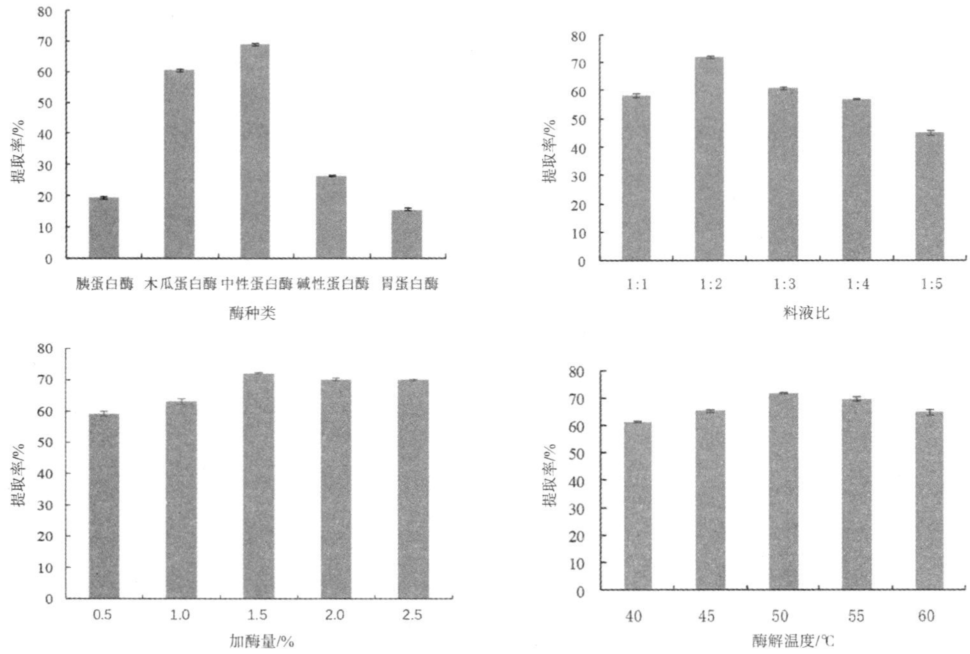

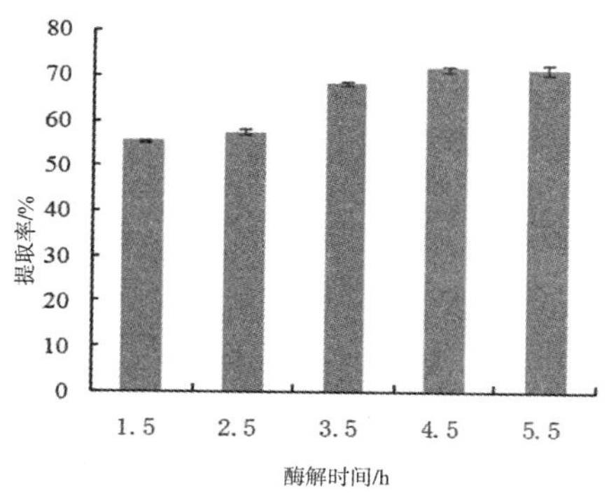

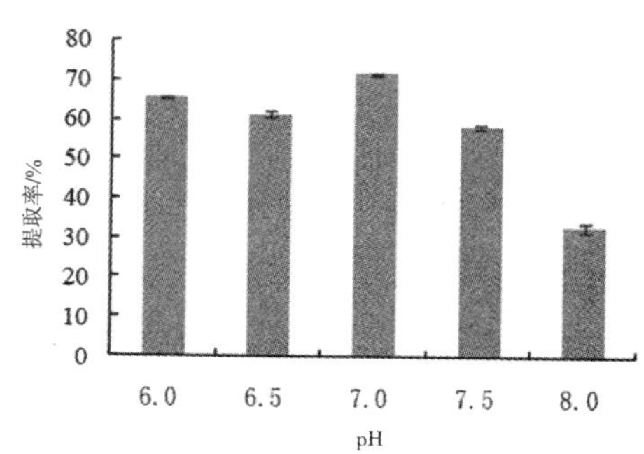

图 15　酶种类、料液比、酶添加量、酶解温度、酶解时间、pH对大黄鱼肝油提取率的影响

表 10　酶法与淡碱法提取的大黄鱼肝油品质比较

方法	颜色	气味	提取率/%	酸价/（mg/g）	水分及挥发物/%	碘价/（10^{-2} mg/g）
淡碱法	深黄色、少量浑油	具有鱼肝油的腥味	43.27 ± 0.13**	7.01 ± 0.02**	0.50 ± 0.01	134.99 ± 0.05**
酶解法	黄色、较澄清	具有鱼肝油的腥味	78.39 ± 1.91	5.83 ± 0.15	0.45 ± 0.23	142.65 ± 0.22

注：**表示差异极显著（P<0.01）。

表 11　大黄鱼肝油的脂肪酸组成

单位：g/100 g

脂肪酸	酶法鱼油	淡碱法鱼油
$C_{14:0}$	1.19 ± 0.09	1.64 ± 0.11
$C_{15:0}$	0.23 ± 0.03	——
$C_{16:0}$	15.45 ± 0.29	24.37 ± 0.98**
$C_{16:1}$	27.92 ± 0.98	16.59 ± 0.60**
$C_{17:0}$	0.16 ± 0.01	——
$C_{17:1}$	0.30 ± 0.09	——
$C_{18:0}$	2.71 ± 0.17	4.34 ± 0.20*
$C_{18:1}$	34.41 ± 0.67	35.38 ± 0.97
$C_{18:2(n-6)}$	12.64 ± 0.26	14.71 ± 0.61*
$C_{20:3}$	0.36 ± 0.03	——
$C_{20:4(n-6)}$	0.54 ± 0.05	——
EPA	1.65 ± 0.27	0.11 ± 0.01*
DHA	2.43 ± 0.64	2.86 ± 0.33
SFA	19.71	30.35**
MUFA	62.63	51.97**
PUFA	17.62	17.68**

4 优质海水鱼类液体速冻加工的关键技术

4.1 优质海水鱼的液体速冻前处理条件优化

为提高优质海水鱼加工品质，进一步提升采用液体速冻处理后产品的货架期和品质，以石斑鱼为原料，分别研究其在进行液体速冻前的不同致死方式等前处理条件。结果见图 16，五组致死处理方式对冰冷藏期间鱼肉的乳酸含量和pH的变化影响由小到大依次是：Ⅲ组>Ⅳ组>Ⅱ组>Ⅰ组>Ⅴ组，对巯基和菌落总数变化的影响由小到大依次是：Ⅲ组>Ⅳ组>Ⅴ组>Ⅱ组>Ⅰ组。综合品质评价指标结果，Ⅲ组［活石斑鱼经温度梯度 18℃、14℃、10℃、6℃（每个温度处理 20 min）后致死］的致死方式最好，使石斑鱼死亡的过程应激反应小，乳酸含量和pH相对稳定，从而有利于贮藏过程的品质保持，比其他四组更有效延缓质构特性和巯基含量的降低，抑制微生物活性，延长鱼样保鲜期。

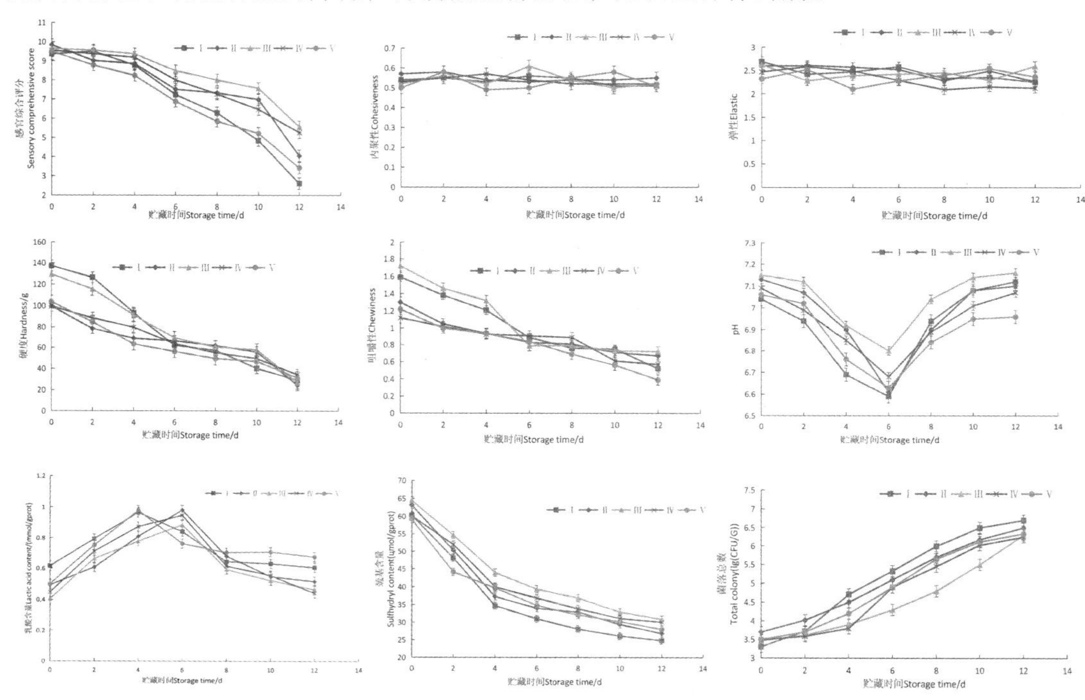

图 16 不同前处理的石斑鱼在贮藏期间各品质指标变化

4.2 液体速冻对石斑鱼在冷藏期间鱼肉品质的影响

探讨了开发的低温速冻液处理的石斑鱼在不同冻藏条件贮藏期间的品质变化，并采用静止空气冻结石斑鱼作为对照，分析石斑鱼贮藏期间的品质变化结果（图 17、图 18），表明在冻藏过程中三组不同方式处理鱼样的失水率、TVB-N值、K值增加，pH先减小后增加肌原纤维组织结构均发生改变，石斑鱼的解冻速率、硬度、内聚性、弹性和咀嚼性降低，Ca^{2+}-ATPase活性下降。液体速冻-30℃冻藏效果优于液体速冻-18℃冻藏组优于空气冻结-18℃冻藏，品质保持较好。贮藏期间，液体冻结的石斑鱼蛋白质变性缓慢，蛋白质损失少，冰晶更均匀，组织结构破坏小，持水力和弹性均明显优于对照组，保持品质较好；-30℃冻藏的石斑鱼的品质优于-18℃冻藏。

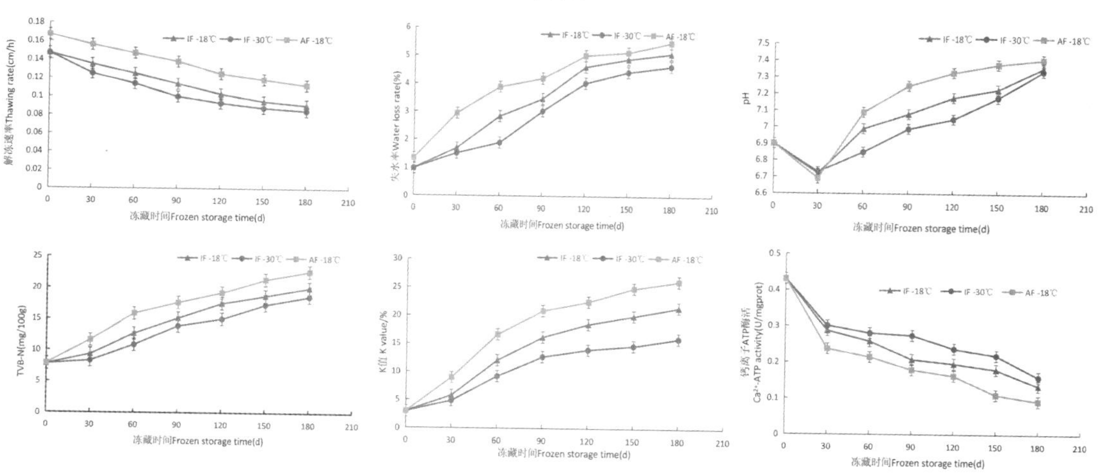

图 17　三种处理方式的石斑鱼片冻藏期间各品质指标变化情况

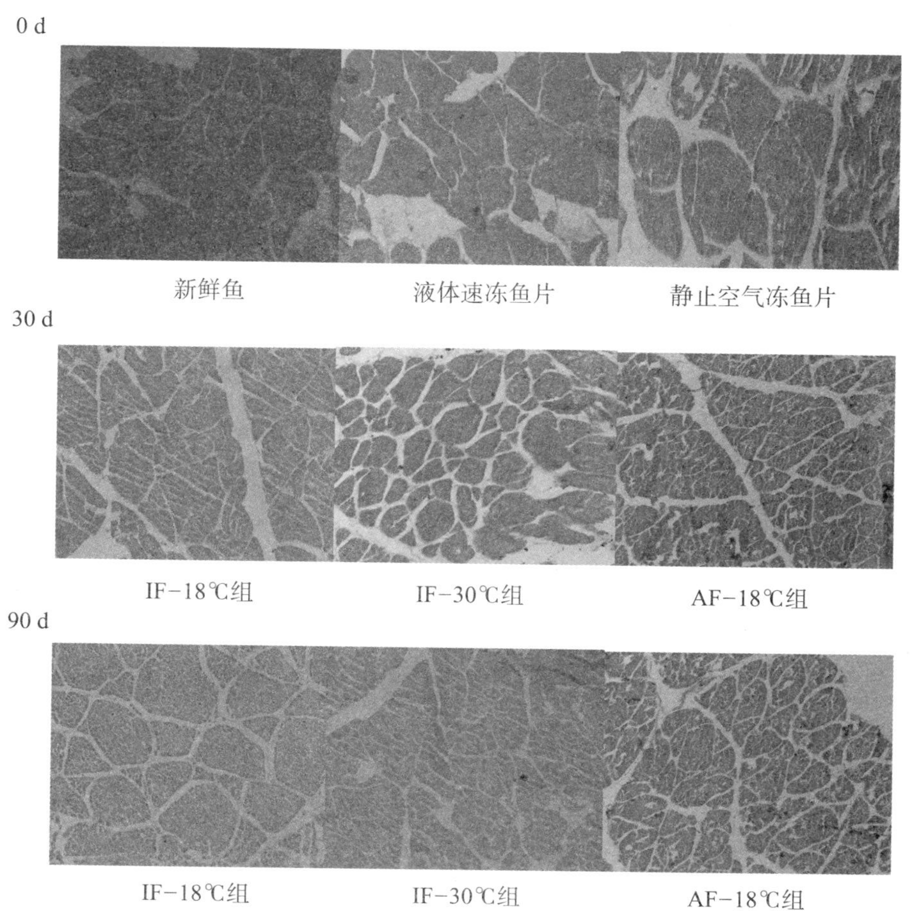

150 d

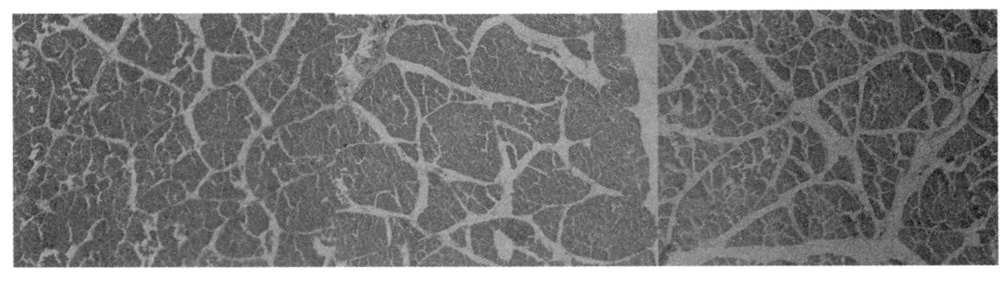

图 18　三种处理方式的石斑鱼片肌纤维组织结构（横切）

4.3　建立石斑鱼液体速冻生产线

在饶平县万佳水产有限公司，建立了石斑鱼液体速冻生产线一条，通过应用，表明该生产线对于石斑鱼分割产品的速冻加工效果特别好，能在几分钟内快速将产品冷却至中心温度-18℃，较好地保持产品的品质。

5　鱼类低盐快速腌制加工技术研究

5.1　筛选了鱼类腌制菌株并阐明其发酵特性

在前期研究基础上，从腌制鱼中分离得到的 5 种乳酸菌株：植物乳杆菌（*Lactobacillus plantarum*，Lp）、戊糖片球菌（*Pediococcus pentosaceus*，Pp）、肠膜明串珠菌（*Leuconostoc mesenteroides*，Lm）、嗜酸乳杆菌（*Lactobacillus acidophilus*，La）、短乳杆菌（*Lactobacillus brevis*，Lb）。由图 19 可见，5 种乳酸菌株（Lp、Pp、Lm、La、Lb）具有产酸不产气，不产黏液、H_2O_2、氨、H_2S的特性，能耐受 8% ~ 12%的食盐浓度并具有降解亚硝酸的能力，最适生长温度在 30℃左右，12 ~ 24 h内产酸基本稳定；La与Lm、La与Lp、Pp与Lm之间有微弱的拮抗作用，仍然能满足混合发酵要求。所以 5 种乳酸菌株按一定比例复配，可以用于腌制鱼类的快速腌制发酵。

5.2　优化复合乳酸菌低盐快速腌制鱼工艺技术

通过单因素试验和响应面试验，确定了乳酸菌在咸鱼加工中应用的最佳工艺条件为：五种乳酸菌按照复合比例Lp ∶ Pp ∶ Lm ∶ La ∶ Lb=4 ∶ 4 ∶ 2 ∶ 3 ∶ 4 注射接种至鱼体，发酵温度为：27℃，接种量为：10%（*V*/*W*），发酵时间为：17 h。在此工艺条件下，乳酸菌大量生长增殖，成为优势菌种，快速降低鱼肉pH，减少了鱼肉挥发性盐基氮（TVB-N）的含量；鱼肉经乳酸菌作用后氨基酸态氮含量明显增加，感官评分值为 74.8 分。

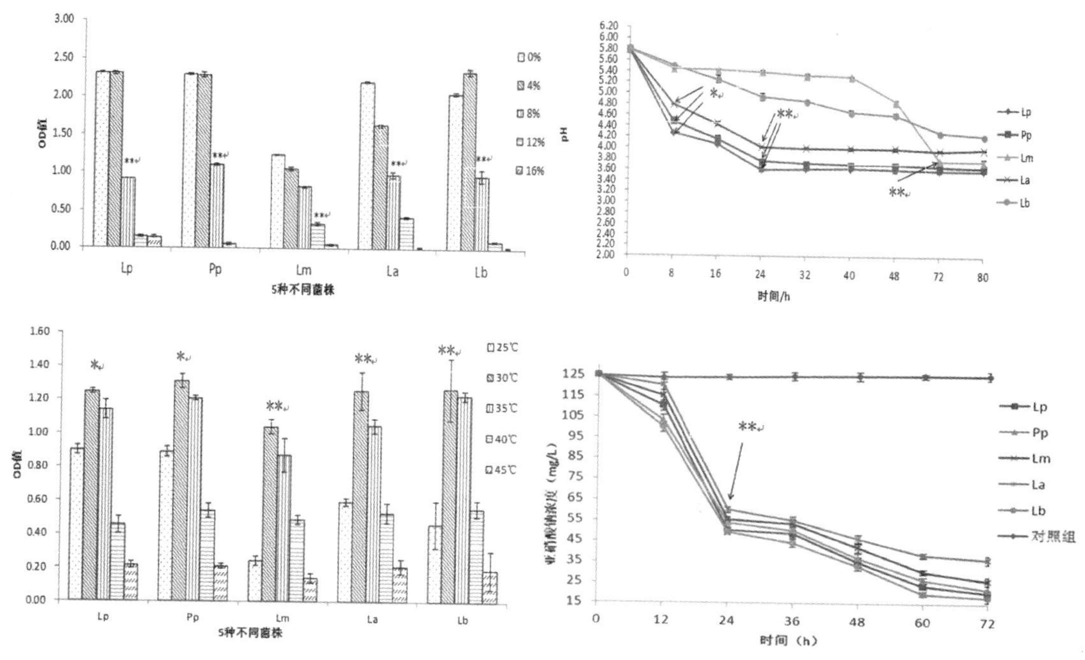

图 19　5 株乳酸菌在不同条件下的生长情况

5.3　鱼类低盐乳酸菌法快速腌制产品的品质分析

以传统方法腌制鱼作为对照，比较分析了两种腌制方法鱼肉的理化指标、微生物、安全指标、感官指标和风味的差异。结果见表 12，表明两种加工方法所制得的鱼干制品在 pH、氨基酸态氮含量、总酸含量、总脂肪含量和游离脂肪酸含量等指标存在显著差异。低盐乳酸菌快速腌制鱼，其中的乳酸菌数量明显高于传统法腌制鱼，其产酸快、鱼肉pH下降也快，鱼肉中的氨基酸态氮含量、总酸含量和游离脂肪酸含量明显高于传统法腌制鱼，而总脂肪含量显著降低（$P<0.05$）。低盐乳酸菌腌制鱼中的乳酸菌在鱼肉成熟和贮藏过程中始终处于优势菌状态并保持着较高的水平，显著高于传统法腌制鱼（$P<0.05$）。低盐乳酸菌法腌干鱼肉在外观、气味、滋味、口感四个方面保持了传统法腌干鱼肉感官风味，并在此基础上增加了柔和的酸味，降低了食盐含量，提高了产品的整体接受性。低盐乳酸菌法腌干鱼肉的亚硝酸盐和亚硝胺含量显著低于传统法腌干鱼肉（表 13，图 20），这表明降低食盐含量和接种乳酸菌对咸鱼中的亚硝酸盐和亚硝胺的形成有阻断效果（$P<0.05$）。低盐乳酸菌法腌制鱼在保持传统腌制鱼肉的青草味−脂肪味和蘑菇、泥土味风味基础上增加了花香味、水果香味和少量的酒香味，同时鱼腥味物质成分含量显著降低，提升了鱼肉的风味品质。

表 12　低盐乳酸菌法和传统法腌制不同鱼肉的品质指标

不同指标	红牙鳡		红三鱼		白立鱼		湾鳡	
	快速法	传统法	快速法	传统法	快速法	传统法	快速法	传统法
pH	5.95 ± 0.02	6.35 ± 0.04	6.05 ± 0.01	6.4 ± 0.05	5.89 ± 0.01	6.39 ± 0.02	6.08 ± 0.02	6.4 ± 0.01
TVB-N（mg/100 g）	17.32 ± 0.08	18.74 ± 0.08	18.93 ± 0.29	19.94 ± 0.08	19.28 ± 0.36	20.46 ± 0.48	18.49 ± 0.45	19.75 ± 0.56
氨基态氮含量/%	0.321 ± 0.003	0.292 ± 0.005	0.309 ± 0.003	0.248 ± 0.007	0.321 ± 0.002	0.263 ± 0.007	0.335 ± 0.007	0.273 ± 0.009
总酸含量/%	0.358 ± 0.007	0.256 ± 0.008	0.331 ± 0.005	0.294 ± 0.002	0.339 ± 0.002	0.219 ± 0.005	0.352 ± 0.004	0.214 ± 0.006
Nall质量分数/（g/g，%）	6.99 ± 0.02	15.57 ± 0.23	6.7 ± 0.14	16.92 ± 0.1	7.08 ± 0.27	15.16 ± 0.47	6.67 ± 0.2	15.9 ± 0.14
酸价（mgKOH/g）	8.85 ± 0.11	8.42 ± 0.05	10.53 ± 0.52	9.9 ± 0.34	10.68 ± 0.33	10.08 ± 0.04	9.58 ± 0.24	8.01 ± 0.63
过氧化值（g/100 g）	0.058 ± 0.004	0.042 ± 0.001	0.097 ± 0.011	0.073 ± 0.004	0.087 ± 0.013	0.066 ± 0.010	0.088 ± 0.007	0.066 ± 0.004

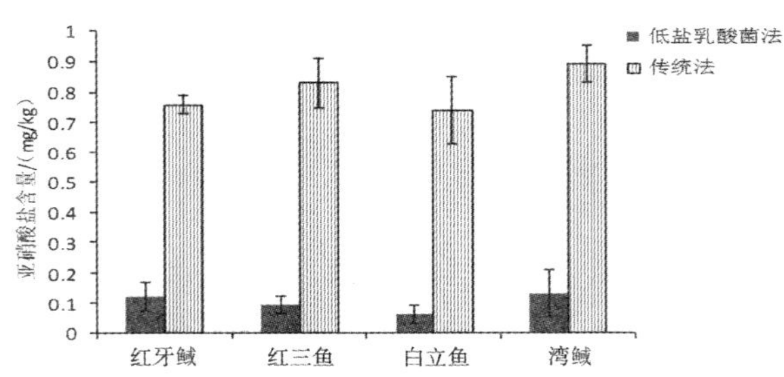

图 20　低盐乳酸菌法和传统法腌干鱼肉的亚硝酸盐含量变化

表 13　低盐乳酸菌法和传统法加工的不同咸鱼样品的亚硝胺含量

单位：μg/kg

不同样品	腌制方法	NDMA	NDEA	NPYR	NDPA
红牙鳡	快速法	—	0.016 ± 0.009a	—	—
	传统法	—	2.191 ± 0.315b	0.639 ± 0.167	—
红三鱼	快速法	—	0.883 ± 0.036a	—	0.002 ± 0.001c
	传统法	3.873 ± 0.694	2.354 ± 0.815b	—	0.006 ± 0.001c
湾鳡	快速法	0.066 ± 0.023a	—	—	—
	传统法	0.064 ± 0.012a	1.876 ± 0.742	—	—
白立鱼	快速法	—	0.129 ± 0.056	—	—
	传统法	1.047 ± 0.712	2.436 ± 0.561	—	—

6　研究蓝圆鲹降尿酸活性肽制备技术并评价其功能特性

以蓝圆鲹为原料，选用胰蛋白酶、木瓜蛋白酶、中性蛋白酶、复合蛋白酶及碱性蛋白酶对其进行水解，以酶解产物的黄嘌呤氧化酶（XOD）抑制活性为指标，通过单因素试验及正交试验确定了最佳的酶解制备条件。结果表明：在加酶量为0.3%（E/S，*w*/*w*）、料液比为1∶2（*w*/*v*）、pH为7.0、酶解温度为50℃、酶解时间为6 h条件下，蓝圆鲹蛋白经中性蛋白酶水解获得的多肽（round scad peptides，RSPs）具有较高的XOD抑制活性，其抑制率为64.03%；通过采用凝胶色谱法探明具有高XOD抑制活性的RSPs的相对分子质量较小，其小于500的肽组分含量高达70.19%。

（岗位科学家　吴燕燕）

海水鱼质量安全与营养评价技术研发进展

质量安全与品质评价岗位

1 大黄鱼渔药残留快检箱的研发

本岗位联合青岛小海智能科技有限公司共同研发出一款专门针对渔药残留检测的仪器——便携式多功能前处理一体机（图 1），能够满足常见食品快速检测的前处理要求，包括养殖、加工、流通、餐饮等各类企业的日常自检自控。

该前处理一体机集成了称重、搅拌、离心、加热、氮吹等常用的样本前处理功能（图 2，图 3），是一台可移动的小型实验室，兼顾野外和实验室内部使用。可广泛用于养殖企业、农贸市场、餐饮、加工企业、物流企业等，在无需常规实验室的情况下，结合快检卡等快检试剂，开展农兽药残留等食品质量安全危害因子的现场快速检测，如硝基呋喃代谢物、瘦肉精、氯霉素、孔雀石绿、恩诺沙星、氧氟沙星、有机磷、菊酯类农残等。

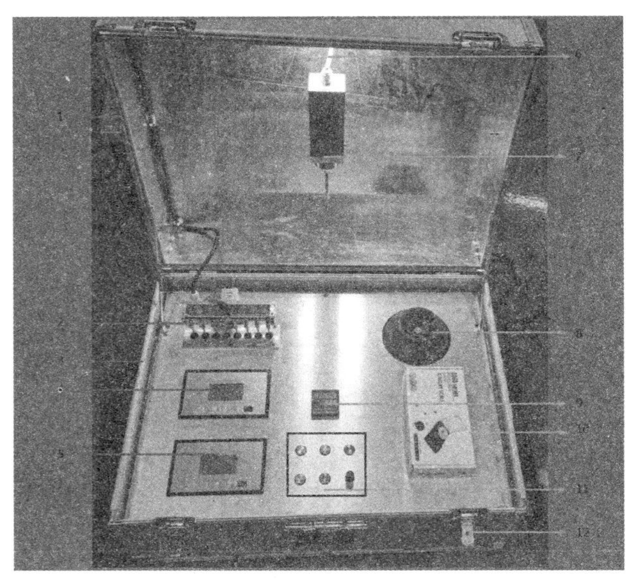

图 1　快检箱整体示意图

1. 上端盖；2. 样品加热台；3. 一体机下部主体；4. 智能型搅拌控制器；5. 智能型分离控制器；6. LED照明灯；7. 高速搅拌器；8. 高速离心机；9. 智能型温度控制器；10. 高精度称重天平；11. 功能键操作区；12. 箱体锁扣

针对大黄鱼中沙星类残留较为突出的现状，根据国家限量标准要求，建立常见沙星药物残留的现场前处理技术和快速检测技术。通过对不同提取方法进行选择和优化，使用高效液相色谱法评价不同的前处理方法，最终得到恩诺沙星药残现场快速前处理技术，并使用海水鱼进行验证；通过对胶体金免疫检测产品的筛选与性能评价，应用现有前处理方法适用性研究，研发出氧氟沙星药残现场快速检测技术，并应用与基于一体机的前处理方法优化及实际样本的应用。有效解决大黄鱼中沙星假阳性率高的问题，实现氧氟沙星与恩诺沙星、环丙沙星检测的有效区分，有效降低假阳性，显著提升现场快速检测的准确性。

本产品首先通过对样品进行称重、提取均质、离心、吹干一系列前处理操作，再结合快检卡等快检试剂，即可开展渔药残留等食品质量安全危害因子的现场快速检测。

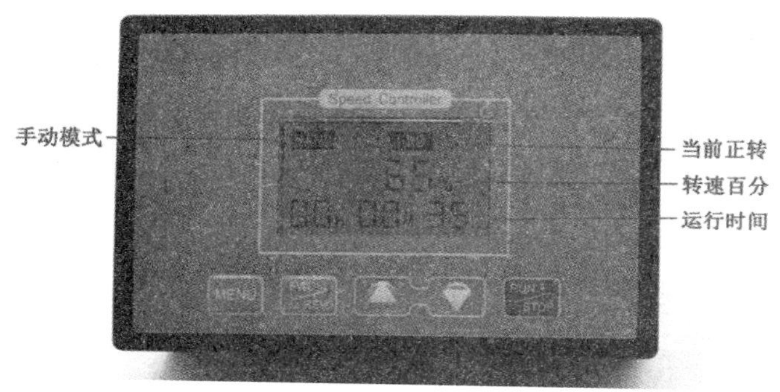

图 2　搅拌和分离智能控制器

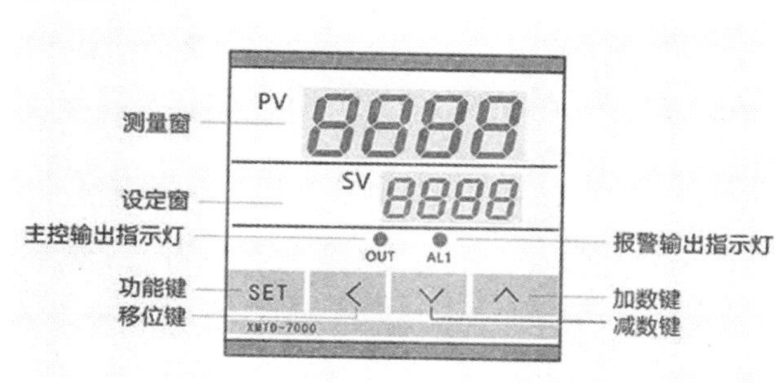

图 3　智能温控器

2　激光诱导击穿光谱技术（LIBS）用于水产品多元素检测方法的研究

本研究应用LIBS技术结合单变量定标法、内定标法和偏最小二乘（partial least square，PLS）法对鳕鱼中的P、Fe、Al、Mn、K、Mg、Ca、Na共 8 种元素进行同时定量分析。通过制备不同含量的鳕鱼标准样品，采用电感耦合等离子体发射光谱提供各元素含量的参考值。对鱼肉样品进行压片处理，选择 5 组样品绘制各元素的定标曲线，1 组样品作为待测样品得到LIBS预测含量，采集其LIBS光谱，选取各元素特征谱线，并对单变量定标、内定标与PLS 3 种定量方法进行比较，通过比较定标曲线的相关系数、预测含量的相对误差、相对标准偏差（relative standard deviation，RSD）、交叉验证均方根误差指标（root mean square error of cross validation，RMSECV），评估LIBS对各元素的定量分析能力，验证该方法用于水产品多种元素的同时、快速、非定向检测的可行性。结果表明，PLS法优于传统的单变量定标法和内定标法，具有较高的预测准确度和精度，对各元素预测含量的相对误差范围在 0.96% ~ 13.27%，相对标准偏差范围在 2.02% ~ 7.55%。结果表明LIBS技术在鳕鱼中多种元素的快速、非定向检测方面具有很大的应用潜力，并可以推广至水产品的快速检测分析，同时为今后开发便携式LIBS水产品检测仪器提供理论依据。

本实验采用的LIBS实验装置如图 4 所示。在实验中调节样品表面水平，并通过十字激光配合CMOS相机对样品表面高度实时监控。通过三维电动位移平台控制样品的移动，选择样品表面边长为 7.20 mm的正方形区域进行激光打点，在 10 × 10 网格中，每个取样点打 10 次激光脉冲，每 10 个取样点获得一张光谱，即每张光谱为 100 个激光脉冲的平均。每个样品重复测量 10 次得到 10 张光谱。在获得原始光谱后首先进行基线去除，之后针对每种元素选择合适的特征波长，采用单变量定标、内定标、PLS 3 种方法分别绘制各元素定标准曲线。对于每种定量方法，统一选用表 1 中的 1、2、3、5、6 号样品作为已知样品（共 50 张光谱）绘制定标曲线，4 号样品作为待测样品（共 10 张光谱）用以验证不同定量方法的预测能力。所有的光谱数据均采用Matlab R2017 进行处理。

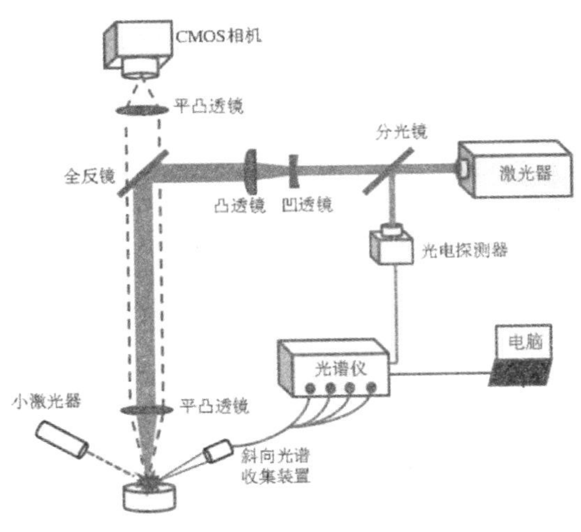

图 4　鳕鱼样品多元分析LIBS实验装置

3　基于qPCR和LC-MS/MS技术定性定量检测鱼糜中鲢鱼肉含量方法的研究

研究建立了一种基于物种特异性引物PCR测定混合鱼糜中鲢鱼糜成分的快速检测方法。本研究针对鲢、鲅鱼、巴沙鱼、带鱼、卵形鲳鲹（金鲳）、鲤、小黄鱼、狭鳕、真鲷（铜盆鱼）这 9 种常用鱼糜原料鱼种，利用NCBI数据库中现有的鲢的小清蛋白的基因作为靶基因，基于物种特异性PCR技术建立直接、有效、准确的DNA检测方法，通过测序得到了鲢小清蛋白DNA的一段内含子序列，在此基础上设计了鲢的特异性引物。提取样品DNA后进行PCR实验，产物经 2%琼脂糖电泳分析进行引物特异性验证。在鲢小清蛋白内含子位置设计的白鲢特异性引物，对巴沙鱼、铜盆鱼等 8 种鱼具有很强的物种特异性，可以实现对这 9 种鱼的混合鱼糜鲢鱼糜成分的定性检测，且方法灵敏度为 1%。本方法无需测序，能够快速、准确检测鱼糜中鲢鱼糜成分。本研究实现了对鱼糜原料中的鲢鱼糜成分进行快速定性检测，在企业收购鱼糜的过程中，作为质量控制的依据，保障消费者和企业权益；同时也可以在监管部门规范行业秩序及标签标注监管方面发挥作用，为原料品种鉴定提供理论依据和技术支持，也为其他混合食品原料组分检测奠定了理论基础。

本研究利用NCBI数据库中现有的鲢小清蛋白基因（GenBank：FJ216937.1）作为靶基因，确定了鲢特异性引物，并基于物种特异性PCR技术建立直接、有效、准确的DNA检测方法。作为国内首次采用物种特异性PCR技术对混合鱼糜中鲢鱼糜成分进行定性检测，相较于需结合产物序列对比步骤的其他核酸水平的定性检测方法，本方法具有操作简便、特异性强、检测时间短以及成本低的优点，可根据琼脂糖核酸电泳结果直接进行判断，可满足日常监测的要求。

本研究选择的小清蛋白作为一种单拷贝基因，可用于后续的定量检测方法建立，同时本研究也为其他混合食品原料组分检测建立了理论基础。

4　大西洋鲑精巢综合利用研究

在本研究中，提取并鉴定了来自大西洋鲑未成熟精巢的组蛋白，并研究了其酶解后的抗菌活性。LC-MS/MS成功鉴定了使用酸提取法从大西洋鲑（*Salmo salar*）精巢中提取的组蛋白，并显示出对革兰氏阴性和革兰氏阳性细菌的显著活性抑制作用。在 10 mg/mL 的低浓度下，观察到的抑制区直径（IZD）可能显著达到 15.23 mm。通过胃蛋白酶对酶促水解进行修饰后，组蛋白可以被消化成三个片段，而抗菌活性提高到了 57.7%。所有结果表明，商业捕鱼的残留物可用于提取抗菌肽。

组蛋白抑菌活性的测定。通过抑菌圈法和光密度（OD）法初步验证了修饰前后组蛋白的抑菌作用。恶臭假单胞菌，恶臭希瓦氏菌和金黄色葡萄球菌被选为测试菌株。培养 12 h后，将 100 μL细菌悬浮液通过撒布器均匀地包被在灭菌的培养基上，然后将预先灭菌的滤纸圆盘浸入组蛋白溶液中并置于平板上，然后在 30℃下孵育 24 h。随后，成功观察到抑菌圈。鱼精蛋白用作阳性对照，无菌水用作阴性对照。通过将 50 μL细菌悬浮液与 50 μL组蛋白溶液混合并培养 6 h，OD值方法用于检测光密度曲线随时间的变化。（图 6）

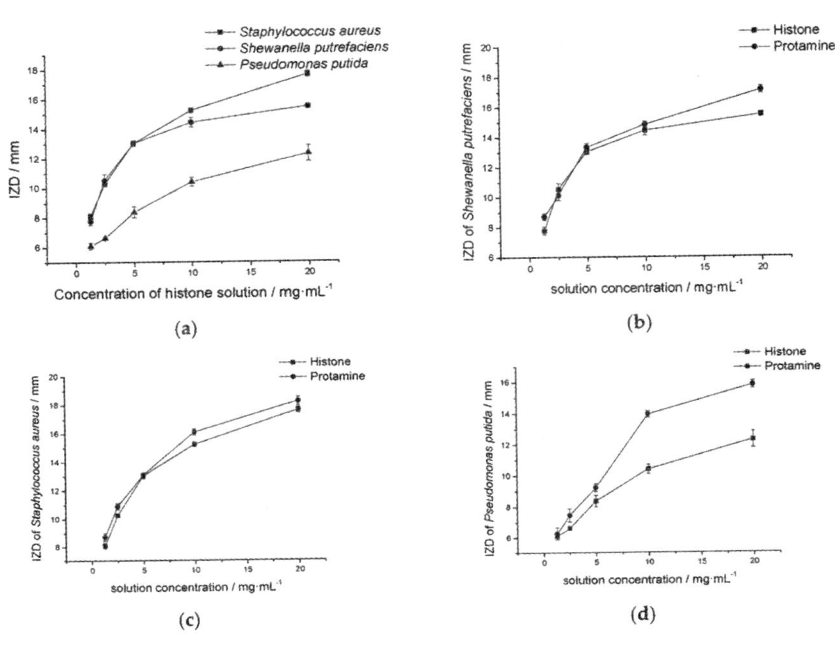

图 5　随着浓度的变化，组蛋白和鱼精蛋白对腐烂希瓦氏菌，恶臭假单胞菌和金黄色葡萄球菌的抑制区直径（IZD）

（a）组蛋白抗希瓦氏菌，恶臭假单胞菌和金黄色葡萄球菌的IZD；（b）组蛋白和鱼精蛋白与腐烂希瓦氏菌的IZD的比较；（c）组蛋白和鱼精蛋白IZD对金黄色葡萄球菌的比较；（d）组蛋白和鱼精蛋白的IZD与恶臭假单胞菌的比较

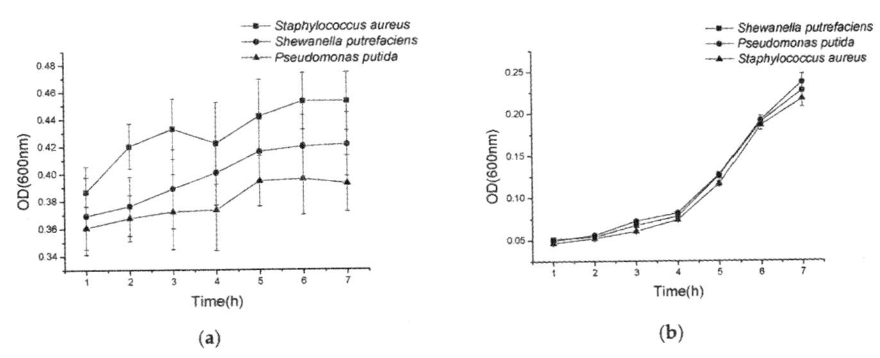

图 6　组蛋白和空白对照组的光密度（OD）值随时间趋势变化

（a）组蛋白的OD值随时间变化；（b）空白对照组的OD值随时间趋势变化

抑菌圈法用于评估组蛋白对恶臭假单胞菌，恶臭希瓦氏菌和金黄色葡萄球菌的抗菌活性。如所示图 5，组蛋白表现出对三种细菌的显著抑制作用且随组蛋白的浓度的增加而抑制作用提高。此外，观察到组蛋白对葡萄球菌的抗菌效果最好，而当浓度为 10 mg/mL时，金黄色葡萄球菌，希瓦氏假单胞菌和恶臭假单胞菌的抑菌圈直径（IZD）分别为 15.23 mm、14.43 mm和 10.4 mm（图 5a）。在相同浓度下，组蛋白的抗金黄色葡萄球菌和腐败希瓦氏菌活性的能力几乎与鱼精蛋白相同，抗假单胞菌活性的能力比鱼精蛋白强（图 5 d）。同时，OD方法结果显示，带有组蛋白的细菌悬液的光密度（OD）值增加得慢得多（图 5a），而没有组蛋白的细菌悬液的光密度（OD）值迅速增加（图 5b）。

修饰后组蛋白的抗菌活性。研究了木瓜蛋白酶、胰蛋白酶、风味蛋白酶和碱性蛋白酶水解后组蛋白产物的抗菌活性。没有观察到抗菌活性（图 7a ~ c），除了被碱性蛋白酶水解 1 h的产品显示出对希瓦氏菌和葡萄球菌有轻微的抗菌活性（图 7d）。

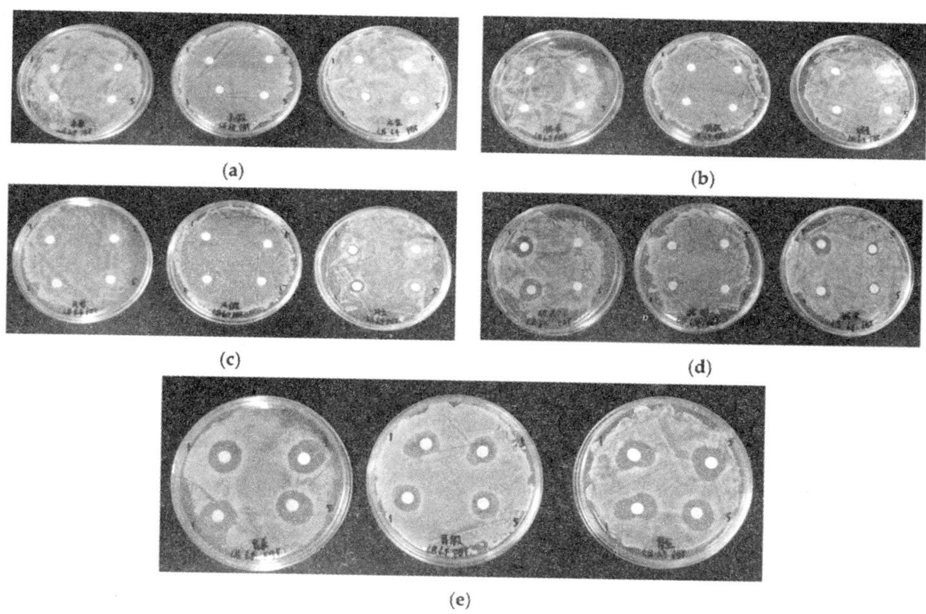

图 7　胃蛋白酶水解组蛋白产物在 1 h和 5 h的抑菌活性测试结果

（a）木瓜蛋白酶水解产物的结果；（b）胰蛋白酶酶解产物的结果；（c）风味酶酶解产物的结果；（d）alcalase 酶促水解产物的结果

因此可得出结论，组蛋白可以在食品工业中用作各种海鲜防腐的潜在防腐剂。

5　鲨鱼单域抗体碱性磷酸酶融合蛋白的表达及热稳定性分析

本研究利用基因工程技术克隆表达出碱性磷酸酶与特异性鲨鱼单域抗体的融合蛋白，并对融合蛋白的亲和力和热稳定性进行了研究。结果表明：在 16℃下，0.05 mmol/L的异丙基β-D-1-硫代半乳糖苷（Isopropyl-beta-D-thiogalactopyranoside，IPTG）诱导可实现融合蛋白的可溶性表达，表达出的融合蛋白相对分子质量约为63×10^{3}，与目标抗原的亲和常数可达7.80×10^{-8} mol/L，具有良好的抗原结合能力；融合蛋白在58℃处理180 min后热稳定性良好，证明该融合蛋白可以作为ELISA检测中一种潜在的免疫诊断剂。

6　近红外快速无损检测技术在鱼肉品质中的应用

研究探究了基于近红外光谱的鱼肉品质快速检测方法，实现鱼肉品质的快速检测。无损检测技术可以有效应对和解决水产品品质安全快速检测技术缺乏的难题，通过探究影响鱼肉品质（图8）的相关因素（产地、饵料、规格、养殖模式等），初步筛选影响鱼肉品质的相关指标。

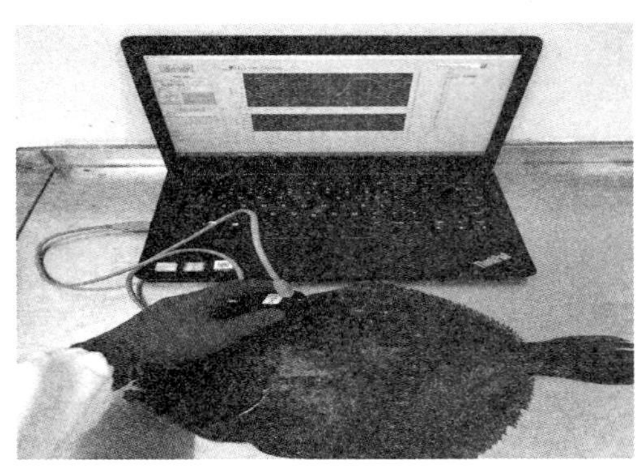

图8　近红外光谱的收集

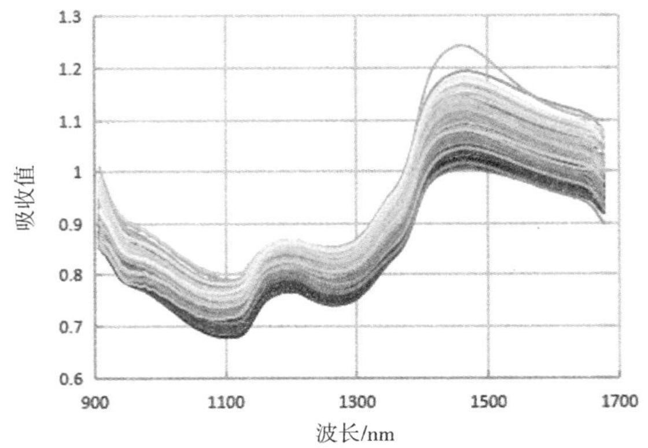

图9　初步收集到的近红外光谱数据

（岗位科学家　林　洪）

第二篇

海水鱼主产区调研报告

天津综合试验站产区调研报告

1　示范县（市、区）海水鱼养殖现状

本综合试验站下设五个示范县（市、区），分别为：天津市塘沽区、天津市大港区、天津市汉沽区、天津市宁河区、浙江省温州市苍南县。其育苗、养殖品种、产量及规模见附表1。

1.1　育苗面积及苗种产量

1.1.1　育苗面积

5个示范县育苗总面积为40 500 m^2，其中汉沽区37 000 m^2，大港区3 500 m^2。按品种分：大菱鲆育苗面积14 000 m^2、半滑舌鳎育苗面积24 000 m^2，珍珠龙胆育苗面积2 500 m^2。

1.1.2　苗种年产量

五个示范县共计15户育苗厂家，总计育苗2 300万尾，其中：大菱鲆800万尾、半滑舌鳎1 500万尾、珍珠龙胆石斑鱼300万尾。各县育苗情况介绍如下。

汉沽区：13户育苗厂家，生产大菱鲆800万尾、半滑舌鳎1 200万尾，用于天津地区养殖及供应山东、河北、辽宁，珍珠龙胆石斑鱼苗种100万尾，用于天津地区养殖及供应福建。

大港区：2户育苗厂家，生产半滑舌鳎苗种300万尾，珍珠龙胆石斑鱼苗种200万尾，用于天津地区养殖及供应福建。

1.2　养殖面积及年产量、销售量、年末库存量

1.2.1　工厂化养殖

养殖方式有工厂化循环水养殖、工厂化非循环水养殖，养殖企业共有17家，工厂化养殖面积117 300 m^2，年总生产量为1 261.5 t，销售量为958 t，年末库存量为303.5 t。各县养殖情况介绍如下。

塘沽区：2户，养殖面积60 000 m^2，养殖半滑舌鳎50 000 m^2，年产量560 t，销售430 t，年末库存130 t；养殖珍珠龙胆石斑鱼100 00 m^2，年产量104.5 t，销售74 t，年末

库存 30.5 t。

汉沽区：8 户，养殖面积 39 000 m^2，半滑舌鳎 38 000 m^2，年产量 385 t，销售 284 t，年末库存 101 t；养殖珍珠龙胆石斑鱼 10 000 m^2，年产量 25 t，销售 22 t，年末库存 3 t。

大港区：6 户，养殖面积 12 300 m^2，半滑舌鳎 10 000 m^2，年产量 102 t，销售 78 t，年末库存 24 t；珍珠龙胆石斑鱼 1 500 m^2，年产量 30 t，销售 22 t，年末库存 8 t；红鳍东方鲀 800 m^2，年产量 20 t，销售 18 t，年末库存 2 t。

苍南县：仅 1 户，半滑舌鳎 6 000 m^2，年产量 35 t，销售 30 t，年末库存 5 t。

1.2.2 池塘养殖（亩）

只有天津市宁河区采用池塘养殖的方式，种类为海鲈，采用与南美白对虾池塘混养，1 户，养殖面积 15 亩，年总生产量为 10 t，销售量为 10 t，年末库存量为 0 t。

1.3 品种构成

品种养殖面积及产量占示范县养殖总面积和总产量的比例详见附表 2。

统计 5 个示范县海水鱼养殖面积调查结果，各品种构成如下：

工厂化育苗总面积为 40 500 m^2，其中大菱鲆为 14 000 m^2，占总面积的 34.57%；半滑舌鳎为 24 000 m^2，占总面积的 59.26%；珍珠龙胆石斑鱼 2 500 m^2，占总育苗面积的 6.17%。

工厂化育苗总出苗量为 2 300 万尾，其中大菱鲆为 800 万尾，占总出苗量的 34.78%；半滑舌鳎为 1 500 万尾，占总出苗量的 65.22%；珍珠龙胆石斑鱼为 300 万尾，占总出苗量的 13.04%。

工厂化养殖总面积为 117 300 m^2，其中半滑舌鳎为 104 000 m^2，占总养殖面积的 88.66%；珍珠龙胆石斑鱼为 12 500 m^2，占总养殖面积的 10.66%；红鳍东方鲀为 800 m^2，占总养殖面积的 0.68%。

工厂化养殖总产量为 1 261.5 t，其中半滑舌鳎为 1 082 t，占总养殖产量的 85.77%；珍珠龙胆石斑鱼为 159.5 t，占总养殖产量的 13.34%；斑石鲷为 106.2 t，占总养殖产量的 12.64%；红鳍东方鲀为 20 t，占总养殖产量的 1.59%。

池塘养殖总面积为 15 亩，全部为天津宁河养殖本地海鲈。

池塘养殖总产量为 10 t，全部为天津宁河养殖本地海鲈。

从以上统计可以看出，在五个示范县内，半滑舌鳎、珍珠龙胆两个品种养殖面积和产量都占绝对优势。

2 示范县（市、区）科研开展情况

2.1 科研课题情况

引进半滑舌鳎种质资源与品种改良岗位繁育的半滑舌鳎高雌新品系受精卵在天津多家

海水鱼养殖企业进行孵化培育，天津地区高雌新品系半滑舌鳎养殖覆盖率 100%。天津立达海水资源开发有限公司示范生态清洁型封闭式循环水养鱼技术，该公司示范了体系智能化岗位的全流程工厂化循环水养殖物联网系统。循环水养殖半滑舌鳎 4 000 m^2，养殖单产达到 25 kg/m^2，日换水率小于 15%。协助国家海水鱼产业技术体系养殖水环境调控岗位在 8 家天津海水工厂化养殖企业进行了工厂化养殖尾水工程化处理技术工艺与处理系统示范，并通过了专家现场验收，构建了工程化养殖尾水处理系统 8 套，每套系统的建筑面积为 700 ~ 1 000 m^2。确定天津兴泊水产养殖有限公司为封闭式循环水养殖系统示范企业，养殖半滑舌鳎面积 4 000 m^2。在天津地区海水池塘首次利用工程化技术，构建海水鱼池塘工程化养殖系统，开展黄姑鱼、珍珠龙胆石斑鱼“工厂化循环水养殖+池塘工程化养殖+工厂化循环水养殖”闭路接力养殖。按时完成海水鱼养殖渔情采集任务。继续完成数字渔业示范基地的建设和国家海水鱼产业技术体系信息管理平台监测工作。

2.2　发表论文情况

获得专利 1 项，软件著作权 1 项，发表论文 8 篇。

［1］A combination of genome-wide association study screening and SNaPshot for detecting sex-related SNPs and genes in Cynoglossus semilaevis［J］.Comparative Biochemistry and Physiology - Part D，09 July 2020。

［2］Large scale SNP unearthing and genetic architecture analysis in sea-captured and cultured populations of Cynoglossus semilaevis［J］.Genomics，11 June 2020。

［3］Genome-Wide Comparative Analyses of Pigmentation Genes in Four Fish Species Provides Insights on Fish Skin Color Patterning［J］.ICBSIS 2020，2020。

［4］何晓旭，贾磊，张博等. Piwi-interacting RNAs在鱼类中的研究进展［J］.经济动物学报，2020。

［5］殷小亚，乔延龙，贾磊等.电化学技术对海水养殖尾水中无机氮的去除效果［J］.环境工程技术学报，2020。

［6］殷小亚，乔延龙，贾磊等.电化学氧化法对海水工厂化养殖尾水消毒作用的研究［J］.江苏农业科学，2020。

［7］殷小亚，贾磊，乔延龙等.水产养殖尾水电化学处理技术研究进展［J］.江苏农业科学，2020

［8］贾磊，刘皓，张博等.基于G B S 技术的半滑舌鳎野生与养殖群体遗传多样性分析［J］.海洋湖沼通报，2020。

［9］赵营，张博，贾磊等.适用于工厂化养殖海马的附着基装置［P］，实用新型，zl201920808741.0，授权日期 2020 年 5 月 19 日。

［10］贾磊，刘皓，尚晓迪等.天津地区鲆鲽类种质资源信息管理平台V1.0，2020SR1172020，授权日期 2020 年 7 月 23 日。

3 海水鱼产业发展中存在的问题

3.1 养殖品种单一，种质退化

由于养殖品种单一，生产一哄而上，导致产品供大于求，产品滞销，产品价格下降，造成了目前海水鱼工厂化养殖企业空置率较高。养殖品种种质退化，长期近亲交配、逆向选择，出现雌雄比例失衡、生长缓慢、抗病力下降、肉质变劣。

3.2 循环水系统构建不成熟，管理水平低

目前天津市已经建成的具有封闭式循环水系统设施设备的养殖车间面积很大，但是系统的耦合性有待提高，企业负责人、技术员和员工普遍缺乏对循环水养殖系统运行和管理的基础知识，系统管理水平差，还存在不想用和不敢用的现象。

3.3 禁采地下水，养殖源水不能保证

禁止采用地下水进行水产养殖。不能再采用打井提取地下水换热的方法进行养殖，对天津市海水养殖产业造成重创，可能会彻底改变目前已有规模的工厂化养殖基础及养殖模式，造成已经建成几十万平方米的海水工厂化养殖车间闲置。

附表 1　天津综合试验站示范县海水鱼育苗及成鱼养殖情况统计

项目 \ 品种		塘沽区		汉沽区			大港区			宁河区	苍南县
		半滑舌鳎	珍珠龙胆石斑鱼	大菱鲆	半滑舌鳎	珍珠龙胆石斑鱼	半滑舌鳎	珍珠龙胆石斑鱼	红鳍东方鲀	海鲈	半滑舌鳎
育苗	面积/m^2			14 000	22 000	1 000	2 000	1 500			
	产量/万尾			800	1 200	100	300	200			
工厂化养殖	面积/m^2	50 000	10 000		38 000	1 000	10 000	1 500	800		6 000
	年产量/t	560	104.5		385	25	102	30	20		35
	年销售量/t	430	74		284	22	78	22	18		30
	年末库存量/t	130	30.5		101	3	24	8	2		5
池塘养殖	面积/亩									15	
	年产量/t									10	
	年销售量/t									10	
	年末库存量/t										
户数	育苗户数			5	7	1	1	1			
	养殖户数	1	1		7	1	3	2	1	1	1

附表 2　天津综合试验站 5 个示范县养殖面积、养殖产量及品种构成

项目 \ 品种	年产总量	大菱鲆	半滑舌鳎	珍珠龙胆石斑鱼	红鳍东方鲀	海鲈
工厂化育苗面积/m^2	40 500	14 000	24 000	2 500		
工厂化出苗量/万尾	2 300	800	1 500	300		
工厂化养殖面积/m^2	117 300		104 000	12 500	800	
工厂化养殖产量/t	1 261.5		1 082	159.5	20	
池塘养殖面积/亩	15					15
池塘年总产量/t	10					10
各品种工厂化育苗面积占总面积的比例/%	100	34.57	59.26	6.17		
各品种工厂化出苗量占总出苗量的比例/%	100	34.78	65.22	13.04		
各品种工厂化养殖面积占总面积的比例/%	100		88.66	10.66	0.68	
各品种工厂化养殖产量占总产量的比例/%	100		85.77	12.64	1.59	
各品种池塘养殖面积占总面积的比例/%	100					100
各品种池塘养殖产量占总产量的比例/%	100					100

（天津综合试验站站长　贾磊）

秦皇岛综合试验站产区调研报告

1 示范县（市、区）海水鱼类养殖现状

本综合试验站下设5个示范县（市、区），分别为昌黎县、丰南区、滦南县、乐亭县、黄骅市。主要养殖品种有大菱鲆、牙鲆、半滑舌鳎和红鳍东方鲀，养殖模式有工厂化（流水和循环水）、池塘和网箱养殖。2020年育苗、养殖品种、产量及规模见附表1。

1.1 育苗面积及苗种产量

1.1.1 育苗面积

5个示范县育苗总面积为16 000 m^2，其中丰南区5 000 m^2、黄骅市11 000 m^2。按品种分：大菱鲆育苗面积1 000 m^2、牙鲆15 000 m^2。

1.1.2 苗种年产量

5个示范县共计4户育苗厂家，年育苗量350万尾，其中：大菱鲆40万尾、牙鲆310万尾。各示范县育苗情况如下。

丰南区：共有育苗厂家2户，育苗水体5 000 m^2，年育苗220万尾。其中大菱鲆育苗厂家1户，育苗水体1 000 m^2，年生产大菱鲆苗种40万尾；牙鲆育苗厂家1户，育苗水体4 000 m^2，年生产牙鲆苗种180万尾。

黄骅市：共有牙鲆育苗厂家1户，育苗水体11 000 m^2，年生产牙鲆苗种130万尾。

昌黎县、滦南县、乐亭县2020年无海水鱼苗种生产。

1.2 养殖面积及年产量、销售量、年末库存量

1.2.1 工厂化养殖

5个示范县共有工厂化养殖户70家，养殖面积372 000 m^2，年总生产量1 898.36 t，年销售量2 173.49 t，年末库存量3 834.66 t。各示范县养殖情况介绍如下。

昌黎县：44户，养殖面积180 000 m^2。其中，大菱鲆养殖31户，养殖面积128 200 m^2，产量1 057.04 t，销售1 045.22 t，年末库存2 538.72 t；牙鲆养殖9户，养殖面积30 000 m^2，年产量203.98 t，销售506.75 t，年末库存821.37 t；半滑舌鳎养殖4户，养殖面积21 800 m^2，年产量242.43 t，年销售254.81 t，年末库存302.47 t。

滦南县：4户，养殖面积15 000 m^2。其中，牙鲆养殖2户，养殖面积5 000 m^2，年产量37.07 t，年销售37.07 t，年末库存18.95 t；红鳍东方鲀养殖2户，养殖面积10 000 m^2，年产量101.44 t，年销售101.44 t，年末库存19.25 t。

乐亭县：21户，养殖面积176 000 m^2。其中，大菱鲆养殖19户，养殖面积175 000 m^2，年产量204.90 t，年销售190.20 t，年末库存98.20 t；半滑舌鳎养殖2户，养殖面积1 000 m^2，年产量31.5 t，年销售38 t，年末库存15.70 t。

黄骅市：1户，养殖面积1 000 m^2，养殖品种为牙鲆，年产量20.00 t，年销售0 t，年末库存20.00 t。

丰南区：2020年无海水鱼工厂化养殖厂家。

1.2.2 池塘养殖

本站示范区内2020年无海水鱼池塘养殖。

1.2.3 网箱养殖

本站示范区内2020年未进行海水鱼网箱养殖。

1.3 品种构成

辖区每个品种养殖面积及产量占示范县养殖总面积和总产量的比例见附表2。

统计5个示范县海水鱼类育苗、养殖情况，各品种构成介绍如下。

工厂化育苗总面积为16 000 m^2。其中大菱鲆1 000 m^2，占育苗总面积的6.25%；牙鲆15 000 m^2，占育苗总面积的93.75%。

年总出苗量为350万尾。其中，大菱鲆为40万尾，占总出苗量的11.43%；牙鲆为310万尾，占总出苗量的88.57%。

工厂化养殖总面积为372 000 m^2。其中，大菱鲆为303 200 m^2，占总养殖面积的81.51%；牙鲆为36 000 m^2，占总养殖面积的9.68%；半滑舌鳎为22 800 m^2，占总养殖面积的6.13%；红鳍东方鲀10 000 m^2，占总养殖面积2.69%。

工厂化养殖总产量为1 898.36 t。其中大菱鲆为1 261.94 t，占总量的66.48%；牙鲆261.05 t，占总量的13.75%；半滑舌鳎为273.93 t，占总量的14.43%；红鳍东方鲀为101.44 t，占总量5.34%。

从以上统计数据可以看出，5个示范县内，大菱鲆的工厂化养殖产量和面积占绝对优势，其次是半滑舌鳎、牙鲆和红鳍东方鲀。

2　示范县（市、区）科研开展情况

2.1　科研开展情况

2.1.1　养殖系统升级改造

在北戴河新区河北省红鳍东方鲀良种场建设“全封闭循环水养殖示范基地”1个，引进液氧罐1台、购置安装工厂化循环水物联网智能调控设备8台套，包括氨氮、硝酸盐和亚硝酸盐、磷酸盐、COD、在线监测仪各1套、水下云台摄像机系统1套、监测系统1套、显示大屏1台、电脑服务器1台等设备。在示范基地秦皇岛晨升水产养殖有限公司进行养殖系统升级改造，面积3 500 m^2。增设了50 t的液态氧储存罐，采用添加纯氧方式向水体供氧，新建生物滤池6座，增设微滤机4台、紫外消毒机4台，建立了一套节能环保、经济适用的工厂化循环水养殖系统，使尾水减排率达到90%以上，以适应当前环保对养殖尾水排放要求，为当地工厂化养殖起到较好的引领与示范作用，促进了产业健康发展。

2.1.2　工厂化循环水养殖技术示范

在昌黎示范基地秦皇岛粮丰海洋生态科技开发股份有限公司开展半滑舌鳎工厂化循环海水养殖示范，每月进行鱼体数据测量。累计示范面积8 000 m^2，目前半滑舌鳎平均体长47.2 cm，平均体重454克/尾，养殖成活率90%，养殖尾水排放控制在10%以下，平均单产23.5 kg/m^2。推广养殖面积21 500 m^2。

2.1.3　优良品种的引进与示范推广

在岗位科学家指导下，在昌黎示范县秦皇岛启民水产养殖有限公司进行全雌牙鲆抗淋巴囊肿苗种养殖示范，到12月底全雌牙鲆“抗淋巴囊肿”苗种平均全长达344 cm，平均体重610克/尾，单产23 kg/m^2，成活率90%以上，累计示范面积5 500 m^2，推广养殖面积11 000 m^2。

2.2　发表论文情况

2.2.1　发表论文1篇。

［1］赵海涛，胡智鑫，万玉美，孙桂清，吴彦，郭敏莉，投喂模式对大菱鲆幼鱼生长及形态特征的影响。河北渔业，2020，11期8 ~ 14页。

2.2.2　验收项目2个

［1］2020年8月“海水鱼工厂化养殖模式升级及尾水处理系统构建”通过专家验收。

［2］2020年8月“物联网智能调控工厂化循环水养殖模式构建”通过专家验收。

3 海水鱼养殖产业发展中存在的问题

2020年昌黎县及北戴河新区规划计划拆除养殖车间50%以上，2020年11月份昌黎县及北戴河新区政府对部分养殖企业、养殖户地下海、淡水井进行了查封。2021年3月禁止水产养殖业使用地下水，并全面启动封井工作。这对目前的鲆鲽类养殖方式将产生巨大的不良影响。

附表 1　2020 年秦皇岛综合试验站示范县海水鱼类育苗及成鱼养殖情况统计表

项目 \ 品种		昌黎县				丰南区		滦南县		乐亭县			黄骅市	
		大菱鲆	牙鲆	半滑舌鳎	红鳍东方鲀	大菱鲆	牙鲆	牙鲆	红鳍东方鲀	大菱鲆	半滑舌鳎	牙鲆	牙鲆	红鳍东方鲀
育苗	面积/m^2					1 000	4 000						11 000	
	产量/万尾					40	180						130	
工厂化养殖	面积/m^2	128 200	30 000	21 800				5 000	10 000	175 000	1 000		1 000	
	年产量/t	1 057.04	203.98	242.43				37.065	101.44	204.9	31.5		20	
	年销售量/t	1 045.22	506.75	254.81				37.065	101.44	190.2	38.			
	年末库存量/t	2 538.72	821.37	302.47				18.95	19.25	98.2	15.7		20	
池塘养殖	面积/亩													
	年产量/t													
	年销售量/t													
	年末库存量/t													
户数	育苗户数					1	1						2	
	养殖户数	31	9	4				2	2	19	2		1	

附表 2　秦皇岛综合试验站五个示范县养殖面积、养殖产量及品种构成

项目＼品种	年产总量	大菱鲆	牙鲆	半滑舌鳎	红鳍东方鲀
工厂化育苗面积/m^2	16 000	1 000	15 000		
工厂化出苗量/万尾	350	40	310		
工厂化养殖面积/m^2	372 000	303 200	36 000	22 800	10 000
工厂化养殖产量/t	1 898.36	1 261.94	261.05	273.93	101.44
池塘养殖面积/亩					
池塘年总产量/t					
各品种工厂化育苗面积占总面积的比例/%		6.25	93.75		
各品种工厂化出苗量占总出苗量的比例/%		11.43	88.57		
各品种工厂化养殖面积占总面积的比例/%		81.51	9.68	6.13	2.69
各品种工厂化养殖产量占总产量的比例/%		66.48	13.75	15.42	5.35

（秦皇岛综合试验站站长　赵海涛）

北戴河综合试验站产区调研报告

1　示范县（市、区）海水鱼养殖现状

北戴河综合试验站下设5个示范县，分别为：河北省唐山市曹妃甸区，秦皇岛市山海关区，辽宁省盘锦市盘山县，辽宁省营口市老边区和盖州市，其中秦皇岛山海关区示范县因环保政策于第三季度末拆除，后期增加中捷产业园示范县。曹妃甸示范县兼具工厂化养殖和池塘养殖模式，其中工厂化养殖的鱼类包括半滑舌鳎、牙鲆、其他石斑鱼和红鳍东方鲀，池塘养殖的鱼类以红鳍东方鲀为主；山海关示范县为工厂化养殖模式，养殖鱼类品种以大菱鲆为主。盘山县、老边区和盖州市三个示范县均为普通池塘养殖模式，其中盘山示范县养殖鱼类品种以养殖海鲈为主，老边区示范县养殖鱼类品种以养殖牙鲆、海鲈及其他鲆鲽类为主，盖州示范县养殖鱼类品种以养殖大菱鲆为主。

1.1　育苗面积及苗种产量

示范县育苗情况见附表1。

1.1.1　育苗面积

5个示范县只有曹妃甸示范县进行海水鱼育苗，面积为20 000 m^2，育苗品种主要为牙鲆、半滑舌鳎和红鳍东方鲀，其中牙鲆4 000 m^2，半滑舌鳎10 000 m^2，红鳍东方鲀6 000 m^2。

1.1.2　苗种年产量

曹妃甸区有育苗厂家7户，其中牙鲆育苗厂家1户，培育苗种400万尾；半滑舌鳎育苗厂家3户，培育苗种1 000万尾；红鳍东方鲀育苗厂3户，培育苗种300万尾。累计培育苗种1 700万尾。

1.2　养殖面积及年产量、销售量、年末库存量

示范县各养殖模式的养殖情况见附表1。

5个示范县成鱼养殖厂家共544家，养殖模式包括工厂化养殖、池塘养殖。其中曹妃甸区以工厂化养殖和池塘养殖模式为主，盖州市和山海关区以工厂化养殖模式为主，盘山县、老边区以池塘养殖模式为主。

1.2.1 工厂化养殖

工厂化养殖主要集中在曹妃甸区、盖州市和山海关区，养殖面积 653 000 m^2，年总生产量为 4 573.4 t，销售量为 5 273.7 t，年末库存量为 768.3 t。各示范县养殖情况介绍如下。

曹妃甸区：牙鲆养殖户 5 家、半滑舌鳎养殖户 15 家，养殖面积 600 000 m^2，全年生产量 4 517.4 t，全年销售量 5 171 t，年末库存 658.3 t。其中牙鲆养殖面积 200 000 m^2，全年生产量 329.6 t，全年销售量 329.6 t，年末无库存；半滑舌鳎养殖面积 400 000 m^2，全年生产量 4 185.1 t，全年销售量 4 841.4 t，年末库存 658.3 t。

山海关区：养殖厂家 1 家。养殖面积 15 000 m^2，均养殖大菱鲆，全年生产量 13 t，全年销售量 25 t，年末无库存。

盖州市：大菱鲆养殖户 2 家，养殖面积 38 000 m^2，全年生产量 45.7 t，全年销售量 77.66 t，年末库存 110 t。

1.2.2 池塘养殖

除山海关区、盖州市外，另外三个示范县均有池塘养殖，面积为 46 102 亩，年产量 904.5 t，年销售量 391.6 t，年末存量 519.9 t。池塘养殖的品种主要为红鳍东方鲀、海鲈和其他海水鱼。红鳍东方鲀池塘养殖面积为 11 102 亩，全年生产量 624.9 t，全年销售 125 t，年末存量为 499.9 t；海鲈池塘养殖面积为 35 000 亩，全年生产量 237 t，全年销售量 222 t，年末存量 20 t；牙鲆池塘养殖面积为 200 亩，全年生产量 4.6 t，全部售出；其他海水鱼池塘养殖面积为 2 200 亩，全年生产量 38 t，全年销售量 40 t，年末无库存。

曹妃甸区：养殖户 15 家。养殖面积 11 102 亩，全部养殖红鳍东方鲀，全年生产量 624.9 t，全年销售量 125 t，年末存量 499.9 t。

盘山县：养殖户 500 家。池塘养殖面积 30 000 亩，养殖品种为海鲈，全年产量 195 t，全年销售量 180 t，年末库存量 20 t。

老边区：养殖户 6 家。池塘养殖面积 7 400 亩，包括海鲈 5 000 亩、牙鲆 200 亩和其他海水鱼 2 200 亩。全年养殖产量 84.6 t，包括海鲈 42.0 t、牙鲆 4.6 t和其他海水鱼 38.0 t；全年销售量 86.6 t，包括海鲈 42 t、牙鲆 4.6 t以及其他海水鱼 40 t；年末均无存量。

1.3 品种构成

每品种养殖面积及产量占示范县养殖总面积和总产量的比例见附表 2。

统计 5 个示范县海水鱼养殖面积调查结果，各品种构成如下：

工厂化育苗总面积为 20 000 m^2。其中牙鲆为 4 000 m^2，占总养殖面积的 20%；半滑舌鳎为 10 000 m^2，占总养殖面积的 50%；红鳍东方鲀为 6 000 m^2，占总面积的 30%。

工厂化育苗总出苗量为 1 700 万尾。其中牙鲆为 400 万尾，占总出苗量的 23.53%；半滑舌鳎为 1 000 万尾，占总出苗量的 58.82%；红鳍东方鲀为 300 万尾，占总出苗量的 17.62%

工厂化养殖总面积为 653 000 m^2。其中牙鲆为 200 000 m^2，占总养殖面积的 30.63%；半滑舌鳎为 400 000 m^2，占总养殖面积的 61.25%；大菱鲆为 53 000 m^2，占总养殖面积的 8.12%。

工厂化养殖总产量为 4 573.4 t。其中牙鲆 329.6 t，占总量的 7.21%；半滑舌鳎为 4 185.1 t，占总量的 91.51%；大菱鲆为 58.7 t，占总量的 1.28%。

池塘养殖总面积为 46 302 亩。其中牙鲆为 200 亩，占总养殖面积的 0.43%；红鳍东方鲀为 11 102 亩，占总养殖面积的 23.98%；海鲈为 35 000 亩，占总养殖面积的 75.59%。

池塘养殖总产量为 866.5 t。其中牙鲆 4.6 t，占总量的 0.53%；红鳍东方鲀为 624.9 t，占总量的 72.12%；海鲈为 237 t，占总量的 27.35%。

从以上统计数据可以看出，五个示范县内，只有曹妃甸区开展牙鲆、半滑舌鳎和红鳍东方鲀的育苗，半滑舌鳎的育苗面积和出苗量占比最高，分别为 50%和 58.82%。工厂化养殖面积和产量半滑舌鳎的占比最高，分别为 61.25%和 91.51%。池塘养殖面积海鲈的占比最高，达到了 75.59%，但是产量占比仅为 27.35%。池塘养殖产量占比最高的是红鳍东方鲀，达到了 72.12%。

从成品鱼价格来看，半滑舌鳎最高，在 45 元/斤 ~ 55 元/斤，全年价格平稳。大菱鲆价格在 16 ~ 24 元/斤，第一、二季度市场价格比较低迷，疫情过后的三四季度，价格有所上升，在 23 ~ 24 元/斤。牙鲆价格一直维持在 15 元/斤左右，老边区与曹妃甸区价格无差异。海鲈价格在 8 ~ 15 元/斤，规格不同价格差别较大，如第四季度盘山示范县 1 斤/尾以下的海鲈，单价 8 元/斤，而 1.2 ~ 1.5 斤/尾的单价为 15 元/斤。

2　示范县（市、区）科研开展情况

2.1　科研课题情况

北戴河试验站依托单位中国水产科学研究院北戴河中心试验站实施科研项目 12 项，其中省部级 6 项、院级 4 项、横向联合 2 项。

2.2　发表论文、专利情况

2020 年，发表论文 1 篇，申请专利 5 项（发明专利 4 项），授权发明专利 1 项。

发表论文：

［1］Sun，Z.，Gong，C.，Ren，J.，Zhang，X.，Wang，G.，Liu，Y.，Ren，Y.，Zhao，Y.，Yu，Q.，Wang，Y.，Hou，J.，2020. Toxicity of nickel and cobalt in Japanese flounder. Environmental Pollution 263，114516. https：//doi.org/10.1016/j.envpol.2020.114516

申请专利：

［1］司飞，孙朝徽，任建功，刘玉峰，何忠伟，赵雅贤，都威，刘霞.浮性鱼卵分离装置.

2020 年 9 月 3 日. 申请号：2020218944899.

［2］司飞，孙朝徽，任建功，刘玉峰，何忠伟，赵雅贤，都威，刘霞. 浮性鱼卵分离装置及分离方法. 2020 年 9 月 2 日. 申请号：2020109104942.

［3］孙朝徽，司飞，任建功，刘霞，于清海，姜秀凤. 一种快速摘取东方鲀属幼鱼耳石的方法. 2020 年 9 月 24 日. 申请号：2020110098675.

［4］任建功，司飞，孙朝徽，刘霞，于清海. 一种快速摘取鲆鲽类幼鱼耳石的方法. 2020 年 11 月 27 日. 申请号：2020112072398.

［5］何忠伟，刘玉峰，侯吉伦，王桂兴，王玉芬，于清海. 一种牙鲆专用的营养强化剂胶囊及其制备和应用. 2020 年 9 月 2 日. 申请号：2020109044138.

授权专利：

［1］任玉芹，孙朝徽，王玉芬，于清海，周勤，宋立民，姜秀凤，王青林，司飞. 一种牙鲆卵原细胞分离纯化方法. 2020 年 12 月 2 日. 专利号：2018102837413.

3 海水鱼产业发展中存在的问题

3.1 食品安全问题

新型冠状病毒疫情等的发生严重阻碍海水鱼产业的高质量发展。今年全球肆虐的新冠病毒存在人传人，物传人，以及动物传人风险。今年几起新冠病毒传播均与海鲜市场冰冻海鲜有关，使得人们对水产品的安全性产生不信任感，本试验站示范县海水鱼销量与往年相比出现了不同程度的下滑。

3.2 水产养殖转型升级有待提高

本试验站示范县水产养殖模式主要为工厂化流水养殖和池塘养殖。尤其工厂化流水养殖模式，高密集养殖产生的养殖废水氮磷含量较高，需要进行尾水处理，北戴河新区没有按照废水处理的厂家受到了不同程度的处罚。虽然部分重点企业添加了尾水处理设备，而对于小型企业或者个人无法承担高额费用，面临着关停的问题。

3.3 海水鱼工厂化地下水养殖受限

天津、河北秦皇岛等地区对使用地下水发出限制令，并对已有地下井进行了封填。北戴河新区目前采取限制现有地下井使用的过渡政策，每个厂暂留一眼井，2021 年 3 月将全面禁止使用地下水。这将对使用地下水养殖鲆鲽类过冬以减少成本的厂家利益造成很大伤害，势必影响一些财力一般的养殖户被淘汰，使养殖面积进一步萎缩。

附表 1　2020 年度北戴河综合试验站示范县海水鱼育苗及成鱼养殖情况统计表

项目	品种	曹妃甸				山海关	盘山	老边			盖州
		牙鲆	半滑舌鳎	其他石斑鱼	红鳍东方鲀	大菱鲆	海鲈鱼	牙鲆	海鲈鱼	其他海水鱼	大菱鲆
育苗	面积/m²	4 000	10 000		6 000						
	产量/万尾	400	1 000		300						
工厂养殖	面积/m²	200 000	400 000			15 000					38 000
	年产量/t	329.6	4 185.1			13					45.7
	年销售量/t	329.6	4 841.4			25					77.7
	年末库存量/t	0	658.3			0					110
池塘养殖	面积/亩				11 102		30 000	200	5 000	2 200	
	年产量/t				624.9		195	4.6	42	38	
	年销售量/t				125		180	4.6	42	40	
	年末库存量/t				499.9		20	0	0	0	
网箱养殖	面积/m²										
	年产量/t										
	年销售量/t										
	年末库存量/t										
户数	育苗户数	1	3		3						
	养殖户数	5	15		15	1	500	2	2	2	2

附表 2　北戴河综合试验站示范县海水鱼养殖面积、养殖产量及品种构成

项目＼品种	年产总量	大菱鲆	牙鲆	半滑舌鳎	红鳍东方鲀	海鲈	其他石斑鱼	其他鲆鲽类
工厂化育苗面积/m²	20 000		4 000	10 000	6 000			
工厂化出苗量/万尾	1 700		400	1 000	300			
工厂化养殖面积/m²	653 000	53 000	200 000	400 000				
工厂化养殖产量/t	4 573.4	58.7	329.6	4 185.1				
池塘养殖面积/亩	46 302		200		11 102	35 000		
池塘年总产量/t	866.5		4.6		624.9	237		
各品种工厂化育苗面积占总面积的比例/%	100		20	50	30			
各品种工厂化出苗量占总出苗量的比例/%	100		23.53	58.82	17.62			
各品种工厂化养殖面积占总面积的比例/%	100	8.12	30.63	61.25				
各品种工厂化养殖产量占总产量的比例/%	100	1.28	7.21	91.51				
各品种池塘养殖面积占总面积的比例/%	100		0.43		23.98	75.59		
各品种池塘养殖产量占总产量的比例/%	100		0.53		72.12	27.35		

（北戴河综合试验站站长　于清海）

丹东综合试验站产区调研报告

1　示范县（市、区）海水鱼养殖现状

丹东综合试验站负责大连市的旅顺口区、瓦房店市、庄河市、营口市的鲅鱼圈区、丹东市的东港市 5 个示范县（市、区）。全区现有海水鱼养殖与育苗 359 户。各示范县养殖模式分别为全封闭循环水养殖、流水工程化养殖、海上网箱和陆基工厂化结合的陆海接力养殖，以及沿海池塘生态养殖。养殖品种主要为大菱鲆、牙鲆、红鳍东方鲀、黄条鰤等。在示范县和示范基地主要进行海水鱼养殖技术的示范和推广工作，各个示范县区的人工育苗、养殖品种、产量及规模见附表 1 和附表 2。

1.1　育苗面积及苗种产量

1.1.1　育苗面积

丹东综合试验站所辖 5 个示范县的工厂化育苗总面积为 13 500 m^2。其中，营口市鲅鱼圈区 2 000 m^2、庄河市 4 500 m^2、东港市 7 000 m^2。按品种分：牙鲆 9 000 m^2、红鳍东方鲀 3 500 m^2、黄条鰤 1 000 m^2。

1.1.2　苗种年产量

5 个示范县共计 9 户育苗厂家，总计育苗 1 995 万尾，其中：牙鲆 1 700 万尾、红鳍东方鲀 275 万尾、黄条鰤 20 万尾。各县育苗情况介绍如下。

鲅鱼圈区：1 户育苗厂家，生产牙鲆苗 300 万尾，全部用于完成放流任务。

庄河市：1 户育苗厂家，生产牙鲆苗 400 万尾，红鳍东方鲀苗 95 万尾，黄条鰤苗 20 万尾。

东港市：7 户育苗厂家，生产牙鲆苗 1 000 万尾，红鳍东方鲀苗 180 万尾。

1.2　养殖面积及年产量、销售量、年末库存量

1.2.1　工厂化养殖

工厂化养殖有流水养殖与循环水养殖，5 个示范县共计 9 家养殖户，养殖面积 85 500 m^2，年总生产量为 359.5 t，年销售量 561.5 t，年末库存量为 530 t。各示范县养殖情况介绍如下。

旅顺口区：2 户，工厂化流水养殖大菱鲆面积 30 000 m^2。全年生产量 142 t，年销售

135 t，年末库存 99 t。

瓦房店市：养殖 1 户，养殖种类为大菱鲆，工厂化流水养殖面积 5 500 m^2，年产量 28.5 t，年销售 28.5 t，年末库存 30 t。

庄河市：养殖 1 户，工厂化循环水养殖面积 30 000 m^2。其中，红鳍东方鲀养殖面积 15 000 m^2，年产量 104 t，年销售量 30 t，年末库存 284 t；黄条鰤养殖面积 15 000 m^2，年产量 58 t，年销售量 258 t，年末库存 75 t。

东港市：养殖 5 户，工厂化养殖面积 20 000 m^2，用于室内越冬。其中，红鳍东方鲀养殖面积 10 000 m^2，年产量 2 t，年销售量 10 t，年末库存 42 t；牙鲆养殖面积 10 000 m^2，年产量 25 t，年销售量 100 t，年末库存量为 0 t。

1.2.2 池塘养殖

本试验站只有东港市进行池塘养殖牙鲆、红鳍东方鲀，均采用混养方式。养殖 336 户，池塘养殖总面积为 16 000 亩，年产量 2 310 t，年销售量 2 325 t，年末库存量为 0 t。其中，养殖牙鲆 12 000 亩，年产量 2 070 t，年销售量 2 075 t，年末库存量为 0 t；养殖红鳍东方鲀 4 000 亩，年产量 240 t，年销售量 250 t，年末库存量为 0 t。

1.2.3 网箱养殖

5 个示范县共计 2 家养殖户，普通网箱养殖面积 25 000 m^2，深水网箱养殖 15 000 m^3。

旅顺口区：1 户，普通网箱养殖牙鲆面积 10 000 m^2，年产量为 96 t，年销售量 112 t，年末养殖库存 0 t。

庄河市：1 户，深水网箱养殖黄条鰤 15 000 m^3，年产量为 62 t，年销售量 32 t，网箱养殖库存 0 t；普通网箱养殖红鳍东方鲀面积 15 000 m^2，年产量为 120 t，年销售量 10 t，网箱养殖库存 0 t。

1.3 品种构成

经过对本试验站内 5 个示范县区的海水鱼养殖情况的调查统计，每个品种的养殖面积及产量占示范县养殖总面积和总产量的比例情况（附表 2）介绍如下。

工厂化育苗总面积为 13 500 m^2。其中，牙鲆为 9 000 m^2、红鳍东方鲀 3 500 m^2、黄条鰤 1 000 m^2，分别占总育苗面积的 66.67%、25.92%、7.41%。

工厂化育苗的总出苗量为 1 995 万尾。其中，牙鲆 1 700 万尾、红鳍东方鲀 275 万尾、黄条鰤 20 万尾，分别占工厂化总出苗量的 85.22%、13.78%、1.0%。

工厂化养殖的总面积为 85 500 m^2。其中，牙鲆为 10 000 m^2、大菱鲆为 35 500 m^2、红鳍东方鲀为 25 000 m^2、黄条鰤为 15 000 m^2，分别占总养殖面积的 11.70%、41.52%、29.24%、17.54%。

工厂化养殖的总产量为 359.5 t。其中，牙鲆 25 t、大菱鲆为 170.5 t、红鳍东方鲀 106 t、黄条鰤为 58 t，分别占总产量的 7.0%、47.42%、29.49%、16.13%。

池塘养殖总面积为 16 000 亩。其中，牙鲆 12 000 亩、红鳍东方鲀 4 000 亩，分别占总养殖面积的 75.0%、25.0%。

池塘养殖养殖总产量为 2 310 t。其中，牙鲆 2 070 t、红鳍东方鲀 240 t，分别占总产量的 89.61%、10.39%。

普通网箱养殖面积 25 000 m^2。其中，养殖牙鲆 10 000 m^2、红鳍东方鲀 15 000 m^2。分别占普通网箱总养殖面积的 40.0%、60.0%。

普通网箱养殖总产量 216 t。其中，牙鲆 96 t、红鳍东方鲀 120 t，分别占总产量的 44.44%、55.56%。

深水网箱养殖体积 15 000 m^3，全部养殖黄条鰤 62 t，面积及产量占全部的 100%。

从以上统计可以看出，在 5 个示范县内，育苗以牙鲆、红鳍东方鲀为主；工厂化养殖以大菱鲆、牙鲆、红鳍东方鲀、黄条鰤为主；池塘养殖品种以牙鲆、红鳍东方鲀为主；网箱养殖以牙鲆、红鳍东方鲀、黄条鰤为主。

2　示范县（市、区）科研、示范开展情况

2.1　科研课题情况

丹东综合试验站依托辽宁省海洋水产科学研究院实施科研项目 1 项，承担辽宁省重大项目“辽宁重要海水鱼类高效绿色生产模式研发与示范”子课题“辽宁海水鱼种质资源库构建”，开辟了新的项目申请渠道。在丹东市东港市示范区实施了辽宁省乡村振兴“东港市黄土坎农场科技服务产业提升项目”，开展了牙鲆苗种繁育、池塘养殖技术研究与新品种示范推广。

2.2　示范开展情况

积极开展科技创新研究与示范推广，进行了海水鱼主要养殖模式的工程优化与示范、深远海养殖模式构建关键技术研发与示范、海水鱼种质资源评价与新品种养殖示范、海水鱼饲料新型蛋白源开发与利用示范、海水鱼新型疫苗创制示范、产业技术培训与技术服务、养殖渔情信息采集工作及数字渔业示范基地的建设和海水鱼体系信息管理平台接入工作。在大连富谷水产有限公司进行黄条鰤、红鳍东方鲀封闭式循环水工厂化养殖示范，面积 4 000 m^2；陆海接力养殖黄条鰤、红鳍东方鲀，工厂化养殖与海上网箱养殖各 20 000 m^2；开展了“鲆优 2 号”牙鲆、黄盖鲽、大泷六线鱼、黄条鰤、大黄鱼的苗种繁育。丹东东港景仕水产有限公司等池塘生态混养示范“鲆优 2 号”苗种 70 万尾，养殖面积 2 000 亩；大连颢霖水产有限公司、大连万洋渔业养殖有限公司、大连富谷水产有限公司进行大菱鲆、红鳍东方鲀等新型蛋白源饲料应用示范，示范面积 10 000 m^2，高效配合饲料在示范区企业推广和使用的占比达 70%以上；进行大菱鲆“多宝 1 号”新品种及疫苗免疫鱼苗养殖示

范5万尾；建立海水鱼渔情信息采集点3个，完成月度数据采集和网络电子版上报。在大连富谷水产有限公司完成水产养殖物联网视频在线监测系统一套，示范面积1万m^2；产业技术体系产业调研、调查6次，形成调查表50余份；进行现场及电话技术指导与服务60余人次，现场产业培训82人，发放资料150余份。

2.3 发表论文、标准、专利情况

发表论文1篇。

论文：高祥刚，于佐安，夏莹，李玉龙，李云峰.长海县渔业现状、问题及可持续发展对策［J］.渔业信息与对策，2020，Vol.35（4）：173－176。

3 海水鱼产业发展中存在的问题

丹东综合试验站各示范县区主养大菱鲆、牙鲆、红鳍东方鲀、黄条鰤等，少量养殖其他鱼类。各示范县区养殖条件与品种不同，养殖存在的问题也不同。

3.1 大菱鲆养殖存在的问题

大菱鲆病害暴发较频繁，死亡率较高，优良品种缺乏，优质苗种供应不足，因此集中产业科研优势，重点攻关，提振养殖业成为当务之急。

3.2 牙鲆池塘养殖存在的问题

牙鲆池塘养殖面积大幅度下降，培养牙鲆优良品种，发展池塘多品种生态养殖，提高产量、降低成本成为池塘养殖发展的出路。

3.3 红鳍东方鲀养殖存在的问题

红鳍东方鲀工厂化养殖冬季病害严重，防控措施有待完善。

3.4 深水网箱养殖存在的问题

深水抗风浪网箱设施和养殖技术还不完善，机械化、自动化程度低，养殖管理劳动强度大，养殖技术和工艺还尚需要改进。

3.5 市场存在的问题

受疫情影响，商品鱼市场价格波动较大，影响企业经济效益。

附表 1　2020 年度丹东综合试验站示范县海水鱼育苗及成鱼养殖情况统计表

项目 \ 品种		庄河				鲅鱼圈	旅顺		瓦房店	东港	
		红鳍东方鲀	黄条鰤	牙鲆	黄盖鲽	牙鲆	大菱鲆	牙鲆	大菱鲆	红鳍东方鲀	牙鲆
育苗	面积/m^2	1 500	1 000	2 000	极少不计	2 000				2 000	5 000
	产量/万尾	95	20	400		300				180	1 000
工厂养殖	面积/m^2	15 000	1 500				30 000		5 500	10 000	10 000
	年产量/t	104	58				142		28.5	2	25
	年销售量/t	30	258				135		28.5	10	100
	年末库存量/t	284	75				99		30	42	
池塘养殖	面积/亩									4 000	12 000
	年产量/t									240	2 070
	年销售量/t									250	2 075
	年末库存量/t										
网箱养殖	面积/m^2	15 000	15 000					10 000			
	年产量/t	120	62					112			
	年销售量/t	10	32								
	年末库存量/t										
户数	育苗户数	1	1	1		1				1	6
	养殖户数	1	1				2	1	1	6	336

附表2　丹东站5个示范县养殖面积、养殖产量及主要品种构成

项目＼品种	年产总量	牙鲆	大菱鲆	红鳍东方鲀	黄条鰤	大泷六线鱼	黄盖鲽
工厂化育苗面积/m^2	1 350	9 000		3 500	1 000	极少	极少
工厂化出苗量/万尾	1 995	1 700		275	20		
工厂化养殖面积/m^2	85 500	10 000	355 00	25 000	15 000		
工厂化养殖产量/t	359.5	25	170.5	106	58		
池塘养殖面积/亩	16 000	12 000		4 000			
池塘年总产量/t	2 310	2 070		240			
网箱养殖面积/m^2	25 000	10 000		15 000			
网箱年总产量/t	216	96		120			
深水网箱养殖/m^3	15 000				15 000		
深水网箱年总产量/t	62				62		
各品种工厂化育苗面积占总面积的比例/%	100	66.67		25.92	7.41		
各品种工厂化出苗量占总出苗量的比例/%	100	85.22		13.78	1.0		
各品种工厂化养殖面积占总面积的比例/%	100	11.70	41.52	29.24	17.54		
各品种工厂化养殖产量占总产量的比例/%	100	7.0	47.42	29.49	16.13		
各品种池塘养殖面积占总面积的比例/%	100	75.0		25.0			
各品种池塘养殖产量占总产量的比例/%	100	89.61		10.39			
各品种网箱养殖面积占总面积的比例/%	100	25.0		37.5	37.5		
各品种网箱养殖产量占总产量的比例/%	100	34.53		43.16	22.30		

（丹东综合试验站站长　赫崇波）

葫芦岛综合试验站产区调研报告

1　示范县（市、区）海水鱼养殖现状

本综合试验站下设5个示范县（市、区），分别为：兴城市、绥中县、葫芦岛龙港区、锦州滨海经济区、凌海市。其育苗、养殖品种、产量及规模见附表1。

1.1　育苗面积及苗种产量

1.1.1　育苗面积

5个示范县育苗总面积为10 000 m^2，兴城市5 000 m^2，凌海市5 000 m^2。

1.1.2　苗种年产量

5个示范县共计2户育苗厂家，年繁育牙鲆鱼苗200万尾。其中兴城市80万尾，凌海市120万尾，均用于牙鲆人工增殖放流。

1.2　养殖面积及年产量、销售量、年末库存量

5个示范县均为路基工厂化养殖，养殖户753户，面积276.5万m^2，年生产量为28 989 t，销售量为28 741 t，年末存池量为26 198 t。具体介绍如下。

兴城市：大菱鲆养殖户510户，养殖面积200万m^2，年产量26 320 t，销售24 520 t，年末存池量18 400 t。

绥中县：大菱鲆养殖户220户，养殖面积70万m^2，年产量2 122.5 t，销售3 750 t，年末存池量7 180 t。

葫芦岛龙港区：大菱鲆养殖户20户，养殖面积5万m^2，年产量466.5 t，销售量435 t，年末存池量568 t。

锦州市滨海新区：其他海水鱼2户，养殖面积1.5万m^2，年产量55 t，销量36 t，年末存池量25 t。

凌海市：育苗企业1户，育苗水体5 000 m^2，年繁育牙鲆鱼苗120万尾，用于人工增殖放流。

1.3 品种构成

本试验站5个示范县养殖面积、养殖产量及主要品种构成见附表2。

统计5个示范县海水鱼养殖面积、品种构成如下：

工厂化育苗总面积为10 000 m^2，牙鲆育苗面积10 000 m^2，占育苗面积的100%。

工厂化育苗总出苗量为200万尾，全部为牙鲆鱼苗200万尾，占总出苗量的100%。

工厂化养殖总面积276.5万m^2，大菱鲆养殖面积275万m^2，大菱鲆养殖面积占总养殖面积的99.46%。其他海水鱼养殖面积为1.5万m^2，占总养殖面积的0.54%。

工厂化养殖总产量28 989 t，大菱鲆总产量28，934 t，大菱鲆产量占总产量的99.8%。其他海水鱼产量占总产量的0.2%。

从以上统计可以看出，在5个示范县内，工厂化养殖大菱鲆为主要养殖品种，其他海水鱼占小部分。

2 示范县（市、区）科研开展情况

近年来，葫芦岛市依托优质的海洋资源和生态环境，多宝鱼产业发展至兴城市、绥中县、龙港区等一市一县一区的沿海12乡镇33村，养殖户达700余户，2012年“兴城多宝鱼”成功注册为国家地理标志证明商标。葫芦岛地区养殖的多宝鱼均冠与“兴城多宝鱼”的称号，完善了多宝鱼质量追溯体系，多宝鱼产业已是葫芦岛地区符号式、标签式产业，在国际、国内具有一定的产业地位。国家海水鱼产业技术体系针对“兴城多宝鱼”走“多宝鱼+”发展之路和“多宝鱼+科技”等发展的瓶颈问题，加强科技投入，重拳出击，提升产业，为兴城多宝鱼产业把脉，2020年重点研究“多宝鱼+园区”发展之路，支持县域经济“一县一业”产业发展，完成了对大菱鲆优质苗种示范、大菱鲆饲料蛋白高效利用技术示范、多联疫苗接种技术示范、大菱鲆工厂化养殖尾水处理与技术升级示范、大菱鲆贮运及加工技术示范等科技示范及企业的对接工作。为葫芦岛地区大菱鲆健全完善种苗、养殖、加工、销售、物流、技术等全产业链条，为创新出新业态、新产业、新产品奠定了基础。

3 海水鱼养殖产业发展中存在的问题

3.1 海水鱼养殖产业发展现状

5个示范区县海水鱼养殖方式主要为工厂化养殖，养殖的品种主要为大菱鲆，其他海水鱼只有三文鱼等，放流的品种为牙鲆。

3.2 海水鱼养殖业存在问题

3.2.1 亟待产业提升

目前，大菱鲆养殖均采用开放式流水养殖，这种养殖方式具有用水量大，对地下井盐水的依赖性较强等局限性，一旦地下井盐水资源短缺，势必给养殖生产造成影响及损失。循环水养殖模式，可节省60% ~ 70%的地下水，是解决井盐水资源短缺、减轻对自然海域环境污染的好办法。目前政府正在加大引导扶持力度，全面推行循环水技术。大菱鲆产业进一步调整、改造、升级。

3.2.2 水、土资源规划合理性不足

在大菱鲆养殖局部地区，由于养殖场密度过大，水资源使用需求大幅增加，造成水源补给不足、水位下降，长此下去，将会造成产业“窒息”，影响养殖业的可持续发展。同时，应该承认，工厂化养殖所排放的尾水，存在富营养化倾向。在前期规划现代渔业园区时曾提出要加强对排水的管理，并有过建设人工湿地的计划，现在，在兴城渔业园区沿海翅碱蓬（俗称盐吸菜）生长繁茂，已经自然形成了一个巨大的海洋湿地。另外，沿海商业经济的开发也对养殖空间造成了强烈的挤压。

3.2.3 养殖技术有待提高，苗种来源不规范

养殖技术科技含量不高，有的养殖企业还处在初始时的养殖状态，虽然每年都对一部分养殖从业人员进行技术培训，但技术培训面还不广。葫芦岛地区每年需要大菱鲆苗种6 000 ~ 7 000万尾，而园区内的几家育苗场每年只能生产苗种200万尾，其他的苗种都需从山东、河北、天津等地选购，外购的苗参差不齐，质量没保证。有的育苗场家为了自身利益，把“老头苗”“病害苗”也卖给养殖户，甚至有的生产场家为了提高育苗成活率和经济效益，在育苗期间使用违禁药品等。

3.2.4 新品种推进缓慢

近几年，由于种质退化情况加剧，大菱鲆生长速度缓慢、免疫力降低、发病率高、抗逆性差、成活率低，影响了大菱鲆鱼的质量。现在使用的种鱼都是由法国引进的良种繁育的第三代或第四代种鱼，大菱鲆繁育是采用人工挤卵的方式，易造成大菱鲆种鱼受伤死亡，所以越是性腺发育好、遗传性状优良的种鱼死亡淘汰率越高。2020年在国家海水鱼产业技术体系的指导下，葫芦岛地区引进优质大菱鲆苗种2 000余万尾，示范推广大菱鲆“多宝1号”优质苗种4万余尾，但缺口还很大。

3.2.5 多联疫苗接种推进缓慢

大菱鲆种质退化，时常会发生病害，每年损失较为严重，2020年葫芦岛试验站配合细菌病防控岗位开展多联疫苗接种技术示范，开展了迟缓爱德华氏菌疫苗、杀鲑气单胞菌疫苗、迟缓爱德华氏菌口服疫苗等疫苗的接种，累计接种大菱鲆近20万尾，取得了一定的防病效果，但接种数量少，疫苗接种推进缓慢。

3.2.6 尾水治理技术不成熟

大菱鲆养殖尾水都是简单处理后直排入海，没有成熟的、先进的治理规范，虽然个别养殖企业建有沉淀池，尾水还不能达标排放，亟待对尾水排放优化治理。

附表 1　2020 年度葫芦岛综合试验站五个示范县海水鱼育苗及成鱼养殖情况表

项目＼品种		兴城市		绥中县	龙港区	锦州市滨海新区	凌海市
		大菱鲆	牙鲆	大菱鲆	大菱鲆	其他海水鱼	牙鲆
育苗	面积/m^2		5 000				5 000
	产量/万尾		80				120
工厂化养殖	面积/m^2	2 000 000		700 000	50 000	15 000	
	年产量/t	26 320		2 122.5	466.5	55	
	年销售量/t	24 520		3 750	435	36	
	年末库存量/t	18 400		7 180	568	25	
池塘养殖	面积/亩						
	年产量/t						
	年销售量/t						
	年末库存量/t						
网箱养殖	面积/m^2						
	年产量/t						
	年销售量/t						
	年末库存量/t						
户数	育苗户数		1				1
	养殖户数	510		220	20	2	

附表 2　葫芦岛综合试验站 5 个示范县养殖面积、养殖产量及主要品种构成

项目 \ 品种	年产总量	牙鲆	大菱鲆	其他海水鱼
工厂化育苗面积/m^2	10 000	10 000		
工厂化出苗量/万尾	200	200		
工厂化养殖面积/m^2	2 765 000		2 750 000	15 000
工厂化养殖产量/t	28 989		28 934	55
池塘养殖面积/亩				
池塘年总产量/t				
网箱养殖面积/m^2				
网箱年总产量/t				
各品种工厂化育苗面积占总面积的比例/%	100	100		
各品种工厂化出苗量占总出苗量的比例/%	100	100		
各品种工厂化养殖面积占总面积的比例/%	100		99.46	0.54
各品种工厂化养殖产量占总产量的比例/%	100		99.80	0.20
各品种池塘养殖面积占总面积的比例/%				
各品种池塘养殖产量占总产量的比例/%				

(葫芦岛综合试验站站长　王　辉)

南通综合试验站产区调研报告

1　示范县（市、区）海水鱼养殖现状

本综合试验站下设5个示范县（市、区），分别为：江苏省南通市海安市、广东省江门市江海区、广东省江门市新会区、广东省台山市和广东省中山市。示范基地10处，分别是江苏中洋集团股份有限公司南通龙洋水产有限公司、中洋渔业（江门）有限公司、中山市海惠水产养殖有限公司、泰州丰汇农业科技有限公司、海安县发华渔业专业合作社、信源水产有限公司、中山市好渔水产养殖场，以及3个个体养殖户（养殖基地）。在示范县和示范基地主要进行暗纹东方鲀养殖技术的示范和推广工作，其他海水养殖品种有零星养殖，不具规模，具体有石斑鱼和黄鳍鲷等。各示范县区的人工育苗、养殖品种、产量及规模见附表1。

1.1　育苗面积及苗种产量

1.1.1　育苗面积

5个示范县育苗总面积为89 000 m^2，集中在江苏省南通市海安市，繁育的苗种为暗纹东方鲀。

1.1.2　苗种年产量

5个示范县共计1户育苗厂，总计繁育水花10 000万尾，全部为暗纹东方鲀苗种，用于江苏、广东等地养殖。

1.2　养殖面积及年产量、销售量、年末库存量

5个示范县的海水鱼养殖模式主要是池塘养殖，其养殖面积为7 384亩，年总养殖产量为5 442.2 t，养殖品种主要为暗纹东方鲀。

1.2.1　池塘养殖

5个示范县池塘养殖面积为7 384亩，全部为普通池塘养；海水鱼养殖全年产量5 442.2 t，年销量3 541.3 t，年末存量为1 900.9 t，全部为暗纹东方鲀养殖。

1.3　品种构成

经过对本试验站内5个示范县区的海水鱼养殖情况的调查统计，每个品种的养殖面积

及产量占示范县养殖面积和总产量的比例（附表 2）情况介绍如下。

工厂化育苗总面积为 89 000 m^2，其中暗纹东方鲀为 89 000 m^2，占总育苗面积的 100%。

工厂化育苗的总出苗量为 10 000 万尾，其中暗纹东方鲀 10 000 万尾，占总出苗总量的 100%。

池塘养殖总面积为 7 384 亩，全部养殖暗纹东方鲀，占总养殖面积的 100%。

池塘养殖总量为 5 442.2 t，其中暗纹东方鲀 5 442.2 t，占总产量的 100%。

从以上统计数据可以看出，5 个示范县内，育苗全部是暗纹东方鲀，其育苗面积和出苗量均达到了 100%。池塘养殖面积和产量均是暗纹东方鲀，占比均为 100%。

2 示范县（市、区）科研开展情况

2.1 科研课题情况

河鲀颗粒料可进行规模化推广：2020 年 5 月开始进行颗粒料和粉料的对比，随机选取总部基地面积为 10 亩的池子两口，其中一口投喂颗粒料，一口投喂粉料。两口池子分别套养虾 1.5 万尾/亩。中间进行了 4 次抽样，结果表明颗粒料组的生长性能达到粉料组的效果。从成本来看，颗粒料价格在 9 000 元/吨，粉料的价格达到 11 000 元/吨，颗粒料比粉料的价格将低 2 000 元/吨，效果明显。

暗纹东方鲀池塘养殖投饲策略：对颗粒料投喂时的食台位置、食台深度和投饲时间进行了详细的实验研究，摸索出了科学的投饲策略，为今后颗粒料的规模化推广提供支撑。

河鲀套养南美白对虾养殖模式：混养模式或者套养模式一直以来都是很不错的养殖模式，在河鲀养殖上面，尝试过多次，效果均不是特别明显。2020 年南通综合试验站在 2019 年的基础上进行调整和改进：4 月一亩地投放 30 ~ 50 克/尾的暗纹东方鲀“中洋 1 号”2 000 尾左右，6 月初投放淡化后的南美白对虾虾苗 2 万 ~ 3 万/亩。全程投喂河鲀颗粒料，每天 3 餐，根据天气适时调整投喂量。采用微生物和藻类调控水质，保证水质的“肥活嫩爽”。养殖至 10 月即可出鱼售虾。这种模式能够实现河鲀鱼的当年养殖当年上市，缩短养殖周期至少 6 个月。河鲀鱼产量在 500 千克 ~ 750 千克/亩，套养对虾产量可以达到 200 千克/亩，可以提高亩效益 5 000 元以上。

2.2 发表论文、标准、专利情况

申请专利 1 项，发表论文 1 篇，发布国家标准 1 项。

1）发布国家标准 1 项，共 1 项标准。

国家标准：养殖暗纹东方鲀鲜、冻品加工操作规范，GB/T 39122—2020.

2）申请发明专利 1 项

［1］王秀利；余云登；仇雪梅；朱浩拥；王耀辉；朱永祥；钱晓明. 一种用于选择暗纹东方鲀体重快速生长的SNP位点与应用：CN111763745A. 2020.

3）发表论文 1 篇。

［1］Hanyuan Zhang；Jilun Hou；Haijin Liu；Haoyong Zhu；Gangchun Xu；Jian Xu. Adaptive evolution of low salinity tolerance and hypoosmotic regulation in a euryhaline teleost，*Takifugu obscurus*［J］.Marine Biotechnology，2020.

3　海水鱼养殖产业发展中存在的问题

3.1　缺乏有序管理，市场价格波动较大

虽然不少养殖品种都有相应的协会和组织，但是并没有起到多大的作用。养殖企业或者养殖户自律性较差，导致一窝蜂的养殖，从而造成供求关系的失衡。急需在体系的引导下，形成各个养殖品种的规模化、正规化。

3.2　先进技术和产品没有及时到达试验站

每年各个岗位和试验站都会有不少新的技术和产品产生，但是往往不能够在体系内部形成交流。使得研究和科研还是停留在科研阶段，产业的从业者并未得到多大的实惠。急需要专家和相关人员认真走下去进行示范和推广，使我们体系内的养殖从业者得到实惠，加深彼此之间的联合和沟通。

3.3　疾病预防和治疗工作继续加强

疾病往往是导致养殖失败的重要原因，好的养殖模式和优秀防控体系的建立是养殖从业者很关心的话题。体系应该发挥大家的优势，集中攻克几种海水养殖品种的种质、养殖模式、营养饲料、防控体系等方面的难题。形成具有体系特色的海水研制品种，带领海水鱼从业者共进步。

4　当地政府对产业发展的扶持政策

为促进现代渔业的绿色健康发展，依照农业部对水产养殖户的扶持政策，南通市对于渔用柴油涨价补贴，渔业资源保护和转产转业财政项目、渔业互助保险保费补贴、发展水产养殖业补贴，包括水产养殖机械补贴、良种补贴、养殖基地补贴，另有渔业贷款贴息、税收优惠等政策。对于渔业用地也有相应的经营财政补贴政策。

附表 1　2017 年度本综合试验站示范县海水鱼育苗及成鱼养殖情况表

项目 \ 品种		海安市	江门市新会区	江门市江海区	广东省台山市	广东省中山市
		暗纹东方鲀	暗纹东方鲀	暗纹东方鲀	暗纹东方鲀	暗纹东方鲀
育苗	面积/m^2	89 000				
	产量/万尾	10 000				
工厂养殖	面积/m^2					
	年产量/t					
	年销售量/t					
	年末库存量/t					
池塘养殖	面积/亩	664	3 000	830	1 290	1 600
	年产量/t	246.2	2 320	642	997	1 237
	年销售量/t	194.3	1 494	413	642	798
	年末库存量/t	51.9	825	228	355	441
网箱养殖	面积/m^3					
	年产量/t					
	年销售量/t					
	年末库存量/t					
户数	育苗户数	1				
	养殖户数	3	1	2	2	2

附表 2　本综合试验站五个示范县养殖面积、养殖产量及主要品种构成

项目＼品种	年总量	暗纹东方鲀
工厂化育苗面积/m^2	89 000	89 000
工厂化出苗量/万尾	10 000	10 000
工厂化养殖面积/m^2		
工厂化养殖产量/t		
池塘养殖面积/亩	7 384	7 384
池塘年总产量/t	5 442.2	5 442.2
网箱养殖面积/m^2		
网箱年总产量/t		
各品种工厂化育苗面积占总面积的比例/%	100	100
各品种工厂化出苗量占总出苗量的比例/%	100	100
各品种工厂化养殖面积占总面积的比例/%		
各品种工厂化养殖产量占总产量的比例/%		
各品种池塘养殖面积占总面积的比例/%	100	100
各品种池塘养殖产量占总产量的比例/%	100	100
各品种网箱养殖面积占总面积的比例/%		
各品种网箱养殖产量占总产量的比例/%		

（南通综合试验站站长　朱永祥）

宁波综合试验站产区调研报告

1 示范县（市、区）海水鱼类养殖现状

宁波综合试验站下设5个示范区县（市、区），分别为舟山市普陀区、宁波市象山县、台州市椒江区、温州市洞头区、温州市平阳县。其育苗、养殖品种、产量及规模介绍如下。

1.1 育苗面积及育苗产量

1.1.1 育苗面积

5个示范区县中海水鱼育苗厂家主要分布于宁波象山、舟山普陀等地，育苗总面积为12 000 m^2，品种以大黄鱼为主。

1.1.2 苗种年产量

5个示范区县年培育海水鱼苗种14 638万尾，包括大黄鱼、小黄鱼、黑鲷、黄姑鱼、银鲳、日本鬼鲉、褐菖鲉等，其中大黄鱼苗种11 000万尾，占75.15%，其他海水鱼类3 638万尾，占24.85%。

1.2 养殖面积及年产量、销售量、年末库存量

1.2.1 普通网箱养殖

5个示范区县有普通网箱养殖面积307 404 m^2，分布于普陀、象山、洞头和平阳等区县，共计养殖户214户，全年养殖生产量6 235.5 t，销售量7 816.55 t，库存量3 330 t。具体介绍如下。

普陀区：10户，养殖面积25 131 m^2，产量630.5 t，销售488.55 t，年末库存量472 t。养殖大黄鱼12 150 m^2，产量253 t，销售216.75 t，年末库存量190 t。海鲈2 711 m^2，产量62 t，销售65.95 t，年末库存量50 t；鲷2 017 m^2，产量114 t，销售61.85 t，年末库存量82 t；美国红鱼8 253 m^2，产量201.5 t，销售144 t，年末库存量150 t。

象山县：109户，养殖面积244 244 m^2，产量4 017 t，销售4 215 t，年末库存量2 405 t。养殖大黄鱼215 138 m^2，产量3 400 t，销售3 690 t，年末库存量1 700 t；海鲈23 409 m^2，产量565 t，销售505 t，年末库存量650 t；美国红鱼5 697 m^2，产量52 t，销售20 t，年末库存量55 t。

洞头区：83 户，养殖面积 36 765 m^2，产量 1 463 t，销售 3 028 t，年末库存量 393 t。养殖大黄鱼 20 527 m^2，产量 370 t，销售 789.4 t，年末库存量 220 t；海鲈 1 999 m^2，产量 770 t，销售 797 t，年末库存量 39 t；鲷 5 416 m^2，产量 119 t，销售 185.6 t，年末库存量 37 t；美国红鱼 5 156 m^2，产量 36 t，销售 912 t，年末库存量 39 t；其他海水鱼以鮸为主，3 667 m^2，产量 168 t，销售 344 t，年末库存量 58 t。

平阳县：12 户，养殖面积 1 264 m^2，全部养殖大黄鱼，产量 125 t，销售量 85 t，年末库存量 60 t。

1.2.2　深水网箱养殖

5 个示范区县有深水网箱养殖面积 1 073 818 m^3，分布于普陀、椒江、平阳和洞头等区县，全年养殖生产量 3 232 t，销售量 2 707.4 t，库存量 1 064.1 t。具体介绍如下。

普陀区，深水网箱面积 114 808 m^3，年产量 464 t，销售量 456.8 t，年末库存量 359 t。其中，大黄鱼 60 960 m^3，年产量 298 t，销售量 317 t，年末库存量 210 t；海鲈 3 048 m^3，产量 9 t，销售量 5.8 t，年末库存量 7 t；鲷 20 320 m^3，产量 22 t，销售量 22 t，年末库存量 22 t；美国红鱼 30 480 m^3，产量 135 t，销售量 112 t，年末库存量 120 t。

椒江区，深水网箱面积 568 000 m^3，均养殖大黄鱼，年产量 1 250 t，销售量 920 t，年末库存量 900 t。

平阳县，深水网箱面积 274 310 m^3，均养殖大黄鱼，年产量 1 269 t，销售量 1 185 t，年末库存量 800 t。

洞头区，深水网箱面积 116 700 m^3，均养殖大黄鱼，年产量 249 t，销售量 125.61 t，年末库存量 197.49 t。

1.2.3　围网养殖

5 个示范区县有围网养殖面积 885 848 m^2，分布于椒江、洞头等区县，全年养殖生产量 2 048 t，销售量 2 385 t，库存量 1 475 t。具体介绍如下。

椒江区，围网面积 481 666 m^2，均养殖大黄鱼，年产量 1 506 t，销售量 2 000 t，年末库存量 1 300 t。

洞头区，围网面积 404 182 m^3，均养殖大黄鱼，年产量 542 t，销售量 385 t，年末库存量 175 t。

1.3　品种构成

统计 5 个示范区县主要养殖品种养殖面积及产量占示范区县养殖面积和总产量的比例见附件 2，各品种构成介绍如下。

工厂化育苗总面积为 12 000 m^2，其中大黄鱼为 10 500 m^2，占育苗总面积的 87.5%。

工厂化育苗总产量为 14 638 万尾，其中大黄鱼为 11 000 万尾，占育苗总产量的 75.15%。

普通网箱养殖总面积为 307 404 m²，其中大黄鱼为 249 079 m²，占育苗总面积的 81.03%；海鲈为 28 119 m²，占总面积的 9.15%；鲷为 7 433 m²，占总面积的 2.42%；美国红鱼为 19 106 m²，占总面积的 6.22%；其他海水鱼为 3 667 m²，占总面积的 1.18%。

普通网箱养殖总产量为 5 608.5 t，其中大黄鱼为 4 148 t，占总产量的 73.96%；海鲈为 770 t，占总产量的 13.73%；鲷为 233 t，占总产量的 4.15%；美国红鱼为 289.5 t，占总产量的 5.16%；其他海水鱼为 168 t，占总产量的 3.00%。

深水网箱养殖总面积为 1 073 818 m²，总产量 3 232 t。主要为大黄鱼，面积为 1 019 970 m²，总产量 3 066 t。

围网养殖均为大黄鱼，总面积为 885 848 m³，总产量为 2 048 t。

从以上统计可以看出，在各个方面，大黄鱼都占浙江海水鱼主产区绝对优势。

2　示范县（市、区）科研开展情况

2.1　科研课题进展

2.1.1　参加体系 2020 年重点任务“大黄鱼养殖安全保障与产业链价值提升技术”

在浙江象山建立大黄鱼健康养殖示范 61 277 m³，成活率提高 10%，颗粒配合饲料使用率 60%，增产 17.63%，增效 20%以上。在浙江东一海洋集团有限公司和黄鱼岛海洋渔业有限公司分别建立了大黄鱼工程化座底式围栏健康养殖示范 400 000 m² 和 16 676 m³ 水体，颗粒配合饲料使用率 60%，养殖成活率提高 10%，养殖大黄鱼品质接近野生，产品平均售价 220 元/千克和 215.7 元/千克，销售大黄鱼 16 万尾和 77.127 t，销售额分别 1 700 万元和 1 663.4 万元，增效 20%以上。

2.1.2　大黄鱼新品种选育和应用示范

培育大黄鱼“甬岱 1 号”1 个，（品种登记号：GS-01-001-2020），与未经选育的大黄鱼相比，21 月龄生长速度平均提高 16.36%；与普通养殖大黄鱼相比，体高/体长、体长/尾柄长、尾柄长/尾柄高等体型参数存在显著差异，体型显匀称细长。繁育大黄鱼“甬岱 1 号”优质健康苗种 800 万尾，在浙江福建进行示范养殖，其中在象山 4 个示范基地养殖大黄鱼“甬岱 1 号”168.4 万尾，1 龄鱼种经 190 ~ 229 d的养殖，比相同养殖条件下养殖的普通大黄鱼平均体重提高 17.63%；平均体高/体长小 0.020 ~ 0.023，效益提高 20%。联合示范企业在东海大目洋南韭山海域采集野生大黄鱼 170 尾，保活养殖 73 尾。

2.1.3　大黄鱼高效环保颗粒饲料应用示范与推广

建立大黄鱼高效环保颗粒饲料应用示范 7 376 只网箱（199 200 m³ 水体），配合饲料使用率 62.7%，降本增效 10%以上；5 个示范县配合饲料使用率达到 40%，比上年提高 10%；全省 159.3 万m³ 海水鱼养殖网箱，配合饲料使用率达到 40%。

2.1.4　大黄鱼养殖疾病综合防控技术应用示范

开展大黄鱼“三白病”流行病学调查与防控技术试验示范，引进纳米铜涂料防控室内水池养殖大黄鱼刺激隐核虫效果显著。开展大黄鱼养殖病害综合防控技术示范，建立传统养殖网箱健康养殖示范 48 030 m^3，养殖成活率提高 15%，增效 10%以上。建立大黄鱼产品质量安全产地准出试点 2 个，开展大黄鱼养殖产品药残快速检测试剂盒的应用，示范点产品药残抽检合格率 100%。建立宁波–宁德跨区域活体大黄鱼转运检疫试点，制定《大黄鱼活体转运病害检测方法（试行）》，开展 4 批次跨区域转运活体大黄鱼病害检测服务。

2.2　创新技术研发

2.2.1　大黄鱼全雄系和低氧耐受系选育

构建大黄鱼超雄鱼待选雄鱼繁殖群体 250 尾，初步检测超雄个体比例 23%；继续筛选大黄鱼低氧耐受群体子代 2 893 尾；构建大黄鱼低氧耐受性状全基因组分析参考群体 2 000 尾和候选亲本 501 尾。开展大黄鱼甲状腺激素受体TRs基因克隆及表达分析、大黄鱼低氧肝脏代谢组、大黄鱼低氧下细胞水平糖酵解指标变化和细胞存活情况、大黄鱼低氧耐受子代低氧耐受性状和抗病能力评价等研究。

2.3　专利、论文、标准和人才培养情况

2.3.1　新品种

获得水产新品种 1 个：大黄鱼“甬岱 1 号”（品种登记号：GS–01–001–2020）。

2.3.2　专利

申请实用新型专利 1 项。一种鱼类底栖阶段养殖聚集器及养殖水槽，申请号：202022705686.8。

2.3.3　论文

发表论文 2 篇。

［1］王雪磊，沈伟良，黄琳，徐胜威，吴雄飞.岱衢族大黄鱼亲鱼室内越冬促熟及早繁培育试验［J］.水产养殖，2020，41（10）：41–43.

［2］王雪磊，沈伟良，申屠基康，徐胜威，黄琳，吴雄飞.基于品质改良的大黄鱼网箱高效健康养殖试验［J］.现代农业科技 2020（19）：196–197.

2.3.4　人才培养

培养指导全日制在读硕士研究生 1 人、博士生 3 人、本科生 2 人，其中毕业硕士生 1 名。

3 海水鱼养殖产业发展中存在的问题

（1）受新冠疫情影响，养殖产品一度积压，正常生产节奏被打乱，养殖效益下降。2020年上半年，受新冠疫情影响，产品流通及运输受阻，市场消费不足，出口受阻，导致海区网箱养殖的大黄鱼、海鲈、鲷等产品积压，正常生产节奏被打乱，放苗量减少；下半年，市场回暖，但养殖效益整体下降。

（2）产业链短腿问题突显。海水养殖鱼类保鲜和加工环节能力不足、技术水平不高，市场销售渠道和方式单一，已成为影响养殖效益和产业高质量发展的突出短腿，在新冠疫情影响下，这一短腿效应更加显现。浙江高品质大黄鱼的发展和效益提高，解决保鲜和加工是关键途径之一。

（3）近岸养殖存在环境容量过载风险。现有养殖区因为早期规划不足，海区可承载养殖总量评估缺失，极易在产业获利能力较高的刺激下出现养殖投资热和区域养殖密度过载问题，如浙江大陈岛海区围栏养殖的大发展，极易因超过环境承载力而暴发病害等问题。

（4）近岸养殖设施落后，抵御灾害能力弱。象山县等传统网箱养殖县，传统海水养殖网箱等养殖设施老旧，抵御台风等灾害能力弱，使用的泡沫浮球易造成海区污染，必须对传统木质网箱进行绿色升级改造。

（5）养殖病害防控手段传统，产品质量安全风险形势依然严峻。大黄鱼“三白病”等流行广、危害大，对大黄鱼内脏白点病的防控仍依赖沙星药物类药物，病原耐药性增强、使用不规范和休药期不足，养殖产品药残风险依然严峻。加大高效低残新药开发和鱼用疫苗、抗病育种的研发。

附表 1　2020 年度宁波综合试验站示范县海水鱼育苗及成鱼养殖情况表

		育苗		养殖						户数	
		面积/m²	年产量/万尾	普通网箱		深水网箱		围网		育苗户数	养殖户数
				面积/m²	产量/t	面积/m²	产量/t	面积/m²	产量/t		
宁波象山	大黄鱼	8 000	9 500	215 138	3 400					3	99
	海鲈			23 409	565						75
	美国红鱼			5 697	52						56
	其他海水鱼	1 500	3 638							3	
台州椒江	大黄鱼					568 000	1 250	396 666	1 506		11
温州洞头	大黄鱼			20 527	370	116 700	249	404 182	542		9
	海鲈			1 999	770						38
	鲷			5 416	119						36
	美国红鱼			5 156	36						36
	其他海水鱼			3 667	168						39
温州平阳	大黄鱼			1 264	125	274 310	1 269				12
舟山普陀	大黄鱼	2 500	1 500	12 150	253	60 960	298			3	10
	海鲈			2 711	62	3 048	9				5
	鲷			2 017	114	20 320	22				6
	美国红鱼			8 253	201.5	30 480	135				5

附表 2　宁波综合试验站五个示范县养殖面积、养殖产量及主要品种构成

项目＼品种	年产总量	大黄鱼	海鲈	鲷	美国红鱼	其他海水鱼
工厂化育苗面积/m^2	12 000	10 500				1 500
工厂化育苗产量/万尾	14 638	11 000				3 638
普通网箱养殖面积/m^2	307 404	249 079	28 119	7 433	19 106	3 667
普通网箱养殖产量/t	6 235.5	4 148	1 397	233	289.5	168
深水网箱养殖面积/m^3	1 073 818	1 019 970	3 048	20 320	30 480	
深水网箱养殖产量/t	3 232	3 066	9	22	135	
围网养殖面积/m^2	885 848	885 848				
围网养殖产量/t	2 048	2 048				
各品种育苗面积占育苗总面积的比例/%	100	87.5				12.5
各品种育苗量占总育苗量的比例/%	100	75.15				24.85
各品种普通网箱养殖面积占总面积的比例/%	100	81.03	9.15	2.42	6.22	1.18
各品种普通网箱养殖产量占总产量的比例/%	100	66.53	22.40	3.74	4.64	2.69
各品种深水网箱养殖面积占总面积的比例/%	100	94.99	0.28	1.89	2.84	
各品种深水网箱养殖产量占总产量的比例/%	100	94.86	0.28	0.68	4.18	
各品种围网养殖面积占总面积的比例/%	100	100				
各品种围网养殖产量占总产量的比例/%	100	100				

（宁波综合试验站站长　吴雄飞）

宁德综合试验站产区调研报告

1　示范县（市、区）海水鱼养殖现状

宁德综合试验站下设 5 个示范县（市、区），分别为福建省宁德市的蕉城区、霞浦县、福安市以及福建省漳州市的东山县、诏安县。示范基地 10 处，分别是宁德市富发水产有限公司、宁德市达旺水产有限公司、霞浦县蔡建华养殖场、霞浦县陈忠养殖场、福安市陈时红养殖场、福安市林亦通养殖场、东山县祥源汇水产养殖有限公司、福建省逸有水产科技有限公司、诏安县郑祖盛养殖场、诏安县高忠明养殖场，其示范区育苗、养殖品种、产量和规模见附表 1。

1.1　育苗面积和苗种产量

1.1.1　育苗面积

5 个示范县育苗总面积为 67 460 m^2，其中蕉城区为 50 000 m^2，霞浦和福安未统计到育苗场；东山县为 12 800 m^2，诏安县为 4 660 m^2；按品种来分，大黄鱼育苗面积为 50 000 m^2，石斑鱼为 350 m^2，鲷为 475 m^2，鲈为 5 100 m^2。

1.1.2　苗种年产量

5 个示范县育苗户数为 158 户，总育苗量为 13.13 亿尾，其中大黄鱼为 13 亿尾，石斑鱼为 350 万尾，鲷为 475 万尾，鲈为 480 万尾。各县的育苗数量介绍如下。

蕉城区：共有育苗户 40 家，共计育大黄鱼苗 13 亿尾；

东山县：共有育苗户 118 家，苗种繁育数量为 900 万尾，其中石斑鱼苗 300 万尾，鲷鱼苗 400 万尾，鲈鱼苗 200 万尾；

诏安县：共有育苗户 30 家，苗种繁育数量为 405 万尾，其中石斑鱼苗 50 万尾，鲷鱼苗 75 万尾，鲈鱼苗 280 万尾。

1.2　养殖面积及年产量、销售量、年末库存量

1.2.1　工厂化养殖

5 个示范县工厂化养殖面积为 16 000 m^2，其养殖产量为 237.6 t，其中年销售量为 169 t，年库存量为 69.6 t。各县的养殖情况如下：蕉城区工厂化养殖面积 5 000 m^2，养殖

产量 37.6 t，销售 31 t，年库存 7.6 t；东山县工厂化养殖面积 9 000 m^2，养殖总产量 135 t，年销售量为 80 t，年库存量为 55 t；诏安县工厂化养殖面积 2 200 m^2，养殖总产量尾 65 t，年销售量为 58 t，年库存量为 7 t。

1.2.2 池塘养殖

5 个示范县池塘养殖面积为 900 m^2，养殖产量尾 71 t，其中年销售量为 36 t，年库存量为 35 t。各县养殖情况如下：东山县池塘养殖总面积为 750 m^2，年产量为 49 t，销售量为 21 t，库存 28 t；诏安县池塘养殖总面积为 150 m^2，年产量 22 t，销售 15 t，库存 7 t。

1.2.3 网箱养殖

5 个示范县网箱养殖总面积为 5 711 255 m^2，总产量为 253 159.5 t，其中年销售量为 150 686 t，库存 102 473.5 t。各示范县的养殖情况如下：蕉城区网箱养殖面积为 1 755 000 m^2，养殖产量为 164 014.5 t，销售 74 596 t，库存 89 418.5 t；霞浦县网箱养殖面积为 2 348 128 m^2，养殖产量为 50 804 t，销售 45 660 t，库存 5 144 t；福安市网箱养殖面积为 1 353 257 m^2，养殖产量为 23 101 t，销售 18 620 t，库存 4 481 t；东山县网箱养殖面积为 235 220 m^2，养殖产量为 12 250 t，销售 92 800 t，库存 2 970 t；诏安县网箱养殖面积为 19 650 m^2，养殖产量为 2 990 t，销售 2 530 t，库存 460 t。

1.3 品种构成

每品种养殖面积及产量占示范县养殖总面积和总产量的比例见附表 2。

统计 5 个示范县海水鱼养殖面积调查结果，各品种构成介绍如下。

育苗面积：总育苗面积为 67 460 m^2，其中大黄鱼育苗面积为 50 000 m^2，占总育苗面积的 74.12%；石斑鱼为 8 700 m^2，占总育苗面积的 12.89%；鲷为 3 660 m^2，占总育苗面积的 5.43%；鲈为 5 100 m^2，占总育苗面积的 7.56%。

育苗产量：5 个示范县育苗总量为 131 305 万尾，其中大黄鱼为 130 000 万尾，占总育苗量的比例为 99.01%；石斑鱼育苗数量为 350 万尾，所占比例为 0.27%；鲷育苗数量为 475 万尾，所占比例为 0.36%；鲈育苗数量为 480 万尾，所占比例为 0.36%。

工厂化养殖面积：工厂化养殖总面积为 16 000 m^2，其中大黄鱼养殖面积为 5 000 m^2，所占比例为 31.88%；石斑鱼养殖面积为 11 000 m^2，所占比例为 68.12%。

工厂化养殖产量：工厂化养殖总产量为 237.6 t，其中大黄鱼养殖产量为 37.6 t，所占比例为 15.82%；石斑鱼养殖产量为 200 t，所占比例为 68.12%。

池塘养殖面积：池塘养殖总面积为 900 m^2，全部为石斑鱼池塘养殖。

池塘养殖产量：池塘养殖总产量为 71 t，全部为石斑鱼。

网箱养殖面积：网箱养殖总面积为 5 711 255 m^2，其中大黄鱼养殖面积为 5 456 385 m^2，所占比例为 95.55%；石斑鱼养殖面积为 101 450 m^2，所占比例为 1.79%；鲷养殖面积为 32 160 m^2，所占比例为 0.59%；鲈养殖面积为 56 060 m^2，所占比例为 0.95%；美国红鱼养殖面积为 54 000 m^2，所占比例为 0.95%；鲆养殖面积为 11 200 m^2，所占比例为 0.20%。

网箱养殖产量：网箱养殖总产量为 253 159.5 t，其中大黄鱼网箱养殖产量为 237 919.5 t，所占比例为 93.98%；石斑鱼网箱养殖产量为 4 400 t，所占比例为 1.74%；鲷网箱养殖产量为 4 040 t，所占比例为 1.60%；鲈网箱养殖产量为 4 360 t，所占比例为 7.12%；美国红鱼网箱养殖产量为 1 780 t，所占比例为 0.7%；鲆网箱养殖产量为 660 t，所占比例为 0.26%。

2　示范县（市、区）科研开展情况

2.1　主要科研课题情况

（1）开展新品系的遗传育种工作是宁德试验站长期以来的主要任务。以生长性状为选育目标，结合家系选育和群体选育技术，现已建立了大黄鱼核心选育群体，培育出具生长优势的“富发 1 号”大黄鱼新品系。新品系 2020 年共计培育 9 100 万尾，平均培育密度达 1.58 万尾/米 ^{3}，其生长速度比对照组提高了 25.66%。示范基地苗种繁育技术和受精卵、亲鱼、鱼苗等产品和技术已辐射推广至多家育苗户（企业），累计推广面积达到 12 000 m^2；通过网箱养殖产业升级模式试验与示范，累计示范养殖大黄鱼“富发 1 号”新品系苗种 1 130 口网箱（4 m × 4 m），共 780 万尾，其平均体重为 83.51 g，比对照组提高了 25.92%，新品系在苗种培育阶段的平均单产为 34.01 kg/m^2（成活率为 85.33%）；四年新品系苗种和健康养殖技术辐射推广 8 600 口网箱。

宁德站还联合厦门大学徐鹏教授课题组，围绕大黄鱼产业的发展需求，建立了成熟的基因组育种技术体系，开展速生、体型优良、抗虫和耐高温等多个大黄鱼新品系培育工作。

（2）提供大黄鱼等宁德地区特色海水鱼类营养与饲料创新研究与应用的苗种、场地，并进行协助。

宁德综合试验站配合海水鱼体系营养与饲料研究室岗位科学家麦康森院士及艾庆辉教授，开展大黄鱼的新型饲料蛋白源的开发与利用的试验示范。累计开展应用试验 200 多口网箱，包含沉性和浮性两种环保型全价颗粒配合饲料。

协助海水鱼体系疾病防控研究室岗位科学家对宁德地区主养海水鱼类主要爆发鱼病的调研，协助其进行病原微生物的取样和研究示范。目前已配合海水鱼体系疾病防控研究室的细菌病防控、寄生虫病防控、环境胁迫性疾病与综合防控等岗位科学家，对宁德养殖海水鱼类常见的刺激隐核虫病、内脏白点病、弧菌病、白鳃病等主要疾病暴发情况的调研和综合防治机制研究试验示范，为岗位科学家的病原取样、攻毒试验等提供了场地和生物材料便宜。

（3）传统网箱的升级改造与标准化示范，传统的养殖网箱以小家庭作坊式的近海粗放养殖为主，设施简陋、工艺粗糙、管理水平低下，其生活垃圾随意丢放，泡沫浮球、木质走道等破损较为严重，养殖密度大导致水质恶化、疾病频发、损失惨重，存在环保隐患。因此，宁德试验站在大黄鱼主养区新增深水抗风浪养殖网箱6口（23 m×23 m）和改造384口的环保型全塑胶渔排（4.4 m×4.4 m），并做了更加合理的改造，全周期按照无公害养殖标准进行规范化养殖生产，进一步科学规划了养殖网箱的布局、加强了渔排设施设备的优化升级与科学管理。

（4）配合体系工作，成立大黄鱼工作小组，开展大“一县一业”大黄鱼质量安全保障与产业价值提升行动。推动宁德地区全塑胶养殖网箱升级改造，建立福建宁德地区大黄鱼健康养殖示范区；牵头多家单位和育苗大户拟定成立大黄鱼健康优质苗种繁育示范区，推广应用大黄鱼优质健康苗种；配合疾病防控研究岗位，开展养殖大黄鱼流行性爆发性病害集成防控研究工作；配合推广大黄鱼养殖环保型全价颗粒配合饲料；参与建立大黄鱼产地检疫制度；开放大黄鱼博物馆，介绍大黄鱼产业发展历程，学习大黄鱼科技攻关艰苦历程。

2.2 发表论文、标准、专利情况

申请发明专利2项，授权发明专利1项；申请实用新型专利4项，授权实用新型专利9项；授权计算机软件著作权1项；发表文章4篇，其中3篇SCI。

（1）发表论文：发表文章4篇，其中3篇SCI。

［1］姜燕，徐永江，于超勇，柳学周，王滨，郑炜强，官曙光，史宝，陈佳，柯巧珍. 大黄鱼消化道菌群结构、消化酶和非特异性免疫酶活力分析［J］.渔业科学进展，2020，41（5）：61-72.

［2］Ji Zhao，Huaqiang Bai，Qiaozhen Ke，Bijun Li，Zhixiong Zhou，Hui Wang，Baohua Chen，Fei Pu，Tao Zhou，Peng Xu.Genomic selection for parasitic ciliate *Cryptocaryon irritans* resistance in large yellow croaker［J］.Aquaculture，2020，531：735786

［3］Qiaohong Liu，Hungdu Lin，Jia Chen，Junkai Ma，Ruiqi Liu，Shaoxiong Ding. Genetic variation and population genetic structure of the large yellow croaker（*Larimichthys crocea*）based on genome）ide single nucleotide polymorphisms in farmed and wild populations［J］.Fisheries Research，2020，232，105718

［4］Shengnan Kong，Zhixiong Zhou，Kunhuang Han，Tao Zhou，Ji Zhao，Lin Chen，Huanling Lin，Peng Xu，Qiaozhen Ke，Huaqiang Bai，Fei Pu，Peng Xu. Genome-Wide Association Study of Body Shape-Related Traits in Large Yellow Croaker（*Larimichthys crocea*）［J］.Marine Biotechnology，2020：1-13

（2）专利申请：申请发明专利2项，授权发明专利1项；申请实用新型专利4项，授权实用新型专利9项。

申请发明专利2项：

一种新型多功能大黄鱼室内养殖池的装置及其使用方法，申请号：202010641470.1，专

利类型：发明专利，申请日期：2020 年 7 月 6 日；

一种便捷自动投喂桡足类的装置，申请号：202010642314.7，专利类型：发明专利，申请日期：2020 年 7 月 6 日。

授权发明专利 1 项：

一种水产动物的蜂巢式水底遮蔽物及使用方法，专利号：ZL201710094911.9，专利类型：发明专利，授权日期：2019 年 6 月 25 日；

申请实用新型专利 4 项：

一种方便快速的取鳍条装置，专利号：202020393106.3，专利类型：实用新型专利，申请日期：2020 年 3 月 25 日；

一种便捷测量石首鱼类长度的装置，申请号：202021238321.2，专利类型：实用新型专利，申请日期：2020 年 6 月 30 日；

一种银鲳鱼的投饵装置，申请号：201920112392.9，专利类型：实用新型专利，申请日期：2020 年 1 月 3 日；

一种方便在网箱中转移大黄鱼的装置，申请号：202020010261.2，专利类型：实用新型专利，申请日期：2020 年 1 月 3 日；

授权实用新型专利 9 项：

一种测量大黄鱼生物学数据的装置，专利号：ZL201921625858.1，专利类型：实用新型专利，授权日期：2020 年 2 月 14 日；

一种鱼类养殖装置，专利号：ZL201921568285.3，专利类型：实用新型专利，授权日期：2020 年 5 月 19 日。

一种大黄鱼快速收集转移装置，专利号：ZL201921569958.7，专利类型：实用新型专利，授权日期：2020 年 6 月 2 日。

一种快速投喂大黄鱼冰鲜料装置，专利号：ZL201921626464.8，专利类型：实用新型专利，授权日期：2020 年 7 月 3 日。

一种防跑抄网，专利号：ZL201921942044.0，专利类型：实用新型专利，授权日期：2020 年 7 月 14 日。

一种鱼类结构调查的捕捞装置，专利号：ZL201922123005.4，专利类型：实用新型专利，授权日期：2020 年 8 月 7 日。

一种大黄鱼快速分苗的跑道式水槽装置，专利号：ZL201922275153.8，专利类型：实用新型专利，授权日期：2020 年 9 月 8 日。

一种方便在网箱中转移大黄鱼的装置，专利号：ZL202020010261.2，专利类型：实用新型专利，授权日期：2020 年 9 月 4 日。

一种近海捕鱼装置，专利号：ZL201922026991.1，专利类型：实用新型专利，授权日期：2020 年 7 月 28 日。

（3）标准：制定企业标准 1 项。

《大黄鱼原种子一代繁育技术操作规程》Q/NDFF 001-2018，于 2020 年 9 月 8 日在企业标准信息公共服务平台备案。

3 示范县（市、区）海水鱼产业发展中存在的问题

（1）养殖病害防控意识不强，对安全用药和病害防控存在很大的认知缺失，同时药物和冰鲜饵料的投喂更加剧了海区环境的污染，影响了原有的生态环境。

（2）养殖模式升级改造结束后，对于养殖理念和配套设备的更新还不够完善，高品质养殖产品产量不足，产业综合效益空间日益萎缩；同时，精深加工技术欠缺，产品少，附加值低，产业链尚不完善。

附表 1 2020 年度本综合试验站示范县海水鱼育苗及成鱼养殖情况表

项目	品种	蕉城区	霞浦县	福安市	东山县					诏安县		
		大黄鱼	大黄鱼	大黄鱼	石斑鱼	鲷	鲈	美国红鱼	鲆	石斑鱼	鲷	鲈
育苗	面积/m^2	50 000			8 000	3 000	1 800			700	660	3 300
	产量/万尾	130 000			300	400	200			50	75	280
工厂化养殖	面积/m^2	5 000			9 000					2 200		
	年产量/t	37.6			135					65		
	年销售量/t	31			80					58		
	年库存量/t	7.6			55					7		
池塘养殖	面积/m^2				750					150		
	年产量/t				49					22		
	年销售量/t				21					15		
	年库存量/t				28					7		
网箱养殖	面积/m^2	1 755 000	2 348 128	1 353 257	93 200	28 560	48 260	54 000	11 200	8 250	3 600	7 800
	年产量/t	164 014.5	50 804	23 101	3 800	3 150	2 860	1 780	660	600	890	1 500
	年销售量/t	74 596	45 660	18 620	3 200	2 680	1 490	1 350	560	450	760	1 320
	年库存量/t	89 418.5	5 144	4 481	600	470	1 370	430	100	150	130	180
户数	育苗户数	40			62	43	13					
	养殖户数	1 500	2 130	660	230	190	98	160	102	186	156	160

附表 2　本综合试验站五个示范县养殖面积、养殖产量及主要品种构成

项目＼品种	年总产量	大黄鱼	石斑鱼	鲷	鲈	美国红鱼	鲆
育苗面积/m^2	67 460	50 000	8 700	3 660	5 100		
育苗产量/万尾	131 305	130 000	350	475	480		
工厂化养殖面积/m^2	16 000	5 000	11 000				
工厂化养殖产量/t	237.6	37.6	200				
池塘养殖面积/m^2	900		900				
池塘养殖产量/t	71		71				
网箱养殖面积/m^2	5 711 255	5 456 385	101 450	32 160	56 060	54 000	11 200
网箱养殖产量/t	253 159.5	237 919.5	4 400	4 040	4 360	1 780	660
各品种育苗面积占总面积的比例/%	100	74.12	12.89	5.43	7.56	0.00	0.00
各品种出苗量占总出苗量的比例/%	100	99.01	0.27	0.36	0.36	0.00	0.00
各品种工厂化养殖面积占总面积的比例/%	100	31.88	68.12				
各品种工厂化养殖产量占总产量的比例/%	100	15.82	84.18				
各品种池塘养殖面积占总面积的比例/%	100		100				
各品种池塘养殖产量占总产量的比例/%	100		100				
各品种网箱养殖面积占总面积的比例/%	100	95.55	1.79	0.56	0.98	0.95	0.20
各品种网箱养殖产量占总产量的比例/%	100	93.98	1.74	1.60	1.72	0.70	0.26

（宁德综合试验站站长　郑炜强）

漳州综合试验站产区调研报告

1　示范县（市、区）海水鱼养殖现状

漳州综合试验站下设 5 个示范县，分别为：福建省宁德市福鼎市、福建省福州市连江县、福建省福州市罗源县、福建省漳州市云霄县、广东省潮州饶平县。试验站主要示范、推广品种为鲈、大黄鱼、鲷。其育苗、养殖品种、产量及规模见附表 1。

1.1　育苗面积及苗种产量

1.1.1　育苗面积

5 个示范县育苗总体积为 122 760 m^3，其中福鼎市为 38 000 m^3、连江县为 54 760 m^3、罗源县为 21 500 m^3、饶平县为 8 500 m^3，云霄县没有苗种生产。按品种分：大黄鱼为 53 940 m^3、鲈为 46 750 m^3、鲷 22 070 m^3。

1.1.2　苗种年产量

5 个示范县年育苗 11 190 万尾，其中：鲈 4 820 万尾、大黄鱼 5 170 万尾、鲷 1 200 万尾。各县育苗情况介绍如下。

福鼎市：年生产海鲈苗种 3 580 万尾，大黄鱼苗种 3 110 万尾，鲷 400 万尾。

连江县：年生产海鲈苗种 490 万尾，大黄鱼苗种 1 330 万尾，鲷 300 万尾。

罗源县：年生产海鲈苗种 200 万尾，大黄鱼苗种 430 万尾，鲷 240 万尾。

饶平县：年生产海鲈苗种 550 万尾，大黄鱼苗种 300 万尾，鲷 260 万尾。

云霄县：没有育苗。

1.2　养殖面积及年产量、销售量、年末库存量

1.2.1　普通网箱养殖

5 个示范县普通网箱养殖面积共计 7 899 763 m^2，其中养殖产量较多的分别为鲈、大黄鱼、鲷，故仅统计这三类鱼品种，普通网箱共计为 4 574 220 m^2，年总生产量为 78 372.67 t，销售量为 78 021 t，年末 67 365 t。

福鼎市：普通网箱养殖面积 1 996 000 m^2，鲈养殖面积 721 400 m^2，年产量 20 000 t，年销售量 19 499 t，年末库存量 13 990 t；大黄鱼养殖面积 962 000 m^2，年产量 23 200 t，年

销售量 21 180 t，年末库存量 19 309 t；鲷养殖面积 312 600 m^2，年产量 1 840 t，年销售量 2 050 t，年末库存量 2 202 t。

连江县：普通网箱养殖面积 1 378 000 m^2，鲈养殖面积 473 000 m^2，年产量 7 200 t，年销售量 6 742 t，年末库存量 6 358 t；大黄鱼养殖面积 731 300 m^2，年产量 1 200.3 t，年销售量 8 021 t，年末库存量 4 240 t；鲷养殖面积 173 700 m^2，年产量 2 740.6 t，年销售量 2 092 t，年末库存量 2 805 t。

罗源县：普通网箱养殖面积 1 116 382 m^2，鲈养殖面积 220 722 m^2，年产量 4 999.53 t，年销售量 4 496 t，年末库存量 3 702 t；大黄鱼养殖面积 545 200 m^2，年产量 8 500 t，年销售量 6 571 t，年末库存量 7 224 t；鲷养殖面积 350 460 m^2，年产量 6 399.3 t，年销售量 4 954 t，年末库存量 6 027 t。

云霄县：普通网箱养殖面积 59 860 m^2，鲈养殖面积 48 700 m^2，年产量 1 599.47 t，年销售量 1 552 t，年末库存量 824 t；鲷养殖面积 11 160 m^2，年产量 499.47 t，年销售量 452 t，年末库存量 312 t。

饶平县：普通网箱养殖面积 24 000 m^2，鲈养殖面积 24 000 m^2，年产量 194 t，年销售量 412 t，年末库存量 372 t。

1.2.2 深水网箱养殖

5 个示范县内深水网箱养殖体积共计 203 280 m^3，年总生产量约为 14 397.6 t，销售量约为 15 710 t，年末库存量 13 697 t。

福鼎市：深水网箱养殖体积 118 300 m^3，其中鲈养殖体积 43 000 m^3，年产量 5 000 t，年销售量 5 350 t，年末库存量 4 032 t；大黄鱼养殖体积 57 000 m^3，年产量 5 800 t，年销售量 5 577 t，年末库存量 5 581 t；鲷养殖体积 18 300 m^3，年产量 460 t，年销售量 443 t，年末库存量 615 t。

连江县：深水网箱养殖体积 76 480 m^3，其中鲈养殖体积 25 900 m^3，年产量 1 528.2 t，年销售量 1 802 t，年末库存量 1 626 t；大黄鱼养殖体积 40 200 m^3，年产量 298.6 t，年销售量 1 644 t，年末库存量 1 055 t；鲷养殖体积 10 380 m^3，年产量 659 t，年销售量 671 t，年末库存量 620 t。

饶平县：深水网箱养殖体积 8 500 m^3，鲈养殖体积 8 500 m^3，年产量 112 t，年销售量 223 t，年末库存量 168 t。

云霄县：深水网箱养殖面积小，未统计。

罗源县：没有深水网箱养殖

1.3 品种构成

每品种养殖面积及产量占示范县养殖总面积和产量的比例见附表 2。统计 5 个示范县海水鱼类养殖面积调查结果，各品种构成介绍如下。

5个示范县育苗总体积为122 760 m^3，其中，大黄鱼为53 940 m^3，占总育苗体积的43.94%；鲈为46 750 m^3，占总育苗体积的38.08%；鲷为22 070 m^3，占总育苗体积17.98%。

5个示范县年育苗11 190万尾，其中：大黄鱼5 170万尾，占总产量的46.20%；鲈4 820万尾，占总产量的43.08%；鲷1 200万尾，占总产量的10.72%。

普通网箱养殖总面积为4 574 220 m^2，其中鲈为1 487 800 m^2，占总面积的32.53%；大黄鱼为2 238 500 m^2，占总面积的48.94%；鲷为847 920 m^2，占总面积的18.53%。总产量为88 943.23 t，其中鲈为33 993 t，占总产量的43.37%；大黄鱼为32 900.3 t，占总产量的41.98%；鲷为11 479.37 t，占总产量的14.65%。

深水网箱养殖养殖总体积为203 280 m^3，其中鲈为77 400 m^3，占总体积的38.07%；大黄鱼为97 200 m^3，占总体积的47.82%；鲷为28 680 m^3，占总体积的14.11%。总产量为13 857.8 t，其中鲈产量为6 640.2 t，占总产量的47.92%；大黄鱼为6 098.6 t，占总产量的44.01%；鲷为1 119 t，占总产量的8.07%。

2　示范县（市、区）科研开展情况

2.1　科研课题情况

福建闽威实业股份有限公司是漳州综合试验站建设依托单位，试验站积极与体系内外科研院所、岗位科学家、研究人员合作，开展海鲈种质选育、水产品精深加工、网箱养殖技术等方面的合作和研究，并踊跃向有关部门申请海水鱼产业相关项目。试验站为发挥好带头示范和产业技术支撑作用，为各示范县提供优质海鲈苗种，示范建设全塑胶深水网箱面积共5 408 m^2，推广面积27 040 m^2，推广绿色健康养殖模式。同时，为提高水产品附加值，对精深加工水产进行研发和生产，取得产业增效、农民创收的显著成果。

试验站与海鲈种质资源与品种改良的岗位科学家温海深教授密切对接，开展“海鲈南北方养殖群体的形态学比较研究”，利用多元统计分析，对养殖条件下海鲈南北方群体的形态学特征进行了系统的比较，为海鲈群体鉴定、资源评估等提供切实可行的方法和参考资料，并为海鲈南北杂交育种提供科学依据，发表论文1篇。同时，试验站与中国水产科学研究院东海水产研究所开展盐度骤变对海鲈血清、肝脏和皮质的影响研究。结果表明海鲈对盐度具有良好的耐受性和适应性。发表论文1篇。

试验站与福建农林大学合作共同开展福建省科技计划项目“福鼎鲈鱼精深加工增值关键技术与产业化示范”。该项目针对市场需求，通过系统探索酶解、脱腥等关键技术，研究栅栏因子对品质、微生物的影响，采用响应面法优化即食鲈鱼系列产品加工工艺，基于加工过程中风味物质、不饱和脂肪酸等品质变化规律，可提高鲈鱼精深加工水平，实现产业增质增效，带动区域渔业经济可持续发展。

示范县福鼎市作为海鲈鱼苗种生产和养殖的主产区，试验站开展并完成了“桐江鲈鱼区域公用品牌推广项目”“闽威水产品精深加工生产线扩建项目”验收。其中桐江鲈鱼区域公用品牌推广项目主要是通过在宣传媒介投放专题视频广告，在动车站、高速公路等地方投放广告牌，使推广方式更加丰富化，传播更加快速化，强化区域公用品牌的视觉刺激，提升消费者对“桐江鲈鱼”品牌的认可度，促进“桐江鲈鱼”特色优势区域品牌形象的建设，从而为福鼎市鲈鱼从业者带来一定的客流量和关注度，为福鼎市鲈鱼经济发展带来高效益。闽威水产品精深加工生产线扩建项目主要通过购置水产品精深加工生产线所必须的加工设备及对生产车间和配套冷库进行改扩建，实现加强鱼类精深加工能力，增加产品附加值，提升生产产能、产量的目标。

2.2 发表论文、专利情况

收到授权专利 10 项：

[1] 方秀，一种包装装置，2020.4.21，专利号：ZL201921011200.1。

[2] 方秀，一种加快鱼表面携带水分甩干的左右摇摆设备，2020.1.7，专利号：ZL201920190809.3。

[3] 方秀，一种食品高效裹冰装置，2020.4.21，专利号：ZL201920686681.X。

[4] 方秀，一种水产品冷藏运输装置，2020.5.19，专利号：ZL201921182069.5。

[5] 方秀，一种水产品冷冻机，2020.4.21，专利号：ZL201920956912.4。

[6] 方秀，一种养殖池挤压式投料装置，2020.11.10，专利号：ZL201922401427.3。

[7] 方秀，一种鱼池育苗养殖用颗粒式投料机，专利号：ZL201922395158.4。

[8] 方秀，一种鱼卵收集网，专利号：ZL201922395244.5。

[9] 方秀，一种围栏式网箱，专利号：ZL202020331887.3。

[10] 方秀，一种海上养殖池，专利号：ZL201922405724.5

申请 3 项发明专利和 4 项实用新型专利：

3 项发明专利：

[1] 方秀，一种海上养殖池及其养殖方法。

[2] 方秀，一种鲈鱼涂膜保鲜方法。

[3] 方秀，一种大黄鱼保鲜剂及其制备方法和使用方法。

4 项实用新型专利：

[1] 方秀，一种裹冰机。

[2] 方秀，一种冷链包装系统。

[3] 方秀，鱼肉搅拌调味机。

[4] 方秀，鱼肉食品挤压成型。

发表论文 2 篇：

[1] 王孝杉，方秀，彭士明，汪晴，施兆鸿.盐度骤变对海鲈代谢酶和抗氧化酶活力

的影响［J］.海洋渔业，2020.

［2］温海深，于朋，李昀，方秀，张凯强，刘阳.海鲈南北方养殖群体的形态学比较研究［J］.中国水产，2020年第4期

3　海水鱼养殖产业发展中存在的问题

（1）海水鱼苗种选育和种质改良技术难点尚未突破。绝大多数海水鱼养殖是未经系统的品种选育和改良的野生种，没有经过更换，累代养殖出现了种质退化、杂合度降低、遗传力减弱、生长速度减慢、性成熟早、品质降低、抗病力下降等问题。有些名特优品种的苗种培育尚未突破技术难关，严重制约了规模化、集约化养殖的发展。

（2）水产品精深加工力度不够。海水鱼精深加工是渔业产业链的延伸，不仅可以提高产品附加值还能便利社会。目前市场上水产品精深加工产品种类少，类型较为统一，且多为粗加工，精深加工工艺技术尚不成熟，需进一步加大力度完善发展。

（3）近海渔业资源日益衰退。近海养殖已接近饱和，近海有限的资源将不足以满足渔业发展的需求，面临生态环境、水土资源和发展空间等方面的压力。应加大力度对深远海养殖智能装备、养殖品种、养殖技术等方面予以科学攻关和示范引领，带领更多向深远海发展。

附表 1　2020 年度本综合试验站海水鱼育苗及成鱼养殖情况表

项目	品种	福鼎市			连江县			罗源县			云霄县			饶平县		
		鲈	大黄鱼	鲷	鲈	大黄鱼	鲷	鲈	大黄鱼	鲷	鲈	大黄鱼	鲷	鲈	大黄鱼	鲷
育苗	面积/m^2															
	产量/万尾	3 580	3 110	400	490	1 330	300	200	430	240				550	300	260
工厂养殖	面积/m^2															
	年产量/t															
	年销售量/t															
	年库存量/t															
普通网箱	面积/m^2	721 400	962 000	312 600	473 000	7 313 000	173 700	2 207 000	545 200	35 046 000	487 000		11 160	24 000		
	年产量/t	20 000	23 200	1 840	7 200	1 200.3	2 740.6	4 999.53	8 500	6 399.3	1 599.47		499.47	194		
	年销售量/t	19 499	21 180	2 050	6 742	8 021	2 092	4 496	6 571	4 954	1 552		452	412		
	年库存量/t	13 990	19 309	2 202	6 358	4 240	2 805	3 702	7 224	6 027	824		312	372		
深水网箱	面积/m^2	43 000	57 000	18 300	25 900	40 200	10 380							8 500		
	年产量/t	5 000	5 800	460	1 528.2	298.6	659							112		
	年销售量/t	5 350	5 577	443	1 802	1 644	671							223		
	年库存量/t	4 032	5 581	615	1 626	1 055	620							168		
户数	育苗户数															
	养殖户数															

附表 2　漳州综合试验站 5 个示范县养殖面积、养殖产量及主要品种构成

项目＼品种	年产总量	鲈	大黄鱼	鲷
育苗面积/m^3	122 760	46 750	53 940	22 070
出苗量/万尾	111 900	4 820	5 170	1 200
工厂化养殖面积/m^2				
工厂化养殖产量/t				
池塘养殖面积/亩				
池塘养年总产量/t				
普通网箱养殖面积/m^2	4 574 220	1 487 822	2 238 500	847 920
普通网箱年总产量/t	78 372.67	33 993	32 900.3	11 479.37
深水网箱养殖面积/m^3	203 280	77 400	97 200	28 680
深水网箱年总产量/t	13 857.8	6 640.2	6 098.6	1 119
各品种育苗体积占总体积的比例/%	100	38.08	43.94	17.98
各品种出苗量占总体积的比例/%	100	43.08	46.20	10.72
各品种工厂化养殖面积占总面积的比例/%				
各品种工厂化养殖产量占总面积的比例/%				
各品种池塘养殖面积占总面积的比例/%				
各品种池塘养殖产量占总面积的比例/%				
各品种普通网箱养殖面积占总面积的比例/%	100	32.53	48.94	18.53
各品种普通网箱养殖产量占总面积的比例/%	100	43.37	41.98	14.65
各品种深水网箱养殖体积占总体积的比例/%	100	38.07	47.82	14.11
各品种深水网箱养殖产量占总体积的比例/%	100	47.92	44.01	8.07

（漳州综合试验站站长　方秀）

烟台综合试验站产区调研报告

1　示范县（市、区）海水鱼养殖现状

本综合试验站下设5个示范县（市、区），分别为：烟台市福山区、海阳市、蓬莱市、长岛县，芝罘区，2020年6月蓬莱市与长岛县合并为蓬莱区。福山区、海阳市、蓬莱市主要以工厂化养殖海水鱼为主，养殖品种主要有大菱鲆、圆斑星鲽、大西洋鲑；长岛县及芝罘区以网箱养殖海水鱼类为主，养殖品种主要有许氏平鲉、红鳍东方鲀。

1.1　育苗面积及苗种产量

1.1.1　育苗面积

5个示范县育苗总面积为19 000 m^2，其中海阳市4 500 m^2、福山区11 500 m^2、蓬莱市3 000 m^2。按品种分：大菱鲆育苗面积10 000 m^2、牙鲆1 000 m^2、半滑舌鳎2 000 m^2、大西洋鲑500 m^3、其他海水鱼5 500 m^2。

1.1.2　苗种年产量

5个示范县共计13户育苗厂家，总计育苗1 590万尾，其中：大菱鲆750万尾（5～6 cm）、牙鲆150万尾（5～6 cm）、半滑舌鳎100万尾（5～6 cm）、大西洋鲑40万尾（5～6 cm）、许氏平鲉、黑鲷、黄盖鲽等其他海水鱼550万尾，长岛县及芝罘区主要是网箱养殖海水鱼类，因此无育苗业户，所需苗种均为外地购买。各县育苗情况介绍如下。

海阳市：5户育苗厂家，较大规模的育苗厂家为海阳黄海水产有限公司。大菱鲆育苗面积2 000 m^2，生产苗种150万尾；牙鲆育苗面积500 m^2，生产苗种50万尾；半滑舌鳎育苗面积2 000 m^2，生产苗种100万尾。

福山区：共6户育苗厂家，主要育苗企业有烟台开发区天源水产有限公司、国信东方（烟台）循环水养殖科技有限公司、烟台宗哲海洋科技有限公司。大菱鲆育苗面积7 000 m^2，生产苗种500万尾；牙鲆育苗面积5 000 m^2，生产苗种100万尾；大西洋鲑育苗面积500 m^2，生产苗种40万尾；其他海水鱼类育苗面积3 500 m^2，生产苗种400万尾。

蓬莱市：2户育苗厂家，较大规模的为蓬莱海岳水产养殖有限公司、蓬莱市多宝海水养殖有限公司。大菱鲆育苗面积1 000 m^2，生产苗种100万尾；其他海水鱼类育苗面积

2 000 m^2，生产苗种 150 万尾。

1.2　养殖面积及年产量、销售量、年末库存量

1.2.1　工厂化养殖

5 个示范县中，海阳市、福山区、蓬莱市均为工厂化养殖，共计 26 家养殖户；养殖面积 92 200 m^2，工厂化流水式养殖面积 62 200 m^2，工厂化循环水养殖面积 30 000 m^2；年总生产量为 2 110 t，销售量为 1 583.4 t，年末库存量为 526.6 t。具体介绍如下。

海阳市：现有 11 家养殖业户，工厂化养殖面积 16 200 m^2。大菱鲆养殖面积 7 000 m^2，年产量 240 t，销售量 186.3 t，年末库存量 53.7 t；牙鲆 1 000 m^2，年产量 30 t，销售量 23.6 t，年末库存量 6.4 t；半滑舌鳎 8 200 m^2，年产量 210 t，销售量 124.8 t，年末库存量 85.2 t。

福山区：现共有 6 家养殖业户，工厂化养殖面积 59 000 m^2。大菱鲆养殖面积 30 000 m^2，年产量 780 t，销售量 612.3 t，年末库存量 167.7 t；牙鲆养殖面积 1 000 m^2，年产量 30 t，销售量 22.7 t，年末库存量 7.3 t；大西洋鲑养殖面积 20 000 m^2，年产量 300 t，销售量 210.8 t，年末库存量 89.2 t；其他海水鱼养殖面积 8 000 m^2，年产量 180 t，销售量 153.6 t，年末库存量 26.4 t。

蓬莱市：共有 4 家海水鱼养殖业户，工厂化养殖面积 15 000 m^2。大菱鲆养殖面积 15 000 m^2，年产量 260 t，销售量 186.7 t，年末库存量 73.7 t；其他海水鱼养殖 2 000 m^2，年产量 80 t，销售量 62.6 t，年末库存量 17.4 t。

1.2.2　网箱养殖

在长岛县以深海网箱和浅海筏式网箱的养殖方式进行海水鱼类养殖，芝罘区则是浅海筏式网箱养殖为主，主要养殖品种为许氏平鲉、红鳍东方鲀等。

长岛县：海水鱼养殖业户有 42 户，网箱养殖面积 40 000 m^2，其中普通网箱养殖面积 27 000 m^2，深水网箱 13 000 m^2。养殖产量 676.3 t，销售量 618.2 t，年末库存量 58.1 t。

芝罘区：海水鱼养殖业户 9 户，网箱养殖面积 16 300 m^2，养殖产量 120.6 t，销售量 104.2 t，年末库存量 16.4 t。

1.3　品种构成

统计 5 个示范县海水鱼类育苗面积调查结果，各品种构成介绍如下。

工厂化育苗总面积为 19 000 m^2。其中大菱鲆为 10 000 m^2，占育苗总面积的 52.63%；牙鲆为 1 000 m^2，占育苗总面积的 5.26%；半滑舌鳎为 2 000 m^2，占育苗总面积的 10.53%；大西洋鲑为 500 m^2，占育苗总面积 2.63%；其他海水鱼为 5 500 m^2，占育苗总面积的 28.95%。

工厂化育苗总产量为 1 590 万尾。其中大菱鲆 750 万尾，占总产苗量的 47.17%；牙鲆为 150 万尾，占总产苗量的 9.43%；半滑舌鳎为 100 万尾，占总产苗量的 6.29%；其他

海水鱼为 590 万尾，占总产苗的 37.11%。

工厂化养殖总面积为 92 200 m^2。其中大菱鲆为 52 000 m^2，占总养殖面积的 56.40%；牙鲆为 2 000 m^2，占总养殖面积的 2.17% ；半滑舌鳎为 8 200 m^2，占总养殖面积的 8.89%；大西洋鲑为 20 000 m^2，占总养殖面积的 21.69%；其他海水鱼为 10 000 m^2，占总养殖面积的 10.85%。

工厂化养殖总产量为 2 110 t。其中大菱鲆为 1 280 t，占总量的 60.66%，牙鲆为 60 t，占总量的 2.84%；半滑舌鳎为 210 t，占总量的 9.95%；大西洋鲑为 200 t，占总产量的 9.48%；其他海水鱼为 260 t，占总产量的 12.32%。

网箱养殖总面积 56 300 m^2，养殖总产量 796.9 t，普通网箱养殖产量为 546.70 t，占总产量的 68.60%；深水网箱养殖产量为 250.2 t，占总产量的 31.40%。

从以上统计可以看出，在进行工厂化养殖的 3 个示范县中，大菱鲆为主要养殖品种，面积和产量都占绝对优势。在进行网箱养殖的两个示范县中，受养殖环境限制，主要养殖品种为牙鲆和红鳍东方鲀。

2　示范县（市、区）科研开展情况

2020 年实施跨年度科研课题项目 3 项。山东省良种工程项目“大菱鲆种质资源精准鉴定与选种育种创新利用”、烟台市重大科技研发计划“大菱鲆育种及养殖产业技术优化集成与示范”；烟台海益苗业有限公司承担的山东省重点研发计划项目“裸盖鱼苗种繁育及养殖技术研究与集成”；项目进展顺利，均已按计划完成年度规定的各项研究和经济指标。实施建设省级联合育种基地 3 处，包括许氏平鲉、黄盖鲽、刺参等品种。

3　海水鱼产业发展中存在的问题及产业技术需求

海水鱼产业发展中最瓶颈的问题就是养殖设备的自动化提升及养殖品种的选择。随着深远海网箱养殖业的发展，需要发掘适宜于北方全年养殖的品种；随着养殖的集约化和工厂化发展，对配套设施设备的机械化程度提出更高的要求，但是目前海水鱼养殖中使用的工器具机械化程度明显无法满足需求。

4　当地政府对产业发展的扶持政策

2020 年烟台市海洋渔业主管部门出台相关产业发展支持政策，支持深远海海洋渔业发展和海洋生态增殖放流修复活动。2020 年投入大量资金进行联合育种基地建设，建立海水鱼类、贝类、刺参等繁育基地，为全国提供优质水产苗种。2020 年共增殖放流海水鱼类苗种 1 000 万余尾，包括牙鲆、黑鲷、许氏平鲉、大泷六线鱼、圆斑星鲽、黄盖鲽等品种。

附表 1　2019 年度烟台综合试验站示范县鲆鲽类育苗及成鱼养殖情况统计表

项目	品种	海阳市			福山区				蓬莱市		长岛县		芝罘区	
		大菱鲆	牙鲆	半滑舌鳎	大菱鲆	牙鲆	大西洋鲑	其他海水鱼	大菱鲆	其他海水鱼	许氏平鲉	红鳍东方鲀	红鳍东方鲀	许氏平鲉
育苗	面积/m^2	2 000	500	2 000	7 000	500	500	3 500	1 000	2 000				
	产量/万尾	150	50	100	500	100	40	400	100	150				
工厂化养殖	面积/m^2	7 000	1 000	8 200	30 000	1 000	20 000	8 000	15 000	2 000				
	年产量/t	240	30	210	780	30	300	180	260	80				
	年销售量/t	186.3	23.6	124.8	612.3	22.7	210.8	153.6	186.7	62.6				
	年末库存量/t	53.7	6.4	85.2	167.7	7.3	89.2	26.4	73.7	17.4				
网箱养殖	面积/m^2										40 000		13 000	3 300
	年产量/t										676.3		90	30.6
	年销售量/t										618.2		90	30.6
	年末库存量/t										58.1			
户数	育苗户数	2	2	3	3	2			1	1				
	养殖户数	8	1	13	6				3	1	42		9	

附表 2　烟台综合试验站 5 个示范县养殖面积、养殖产量及品种构成

项目＼品种	年产总量	大菱鲆	牙鲆	半滑舌鳎	其他海水鱼	大西洋鲑
工厂化育苗面积/m²	19 000	10 000	1 000	2 000	5 500	500
工厂化出苗量/万尾	1 590	750	150	100	550	40
工厂化养殖面积/m²	92 200	52 000	2 000	8 200	10 000	20 000
工厂化养殖产量/t	2 110	1 280	60	210	260	200
各品种工厂化育苗面积占总面积的比例/%	100	52.63	5.26	10.53	28.95	2.63
各品种工厂化出苗量占总出苗量的比例/%	100	47.17	9.43	6.29	34.59	2.52
各品种工厂化养殖面积占总面积的比例/%	100	56.40	2.17	8.89	10.85	21.69
各品种工厂化养殖产量占总产量的比例/%	100	60.66	2.84	9.95	12.32	9.48
项目＼品种	年产总量	许氏平鲉	红鳍东方鲀	其他海水鱼		
网箱养殖面积/m²	56 300	43 300	13 000			
网箱年总产量/t	796.9	706.9	90			
各品种工厂化养殖面积占总面积的比例/%	100	76.91	23.09			
各品种工厂化养殖产量占总产量的比例/%	100	88.71	11.29			

（烟台综合试验站站长　杨　志）

青岛综合试验站产区调研报告

1　示范县（市、区）海水鱼养殖现状

本综合试验站下设5个示范县（市、区），分别为：青岛市黄岛区、烟台市莱阳市、日照市岚山区、威海市环翠区和江苏省赣榆县。其育苗、养殖品种、产量及规模见附表1。

1.1　育苗面积及苗种产量

1.1.1　育苗面积

5个示范县区育苗总面积为38 000 m^2，其中黄岛区1 000 m^2、环翠区30 000 m^2，岚山区2 000 m^2，赣榆县和莱阳市没有苗种生产。

1.1.2　苗种年产量：

5个示范县区总计育苗1 230万尾，与2019年相比减少50.8%。苗种产量中大菱鲆共计850万尾，占总产量的69.1%，仍为示范县区海水鱼苗种产量最大的品种。苗种生产减少的主要原因是疫情影响了海水鱼销量，苗种产量随之减少。

1.2　养殖面积及年产量、销售量、年末库存量

1.2.1　工厂化养殖

青岛市黄岛区大菱鲆工厂化养殖面积50 000 m^2，与2019年相比大幅减少，养殖品种主要是大菱鲆，产量为235 t。养殖面积与产量减少的主要原因是一个渔业园区被规划为其他用途。

莱阳市大菱鲆工厂化养殖面积30 000 m^2，与2019年相比减少40%。该地区2020年工厂化养殖的海水鱼品种仍为大菱鲆，养殖模式全部为工厂化养殖。

日照岚山区工厂化养殖面积14 000 m^2，较2019年有所减少，养殖品种主要是牙鲆与半滑舌鳎，其中牙鲆产量17 t，半滑舌鳎产量13 t。

赣榆县海水鱼工厂化养殖总面积131 000 m^2，与2019年相比养殖面积减少27.2%，养殖品种为大菱鲆，产量为307 t。

威海环翠区海水鱼产业主要集中在育苗领域，育苗品种为大菱鲆、牙鲆。2020年无规模化养殖。

1.2.2 池塘养殖（亩）

各县区均无海水鱼池塘养殖。

1.2.3 网箱养殖

各县区均无规模化的海水鱼网箱养殖。

1.3 品种构成

每品种养殖面积及产量占示范县养殖总面积和总产量的比例见附表 2。

统计 5 个示范县海水鱼养殖面积调查结果，各品种构成介绍如下。

工厂化育苗总面积为 38 000 m^2，其中大菱鲆为 31 000 m^2，占总育苗面积的 81.58%；牙鲆 7 000 m^2，占总面积的 18.42%。

工厂化育苗总出苗量为 1 230 万尾，其中大菱鲆 850 万尾，占总出苗量的 69.10%；牙鲆为 380 万尾，占总出苗量的 30.90%。

工厂化养殖总面积为 225 000 m^2，其中大菱鲆为 211 000 m^2，占总养殖面积的 93.78%；牙鲆为 7 000 m^2，占总养殖面积的 3.11% ；半滑舌鳎为 7 000 m^2，占总养殖面积的 3.11%。

工厂化养殖总产量为 1 018 t，其中大菱鲆 988 t，占总量的 97.05%，牙鲆为 17 t，占总量的 1.67%；半滑舌鳎为 13 t，占总量的 1.28%。

从以上统计可以看出，在 5 个示范县内，大菱鲆育苗、养殖的产量和面积都是最高的，占绝对优势。无规模性的池塘养殖和网箱养殖。这表明在 5 个示范县区内，工厂化养殖大菱鲆是海水鱼养殖的主要品种和养殖模式。

2020 年，在 5 个示范县区的养殖产量、育苗产量均比 2019 年有显著减少，主要原因是疫情导致海水鱼消费量减少，另外有养殖区被规划作其他用途导致养殖面积减少也是产量下降的影响因素。

2 示范县（市、区）科研开展情况

2.1 科研课题情况

青岛市黄岛区青岛通用水产养殖有限公司是青岛综合试验站的建设依托单位，2020 年主要进行的研究项目主要有：① 尾水处理试点的设计与建设；② 循环水养殖系统的设计与建设；③ 集约化海水鱼育苗设施优化。

青岛市蓝色粮仓科技有限公司在 2020 年于黄岛区进行了大黄鱼的养殖试验，主要是为养殖工船进行养殖参数研究。

威海环翠区圣航有限公司在 2020 年继续与科研院所合作开展了大菱鲆选育等研发工作，该公司也进行了海水源热泵、循环水养殖技术的升级改造和优化。

2.2　发表论文情况

无。

3　海水鱼产业发展中存在的问题

3.1　大菱鲆出血症问题

2020年，我站在大菱鲆养殖调研过程中发现了一种流行性的大菱鲆出血症，是一种新近出现的危害严重的病害，正处在蔓延中。本试验站根据调研情况向体系提交了“技术需求——一种大菱鲆出血性病症的病原诊断及防控措施”建议体系作为一项应急任务。体系首席科学家关长涛研究员向疾病防控研究室和相关试验站紧急下达了应急性任务，要求进行病原鉴定和防控措施研究。

本试验站与细菌病防控岗位、病毒病防控岗位的科学家团队密切合作，分别在威海乳山、山东日照、青岛市黄岛区等地联系病鱼样品、并配合采样工作、储存和邮寄样品等工作。经与疾病防控研究室专家团队交流，初步确定该病害的致病病原是病毒，具体病毒尚在鉴定中。

该病害也暴露出养殖业户缺乏生物安全的状况，这需要进一步培训。

经培训或经历过此病害的养殖业户的经验性措施有：① 一旦出现发病的池子，尽量隔离，或及早销售；② 加强环境消毒，比如车间地面、工具等；③ 购置卖鱼的工具，不再使用水车上的筐装鱼，避免污染；④ 购置水鞋、工作服、刷池用具，雇佣临时工人时，全部采用本场工具，避免污染。

3.2　海水鱼产品的质量提升问题

大菱鲆、石斑鱼等海水鱼主要是鲜活上市，鱼的营养与口味存在差异性，建议根据不同品种的特性，建立口味营养方面的质量标准，整体提高产品的质量，标准的一致性也便于开拓新零售、加工等市场。

3.3　产业面临转型发展的压力

海水鱼处在向工业化升级的关键阶段，而大多数养殖业户仍以经验养殖为主，产品质量的提升、病害的防控仍存在较多误区和技术不足，建议体系更多地进行养殖工艺方面的研究，为养殖业户提供更多直接指导生产的技术，推动养殖的科学化、标准化，从而提高养殖稳定性、质量和效益。

3.4　循环水养殖技术推广效果仍不显著

水源短缺是限制海水鱼养殖质量和产量的瓶颈，循环水养殖是该瓶颈问题的重要解决方案，也是海水鱼向工业化养殖发展的重要措施，但当前循环水养殖在海水鱼养殖产业中的比例仍很低，需技术研发支持、产业政策扶持。

4 当地政府对产业发展的扶持政策

海水鱼养殖仍是各示范县区重要的产业之一，从2020年各示范县区主管部门的扶持政策主要集中在海水养殖尾水排放治理、育种等方面，但海水养殖仍面临用地限制等方面的困难。

5 海水鱼产业技术需求

根据2020年示范县区调研及我站对示范县区产业状况的分析，总结技术需求如下：

（1）大菱鲆出血症病原诊断与防控措施；

（2）养殖所需的机械化、自动化设备和技术；

（3）海水鱼病害垂直传染类病害防控技术；

（4）海水鱼育苗养殖中骨骼畸形问题；

（5）海水鱼养殖尾水处理技术；

（6）海水鱼初级加工技术；

（7）环保型配合饲料。

附表 1　2020 年度青岛综合试验站示范县海水鱼育苗及成鱼养殖情况统计表

项目 \ 品种		青岛市黄岛区	日照市岚山区		连云港市赣榆县	莱阳市	威海市环翠区	
		大菱鲆	牙鲆	半滑舌鳎	大菱鲆	大菱鲆	大菱鲆	牙鲆
育苗	面积/m^2	1 000	2 000				30 000	5 000
	产量/万尾	50	80				800	300
工厂养殖	面积/m^2	50 000	7 000	7 000	131 000	30 000		
	年产量/t	235	17	13	307	446		
	年销售量/t	245	29	27	358	426		
	年末库存量/t	290	12	8	120	210		
池塘养殖	面积/亩							
	年产量/t							
	年销售量/t							
	年末库存量/t							
户数	育苗户数	2	1				21	2
	养殖户数	15	5	5	50	20		

附表 2　青岛站五个示范县养殖面积、养殖产量及品种构成

项目＼品种	年产总量	大菱鲆	牙鲆	半滑舌鳎
工厂化育苗面积/m²	38 000	31 000	7 000	
工厂化出苗量/万尾	1 230	850	380	
工厂化养殖面积/m²	225 000	211 000	7 000	7 000
工厂化养殖产量/t	1 018	988	17	13
池塘养殖面积/亩				
池塘年总产量/t				
网箱养殖面积/m²				
网箱年总产量/t				
各品种工厂化育苗面积占总面积的比例/%	100	81.58	18.42	
各品种工厂化出苗量占总出苗量的比例/%	100	69.10	30.90	
各品种工厂化养殖面积占总面积的比例/%	100	93.78	3.11	3.11
各品种工厂化养殖产量占总产量的比例/%	100	97.05	1.67	1.28
各品种池塘养殖面积占总面积的比例/%				
各品种池塘养殖产量占总产量的比例/%				

（青岛综合试验站站长　张和森）

莱州综合试验站产区调研报告

1 示范县（市、区）海水鱼养殖现状

莱州综合试验站下设莱州市、昌邑市、龙口市、招远市、乳山市五个示范县产业技术体系的示范推广和调研工作。其育苗、养殖品种、产量及规模见附表1。

1.1 育苗面积及苗种产量

1.1.1 育苗面积

五个示范县育苗总面积为160 000 m^2，其中莱州市150 000 m^2、乳山市10 000 m^2。按品种分：大菱鲆育苗面积94 600 m^2、半滑舌鳎25 000 m^2、石斑鱼30 000 m^2、斑石鲷10 000 m^2、牙鲆400 m^2。

1.1.2 苗种年产量

五个示范县共计63户育苗厂家，总计育苗2 728万尾。其中，大菱鲆1 800万尾（5 cm）、半滑舌鳎700万尾（5 cm）、石斑鱼245万尾（6 cm）、斑石鲷56万尾（6 cm）、牙鲆10万尾（5 cm）。各县育苗情况介绍如下。

莱州市：29家育苗企业，其中大菱鲆育苗企业12家、半滑舌鳎育苗企业15家、石斑鱼育苗企业1家、斑石鲷育苗企业1家。生产大菱鲆1 680万尾、半滑舌鳎700万尾、石斑鱼245万尾、斑石鲷56万尾。苗种除自用外，其余主要销往辽宁、河北、天津、山东、江苏、福建、广东、海南等省市，并出口日本、韩国。

乳山市：34家育苗企业，其中大菱鲆育苗企业33家、牙鲆育苗企业1家。生产大菱鲆120万尾、牙鲆苗种10万尾。苗种除本市自用外，其余销往山东沿海县市。

1.2 养殖面积及年产量、销售量、年末库存量

试验站所辖五个示范县养殖模式为工厂化养殖和网箱养殖，其中工厂化养殖面积为2 190 200 m^2，年产量为16 957 t、年销售量为17 475 t、年末库存量为5 365 t，养殖企业共计832家；网箱养殖面积为34 000 m^2，年产量为35 t、年销售量为0 t、年末库存量为35 t，养殖企业共计2家。

莱州市：工厂化养殖企业300户，养殖面积1 395 450 m^2，养殖大菱鲆1 346 450 m^2，

年产量 10 277 t、年销售量 10 365 t、年末存量 3 123 t；养殖半滑舌鳎 14 000 m^2，年产量 117 t、年销售量 240 t、年末存量 75 t；养殖石斑鱼 5 000 m^2，年产量 38 t、年销售量 50 t、年末存量 15 t；养殖斑石鲷 30 000 m^2，年产量 186 t、年销售量 212 t、年末存量 35 t。网箱养殖企业 2 户，养殖面积 34 000 m^2，养殖斑石鲷 34 000 m^2，年产量 35 t、年销售量 0 t、年末存量 35 t。

龙口市：工厂化养殖企业 53 户，养殖面积 193 000 m^2，养殖大菱鲆 18 000 m^2，年产量 1 474 t、年销售量 1 441 t、年末存量 533 t；养殖半滑舌鳎 13 000 m^2，年产量 106 t、年销售量 116 t、年末存量 35 t。

招远市：工厂化养殖企业 38 户，养殖面积 67 500 m^2，养殖大菱鲆 61 500 m^2，年产量 470 t、年销售量 472 t、年末存量 140 t；养殖半滑舌鳎 6 000 m^2，全年产量 49 t、年销售量为 45 t、年末存量 17 t。

昌邑市：工厂化养殖企业 317 户，养殖面积 456 250 m^2，养殖大菱鲆 410 000 m^2，年产量 3 259 t、年销售量 3 452 t、年末存量 1 027 t；养殖半滑舌鳎 46 250 m^2，年产量 361 t、年销售量 448 t、年末存量 126 t。

乳山市：工厂化养殖企业 124 户，养殖面积 78 000 m^2，养殖大菱鲆 60 000 m^2，年产量 492 t、年销售量 510 t、年末存量 198 t；养殖牙鲆 18 000 m^2，年产量 128 t、年销售量 124 t、年末存量 41 t。

1.3 品种构成

每个品种养殖面积及产量占示范县养殖总面积和总产量的比例见附表 2，统计 5 个示范县海水鱼养殖面积调查结果，各品种构成如下：

工厂化育苗总面积为 160 000 m^2，其中大菱鲆为 94 600 m^2，占总育苗面积的 59.13%；半滑舌鳎为 25 000 m^2，占总面积的 15.63%；牙鲆为 400 m^2，占总面积的 0.25%；石斑鱼为 30 000 m^2，占总面积的 18.75%；斑石鲷为 10 000 m^2，占总面积的 6.25%。

工厂化育苗总出苗量为 2 811 万尾，其中大菱鲆 1 800 万尾，占总出苗量的 64.03%；半滑舌鳎为 700 万尾，占总出苗量的 24.9%；牙鲆为 10 万尾，占总出苗量的 0.36%；石斑鱼为 245 万尾，占总出苗量的 8.72%；斑石鲷为 56 万尾，占总出苗量的 1.99%。

工厂化养殖总面积为 2 469 500 m^2，其中大菱鲆为 2 268 000 m^2，占总养殖面积的 91.84%；半滑舌鳎为 83 500 m^2，占总养殖面积的 3.38%；牙鲆为 18 000 m^2，占总养殖面积的 0.73%；石斑鱼为 40 000 m^2，占总养殖面积的 1.62%；斑石鲷为 60 000 m^2，占总养殖面积的 2.43%。

工厂化养殖总产量为 14 461.8 t，其中大菱鲆 12 964.5 t，占总量的 89.65%；半滑舌鳎为 1 126.3 t，占总量的 7.79%；牙鲆为 122 t，占总量的 0.84%；石斑鱼为 124 t，占总量的 0.86%；斑石鲷为 125 t，占总量的 0.86%。

网箱养殖总面积为 34 000 m^2，其中斑石鲷为 34 000 m^2，占总养殖面积的 100%；网箱养殖总产量 50 t，其中斑石鲷为 50 t，占总量的 100%。

从以上统计可以看出，在 5 个示范县内，大菱鲆养殖面积和产量最大，其次为半滑舌鳎，牙鲆养殖面积最小、产量最少。

2　示范县（市、区）科研开展情况

2.1　科研课题情况

试验站依托莱州明波水产有限公司，积极承担国家、省市海水鱼良种研发、生态养殖模式创新等相关科研课题，设立企业横向课题、自研课题，做好产业技术支撑和引领。承担参与国家重点研发计划中英政府间国际合作重大专项“新一代水产养殖精准测控技术与智能装备研发”、国家重点研发计划中马政府间国际合作重大专项“稚幼鱼循环水养殖实时精准监测系统研究与示范”、国家重点研发计划蓝色粮仓科技创新重点专项“开放海域和远海岛礁养殖智能装备与增殖模式”、国家海水鱼产业技术体系莱州综合试验站、山东省重大科技创新工程“深远海养殖鱼类的健康综合管理”“陆海接力鱼类精准养殖关键技术集成与示范”“基于多传感参数融合感知的海洋环境监测系统”等重大课题；设立横向课题“斑石鲷抗病良种选育”“大老虎斑新种质选育技术开发”、“管桩大围网生态资源调查和养殖环境监测”。科研课题的开展，有力推动石斑鱼良种开发、斑石鲷抗病良种选育、大型管桩围网立体生态养殖模式构建等研发创新，带动试验站示范县及全国海水养殖业提质转型、创新发展。

3　海水鱼产业发展中存在的问题

3.1　无序化发展导致行业进入微利时代

随着海水鱼产业逐渐稳定发展，苗种繁育和养殖技术的成熟，对育养技术、设施设备、从业人员素质要求的门槛降低，养殖行业逐渐趋向于平衡，产品价格围绕总产量与市场需求量之间波动。海水养殖利润会逐渐被压缩，而进入微利时代。

3.2　养殖业面临较大的环保压力

北方以工厂化流水养殖为主，南方以池塘、高位池、近海网箱养殖为主，养殖设施设备简单，抵御自然灾害能力弱，对近海生态环境压力大，不符合渔业环境友好、可持续发展的理念。随着国家对生态文明建设的高度重视，中央、省市环保督查力度的加大，海水养殖业发展面临严峻挑战，养殖模式面临深刻变革。陆基工厂化循环水养殖、海上大型网箱、大型围栏深远海生态养殖对周围环境友好，符合渔业发展方向。

3.3 海水鱼种质退化现象显现、养殖效益不高

在大菱鲆、半滑舌鳎、石斑鱼等海水鱼类繁育过程中，由于亲本活体种质库更新缓慢、亲本选育不足，常年近亲繁殖，种质退化严重，后代苗种抗病能力下降、生长速度降低，养殖效益不高。

附表 1　2020 年度莱州综合试验站示范县海水鱼育苗及成鱼养殖情况统计表

项目 \ 品种		莱州市					昌邑市			招远市		龙口市		乳山市	
		大菱鲆	半滑舌鳎	石斑鱼	斑石鲷	红鳍东方鲀	大菱鲆	半滑舌鳎	斑石鲷	大菱鲆	半滑舌鳎	大菱鲆	半滑舌鳎	大菱鲆	牙鲆
育苗	面积/m^2	85 000	25 000	30 000	10 000									9 600	400
	产量/万尾	1 680	700	245	56									120	10
工厂养殖	面积/m^2	1 346 450	14 000	5 000	30 000		410 000	46 250		61 500	6 000	180 000	13 000	60 000	18 000
	年产量/t	10 277	117	38	186		3 259	361		470	49	1 474	106	492	128
	年销售量/t	10 365	240	50	212		3 452	448		472	45	1 441	116	510	124
	年末库存量/t	3 123	75	15	35		1 027	126		140	17	533	35	198	41
池塘养殖	面积/亩														
	年产量/t														
	年销售量/t														
	年末库存量/t														
网箱养殖	面积/m^2				34 000										
	年产量/t				35										
	年销售量/t														
	年末库存量/t				35										
户数	育苗户数	12	15	1	1									33	1
	养殖户数	259	38	1	2		196	120	1	35	3	49	4	98	26

附表 2　莱州综合试验站五个示范县养殖面积、养殖产量及品种构成

项目 \ 品种	年产总量	大菱鲆	半滑舌鳎	牙鲆	石斑鱼	斑石鲷	红鳍东方鲀
工厂化育苗面积/m^2	160 000	94 600	25 000	400	30 000	10 000	
工厂化出苗量/万尾	2 811	1 800	700	10	245	56	
工厂化养殖面积/m^2	2 190 200	2 057 950	79 250	18 000	5 000	30 000	
工厂化养殖产量/t	16 957	15 972	633	128	38	186	
池塘养殖面积/亩							
池塘年总产量/t							
网箱养殖面积/m^2	34 000					34 000	
网箱年总产量/t	35					35	
各品种工厂化育苗面积占总面积的比例/%	100	59.13	15.63	0.25	18.75	6.25	
各品种工厂化出苗量占总出苗量的比例/%	100	64.03	24.9	0.36	8.72	1.99	
各品种工厂化养殖面积占总面积的比例/%	98.47	92.53	3.56	0.81	0.22	1.35	
各品种工厂化养殖产量占总产量的比例/%	99.79	94	3.73	0.75	0.22	1.09	
各品种池塘养殖面积占总面积的比例/%							
各品种池塘养殖产量占总产量的比例/%							

（莱州综合试验站站长　翟介明）

东营综合试验站产区调研报告

1　示范县（市、区）海水鱼养殖现状

本综合试验站下设5个示范县（市、区），分别为：日照东港、烟台牟平、威海荣成、威海文登、滨州无棣，其中威海荣成是全国大菱鲆苗种的主要产区。各示范县育苗、养殖品种、产量及规模见附表1：

1.1　育苗面积及苗种产量

1.1.1　育苗面积

5个示范县育苗总面积为154 000 m^2，其中日照东港11 000 m^2、威海荣成140 000 m^2、滨州无棣3 000 m^2、烟台牟平无育苗生产。按品种分：大菱鲆育苗面积142 000 m^2、半滑舌鳎5 000 m^2、牙鲆5 000 m^2、珍珠龙胆石斑鱼2 000 m^2。

1.1.2　苗种年产量

总计育苗10 830万尾，其中：大菱鲆9 050万尾、半滑舌鳎580万尾、牙鲆1 100万尾、珍珠龙胆石斑鱼110万尾。各县育苗情况如下：

日照东港：生产大菱鲆苗种50万尾，半滑舌鳎苗种30万尾，牙鲆苗种1 100万尾，珍珠龙胆石斑鱼苗种100万尾。其中珍珠龙胆石斑鱼为该示范县区首次育苗品种。

威海荣成：生产大菱鲆苗种9 000万尾。

滨州无棣：生产半滑舌鳎苗种550万尾。

威海文登：无育苗生产。

烟台牟平：无育苗生产。

1.2　养殖面积及年产量、销售量、年末库存量

1.2.1　工厂化养殖

5个示范县均为工厂化养殖，养殖面积217 500 m^2，年总生产量为3 729 t，销售量为3 446 t，年末库存量为2 518 t。

日照东港：大菱鲆、半滑舌鳎、牙鲆、珍珠龙胆石斑鱼养殖面积分别为80 000 m^2、90 000 m^2、1 500 m^2、10 000 m^2。大菱鲆产量830 t，销售1 048 t，年末存量477 t；半

滑舌鳎产量 1 475 t，销售 1 600 t，年末存量 1 215 t；牙鲆产量 16.7 t，销量 23.4 t，无年末存量；珍珠龙胆石斑鱼为新增养殖鱼种，产量 24 t，存量 24 t，无销量。

威海荣成：荣成原为网箱养殖的重要产区，但受海洋环保督察影响，近海网箱已全部拆除，目前主要以育苗为主。

威海文登：年初养殖面积为 50 000 m^2，年末因行政管辖区域变更，变为 10 000 m^2，进而导致产量出现了缩减，生产大菱鲆 100.6 t，销售 117.1 t，年末存量 67.5 t。

滨州无棣：养殖面积 20 000 m^2，生产半滑舌鳎 1 206 t，销售 551 t，年末存量 695 t。

烟台牟平：养殖面积 6 000 m^2，生产大菱鲆 76.45 t，销售 106.83 t，年末存量 39.74 t。

1.3 品种构成

每品种养殖面积及产量占示范县养殖总面积和总产量的比例：见附表 2

统计 5 个示范县养殖面积调查结果，各品种构成如下：

工厂化育苗总面积为 1 540 000 m^2，其中牙鲆为 5 000 m^2，占总育苗面积的 3.2%；半滑舌鳎为 5 000 m^2，占总面积的 3.2%；大菱鲆为 142 000 m^2，占总面积的 92.2%；珍珠龙胆石斑鱼为 2 000 m^2，占总面积的 1.3%。

工厂化育苗总出苗量为 10 830 万尾，其中牙鲆 1 100 万尾，占总出苗量的 10.2%；半滑舌鳎为 580 万尾，占总出苗量的 5.4%；大菱鲆为 9 050 万尾，占总出苗量的 83.6%；珍珠龙胆石斑鱼为 100 万尾，占总出苗量的 0.9%。

工厂化养殖总面积为 217 500 m^2，其中牙鲆为 1 500 m^2，占总养殖面积的 0.7%；半滑舌鳎为 110 000 m^2，占总养殖面积的 50.6%；大菱鲆为 9 600 m^2，占总养殖面积的 44.1%；珍珠龙胆石斑鱼为 10 000 m^2，占总养殖面积的 4.6%。

工厂化养殖总产量为 3 729 t，其中牙鲆为 16.4 t，占总重量的 0.4%；半滑舌鳎为 2 681 t，占总量的 71.9%；大菱鲆为 1 007 t，占总量的 27%；珍珠龙胆石斑鱼为 24 t，占总重量的 0.6%。

从以上统计可以看出，在 5 个示范县内，半滑舌鳎养殖面积和产量均占优势，其次为大菱鲆。

2 示范县（市、区）科研开展情况

本试验站长期致力于许氏平鲉优良苗种的选繁育、养殖技术研究及产业链打造等工作，今年，本试验站对 2017 年以来开展的“许氏平鲉深水网箱养殖技术集成与示范”进行了现场验收。2017 年在周长 40 m网箱中放养许氏平鲉人工选育苗种 4.5 万尾，平均全长 5.0 cm。经一年半养殖，每箱存量约 4.1 万尾，成活率 91.1%，全长 22 ~ 26 cm，体重 202 ~ 325 g，平均全长 25.4 cm，平均体重 272.0 g；经 2 年养殖，存量约 3.8 万尾，成活率 84.4%，全长 28 ~ 33 cm，体重 415 ~ 705 g，平均全长 30.6 cm，平均体重 519.8 g；经

3 年养殖，存量约 3.7 万尾，成活率 82.2%，全长 31 ~ 39 cm，体重 540 ~ 1 200 g，平均全长 34.2 cm，平均体重 828.5 g。

许氏平鲉深水网箱养殖技术的集成与示范，结合了本试验站在许氏平鲉繁养殖方面多年的研究成果，从海区的选择和网箱的安装、“陆海接力”过程中运输和放苗、养殖管理、病害防治等方面着手，细化每个环节的技术指标，最终集成了养殖技术并加以推广，解决了长岛地区网箱养殖苗种短缺的问题。在该技术的支撑下，许氏平鲉网箱养殖的成活率和生长速度得以提高，推动了该产业的发展，使许氏平鲉成为了北方地区深水网箱养殖新的主导品种，调整和升级了渔业产业结构，加快了渔民致富，推动了沿海经济发展，保护了海洋生态环境，具有重要的经济、社会和生态效益。

3　海水鱼产业发展中存在的问题

（1）产业发展受各类社会事件的影响较大，在全球新冠疫情背景下，海水鱼的价格、销量等受到严重影响，阻碍了产业的发展，应建立机制，畅通渠道，降低海水鱼市场价格及销量等的波动变化，保障产业的发展。

（2）北方沿海地区深水网箱适养品种短缺，应加大适养品种优良品种的选育工作，建议在九大主养品种外增加其他主推品种，如许氏平鲉等，促进海水鱼产业的多样化发展。

附表 1　2020 年度东营综合试验站示范县海水鱼育苗及成鱼养殖情况统计表

项目	品种	东港				荣成	文登	牟平	无棣
		大菱鲆	牙鲆	半滑舌鳎	珍珠龙胆石斑鱼	大菱鲆	大菱鲆	大菱鲆	半滑舌鳎
育苗	面积/m^2	2 000	5 000	2 000	2 000	140 000			3 000
	产量/万尾	50	1 100	30	100	9 000			550
工厂养殖	面积/m^2	80 000	1 500	90 000	10 000		10 000	6 000	20 000
	年产量/t	830	16.7	1 475	24		100.6	76.45	1 206
	年销售量/t	1 048	23.4	1 600			117.1	106.83	551
	年末库存量/t	477		1 215	24		67.5	39.74	695
池塘养殖	面积/亩								
	年产量/t								
	年销售量/t								
	年末库存量/t								
网箱养殖	面积/m^2								
	年产量/t								
	年销售量/t								
	年末库存量/t								
户数	育苗户数		7	7	2	20	1		1
	养殖户数	216	8	38	3	40	14	2	2

附表 2 东营综合试验站 5 个示范县养殖面积、养殖产量及品种构成

项目＼品种	年产总量	牙鲆	半滑舌鳎	大菱鲆	珍珠龙胆
工厂化育苗面积/m^2	154 000	5 000	5 000	142 000	2 000
工厂化出苗量/万尾	10 830	1 100	580	9 050	100
工厂化养殖面积/m^2	217 500	1 500	110 000	96 000	10 000
工厂化养殖产量/t	3 729	16.7	2 681	1 007	24
池塘养殖面积/亩					
池塘年总产量/t					
网箱养殖面积/m^2					
网箱年总产量/t					
各品种工厂化育苗面积占总面积的比例/%		3.2	3.2	92.2	1.3
各品种工厂化出苗量占总出苗量的比例/%		10.2	5.4	83.6	0.9
各品种工厂化养殖面积占总面积的比例/%		0.7	50.6	44.1	4.6
各品种工厂化养殖产量占总产量的比例/%		0.4	71.9	27	0.6
各品种网箱养殖面积占总面积的比例/%					
各品种网箱养殖产量占总产量的比例/%					

（东营综合试验站站长 姜海滨）

日照综合试验站产区调研报告

1 示范县（市、区）海水鱼类养殖现状

本综合试验站下设5个示范基地（市、区），分别为山东省日照市开发区、山东省潍坊市滨海开发区、山东省青岛市崂山区、山东省青岛市即墨区、山东省东营市利津县。

1.1 育苗面积及苗种产量

1.1.1 育苗面积

5个示范基地育苗总面积为62 000 m^2，其中潍坊市滨海区54 000 m^2，东营利津县4 600 m^2，青岛即墨区2 400 m^2，青岛崂山区1 000 m^2。按品种分：大菱鲆育苗面积2 400 m^2，半滑舌鳎育苗面积56 500 m^2，许氏平鲉育苗面积1 000 m^2，海鲈鱼育苗面积2 100 m^2。具体的育苗及成鱼养殖情况见附表1。

1.1.2 苗种年产量

5个示范基地总计育苗1 184万尾，其中大菱鲆8万尾，半滑舌鳎821万尾，许氏平鲉105万尾，海鲈250万尾。各县育苗情况如下：

潍坊市滨海区：半滑舌鳎育苗面积54 000 m^2，全年生产171万尾。

东营市利津县：半滑舌鳎育苗面积2 500 m^2，全年生产650万尾；海鲈育苗面积2 100 m^2，全年生产250万尾。

青岛市即墨区：大菱鲆育苗面积2 400 m^2，全年生产8万尾。

青岛崂山区：许氏平鲉育苗面积1 000 m^2，全年育苗105万尾。

1.2 养殖面积及年产量、销售量、年末库存量

日照综合试验站所辖区域主要是工厂化流水养殖、深水网箱养殖、池塘养殖。5个示范基地共计养殖面积201 720 m^2，年总生产量为1 151.2 t，销售量为747.2 t，年末存量为404 t。

青岛市崂山区：养殖面积32 000 m^2，许氏平鲉养殖面积32 000 m^2，产量199.4 t，销售量134 t，年末库存量65.4 t。

潍坊滨海开发区：养殖面积54 000 m^2。半滑舌鳎养殖面积54 000 m^2，产量47.8 t，

销售量 33.9 t，年末库存量 13.9 t。

日照开发区：养殖面积 144 820 m^2。养殖大菱鲆 36 000 m^2，产量 384 t，销售量 230 t，年末库存量 154 t；牙鲆养殖面积 28 000 m^2，产量 214 t，销售量 159 t，年末库存量 55 t；半滑舌鳎养殖面积 30 000 m^2，产量 176 t，销售量 109 t，年末库存量 67 t；海鲈池塘养殖面积 20 亩（13 320 m^2），产量 47 t，销售量 43 t，年末库存量 4 t。

青岛市即墨区：养殖面积 2 400 m^2。养殖大菱鲆 2 400 m^2，产量 51.5 t，销售量 26.3 t，年末库存量 25.2 t。

东营利津县：养殖面积 500 m^2。海鲈养殖面积 500 m^2，产量 5.5 t，销售量 0 t，年末库存量 5.5 t。

1.3　品种构成

统计 5 个示范基地鲆鲽类养殖面积调查结果，各品种构成介绍如下。（附表 2）

工厂化育苗总面积为 62 000 m^2。其中大菱鲆育苗面积为 2 400 m^2，占总育苗面积的 3.87%；半滑舌鳎育苗面积为 56 500 m^2，占总育苗面积的 91.13%；海鲈育苗面积为 2 100 m^2，占总育苗面积的 3.39%；许氏平鲉育苗面积为 1 000 m^2，占总育苗面积的 1.61%。

工厂化育苗总出苗量为 1 184 万尾。其中大菱鲆 8 万尾，占总出苗量的 0.67%；半滑舌鳎 821 万尾，占总出苗量的 69.34%；海鲈 250 万尾，占总出苗量的 21.11%；许氏平鲉出苗量 105 万尾，占总出苗量 8.87%。

养殖总产量为 1 150.9 t。其中海鲈 52.2 t，占总量的 4.54%；半滑舌鳎 223.8 t，占总量的 19.45%；大菱鲆 435.5 t，占总量的 37.84%；牙鲆 214 t，占总量的 18.59%；许氏平鲉 199.4 t，占总量的 17.33%；其他鱼类 26 t，占总量的 2.26%。

养殖总面积为 201 720 m^2。其中大菱鲆 38 400 m^2，占总量的 19.05%；牙鲆 2 800 m^2，占总量的 13.88%；半滑舌鳎 84 000 m^2，占总量的 41.64%；海鲈 13 820 m^2，占总量的 6.85%；许氏平鲉 32 000 m^2，占总量的 15.86%.其他海水鱼 5 500 m^2，占总量的 2.72%。

从以上统计可以看出，在 5 个示范基地内，大菱鲆的养殖产量占绝对优势，其次是半滑舌鳎、牙鲆和许氏平鲉，海鲈和其他海水鱼类所占的比例很少。

2　示范县（市、区）科研开展情况

2.1　专利申请与获得情况

申请发明专利 3 项，授权 1 项，参编教材 1 部，参与编制国家、地方标准 6 项。

（1）申请发明专利 3 项：

鲽鱼骨汤的制备方法，申请号：202010870687.x。

鱼类屠宰血液收集装置，申请号：202011065294.8。

干冰缓释可控温保温箱，申请号：202011213350.8。

（2）授权发明专利1项：

一种冷冻分割多宝鱼的加工方法，专利号：ZL201611044895.4。

（3）参与编写“十二五”职业教育国家规划较教材《食品加工技术》1部。

（4）海水鱼相关标准的参与或制定：

国家标准3个：《冷冻水产品包冰规范》《冷链物流分类与基本要求》《食品冷链物流交接规范》。

山东省地方标准3个：《冻海水鱼片》《冻鲅鱼、冻鲐鱼》《水产品冷链物流数据元》。

2.2 人才培养

开展加工技术的培训和交流活动，完成各类培训4次，培训加工技术人员及相关人员180人次。

2.3 产业技术宣传与培训情况

2.3.1 培训与技术推介

2020年4月22日，日照综合试验站依托单位山东美佳集团有限公司举办加工技术及质量安全培训会议，会上对国家食品安全法、水产品加工质量标准、HACCP计划书进行讲解，针对加工过程中出现的技术及质量问题，开展相关讨论，本次会议培训相关人员50余人。

2020年8月10日，本试验站邀请加工与质量控制岗位林洪教授开展海水鱼海洋仿生和海产调理食品加工技术培训。会议分为两部分开展，一是林洪教授针对某一企业的产品组成、营销模式等进行讲解；二是根据企业提出的技术难题，结合实际情况给予解答和建议。本试验站团队成员、技术骨干40余人参加了此次培训会议，此次培训会议既解决了在产品加工过程中遇到的各类问题又让企业更加明确了目标和产品的研发方向。

2020年8月21日，由国家海水鱼产业技术体系鱼品加工岗位、日照综合试验站主办的“国家海水鱼产业技术体系2020年技术培训会”在山东美佳集团有限公司隆重召开。中国海洋大学、上海海洋大学、中国水产科学研究院南海研究所、山东美佳集团有限公司、青岛通用水产养殖有限公司等专家和产业界代表30余人参加本次会议。

2020年8月25日上午，在日照综合试验站依托单位山东美佳集团有限公司举办海水鱼加工技术培训会议，本次培训针对车间加工人员，班组长共计60余人，培训目的为让他们明确加工流程、了解技术要点等。

2.3.2 宣传材料发放

总计发放培训材料170份。

3　海水鱼养殖产业发展中存在的问题

（1）海水鱼优质种苗覆盖不足，优质良种未能大范围推广覆盖。

（2）配合饲料使用率不高。冰鲜小杂鱼饲料仍然是现在养殖方式使用的主要饵料之一，使用配合饲料，虽然增加养殖成本，但是也能减少污染和病害发生，推广和开发新型饵料迫在眉睫。

（3）海水鱼类的精深加工成本相较于鲜活鱼类来说还是比较高的，如何协调成本、产出效益及顾客的价格预期的关系是目前工作中存在的主要问题。

附表1　2019年度日照综合试验站示范县海水鱼育苗及成鱼养殖情况统计表

项目 \ 品种		日照经济技术开发区					东营利津县		青岛崂山区		潍坊滨海区		青岛即墨区
		大菱鲆	牙鲆	半滑舌鳎	其他海水鱼	海鲈	半滑舌鳎	海鲈	海鲈	许氏平鲉	大菱鲆	半滑舌鳎	大菱鲆
育苗	面积/m^2						2 500	2 100		1 000		54 000	2 400
	产量/万尾						650	250		105		171	8
工厂养殖	面积/m^2	36 000	28 000	30 000				500				54 000	2 400
	年产量/t	384	214	176				5.5				47.8	51.5
	年销售量/t	230	159	109				0				33.9	26.3
	年末库存量/t	154	55	67				5.5				13.9	25.2
池塘养殖	面积/亩					20							
	年产量/t					47							
	年销售量/t					43							
	年末库存量/t					4							
网箱养殖	面积/m^2				5 500					32 000			
	年产量/t				26					199.4			
	年销售量/t				12					134			
	年末库存量/t				14					65.4			
户数	育苗户数												
	养殖户数												

附表 2　日照综合试验站 5 个示范县养殖面积、养殖产量及主要品种构成

项目＼品种	年产总量	大菱鲆	半滑舌鳎	海鲈	许氏平鲉	牙鲆	其他海水鱼
工厂化育苗面积/m^2	62 000	2 400	56 500	2 100	1 000		
工厂化出苗量/万尾	1 184	8	821	250	105		
工厂化养殖面积/m^2	150 900	38 400	84 000	500		28 000	
工厂化养殖产量/t	878.8	435.5	223.8	5.5		214	
池塘养殖面积/亩	20			20			
池塘年总产量/t	47			47			
深水网箱养殖/m^3	37 500				32 000		5 500
深水网箱年总产量/t	225.4				199.4		26
各品种工厂化育苗面积占总面积的比例/%	100	3.87	91.13	3.39	1.61		
各品种工厂化出苗量占总出苗量的比例/%	100	0.68	69.34	21.11	8.87		
各品种工厂化养殖面积占总面积的比例/%	100	24.45	55.67	0.33		18.55	
各品种工厂化养殖产量占总产量的比例/%	100	49.56	25.47	0.62		24.35	
各品种池塘养殖面积占总面积的比例/%	100			100			
各品种池塘养殖产量占总产量的比例/%	100			100			
各品种网箱养殖面积占总面积的比例/%	100				85.33		14.67
各品种网箱养殖产量占总产量的比例/%	100				88.46		11.54

（日照综合试验站站长　郭晓华）

珠海综合试验站产区调研报告

1 示范县（市、区）海水鱼养殖现状

珠海综合试验站下设5个示范县区，分别为：珠海万山区、阳江阳西县、湛江经济技术开发区、珠海斗门区、惠州惠东县。2020年鱼苗、养殖品种、产量及规模见附表1。

1.1 育苗面积及苗种产量

1.1.1 育苗面积

5个示范县鱼苗总面积为211 000 m^2。其中，阳西县172 000 m^2、湛江经济技术开发区9 000 m^2、斗门区30 000 m^2。按品种分：珍珠龙胆石斑鱼11 000 m^2、卵形鲳鲹育苗面积80 000 m^2、鲷鱼120 000 m^2。

1.1.2 苗种产量

5个示范县共计育苗4 090万尾。其中，珍珠龙胆石斑鱼610万尾、卵形鲳鲹1 600万尾、鲷1 880万尾。具体情况介绍如下。

阳西县：育苗总数为3 830万尾。其中，珍珠龙胆石斑鱼苗种约350万尾，卵形鲳鲹苗种1 600万尾、鲷鱼苗种1 880万尾，用于本地区养殖及供应海南和粤西等地区。

湛江经济技术开发区：育苗均为珍珠龙胆苗种约260万尾，用于本地区养殖及供应海南、广西和福建等地区。

斗门区：生产鲷苗种800万尾，用于本地区养殖。

1.2 养殖面积及年产量、销售量、年末库存量

1.2.1 池塘养殖

5个示范县池塘养殖面积36 260亩，年总生产量120 166 t，销售量为133 219 t，年末库存量为50 990 t。

阳西县：养殖面积1 080亩，年总产量573 t。其中养殖珍珠龙胆石斑鱼280亩，年产量179 t，销售314 t；养殖鲷800亩，年产量394 t，销售747 t。

湛江经济技术开发区：工程化池塘养殖珍珠龙胆石斑鱼面积1 200亩，年总产量676 t，销售量718 t，年末库存量140 t。

斗门区：养殖面积 33 360 亩，年总产量 118 384 t，全年销量 130 702 t，年末存量 50 600 t。其中海鲈养殖面积 25 500 亩，全年产量 112 900 t，全年销量 123 300 t，年末存量 48 900 t；鲷 4 800 亩，养殖年产量 2 130 t，年销售量 2 470 t，年末存量 790 t；美国红鱼 3 000 亩，全年产量 3 345 t，全年销量 4 842 t，年末存量 910 t。

惠东县：养殖面积 620 亩，年总产量 533 t，全年销量 738 t，年末存量 128 t。其中，珍珠龙胆石斑鱼养殖面积 160 亩，全年产量 173 t，销量 299 t，年末存量 42 t；鲷养殖面积 460 亩，全年产量 360 t，全年销量 439 t，年末存量 86 t。

1.2.2 网箱养殖

5 个示范县区普通网箱养殖海水鱼总面积 196 500 m^2，养殖总产量 3 563 t，全年销售 4 283 t，年末存量 924 t；深水网箱养殖总水体 1 026 400 m^3，年总产量 14 210 t，全年销售量 12 193 t，年末存量 3 402 t。其中：

万山区：普通网箱养殖面积 61 700 m^2，养殖海水鱼总产量 1 709 t，年销售量 2 077 t，年末存量 421 t。其中，珍珠龙胆石斑鱼养殖面积 5 700 m^2，年产量 182 t，年销售量 310 t，年末存量 68 t；其他石斑鱼养殖面积 5 500 m^2，年产量 160 t，年销售量 300 t，年末存量 42 t。深水网箱养殖水体 197 200 m^3，养殖海水鱼总产量 3 488 t，年销售量 3 316 t，年末存量 1 008 t。其中，大黄鱼养殖水体 19 600 m^3，养殖产量 115 t，年销售量 186 t，年末存量 16 t；卵形鲳鲹养殖水体 92 000 m^3，养殖产量 1 735 t，养殖销售量 1 660 t，年末存量 437 t；军曹鱼养殖水体 32 000 m^3，养殖产量 700 t，年销售量 682 t，年末存量 58 t；鰤养殖水体 15 600 m^3，养殖产量 496 t，年销售量 556 t，年末存量 230 t；其他类海水鱼养殖水体 18 000 m^3，年产量 162 t，年销售量 159 t，年末存量 57 t。

阳西县：普通网箱养殖面积 40 600 m^2，养殖海水鱼总产量 705 t，年销售量 960 t，年末存量 155 t。其中珍珠龙胆石斑鱼养殖面积 4 000 m^2，养殖总产量 88 t，养殖销售量 73 t，年末存量 34 t；其他石斑鱼养殖面积 18 000 m^2，年产量 208 t，年销售量 346 t，年末存量 31 t；其他海水鱼养殖面积 18 600 m^2，年产量 409 t，年销售量 541 t，年末存量 90 t。阳西县以深水网箱为主养殖的鱼种是卵形鲳鲹，养殖水体 680 000 m^3，养殖总产量 7 460 t，年销售量 6 150 t，年末存量 1 400 t。

湛江经济技术开发区：普通网箱养殖面积 3 200 m^2，养殖海水鱼总产量 82 t，年销售量 72 t，年末存 31 t；其中珍珠龙胆石斑鱼养殖面积 600 m^2，养殖产量 19 t，年销售量 20 t，年末存量 3 t；其他海水鱼养殖面积 2 600 m^2，养殖产量 63 t，年销售量 52 t，年末存量 28 t。深水网箱养殖主养卵形鲳鲹为主，养殖水体 106 000 m^3，养殖产量 2 838 t，年销售量 2 298 t，年末存量 810 t。

惠东县：普通网箱养殖面积 91 000 m^2，养殖产量 1 067 t，年销售量 1 174 t，年末存量 317 t。其中，珍珠龙胆石斑鱼养殖面积 3 000 m^2，养殖产量 68 t，年销售量 90 t，年末存量 27 t；大黄鱼养殖面积 33 000 m^2，养殖产量 267 t，年销售量 425 t，年末存量 102 t；卵形鲳鲹养殖面积 37 000 m^2，养殖产量 489 t，年销售量 407 t，年末存量 120 t；其他海水鱼养殖产量 18 000 m^2，养殖产量 243 t，年销售量 252 t，年末存量 68 t；深水网箱养殖水体 43 200 m^3，养殖产量 424 t，年销售量 429 t，年末存量 184 t。其中，卵形鲳鲹 18 800 m^3，养殖总产量 222 t，年销售量 290 t，年末存量 62 t；鲷养殖水体 22 000 m^3，年产量 190 t，年销售量 66 t，年末存量 122 t。

1.3 品种构成

每品种养殖面积及产量占示范县养殖总面积和总产量的比例见附表 2。

统计五个示范县海水鱼养殖面积与产量调查结果，各品种构成介绍如下。

普通网箱养殖总面积为 196 500 m^2，其中珍珠龙胆 1 300 m^2，占总养面积的 0.66%，其他石斑鱼 23 500 m^2，占总面积的 11.96%；大黄鱼为 40 000 m^2，占总养殖面积的 20.36%；卵形鲳鲹 46 000 m^2，占总养殖面积 23.41%；军曹鱼为 9 500 m^2，占总养殖面积的 4.83%；鲷养殖面积为 3 800 m^2，占总养殖面积的 1.94%；鰤为 10 000 m^2，占总养殖面积的 5.09%；其他海水鱼养殖总面积为 48 800 m^2，占总养殖面积的 24.83%。

普通网箱养殖总产量为 3 563 t，其中珍珠龙胆石斑鱼产量为 357 t，占总产量的 10.02%；其他石斑鱼产量为 368 t，占总产量的 10.33%；大黄鱼产量为 362 t，占总产量的 10.16%；卵形鲳鲹产量为 1 042 t，占总产量的 29.25%；军曹鱼产量为 131 t，占总产量的 3.68%；鲷产量为 90 t，占总产量的 2.53%；鰤产量为 250 t，占总产量的 7.02%；其他海水鱼产量为 951 t，占总产量的 26.69%。

深水网箱养殖总养殖水体为 1 026 400 m^3，其中大黄鱼为 19 600 m^3，占总养殖水体的 1.91%；卵形鲳鲹为 896 800 m^3，占总养殖水体的 87.37%；军曹鱼为 32 000 m^3，占总养殖水体的 3.12%；鲷为 42 000 m^3，占总养殖水体的 4.09%；鰤为 18 000 m^3，占总养殖水体的 1.75%；其他海水鱼养殖水体为 18 000 m^3，占总养殖水体的 1.75%。

深水网箱总产量为 14 210 t，其中大黄鱼产量为 115 t，占总产量的 0.81%；卵形鲳鲹产量为为 12 255 t，占总产量的 86.24%：军曹鱼产量为 700 t，占总产量的 4.93%；鲷产量为 470 t，占总产量的 3.31%；鰤产量为 508 t，占总产量的 3.57%；其他海水鱼产量为 162 t，占总产量的 1.14%。

池塘养殖总面积为 36 260 亩，其中珍珠龙胆石斑鱼 1 700 亩，占总养殖面积 4.69%；海鲈为 25 500 亩，占总养殖面积的 70.33%；鲷为 6 060 亩，占总养殖面积的 16.71%；美国红鱼 3 000 亩，占总养殖面积的 8.27%。

池塘养殖总产量为 120 166 t，其中珍珠龙胆为 1 037 t，占总产量的 0.86%；海鲈为 112 900 t，占总产量的 93.95%；鲷为 2 884 t，占总产量的 2.40%；美国红鱼为 3 345 t，占总产量的 2.78%。

2　示范县（市、区）科研开展情况

改进优化HDPE C80－100型深水网箱系统装备，成南海区海水鱼养殖主流，集约化程度好，经济生态效益显著

在前期深水网箱工程技术研究基础上，针对南海区台风强度大、速度快、破坏力强的特征，协助对深水网箱主要部件设计进行了优化，主推新一代HDPE C80－100型深水网箱系统装备，大大提升对台风灾害的抵御能力。主浮管选用直径355 mm或400 mm，管材径厚比SDR≤17.0，依C80网箱计算比实际选材管径小（315）或大（420）的不同规格网箱在网目75 mm、波高11 m、流速1.0 m/s条件下的波流力，依计算可以得出，网箱所受的波流力均随着浮管管径和网衣高度的增加而增大。虽然浮管管径的变化对网箱整体受力影响不大，但在提供网箱浮力和抵抗网箱浮架变形方面，采用管径越大的浮管，网箱的安全系数越高；网箱系统为单独锚固，12～20条锚绳，多采用400～700 kg单齿铁锚，锚绳为36～48 mm的聚丙烯三股绳，网衣实际高度7.0～9.0 m，主养殖的金鲳常用网衣网目35～55 mm。系统设计优化还包括在锚绳与网箱浮管绑系处，沿内外浮管设置了HDPE套管，使得网箱浮管由点受力改为由面受力，大大增加了浮管受力面积，减少了台风情况下网箱浮管因锚绳受力过大导致折断现象发生；使用一体式工字连接架，减少组装现场工作量的同时，更好地适应大型机械化的起换网操作。

深水网箱主系列HDPE C80－100成套装备，可按50年一遇台风规格设计制造，主养金鲳鱼苗投放量10万～30万尾，养殖产量最高达80吨/箱。南海区HDPE C80－100型深水网箱应用数量超3 000口，养殖水体约1 200万m^3，年养殖产量15 000 t，成为海水鱼养殖发展的主要方向。通过应用示范，使南海区海水鱼类养殖由内湾、浅海水域逐步推向外海，既可改善养殖环境，也可拓展养殖空间，支撑南海区海水鱼产业可持续发展。

获得授权专利1项：一种用于网箱网衣的拖网清洗装置，专利号：ZL201921102304.3，袁太平、陶启友、胡昱。

3　海水鱼养殖产业发展中存在的问题

（1）海水鱼产业有较强的地域性，单一品种产量不大，进入门槛低，一线养殖生产者的组织与管理程度有限，产业链各环节利润与风险严重不匹配。

（2）海水鱼的社会认知不足，难做到优质优价，加之品种多，较难形成消费聚集，替代性强，单一养殖品种产量难有较大突破，还需加大对广大消费者的宣传引导。

附表 1　2020 年度珠海综合试验站示范县海水鱼育苗及成鱼养殖情况表

项目	品种	万山区										阳西县					
		珍珠龙胆石斑鱼	其他石斑鱼	海鲈	大黄鱼	卵形鲳鲹	军曹鱼	鲷	美国红鱼	鰤	其他海水鱼	珍珠龙胆石斑鱼	其他石斑鱼	卵形鲳鲹	鲷	其他海水鱼	军曹鱼
育苗	面积/m²											2 000		80 000	90 000		
	产量/万尾											350		1 600	1 880		
工厂化养殖	面积/m²																
	年产量/t																
	年销售量/t																
	年末库存量/t																
池塘养殖	面积/亩											280			800		
	年产量/t											179			394		
	年销售量/t											314			747		
	年库存量/t											30			92		
网箱养殖	面积/m²	5 700	5 500	1 000	7 000	9 000	9 500	3 800	600	10 000	9 600	4 000	18 000			18 600	
	水体/m³（深水网箱）				19 600	92 000	32 000	20 000		15 600	18 000			680 000			
	年产量/t	182	160	4	211	2 288	831	370	8	746	398	88	208	7 460		409	
	年末库存量/t	68	42		77	487	58	253		320	124	34	31	1 400		90	

附表 1　2020 年度珠海综合试验站示范县海水鱼育苗及成鱼养殖情况表（续 1）

项目	品种	湛江经济技术开发区				斗门区				惠东县					
		珍珠龙胆石斑鱼	军曹鱼	卵形鲳鲹	其他海水鱼	珍珠龙胆石斑鱼	海鲈	鲷	美国红鱼	珍珠龙胆石斑鱼	大黄鱼	卵形鲳鲹	鲷	鰤	其他海水鱼
育苗	面积/m^2	9 000						30 000							
	产量/万尾	260						800							
工厂化养殖	面积/m^2														
	年产量/t														
	年销售量/t														
	年末库存量/t														
池塘养殖	工厂化池塘面积/亩	1 200													
	普通池塘面积/亩					60	25 500	4 800	3 000	160			460		
	年产量/t	676				9	112 900	2 130	3 345	173			360		
	年销售量/t	718				90	123 300	2 470	4 842	299			439		
	年库存量/t	140					48 900	790	790	42			86		
网箱养殖	面积/m^2	600			2 600					3 000	33 000	37 000			18 000
	水体/m^3（深水网箱）			106 000								18 800	22 000	2 400	
	年产量/t	19		2 838	63					68	267	711	190	12	243
	年末库存量/t	3		810	28					27	102	182	122		68

附表 2　珠海综合试验站 5 个示范县养殖面积、养殖产量及主要品种构成

项目＼品种	年产总量	珍珠龙胆石斑鱼	其他石斑鱼	海鲈	大黄鱼	卵形鲳鲹	军曹鱼	鲷	美国红鱼	鰤	其他海水鱼
工厂化育苗面积/m^2	211 000	11 000				80 000		120 000			
工厂化出苗量/万尾	4 090	610				1 600		1 880			
工厂化养殖面积/t											
工厂化养殖产量/t											
池塘养殖面积/亩	36 260	1 700		25 500				6 060	3 000		
池塘年总产量/t	120 166	1 037		112 900				2 884	3 345		
普通网箱养殖面积/m^2	196 500	1 300	23 500	1 000	40 000	46 000	9 500	3 800	600	10 000	48 800
深水网箱养殖水体/m^3	1 026 400				19 600	896 800	32 000	42 000		18 000	18 000
普通网箱年总产量/t	3 563	357	368	4	362	1 042	131	90	8	250	951
深水网箱年总产量/t	14 210				115	12 255	700	470		508	162
各品种工厂化育苗占总面积的比例/%	100	5.21				37.91		56.87			
各品种工厂化出苗量占总出苗量的比例/%	100	14.91				39.11		45.97			
各品种工厂化养殖面积占总面积的比例/%	100										
各品种工厂化养殖产量占总产量的比例/%	100										
各品种池塘养殖面积占总面积的比例/%	100	4.69		70.33				16.71	8.27		
各品种池塘养殖产量占总产量的比例/%	100	0.86		93.95				2.40	2.78		
各品种普通网箱养殖占总面积的比例/%	100	0.66	11.96	0.51	20.36	23.41	4.83	1.94	0.31	5.09	24.83
各品种普通网箱养殖产量占总产量的比例/%	100	10.02	10.33	0.11	10.16	29.25	3.68	2.53	0.22	7.02	26.69
深水网箱养殖占总水体的比例/%	100				1.91	87.37	3.12	4.09		1.75	1.75
深水网箱养殖产量占总产量的比例/%	100				0.81	86.24	4.93	3.31		3.57	1.14

（珠海综合试验站站长　陶启友）

北海综合试验站产区调研报告

1　示范区县海水鱼养殖情况

北海综合试验站下辖5个示范县，分别是广西钦州市钦南区龙门港、防城港市防城区和港口区、北海市铁山港区和合浦县。5个示范县基本已经覆盖全广西主要的海水鱼养殖产区，其中合浦县因为处在入海口，海水浊度高，海水鱼养殖只有少量池塘养殖和木排养殖。

1.1　示范县海水鱼育苗情况

广西作为一个沿海海水鱼养殖省份，一直以来缺少海水鱼育苗企业，主要原因有三个。一是广西海水鱼养殖方式相对落后，产业分散程度高。广西传统海水鱼养殖以木排网箱和池塘为主，养殖户比较分散，每户养殖的规模不大，一般每户有一到几组木排网箱（一组12口）。但广西海水鱼养殖的品种却很多，传统养殖品种有卵形鲳鲹、黑鲳、泥猛（褐篮子鱼）、金鼓（点篮子鱼）、海鲈、真鲷、黄鳍鲷、军曹鱼等。二是临近省份海水鱼养殖发展更早更快，临近省份比如广东、福建、海南，养殖规模大，产业集中度高，育苗产业成熟。广西海水鱼养殖户一般从海南购买卵形鲳鲹苗和石斑鱼苗，从福建购买海鲈鱼苗。三是地理原因，如海南平均气温高，3—4月就有卵形鲳鲹苗出售，广西平均气温低，如果不使用加温设施要6月左右才能出苗。卵形鲳鲹从体长3 cm的苗种养到体重0.5 kg的商品鱼需要6个月左右的时间，广西冬季因为水温低卵形鲳鲹无法过冬，在10月底就陆续开始卖鱼，在11月底之前卖完。养殖户如果使用广西本地孵化的卵形鲳鲹苗，需等到6月中下旬才能投苗，在11月寒潮来临时达不到出售规格。

根据2020年对下辖示范区县的调查，防城港市港口区光坡镇的永贺水产公司为新成立的海水鱼育苗企业，有育苗车间220 m^2，池塘9口，每口4亩，年生产珍珠斑苗种约230万尾。其余育苗户多为非固定育苗户，主要集中在北海市铁山港区，育苗品种为本地零散养殖品种或石斑鱼苗。

1.2　养殖面积及年产量、销售量、年末库存量

1.2.1　普通木排网箱养殖

示范县范围内共有木排网箱养殖82 500 m^2，年产量约8 915 t，产量基本约等于销售

量。2020年钦州港一带多发小瓜虫疾病，加之11月底连续寒潮，示范县内木排养殖户基本没有卵形鲳鲹过冬存鱼，茅岭海鲈可以养殖过冬但数量不多。

其中北海市铁山港区养殖面积27 000 m^2，年产量约3 885 t。钦州市钦南区养殖面积21 000 m^2，养殖产量约2 960 t。防城港市防城区养殖面积2 500 m^2，养殖产量约970 t。防城港市港口区养殖面积32 000 m^2，养殖产量约1 100 t。

1.2.2 深水网箱养殖

示范区范围内共有深水网箱养殖水体3 602 612 m^3，总产量约31 344 t，2020年年末示范县内深水网箱养殖有300 ~ 500 t存网量。

其中北海市铁山港区有养殖水体1 263 000 m^3，养殖产量约15 120 t。钦州市钦南区龙门港有养殖水体542 000 m^3，产量约4 180 t。防城港市防城区有养殖水体1 657 962 m^3，养殖产量约9 054 t。防城港市港口区有养殖水体139 650 m^3，产量约2 990 t。

1.3 品种构成

每个品种的养殖面积及产量占总养殖面积和产量的比例见附表2。

统计5个示范县的海水鱼养殖面积及产量，具体介绍如下。

目前防城港市港口区内有1家海水鱼鱼苗生产企业，北海市有家育苗企业。其余为非固定育苗户，。

示范县木排网箱养殖总面积82 500 m^2，其中卵形鲳鲹45 000 m^2，石斑鱼养殖35 000 m^2，海鲈2 500 m^2。

示范县木排网箱养殖总产量8 915 t，其中卵形鲳鲹5 845 t，石斑鱼2 100 t，海鲈970 t。

示范县深水网箱养殖总水体3 602 612 m^3，基本均为卵形鲳鲹养殖。

示范县深水网箱养殖总产量31 344 t。

根据2020年走访调研情况，示范县内深水网箱养殖品种基本只有卵形鲳鲹，木排养殖品种主要为卵形鲳鲹、珍珠龙趸石斑鱼、石斑鱼，其他品种包括褐篮子鱼、点篮子鱼、燕尾鲳、大黄鱼、美国红鱼等多个品种。

2020年海水鱼价格整体低迷，卵形鲳鲹除过冬鱼价格达到30元/千克，规格为0.5千克/尾左右成鱼价格为20 ~ 21元/千克；石斑鱼全年价格波动较大，总体价格低于40元/千克，最低可达24 ~ 26元/千克，只有春节及中秋等少数节日价格达到往年正常价格46元/千克；其余鱼价均比往年降低10% ~ 30%。

2 示范区县科研开展情况

广西示范区县2020年共进行科研项目三项：

项目一："深水抗风浪网箱生态养殖模式创新与示范"，合同编号：桂科AA17204095-9，承担单位为北海市铁山港区石头埠丰顺养殖有限公司、广西壮族自治区水产科学研究院、广西海世通食品股份有限公司、北海海洋渔民专业合作社，实施时间为2017—2020年；

项目二："卵形鲳鲹规模化繁育技术创新与示范"，合同编号：桂科AA17204094-4，承担单位为广西壮族自治区水产科学研究院、北海市铁山港区石头埠丰顺养殖有限公司、钦州市桂珍深海养殖有限公司，实施时间为2017—2020年；

项目三："深水抗风浪网箱（钢制）创新升级与金鲳鱼养殖技术"，合同编号：桂科AB16380155，承担单位为北海市铁山港石头埠丰顺养殖有限公司，实施时间为2016—2020年。

3　海水鱼养殖产业发展中存在的问题

3.1　养殖户缺乏改造资金

随着海水鱼养殖业规范化的推进，养殖设备由木排网箱逐渐向深水网箱转变，养殖用海由随意占地转向必须具备海域使用证的规范化养殖。但由于海域使用证规划的养殖海域通常离岸较远，风浪较大，传统木排养殖方式无论是抗风浪能力还是投喂成本都是无法达到要求的。2020年全区新增深水网箱达150口以上，但基本为大型企业投资，本地养殖户新增深水网箱占比很小。其原因主要还是本地渔民资金不足、体量小，无法支撑改造深水网箱的投入及养殖成本。

3.2　产业结构有待升级

卵形鲳鲹产业结构的不合理主要表现为缺乏加工能力不足和销售途径不足。2020年示范县范围内新增数家大型企业，新增深水网箱养殖水体超过20%，而目前配套加工企业还未到位。由于卵形鲳鲹具有遇病害集中上市和10—11月集中上市这两个特点，一旦出现集中上市，鱼价就会受到较大冲击。除此之外，卵形鲳鲹商品鱼基本为活鱼、冰鲜、条冻或者冻片几种，相比其迅速增加的产量，其市场消费能力也限制了整个产业的发展。

3.3　养殖品种单一

2019年卵形鲳鲹商品鱼价格较高，2020年新增网箱和卵形鲳鲹投苗数都有较大幅度上涨。但由于2020年受到病害和卵形鲳鲹鱼价低迷的冲击，很多养殖户都受到了不动程度的亏损。这主要还是由于示范县内的海水鱼养殖业对于卵形鲳鲹和石斑鱼这两个品种的依赖度较高引起的。

3.4 海水鱼育苗能力有待加强

目前广西的卵形鲳鲹苗种还是主要依赖从广东和海南购买，市场整体苗种质量也是良莠不齐，不少养殖户投苗即遇到“黑身”，肠胃炎等病害困扰，发病的幼鱼往往即使能够存活后期也会出现生长缓慢的情况，给养殖户造成很大损失。

4 产业发展建议

4.1 扶持优秀育苗企业

目前广西区内缺乏海水鱼育苗企业的困境正在逐步凸显，作为广西最大养殖海水鱼品种的卵形鲳鲹基本没有经过选育，苗种质量参差不一，苗种培育成活率降低，生长速度减缓，个体大小不均匀。由于卵形鲳鲹价格逐步走高，导致市场对苗种的需求量增大，需要有更多优秀的育苗企业参与其中，政府应提供资金扶持企业开展卵形鲳鲹品种选育工作。

4.2 增加技术培训和政策扶持

目前国家拆除不具有海域使用证的非法养殖网箱已成定局，对于大多数养殖户而言如何转型深水网箱养殖，走向远海已经成为迫在眉睫的问题。目前，对于普通养殖户最迫切的需求一方面是需要得到深水网箱养殖技术培训，另一方面需要当地政府能在贷款扶持，牵头成立养殖合作社并给与资金补助。

4.3 丰富养殖种类和产业链深度

目前广西主要养殖品种只有卵形鲳鲹一种，过于单一。卵形鲳鲹养殖收益主要受由病害暴发产生的成本变化和市场价格波动引起的产值变化影响。卵形鲳鲹近年来价格变化很大，规格为0.5千克/尾的成鱼养殖成本为18 ~ 20元/千克，而销售其价格在16 ~ 36元/千克间波动，养殖户的利润差别很大，养殖风险较高。因此广西的海水鱼产业一是需要丰富养殖种类，开发其他经济价值较高且稳定的深水网箱养殖品种，分散市场波动风险；二是增加产业链深度，通过提高卵形鲳鲹的附加值，打开市场销路。

附表 1　2017 年度北海综合试验站示范县海水鱼育苗及成鱼养殖情况表

项目 \ 品种		北海市铁山港区		防城港市港口区		防城港市防城区		钦州市钦南区	
		卵形鲳鲹	其他海水鱼	卵形鲳鲹	珍珠龙胆石斑鱼	卵形鲳鲹	海鲈	卵形鲳鲹	珍珠龙胆石斑鱼
育苗	面积/m^2				250				
	产量/万尾				270				
深水网箱	水体/m^3	1 263 000		139 650		1 657 962		542 000	
	年产量/t	15 120		2 990		9 054		4 180	
	年销售量/t	15 120		2 990		9 054		4 180	
	年末库存量/t	300							
池塘养殖	面积/亩								
	年产量/t								
	年销售量/t								
	年末库存量/t								
网箱养殖	面积/m^2	27 000			32 000		2 500	18 000	3 000
	年产量/t	3 885			1 100		970	1 960	1 000
	年销售量/t	4 060			1 110		480	1 960	1 000
	年末库存量/t						870		
户数	育苗户数				1				
	养殖户数	120	37	18	23	56	78	30	32

附表 2　北海综合试验站四个示范县养殖面积、养殖产量及主要品种构成

项目＼品种	示范县总量	卵形鲳鲹	石斑鱼	海鲈
普通网箱养殖面积/m^2	82 500	45 000	35 000	2 500
普通网箱养殖产量/t	8 915	5 845	2 100	970
深水网箱养殖水体/m^3	3 602 612	2 602 612		
深水网箱养殖产量/t	31 344	31 344		
普通网箱养殖面积占比/%	100	42.85	33.33	23.80
普通网箱养殖产量占比/%	22.14	65.56	23.56	10.88
深水网箱养殖水体占比/%	100	100		
深水网箱养殖产量占比/%	77.86	100		

（北海综合试验站站长　蒋伟明）

陵水综合试验站产区调研报告

1　示范县（市、区）海水鱼养殖现状

根据体系新增安排目前陵水综合试验站下设8个示范市县，分别为琼海市、东方市、万宁市、陵水黎族自治县、临高县，海口市、澄迈县以及昌江县。根据示范县海水鱼养殖模式、品种等各有不同，如陵水黎族自治县以石斑鱼、卵形鲳鲹及军曹鱼为主养品种，养殖模式主要以池塘养殖、普通网箱养殖、深水网箱养殖为主；琼海市、东方市主要以池塘养殖及工厂化养殖石斑鱼为主；临高县主要以深水网箱养殖卵形鲳鲹、池塘及工厂化养殖石斑鱼为主；万宁市主要以池塘及普通网箱养殖石斑鱼为主；海口市主要以普通网箱养殖军曹鱼为主；澄迈县主要以深水网箱养殖卵形鲳鲹为主；昌江县主要以深水网箱养殖卵形鲳鲹为主。其人工育苗、养殖品种、产量及规模见附表1。

1.1　育苗面积及苗种产量

1.1.1　育苗面积

示范县育苗总面积为696 000 m^2，其中陵水206 000 m^2、琼海200 000 m^2，东方200 000 m^2，万宁90 000 m^2，临高1 000 m^2，育苗品种主要包括卵形鲳鲹、石斑鱼和军曹鱼。

1.1.2　苗种年产量

示范县育苗厂家散养户较多，粗略统计共计164户规模较大育苗厂家，总计培育苗种15 840万尾，各县育苗情况介绍如下。

陵水：50户育苗厂家，其中卵形鲳鲹30户，生产苗种10 000万尾，主要用于深水网箱养殖苗种；石斑鱼15户，生产苗种500万，主要用于池塘、工厂化及普通网箱养殖。军曹鱼5户，生产苗种300万，主要用于普通网箱养殖。

琼海：70户育苗厂家，生产石斑鱼苗种2 000万尾，主要用于工厂化及池塘养殖。

东方：主要有20户育苗厂家，生产石斑鱼苗种2 000万尾，主要用于工厂化及池塘养殖。

临高：主要有4户育苗厂家，生产石斑鱼苗种40万尾，主要用于工厂化及池塘养殖。

万宁：主要有20户育苗厂家，生产石斑鱼苗种1 000万尾，主要用于池塘养殖及普

通网箱养殖。

1.2 养殖面积及年产量、销售量、年末库存量

示范县成鱼养殖厂家散养户较多有 2 644 家，包括工厂化养殖、池塘养殖、普通网箱养殖和深水网箱养殖。

1.2.1 工厂化养殖

示范县工厂化养殖品种都以石斑鱼为主，养殖面积 45 875 m^2，年总生产量为 1 848 t。今年销售量 748 t，年末库存量为 1 100 t。

琼海：工厂化养殖面积 15 000 m^2，年产量 838 t，销售 438 t，年末库存 400 t。

东方：工厂化养殖面积 8 000 m^2，年产量 700 t，销售 200 t，年末库存 500 t。

临高：工厂化养殖面积 15 000 m^2，年产量 250 t，销售 50 t。

万宁：工厂化养殖面积 3 000 m^2，年产量 60 t，销售 60 t。

1.2.2 池塘养殖

示范县池塘养殖面积 16 012 亩，主要养殖品种为石斑鱼，年产量 15 670 t，年销售量 6 750 t，年末库存量 8 920 t。

陵水县：池塘养殖面积 500 亩，年产量 250 t，年销售量 250 t。

琼海市：池塘养殖面积 3 500 亩，年产量 7 000 t，年销售量 2 000 t，年末库存量 5 000 t。

东方市：池塘养殖面积 3 000 亩，年产量 4 000 t，年销售量 2 000 t，年末库存量 2 000 t。

临高县：池塘养殖面积 2 000 亩，年产量 1 000 t，年销售量 500 t。

万宁市：池塘养殖面积 7 012 亩，年产量 3 420 t，年销售量 2 100 t，年末库存量 1 320 t。

1.2.3 网箱养殖

示范区内，普通网箱养殖主要有陵水县、万宁市、澄迈县以及海口市，养殖面积 487 000 m^2，主要养殖品种为石斑鱼和军曹鱼，产量共计 6 312 t；深水网箱养殖示范区有陵水县、临高县、昌江县以及澄迈县，养殖主要品种为卵形鲳鲹，养殖水体 3 845 400 m^3，产量 36 435 t。

陵水县：普通网箱养殖面积 150 000 m^2，养殖主要品种以石斑鱼及军曹鱼为主，石斑鱼普通网箱养殖面积 130 000 m^2，年产量 1 100 t，年销售量 1 000 t，年末库存 100 t；军曹鱼养殖面积 20 000 m^2，年产量 3 395 t，年销售量 3 395 t。深水网箱养殖水体 200 000 m^3，养殖品种主要为卵形鲳鲹，年产量 3 400 t，年销售量 2 700 t。

万宁市：普通网箱养殖面积 252 000 m^2，养殖主要品种为石斑鱼，年产量 717 t，年销售量 517 t，年库存量 200 t。

临高县：深水网箱养殖水体 3 043 400 m^3，养殖主要品种为卵形鲳鲹，年产量 26 000 t，

年销售量 26 000 t。

海口市：普通网箱养殖面积 85 000 m²，养殖主要品种为军曹鱼，年产量 400 t，年销售量 400 t。

昌江县：深水网箱养殖水体 256 000 m³，养殖主要品种为卵形鲳鲹，年产量 5 000 t，年销售量 5 000 t。

澄迈县：深水网箱养殖水体 256 000 m³，养殖主要品种为卵形鲳鲹，年产量 2 035 t，年销售量 2 035 t。

1.3　品种构成

每个品种养殖面积及产量占示范区养殖总面积和总产量的比例见附表 2。

工厂化育苗总面积 40 000 m²，其中石斑鱼 40 000 m²，占育苗总面积 100%。

工厂化出苗量 5 340 万尾，其中石斑鱼 5 340 万尾，占总出苗量 100%。

工厂化养殖的总面积为 45 875 m²，养殖主要品种为石斑鱼，养殖总产量 1 848 t。

池塘养殖总面积为 16 012 亩，养殖品种为石斑鱼，养殖总产量为 15 670 t。

普通网箱养殖总面积为 487 000 m²，其中石斑鱼 407 000 m²，占普通网箱总养殖面积 83.57%，总产量 2 217 t，占普通网箱养殖总产量 45.30%；军曹鱼普通网箱养殖面积 80 000 m²，占普通网箱总养殖面积 16.43%，总产量 4 095 t，占普通网箱养殖总产量 54.70%。

深水网箱养殖总水体 3 845 400 m³，养殖主要品种为卵形鲳鲹，深水网箱养殖产量 36 435 t。

从以上统计可以看出，在示范县内，育苗以石斑鱼、卵形鲳鲹、军曹鱼为主；工厂化养殖及池塘养殖以石斑鱼为主；普通网箱养殖以石斑鱼及军曹鱼为主；深水网箱养殖以卵形鲳鲹为主。

2　示范县（市、区）科研、开展情况

2.1　科研课题情况

试验站依托单位海南省海洋与渔业科学院积极申请海水鱼产业相关项目，做好产业技术集成与示范，通过地方科研体系与国家体系对接，更好地完成产业体系的示范工作。依托单位承担的蓝色粮仓科技创新“开放海域和远海岛礁养殖智能装备与增殖模式”项目的 2 个课题完成年度任务指标，战略性国际科技创新合作重点专项“开放海域养殖设施高海况潜降关键技术与核心装备联合研发”完成课题实验设计，可再生能源与氢能技术专项“温差能转换利用方法与技术研究”完成年度任务，工信部高技术船舶项目“半潜式养殖装备工程研发”项目完成项目任务书编写工作。

2.2 发表论文、标准、专利情况

2020 年，陵水综合试验站发表文章 1 篇，授权发明专利 1 项，具体如下：

刘龙龙，罗鸣，陈傅晓，李向民.一种网箱养殖卵形鲳鲹的限量投饲方法.ZL201710236853.9

刘龙龙，罗鸣，陈傅晓，谭围，刘金叶，王永波，符书源. 盐度对珍珠龙胆石斑鱼幼鱼渗透调节与耗氧率的影响［J］.中国水产科学，2020，27（6）：692-700.

3 海水鱼产业发展中存在的问题

陵水综合试验站各示范县区主养石斑鱼、卵形鲳鲹、军曹鱼等鱼类。各示范县区养殖条件与品种不同，养殖存在的问题也不同。目前在示范区海水鱼养殖过程中存在的主要问题有：

（1）优良苗种缺乏。优良苗种不足是目前石斑鱼产业发展的主要问题，卵形鲳鲹则由于种质退化，所育苗种生长速度和抗病能力降低；

（2）养殖病害种类较多。网箱养殖区片面追求高密度、高产量，超过了环境容纳量引发鱼病种类越来越多；

（3）在全省海岸带环保督查背景下，对池塘及工厂化养殖影响较大，需要区县开展全面设施更新改造；

（4）养殖综合效益低。养殖品种单一，产品集中上市造成水产品市场价格剧烈波动，严重影响养殖户生产积极性；

（5）水产品储运加工生产技术滞后，水产品附加值低。

4 当地政府对产业发展的扶持政策

陵水综合试验站与示范区多家海水养殖企业签订科技合作协议，为养殖企业提供科技服务，在示范区推广应用最新的成果，帮助养殖企业多渠道争取资金支持，同时通过合作关系，能够更好地把体系成果应用到本区域示范企业中去。

5 海水鱼产业技术需求

海水鱼产业涉及海水鱼贮藏加工、苗种繁育、配套饲料生产和病害防治科技攻关，应充分发挥示范区龙头企业的骨干和带动作用，加强水产品质量和环境保护。

5.1　规模化苗种繁育技术

目前虽已在石斑鱼、卵形鲳鲹、军曹鱼等海水鱼繁育和苗种培育技术方面取到了重大突破，并已实现规模化批量生产，但还缺乏规模化大型繁育基地。

5.2　产品质量和环境保护监测技术

渔业产品的质量安全是在激烈市场竞争中取胜的重要保证，所以在生产原料、饲料、病害防治药物、养殖和加工环境质量、工艺方法等方面加强标准，以及监测方法的制定、实施等都十分重要和值得重视。

5.3　海水鱼工厂化提质增效养殖技术

工厂化循环水养殖设备投入高，关键技术尚需完善，影响了推广应用。

附表 1　2020 年度陵水综合试验站示范县海水鱼育苗及成鱼养殖情况统计表

项目	品种	陵水			琼海	东方	临高		昌江	万宁	海口		澄迈	
		石斑鱼	卵形鲳鲹	军曹鱼	石斑鱼	石斑鱼	石斑鱼	卵形鲳鲹	卵形鲳鲹	石斑鱼	军曹鱼	石斑鱼	卵形鲳鲹	军曹鱼
育苗	面积/m^2	5 000	150 000	6 000	200 000	200 000	1 000			90 000				
	产量/万尾	300	10 000	300	2 000	2 000	40			1 000				
工厂养殖	面积/m^2				150 000	8 000	15 000			3 000				
	年产量/t				838	700	250			60				
	年销售量/t				438	200	50			60				
	年末库存量/t				400	500	200							
池塘养殖	面积/亩	500			3 500	3 000	2 000			7 012				
	年产量/t	250			7 000	4 000	1 000			3 420				
	年销售量/t	150			2 000	2 000	500			2 100				
	年末库存量/t	100			5 000	2 000	500			1 320				
普通网箱	面积/m^2	130 000		20 000						252 000	40 000	25 000		20 000
	年产量/t	1 100		3 395						717	400	400		300
	年销售量/t	1 000		3 395						517	400	200		300
	年末库存量/t	100								200		200		
深水网箱	水体/m^3		200 000					3 043 400	256 000				25 600	
	年产量/t		3 400					26 000	5 000				2 035	
	年销售量/t		2 700					26 000	5 000				2 035	
	年末库存量/t		700											
户数	育苗户数	15	30	5	70	20	4			20				
	养殖户数	350	18	20	1 200	25	25	12	2	700	20	10	7	5

附表 2 陵水综合试验站 8 个示范县养殖面积、养殖产量及主要品种构成

项目 \ 品种	年产总量	石斑鱼	卵形鲳鲹	军曹鱼
工厂化育苗面积/m^2	40 000	40 000		
工厂化出苗量/万尾	5 340	5 340		
工厂化养殖面积/m^2	45 875	45 875		
工厂化养殖产量/t	1 848	1 848		
池塘养殖面积/亩	16 012	16 012		
池塘年总产量/t	15 670	15 670		
普通网箱养殖面积/m^2	487 000	407 000		80 000
普通网箱年总产量/t	6 312	2 217		4 095
深水网箱养殖水体/m^3	3 845 400		3 845 400	
深水网箱年总产量/t	36 435		36 435	
各品种工厂化育苗面积占总面积比例/%	100	100		
各品种工厂化出苗量占总出苗量的比例/%	100	100		
各品种工厂化养殖面积占总面积的比例/%	100	100		
各品种工厂化养殖产量占总产量的比例/%	100	100		
各品种池塘养殖面积占总面积的比例/%	100	100		
各品种池塘养殖产量占总产量的比例/%	100	100		
各品种普通网箱养殖面积占总面积的比例/%	100	84		16
各品种普通网箱养殖产量占总产量的比例/%	100	33		67
各品种深水网箱养殖水体占总面积的比例/%	100		100	
各品种深水网箱养殖产量占总产量的比例/%	60		60	

（陵水综合试验站站长 罗 鸣）

三沙综合试验站产区调研报告

1 示范县（市、区）海水鱼养殖现状

本综合试验站下设5个示范县（市、区），分别为：儋州市、乐东县、三亚市、文昌市、三沙市。乐东县、三亚市、文昌市以育苗养殖为主，儋州以鱼苗标粗为主，三沙以养殖为主。其鱼苗、养殖品种、产量及规模见附表1。

1.1 育苗面积及苗种产量

1.1.1 育苗面积

三沙试验站所负责5个示范县育苗面积3 700亩，其中文昌3 000亩，乐东300亩，三亚400亩，三沙0亩，儋州15 000 m^3，育苗品种主要包括珍珠龙胆、东星斑。

1.1.2 苗种年产量

示范县育苗厂家粗略统计共计292户规模较大育苗厂家，总计培育苗种10 750万尾，各县育苗情况介绍如下。

文昌：200户育苗厂家，其中珍珠龙胆石斑鱼120户，生产苗种4 800万尾；东星斑80户，生产苗种2 200万尾。

三亚：30户育苗厂家，其中珍珠龙胆石斑鱼20户，生产苗种750万尾；东星斑10户，生产苗种400万尾。

乐东：30户育苗厂家，其中珍珠龙胆石斑鱼24户，生产苗种920万尾；东星斑6户，生产苗种200万尾。

儋州：32户育苗厂家，其中珍珠龙胆石斑鱼30户，生产苗种1 200万尾巴；东星斑2户，生产苗种280万尾。

1.2 养殖面积及年产量、销售额、年末库存量

珍珠龙胆石斑鱼池塘养殖面积26 000亩，产量9 000 t，其中2020年度销售8 010 t，存货量1 660 t；工厂化养殖218 000 m^3，产量1 844 t，2020年度售出1 522 t，存货452 t。其他石斑鱼（东星斑）工厂化养殖水面40 500 m^3，产量503 t，2020年度售出387 t，存货量151 t；工厂化循环水养殖水面2 000 m^3，其他石斑鱼（东星斑）养殖总量5 t，2020

年度售出 5 t，存 0 t。南沙养殖尖吻鲈 20 万尾，尖吻鲈售 15 万尾，存货 5 万尾，平均体重 0.75 kg。

1.3　品种构成

示范县所养殖品种为：珍珠龙胆石斑鱼、东星斑、少量龙胆石斑鱼、少量尖吻鲈。

2　示范县（市、区）科研开展情况

2.1　科研课题情况

2020 年度三沙综合试验站在围绕体系下达的工作任务前提下，就如何建立和完善南沙岛礁潟湖与开放性水域规模化增养殖方案，实现及落实绿色可持续发展理念，同时关注并积极参与推动国家渔业战略发展、装备建设，和构建立足南沙的金枪鱼苗种基地建设、软颗粒饲料批量加工转化工作，开展海水鱼养殖渔情采集、数字渔业示范基地的建设和海水鱼产业技术体系信息管理平台接入工作。开展南海岛礁资源养护与生态增养殖的示范应用。

2.2　人才培养

培养渔机协会认证中级职称 1 名，初级职称 1 名。

培养智能化工业循环水养殖技术本科生 1 名。

2.3　获奖情况

授予“尖吻鲈全天候繁育及陆海多模式养殖研发与示范”成果为中国水产科学研究院科技进步奖三等奖。

2.4　专利

（1）一种双向投饵机及包含其的双向投饵平台（实用新型）。

（2）一种投饵盘及投饵机构（实用新型）。

3　海水鱼养殖产业发展中存在的问题

（1）岸基实施工厂化循环水养殖方式，推广还存在困难，加之投资大等因素，目前仍处于观望状态。

（2）病害问题比较严重。主要病原是感染石斑鱼的神经坏死病毒和虹彩病毒。感染主要发生在育苗阶段，育苗成功率低，且没有对应治疗的药物。

（3）亲鱼退化严重，鱼卵质量下降。

（4）渔民深海网箱养殖技术及装备不足，转型深远海养殖方式较难。

（5）苗种供给市场混乱，鱼苗质量参差不齐。

（6）环保红线风暴的影响，近海低位养殖池都在清理，造成部分渔民转产转业。

（7）工厂化养殖目前还处于初级阶段，没有形成循环水养殖的规模化效应。加之建设成本高，推广难度很大。

附表 1　三沙综合试验站示范县海水鱼育苗及成鱼养殖情况统计

项目 \ 品种		文昌		三沙		儋州			乐东		三亚	
		珍珠龙胆	东星斑	老虎斑	金目鲈	珍珠龙胆石斑鱼	东星斑	金昌鱼	珍珠龙胆石斑鱼	东星斑	珍珠龙胆石斑鱼	东星斑
育苗	面积/亩	2 000	1 000			13 000 m^3	2 000 m^3		200	100	300	100
	产量/万尾	4 800	2 200			1 200	280		920	200	750	400
工厂养殖	面积/m^2	200 000	35 000						3 000	1 500	15 000	4 000
	年产量/t	1 120	385						22	10	702	108
	年销售量/t	960	285						40	14	552	88
	年末库存量/t	200	120						2	1	250	30
池塘养殖	面积/亩	15 000							6 000		5 000	
	年产量/t	6 200							880		1 820	
	年销售量/t	4 300							1 490		2 220	
	年末库存量/t	1 200							60		400	
网箱养殖	面积/m^2				1 620							
	年产量/t				20							
	年销售量/t				15							
	年末库存量/t				5							
户数	育苗户数	120	80			30	2		24	6	20	10
	养殖户数	1 500		1					80	5	300	20

（三沙综合试验站站长　孟祥君）

第三篇

轻简化实用技术

大黄鱼遗传性别快速判别技术

1　技术要点

以大黄鱼基因组DNA为模板，用集美大学鱼类遗传育种研究团队开发的大黄鱼性别特异分子标记引物进行PCR扩增。扩增产物经琼脂糖凝胶电泳，观察出现的条带大小及数量，即可准确判别受检大黄鱼的遗传性别。模板材料可以是提取好的DNA溶液，也可以是带有表皮细胞的少量体表黏液、鳞片、鳍条等，将这些材料于少量净水中煮沸，观察到有大黄鱼基因组DNA溶出即可。

2　适宜区域

无限制。

3　注意事项

无

4　技术委托单位及联系方式

技术委托单位：集美大学水产学院。

联系人：王志勇。

联系电话：18950124893。

鱼类抗病品系快速选育技术

1 技术要点

通过病原体人工攻毒实验所显示的个体抗病力表型值（攻毒后发病时间）获得发病个体和抗病个体，或采集自然发病与抗病个体，进行全基因组重测序，挖掘覆盖全基因组的SNP等分子标记，进行全基因组关联分析。从分析出的主效区间中筛选辅助育种的分子标记，进行标记辅助选择。

2 适宜区域

无限制。

3 注意事项

如果育种对象没有参考基因组，需要先绘制参考基因组图谱。

4 技术委托单位及联系方式

技术委托单位：集美大学水产学院。

联系人：王志勇。

联系电话：18950124893。

一种棕点石斑鱼精子的高效低温保存方法

1　技术要点

（1）以DMSO（最终体积分数为10×）和葡萄糖（终浓度为0.3 mol/L）作为冷冻保护剂。

（2）先将精子放置在液氮面上方1.5 cm处，待冷却至−80℃以下后放入液氮保存。

（3）当精子与保护剂之比稀释倍数为（1 ∶ 3）~（4 ∶ 1）至（V/V）时，解冻后的精子运动能力显著提高。

2　适用范围

棕点石斑鱼精子的低温保存。

3　注意事项

无

4　技术委托单位及联系方式

技术委托单位：中山大学。

联系人：刘晓春。

电子邮箱：lsslxc@mail.sysu.edu.cn。

海鲈集装箱养殖技术

1 技术要点

1.1 模式简介

将池塘改造为仿湿地生态池塘，在池塘岸边放置集装箱作为养殖单元。将以往池塘中养殖的吃食性鱼类转移至集装箱中，进行流水养殖。从池塘抽水，水经杀菌处理后进入集装箱内。养殖后的尾水经过固液分离后再返回池塘。池塘中投放微生态制剂以及滤食性鱼类等净化水质，维持水质的稳定。另外，固液分离后固体物质通过高效集污系统集中处理，降低池塘水处理负荷。

在上述模式——陆基推水式的基础上，现今又发展了另外一种养殖模式——“一拖二”式。该模式为全封闭养殖模式，包括 1 个智能水处理集装箱和 2 个标准养殖集装箱。其中，智能水处理箱是该模式的核心和关键。本系统集成了水质测控、粪便收集、水体净化、供氧恒温等技术模块，可实现养殖全程可控和质量安全可控。对集装箱进行改造，在其内部安装水质测控、视频监控、物理过滤、生化处理、恒温供氧等装置，对鱼类养殖全程实行实时监测，实现控水、控温、控苗、控料、控菌和控藻的精准调控与管理。

1.2 系统构成

无论是陆基推水式，还是“一拖二”式的集装箱养殖系统，其构成都是由养殖箱体、曝气增氧装置、进排水系统、杀菌消毒系统、水质处理系统、高效集污系统、精准控制系统、出鱼捕捞、池塘生态净水等组成。

利用集装箱养殖模式进行养殖，需要有相应的配套技术。其中包括以尾水生态处理和达标排放为目标的循环水系统标准化建设，以优质、高效、安全、适用为主要条件的养殖品种，以生态高效为目标的健康养殖技术。还有便捷化的捕捞技术、池塘生态净水技术、病害生态防控技术、残饵和粪便等固体物的收集处理技术以及自动化监控技术、物联网精准控制技术、产品质量安全和品质控制技术等。

2　适宜区域

该模式非常适宜于海鲈的高密度养殖。该模式采用机械增氧，溶解氧高，在进行高密度放养、高强度投喂时可以短时间大批量培育苗种。它还非常适宜于分级养殖，完全可以实现工厂化流水线养殖生产。

3　注意事项

养殖过程中需注意对水中的有害物质以及其他理化生物指标进行全程监控，将疫病发生的概率降低到最小，从而保证水产品的质量安全。

4　技术委托单位及联系方式

技术委托单位：中国海洋大学、全国水产技术推广总站基地。

联系人：温海深、王庆龙。

联系电话：13853270722、010-59194180。

卵形鲳鲹雌雄性别鉴定分子技术

1 技术要点

1.1 卵形鲳鲹样品采集及DNA提取

从待鉴定的卵形鲳鲹活体上剪取约 1 cm^2 的鳍条组织，利用 95%酒精进行保存。采样后卵形鲳鲹个体重新放回。利用市售DNA提取试剂盒或者常规酚仿法等提取基因组DNA备用。

1.2 性别特异性分子引物设计

根据筛选获得与性别紧密连锁的分子标记。利用相关软件为性别特异性分子的扩增设计引物，并进行引物的合成。正向引物序列为 5’-CATGGACAAGAAGGTGGTGC-3’；反向引物序列为 5’-TACCCAGTGCAAGCTCTCTC-3’。

1.3 性别鉴定PCR扩增体系

采用上述引物，以基因组DNA为模板，进行PCR。PCR的反应体系共 25.0 mL：20 ng/μL DNA模板 1.0 μL，10×Taq缓冲液（无Mg^{2+}）2.5 μL，2.5 m mol/L的dNTPs 2.0 μL，25 m mol/L $MgCl_2$ 1.5 μL，10 m mol/L正向引物和反向引物各 0.5 μL，5 U/μL Taq 0.1 μL，ddH_2O 16.9 μL。PCR程序：94℃预变性 5 min；94℃变性 10 s，55℃退火 40 s，72℃延伸 45 s，循环 35 次；72℃延伸 10 min。

1.4 性别鉴定结果分析

采用凝胶电泳法检测扩增产物，根据电泳结果鉴定雌雄个体。杂合峰型为雌性个体，纯合峰型为雄性个体。

2 适宜区域

广东、广西、海南以及福建等卵形鲳鲹主要养殖区。

3　注意事项

注意卵形鲳鲹鳍条样品的保存，以确保所提取DNA的质量。

4　技术委托单位及联系方式

技术委托单位：中国水产科学研究院南海水产研究所。
联系人：张殿昌。
联系电话：020-89108316。

鲆鲽鱼类疫苗联合免疫接种

1 技术要点

1.1 适用养殖品种及用途

本技术主要用于针对以大菱鲆为主的鲆鲽鱼类（牙鲆、半滑舌鳎、圆斑星鲽等）弧菌病和爱德华氏菌病的免疫预防接种。

1.2 接种方法

1.2.1 同时注射接种

将大菱鲆迟钝爱德华氏菌活疫苗（EIBAV1 株）和大菱鲆鳗弧菌活疫苗（MVAV6203 株）以 1 ：10 的抗原浓度比进行混合。其中，每尾注射的大菱鲆迟钝爱德华氏菌活疫苗（EIBAV1 株）的推荐抗原含量为 1×10^5 CFU，每尾注射的大菱鲆鳗弧菌活疫苗（MVAV6203 株）的推荐抗原含量为 1×10^6 CFU。按照疫苗产品说明书的操作要求对适宜鱼龄的鲆鲽鱼类（建议不小于 120 日龄）进行腹腔注射接种。

1.2.2 先浸泡后注射接种

选取 30 ~ 60 日龄大菱鲆进行浸泡接种，大菱鲆鳗弧菌活疫苗（MVAV6203 株）抗原浓度为 1×10^6 CFU/mL。养殖至幼鱼期时（120 日龄以上）采取腹腔注射接种，每尾注射的大菱鲆迟钝爱德华氏菌活疫苗（EIBAV1 株）抗原含量为 1×10^5 CFU。

2 适宜区域

该技术适用于我国所有鲆鲽鱼类主养区。

3 注意事项

应严格按照疫苗接种操作规程实施接种，不得为患病或携带目标病原的不健康鱼实施接种。

4　技术委托单位及联系方式

技术委托单位：华东理工大学。

通信地址：上海市梅陇路130号431信箱，邮编：200237。

联系人：王启要（13564644353）；马悦（18621998530）。

联系电话：021-64253306。

电子邮箱：oaiwqiyao@ecust.edu.cn。

纳米铜合金抗虫涂料

1 技术要点

铜离子具有天然抗菌杀虫功能，其制剂常用于水产养殖中病害防治。纳米铜合金颗粒表面能形成荷正电的铜离子。以高分子为基料与铜合金颗粒制备涂料，铜合金颗粒在涂料中有较好的稳定性、持久性和耐腐性，并且释放进水中铜离子浓度符合养殖水质要求，对鱼体无毒害作用。当纤毛虫、细菌等病原体接触铜合金颗粒，铜合金颗粒表面带正电的铜离子与带负电的细胞膜产生静电作用，牢固结合在一起。铜离子能够穿透细胞膜，与微生物体内酶上的巯基反应，使蛋白凝固，从而导致微生物死亡。刺激隐核虫滋养体脱离宿主之后沉降到水体底部形成包囊过程中，虫体表面会分泌一些物质使包囊黏附于池底。因此，针对刺激隐核虫生物学特征，本技术将耐腐蚀的纳米铜合金颗粒添加到鱼池涂料中，可有效杀灭黏附于池底的刺激隐核虫包囊。

使用方法：在发病期前一个月开始使用，将涂料涂于鱼池底部，涂料厚度0.4 ~ 0.6 mm，用量300 ~ 400 g/m^2。

施工工艺：

（1）把池底池壁打扫干净，使其呈湿润状态，但不能有明水。

（2）按13 ∶ 31的质量比将粉料加入液体涂料中，边加边搅拌，直至混合均匀。

（3）施工操作过程间歇搅拌涂料以防止沉淀，已经混合的涂料在60 min内用完。

（4）使用短毛辊筒进行滚涂，将涂料均匀涂覆在池壁和池底。

（5）完成第一次涂覆1 h后（以黏手为准），进行第二次涂覆。第二次涂刷方向与第一次垂直，以使涂料均匀覆盖。

（6）第二次涂覆完毕后，自然干燥48 h，然后蓄水浸泡72 h，清洗干净后即可蓄水养鱼。

2 适宜区域

海水鱼类养殖池。

3　注意事项

无。

4　技术委托单位及联系方式

技术委托单位：中山大学。

联系人：李安兴、江飚。

联系电话：13725330810、13539816095。

强化消除海水养殖尾水中氮素的铁-碳人工湿地复合处理系统

1 技术要点

1.1 悬浮固体预过滤系统

海水养殖尾水中悬浮固体（SS）含量一般较高，可达每升几十到几百毫克。人工湿地去除废水中的悬浮固体主要通过基质和植物根系的物理吸附、过滤以及自身的沉淀。然而，停留在在湿地中的悬浮固体长年积累会堵塞基质空隙。为了减缓湿地的堵塞，本技术在人工湿地前设置悬浮固体预过滤系统。该系统包括过滤箱、过滤网、刮板、密封环、进液管、端盖、第一电机和保护壳，对海水养殖尾水进行预处理，去除大颗粒悬浮固体。

1.2 杂质分散系统

为了保证进水的均匀性，在人工湿地前设置杂质分散系统。该系统包括处理箱、连接块、第二电机、搅拌叶、内杆、螺纹槽、外杆、螺纹、连接杆和固定块。搅拌叶的旋转搅拌使海水养殖尾水中剩余的悬浮固体及水中溶解物分散均匀，以实现人工湿地系统处理的稳定性。

1.3 铁-碳人工湿地强化脱氮系统

海水养殖尾水的高盐度也限制了脱氮效率及湿地植物的选择。该系统选取并驯化了具有经济价值的海马齿（*Sesuvium portulacastrum*）作为人工湿地的植物。海马齿种植密度为 100 株/米 ^{2}，在海水养殖尾水中生长状态良好。海马齿的存在可将湿地系统对总无机氮的去除率提高 15% ~ 30%。

图 1　海马齿实物图

海水养殖尾水C/N低，且尾水中有机碳源以可生化性较差的类腐殖质、类蛋白质、黄腐酸等为主，难以被微生物降解利用，限制了人工湿地对海水养殖尾水的异养反硝化脱氮作用。本技术设置铁–碳填料，与海水养殖尾水混合可形成内电解。利用金属腐蚀原理，铁屑作为阳极，活性炭作为阴极，可为反硝化提供电子，从而弥补海水养殖尾水碳源不足。铁–碳的存在可使湿地脱氮效率提高 20% ~ 30%。基质是人工湿地的重要组成部分，是微生物和湿地植物生长的载体，在污水净化过程中起着重要作用，直接影响湿地的处理效果和建设投资。本技术自下而上填充鹅卵石（粒径为 20 mm）、第一沸石（粒径为 10 ~ 12 mm）、铁–碳、第二沸石（粒径为 4 ~ 6 mm）。结合沸石良好的氨氮吸附性能及铁–碳的强化脱氮的作用，本湿地系统可实现高效脱氮，对无机氮的去除率可达 63.40% ± 12.11%。

图 2　铁–碳和沸石实物图

2　适宜区域

适用于海水养殖区，特别是工厂化海水养殖区。

3　注意事项

（1）水位和水流的控制。

如果水位突然变化很大，应立即调查。这一变化可能是池底漏水、出口堵塞等引起的。

季节性地调节水位可以防止冬天结冰，维持湿地水温。

（2）进出口的维护。

湿地系统的进口和出口端应定期检查和清理，及时清除可能引起堵塞的垃圾、污泥、细菌黏液等。

（3）植物的管理。

定期对成熟的湿地植物进行收割。如果植物覆盖率不足，还需采取降低进水负荷、及时补种植物等补救措施。

4　技术委托单位及联系方式

技术委托单位：中国科学院海洋研究所。

联系人：李军。

联系电话：0532-82898718。

东星斑工厂化养殖LED补光技术

1　技术要点

1.1　灯具选择

1.1.1　光谱范围

选取波长 400 ~ 800 nm，全光谱光源

1.1.2　灯具规格参数

项目名称	规格参数	单位
输入电压	220 V 50 ~ 60 Hz	V
功率因素	≥ 0.90	PV
发光角度	90	度
功率	100 ~ 300 W	PCS
光效	/	lm/W
工作温度	−25 ~ +40	℃
防护等级	IP65	
控制方式	定时、定量、缓变（30 min）	

1.1.3　光照强度

水面光强 0 ~ 500 lx（可调–缓变）

1.2　光照策略

在苗种期光照强度设为 20 ~ 200 g选取 500 lx，采取 24 h全光照；养成期（200 g/尾）适当降低光照强度，设为 300 ~ 400 lx，采取 12 h光照。

2　适宜区域

我国东星斑工厂化养殖产区

3 注意事项

灯具防护等级要符合安全生产要求，避免灯具因开关（断电）瞬时亮灭。

4 技术委托单位及联系方式

技术委托单位：中国水产科学研究院黄海水产研究所。

联系电话：13969815257。

深远海养殖围栏网设施网底固定技术

1　技术要点

技术方案构成主要包括铜合金编织网，上纲、中纲、垂向聚乙烯网衣、海底沟道、锚链、平铺聚乙烯网衣、底纲与沙袋（图1）。技术目的是提供围栏网底部网衣与海底的埋置和固定方法，增强围栏网整体结构的密合性，防止围栏内养殖鱼类由底部逃逸。

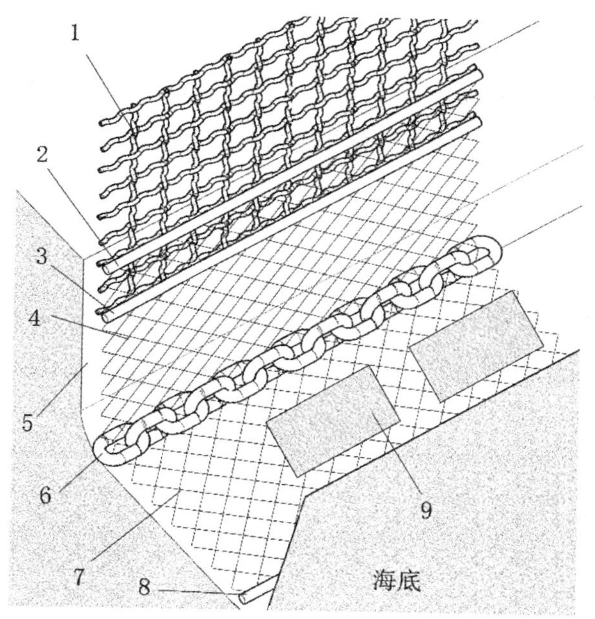

图1　围栏网网衣底部埋置示意图

1. 铜合金编织网　2. 上纲　3. 中纲　4. 垂向聚乙烯网衣　5. 海底沟道　6. 锚链　7. 平铺聚乙烯网衣　8. 底纲　9. 沙袋

1.1　铜合金编织网

铜合金编织网是用铜丝（丝径 4 mm）相互交叉织成的具方形网目（边长 40 mm）的网片。用于围栏网网衣平潮水位以下部分，上部连接聚乙烯网衣，底部固定于海底，埋置入海底约 20 cm。

1.2 上纲

上纲是直径为 10 mm的尼龙编织绳，垂向聚乙烯网衣的上部边缘纲绳，用于连接铜合金编织网与垂向聚乙烯网衣的上缘，位于网衣底部埋置的上线位置。

1.3 中纲

中纲是直径为 10 mm的尼龙编织绳，垂向聚乙烯网衣的中间部位的纲绳，用于连接垂向聚乙烯网衣与铜合金编织网的下缘，与上纲的间距约 20 cm。

1.4 垂向聚乙烯网衣

垂向聚乙烯网衣即用聚乙烯有结网做成，线径 3 mm，网目长度 60 mm。通过上纲和中纲连接固定于铜合金编织网上。其中，垂向聚乙烯网衣是聚乙烯底网的上半部分，平铺聚乙烯网衣是聚乙烯底网的下半部分，锚链为分界线，此部分聚乙烯网衣的高度约 30 cm。

1.5 海底沟道

养殖围栏设施的建造海域底质多为砂泥，可通过高压水枪挖掘海底沟道；局部砂石或岩石海底可通过人工或机械进行挖掘，本技术所指的海底沟道的深度为 50 cm，实际可根据海底底质状况调整。

1.6 锚链

锚链即常见的铁链，规格约为 10 kg/m，固定于垂向聚乙烯网衣的下缘，沉置与海底沟道的底部。

1.7 平铺聚乙烯网衣

平铺聚乙烯网衣即聚乙烯有结网，线径 3 mm，网目长度 60 mm。聚乙烯底网的下半部分，中、上部是锚链，底部为底纲，水平铺设于海底沟道的底部，上部压有沙袋，平铺聚乙烯网衣的宽度约为 60 cm。

1.8 底纲

底纲是聚乙烯底网的底部边纲，也是平铺聚乙烯网衣的边纲，埋置于海底沟道的底部。

1.9 沙袋

沙袋即装有砂石的尼龙编织袋（每袋重约 30 kg），或采用混凝土条块，均匀压在平铺聚乙烯网衣的上部，埋入海底沟道中。

2　适宜区域

本技术适用于采用铜合金编织网网衣/合成纤维网衣与海底连接固定的围栏设施，该设施的建造选址海域包括但不限于水深10 ~ 20 m的离岸或深远海海域，海域底质非岩石或砾石质海底，同时海域的基础条件需要满足养殖需求。

工厂化循环水养殖物联网系统

1 技术要点

1.1 精准监测系统

集成水质传感器、环境传感器、流量、压力、流速传感器和采集模块、中继器模块、传输模块等，构建出实时监测溶解氧、pH、盐度等水质环境指标，温度、湿度、气压、光照强度等车间环境指标和养殖池水位、管道流量、流速等循环水系统指标的物联网监测系统。

1.2 自动控制系统

自动控制系统集成传感器自动清洁、多路循环水水质监测控制和养殖设备集中控制等智能装备，支持养殖现场、控制中心和远程三级控制，实现水质和车间环境自动调控、循环水系统自动调控以及增氧、增温、微滤、紫外消毒、进出水等生产设备的集中自动控制。

2 适宜区域

工厂化循环水养殖区。

3 注意事项

无。

4 技术依托单位及联系方式

技术依托单位：天津农学院。
联系人：田云臣。
联系电话：022-23792176。

工厂化养殖作业移动机器人

1　技术要点

作业移动机器人具有遥控和自主行走两种工作模式，运行平稳、定位准确，既可在遥控模式下准确到达指定位置，又能在自主导航模式下实现点对点自主导航。所设计的作业移动机器人的两种行走模式可自由切换，方便养殖企业根据养殖现场环境和实际生产需求进行选择。

2　适宜区域

水产养殖车间。

3　注意事项

无。

4　技术依托单位及联系方式

技术依托单位：天津农学院。
联系人：田云臣。
联系电话：022-23792176。

半滑舌鳎养殖决策支持系统

1　技术要点

利用大数据和人工智能技术构建半滑舌鳎生长优化调控模型，基于优化调控模型开发了半滑舌鳎养殖决策支持系统。系统基于Python 3.6 + Django、Mysql 8.0数据库环境开发，具有养殖密度调整决策、投喂方案决策、分鱼方案决策、制订巡池流程等功能。

2　适宜区域

半滑舌鳎工厂化循环水模式养殖区。

3　注意事项

无。

4　技术依托单位及联系方式

技术依托单位：天津农学院。
联系人：田云臣。
联系电话：022-23792176。

暗纹东方鲀冷藏前不同减菌化处理技术

1　技术要点

研究了微酸性电解水（slightly acidic electrolyzed water，SAEW）、臭氧水（ozonated water，OW）与乙醇溶液（ethanol water，EW）3种不同减菌化处理方式（浸渍处理10 min）对暗纹东方鲀4 ℃冷藏期间品质变化影响。结果表明，3个处理组样品的pH、TVB-N值、质构、菌落总数与嗜冷菌数均优于对照组（无菌水清洗）；EW处理会使脂肪氧化速度加剧，对样品色差、感官影响较大；SAEW与OW处理可有效抑制微生物繁殖与脂肪氧化，延缓TVB-N值与pH上升，维持暗纹东方鲀良好的感官品质，比对照组8 d的货架期延长2 ~ 3 d，而EW处理可延长冷藏货架期至少3 d。

2　适宜区域

无限制。

3　注意事项

注意微酸性电解水、臭氧水使用的时效性。

4　技术委托单位及联系方式

技术委托单位：上海海洋大学。

联系人：谢晶。

联系电话：021-61900351、15692165513。

暗纹东方鲀气调包装商品化技术

1 技术要点

研究不同气体比例气调包装对冷藏河豚品质特性的影响。设置不同气体（O_2、CO_2与N_2）比例对河豚进行气调包装并于4℃冷藏，可得出：气调包装结合4℃冷藏可有效地延缓河豚腐败变质进程，以60% CO_2、5% O_2、35% N_2组效果最好，可有效地维持河豚鱼组织结构，抑制微生物生长繁殖，将货架期由空气对照组的7 d延长至12 d。

2 适宜区域

无限制。

3 注意事项

合理选择包装材料。

4 技术委托单位及联系方式

技术委托单位：上海海洋大学。

联系人：谢晶。

联系电话：021-61900351、15692165513。

海鲈在不同温度贮藏过程中品质与货架期预测技术

1　技术要点

为了探究海鲈在不同温度贮藏过程中品质变化及实时监测物流过程中的货架期，将海鲈贮藏在-3 ℃、0 ℃、4 ℃、10 ℃、15 ℃条件下，测定持水力、低场核磁共振横向弛豫时间、质构、硫代巴比妥酸（thiobarbituric acid，TBA）值、挥发性盐基氮（total volatile base nitrogen，TVB-N）值与菌落总数（total viable count，TVC），进行感官评分，观测海鲈背部肌肉微观结构，并构建了货架期预测模型。采用Arrhenius方程构建的贮藏温度、贮藏时间与TVB-N值和菌落总数之间的动力学模型，可用于-3 ℃～15 ℃范围内海鲈货架期的预测。

1.1　TVB-N货架期预测模型为：

$$t_N=\frac{\ln(M_N-M_{N0})}{2.108\times10^{14}\exp\left(-\frac{80\ 495.31}{RT}\right)}$$

其中，t_N为海鲈鱼的挥发性盐基氮值；M_N、M_{N0}为贮藏 7 d、0 d的挥发性盐基氮值；R为常数，8.314 4 J/（mol · K）；T为温度（K）。

1.2　菌落总数货架期预测模型为：

$$t_C=\frac{\ln(M_C-M_{C0})}{1.555\times10^{14}\exp\left(-\frac{81\ 797.22}{RT}\right)}$$

其中，t_C为菌落总数模型的剩余货架期；M_C、M_{C0}为贮藏 7 d、0 d的菌落总数；R为常数，8.314 4 J/（mol · K）；T为温度（K）。

2　适宜区域

无限制。

3 注意事项

注意做好海鲈贮藏时间的全程温度监控与时间记录，以通过货架期预测模型方程，进行海鲈贮藏期间品质的实时监测。

4 技术委托单位及联系方式

技术委托单位：上海海洋大学。

联系人：谢晶。

联系电话：021-61900351、15692165513。

大菱鲆在不同温度贮藏过程中品质与货架期预测技术

1　技术要点

为探究大菱鲆在不同贮藏温度下品质特性与货架期的关系，将大菱鲆贮藏在−3℃、0℃、4℃、10℃和15℃条件下，测定其感官品质、挥发性盐基总氮（TVB−N）值、菌落总数、硫代巴比妥酸值、电导率的变化，观测大菱鲆肌肉的微观结构，采用LF−NMR分析了鱼肉中水分迁移状况，并建立了TVB−N值及菌落总数与贮藏时间和温度的动力学模型。TVB−N值和菌落总数变化预测模型中的活化能和指前因子分别为79.50 kJ/mol和75.07 kJ/mol，1.3×10^{14}和7.62×10^{12}。选用10℃做验证性实验，结果表明实测值与预测值相对误差在10%以内，可根据TVB−N值及菌落总数对大菱鲆贮藏在−3℃～15℃的货架期进行实时预测。

1.1　TVB−N货架期预测模型为：

$$t_{sL}=\frac{\ln(B_{\mathrm{TVB-N}}/B_{\mathrm{TVB-N_0}})}{1.3\times10^{14}\exp(-\frac{79.50\times10^{3}}{RT})}$$

其中，t_{sL}为货架期；$B_{\mathrm{TVB-N}}$为大菱鲆贮藏第t天时的挥发性盐基总氮；$B_{\mathrm{TVB-N_0}}$为大菱鲆贮藏时挥发性盐基总氮初始值；R为常数，8.314 4 J/（mol·K）；T：温度（K）。

1.2　菌落总数货架期预测模型为：

$$t_{sL}=\frac{\ln(B_{\mathrm{TVC}}/B_{\mathrm{TVC_0}})}{7.62\times10^{12}\exp(-\frac{75.07\times10^{3}}{RT})}$$

其中，t_{sL}为货架期：B_{TVC}、$B_{\mathrm{TVC_0}}$分别为大菱鲆贮藏第t天、第0天时菌落总数；R为常数，8.314 4 J/（mol·K）；T：温度（K）。

2　适宜区域

无限制。

3 注意事项

注意做好大菱鲆贮藏时间的全程温度监控与时间记录，以通过货架期预测模型方程，进行大菱鲆贮藏期间品质的实时监测。

4 技术委托单位及联系方式

技术委托单位：上海海洋大学。

联系人：谢晶。

联系电话：021-61900351、15692165513。

海水鱼电子式货架期指示设备定制

1　技术要点

射频识别技术（radio frequency identification）货架期预测指示器及货架期预测跟踪和管理服务系统，不仅能监测记录生鲜水产品温度历程，而且还可根据温度历程估计剩余货架期。整个货架期预测指示器系统由RFID货架期预测指示器以及冷链水产品货架期预测和跟踪信息服务系统构成。RFID货架期预测指示器是一个带有RFID标签功能的小型货架期预测指示器装置。该装置采集冷链产品当前实时温度、位置等数据，通过内置不同冷链水产品货架期预测算法对冷链当前货架期进行实时预测，并将相应的预警及数据上传到服务器上。货架期预测跟踪和管理服务系统通过实时接收冷链过程各个阶段不同RFID货架期预测指示器结合RFID标签，以跟踪冷链每个阶段货架期的变化情况，实时对冷链各种产品货架期进行管理和基于冷链协同管理要求的货架期进行协同分析，实时对货架期存在的问题进行报警，以评估整个冷链的质量。

2　适宜区域

无限制。

3　注意事项

需要对所监控的海水鱼的种类通过神经网络结合阿伦尼斯（Arrhenius）模式预测，并用实验数据验证。

4　技术委托单位及联系方式

技术委托单位：上海海洋大学。

联系人：谢晶。

联系电话：021-61900351、15692165513。

冷鲜海鲈保鲜技术

1 技术要点

将前处理好的海鲈浸入0.4%的ε-聚赖氨酸与0.3%的魔芋葡甘聚糖等为主的复合保鲜剂溶液，时间为10 ~ 20 min，温度控制在0℃ ~ 4℃。取出后进行后续加工或包装，包装可采用真空包装或气调包装。此技术可有效延长冷鲜海鲈的货架期。

2 适宜区域

无限制。

3 注意事项

保持在15℃左右温度下处理。

4 技术委托单位及联系方式

技术委托单位：中国水产科学研究院南海水产研究所。
联系人：吴燕燕。
联系电话：020-34063583。

冰鲜海水鱼抗氧化保鲜技术

1　技术要点

将表没食子儿茶素没食子酸酯（0.1% ~ 0.5%，质量分数）、末水坛紫菜琼胶寡糖（0.3% ~ 0.7%，质量分数）加入冰水中配成复合保鲜溶液。将鲜活海水鱼浸入保鲜溶液60 min，之后将海水鱼取出再冰藏。此技术可有效抑菌和抗氧化，延长冰藏海水鱼的保质期。

2　适宜区域

无限制。

3　注意事项

温度保持在0℃ ~ 4℃。

4　技术委托单位及联系方式

技术委托单位：中国水产科学研究院南海水产研究所。

联系人：吴燕燕。

联系电话：020-34063583。

调理椰香海鲈鱼片加工技术

1 技术要点

选取大小规格适中的海鲈，剖杀，去鱼鳞、鱼鳃、内脏，用清水洗干净。将鱼切成大小规格一致的小片。将鱼片放入复合脱腥液中浸泡 30 min，温度控制在 0 ~ 4℃。鱼片取出后用干净冰水冲一遍，然后装盘包装。包装可采用真空包装或气调包装。按鱼体重比，将椰子粉（30%）、盐（3%）、味精或鲜味剂（0.5%）、细白糖（1%）等混合装入小包装袋作为调味包，并与鱼片包装袋一起装入大包装袋，贴上烹煮方法说明。

烹煮方法说明：烹调时先用将椰粉调味包中的调料放入适量清水中煮沸，放入海鲈鱼片，煮沸即可食用。

2 适宜区域

无限制。

3 注意事项

生产过程保持温度在 0℃ ~ 4℃。

4 技术委托单位及联系方式

技术委托单位：中国水产科学研究院南海水产研究所。

联系人：吴燕燕。

联系电话：020−34063583。

水产品微冻保鲜冰

1　技术要点

将氯化钠（0.5% ~ 1%）、丙二醇（1.5% ~ 2.5%）、聚丙烯酸钠（0.5% ~ 1.5%）、水进行混合，各组分的质量百分比之和为100%。制作时先用丙二醇将聚烯酸钠溶解，再与氯化钠和水混和，制成混合溶液，而后制成冰。该微冻保鲜冰的冰点范围为−3℃ ~ −1.5℃，低于常规冰的温度（0℃）。

2　适宜区域

无限制。

3　注意事项

无。

4　技术委托单位及联系方式

技术委托单位：中国水产科学研究院南海水产研究所。

联系人：吴燕燕。

联系电话：020−34063583。

鲈鱼脎加工技术

1 技术要点

将海鲈加工下脚料——鱼鳞用清水冲洗干净，用少量食盐和白醋浸泡、揉搓，去除腥味，清洗后沥干水，可烘干备用。

鱼鳞与水配比为1 ∶ 7、1 ∶ 3。将水煮开，放入鱼鳞，熬煮时间为25 ~ 40 min。然后过滤，滤液在0℃ ~ 4℃条件下冷却2 h以上，成型后可根据客户要求进行分装。

2 适宜区域

无限制。

3 注意事项

该产品宜在温度≤ 4℃下贮藏。

4 技术委托单位及联系方式

技术委托单位：中国水产科学研究院南海水产研究所。

联系人：吴燕燕。

联系电话：020-34063583。

蓝圆鲹降尿酸活性肽制备技术

1　技术要点

用均质机将蓝圆鲹鱼肉打浆，加入中性蛋白酶，加酶量0.3%（酶/底物，W/W）、料液比1 ∶ 2（W/V）、pH7.0。然后进行酶水解，酶解温度50℃，酶解时间6 h。酶解后灭活酶，离心，上清液即为降尿酸活性肽。

2　适宜区域

无限制。

3　注意事项

注意控制酶解条件。

4　技术委托单位及联系方式

技术委托单位：中国水产科学研究院南海水产研究所。
联系人：吴燕燕。
联系电话：020-34063583。

鱼类生物法低盐快速腌制加工技术

1 技术要点

1.1 工艺流程

新鲜或冷冻原料鱼→前处理→整条/剖片/切块→盐渍→加菌发酵→干制→包装→成品

1.2 操作要点

1.2.1 前处理

取个体大小适中、无异味的海水鱼。如果是冷冻的鱼，需要先自然解冻，然后去鱼鳞、鱼鳃、内脏，用清水洗干净后沥干水分。

1.2.2 整条/剖片/切块

根据产品规格要求，可整条盐渍，也可以将鱼沿背脊剖成 2 片鱼片盐渍，还可以将鱼切成小块盐渍。

1.2.3 盐渍

将鱼放入 8% ~ 10%盐水和 3%的海藻糖组成的腌制液中腌制，料液比为 1 ∶ 1（W/V），温度控制在 0 ~ 10 ℃条件下。如果是鱼片或鱼块，腌制时间宜在 10 ~ 12 h、如果是整条鱼，时间宜在 24 h。腌制完成后，用水漂洗 3 次，每次漂洗 20 min。漂洗后将鱼摆放在干燥网上沥水。

1.2.4 加菌发酵

复合菌种配比为植物乳杆菌∶戊糖片球菌∶肠膜明串珠菌∶嗜酸乳杆菌∶短乳杆菌为 4 ∶ 2 ∶ 2 ∶ 4 ∶ 3，组成混合菌液，菌液浓度为 10^9 CFU/mL。接种量为 10%（V/W）。采用菌悬液喷雾法将菌液均匀喷洒在鱼表面和腹腔中。然后放在低温烘房或发酵箱中发酵，控制温度为（26 ± 2）℃，时间为 15 h左右。

1.2.5 干制

将发酵好的产品移入低温烘房中，根据客户要求烘至所需水分含量。

1.2.6　包装

将干制好的产品进行真空包装，可根据流通需要在4℃左右或-18℃条件下贮藏。

2　适宜区域

无限制。

3　注意事项

包装和贮藏条件及货架期决定产品是干品、湿品还是半干产品，可根据客户要求选择相应方式。

4　技术委托单位及联系方式

技术委托单位：中国水产科学研究院南海水产研究所。

联系人：吴燕燕。

联系电话：020-34063583。

基于前处理一体机的禁用药氧氟沙星快速检测技术

1 技术要点

（1）准确称取大黄鱼、大菱鲆、海鲈等海水鱼的肌肉组织（1±0.1）g于5 mL离心管中。

（2）添加2 mL样本提取液，均质处理5 min，离心5 min。

（3）移取1 mL上清液于新的离心管中，60℃吹干。

（4）向吹干的离心管中加入1 mL净化剂和100 μL样本复溶液，手动振荡1 min，离心1 min。

（5）去除上层净化剂。

（6）取全部下层溶液于微孔试剂中，吹打至金标微孔底部红色物质完全溶解。室温下水平静置孵育3 min。

（7）将试纸条插入微孔中，室温下反应5 min。

（8）取出试纸条，3 min内判读检测结果。

2 适宜区域

该技术适于在水产养殖场等基层进行现场快速检测与样本筛查。该技术仅需便携式结合前处理一体机装置，不需要使用大型仪器设备，为养殖户的自查自检提供技术保障和支持。

3 注意事项

操作时应注意吸取的上清液尽量澄清透明，避免鱼肉组分干扰；去除上层净化剂尽量完全，避免影响检测结果。同时应严格按照该技术的方法步骤配合前处理一体机进行操作。

4　技术委托单位及联系方式

技术依托单位：中国海洋大学食品安全实验室。

联系人：曹立民。

通信地址：山东省青岛市市南区鱼山路5号。

联系电话：13675323405。

电子邮箱：caolimin@ouc.edu.cn。

海水鱼工厂化养殖模式升级及尾水处理系统构建

1 技术要点

对海水鱼工厂化养殖模式进行升级，采用弧形筛、高位砂滤池、生物滤池、紫外消毒器、增氧机等设施设备，构建工厂化循环水养殖系统。养殖系统处理后的水质可达到养殖用水水质标准，从而使养殖尾水得到循环利用。养殖尾水净化过程包括曝气、分离与沉淀（残饵、粪便）、砂滤、生物净化、紫外线消毒等。通过对各环节的参数控制使养殖尾水达到养殖用水标准，并可再次循环利用。

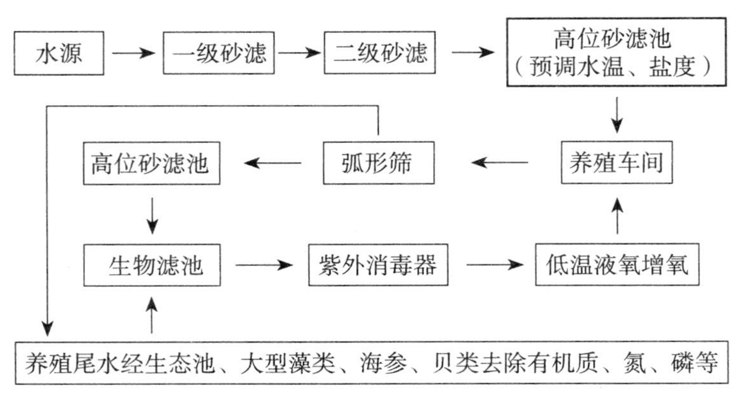

养殖废水循环利用流程图

2 适宜区域

全国海水工厂化养殖区。

3 注意事项

在鱼病防治方面，对消毒剂和抗生素的使用一定要慎重。必须使用这些药物进行药浴时一定要和系统隔开，一旦这些药物进入循环水处理系统将会对生物滤池产生极大的破坏，引起系统的崩溃，需要对系统进行彻底清洗，重新培养净水微生物和生物包挂膜，很难在短时间（一个月）内恢复正常。

4　技术委托单位及联系方式

技术依托单位：河北省海洋与水产科学研究院（河北省海洋渔业生态环境监测站）。
联系人：赵海涛。
通信地址：秦皇岛市山海关区龙海大道151号。
联系电话：13633356373。
电子邮箱：ninan-tao@163.com。

大型座底式网箱综合养殖技术

1　技术要点

1.1　建设地点选择

建设地点选择底质较硬、泥沙淤积少水域，要求海底表面承载力不小于 4 t/m^2，淤泥层厚度不大于 600 mm。

建设地点海域透明度大，受风浪影响较小，不受污染，日最高透明度 500 mm以上的时间要求不少于 100 d，年大风（6 级）天数少于 160 d，水质至少符合渔业二类水质标准。

海域水流交换通畅，但流速不宜过急，要求不大于 1 500 mm/s。

水深适宜，理论最低水深要求不低于 10 m。

禁止在航道、港区、锚地、通航密集区、军事禁区以及海底电缆管道通过的区域及与其他海洋功能区划相冲突的海域进行建设。

1.2　大型座底式网箱设计

大型座底式网箱（耕海 1 号）采用海洋工程领域钢结构坐底式结构，由 3 个大小相同、直径为 40 m的圆形子网箱旋转组合而成，构成直径 80 m的“海上花”独特造型，每个“花瓣”养殖体积约 1 000 m^3，总养殖体积 3 000 m^3。网衣采用超高分子聚乙烯材质。网箱交汇区域形成“3 层室内+1 层顶台”花心结构，室内可利用面积 540 m^3。

1.3　网箱设施设备配套

网箱配套饲料精准投喂系统 1 套、养殖环境参数实时采集系统 1 套、无人船 1 艘、水下巡检机器人 1 套。通过精准调控、清洁能源、5G通信、大数据分析等技术的融合，构建大型网箱自动化、智能化、环保化的生态养殖模式。

1.4　大型座底式网箱综合养殖技术

采用大型座底式网箱进行斑石鲷（6 700 尾）、真鲷（9 400 尾）和许氏平鲉（25 000 尾）的生态混合养殖初试，研发大型座底式网箱综合养殖技术。经 5 个月的海上使用验证，设施及装备运行良好，鱼类生长效果良好。

2　适宜区域

坡度平缓、水深适宜的我国大部分沿海地区。

3　注意事项

大型座底式网箱建设选址前，须做好海域底质调查。网箱管桩直径与材质、周长、管桩间距等，可根据应用单位养殖需求、当地海域风浪大小等因素进行科学化、个性化设计。为保证网衣的透水性、耐流性和抗附着性，可以选择较大网目的超高分子量网衣、PET网衣等，适于养殖较大规格苗种。网箱养殖水体大，对改善鱼类体形、体色、肉质，提高产品附加值意义重大。因此，宜开展名贵鱼类的较低密度混合生态养殖。

4　技术委托单位及联系方式

技术依托单位：莱州明波水产有限公司。
通信地址：山东省烟台市莱州市三山岛街道吴家庄子村。
邮编：261418。
联系人：李文升。
联系电话：0535-2743518、18753565597。

第四篇

获奖或鉴定验收成果汇编

获奖成果

鲆鲽类产业关键技术创新与应用

获奖名称级别：河北省科技进步二等奖。

获奖时间：2020 年。

主要完成单位：河北农业大学，中国水产科学研究院北戴河中心试验站，河北省海洋与水产科学研究院。

主要完成人员：刘红英，宫春光，王玉芬，侯吉伦，司飞，王桂兴，殷蕊。

工作起止时间：2013 年 1 月 1 日至 2016 年 12 月 31 日。

内容摘要：

（1）创制了分子标记和染色体操作技术相结合的牙鲆育种技术体系。创造性地在牙鲆上首次建立了非照射诱导雄核发育方法，获得了牙鲆雄核发育双单倍体并首次制备了雄核发育克隆系，突破了海水鱼类雄核发育技术瓶颈，使雄核发育诱导由不可能变为可能。筛选获得了与牙鲆生长和数量性状相关的SNP标记，结合雄核发育诱导，快速固定了父本优良性状，使育种周期缩短 25%以上。

（2）突破了鲆鲽类新发重大疫病防控关键技术。研究探明了大菱鲆白便病和半滑舌鳎内脏白点病的病原，阐明了致病机理。采用药物组合防控措施，将大菱鲆白便病和半滑舌鳎内脏白点病的发病率分别从 15%、21%降低到 5%、6%以下，治愈率分别从 17%、29%提高到 95%和 72%以上。

（3）构建了大菱鲆、半滑舌鳎工场化养殖HACCP管理体系。通过规范养殖管理，解决了养殖环境不稳定导致鱼频繁应激的难题，提高养殖生产效率。减少养殖用药 40%以上，减少养殖废水排放 30%以上，单位面积增产 10%以上。

（4）研发出大菱鲆贮藏与精深加工关键技术，解决了货架期短、附加值低的难题。研发了复合生物保鲜剂，将大菱鲆冷藏货架期由 5 d延长到 9 ~ 10 d。研发了复合水分活度降低剂，控制并降低了即食产品的水分活度，确定了即食大菱鲆产品最佳工艺及配方，研发了即食产品 2 种。构建了大菱鲆贮藏过程中T-VBN值、菌落总数的货架期预测模型，能准确预测货架期。

大黄鱼性别特异SNP标记的开发与验证

获奖名称级别：第五届中国科协优秀科技论文遴选计划农林集群优秀论文特等奖。

获奖时间：2020 年 12 月。

主要完成单位：集美大学。

主要完成人员：林晓煜，肖世俊，李完波，王志勇*（*表示通讯作者）。

工作起止时间：2015 年至 2017 年。

内容摘要：

大黄鱼是我国养殖量最大的海水经济鱼类，其雌鱼生长显著快于雄鱼，但两性的外部形态差异不明显，也没有异形性染色体，依靠传统方法无法对其活体准确进行生理性别和遗传性别的判别与鉴定，需要开发性别特异的分子标记。本研究从 2 尾雌鱼和 2 尾雄鱼，以及分别由 50 雌鱼与 50 尾雄鱼组成的 2 个混合样品的基因组重测序数据比较中筛选与性别显著关联的SNP位点，对其中 11 个位点分别设计引物，在 15 尾雌鱼和 15 尾雄鱼中扩增出PCR产物，进行Sanger测序验证，鉴定出 1 个与性别完全连锁的位点（SNP6，15 尾雌鱼均为纯合、15 尾雄鱼均为杂合）。然后，设计等位基因特异性PCR引物，其中包括 2 条雌性与雄性通用引物和 1 条雄性特异引物，在闽-粤东族与岱衢族大黄鱼合计近 2 200 个个体中进行扩增，结果在全部雌鱼中都只扩增出 1 个 348 bp的条带，而在全部雄鱼中还扩增出 1 个 194 bp的Y染色体特异条带，检出率达到 100%。研究表明，大黄鱼的性别决定机制属于XX（♀）-XY（♂）类型。本研究鉴定出一个雄性特异SNP标记，并建立了一种新的大黄鱼遗传性别鉴定技术，为大黄鱼单性育种、基因组选择育种和性别决定分子机制研究提供了重要的技术手段。

红鳍东方鲀健康养殖技术研究与应用

获奖名称级别：辽宁省科技进步一等奖。

获奖时间：2019 年 12 月 26 日。

主要完成单位：大连海洋大学，大连天正实业有限公司，大连富谷食品有限公司。

主要完成人员：姜志强，孟雪松，王秀利，仇雪梅，姜晨，张涛，李荣，包玉龙，袁旭，周贺，于德强。

工作起止时间：2008 年至 2019 年。

内容摘要：

红鳍东方鲀个体大、生长速度快、肉质鲜美。课题组在红鳍东方鲀亲鱼培育、催产、人工授精、孵化、苗种培育方面形成了一整套先进技术路线，使苗种的成活率大幅度提高。在国内外率先开展了海上离岸抗风浪金属网箱红鳍东方养殖技术研究，建成了我国最早、最大的海上离岸抗风浪金属网箱基地两处，拥有大型离岸网箱 1 000 余个。在国际上率先突破了工厂化循环水养殖红鳍东方鲀技术，建有工厂化循环水养殖车间超过 5 万m^2。通过常规育种和分子辅助育种等育种措施，使红鳍东方鲀的生长速度得到了大幅度提高，建立了红鳍东方鲀常见病的防控技术体系。研究了红鳍东方鲀的营养需求和饲料加工工艺，生产出了适合红鳍东方鲀摄食的软颗粒饲料。通过饵料、水质等控毒措施，生产出安全无毒的红鳍东方鲀。研究成果在辽宁、山东、河北等适合红鳍东方鲀养殖的地区进行了推广应用，取得了显著的经济效益、社会效益和生态效益。

大黄鱼脂类营养研究

获奖名称级别：海洋科学技术奖一等奖。

获奖时间：2020 年 1 月 15 日。

主要完成单位：中国海洋大学。

主要完成人员：艾庆辉，麦康森，徐玮，左然涛，张文兵，张彦娇，廖凯，王珺，李庆飞，李松林，王天娇，蔡佐楠，谭朋，杜健龙，董小敬。

工作起止时间：2007 年 1 月 1 日至 2018 年 6 月 30 日。

内容摘要：

大黄鱼是我国特有的鱼类，享有“国鱼”的美誉，是我国海水鱼类养殖量最大的品种。但养殖大黄鱼内脏脂肪异常沉积现象严重，从而导致炎性反应，降低其营养品质（EPA和DHA）。该项目系统阐明了大黄鱼的脂代谢调控机制，揭示了脂代谢、炎性反应（健康）和营养品质的关系，推动了鱼类脂类营养学发展，成果顺利实现了产业化。近年来已生产和推广大黄鱼人工配合饲料 5.2 万吨，创造产值 5.3 亿元。本项目显著推动了我国海水养殖业的健康、可持续性发展，促进了海洋生物资源的高效利用和海洋生态环境的保护。

本项目共发表学术论文 56 篇，其中SCI论文 40 篇，总被引 833 次，他引 632 次。获得国家发明专利 3 项。第一申请人 2015 年获国家杰出青年科学基金资助，2016 年获“教育部长江学者奖励计划”特聘教授称号，2017 年和 2018 年入选Elseiver高被引用学者，并开始担任国际水产领域权威刊物*Aquaculture*和*Aquaculture Research*的编辑。

石斑鱼精准营养研究与高效饲料开发

获奖名称级别：广东省科技进步二等奖。

获奖时间：2020 年 2 月。

主要完成单位：广东海洋大学，广东恒兴饲料实业股份有限公司。

主要完成人员：谭北平，董晓慧，张海涛，迟淑艳，王卓铎，刘泓宇，杨奇慧，章双，姜永杰，韦振娜。

工作起止时间：2008 年 1 月至 2018 年 12 月。

内容摘要：

以我国具有代表性的石斑鱼养殖种类——斜带石斑鱼和珍珠龙胆石斑鱼为研究对象，以营养需求和营养代谢研究为中心，结合生理生化、营养免疫、组学技术和环境生态学等方法手段，开展了石斑鱼精准营养研究、开发出石斑鱼高效饲料并推广应用。研究了石斑鱼养成期 3 个不同生长阶段的主要营养需求参数；构建了 25 种常用饲料原料生物利用率数据库；开发了昆虫蛋白、脱粉棉籽蛋白等新型蛋白源，初步阐明了非粮蛋白源影响石斑鱼肠道健康与代谢利用的机制，并建立了高比例鱼粉豆粕替代技术；研制免疫增强剂等一批新型功能性添加剂并建立其应用技术；集成安全高效环保饲料精准配制技术并推广示范，构建了一套适合石斑鱼养殖的高效安全饲料生产技术体系。

石斑鱼高效环保饲料关键技术创新与应用

获奖名称级别：国家海洋科技奖一等奖。

获奖时间：2020 年 10 月。

主要完成单位：广东海洋大学、广东恒兴饲料实业股份有限公司。

主要完成人员：谭北平，董晓慧，张海涛，迟淑艳，王卓铎，刘泓宇，杨奇慧，章双，姜永杰，韦振娜。

工作起止时间：2008 年 1 月至 2018 年 12 月。

内容摘要：

针对石斑鱼产业面临的一系列制约产业发展的关键问题，以我国具有代表性的石斑鱼养殖种类——斜带石斑鱼和珍珠龙胆石斑鱼为研究对象，开展了石斑鱼高效环保饲料研发并推广应用。研究了石斑鱼养成期3个不同生长阶段25种主要营养需求参数，修正了包括脂肪与脂肪酸在内的几个主要营养素中后期需求与代谢的国内外传统经验主义的错误；构建了25种常用饲料原料生物利用率数据库；开发了昆虫蛋白、脱酚棉籽蛋白等新型蛋白源，初步阐明了非粮蛋白源影响石斑鱼肠道健康与代谢利用的机制，并建立了高比例鱼粉豆粕替代技术；研制免疫增强剂等一批新型绿色饲料添加剂并建立其应用技术，为提高饲料利用效率、杜绝抗生素的滥用提供重要保障；比较了配合饲料与冰鲜杂鱼对石斑鱼健康、养殖效益和环境的影响，为减少甚至杜绝冰鲜杂鱼的滥用、提高石斑鱼配合饲料普及率提供重要理论支撑；创新推广机制，构建“项目负责人–方向负责人–饲料企业–养殖业户”四位一体的产学研用推广体系，采取边研发边产业化的策略，石斑鱼饲料普及率从5年前的20%左右提高到50%以上。

鲆鳎鱼类亲体营养生理研究

获奖名称级别：中国水产科学研究院科技进步奖。

获奖时间：2020年。

主要完成单位：中国水产科学研究院黄海水产研究所，海阳市黄海水产有限公司，青岛玛斯特生物技术有限公司，烟台开发区天源水产有限公司。

主要完成人员：梁萌青，徐后国，薛致勇，卫育良，魏万权，曲江波，张建柏，赵敏，肖登元，曹林。

工作起止时间：2009年10月1日至2020年7月31日。

内容摘要：

亲鱼营养一直都是水产营养学研究领域的薄弱环节，国内外都缺乏系统的研究和完整的技术体系。本项目以鲆鳎类亲鱼为对象，针对亲鱼营养需求参数缺乏和普遍使用冰鲜杂鱼的现状展开攻关，建立了半滑舌鳎亲鱼重要营养素需求参数数据库，阐明了维生素A、C对大菱鲆亲鱼繁殖性能及后代质量的作用规律，揭示了长链不饱和脂肪酸对半滑舌鳎亲鱼性腺中性类固醇激素合成及合成过程中关键蛋白基因表达的调控作用，创建了不同性腺发育阶段和不同性别半滑舌鳎亲鱼中性类固醇激素分泌的精准调控技术，发明了提高亲鱼繁殖性能及受精率的营养策略，构建了大菱鲆亲鱼配合饲料配制技术体系。成果总体处于国际先进水平。项目开创了营养调控改善鲆鳎苗种质量的技术途径，为鲆鳎种业的发展提供技术支撑。相关技术已对 50 万尾亲鱼进行了应用。经营养强化亲鱼所产鱼卵在山东、河北、天津、辽宁等地推广，幼体成活率提高了 22.4% ~ 35%，畸形率降低 25% ~ 41%。项目研创的技术，减少了鲜杂鱼的使用，减少了病害的发生，为健康苗种的生产提供了保障，经济效益社会效益显著。该项目获得国家发明专利授权 3 项；发表论文 18 篇，其中 SCI论文 11 篇；培养研究生 8 名。

海水鱼工厂化循环水高效养殖模式关键技术研发与应用

获奖名称级别：中国发明协会发明创业成果奖二等奖。

获奖时间：2020 年 12 月。

主要完成单位：中国水产科学研究院黄海水产研究所，大连海洋大学，莱州明波水产有限公司，青岛海兴智能装备有限公司，天津市水产研究所。

主要完成人员：刘宝良，黄滨，刘鹰，杨波，李文升，贾磊。

工作起止时间：2012 年 1 月 1 日至 2019 年 12 月 31 日。

内容摘要：

针对我国现阶段海水养殖产业设施化、精准化、自动化程度低，高质量发展后劲不足的问题，项目组在国家现代农业产业技术体系、公益性行业专项、重点研发计划等课题的支持下，围绕海水鱼工厂化循环水高效养殖模式关键技术研发与应用，系统地完成了循环水养殖系统全环节水处理装备研发和试制，建立了完备生产线，实现了系列装备的工业化生产，打破了高端循环水装备高度依赖进口的局面；首次提出了工厂化循环水养殖系统设计的“ARE三原则”，研究建立了精准型、标准型和简约型 3 种不同类型的海水循环水养殖新模式；建立了基于养殖生物学基本需求和RAS系统运行特征深度融合发展的研究策略，为解决工厂化养殖产业中“工程”学与“养殖生物”学低效兼容的应用技术难题提供理论和技术支撑，创新构建了大菱鲆、半滑舌鳎、石斑鱼、斑石鲷等主养品种的工厂化循环水高效养殖模式。该项目先后获得发明专利 18 项，实用新型专利 33 项，发表论文 60 篇。技术成果于辽宁、天津、山东、江苏、福建、海南等沿海省市推广应用，近 3 年累计新增销售额 7.44 亿元，新增利润 1.85 亿元，提升了渔民就业质量和增收水平，取得了显著的经济效益和社会效益，助力了国家水产养殖业绿色发展。

鱼类生物法低盐快速腌制加工关键技术

获奖名称级别：2020 年度广东省农业技术推广奖二等奖。

获奖时间：2020 年 12 月。

主要完成单位：中国水产科学研究院南海水产研究所，饶平县万佳水产有限公司，广东省渔业技术推广总站，饶平县展雄水产品有限公司，汕尾市国泰食品有限公司，阳江市永昊水产有限公司，珠海市之山水产发展有限公司。

主要完成人员：吴燕燕，李来好，杨贤庆，陈胜军，王悦齐，李春生，赵永强，李绪鹏，郑镇雄，麦志成，李群芳，刘世创，冯仕苏，詹德强，麦骊琼，黎运升。

工作起止时间：2004 年 1 月至 2019 年 12 月。

内容摘要：

为了促进腌干鱼产业健康和可持续发展，改善腌干鱼加工工艺，提升腌干鱼产品品质，中国水产科学研究院南海水产研究所联合我国腌干鱼主要加工企业开展了鱼类生物法腌制加工与质量控制技术研究与推广。针对制约传统鱼类腌制加工产业发展的实际问题，项目成果系统解析了传统腌制鱼类加工过程中有害因子（亚硝基化合物、生物胺、脂质过度氧化代谢产物）的迁移规律，挖掘了多种具有提升发酵品质风味、提高效率、抑制有害因子产生的关键功能微生物，建立了低盐、低亚硝基化合物、高风味、高品质的生物法鱼类腌制加工新技术，集成了鱼类生物法腌制加工关键技术体系。项目组在国家自然科学基金面上项目和广东省海洋渔业科技推广专项的资助下，加大了鱼类生物法腌制加工的研究力度，形成了一批创造性成果。

该项目申请国家发明专利 8 项，其中授权的国家发明专利 4 项，发表学术论文 80 篇，制定并颁布实施的标准 11 项（其中国家标准 2 项）。项目成果以广东省为核心，辐射广西省和福建省，建立了 10 个推广示范点，对生物法鱼类腌制加工新技术等成果进行了示范应用，取得较显著的经济效益和社会效益。

鱼类生物法低盐快速腌制加工关键技术

获奖名称级别：2020 年度中国水产科学研究院科技进步奖二等奖。

获奖时间：2020 年 12 月。

主要完成单位：中国水产科学研究院南海水产研究所。

主要完成人员：吴燕燕，李来好，杨贤庆，陈胜军，岑剑伟，黄卉，郝淑贤，赵永强，蔡秋杏，王悦齐，马海霞，戚勃，魏涯，邓建朝，胡晓。

工作起止时间：2004 年 1 月至 2019 年 12 月。

内容摘要：

传统腌干鱼制品的生产周期长、盐度高、产品品质不稳定且存在潜在质量安全隐患，难以满足大规模工业化生产需求以及现代人健康饮食需求。为了突破鱼类腌制加工的传统落后模式，课题组自 2004 年以来，通过自主创新和技术集成，建立了我国鱼类腌制加工集科学、快速、规范、安全于一体化的新模式，该科学技术内容如下：

（1）立足分子感官和风味组学技术阐明传统腌干鱼的品质特性与特征风味形成的作用机制，为传统腌干鱼类产品品质和风味的改善提供重要理论依据。

（2）聚焦传统腌干鱼类潜在危害因子，揭示危害因子来源及形成机制，为利用生物法控制腌干鱼中危害因子产生、开发安全高质的腌干鱼制品提供关键基础数据。

（3）针对传统腌干鱼加工技术瓶颈，集成创新了低盐腌制、生物法控制及低温热泵干燥的连续式快速绿色腌干新技术，并在国内率先建立了腌干鱼类质量安全标准化技术体系。

该项目制订并发布实施的标准 11 项（其中国家标准 2 项），发表学术论文 80 篇，授权国家发明专利 8 件。2017 年至 2019 年，在广东、广西、福建等省建立了 9 个推广示范点，对生物法鱼类腌制加工新技术等成果进行了示范应用，取得较显著的经济效益和社会效益。

海洋食品过敏原控制关键技术创新及产业化应用

获奖名称级别：海洋工程科学技术奖。

获奖时间：2020 年 6 月 9 日。

主要完成单位：中国海洋大学，青岛大学附属医院，荣成泰祥食品股份有限公司。

主要完成人员：李振兴，林洪，李钰金，陈官芝，曹立民，王金梅。

工作起止时间：2008 年至 2019 年。

内容摘要：

以海洋食品过敏原为研究对象，围绕困扰我国海洋食品产业的过敏原控制问题，突破传统的方法和思路，从认识过敏原入手，构建了系统的过敏原评价技术体系，研制了快速准确的过敏原高通量检测设备，建立了有效控制加工过程中过敏原污染的技术规范，并被编入国家标准，构建了一套从基础到应用，从理论到技术的完整理论框架，引领了海洋食品质量安全领域的研究。本项目形成了一支具有国际先进水平的研究队伍，培养了几十名博士和硕士研究生，为我国海洋食品行业的健康发展提供了人才和技术基础。相关检测技术已经在检测公司应用，建立的过敏原防护技术规范得到了广大出口海洋食品企业的认可和应用，在规范现有海洋食品企业，突破国际贸易技术壁垒，服务“一带一路”建设等方面起到了积极的推动作用。

水产品质量安全关键技术集成与应用

获奖名称级别：天津市科学技术进步奖二等奖。

获奖时间：2020 年 1 月 22 日。

主要完成单位：天津市水产技术推广站，天津市水生动物疫病预防控制中心，农业农村部渔业环境及水产品质量监督检验测试中心（天津），天津渤海水产研究所。

主要完成人员：包海岩，耿绪云，孙晓旺，李灏，刘皓，李军，李宝华，丁子元。

工作起止时间：2014 年 10 月 1 日至 2017 年 9 月 1 日。

内容摘要：

建立天津市水产品质量安全控制与监管信息化管理平台，包括水产养殖环境水质在线监测、水产品质量安全追溯及身份识别等六大应用系统。建立池塘养殖南美白对虾、工厂化养殖半滑舌鳎HACCP质量安全预防控制体系。应用国际通行的食品质量安全管理HACCP原理，制定南美白对虾池塘养殖和半滑舌鳎工厂化养殖HACCP计划，制定了养殖操作规范（GMP）及SSOP，规范从业者养殖行为。建立天津市水产养殖动物疾病预警防控监管体系，包括天津市水产养殖动物疾病数据库、病害防治专家信息库、疾病监测预警技术及“市–区–乡镇”三级水生动物病害监测预警三级网络应用系统等，形成我市水产养殖病害预警防控快速反应机制。针对天津地区水产养殖经济动物危害严重的疾病，研发了对虾WSSV、IHHNV、VPAHPND、维氏气单胞菌等病原基于环介导等温扩增（LAMP）原理快速检测技术及试剂盒；研发了副溶血性弧菌、哈维氏弧菌胶体金免疫层析检测产品；研发了对虾WSSV、IHHNV、CMNV三重PCR检测技术。建设完成天津市水产品质量安全控制与监管信息化管理平台，包括市级平台和企业子平台硬件建设及平台运行方式。项目建立示范基地 17 家，两年累计监管主养南美白对虾面积 51 510 亩，半滑舌鳎 139 760 m^2，合计新增利润 7 279 万元，水产品抽检合格率达 100%。

水产养殖物联网技术应用研究与示范推广

获奖名称级别：山东省海洋与渔业科学技术二等奖。

获奖时间：2020 年 12 月。

主要完成单位：山东省渔业技术推广站，中通联达（北京）信息科技有限公司，莱州明波水产有限公司。

主要完成人员：陈笑冰，梁瑞青，徐涛，贾可美，李文升，李旭岭，李凯，李建立，张建柏。

工作起止时间：2012 年 1 月至 2019 年 12 月。

内容摘要：

该项目集成应用了水质环境实时监控、无线采集与传输、智能控制和处理、水产养殖病害监测预警与在线诊断、水产品质量追溯等物联网关键技术，与山东省渔业的生产管理、技术服务、专家服务、经营服务、水产品安全管理等领域深度融合，研发了渔业技术远程服务与管理系统、水产品质量追溯系统、水生动物病害远程诊断系统等应用系统，建设了山东省“渔业通”信息化综合管理服务平台，实现渔业技术远程服务与管理、水产品质量管理与信息服务、水生动物疾病远程诊断、渔业技术培训管理等功能，并在全省范围内工厂化及池塘养殖环境中开展示范应用。

与国内同类项目相比，该成果在技术架构，应用范围和示范推广等方面具有显著优势。实现了渔业信息“一张图”管理和“物联网+渔业”的产业化应用。建立了专家分级诊疗体系和线上专家病害远程诊断服务体系，形成了一套系统配套、成熟、可复制的水产养殖物联网技术应用与推广模式。

许氏平鲉优良品系选育及产业化关键技术创新与应用

获奖名称级别：山东省海洋科技创新奖二等奖。

获奖时间：2020 年 12 月。

主要完成单位：山东省海洋资源与环境研究院，烟台大学，山东富瀚海洋科技有限公司。

主要完成人员：姜海滨，韩慧宗，王腾腾，王斐，刘立明，张明亮，李斌，杜荣斌，刘丽娟。

工作起止时间：2006 年 5 月至 2020 年 8 月。

内容摘要：

本项目围绕近年来山东沿海深水网箱适养品种许氏平鲉养殖出现的苗种供应不稳定、成活率低、生长速度慢等问题，针对性开展了许氏平鲉繁殖生物学、优良品系选育、苗种繁育以及网箱养殖技术等方面研究及产业化推广应用；揭示雌雄性腺发育状况、精子储存机制、雌雄亲鱼交配模式、体内胚胎发育、早期发育摄食等特性；系统开展了许氏平鲉优良品系选育工作，筛选了生长速度快的F_3代优良性状品系，生长速度比选育前提高 23.6%；通过工厂化控制交尾技术、产仔布池技术、仔鱼摄食特性、饵料驯化、苗种培育、中间培育等技术许氏平鲉优良苗种规模化繁育技术体系；通过苗种运输、饲育投喂、分级筛选等建立大规格苗种培育和网箱养殖技术体系；通过应用自主开发的有效益生菌，分离哈维氏弧菌并开发研制弧菌疫苗等建立养殖病害防控技术体系。项目组及各推广单位培育苗种 5 000 余万尾，其新品系繁育及养殖技术并推广到山东烟台、威海、日照、青岛等地市共 20 余家企业，养殖网箱规模达到 50 万m^3，市场养殖量在 2 000 余万尾，累积产值 2.5 个亿。研究成果促进了许氏平鲉深水网箱养殖产业的持续、健康、稳定发展。

鉴定验收成果

红鳍东方鲀家系构建与选育

主要完成人员：王秀利，仇雪梅，姜志强，孟雪松，姜晨，刘圣聪，包玉龙。

工作起止时间：2017 年 1 月至 2019 年 12 月。

验收时间：2019 年 12 月 9 日。

验收地点：河北曹妃甸大连天正实业有限公司。

组织验收单位：大连海洋大学。

验收结果：

对 2019 年构建并选育的 4 个家系（20 月龄）和同龄对照组（生产群）进行了现场测定，4 个家系的平均体重为 1 273.0 g，平均体长为 32.5 cm，平均全长为 37.9 cm，而对照组的平均体重为 889.1 g，平均体长为 28.6 cm，平均全长为 32.9 cm。对 2020 年构建并选育的 16 个家系（8 月龄）和同龄对照组（生产群）进行了现场测定，16 个家系的平均体重为 271.9 g，平均体长为 18.7 cm，平均全长为 21.3 cm，而对照组的平均体重为 177.5 g，平均体长为 17.2 cm，平均全长为 19.1 cm。经测算，选育的家系群体比对照组在体重、体长和全长等生长性能分别提高了 43.2 %、8.7%和 11.5%。

核实了家系构建和选育记录，2019 年构建并选育的 4 个家系、2020 年构建并选育的 16 个家系在 2 月龄、6 月龄和 18 月龄时体重、体长和全长等生长性状测定值比生产群的生长性状测定值提高了 40%以上。

课题组利用构建的全同胞家系群体，采用候选基因法、DNA测序分析及最小二乘分析法，发现生长激素释放激素（Growth hormone releasing hormone，GHRH）基因、生长激素受体 2（Growth hormone receptor，GHR2）基因和脑型脂肪酸结合蛋白（Brain-like fatty acid binding proteins，B-FABP）基因上存在 10 个SNP分子标记，这些分子标记与体重、体长和全长等生长性状显著相关，可用于红鳍东方鲀的分子标记辅助育种。

许氏平鲉深水网箱养殖技术集成与示范

主要完成人员：姜海滨，韩慧宗，王腾腾，张明亮，王斐。

工作起止时间：2017 年 7 月至 2020 年 8 月。

验收时间：2020 年 8 月 14 日。

验收地点：长岛县大钦岛乡。

组织验收单位：山东省海洋资源与环境研究院。

验收结果：

2017 年 7 月在周长 40 m网箱中放养许氏平鲉人工选育苗种 4.5 万尾，平均全长 5.0 cm。经一年半养殖，每箱存量约 4.1 万尾，成活率 91.1%，全长 22 ~ 26 cm，体重 202 ~ 325 g，平均全长 25.4 cm，平均体重 272.0 g；经 2 年养殖，存量约 3.8 万尾，成活率 84.4%，全长 28 ~ 33 cm，体重 415 ~ 705 g，平均全长 30.6 cm，平均体重 519.8 g；经 3 年养殖，存量约 3.7 万尾，成活率 82.2%，全长 31 ~ 39 cm，体重 540 ~ 1 200 g，平均全长 34.2 cm，平均体重 828.5 g。

海鲈亲鱼培育与苗种繁育现场验收

主要完成人员：中国海洋大学国家海水鱼产业技术体系“海鲈种质资源与品种改良”岗位、山东省东营市利津县双瀛苗种有限责任公司、山东海城生态科技集团有限公司。

工作起止时间：2019 年 10 月至 2021 年 1 月。

验收时间：2020 年 1 月 12 日，2021 年 1 月 16 日。

验收地点：山东省东营市利津县双瀛苗种有限责任公司。

组织验收单位：中国海洋大学。

验收结果：

2020 年 1 月 12 日形成的验收意见：

在利津双瀛公司构建了亲鱼室外网箱育肥、室内水泥池越冬及营养强化的培育模式。保有海鲈亲鱼 173 尾（体重 2.25 ~ 5.63 kg，平均体重 3.44 kg），后备亲鱼 350 尾（平均体重 2 kg以上）。2019 年度优化了亲鱼培育、激素诱导、人工授精及苗种培育等人工繁育关键技术，共获得受精卵 609 万粒，初孵仔鱼 426 万尾，孵化率为 70.0%。培育苗种 23.5 万尾，苗种活泼健康，其中山东海城公司（无棣）投放 1 kg受精卵，经过 73 d培育（温度 19℃ ~ 23℃，盐度 21 左右），全长 2.2 ~ 5.8 cm，平均全长 3.47 cm，数量 17.3 万尾；山东科合公司（乳山）投放 2.5 kg受精卵，经过 73 d培育（温度 17℃ ~ 23℃，盐度 31 左右），全长 2.5 ~ 4.8 cm，平均全长 3.32 cm，数量 6.2 万尾。

2021 年 1 月 16 日形成的验收意见：

亲鱼培育：优化了亲鱼室内水泥池越冬、室外网箱育肥及营养强化的亲鱼培育方式，基地保有性成熟海鲈亲鱼共 155 尾（体重 2.55 ~ 6.63 kg，平均 3.79 kg），后备亲鱼 350 尾（平均体重 1.0 kg以上）。

（2）人工繁殖与孵化：2020 年优化了亲鱼培育、激素诱导、人工授精及苗种培育等人工繁育关键技术，获得受精卵 522 万粒，初孵仔鱼 417 万尾，孵化率为 79.9%。

（3）苗种培育：2020 年 10 月 28 日开始苗种培育，经过 81 d培育出海鲈鱼苗 31 万尾，鱼苗全长 24.0 ~ 61.0 mm，平均全长 35.5 mm。

军曹鱼耐低氧品系种苗现场测产验收

主要完成人员：陈刚，施钢，潘传豪，张健东，王忠良，黄建盛，汤保贵。

工作起止时间：2020 年 1 月至 2020 年 5 月。

验收时间：2020 年 5 月 16 日。

验收地点：广东省湛江市东海岛广东海洋大学海洋生物基地。

组织验收单位：广东海洋大学。

验收结果：

2020 年 5 月 16 日，受国家海水鱼产业技术体系委托，广东海洋大学科技处组织有关专家，在湛江市东海岛对“国家海水鱼产业技术体系军曹鱼种质资源与品种改良岗位”（编号：CARS-47-G08）课题组“军曹鱼耐低氧品系种苗选育”结果进行现场测产验收。专家组听取汇报，查看相关生产记录，经现场围网面积抽样、量测，一致认为课题组采用耐低氧军曹鱼品系获得了平均体长 10.0 cm（体长范围：8.3 ~ 11.2 cm）后代种苗，且育苗成活率达 44.6%，现场抽样估算共有军曹鱼商品种苗 25 万尾。规格达到 4 cm的军曹鱼种苗可以进行食性转换，摄食人工配合饲料，突破了军曹鱼该规格种苗进食冰鲜鱼糜的局限。

红鳍东方鲀越冬专用配合饲料中试

主要完成人员：梁萌青，徐后国，卫育良，于永成。

工作起止时间：2019 年 11 月 25 日至 2020 年 4 月 21 日。

验收时间：2020 年 4 月 21 日。

验收地点：辽宁省丹东市东港市祥顺渔业有限公司。

组织验收单位：中国水产科学研究院黄海水产研究所。

验收结果：

本次中试历时 147 d，在室内工厂化养殖条件下进行。养殖水温通过加热保持在 10.5℃ ~ 11.5℃。实验选用 2 个水泥池投喂配合饲料，1 个水泥池投喂冰鲜玉筋鱼作为对照组。实验鱼的初始体重为 205 g左右。中试期间投喂越冬专用配合饲料组的红鳍东方鲀体型体色与投喂鲜杂鱼组无显著差异，且配合饲料组水质清澈，成活率分别为 93%和 97%，鲜杂鱼组成活率为 76%。实验结束后，分别对两组进行称重，结果为配合饲料组体重 249.3 g，鲜杂鱼组体重 230.6 g。总体结果表明，在本实验养殖条件下，越冬期间使用配合饲料饲喂红鳍东方鲀的效果显著优于使用鲜杂鱼。

红鳍东方鲀海上网箱养殖专用配合饲料的中试

主要完成人员：梁萌青，徐后国，卫育良，于永成。

工作起止时间：2020 年 4 月 25 日至 2020 年 10 月 30 日。

验收时间：2020 年 4 月 21 日。

验收地点：辽宁省丹东市东港市祥顺渔业有限公司荣成海上网箱养殖基地。

组织验收单位：中国水产科学研究院黄海水产研究所。

验收结果：

本次中试历时 189 d，在海上网箱中进行，设饲料组和鲜杂鱼组。饲料组所用鱼为 2019 年越冬养殖实验投喂配合饲料的红鳍东方鲀，鲜杂鱼组选择与饲料组初重接近的网箱。饲料组和鲜杂鱼组初重分别为 234.5 g和 293.0 g。养殖过程中，饲料组于 4 月 25 日至 10 月 1 日共投喂 159 d配合饲料，然后转饵投喂鲜杂鱼；鲜杂鱼组全程投喂鲜杂鱼。中试期间饲料组的鱼体表颜色更亮，游泳速度更快，存活率显著高于鲜杂鱼组，在应对 8 号台风“巴威”中表现出更强的体质和抗应激能力。实验结束后，饲料组末重 915 g，鲜杂鱼组末重 1 196 g。总体表明，在本实验养殖条件下，配合饲料可部分取代鲜杂鱼在海上网箱中进行养殖，且生长速度完全可以满足红鳍东方鲀上市要求。

工厂化养殖尾水工程化处理技术工艺与处理系统

主要完成人员：李贤，李军，刘鹰，王金霞，王朝夕。

工作起止时间：2019 年 4 月至 2020 年 9 月。

验收时间：2020 年 9 月 18 日。

验收地点：天津滨海新区。

组织验收单位：中国科学院海洋研究所。

验收结果：

项目组设计并建立工程化养殖尾水处理系统 8 套，每套系统的建筑面积为 700 ~ 800 m^2。系统集成了物理过滤、生物处理和化学消毒杀菌的技术和装备，创新构建了适宜北方地区工厂化海水养殖的尾水处理技术工艺，工程设计合理、工艺先进、运行成本较低。

经有资质的水质检测机构检测，处理后的尾水水质（氨氮、CODcr、pH、总氮、总磷、悬浮物等）达到天津市《污水综合排放标准》（DB12/356—2018）二级标准和国家现行《地表水环境质量标准》（GB 3838—2002）V类水标准，实现达标排放。

与会专家建议进一步优化尾水处理系统和工艺，总结经验，尽快形成标准或规范，促进系统的推广应用。

海水工厂化养殖尾水高效处理及再利用系统、技术工艺

主要完成人员：李军，李贤，马晓娜，肖永双。

工作起止时间：2019 年 10 月至 2020 年 10 月。

验收时间：2020 年 10 月 26 日。

验收地点：威海圣航水产科技有限公司。

组织验收单位：中国科学院海洋研究所。

验收结果：

项目组设计并建立了海水工厂化养殖尾水高效处理系统 1 套，建筑面积为 1 060 m^2，实现日处理养殖尾水 6 000 m^3 以上。系统集成了物理过滤、生物处理和贝藻生态处理技术和装备，工程设计合理、工艺先进、运行成本较低。

经有资质的水质检测机构检测，结果表明系统处理效果良好，处理后出水质指标（平均出水浓度）如下：TAN 0.20 mg/L；NO_2^--N 0.045 mg/L；NO_3^--N 0.19 mg/L；TIN 0.44 mg/L；$PO4_3^-$-P 0.005 mg/L；COD_{Mn} 1.32 mg/L；BOD_5 0.53 mg/L；铜、锌分别为 0.001 1 mg/L和 0.042 mg/L，符合海水养殖水排放要求（SC/T 9103-2007），回用率75%以上，实现养殖尾水达标排放和回用，初步建立了海水工厂化养殖尾水高效处理及再利用技术规程。

工厂化环境调控培育亲鱼及育苗技术

主要完成人员：李军，肖志忠，肖永双。

工作起止时间：2019 年 1 月至 2020 年 10 月。

验收时间：2020 年 10 月 26 日。

验收地点：威海市文登区海和水产育苗有限公司。

组织验收单位：中国科学院海洋研究所。

验收结果：

项目组研发了斑石鲷亲鱼生殖调控技术，建立了斑石鲷转季苗种规模化繁育技术工艺，储备斑石鲷亲鱼 563 尾。通过光照与水温调控，亲鱼繁殖期延迟 3 个月，培育斑石鲷苗种 81 万尾，苗种成活率 30.2%，养殖于 40 个规格为 5.5 mm × 5.5 mm × 1.2 mm的培育池中。现场随机取样 30 尾，其中最大全长 72 mm，最小全长 44 mm，平均全长 55.2 mm。苗种健壮，活力强，适宜后续斑石鲷工厂规模化培育养殖。

鲆鲽类工程化池塘生态高效养殖技术构建与示范

主要完成单位：中国水产科学研究院黄海水产研究所、青岛贝宝海洋科技有限公司、青岛忠海水产有限公司、日照星光海洋牧场渔业有限公司。

主要完成人员：徐永江，柳学周，王滨，姜燕，张凯，蓝功钢，杨洪军，曲建忠，史宝，孟振。

工作起止时间：2011 年至 2019 年。

鉴定时间：青岛连城创新技术开发服务有限责任公司。

组织鉴定单位：中国水产科学研究院黄海水产研究所。

内容摘要：

针对我国鲆鲽类传统池塘养殖存在塘型结构简陋、设施设备缺乏、管理粗放、养殖周期长、产量低等产业问题，以及池塘养殖基础生物学原理、生理生态适应机制、健康生长机理等基础研究滞后等科学问题，自 2011 年以来，在国家鲆鲽类产业技术体系殖工程岗位（现国家海水鱼产业技术体系池塘养殖岗位）的大力支持下，本项目以鲆鲽类产业可持续发展和产业转型升级为目标，以开发现代池塘养殖技术为突破口，加强了对鲆鲽类池塘养殖模式下养殖基础生物学原理、健康生长机理等基础科学问题的深入研究，并对传统的鲆鲽类养殖池塘进行了设备和技术升级，研发了工程化池塘循环水养殖系统和工程化岩礁池塘养殖系统，研制了专用配套设施装备，研究了池塘养殖模式下鲆鲽类的生长健康调控机制，建立了工程化池塘高效养殖技术标准。成果应用示范取得了显著的提质增效效果，推动了我国鲆鲽类池塘养殖产业向工业化、标准化和绿色可持续发展，为产业转型升级提供了新动力。2019 年，项目顺利完成成果总结与应用，已实现产业化。

鱼类生物法腌制加工关键技术的研究与应用

主要完成单位：中国水产科学研究院南海水产研究所。

主要完成人员：吴燕燕，李来好，杨贤庆，陈胜军，岑剑伟，黄卉，郝淑贤，赵永强，蔡秋杏，王悦齐，马海霞，戚勃，魏涯，邓建朝，胡晓，杨少玲，李春生，荣辉，潘创。

工作起止时间：2004 年 1 月至 2019 年 12 月。

鉴定时间：2020 年 7 月 2 日。

组织鉴定单位：广东省食品学会。

内容摘要：

针对制约传统鱼类腌制加工产业发展的实际问题，通过对传统腌制鱼类特征风味、有益微生物、加工过程潜在危害因子形成机理研究，生物法腌制加工关键技术的研发、集成和产业化，形成了一批创造性成果：① 立足分子感官和风味组学技术系统阐明传统腌干鱼类风味形成调控机制。② 挖掘传统腌干鱼类关键功能微生物。③ 基于发酵工程的新型海洋食品生物加工技术，建立鱼类生物法低盐快速腌制加工新工艺体系。④ 建立鱼类生物法腌制加工有效控制危害因子的质量安全控制体系。该技术成果制订并发布实施的标准 11 项（其中国家标准 2 项）；发表学术论文 80 篇；申请国家发明专利 8 件，其中授权 4 件；培养研究生 8 名、本科生 10 名、技术工人 80 多名。专家组一致认为，该项目提供的材料数据翔实，成果技术整体达到国际领先水平，生态、社会和经济效益显著，具有重要的应用推广价值。

海水鱼工厂化养殖模式升级及尾水处理系统构建

主要完成人员：赵振良，赵海涛，孙桂清，吴彦。

工作起止时间：2019 年 5 月至 2020 年 6 月。

验收时间：2020 年 8 月 13 日。

验收地点：河北省秦皇岛市。

组织验收单位：河北省农业农村厅。

验收结果：

项目完成养殖车间改造 2 100 m^2，建造砂滤池 382 m^3、生物滤池 382 m^3。购置仪器设备 26 台（套），包括无阀砂滤罐（塔）3 台、弧形筛 8 片、30 m^3 低温液氧储罐 1 台、紫外消毒器 4 台、自吸排污泵 5 台、鼓风机 4 台、发电机组及电缆 1 台（套），完成了项目实施方案设计的全部建设内容。

基于物联网智能调控工厂化循环水养殖模式构建

主要完成人员：孙桂清，赵振良，赵海涛，吴彦，殷蕊。

工作起止时间：2019 年 1 月至 2019 年 12 月。

验收时间：2020 年 8 月 13 日。

验收地点：河北省秦皇岛市。

组织验收单位：河北省农业农村厅。

验收结果：

项目完成了物联网智能调控设备（共计 8 台套）的购置与安装，包括氨氮、硝酸盐、亚硝酸盐、磷酸盐、COD在线监测仪各 1 套，水下云台摄像系统 1 套，监测系统软件 1 套，数据显示设备（大屏及电脑服务器）1 台（套），构建了基于物联网智能调控工厂化循环水养殖模式，完成了项目实施方案设计的全部建设内容，系统运行正常。

牙鲆“鲆优 2 号”新品种池塘养殖示范

主要完成人员：李云峰，苏浩，赫崇波，高祥刚。

工作起止时间：2020 年 3 月 22 日至 2020 年 10 月 24 日。

验收时间：2020 年 10 月 24 日。

验收地点：丹东东港黄土坎农场。

组织验收单位：辽宁省海洋水产科学研究院。

验收结果：

3 月 22 日，丹东综合试验站从黄海水产研究所海水鲆鲽鱼类遗传育种中心（海阳基地）为东港市黄土坎农场引进 1.1 kg牙鲆“鲆优 2 号”受精卵，共培育“鲆优 2 号”鱼苗 40 万尾，于 6 月 5 日放入海水池塘进行成鱼养殖。10 月 24 日，专家组随机测量 30 尾“鲆优 2 号”牙鲆，其平均体重 306.8 g，平均体长 26.1 cm，养殖成活率为 68%。随机抽取相邻池塘养殖的对照组普通牙鲆 30 尾，其平均体重 251.8 g，平均体长 24.4 cm，养殖成活率为 49%。由此可见，“鲆优 2 号”牙鲆平均体重比对照组牙鲆重 21.8%，养殖成活率比牙鲆对照组高 19%。专家组听取了课题组成员的汇报，经查看生产、销售记录，现场核查、取样测量和质询讨论，一致同意通过验收。

大黄鱼家系构建、生长性状比较及遗传参数估计

主要完成人员：柯巧珍。

工作起止时间：2017 年 4 月至 2019 年 3 月。

验收时间：2020 年 9 月 17 日。

验收地点：福州。

组织验收单位：福建省科学技术厅。

验收结果：

项目共构建了15个大黄鱼全同胞家系，成功应用PIT电子标记技术进行了个体标记，实现家系混养、识别功能；测量了10个大黄鱼全同胞家系的传统形态学数据和框架数据，获得了体重与体长、体高的线性关系式；分析比较了各家系大黄鱼背肌的营养成分：应用动物模型BLUP，获得了各家系22个表型性状的有种值和遗传力。

项目实施期间，发表论文3篇（其中SCl收录2篇）；申请专利4项，其中发明专利2项（授权1项），实用新型专利2项（授权2项）；参与制定并完成发布实施的大黄鱼水产行业标准、企业标准各1项。

水产养殖物联网技术应用研究与示范推广

主要完成单位：山东省渔业技术推广站、中通联达（北京）信息科技有限公司、莱州明波水产有限公司。

主要完成人员：陈笑冰，梁瑞青，徐涛，贾可美，李文升等。

工作起止时间：2012年1月至2019年12月。

鉴定时间：2020年5月13日。

组织鉴定单位：山东水产学会。

内容摘要：

该项目集成应用了水质环境实时监控、无线采集与传输、智能控制和处理、水产养殖病害监测预警与在线诊断、水产品质量追溯等物联网关键技术，与山东省渔业的生产管理、技术服务、专家服务、经营服务、水产品安全管理等领域深度融合，研发了渔业技术远程服务与管理系统、水产品质量追溯系统、水生动物病害远程诊断系统等应用系统，建设了山东省“渔业通”信息化综合管理服务平台，实现渔业技术远程服务与管理、水产品质量管理与信息服务、水生动物疾病远程诊断、渔业技术培训管理等功能，并在全省范围内工厂化及池塘养殖环境中开展示范应用。

与国内同类项目相比，该成果在技术架构、应用范围和示范推广等方面具有显著优势。实现了渔业信息“一张图”管理和“物联网+渔业”的产业化应用；建立了专家分级诊疗体系和线上专家病害远程诊断服务体系，形成了一套系统配套、成熟可复制的水产养殖物联网技术应用与推广模式。

该成果技术水平达到国内领先水平。

五条鰤人工繁育技术

主要完成人员：翟介明，柳学周，徐永江，马文辉，李文升，王清滨，庞尊方。

工作起止时间：2020 年 3 月至 2020 年 8 月。

验收时间：2020 年 8 月 2 日。

验收地点：山东省莱州市。

组织验收单位：莱州明波水产有限公司、中国水产科学研究院黄海水产研究所。

验收结果：

中国水产科学研究院黄海水产研究所和莱州明波水产有限公司对合作开展的“五条鰤人工繁育技术”进行了现场验收。验收专家组听取了工作汇报，查阅了相关记录，查看了现场，形成验收意见如下：培育 4 龄五条鰤亲鱼 81 尾；随机测量五条鰤苗种 30 尾，平均全长 13.42 cm，最大全长 17.0 cm，最小全长 9.3 cm；共统计室内苗种培育池 12 个（2 m×2 m×1.5 m），共计数出五条鰤苗种 7 500 尾；苗种健康、活泼，生长良好。

棕点石斑鱼♀×蓝身大斑石斑鱼♂杂交苗种推广养殖

主要完成人员：翟介明，田永胜，李波，马文辉，李文升，王清滨，庞尊方。

工作起止时间：2020 年 3 月至 2020 年 7 月。

验收时间：2020 年 8 月 29 日。

验收地点：山东省莱州市。

组织验收单位：中国水产科学研究院黄海水产研究所、莱州明波水产有限公司。

验收结果：

中国水产科学研究院黄海水产研究所和莱州明波水产有限公司对合作开展的“棕点石斑鱼（♀）×蓝身大斑石斑鱼（♂）杂交苗种推广养殖”进行了现场验收。验收专家组听取了工作汇报，查阅了相关记录，查看了现场，形成验收意见如下：利用建立的蓝身大斑石斑鱼精子冷冻保存技术，冷冻保存精子 1 000 mL，活力达 85%以上；验收时培育石斑鱼苗130万尾；推广杂交种受精卵93 kg，共培育鱼苗623万尾；建立棕点石斑鱼（♀）×蓝身大斑石斑鱼（♂）杂交家系和棕点石斑鱼纯系共11个，杂交石斑苗种平均全长（74.3 ± 12.1）g，纯系苗种平均体重（61.0 ± 13.1）g。

开放海域大型围栏智能化生态养殖模式构建

主要完成人员：翟介明，关长涛，贾玉东，张秉智，李文升，王清滨，庞尊方。

工作起止时间：2020年6月至2020年10月。

验收时间：2020年10月20日。

验收地点：山东省莱州市。

组织验收单位：中国水产科学研究院黄海水产研究所、莱州明波水产有限公司。

验收结果：

中国水产科学研究院黄海水产研究所和莱州明波水产有限公司对合作开展的“开放海域大型围栏智能化生态养殖模式构建”进行了现场验收。验收专家组听取了工作汇报，查阅了相关记录，查看了现场，形成验收意见如下：在莱州湾离岸海域大型养殖围栏开展了斑石鲷、半滑舌鳎和梭鱼等鱼类生态混合养殖中试，投放斑石鲷6万尾、半滑舌鳎740尾、梭鱼1 000尾。至验收时，斑石鲷、半滑舌鳎、梭鱼成活率分别达到98%、98%和97%。围栏养殖区和周边1 500 m辐射海域，海水水质监测指标符合第二类海水水质标准，底质沉积物符合第一类沉积物质量标准。配套了大水面饲料多点投喂、养殖环境在线监测、鱼群实时监控、渔获起捕集鱼与起吊操控等设施装备，初步构建了基于鱼类生长需求、水质环境监测、信息化精准传输的智能化投喂及管理模式。

大型座底式网箱综合养殖技术

主要完成人员：翟介明，关长涛，贾玉东，李文升，张佳伟，王清滨，庞尊方。

工作起止时间：2020年6月至2020年11月。

验收时间：2020年11月6日。

验收地点：山东省莱州市。

组织验收单位：中国水产科学研究院黄海水产研究所、莱州明波水产有限公司。

验收结果：

中国水产科学研究院黄海水产研究所和莱州明波水产有限公司对合作开展的“大型座底式网箱综合养殖技术”进行了现场验收。验收专家组听取了工作汇报，查阅了相关记录，查看了现场，形成验收意见如下：利用建成的 1 个大型钢结构座底式网箱（由 3 个子网箱组成，总直径 80 m，子网箱直径 40 m，总养殖水体 30 897 m^3）经 5 个月的海上使用验证，网箱设施的抗风浪、耐流性能优良，应用效果良好。开展了斑石鲷、许氏平鲉、真鲷鱼类生态混合养殖中试，投放斑石鲷 6 700 尾，经过 106 d养殖，养殖成活率 97%；投放真鲷 9 400 尾，经过 120 d养殖，养殖成活率 98%，投放许氏平鲉 25 000 尾，经过 118 d 养殖，成活率 92%，养殖效果良好。

第五篇

专利汇总

申请专利

大菱鲆丝氨酸蛋白酶抑制剂H1的重组蛋白及其制备和应用

专利类型：发明。

专利申请人（发明人或设计人）：孙志宾，马爱军，朱春月。

专利申请号（受理号）：202010105442.8。

专利权人（单位名称）：中国水产科学研究院黄海水产研究所。

专利申请日：2020年2月20日。

专利内容简介：

本发明涉及一种大菱鲆丝氨酸蛋白酶抑制剂H1的重组蛋白及其制备和应用，属于分子生物学技术领域。本发明利用体外重组表达技术获得了大菱鲆丝氨酸蛋白酶抑制剂H1蛋白SmSERPINH1。该蛋白具有显著的抗菌活性，在开发新的抗菌制剂、饲料添加剂等方面具有潜在的应用价值。

全年获得半滑舌鳎高雌受精卵的方法

专利类型：发明。

专利申请人（发明人或设计人）：李仰真，陈松林，程向明，程佳禹。

专利申请号（受理号）：202010506606.8。

专利权人（单位名称）：中国水产科学研究院黄海水产研究所。

专利申请日：2020年6月5日。

专利内容简介：

本发明属于水产养殖的技术领域，涉及全年获得半滑舌鳎高雌受精卵的方法。本发明采用亲鱼培育池建设、亲鱼选择、亲鱼强化培育、人工催产、人工授精和孵化，全年分批次对半滑舌鳎亲鱼进行快速促熟，实现全年每个季节都有性腺成熟的亲鱼用来进行人工催产。采用本发明的方法，亲鱼的相对产卵量、受精率和孵化率大大提高，半滑舌鳎的繁殖不再受季节限制，可以实现全年各个季节均能获得高雌受精卵，满足全年进行半滑舌鳎育苗生产的需要，有利于半滑舌鳎产业的可持续发展。

一种半滑舌鳎抗病育种基因芯片及其应用

专利类型：发明。

专利申请人（发明人或设计人）：陈松林，卢昇，周茜，陈亚东，刘洋，王磊，李仰真，杨英明。

专利申请号（受理号）：202010919214.4。

专利权人（单位名称）：中国水产科学研究院黄海水产研究所。

专利申请日：2020 年 9 月 4 日。

专利内容简介：

本发明的目的是提供一种用于半滑舌鳎抗病良种选育的基因芯片，解决半滑舌鳎抗病良种培育中缺乏基因芯片的问题，弥补传统育种技术的不足，为抗病高产优质良种培育提供一种新的分子育种方法。本发明的基因芯片可以进行半滑舌鳎全基因组水平的SNP分型，计算每个SNP位点的遗传效应，估计个体的基因组育种值（GEBV），根据个体的GEBV大小筛选抗病能力强的鱼；利用这些优选亲鱼繁殖后代，后代的存活率就会明显提高。因此，利用本发明的基因芯片能够加快半滑舌鳎抗病良种选育进程、缩短育种周期，为半滑舌鳎抗病良种选育提供高效的分子育种技术手段。

一种种群的种用价值的判断方法（1）

专利类型：发明。

专利申请人（发明人或设计人）：顾林林，姜丹，方铭，王志勇。

专利申请号（受理号）：2020104841675（公布号：CN111627495A）。

专利权人（单位名称）：集美大学。

专利申请日：2020 年 6 月 1 日。

专利内容简介：

本发明公开了一种种群的种用价值的判断方法。该方法是将几种基础预测模型组合成一个预测模型的元算法，这种方法相较于单个预测模型通常能够获得更好的预测结果。具体步骤为：对单个群体的所有个体进行生产性能的表型测定和SNP分型；经过过滤、填充等技术获得完整的基因型信息；通过多个基础预测模型并行对训练群体进行迭代训练；将多个基础模型获得各个SNP位点的期望效应值累加得到每个基础预测模型的基因组估计育种值GEBV；通过最佳的集成算法ELGS将基础预测模型进行整合，最后计算基因组估计育种值与表型值或真实育种值的相关系数来获得估计准确度。

一种种群的种用价值的判断方法（2）

专利类型：发明。

专利申请人（发明人或设计人）：顾林林，姜丹，方铭，王志勇。

专利申请号（受理号）：2020107667929（公布号：CN111883206A）。

专利权人（单位名称）：集美大学。

专利申请日：2020 年 6 月 1 日。

专利内容简介：

本发明公开了一种拟合非加性效应的基因组选择新方法。该方法将基因组选择中的加性效应预测模型和非加性效应预测模型组合成一个预测模型的元算法。这种方法相较于仅拟合加性效应的预测模型通常能够获得更好的预测效果。具体步骤为：获取单个群体完整的基因型信息和表型信息；随机划分训练群体和测试群体，通过混合算法MixPGV对训练群体进行迭代训练；获得各个SNP位点的期望加性效应值和期望非加性效应值，并累加得到MixPGV预测模型的加性基因组估计育种值GEBVAdd以及非加性基因组估计育种值GEBVNon-Add；将加性基因组估计育种值GEBVAdd和非加性基因组估计育种值GEBVNon-Add累加得到群体的基因组估计育种值GEBV，最后计算基因组估计育种值GEBV与真实育种值的相关系数来获得估计准确度。

一种卵形鲳鲹性别快速鉴定引物、试剂盒及其应用

专利类型：发明。

专利申请人（发明人或设计人）：郭梁，张殿昌，刘宝锁，朱克诚，郭华阳，杨静文，马启伟。

专利申请号（受理号）：202011134234.7。

专利权人（单位名称）：中国水产科学研究院南海水产研究所。

专利申请日：2020 年 10 月 21 日。

专利内容简介：

本发明公开了一种卵形鲳鲹性别快速鉴定引物，所述引物为引物P18-1。所述引物P18-1 包括正向引物P18-1-F和反向引物P18-1-R，所述正向引物P18-1-F的碱基序列如SEQ ID NO：1 所示，所述反向引物P18-1-R的碱基序列如SEQ ID NO：2 所示。本发明还公开了包括上述引物的试剂盒以及利用上述引物快速鉴定卵形鲳鲹性别的方法，以及上述引物、试剂盒以及方法在鉴定卵形鲳鲹性别方面的应用。该引物，特异性好，灵敏度好，准确度高，鉴定成功率高达 97%，相比于毛细管电泳鉴定方法，本申请方法不需复杂的设备，缩短了检测周期，降低了检测成本。

一种红鳍东方鲀生长性状相关的SNP位点及其在遗传育种中的应用

专利类型：发明。

专利申请人（发明人或设计人）：王秀利，马文超，刘圣聪，仇雪梅，孟雪松。

专利申请号（受理号）：202011408648.4。

专利权人（单位名称）：大连海洋大学。

专利申请日：2020 年 12 月 4 日。

专利内容简介：

本发明提供一种红鳍东方鲀生长性状相关的SNP位点及其在遗传育种中的应用，所提供的SNP位点与红鳍东方鲀体重、体长、体全长生长性状相关，可用于选育具有快速生长性状的红鳍东方鲀稚鱼和选配亲本。本发明提供与红鳍东方鲀生长性状相关的SNP位点，所述的SNP位点位于序列为SEQ ID NO：1 的核苷酸片段的第 482 位，其碱基为C或T；本发明还提供与红鳍东方鲀生长性状相关的双倍型，为位于序列为SEQ ID NO：1 的核苷酸片段的第 264 位，其碱基为C或T；第 303 位，其碱基为A或G；第 550 位，其碱基为C或T，所述的双倍型为纯合的C（C）A（A）C（C）和杂合C（T）A（G）C（T）。

一种与红鳍东方鲀生长性状相连锁的SNP位点

专利类型：发明。

专利申请人（发明人或设计人）：王秀利，杨晓，刘圣聪，仇雪梅，包玉龙，孟雪松。

专利申请号（受理号）：202011409026.3。

专利权人（单位名称）：大连海洋大学。

专利申请日：2020 年 12 月 4 日。

专利内容简介：

本发明提供了一种关于红鳍东方鲀的快速生长相关的SNP位点及可以降低选种成本并且确保筛选出具有快速生长优良性状的苗种选育方法，所述的SNP位点位于核苷酸序列SEQ ID NO：1 的第 366 位，其碱基为C或A。本发明提供的SNP位点可用于选育具有快速生长潜力的红鳍东方鲀个体。本发明通过分析等位SNP位点基因型与红鳍东方鲀生长性状的相关性，发现红鳍东方鲀核苷酸序列SEQ ID NO：1 的 366 碱基处存在与生长性状相关的SNP位点，基因型为AA纯合型个体的体重、体长、体全长显著高于CA与CC基因型个体生长性状的表型值（$P<0.05$）。利用基因测序技术，通过测序峰图可筛选出基因型为AA的优良个体。

一种红鳍东方鲀大规格苗种快速生长相关的SNP位点及其应用

专利类型：发明。

专利申请人（发明人或设计人）：王秀利，王娟，胡子文，张峰，刘鹰，仇雪梅。

专利申请号（受理号）：202010682312.0。

专利权人（单位名称）：大连海洋大学。

专利申请日：2020 年 7 月 15 日。

专利内容简介：

本发明提供一种红鳍东方鲀的快速生长相关的SNP位点及可降低选种成本并确保子代性状良好的苗种筛选应用，所述的SNP位点位于核苷酸序列SEQ ID NO：1 的第 162 位，其碱基为C或G。本发明提供的SNP位点可用于选育具有快速生长潜力的红鳍东方鲀个体。本发明通过分析等位SNP位点基因型与红鳍东方鲀生长性状的相关性，发现红鳍东方鲀核苷酸序列SEQ ID NO：1 的 162 碱基处存在与生长性状相关的SNP位点，基因型为CC纯合型个体的体重、体长显著高于GG基因型个体生长性状的表型值（$P<0.05$）。利用SSCP技术，通过差异的电泳带型可筛选出基因型为CC的优良个体。因此，生产中可使用此方法筛选该位点基因型为CC型个体作为亲本进行培育及大规格苗种的规模化养殖。

一种用于选择暗纹东方鲀体重快速生长的SNP位点与应用

专利类型：发明。

专利申请人（发明人或设计人）：王秀利，余云登，仇雪梅，朱浩拥，王耀辉，朱永祥，钱晓明。

专利申请号（受理号）：202010654288.X。

专利权人（单位名称）：大连海洋大学。

专利申请日：2020 年 7 月 9 日。

专利内容简介：

本发明提供一种暗纹东方鲀快速生长相关的SNP位点与应用，所述的SNP位点位于核苷酸序列为SEQ ID NO：1 的leptin基因的第 126 位，其碱基为T或G。本发明提供的SNP位点用于选育具有快速生长潜力的暗纹东方鲀个体。本发明通过分析位点基因型频率与暗纹东方鲀生长性状的相关性，发现暗纹东方鲀的leptin基因的 126 位碱基处存在与生长性状相关的SNP位点，基因型为TG杂合型个体的体重显著高于GG基因型个体生长性状的表型值（$P<0.05$）。因此，生产中可优先选择该位点基因型为TG型个体进行规模化养殖。

杜仲发酵物的制备方法及其应用

专利类型：发明。

专利申请人（发明人或设计人）：艾庆辉，郑修坤，于伟，徐建伟，李庆飞，王震，麦康森，林伟东，徐玮。

专利申请号（受理号）：202010378345.6。

专利权人（单位名称）：中国海洋大学，青岛中德健联杜仲生物科技有限公司。

专利申请日：2020 年 5 月 7 日。

专利内容简介：

本发明提供一种杜仲发酵物的制备方法：将杜仲叶粉与固体菌种混合后进行发酵，其中，杜仲叶粉与固体菌种以质量比 500 ：1 的比例混合，混合后的混合物以（3 ~ 4）：1（g ：mL）的比例与水混匀。本发明还进一步公开了上述杜仲发酵物在制备水产饲料中的应用以及一种大黄鱼饲料。在饲料中添加低含量的杜仲发酵物可以通过增强大黄鱼的抗氧化能力、免疫力并改善肠道健康来提高大黄鱼的生长性能。

一种水产养殖饲料

专利类型：发明。

专利申请人（发明人或设计人）：艾庆辉，郑修坤，于伟，徐建伟，李庆飞，王震，麦康森，林伟东，徐玮。

专利申请号（受理号）：202010378315.5。

专利权人（单位名称）：中国海洋大学；青岛中德健联杜仲生物科技有限公司。

专利申请日：2020 年 5 月 7 日。

专利内容简介：

本发明提供一种水产养殖饲料。所述水产养殖饲料中鱼油和杜仲籽油合计占总量的 7.5%（湿重）；其中，在鱼油和杜仲籽油的总量中杜仲籽油含量为 25% ~ 75%（湿重）。本发明还提供了该饲料在水产养殖中的应用。同时，可以在改善肌肉品质的同时，不影响大黄鱼的生长性能，具有降低脂肪异常沉积的效果。

一种提高抗氧化功能的鱼类饲料添加剂

专利类型：发明。

专利申请人（发明人或设计人）：邓君明，谭北平，迟淑艳，董晓慧，杨奇慧，刘泓宇，章双，谢诗玮。

专利申请号（受理号）：CN202010595739.7。

专利权人（单位名称）：广东海洋大学。

专利申请日：2020 年 6 月 24 日。

专利内容简介：

本发明涉及一种提高抗氧化功能的鱼类饲料添加剂，属于水产养殖技术领域。利用我国传统中药材——厚朴中主要活性成分厚朴酚作为饲料抗氧化剂成分之一，配伍维生素C磷酸酯和硫辛酸，配制复合抗氧化剂。各种原料的质量百分比如下：厚朴酚 20% ~ 50%、维生素C磷酸酯 12.5% ~ 20%、硫辛酸 37.5% ~ 60%；所有原料的质量百分比之和为 100%。其在鱼类配合饲料中的添加比例为 0.1% ~ 0.2%。本发明充分利用各种抗氧化剂之间的协同增效作用，有效利用传统中药材资源，增强了鱼类的抗氧化应激和免疫抗病力，提高了饲料性价比和鱼类养殖效益。

一种提高抗氧化和免疫功能的鱼类饲料添加剂

专利类型：发明。

专利申请人（发明人或设计人）：邓君明，谭北平，迟淑艳，董晓慧，杨奇慧，刘泓宇，章双，谢诗玮，张卫。

专利申请号（受理号）：CN202010595534.9。

专利权人（单位名称）：广东海洋大学。

专利申请日：2020 年 6 月 24 日。

专利内容简介：

本发明涉及一种提高抗氧化和免疫功能的鱼类饲料添加剂，属于水产养殖技术领域。利用β-葡聚糖、维生素C磷酸酯和硫辛酸等生物活性物质的配伍效应，配制复合鱼类饲料添加剂，各种原料的质量百分比为：β-葡聚糖 71.4% ~ 90.9%、维生素C磷酸酯 2.3% ~ 7.2%、硫辛酸 6.8% ~ 21.4%；所有原料的质量百分比之和为 100%。其在鱼类配合饲料中的添加比例为 0.2% ~ 1.0%。本发明充分利用抗氧化剂与免疫增强剂之间的协同增效作用，增强了鱼类的抗氧化应激和免疫抗病力，提高了饲料性价比和鱼类养殖效益。

一种提高珍珠龙胆石斑鱼饲料糖利用率的酶及其应用

专利类型：发明。

专利申请人（发明人或设计人）：刘泓宇，谭北平，董晓慧，杨奇慧，迟淑艳，章双。

专利申请号（受理号）：CN202010567732.4。

专利权人（单位名称）：广东海洋大学。

专利申请日：2020 年 6 月 19 日。

专利内容简介：

本发明属于饲料技术领域，公开了一种提高珍珠龙胆石斑鱼在一定糖脂比营养背景下饲料利用率的酶，所述酶为糖酶。本发明通过研究不同糖脂比条件下添加酶制剂对珍珠龙胆石斑鱼生长性能、糖代谢能力、消化能力的影响，发现高糖脂比营养背景下添加糖酶可以促进珍珠龙胆石斑鱼生长，提高饲料利用率。上述酶用于制备饲喂珍珠龙胆石斑鱼的饲料添加剂，可提高珍珠龙胆石斑鱼在高糖脂比营养背景下对饲料的利用率，达到降低珍珠龙胆石斑鱼饲料成本、降低饲料系数的目的。

一种提高卵形鲳鲹饲料糖利用率的酶及其应用

专利类型：发明。

专利申请人（发明人或设计人）：刘泓宇，谭北平，董晓慧，杨奇慧，迟淑艳，章双。

专利申请号（受理号）：CN202010567734.3。

专利权人（单位名称）：广东海洋大学。

专利申请日：2020 年 6 月 19 日。

专利内容简介：

本发明属于饲料技术领域，公开了一种提高卵形鲳鲹饲料糖利用率的酶，所述酶为糖酶。本发明通过研究高糖营养背景下添加酶制剂对卵形鲳鲹生长性能、糖代谢能力、消化能力及GLUT2 基因表达的影响，发现高糖营养背景下添加糖酶可以提升卵形鲳鲹的糖代谢能力，促进卵形鲳鲹生长，提高饲料利用率。上述酶用于制备饲喂卵形鲳鲹的饲料添加剂，可提高卵形鲳鲹在高糖营养背景下对饲料的利用率，达到降低卵形鲳鲹饲料成本、降低饲料系数的目的。

一种改善石斑鱼肌肉品质的饲料及其制备方法

专利类型：发明。

专利申请人（发明人或设计人）：迟淑艳，谭北平，杨烜懿，王光辉，赵旭民，董晓慧，杨奇慧。

专利申请号（受理号）：CN202010416359.2。

专利权人（单位名称）：广东海洋大学。

专利申请日：2020 年 5 月 17 日。

专利内容简介：

本发明涉及一种改善石斑鱼肌肉品质的饲料及其制备方法，属于水产技术领域。本发明所述饲料通过添加酶解肠膜蛋白粉及植物蛋白，降低了鱼粉的使用量，节约了成本。本发明所述饲料改善了石斑鱼对蛋白质的吸收，使蛋白质更好地沉积，提高了石斑鱼肌肉粗蛋白质的含量，降低了石斑鱼肌肉粗脂肪的含量，提高石斑鱼的肌肉品质。

一种提高海水养殖动物耐高温应激能力的饲料添加剂及其制备方法与应用

专利类型：发明。

专利申请人（发明人或设计人）：董晓慧，杨原志，谭北平，章双，谢诗玮。

专利申请号（受理号）：CN202010457630.7。

专利权人（单位名称）：广东海洋大学。

专利申请日：2020 年 5 月 26 日。

专利内容简介：

本发明属于饲料技术领域，具体涉及一种提高海水养殖动物耐高温应激能力的饲料添加剂及其制备方法与应用。本发明所述饲料添加剂包括烟酸铬、多种维生素、多种微量元素、谷氨酰胺、半胱胺盐酸盐、大蒜素、黄芪多糖、盐酸黄连素、枯草芽孢杆菌、乳酸菌、碳酸氢钠、蛋氨酸、赖氨酸、色氨酸、磷酸二氢钾和消化酶，以 0.1% ~ 0.5%的添加比例添加到海水养殖动物饲料中使用，可以有效提高海水养殖动物的耐高温应激能力，明显提高海水养殖动物的摄食率、消化率、生长速度和成活率，并提高海水养殖动物的生理稳态和免疫力。同时，本发明所用的原料来源稳定、价格成本合理，生产工艺简单，对饲料适口性无任何不良影响。

一种提高水产动物糖利用率的调控组合物、制备方法及应用

专利类型：发明。

专利申请人（发明人或设计人）：徐超，李远友，谢帝芝。

专利申请号（受理号）：202010573349.X。

专利权人（单位名称）：华南农业大学。

专利申请日：2020 年 6 月 22 日。

专利内容简介：

本发明公开了一种提高水产动物糖利用率的调控组合物，其包含如下重量份数的组分：黄连素2 ~ 30份、姜黄素4 ~ 32份和膨化珍珠岩300 ~ 530份。该组合物以黄连素和姜黄素为主要原料，充分利用它们生物结构不同的特点进行科学配伍并发挥协同作用。同时，本发明还公开了上述调控物组合物的制备方法与应用。与现有技术相比，该组合物可通过抑制鱼类因摄食高糖饲料而引起的炎症反应，增强鱼体组织胰岛素的敏感性，进而提高鱼类对饲料中糖类的利用率。

一种降低红鳍东方鲀残食行为的复合添加剂及饲料

专利类型：发明。

专利申请人（发明人或设计人）：卫育良，梁萌青，徐后国。

专利申请号（受理号）：CN202011040974.4。

专利权人（单位名称）：中国水产科学研究院黄海水产研究所。

专利申请日：2020年9月28日。

专利内容简介：

本发明公开一种降低红鳍东方鲀残食行为的复合添加剂及饲料，属于水产动物营养学领域，所述方法针对红鳍东方鲀养殖过程中存在的严重残食行为。在冬季室内工厂化养殖及夏季海上网箱养殖中添加所述复合添加剂后，发现不仅能显著降低红鳍东方鲀之间的相互攻击，减少残食行为，而且能提高其在高温季节的成活率，增加养殖效益。这表明本发明的综合营养学方法在红鳍东方鲀全周期养殖过程中可降低残食行为，具有良好的应用效果。

一种维持低脂型养殖鱼类肌肉脂肪酸品质的营养学方法

专利类型：发明。

专利申请人（发明人或设计人）：徐后国，梁萌青，卫育良，毕清竹，廖章斌。

专利申请号（受理号）：CN202011229978.7。

专利权人（单位名称）：中国水产科学研究院黄海水产研究所。

专利申请日：2020 年 11 月 6 日。

专利内容简介：

本发明涉及一种维持低脂型养殖鱼类肌肉脂肪酸品质的营养学方法，属于水产营养领域，当饲料中以亚麻油、豆油或葵花籽油完全替代鱼油添加时，养成期按照“投喂 2 周替代油饲料+1 周鱼油饲料”的方式循环投喂，在收获前饥饿 1 周后再投喂 4 周完全添加鱼油的饲料。当饲料中以菜籽油、棕榈油、牛油、猪油或鸡油完全替代鱼油添加时，养成期按照“投喂 3 周替代油饲料+1 周鱼油饲料”的方式循环投喂，在收获前饥饿 1 周后再投喂 4 周完全添加鱼油的饲料。本发明方法能够达到同“一直投喂添加鱼油饲料”相比同样的效果，解决了鱼肉脂肪酸品质下降问题，节约了饲料成本，增加了收益，且本方法对鱼类生长没有影响。

斑石鲷虹彩病毒主要衣壳蛋白的原核表达及多克隆抗体的制备和应用

专利类型：发明。

专利申请人（发明人或设计人）：魏京广，秦启伟，黄友华，黄晓红，周胜。

专利申请号（受理号）：202010130275.2。

专利权人（单位名称）：华南农业大学。

专利申请日：2020 年 6 月 30 日。

专利内容简介：

本发明公开了斑石鲷虹彩病毒主要衣壳蛋白的原核表达及多克隆抗体的制备和应用。本发明构建得到了一种含斑石鲷虹彩病毒MCP基因的原核表达载体，由斑石鲷虹彩病毒MCP基因插入表达载体获得。该原核表达载体能够表达斑石鲷虹彩病毒MCP重组蛋白。该重组蛋白分子量约为54 kD，与预期大小一致，主要以包涵体的形式存在。利用该重组蛋白免疫小鼠后，得到了斑石鲷虹彩病毒MCP多克隆抗体。该多克隆抗体能够特异性地识别斑石鲷虹彩病毒，且该多克隆抗体的制备方法简单，在检测斑石鲷虹彩病毒中具有广泛的应用前景。

新加坡石斑鱼虹彩病毒主要衣壳蛋白多克隆抗体的制备和应用

专利类型：发明。

专利申请人（发明人或设计人）：魏京广，秦启伟，李趁，张馨。

专利申请号（受理号）：202010221222.1。

专利权人（单位名称）：华南农业大学。

专利申请日：2020年7月9日。

专利内容简介：

本发明公开了新加坡石斑鱼虹彩病毒主要衣壳蛋白多克隆抗体的制备和应用。本发明提供了一种含SGIV MCP基因的原核表达载体pET-32a-MCP，由SGIV MCP基因插入载体质粒pET-32a构建得到。该原核表达载体pET-32a-MCP能够表达SGIV MCP重组蛋白。进一步利用该重组蛋白免疫新西兰大白兔，制备得到了能够特异性地识别SGIV的SGIV MCP多克隆抗体。该多克隆抗体的制备方法简单、成本低，且该多克隆抗体用于SGIV的检测时，检测方法简便、检测结果准确度高、特异性强。因此，该SGIV MCP多克隆抗体在检测SGIV或制备SGIV抗体检测试剂盒中具有广泛的应用前景。

一种海鲈仔鱼细胞系的构建方法

专利类型：发明。

专利申请人（发明人或设计人）：黄友华，黄晓红，秦启伟，魏京广，周胜。

专利申请号（受理号）：202010197056.6。

专利权人（单位名称）：华南农业大学。

专利申请日：2020 年 3 月 19 日。

专利内容简介：

本发明提供了一种海鲈仔鱼细胞系的构建方法，包括以下步骤。① 原代培养：将海鲈仔鱼组织进行胰酶消化获得细胞悬浮液，加入原代细胞培养液培养原代细胞。② 传代培养：传代 1 ~ 10 代时，传代细胞培养液中的胎牛血清浓度为 20%；传代 11 ~ 20 代时，传代细胞培养液中的胎牛血清浓度为 15%；传代 20 代以后，传代细胞培养液中的胎牛血清浓度为 10%。③ 收集传代细胞，获得所述海鲈仔鱼细胞系。通过本发明的构建方法获得的海鲈仔鱼细胞系生长状态良好，细胞增殖稳定，不仅可以连续传代，并可超低温冻存和复苏，可用于外源基因表达以及病毒感染分离等研究。

新型爱德华氏菌减毒疫苗株、其制备方法及其应用

专利类型：发明。

专利申请人（发明人或设计人）：王启要，殷开宇，马佳宝，马悦，刘晓红，刘琴，张元兴，徐荣静，曲江波。

专利申请号（受理号）：202010185282.2。

专利权人（单位名称）：华东理工大学。

专利申请日：2020 年 3 月 17 日。

专利内容简介：

本发明涉及一种新型爱德华氏菌减毒株，其中目标基因或其编码的蛋白的表达被调

控。所述的爱德华氏菌减毒株可用作爱德华氏菌病害的预防性药物，对于抑制爱德华氏菌感染具有极其显著的效果。

一种鱼用疫苗联合免疫接种方法

专利类型：发明。

专利申请人（发明人或设计人）：王启要，马悦，刘晓红，徐荣静。

专利申请号（受理号）：202010943939.7。

专利权人（单位名称）：华东理工大学。

专利申请日：2020 年 9 月 10 日。

专利内容简介：

本发明提供可实现两种鱼用疫苗联合免疫实施的接种策略，用于预防由迟钝爱德华氏菌和鳗弧菌感染导致的养殖病害问题。所述的联合免疫接种策略可有效激发鱼体免疫应答，较单联疫苗预防迟钝爱德华氏菌和鳗弧菌的相对免疫保护力有显著提升。本发明根据大菱鲆养殖过程中的多病原病害流行特征和养殖不同阶段的主要病害威胁，采用各阶段大菱鲆适宜的免疫接种方式，优化了大菱鲆迟钝爱德华氏菌活疫苗（EIBAV1 株）和大菱鲆鳗弧菌基因工程活疫苗（MVAV6203 株）的接种配比、抗原浓度、接种方式和接种顺序等，构建了一种鱼用疫苗联合免疫接种实施的策略。

一种大黄鱼半胱氨酸蛋白酶抑制剂 Cystatin重组蛋白及其应用

专利类型：发明。

专利申请人（发明人或设计人）：陈新华，黎球华，许丽冰，母尹楠，何天良。

专利申请号（受理号）：202011195277.6。

专利权人（单位名称）：福建农林大学。

专利申请日：2020 年 10 月 31 日。

专利内容简介：

本发明提供一种大黄鱼半胱氨酸蛋白酶抑制剂Cystatin重组蛋白及其应用，属于基因工程技术领域。本发明构建了高效表达大黄鱼Cystatin重组蛋白的毕赤酵母工程菌，保藏于中国典型培养物保藏中心，保藏编号为CCTCC NO：M 2020369。利用毕赤酵母工程菌生产的大黄鱼Cystatin重组蛋白，可抑制木瓜蛋白酶、大黄鱼组织蛋白酶B和S的活性，上调巨噬细胞内炎症相关因子TNFα的表达水平，并诱导巨噬细胞中抗菌活性物质一氧化氮产生，表明大黄鱼Cystatin重组蛋白作为蛋白酶抑制剂和免疫增强剂具有良好的应用前景。

一种大黄鱼虹彩病毒的TaqMan探针法荧光定量PCR检测试剂盒及制备方法

专利类型：发明。

专利申请人（发明人或设计人）：陈新华，郭睿，何天良。

专利申请号（受理号）：202010898385.3。

专利权人（单位名称）：福建农林大学。

专利申请日：2020 年 8 月 31 日。

专利内容简介：

本发明公开了一种大黄鱼虹彩病毒（LYCIV）的TaqMan探针法荧光定量PCR检测试剂盒及制备方法。本发明以LYCIV中的Laminin-like保守区序列作为扩增靶序列，设计合成了一对特异性引物及对应的TaqMan探针，建立了LYCIV TaqMan探针法荧光定量PCR检测方法，并开发成简便、快速、实用的检测试剂盒。本发明引物和探针的序列如下。正向引物F：5’-CGCTTGACCAAACAATCTTC-3’；反向引物R：5’-ATGAGCAATGGCGACCC-3’；荧光探针Q：5’-6-FAM-CTTCTTCTGTTGCTGACTGTGGCGTGTACTC-BHQ1-3’。

一种大黄鱼虹彩病毒的双重TaqMan探针法荧光定量PCR检测试剂盒及制备方法

专利类型：发明。

专利申请人（发明人或设计人）：陈新华，郭睿，何天良。

专利申请号（受理号）：202010900766.0。

专利权人（单位名称）：福建农林大学。

专利申请日：2020 年 8 月 31 日。

专利内容简介：

本发明以大黄鱼虹彩病毒（LYCIV）中的ORF021R和ORF129R保守区序列作为扩增靶序列，设计合成了两对特异性引物及对应的TaqMan探针，建立了LYCIV双重TaqMan探针法荧光定量PCR检测方法，并开发成简便、快速、实用的检测试剂盒。

溶藻弧菌双重TaqMan探针实时荧光定量PCR检测试剂盒及其制备方法

专利类型：发明。

专利申请人（发明人或设计人）：陈新华，李承伟，何天良，王胜蓝。

专利申请号（受理号）：202010900767.5。

专利权人（单位名称）：福建农林大学。

专利申请日：2020 年 8 月 31 日。

专利内容简介：

本发明利用溶藻弧菌两个基因的保守序列分别设计一对引物，优化PCR反应条件和反应体系，建立起检测溶藻弧菌的双重TaqMan探针实时荧光定量PCR检测方法，在此基础上组装出简便、快速、特异性强、灵敏度高的溶藻弧菌检测试剂盒。该试剂盒对质粒的检测下限为 5×10^1 拷贝，对细菌纯培养物的检测下限为 1.8×10^2 CFU/mL。本发明克服了单探针法在检测同属近缘细菌时可能存在的假阳性，可实现复杂样品基质中目标病原菌的特异性检测，因而在溶藻弧菌的流行病学调查、溶藻弧菌所致疾病的快速诊断、以及水产品质量安全监测等方面具有广泛的应用价值。

变形假单胞菌TaqMan实时荧光定量PCR检测试剂盒及其制备方法

专利类型：发明。

专利申请人（发明人或设计人）：陈新华，李承伟，何天良。

专利申请号（受理号）：202010458798.X。

专利权人（单位名称）：福建农林大学。

专利申请日：2020年5月27日。

专利内容简介：

本发明提供变形假单胞菌TaqMan实时荧光定量PCR检测试剂盒及其制备方法，包含特异性检测变形假单胞菌的引物和探针，其序列如下。gyrB-F：5'-AGCGTTCGAGCAAGGAAGAGT-3'，gyrB-R：5'-TTGGTGAAGCACAGCAGGTTT-3'，gyrB-Probe：5'-FAM-CCTGAACACCAACAAGACGCCGGT-BHQ1-3'。本发明试剂齐全，操作简单，为以后对该病的流行检测和防控提供了检测工具。

一种用于强化消除海水养殖尾水中氮素的人工湿地复合处理系统及其使用方法

专利类型：发明。

专利申请人（发明人或设计人）：马晓娜，李贤，王彦丰，李军，李碧莹，于佳辰，程学文。

专利申请号（受理号）：202010671567.2。

专利权人（单位名称）：中国科学研究院海洋研究所。

专利申请日：2020年7月13日。

专利内容简介：

发明涉及海水养殖技术领域，尤其为一种用于强化消除海水养殖尾水中氮素的处理系统及其使用方法。该处理系统包括底板，所述底板的顶端左侧固定连接有预过滤系统，所述预过滤系统的右端内侧连通有第一导通管，所述第一导通管的右端外侧连通有杂质分散系统，所述杂质分散系统的右端内侧连通有第二导通管，所述第二导通管的右端外侧连通有人工湿地处理系统，所述人工湿地处理系统包括净化箱、第一沸石、海马齿、铁-碳微电解区、第二沸石和鹅卵石，所述底板的顶端固定连接有净化箱。本发明通过设置的净化箱、第一沸石、海马齿、铁-碳微电解区、第二沸石和鹅卵石，一方面可以实现对养殖尾水中颗粒物的过滤，另一方面可提高对海水养殖尾水中氮素的去除率。

一种提高洄游性大西洋鲑受精卵孵化率的方法

专利类型：发明。

专利申请人（发明人或设计人）：徐世宏，王彦丰，李军，刘清华，刘豪，刘学貌。

专利申请号（受理号）：202010850759.4。

专利权人（单位名称）：中国科学院海洋研究所。

专利申请日：2020 年 8 月 21 日。

专利内容简介：

本发明属于水产养殖技术领域，具体为一种提高洄游性大西洋鲑受精卵孵化率的方法。在洄游性大西洋鲑亲鱼促熟阶段，通过光周期、水温及环境因子调控，使亲鱼集中产生成熟配子，通过人工授精获得优质受精卵，并通过光周期、水温及环境因子的调控使其孵化，进而提高受精卵的孵化率。本发明通过水温调控、光照控制及环境因子调控，在国内首次建立了洄游性大西洋鲑亲鱼性腺人工诱导成熟及受精卵孵化技术，为国内进行大西洋鲑人工规模化养殖奠定了基础。

一种海水鱼类精巢超低温冷冻保存以及生殖干细胞分离方法

专利类型：发明。

专利申请人（发明人或设计人）：刘清华，李军，周莉，王学颖。

专利申请号（受理号）：20201050472.9。

专利权人（单位名称）：中国科学院海洋研究所。

专利申请日：2020 年 6 月 4 日。

专利内容简介：

本发明属海水生物技术领域，具体地说是一种海水鱼类精巢超低温冷冻保存以及生殖干细胞分离的方法。分离适宜月龄的海水鱼类精巢，通过抗冻保护剂孵育、低温平衡，采用程序降温法慢速冷冻等一系列操作，最终保存至液氮。保存一定时间待用时，解冻精巢分离生殖干细胞。本发明对于珍稀、濒危的鱼种种质资源的保存、保护具有重要意义。

一种鉴别海水鱼类生殖细胞种间移植生殖细胞嵌合体的方法

专利类型：发明。

专利申请人（发明人或设计人）：刘清华，李军，周莉，王学颖。

专利申请号（受理号）：2020104996657.2。

专利权人（单位名称）：中国科学院海洋研究所。

专利申请日：2020 年 6 月 4 日。

专利内容简介：

本发明涉及海水鱼类生殖细胞的快速鉴定方法，具体地说是一种鉴别海水鱼类生殖细胞种间移植生殖细胞嵌合体的方法。本发明设计了能够区分两种鱼生殖细胞的特异性引物。引物可以生殖细胞DNA为模板，通PCR特异扩增，可鉴定出供体和受体的生殖细胞。本发明提供了一种鉴定不同鱼种生殖细胞的方法。该方法可用于快速、准确地鉴定被移植到受体鱼的供体鱼的精原干细胞是否能够发育为成熟配子。该发明为海水鱼类种质资源的鉴定、保护以及新品种的培育提供了新方法。

一种鲆鲽鱼类精原干细胞种间移植方法

专利类型：发明。

专利申请人（发明人或设计人）：李军，刘清华，徐世宏，王学颖，周莉，杨敬昆。

专利申请号（受理号）：202010499662.3。

专利权人（单位名称）：中国科学院海洋研究所。

专利申请日：2020 年 6 月 4 日。

专利内容简介：

本发明涉及海水鱼类生殖干细胞移植操作，具体地说是一种鲆鲽鱼类精原干细胞种间移植方法。将处于性腺退化或发育早期的供体性腺经消化酶消化、离心，获得精原干细胞，然后通过显微注射将精原干细胞移植至受体三倍体仔鱼体内。本发明提供了一种鲆鲽鱼类精原干细胞种间移植方法。该方法分离并移植后的精原干细胞经荧光标记后可在受体鱼内观测到供体生殖细胞的迁移和增殖过程。该方法为海水鱼类种质资源的保存、保护以及新品种的培育提供了新方法。

一种用于围栏网养殖的拉伸网连接装置及连接方法

专利类型：发明。

专利申请人（发明人或设计人）：王磊，王鲁民，宋炜，刘永利，彭士明，闵明华。

专利申请号（受理号）：202010317679.2。

专利权人（单位名称）：中国水产科学研究院东海水产研究所。

专利申请日：2020 年 4 月 21 日。

专利内容简介：

本发明提供了一种用于围栏网养殖的拉伸网连接装置及拉伸方法，所述装置包括：柱桩；柱桩预连件，环绕所述柱桩外周并固定设置在所述柱桩的预设高度处；嵌插件，固定设置在所述柱桩预连件的预设方向处，所述嵌插件的内部包括上下贯通的第一插槽，所述第一插槽包括第一开口；转接件，具有与所述第一插槽的形状相对应的第一外部轮廓，用于经由所述第一开口卡持在所述第一插槽内；所述转接件的内部包括上下贯通的第二插槽，所述第二插槽包括第二开口；拉伸网组件，包括铜合金网以及位于所述铜合金网两侧的型边；所述型边具有与所述第二插槽的形状相对应的第二外部轮廓，用于经由所述第二开口卡持在所述第二插槽内。

一种用于围栏养殖的编织网连接方法

专利类型：发明。

专利申请人（发明人或设计人）：王磊，王鲁民，宋炜，余雯雯，王永进，齐广瑞。

专利申请号（受理号）：202010317682.4。

专利权人（单位名称）：中国水产科学研究院东海水产研究所。

专利申请日：2020 年 4 月 21 日。

专利内容简介：

一种用于围栏养殖的编织网连接方法，包括以下步骤：① 将连接件与铜合金编织网纵向的边缘连接，形成铜合金编织网模块，连接件上具有和柱桩固定连接的连接件开孔；② 柱桩上设定好间距将柱桩预装件排布预固定，柱桩预装件环绕所述柱桩外周，柱桩预装件上具有预装件连接装置用于和铜合金编织网模块连接；③ 铜合金编织网模块边缘的连接件开孔和预装件连接装置的开孔对齐后利用尼龙棒或轴承穿插固定。

离岸型网箱底部浮性饵料投放装置及其使用方法

专利类型：发明。

专利申请人（发明人或设计人）：彭士明，刘永利，王磊，王永进，王鲁民，王倩，王翠华，郑炜豪，陈佳。

专利申请号（受理号）：202010373733 .5。

专利权人（单位名称）：福鼎台山岛海洋牧场水产养殖有限公司。

专利申请日：2020 年 5 月 6 日。

专利内容简介：

本发明涉及一种离岸型网箱底部浮性饵料投放装置，包括半球形的散料罩、沉性底座、饵料喷洒管、饵料输送管、料仓和加压输出仓。散料罩固定在沉性底座的顶部。沉性底座落座在养殖网箱内的底部。散料罩的球面上均匀开设有出孔。饵料喷洒管设置于沉性底座内部且伸入散料罩内部的出料段，呈盘旋状。饵料喷洒管的进料端与饵料输送管连接。饵料输送管与加压输出仓连接。加压输出仓的进料端与料仓连接且所述料仓与加压输出仓之间设有单向复位阀。本发明能够在养殖网箱内部形成分层式立体化的摄食空间，有利于降低鱼群的聚集性摄食导致的胁迫性反应和碰撞性损伤，能够针对性解决养殖网箱潜降至水面以下时的饵料投放问题。

一种大黄鱼活鱼分拣装置

专利类型：发明。

专利申请人（发明人或设计人）：甘武，宋炜，王鲁民，刘永利，王磊。

专利申请号（受理号）：202010350690 .9。

专利权人（单位名称）：中国水产科学研究院东海水产研究所。

专利申请日：2020 年 4 月 28 日。

专利内容简介：

本发明涉及分拣装置技术领域，尤其为一种大黄鱼活鱼分拣装置，包括传送架主体以及分拣桶。所述传送架主体的顶部设置有传送带，所述传动带的顶部均匀分布有多个浅网格箱，所述分拣桶的顶部固定安装有多个支撑板，多个所述支撑板的顶部固定安装有缓冲板，所述缓冲板的中心处开设有缓冲槽，多个所述盛鱼桶的正面下表面设置有活动门，多个所述盛鱼桶的右侧均固定连接有进气管。本发明通过设置的缓冲板以及缓冲槽、传送带将鱼传送至缓冲板的顶部，使鱼沿着缓冲板的表面下滑，再通过缓冲槽流入称重器的顶部，从而避免鱼从传送带直接落入称重器，长时间会造成称重器称重不准确，使得设备使用时，能够延长称重器的使用寿命以及确保测量精准。

一种合成纤维网与铜合金编织网连接方法

专利类型：发明。

专利申请人（发明人或设计人）：王磊，王鲁民，郑汉丰，宋炜，李子牛，肖黎。

专利申请号（受理号）：202010318289.7。

专利权人（单位名称）：中国水产科学研究院东海水产研究所。

专利申请日：2020 年 4 月 21 日。

专利内容简介：

一种合成纤维网与铜合金编织网连接方法，包括以下步骤：① 合成纤维网下边缘固定好受力绳纲；② 将连接扣与连接件通过轴承连接形成组合连接件，连接扣为可以打开和闭合的锁扣装置；③ 将合成纤维网下边缘的绳纲对应放入组合连接件的连接扣内部，闭合连接扣，制成下缘装配连接件的合成纤维网模块；铜合金编织网片上缘连接铜网预连件制成铜合金编织网模块；④ 将合成纤维网模块的组合连接件与铜网预连件固定

一种合成纤维网与铜合金编织网连接装置

专利类型：发明。

专利申请人（发明人或设计人）：王磊，王鲁民，郑汉丰，宋炜，李子牛，肖黎。

专利申请号（受理号）：202010317658.0。

专利权人（单位名称）：中国水产科学研究院东海水产研究所。

专利申请日：2020 年 4 月 21 日。

专利内容简介：

一种合成纤维网与铜合金编织网连接装置，包括：合成纤维网；合成纤维网的组合连接件，用于和合成纤维网的下边缘结合形成网片模块；铜合金编织网；铜合金编织网预连件，用于和铜合金编织网的上缘结合形成铜合金编织网模块；用于将网片模块和铜合金编织网模块连接的组件。

一种基于围栏养殖设施的网衣强度支撑构造方法

专利类型：发明。

专利申请人（发明人或设计人）：王磊，王鲁民，黄洪亮，宋炜，蒋科技，江航。

专利申请号（受理号）：202010318267.0。

专利权人（单位名称）：中国水产科学研究院东海水产研究所。

专利申请日：2020 年 4 月 21 日。

专利内容简介：

本发明涉及围栏养殖设施技术领域，尤其为一种基于围栏养殖设施的网衣强度支撑构造方法，包括柱桩、紧线器、钢丝绳以及网衣。所述柱桩一侧连接有多组紧线器，所述柱桩外部和紧线器连接处设有固纲卡环，所述柱桩外部靠近固纲卡环下端处设有连纲卡环，所述紧线器中间设有调节纲，所述调节纲一端设有接卡环，所述接卡环远离调节纲的一端连接有接环卸扣，所述固纲卡环和接环卸扣连接处焊接有拉环，所述固纲卡环和连纲卡环一侧均焊接有对接板，所述对接板上设有多组螺栓孔，所述螺栓孔内设有螺栓，所述调节纲远离接卡环的一端设有接纲环，所述接纲环远离调节纲的一端连接有接纲卸扣。本发明用于增强网衣的受力强度，防止网衣受力不均造成破损。

一种为围栏用网衣破损检测方法

专利类型：发明。

专利申请人（发明人或设计人）：刘永利，王磊，宋炜，余雯雯，闵明华，石建高，王鲁民。

专利申请号（受理号）：202010318327.9。

专利权人（单位名称）：中国水产科学研究院东海水产研究所。

专利申请日：2020 年 4 月 21 日。

专利内容简介：

本发明公开了一种为围栏用网衣破损检测方法，包括如下步骤：将设备主体投入到网衣上；打开无线控制器上的控制开关，通过触摸屏操控设备主体；设备主体通过侧推装置驱动电机带动侧推装置转动，从而使得滚轮在网衣上爬动；通过安装在设备主体上的摄像头、超声探测器、红外传感器以及激光测距仪进行探测；当设备主体探测到异常时，无线控制器上的警报器报警，工作人员对破损处进行检测是否要维修。本发明大大节省了人工检查所需耗费的大量人力、物力以及时间成本。

一种用于大黄鱼苗种培育池的吸污装置

专利类型：发明。

专利申请人（发明人或设计人）：宋炜，王武卿，王鲁民，刘永利，王磊。

专利申请号（受理号）：202010562018.6。

专利权人（单位名称）：中国水产科学研究院东海水产研究所。

专利申请日：2020 年 6 月 18 日。

专利内容简介：

本发明涉及大黄鱼苗种培育池的吸污技术领域，尤其为一种用于大黄鱼苗种培育池的吸污装置，包括吸污装置主体、排污软管、调节伸缩内杆、套设外杆、吸泵以及清洁吸污头。所述吸污装置主体的外围下端设有电源插线，所述吸污装置主体的外围上端安装有排污接管，所述排污接管的顶端安装有排污软管，所述排污软管的顶端设有排污出液管口，所述吸污装置主体的顶端安装有调节伸缩内杆。整体装置结构简单，杆体长度便于调节，适用于不同深度的培育池的吸污清洁。该装置可同步进行池底饵料及粪的清刷和吸污，并具有声响驱赶大黄鱼鱼苗，以防正常鱼苗与死鱼、饵料及粪便等一起被吸出。该装置稳定性和实用性较高，具有一定的推广价值。

一种用于大黄鱼围栏养殖设施的死鱼打捞装置

专利类型：发明。

专利申请人（发明人或设计人）：宋炜，王武卿，王鲁民，刘永利，王磊。

专利申请号（受理号）：202010561264.X。

专利权人（单位名称）：中国水产科学研究院东海水产研究所。

专利申请日：2020 年 6 月 18 日。

专利内容简介：

本发明涉及打捞设备技术领域，具体为一种用于大黄鱼围栏养殖设施的死鱼打捞装置，包括储鱼箱、横杆以及吸鱼斗。所述压力阀一端设有真空泵，所述真空泵一端连接有抽气管，所述储鱼箱一端设有进鱼口，所述储鱼箱另一端设有排鱼口，所述储鱼箱内端设有储鱼腔，所述储鱼腔底部设有格栅，所述格栅底端设有储杂盘，所述吸鱼斗内壁设有水下摄像头和水下扬声器，所述吸鱼斗内壁位于水下扬声器一端设有控制模块，所述吸鱼斗内层设有抗菌层，所述抗菌层底端设有缓冲加强层，所述缓冲加强层一端设有防水层。本发明通过设置的真空泵和储鱼箱，避免了人工打捞的低效率，使得设备使用时更加高效。

一种用于大型围栏养殖设施的多点精准投喂装置

专利类型：发明。

专利申请人（发明人或设计人）：宋炜，王武卿，王鲁民，刘永利，王磊。

专利申请号（受理号）：202010561271.X。

专利权人（单位名称）：中国水产科学研究院东海水产研究所。

专利申请日：2020 年 6 月 18 日。

专利内容简介：

本发明涉及一种投喂装置，尤其为一种用于大型围栏养殖设施的多点精准投喂装置，包括电机、饵料仓、给料器、传送管、饵料分配器、分料管、鸭膛喷料器、智能控制柜、控制终端和围栏。所述电机、给料器、饵料分配器和智能控制柜、控制终端之间均通过通讯模块和控制模块无线连接，所述电机的一侧设置有饵料仓，所述饵料仓的底部中心处贯通安装有给料器，所述给料器和电机之间从左至右依次设置有冷却器和检测组件，所述给料器远离电机的一侧设置有饲料分配器，所述饲料分配器和电机通过传送管贯通连接，且传送管穿过给料器、冷却器和检测组件。本发明整体装置结构简单，可实现定点、定量、定时、多养殖池投喂，具有一定的推广价值。

一种用于大型围栏养殖设施的养殖环境与安全监控装置

专利类型：发明。

专利申请人（发明人或设计人）：宋炜，王武卿，王鲁民，刘永利，王磊。

专利申请号（受理号）：202010564088.5。

专利权人（单位名称）：中国水产科学研究院东海水产研究所。

专利申请日：2020 年 6 月 18 日。

专利内容简介：

本发明涉及大型围栏养殖设施的养殖环境与安全监控技术领域，为一种用于大型围栏养殖设施的养殖环境与安全监控装置，包括水下鱼群行为及网衣浮台监控装置、水上平台日常养殖监控装置以及云服务端养殖环境与安全监控管理系统。整体装置结构简单，实现全天候气象检测和水面监拍，可以确保台风等恶劣海况条件下的监测围栏养殖平台的安全，便于实时对海域养殖大型围栏内部的养殖环境进行水质监测和水下鱼苗活动监拍、水下围栏网衣使用破损情况监拍以及养殖区域水面增氧使用；同时可利用太阳能供电，节能环保，具备手机接收大型围栏养殖设施的全天候养殖环境与安全监控的数据使用，且稳定性和实用性较高，具有一定的推广价值。

一种用于围栏养殖的编织网连接装置

专利类型：发明。

专利申请人（发明人或设计人）：王磊，王鲁民，宋炜，余雯雯，王永进，齐广瑞。

专利申请号（受理号）：202010318308.6。

专利权人（单位名称）：中国水产科学研究院东海水产研究所。

专利申请日：2020 年 4 月 21 日。

专利内容简介：

一种用于围栏养殖的编织网连接装置，包括柱桩、柱桩预装件、铜合金编织网模块。

柱桩预装件为圆环状，环绕所述柱桩外周；柱桩预装件上具有预装件连接装置，用于和铜合金编织网模块连接；所述铜合金编织网模块包括铜合金编织网和连接件，连接件和预装件连接装置之间通过尼龙棒或轴承穿插固定。

一种用于围栏养殖的合成纤维网连接方法

专利类型：发明。

专利申请人（发明人或设计人）：王磊，王鲁民，宋炜，石建高，王帅杰，徐国栋。

专利申请号（受理号）：202010317662.7。

专利权人（单位名称）：中国水产科学研究院东海水产研究所。

专利申请日：2020 年 4 月 21 日。

专利内容简介：

一种用于围栏养殖的合成纤维网连接方法，包括以下步骤：① 合成纤维网制成网片，网片竖直方向上的边缘固定好受力绳纲；② 将绳纲锁入连接扣内，连接扣呈圆形，可以开合和锁闭，连接扣一端具有开孔；③ 连接扣与连接件在竖直方向上通过轴承串联形成合成纤维网模块，其中连接扣与连接件交替排列；④ 将柱桩预装件固定于柱桩上，柱桩预装件上具有预装件连接装置；⑤ 将合成纤维网模块的连接件开孔和预装件连接装置的开孔竖直方向对齐后穿插尼龙棒固定。

一种用于围栏养殖的合成纤维网连接装置

专利类型：发明。

专利申请人（发明人或设计人）：王磊，王鲁民，宋炜，石建高，王帅杰，徐国栋。

专利申请号（受理号）：202010317661.2。

专利权人（单位名称）：中国水产科学研究院东海水产研究所。

专利申请日：2020 年 4 月 21 日。

专利内容简介：

一种用于围栏养殖的合成纤维网连接装置，合成纤维网按照围栏养殖设施柱桩建造的间距制成相应尺寸的网片，边缘固定好受力绳纲；将连接扣与连接件组合好，利用轴承穿插连接形成组合连接件，使连接扣保持打开状态；将绳纲对应放入组合连接件的子母连接扣内部，并闭合子母连接扣，使卡齿进入卡槽，制成标准的合成纤维网模块；根据强度设计要求设定网衣与柱桩的连接点，以此设定柱桩预装件在柱桩的安装间距，并预固定于柱桩上；将合成纤维网模块与柱桩预装件的安装孔对齐后通过尼龙棒穿插固定，再锁紧柱桩预装件的螺栓，即可在两根柱桩间完成网衣的安装。

一种鱼类垂向挤压放血装置

专利类型：发明。

专利申请人（发明人或设计人）：单慧勇，李晨阳，张程皓等。

专利申请号（受理号）：CN202010410176.X。

专利权人（单位名称）：天津农学院。

专利申请日：2020 年 5 月 15 日。

专利内容简介：

该鱼类处理加工设备技术领域，具体涉及一种鱼体屠宰设备，尤其是一种鱼类垂向挤压放血装置，包括移动单元。所述移动单元包括一个外框，该外框内部安装有夹板组，该夹板组内包括两个对向安装的夹板，两夹板可发生相对靠近和远离，所述两个夹板之间的位置通过固定装置对待放血的鱼体进行固定，所述夹板组的两个夹板相背的端面内分别和一个气缸的活塞杆端部进行固定，该气缸的的缸筒端部通过气缸座与同侧的外框端面相固定。

一种鱼体剖切去脏装置

专利类型：发明。

专利申请人（发明人或设计人）：单慧勇，张程皓，李晨阳等。

专利申请号（受理号）：CN202010410179.3。

专利权人（单位名称）：天津农学院。

专利申请日：2020 年 5 月 15 日。

专利内容简介：

该鱼类处理加工设备技术领域，具体涉及一种鱼体屠宰设备，是一种鱼体剖切去脏装置，包括鱼体检测装置，夹持输送装置和剖切去脏装置。所述夹持输送装置设置有一传送通道，该传送通道内用于挂装并输送待去脏的鱼体；所述传送通道的进料一侧前端位置安装有所述鱼体检测装置，该传送通道的下方安装有所述剖切去脏装置；所述鱼体检测装置包括厚度检测单元和宽度检测单元，可分别检测鱼体的厚度及宽度；剖切去脏装置包括一刀头，该刀头安装在一摆臂的端部；所述刀头可在摆臂作用下抬升对经过传送通道的鱼体进行剖切去脏。

一种水产品多维生长因子选取方法及应用

专利类型：发明。

专利申请人（发明人或设计人）：华旭峰，郑迎坤，孙学亮等。

专利申请号（受理号）：CN202011164522.7。

专利权人（单位名称）：天津农学院。

专利申请日：2020 年 10 月 27 日。

专利内容简介：

该发明涉及一种水产品多维生长因子选取方法，步骤如下：以原始样本数据构造n × p阶矩阵；对原始样本数据矩阵做变换，并计算矩阵的特征值及其对应的正交化单位特征向量；依据特征值的降序排列计算综合原始样本数据变量的生长因子，计算累计贡献率；建立逐步回归方程；计算关键生长因子与原始样本数据变量之间的关联程度；观察得出原始样本数据中各变量对关键生长因子的影响，对关键生长因子进行解释。本方法具有概念简单、计算方便、线性重构误差最优等特性，具有较好的实用价值；选取的生长因子综合了各类与水产品生长发育相关的因素，可依据综合系数对关键生长因子予以解释，为后续的生长模型构建以及未来探索生长因素的关联规律奠定了基础。

一种复合涂膜结合气调包装保鲜河豚鱼的方法

专利类型：发明。

专利申请人（发明人或设计人）：谢晶，李沛昀，王金锋，梅俊。

专利申请号（受理号）：2020100380631。

专利权人（单位名称）：上海海洋大学。

专利申请日：2020年1月15日。

专利内容简介：

一种复合涂膜结合气调包装保鲜河豚鱼的方法，操作步骤包括选购鱼样、制备涂膜、处理鱼样、涂膜处理、包装入袋、气调包装、冰箱冷藏。本发明通过ε-PL/壳聚糖/海藻酸钠复合活性涂膜对河豚鱼涂膜处理后进行MAP包装并于4℃贮藏，能够抑制样品微生物生长繁殖，使处理组样品的菌落总数在贮藏过程中处于相对较低水平，同时气调包装中的高浓度CO_2和低浓度O_2进一步抑制了微生物的生长繁殖，二者的协同作用有效延缓了河豚鱼的蛋白质降解和脂肪氧化等品质劣变反应，延长了河豚鱼的货架期，同时该复合技术安全环保、生产成本相对较低，是一种极具商业价值的河豚鱼冷藏保鲜手段。

温区可切换的移动式冷藏厢

专利类型：发明。

专利申请人（发明人或设计人）：谢晶，孙聿尧，王金锋。

专利申请号（受理号）：2020104959268。

专利权人（单位名称）：上海海洋大学。

专利申请日：2020年6月4日。

专利内容简介：

温区可切换的移动式冷藏厢，包括冷藏厢、冷藏厢地板、底部轨道、车厢蓄冷槽、车厢传感器、冷藏厢顶板、顶部轨道、卷帘门外壳、卷帘门帘、置物箱、蓄冷箱、箱体轨道接口、端盖、箱内蓄冷槽、箱体传感器、可拆装地板及地板轨道接口。本发明提供的一种可实现在多温区冷藏车与单温区冷藏车两种形式中自由进行切换的冷藏厢，可以很好地应对冷链物流中会遇到的冷冻冷藏货物品种多、温度要求多的问题，且配备了相关的传感器对制冷的情况进行实时监测，提高了短距离物流的运输效率，为冷藏厢新型结构设计提供了一种新的思路。

海水鱼无水活运包装箱及运输方法

专利类型：发明。

专利申请人（发明人或设计人）：谢晶，王金锋，王琪，曹杰。

专利申请号（受理号）：2020108341688。

专利权人（单位名称）：上海海洋大学。

专利申请日：2020 年 8 月 19 日。

专利内容简介：

本发明涉及海水鱼运输领域，具体涉及海水鱼无水活运包装箱及利用该包装箱运输海水鱼的方法。其中，包装箱包括包装箱盖、包装箱体和包装固定器；包装箱盖覆盖包装箱体的开口；包装固定器设有固定器支撑杆和鱼嘴气囊和挡光膜。本发明提供的上述技术方案能够有效降低运输过程中对海水鱼造成的应激，降低海水鱼死亡率。

水产品无水保活运输集装箱

专利类型：发明。

专利申请人（发明人或设计人）：谢晶，许启军，王金锋，王琪，曹杰。

专利申请号（受理号）：2020108651650。

专利权人（单位名称）：上海海洋大学。

专利申请日：2020 年 8 月 25 日。

专利内容简介：

本发明专利公开了水产品无水保活运输集装箱。集装箱体主要分为两个部分，一个是带有制冷机组的集装箱体，另一个是水产品隔架。制冷机组安装在集装箱的尾部，为单独的一个隔间。制冷组件被安放在隔间内部，在集装箱侧板还安装有排热风扇。水产品隔架外部支撑由 4040 铝型材组成，各个型材连接处均由 40 脚件辅助固定。铝型材分为竖直型材和横排型材，两种型材相互配合形成一个长方体的网状结构，固定到横排型材上部，水产品即可放置在上部。带有制冷机组的工作室与放置水产品的隔架通过制冷工作室隔板分开，电阻式湿敏电阻被放置到该板上，在制冷工作室的隔板上部安装有两台制冷风机。热磁式氧气分析仪和T型热电偶在集装箱的顶板和底板中部各安装有两个。本发明进一步提升了水产品的无水保活率，整体结构相互配合，适用性强。

一种暗纹东方鲀保鲜方法

专利类型：发明。

专利申请人（发明人或设计人）：谢晶，蓝蔚青，冯豪杰，王金锋。

专利申请号（受理号）：2020113854180。

专利权人（单位名称）：上海海洋大学。

专利申请日：2020 年 12 月 2 日。

专利内容简介：

本发明公开了一种暗纹东方鲀保鲜方法，步骤如下：① 配制稀盐酸溶液；② 制取微酸性电解水；③ 配制浓度为 0.3%的 ε－聚赖氨酸盐酸盐、浓度为 0.2%的迷迭香提取物溶液及其复合保鲜剂溶液；④ 购买鲜活暗纹东方鲀；⑤ 三去（去皮、去眼、去内脏）处理，用无菌水冲洗干净；⑥ 所有鱼样在微酸性电解水中浸渍 10 min，沥干 1 min；⑦ 将沥干后的鱼样随机分为 4 组，分别在单一保鲜剂和复合保鲜剂中浸渍 10 min，沥干 1 min；⑧ 装入无菌聚乙烯袋中，于 4℃冰箱中贮藏。本发明能够延长货架期 6 d左右，很大程度上降低微生物以及酶引起的腐败变质现象，且操作简单，成本低，安全性高。

一种海鲈鱼脓的加工方法

专利类型：发明。

专利申请人（发明人或设计人）：吴燕燕，李来好，杨贤庆，陈胜军，魏涯，王悦齐，胡晓，杨少玲，邓建朝，赵永强，李春生，岑剑伟，荣辉。

专利申请号（受理号）：202010271547.0。

专利权人（单位名称）：中国水产科学研究院南海水产研究所。

专利申请日：2020 年 4 月 9 日。

专利内容简介：

本发明公开了一种海鲈鱼胨的加工方法，该加工方法包括海鲈鱼鳞清洗、去腥处理、漂洗、沥干、熬煮、过滤、低温成型等步骤。该方法能有效利用海鲈鱼加工副产物鱼鳞，在去除海鲈鱼鳞腥味的基础上，制备营养的海鲈鱼胨，可操作性强、可量化、方法便捷、成本低、无污染，产品营养，老少皆宜食用。

一种复合酶降低卵形鲳鲹鱼肉脂质的方法

专利类型：发明。

专利申请人（发明人或设计人）：吴燕燕，石慧，李来好，杨贤庆，陈胜军，王悦齐，杨少玲，胡晓，黄卉，郝淑贤，戚勃，潘创。

专利申请号（受理号）：202010604008.4。

专利权人（单位名称）：中国水产科学研究院南海水产研究所。

专利申请日：2020 年 6 月 30 日。

专利内容简介：

本发明提供了一种复合酶降低卵形鲳鲹鱼肉脂质的方法，包括以下步骤：将卵形鲳鲹鱼片置于复合酶液中振荡保温。所述复合酶液为植物脂肪酶与猪胰脂肪酶，复合酶浓度比是 50 ： 10 ~ 50 ： 50 U/mL。然后取出鱼片，水洗后吸干鱼片表面的水分即可。本发明采用植物脂肪酶与猪胰脂肪酶协同增效，高效降低卵形鲳鲹鱼片中的脂质。

一种用于冰藏海鲈鱼的保鲜复合制剂及其使用方法

专利类型：发明。

专利申请人（发明人或设计人）：赵永强，杨贤庆，李来好，相悦，岑剑伟，陈胜军，吴燕燕，魏涯，王悦齐，杨少玲。

专利申请号（受理号）：202011462953.1。

专利权人（单位名称）：中国水产科学研究院南海水产研究所。

专利申请日：2020 年 12 月 14 日。

专利内容简介：

本发明提供了一种用于冰藏海鲈鱼的保鲜复合制剂，包括以下质量份数的组分：表没食子儿茶素没食子酸酯 1 ～ 5 份、末水坛紫菜琼胶寡糖 3 ～ 7 份和水 1 000 份。本发明还提供了一种保鲜复合制剂的使用方法：将海鲈鱼低温浸泡 60 min于复合制剂中，随后冰藏。本发明的保鲜复合制剂，具有良好的抑菌保鲜的效果，尤其是在抑制蛋白质氧化方面，延长了冰藏海鲈鱼的保质期；而且该配方具有绿色、安全的优点，符合当前的消费趋势，具有较好的应用前景。

一种多拷贝金鲳鲜味肽的制备方法及表达载体和重组菌

专利类型：发明。

专利申请人（发明人或设计人）：林洪，邓小飞，郭晓华，隋建新，董浩。

专利申请号（受理号）：CN202011406616.0。

专利权人（单位名称）：中国海洋大学，山东美佳集团有限公司。

专利申请日：2020 年 12 月 4 日。

专利内容简介：

本发明公开了一种鲜味肽的制备方法，步骤如下：① 设计并合成多拷贝串联的鲜味肽基因组并扩增；② 将扩增后的所述鲜味肽基因组连接到具有His-sumo标签的质粒中，得到重组表达载体；③ 将所述表达载体转化到宿主菌中，筛选后，诱导表达；④ 初步纯化后得到带有His-sumo标签的鲜味肽；⑤ 将所述带His-sumo标签的鲜味肽裂解去除His-sumo标签，并二次纯化，即得鲜味肽。本发明还提供了包含上述鲜味肽基因组的表达载体和重组菌及其应用。根据本发明制备鲜味肽快速简便，克隆效率高，能够快速有效去除标签序列对鲜味肽的影响。

一种食品中白鲢成分的鉴真方法及应用

专利类型：发明。

专利申请人（发明人或设计人）：林洪，宋春萍，隋建新，孙礼瑞。

专利申请号（受理号）：CN202010324190.8。

专利权人（单位名称）：中国海洋大学。

专利申请日：2020 年 4 月 22 日。

专利内容简介：

本发明提供一种食品中白鲢成分的鉴真方法，包括：① 按不同比例制备混合样品，提取样品中蛋白并以蛋白酶酶解获得蛋白水解产物；② 以白鲢鱼肉的质量百分比梯度为横坐标，以定量肽段的定量子离子峰面积作为纵坐标绘制标准曲线，得到方程；③ 将待测鱼肉样品经酶解处理后得到的上清液进行HPLC-MRM-MS/MS检测，根据鱼肉样品中定量肽段离子峰面积，求得样品中白鲢鱼肉质量百分比。本发明提供的复合食品中白鲢成分鉴真的方法能够抵抗复杂基质的干扰，检出限为 0.04%，定量限为 0.15%，平均回收率为 99.3% ~ 129.2%，具有较高灵敏度和较强特异性。

一种牙鲆专用的营养强化剂胶囊及其制备和应用

专利类型：发明。

专利申请人（发明人或设计人）：何忠伟，刘玉峰，侯吉伦，王桂兴，王玉芬，于清海。

专利申请号（受理号）：CN202010904413.8。

专利权人（单位名称）：中国水产科学研究院北戴河中心试验站。

专利申请日：2020 年 9 月 1 日。

专利内容简介：

本发明涉及水产养殖领域，特别是涉及一种牙鲆专用的营养强化剂胶囊及其制备和应用。本发明提供了一种牙鲆专用的营养强化剂胶囊，所述营养强化剂胶囊为灌装胶囊剂；

所述灌装胶囊剂包括糯米胶囊和填充于糯米胶囊中的营养强化剂；所述营养强化剂包括以下质量份的组分：裂壶藻 65 ~ 85 份、乳酸菌 8 ~ 25 份、复合维生素 3 ~ 10 份、强肝剂 0.5 ~ 2 份和酵母菌 5 ~ 20 份。本发明提供的牙鲆专用营养强化剂能够增强亲鱼机体免疫力及抵抗力，有效提高亲鱼所产受精卵的质量和出膜率，降低仔鱼的畸形率。

一种快速摘取东方鲀属幼鱼耳石的方法

专利类型：发明。

专利申请人（发明人或设计人）：孙朝徽，司飞，任建功，刘霞，于清海，姜秀凤。

专利申请号（受理号）：CN202011009867.5。

专利权人（单位名称）：中国水产科学研究院北戴河中心试验站。

专利申请日：2020 年 9 月 23 日。

专利内容简介：

本发明提供一种快速摘取东方鲀属幼鱼耳石的方法。所述方法首先将东方鲀属幼鱼的头部与身体分离，得到头部，然后剪掉整个下颌，得到上颌及脑部；然后自咽部后方向头部吻段剪开至眼部后缘，掰开切口处，即可在显微镜下清晰观察到东方鲀属幼鱼的矢耳石、微耳石和星耳石。按照先摘取星耳石，再摘取矢耳石和微耳石的顺序完整的摘取 3 对耳石。本发明提供的方法操作简单，易于掌握，耗时短，能够准确、完好无损地将 3 对耳石全部取出，节省东方鲀属幼鱼耳石摘取的时间，缩短摘取周期，具有广阔的应用前景。

一种快速摘取鲆鲽类幼鱼耳石的方法

专利类型：发明。

专利申请人（发明人或设计人）：任建功，司飞，孙朝徽，刘霞，于清海。

专利申请号（受理号）：CN202011207239.8。

专利权人（单位名称）：中国水产科学研究院北戴河中心试验站。

专利申请日：2020 年 11 月 3 日。

专利内容简介：

本发明提供一种快速摘取鲆鲽类幼鱼耳石的方法。所述方法针对鲆鲽类幼鱼的结构特点，先从吻端沿两眼中间位置向后剪开至鳃盖后缘，再沿鳃盖后缘从鱼头顶部垂直于脊椎方向将鱼头剪掉，将鲆鲽类幼鱼的头部与身体分离，得到头部；将鱼头部的头盖骨剪掉，使鱼的脑部组织暴露出来，把脑组织从后部剪断处向前翻，暴露出球状囊中的矢耳石；先摘出星耳石，再摘出矢耳石和微耳石。本发明提供的方法能够快速、准确、完整地摘出鲆鲽类幼鱼的3对耳石，节省鲆鲽类幼鱼耳石摘取的时间，缩短摘取周期，具有广阔的应用前景。

浮性鱼卵分离装置

专利类型：实用新型。

专利申请人（发明人或设计人）：司飞，孙朝徽，任建功，刘玉峰，何忠伟，赵雅贤，都威，刘霞。

专利申请号（受理号）：CN202021894489.9。

专利权人（单位名称）：中国水产科学研究院北戴河中心试验站。

专利申请日：2020年9月2日。

专利内容简介：

本实用新型公开了一种浮性鱼卵分离装置，涉及鱼卵收集技术领域。浮性鱼卵分离装置包括底座、用于容纳水和浮性鱼卵的分离桶以及用于将所述分离桶悬空架持在所述底座上的固定架。所述分离桶设有用于供水和浮性鱼卵进入的开口。所述分离桶的下端呈倒锥形结构，且所述倒锥形结构的锥尖处设有排口，以使所述分离桶内的死卵或优质鱼卵排出。所述排口处设有用于开启和关闭所述排口的阀门。如此设置，静置之后优质活卵会上浮在水表面，质量差的鱼卵悬浮在水中，死卵沉到水底，此时打开阀门，将质量差的鱼卵和死卵先排出扔掉，关闭阀门，然后在排口的下方接住收集装置，再打开阀门将优质鱼卵排出，分离效果好，避免后期运输中败坏水质和加速优质鱼卵死亡。

浮性鱼卵分离装置及分离方法

专利类型：发明。

专利申请人（发明人或设计人）：司飞，孙朝徽，任建功，刘玉峰，何忠伟，赵雅贤，都威，刘霞。

专利申请号（受理号）：CN202010910494.2。

专利权人（单位名称）：中国水产科学研究院北戴河中心试验站。

专利申请日：2020 年 9 月 2 日。

专利内容简介：

本发明公开了一种浮性鱼卵分离装置及分离方法，涉及鱼卵收集技术领域。浮性鱼卵分离装置包括底座、用于容纳水和浮性鱼卵的分离桶以及用于将所述分离桶悬空架持在所述底座上的固定架。所述分离桶设有用于供水和泽性鱼卵进入的开口；所述分离桶的下端呈倒锥形结构，且所述倒锥形结构的锥尖处设有排口，以使所述分离桶内的死卵或优质鱼卵排出；所述排口处设有用于开启和关闭所述排口的阀门。如此设置，静置之后优质活卵会上浮在水表面，质量差的鱼卵悬浮在水中，死卵沉到水底。此时打开阀门，将质量差的鱼卵和死卵先排出；然后关闭阀门，在排口的下方接住收集装置；最后打开阀门将优质鱼卵排出。此方法分离效果好，可避免后期运输中水质败坏，延缓优质鱼卵死亡。

一种用于选择暗纹东方鲀体重快速生长的SNP位点与应用

专利类型：发明。

专利申请人（发明人或设计人）：王秀利，余云登，仇雪梅，朱浩拥，王耀辉，朱永祥，钱晓明。

专利申请号（受理号）：CN111763745A。

专利权人（单位名称）：大连海洋大学。

专利申请日：2020 年 7 月 9 日。

专利内容简介：

本发明提供一种暗纹东方鲀快速生长相关的SNP位点与应用。所述的SNP位点位于核苷酸序列为SEQ ID NO：1 的leptin基因的第 126 位，其碱基为T或G。本发明提供的SNP位点用于选育具有快速生长潜力的暗纹东方鲀个体。本发明通过分析位点基因型频率与暗纹东方鲀生长性状的相关性，发现暗纹东方鲀的leptin基因的 126 位碱基处存在与生长性状相关的SNP位点，基因型为TG杂合型个体的体重显著高于GG基因型个体生长性状的表型值（$P<0.05$）。因此，生产中可优先选择该位点基因型为TG型个体进行规模化养殖。

一种鱼类底栖阶段养殖聚集器及养殖水槽

专利类型：实用新型。

专利申请人（发明人或设计人）：沈伟良，陈彩芳，王雪磊，吴雄飞。

专利申请号（受理号）：202022705686.8。

专利权人（单位名称）：宁波市海洋与渔业研究院。

专利申请日：2020 年 11 月 20 日。

专利内容简介：

此实用新型为一种鱼类底栖阶段养殖聚集器，包括多孔底板、气泡水管和多孔立板。与现有技术相比，利用人工边角制造，增大养殖水体比边角面积，提高整体养殖鱼类承载量；利用纳米曝气技术，解决底层聚集区缺氧及病原滋生问题；系统采用模块设计，分为壁挂纳米气泡机、多孔底板和连接水管等，解决底层吸污等操作处理便利度，综合提高鱼类底栖阶段育苗池养殖量。

一种新型多功能大黄鱼室内养殖池的装置及其使用方法

专利类型：发明。

专利申请人（发明人或设计人）：包欣源，余训凯，刘兴彪，刘志民，黄匡南，翁华松。

专利申请号（受理号）：202010641470.1。

专利权人（单位名称）：宁德市富发水产有限公司。

专利申请日：2020 年 7 月 6 日。

专利内容简介：

本发明公开了一种新型多功能的大黄鱼室内养殖池及其使用方法。其大黄鱼室内养殖池包括顶部为开口设置的养殖池主体。所述养殖池主体的右侧底部开设有第一槽，养殖池主体上开设有两个与第一槽相连通的空腔，空腔的前侧内壁和后侧内壁之间转动安装有同一个缠绕轴，两个缠绕轴上缠绕并固定有同一个塑料布运行面，两个缠绕轴的缠绕方向相反，塑料布运行面的底部与养殖池主体的底部内壁活动接触。本发明设计合理，便于通过释放和收卷塑料布运行面的方式实现自动对塑料布运行面顶部杂质的清理，省时省力，提高工作效率，满足使用需求。

一种便捷自动投喂桡足类的装置

专利类型：发明。

专利申请人（发明人或设计人）：余训凯，包欣源，刘兴彪，黄匡南，翁华松，张文兵，王容锐。

专利申请号（受理号）：202010642314.7。

专利权人（单位名称）：宁德市富发水产有限公司。

专利申请日：2020 年 7 月 6 日。

专利内容简介：

本发明公开了一种便捷自动投喂桡足类的装置，包括 3 个开口向上的筒体。3 个筒体呈环形设置。所述筒体的外侧设为圆台形，所述筒体上粘接固定套设有漂浮套，筒体的顶部磁吸固定有桶盖，且桶盖的侧壁上开设有 3 个出气孔，桶盖的顶部设置有与其一体化加工而成的弧形把手，3 个筒体之间固定连接有同一个连接座，连接座位于 3 个漂浮套的下方。本发明设计合理，便于同步调整 3 个筒体内桡足类的排出投喂速度，利用解冻的过程逐渐投喂，保证了鱼苗有充足的时间摄食，减少了饵料的浪费。整个解冻和扩散的过程能够自动实现，无须人工操作，在节省时间的同时还保证了养殖质量。

一种方便快速的取鳍条装置

专利类型：实用新型。

专利申请人（发明人或设计人）：包欣源，余训凯，刘兴彪，翁华松。

专利申请号（受理号）：202020393106.3。

专利权人（单位名称）：宁德市富发水产有限公司。

专利申请日：2020 年 3 月 25 日。

专利内容简介：

本实用新型公开了一种方便快速的取鳍条装置，包括底板。所述底板的前侧和后侧均转动安装有转动板，两个转动板的顶部固定安装有同一个倾斜设置的压板，压板的底面与底板的顶面之间固定安装有同一个第一弹簧，底板的顶面一侧固定安装有固定板，压板的底面一侧开设有凹槽，凹槽内固定安装有倾斜设置的圆环板，圆环板内固定安装有圆环形刀片，圆环形刀片的底部延伸至压板的下方 0.5 cm处，圆环形刀片内滑动套设有连接板。本实用新型结构简单，操作方便，便于根据实际需要快速地对鱼鳍进行切割，且便于将卡在圆环形刀片内的鳍条快速安全取出，无须手抠，降低割伤风险。

一种便捷测量石首鱼类长度的装置

专利类型：实用新型。

专利申请人（发明人或设计人）：余训凯，包欣源，潘滢，黄匡南，陈佳，翁华松。

专利申请号（受理号）：202020392482.0。

专利权人（单位名称）：宁德市富发水产有限公司。

专利申请日：2020 年 3 月 25 日。

专利内容简介：

本实用新型公开了一种便捷测量石首鱼类长度的装置，包括左侧设置为封闭结构的圆形金属套筒、由透明材料加工制成的圆弧形板体以及与圆形金属套筒内部后侧壁固定安装的直尺。所述圆形金属套筒内部两侧壁的中央位置均水平开设有右侧设置为开口的滑动槽；所述圆弧形板体的外径比圆形金属套筒的内径小，所述圆弧形板体的顶部前侧和顶部后侧均留有与滑动槽相同尺寸的凸起，所述圆弧形板体与所述圆形金属套筒通过滑动槽和凸起滑动连接，所述圆弧形板体的内部后侧壁靠近其顶部的位置水平开设有直尺滑动槽。本实用新型结构简单，操作方便，不会对鱼造成伤害，给用户的使用带来了极大的便利。

一种银鲳鱼的投饵装置

专利类型：实用新型。

专利申请人（发明人或设计人）：包欣源，王容锐，余训凯，张文兵。

专利申请号（受理号）：202021238321.2。

专利权人（单位名称）：宁德市富发水产有限公司。

专利申请日：2020 年 6 月 30 日。

专利内容简介：

本实用新型公开了一种银鲳鱼的投饵装置，包括位于养殖池上方的天花板、位于天花板下方的圆柱、固定套设在圆柱上的网片以及位于圆柱下方的网兜，网兜的底部设为弧形结构，所述网兜的顶部设为开口，网片的顶部栓接有长度调节绳，圆柱的上方设有转动安装在天花板上的轮滑装置，长度调节绳远离圆柱的一端绕过轮滑装置的顶部并固定安装有挂钩，所述网兜的底部嵌装有安装块，安装块的底部与网兜的底部平齐并设为弧形结构。本实用新型设计合理，便于快速将网兜取下进行倒料，避免出现在倒料的过程中饲料粘接在网片上的现象，且在倒料完成后便于快速将网兜固定在圆柱上，提高工作效率。

一种鱼用疫苗联合免疫接种方法

专利类型：发明。

专利申请人（发明人或设计人）：王启要，刘晓红，徐荣静，马悦，张琛，曲江波，王田田

专利申请号（受理号）：202110476234.3。

专利权人（单位名称）：烟台开发区天源水产有限公司，华东理工大学。

专利申请日：2021 年 4 月 29 日。

专利内容简介：

第一种方式：采用迟钝爱德华氏菌减毒候选疫苗株WED株和大菱鲆鳗弧菌基因工程活疫苗MVAV6203 株，按抗原浓度比为 1 ： 10 的比例配制，以注射的方式为大菱鲆接种。第二种方式：选取幼苗期大菱鲆以浸泡方式接种迟钝爱德华氏菌减毒候选疫苗株WED株，待其长至幼鱼期时注射接种大菱鲆鳗弧菌基因工程活疫苗MVAV6203 株。本发明以冷水性鲆鲽类养殖品种为免疫靶动物，探索了上述两种疫苗的联合接种策略，通过评价该策略对实际生产中鲆鲽类的饲料转化率、死淘率等关键生产性能的影响，确定联合接种策略的可行性和有效性，最终建立起以联合免疫接种为核心的新型鲆鲽类健康养殖生产体系，实现对多病原混合感染的联防联控效果。

鲽鱼骨汤的制备方法

专利类型：发明。

专利申请人（发明人或设计人）：张永勤，郭晓华，董浩，孙爱华，安梦瑶，刘祥燕，成艳。

专利申请号（受理号）：20201087068.X。

专利权人（单位名称）：山东美佳集团有限公司。

专利申请日：2020 年 8 月 26 日。

专利内容简介：

鲽鱼骨汤的制备方法，涉及食品制备技术领域，特别是属于一种利用鲽鱼骨制备膏汤的方法。取新鲜鱼骨清洗、去杂、沥干水分，即得预处理鱼骨；将预处理鱼骨放入烤机烤制后取出，自然冷却至室温；所得烤制鱼骨放入粉碎机进行粗粉碎；再进行精细粉碎；经过粉碎的鱼骨与饮用水按比例混合，加热至沸腾，继续熬制 1 ~ 3 h，得鱼骨混合物；以滤网过滤，得鱼骨汤滤液和滤渣；滤液备用；所得滤渣，加入 500 ~ 1 000 份水，加入风味蛋白酶 1 ~ 3 份，保温 1 ~ 5 h进行酶解，即得滤渣混合液；对滤渣混合液进行过滤，除掉鱼骨滤渣，把本次滤液与上次备用滤液混合，即得混合滤液；混合滤液减压浓缩，即得鱼骨汤；当冷却至 60℃ ~ 70℃进行灭菌分装，在−18℃条件下冷冻贮存。

经过生物酶处理后的滤渣可用来生产饲料添加剂，实现副产物全利用，对环境无污染零排放。

干冰缓释可控温保温箱

专利类型：发明。

专利申请人（发明人或设计人）：郭晓华，董浩，申照华，励建荣，梁建，孙爱华，张永勤，张廷翠。

专利申请号（受理号）：202011213350.8。

专利权人（单位名称）：山东美佳集团有限公司。

专利申请日：2020 年 11 月 4 日。

专利内容简介：

本发明针对现有技术的不足，提供一种干冰缓释可控温保温箱，达到既能够延长保温时间，又能够调节换气温度，实现一箱多用的目的。

冷冻水产品一般会放到保温箱中长途运输，但是极易出现缓化甚至腐败变质，严重影响产品商品品质。为了防止此类情况发生，通常在保温箱中放冷媒（冰块、干冰等）进行降温。干冰因其降温效果好、升华后无残留而最受欢迎，但是干冰在不断升华过程形成气态二氧化碳，会使保温箱的空腔内产生较高的气压。为了防止保温箱炸裂，通常会在保温箱上开设出气孔进行泄压。然而，从出气孔会流失大量低温气体，降低干冰降温效果，影响保温箱的冷藏保温时间。

生鲜水产品在运输的过程中，为了保持水产品的新鲜度，通常需要使水产品保持存活状态进行运输，为了使水产品在保温箱中能够存活，保温箱内不仅需要保持必要的温度、湿度，而且还需要使保温箱内有充足的空气，避免保温箱内缺氧而造成水产品死亡。现有的保温箱直接将外界空注入到保温箱内。由于外界空气与保温箱内部空气存在温度差，直接向保温箱内注入外界空气会使保温箱内的温度产生剧烈变化，影响保温箱的保温效果，不能满足长途运输的要求。

一种水产养殖池塘增氧装置

专利类型：发明。

专利申请人（发明人或设计人）：韦明利，胡珅华，姚久祥，蒋伟明。

专利申请号（受理号）：202010370217.7。

专利权人（单位名称）：广西壮族自治区水产科学研究院。

专利申请日：2020 年 5 月 6 日。

专利内容简介：

一种水产养殖增氧装置，是一个四方体的架状结构，机架底面的四边形的四条边框上固定有气管，当在一个养殖池塘中设置有合理数量的本实用新型时，池塘中的水流就会形成一个均匀的水流运动，氧气就会在水中合理分布，均匀的水中溶气量使得水体充满生机。本实用新型的目的是提供一种水产养殖增氧装置，能在池塘底部形成水中层流，均匀增氧，以克服传统增氧装置所存在的增氧成本高，增氧不均匀，不能形成不同水层层流的不足。

授权专利

一种半滑舌鳎抗细菌病相关基因及其应用方法

专利类型：发明。

专利授权人（发明人或设计人）：陈松林，扶晓琴，陈亚东，周茜，王磊，李仰真，李明。

专利号（授权号）：ZL201811538491.X。

专利权人（单位名称）：中国水产科学研究院黄海水产研究所。

专利申请日：2018 年 12 月 16 日。

授权公告日：2020 年 5 月 22 日。

授权专利内容简介：

本发明提供一种从半滑舌鳎中筛选的抗细菌病相关基因，本发明提供的基因与半滑舌鳎抗细菌病相关，其在肠中的表达量与鱼体抗病能力相关，表达水平越高，鱼体抗病能力越强。其体外重组表达的蛋白能够明显抑制几种革兰氏阴性菌的增殖。因此，本发明在半滑舌鳎抗病家系选育、病害防治、饲料添加剂及杀菌剂研制等方面有应用价值。

一种鉴别大黄鱼遗传性别的分子标记及其应用

专利类型：发明。

专利授权人（发明人或设计人）：王志勇，林爱强，肖世俊。

专利号（授权号）：ZL201710576189.2（授权公告号：CN107236814B）。

专利权人（单位名称）：集美大学。

专利申请日：2017 年 7 月 14 日。

授权公告日：2020 年 2 月 28 日。

授权专利内容简介：

本发明公开了一种鉴别大黄鱼遗传性别的分子标记及其应用。所述分子标记表现为大黄鱼X与Y染色体上dmrt1 基因第 1 内含子中 1 个 15 bp的核苷酸序列的插入（X染色体）/缺失（Y染色体）长度多态性。本发明还公开了检测所述分子标记的引物对、试剂盒、及方法。本发明的分子标记可以简便、快速、稳定地鉴别出大黄鱼的遗传性别，利于开发大黄鱼的单性育种技术，发展大黄鱼单性养殖，进一步提高养殖效益，增加大黄鱼养殖的经济收益。同时本发明也将有益于大黄鱼性别决定机制等相关的科学研究的开展。

一种鉴别黄姑鱼遗传性别的分子标记及其应用

专利类型：发明。

专利授权人（发明人或设计人）：王志勇，李完波，孙莎。

专利号（授权号）：ZL201710576187.3（授权公告号：CN107326077B）。

专利权人（单位名称）：集美大学。

专利申请日：2017 年 7 月 14 日。

授权公告日：2020 年 2 月 21 日。

授权专利内容简介：

本发明公开了一种鉴别黄姑鱼遗传性别的分子标记及其应用。所述分子标记表现为黄姑鱼X与Y染色体上dmrt1 基因第 4 内含子中 1 个 45 bp的核苷酸序列的插入（X染色体）/缺失（Y染色体）长度多态性。本发明还公开了检测所述分子标记的引物对、试剂盒、及方法。本发明的分子标记可以简便、快速、稳定地鉴别出黄姑鱼各个群体中不同个体的遗传性别，利于开发黄姑鱼的单性育种技术，发展黄姑鱼单性养殖，进一步提高养殖效益，增加黄姑鱼养殖的经济收益。同时本发明也将有益于黄姑鱼性别决定机制等相关的科学研究的开展。

一种确定最佳SNP数量及其通过筛选标记对大黄鱼生产性能进行基因组选择育种的方法

专利类型：发明。

专利授权人（发明人或设计人）：王志勇，董林松，肖世俊。

专利号（授权号）：ZL201710755157.9（授权公告号：CN107338321B）。

专利权人（单位名称）：集美大学。

专利申请日：2017 年 8 月 29 日。

授权公告日：2020 年 5 月 19 日。

授权专利内容简介：

本发明公开了一种确定最佳SNP数量及通过筛选标记对大黄鱼生产性能进行基因组选择育种的方法。先对参考群个体进行生产性能的表型测定和基因组测序，获得SNP位点；筛选出合格的SNP位点，并将缺失的基因型补齐；将参考群分为训练集和验证集进行杂交验证；通过单标记分析筛选与性状最显著关联的SNP位点，然后只使用这些位点通过GBLUP方法计算验证集个体的GEBV；进一步得到各个筛选SNP数量下的育种值估计准确度；最后确定SNP筛选的最佳数量。根据该最佳数量，通过GBLUP方法计算出GEBV，进一步得到育种值估计准确度，根据该值的高低进行基因组选择育种。本发明可显著节省对大黄鱼生产性能进行基因组选择的费用。

一种利用液相捕获进行大黄鱼基因组基因分型的方法

专利类型：发明。

专利授权人（发明人或设计人）：肖世俊，刘洋，王志勇。

专利号（授权号）：ZL201610544624.9（授权公告号：CN106191246B）。

专利权人（单位名称）：集美大学。

专利申请日：2016 年 7 月 12 日。

授权公告日：2019 年 12 月 31 日。

授权专利内容简介：

本发明公开了一种利用液相捕获进行大黄鱼基因组基因分型的方法，包括以下步骤：对大黄鱼进行全基因组重测序，并进行大黄鱼全基因组SNP/InDel挖掘，提供高质量的SNP标记位点；筛选利用大黄鱼的全基因组重测序挖掘到的SNP标记，用于设计探针；利用大黄鱼的全基因组构建大黄鱼基因组文库；利用液相捕获大黄鱼基因组片段；对捕获大黄鱼基因组片段进行高通量测序与SNP/InDel基因分型。本发明有效地避免了全基因简化基因组分型技术可能导致的标记密度不均匀和大部分来自非编码区标记的问题。本发明设计 4 条探针，有效地提高了每个SNP所在序列的杂交的特异性，提高了片段捕获的效率；在大黄鱼特定标记的SNP大规模分型上具有重要的应用。

棕点石斑鱼精子超低温冷冻保护剂及其保存方法

专利类型：发明。

专利授权人（发明人或设计人）：蒙子宁，杨森，刘晓春，林浩然。

专利号（授权号）：CN106818708B。

专利权人（单位名称）：中山大学。

专利申请日：2017 年 1 月 19 日。

授权公告日：2020 年 11 月 6 日。

授权专利内容简介：

本发明涉及棕点石斑鱼精子超低温冷冻保护剂，与现有技术相比，具有以下优点：冷冻剂成分简单、对精子毒性很低；配制及使用简单、成本低。

一种卵形鲳鲹性别特异性分子标记引物及其应用

专利类型：发明。

专利授权人（发明人或设计人）：张殿昌，郭梁，杨静文，刘宝锁，郭华阳，朱克诚，张楠，杨权。

专利号（授权号）：ZL202010099453.X。

专利权人（单位名称）：中国水产科学研究院南海水产研究所。

专利申请日：2020 年 2 月 18 日。

授权公告日：2020 年 12 月 4 日。

授权专利内容简介：

本发明公开了一种卵形鲳鲹性别特异性分子标记引物，该引物为引物P2，引物P2包括正向引物P2 F（5’-CATGGACAAGAAGGTGGTGC-3’）和反向引物P2 R（5’-TACCCAGTGCAAGCTCTCTC-3’）。本发明还公开了用于卵形鲳鲹性别鉴定的试剂盒，及上述引物或试剂盒在鉴定卵形鲳鲹性别方面的应用。该引物特异性好，灵敏度高，准确性高，对卵形鲳鲹活体没有伤害，可一次性快速批量准确鉴定卵形鲳鲹的性别，具有重要的科研价值和实际应用价值。

一种卵形鲳鲹性别特异性分子标记引物、试剂盒及其应用

专利类型：发明。

专利授权人（发明人或设计人）：郭梁，张殿昌，杨静文，刘宝锁，郭华阳，朱克诚，张楠，杨权。

专利号（授权号）：ZL202010099694.4。

专利权人（单位名称）：中国水产科学研究院南海水产研究所。

专利申请日：2020 年 2 月 18 日。

授权公告日：2020 年 12 月 4 日。

授权专利内容简介：

本发明公开了一种卵形鲳鲹性别特异性分子标记引物，还公开了用于卵形鲳鲹性别鉴定的试剂盒，及上述引物或试剂盒在鉴定卵形鲳鲹性别方面的应用。该引物特异性好，灵敏度高，准确性高，对卵形鲳鲹活体没有伤害，可一次性快速批量准确鉴定卵形鲳鲹的性别，具有重要的科研价值和实际应用价值。

卵形鲳鲹亲子鉴定的SSR荧光标记引物及应用

专利类型：发明。

专利授权人（发明人或设计人）：郭梁，张殿昌，杨权，郭华阳，刘宝锁，张楠，朱克诚。

专利号（授权号）：ZL201811417973.X。

专利权人（单位名称）：中国水产科学研究院南海水产研究所。

专利申请日：2018 年 11 月 26 日。

授权公告日：2020 年 9 月 18 日。

授权专利内容简介：

本发明公开了一种用于卵形鲳鲹亲子鉴定的SSR荧光标记引物。该引物多态性高，PCR产物稳定可靠。本发明还公开了一种卵形鲳鲹微卫星荧光多重PCR的方法，以及上述荧光标记引物在卵形鲳鲹亲子鉴定中的应用。

微卫星标记引物的开发方法及其应用

专利类型：发明。

专利授权人（发明人或设计人）：郭梁，张殿昌，郭华阳，杨静文，杨权，张楠，朱克诚，刘宝锁。

专利号（授权号）：ZL201811239076.4。

专利权人（单位名称）：中国水产科学研究院南海水产研究所。

专利申请日：2018 年 10 月 23 日。

授权公告日：2020 年 9 月 18 日。

授权专利内容简介：

本发明属于遗传育种技术领域，具体涉及微卫星标记引物的开发方法及其应用，其中微卫星标记引物的开发方法主要特点体现在其引物设计上。本发明利用重测序技术，在检测群体全基因组SNP、Indel和SSR变异规律的基础上，设计和筛选微卫星标记的引物，从而提高了微卫星标记引物的开发通量和效率。

一种用于鱼类养殖密度实验的装置

专利类型：实用新型。

专利授权人（发明人或设计人）：朱克诚，张殿昌，江世贵，郭华阳，张楠，郭梁，刘宝锁。

专利号（授权号）：ZL201920280817.7。

专利权人（单位名称）：中国水产科学研究院南海水产研究所。

专利申请日：2019 年 3 月 6 日。

授权公告日：2020 年 1 月 14 日。

授权专利内容简介：

本实用新型公开了一种用于鱼类养殖密度实验的装置。所述实验装置包括圆筒，所述圆筒的底部中心处开有排水口，所述圆筒内安装有排水管；所述排水管的上端封闭，下端垂直于所述圆筒底部由上往下延伸，且与所述排水口连通；所述排水管的下端管壁上开有多个漏水孔，所述漏水孔使养殖污水流入所述排水管内且从所述排水口排出；所述圆筒内还安装有框架，所述框架上安装有鱼网，所述框架以所述排水管为轴心将所述圆筒的内腔径向分隔为至少两个扇形养殖区域。本实用新型能整体结构简单，能够减少人为干扰，提高养殖密度实验的客观性。

一种用于鱼卵孵化的装置

专利类型：实用新型。

专利授权人（发明人或设计人）：朱克诚，张殿昌，江世贵，郭华阳，张楠，郭梁，刘宝锁。

专利号（授权号）：ZL201920302636.X。

专利权人（单位名称）：中国水产科学研究院南海水产研究所。

专利申请日：2019 年 3 月 11 日。

授权公告日：2020 年 1 月 10 日。

授权专利内容简介：

本实用新型公开了一种用于鱼卵孵化的装置，所述装置包括框架和上下开口的折叠袋，所述框架浮于水面，所述折叠袋的上端口与所述框架连接，所述折叠袋的下端口安装有配重件，所述配重件使所述折叠袋的下端口由上往下沉入水中且使所述折叠袋轴向张紧；所述折叠袋的下端口安装有网布，所述网布上布满多个过滤孔，所述过滤孔使养殖污水和杂质从所述装置的底部排出且防止鱼卵外流。本实用新型整体结构简单，制造成本低，使用方便，方便收纳，有利于推广使用。

一种低鱼粉复合蛋白源及其在制备石斑鱼饲料中的应用

专利类型：发明。

专利授权人（发明人或设计人）：迟淑艳，谭北平，董晓慧，姚春凤，刘康，刘丽燕，林升，张博。

专利号（授权号）：CN105941863B。

专利权人（单位名称）：广东海洋大学。

专利申请日：2019 年 5 月 18 日。

授权公告日：2020 年 5 月 29 日。

授权专利内容简介：

本发明公开了一种低鱼粉复合蛋白源及其在制备斜带石斑鱼饲料中的应用。本发明的低鱼粉复合蛋白源是将酵母自溶物和植物蛋白源进行复配获得的。将其加入降低鱼粉后的饲料中，能够在很好地替代部分鱼粉、降低鱼粉使用量的同时，显著提高斜带石斑鱼生长性能及抗病力，可以很好地用作斜带石斑鱼饲料的添加剂。另外，本发明的低鱼粉复合蛋白源原料易得、制备简单、使用方便，具有很好的应用前景。

一种程序化调控红鳍东方鲀胆汁酸分泌的营养学方法

专利类型：发明。

专利授权人（发明人或设计人）：徐后国，梁萌青，廖章斌，卫育良。

专利号（授权号）：ZL201910951631.4。

专利权人（单位名称）：中国水产科学研究院黄海水产研究所。

专利申请日：2019 年 10 月 9 日。

授权公告日：2020 年 6 月 26 日。

授权专利内容简介：

一种程序化调控红鳍东方鲀胆汁酸分泌的营养学方法，属于水产营养领域。所述方法针对不同脂肪含量的饲料，通过改变饲料中胆汁酸代谢调控功能性物质的组成和比例来程序化调控红鳍东方鲀的胆汁酸分泌。本发明方法能够实现在不同营养条件下对红鳍东方鲀胆汁酸分泌进行程序化调控，促进胆汁分泌，提高脂肪的消化利用，防止脂肪在肝脏中的过度累积，保持合适的肝体比，提高生长性能。该技术基于对红鳍东方鲀饲料中功能性营养素的调配，可操作性强，且成本在可控范围内，经济性高。

一种枯草芽孢杆菌7K及其应用

专利类型：发明。

专利授权人（发明人或设计人）：秦启伟，周胜，黄晓红，黄友华，魏京广。

专利号（授权号）：ZL201711166108.8。

专利权人（单位名称）：华南农业大学。

专利申请日：2017年11月21日。

授权公告日：2020年7月28日。

授权专利内容简介：

本发明公开了一种枯草芽孢杆菌（*Bacillus subtilis*）7K及其应用。本发明枯草芽孢杆菌（*Bacillus subtilis*）7K保藏于广东省微生物菌种保藏中心，保藏编号为GDMCC No：60226，保藏地址为广州市先烈中路100号大院59号楼5楼，保藏日期为2017年8月31日。本发明枯草芽孢杆菌（*Bacillus subtilis*）7K具有耐100℃高温、耐低pH、耐胆汁盐、耐胃肠道消化酶等极端环境的特点。通过实验证实，本发明筛选得到的枯草芽孢杆菌（*Bacillus subtilis*）7K新菌株可以促进石斑鱼生长并调节其多种免疫基因的表达，还可抑制多种水生动物致病菌的生长，进而提高水生动物的抗病原感染能力，具有良好的应用前景和市场价值。

一种用于渔用疫苗连续注射接种操作的可移动平台装置

专利类型：实用新型。

专利授权人（发明人或设计人）：马悦，徐荣静，王田田，杨涛，张琛。

专利号（授权号）：ZL201921476179.2。

专利权人（单位名称）：烟台开发区天源水产有限公司；华东理工大学。

专利申请日：2019 年 9 月 6 日。

授权公告日：2020 年 10 月 2 日。

授权专利内容简介：

本实用新型公开了一种用于渔用疫苗连续注射接种操作的可移动平台装置。所述操作平台台面采用 316 不锈钢材质且表面做平滑处理，以保护接种操作时不造成鱼体擦伤；操作平台的下端侧壁四角均固定连接有支脚，4 个所述支脚的侧壁之间固定连接有置物隔板，所述支脚和所述置物隔板均采用 316 不锈钢材质；4 个所述支脚远离操作平台的一端均设有锁止万向轮。本实用新型能够方便取放鱼进行疫苗连续免疫接种操作和接种后鱼的输送入池，同时该操作平台可在养殖车间快速移动，省时省力，并通过第一挡水边和第二挡水边防止待接种鱼滑出操作平台和水的洒出，避免操作时的污水影响养殖车间环境引发潜在的交叉污染。

一种用于收集和计数刺激隐核虫包囊的装置

专利类型：实用新型。

专利授权人（发明人或设计人）：李安兴，钟志鸿，江飚。

专利号（授权号）：ZL201922029148.9。

专利权人（单位名称）：中山大学。

专利申请日：2019 年 11 月 20 日。

授权公告日：2020 年 11 月 6 日。

授权专利内容简介：

本实用新型的目的是提供一种用于收集和计数刺激隐核虫包囊的装置。本实用新型所述装置可以准确地收集鱼体上脱落的全部包囊并准确计数，之后即可计算得到刺激隐核虫的感染率，可准确、简便地评估鱼类抗刺激隐核虫的能力。

编码黄条鰤GH蛋白的基因及蛋白重组表达方法与应用

专利类型：发明。

专利授权人（发明人或设计人）：王滨，柳学周，徐永江，史宝，姜燕，刘权。

专利号（授权号）：ZL201811551545.6。

专利权人（单位名称）：中国水产科学研究院黄海水产研究所。

专利申请日：2018 年 12 月 19 日。

授权公告日：2020 年 7 月 28 日。

授权专利内容简介：

本发明提供了一种编码黄条鰤GH蛋白的基因及其蛋白的重组表达方法与应用，属于基因工程技术领域，具体公开了编码黄条鰤GH蛋白的基因并利用该基因编码黄条鰤GH蛋白。本发明对编码黄条鰤GH蛋白的原始基因序列进行改造，并利用该基因构建原核表达载体和重组大肠杆菌菌株，利用重组大肠杆菌菌种在体外获得大量表达的黄条鰤GH蛋白。该蛋白能够用于制备促进黄条鰤生长的促生长剂或添加剂。

一种黄条鰤幼苗麻醉运输方法

专利类型：发明。

专利授权人（发明人或设计人）：史宝，柳学周，徐永江，王滨，姜燕，刘永山。

专利号（授权号）：ZL201810336085.9。

专利权人（单位名称）：中国水产科学研究院黄海水产研究所。

专利申请日：2018 年 4 月 16 日。

授权公告日：2020 年 11 月 3 日。

授权专利内容简介：

本发明涉及一种黄条鰤幼苗麻醉运输方法，属于鱼类养殖技术领域。它的具体步骤如下：对待运输的黄条鰤幼苗暂养，排空肠道；用浓度为 40 ~ 60 ppmMS-222 麻醉黄条鰤幼苗；对麻醉后的黄条鰤幼苗充氧打包，打包袋内溶氧维持在 6 ~ 18 mg/L，氨氮浓度积累不超过 0.2 mg/L，亚硝酸盐浓度积累不超过 0.1 mg/L，打包袋中海水水温 18℃ ~ 21℃，打包袋中海水含有浓度为 5 ~ 10 ppm的MS-222，并加入青霉素；运输过程中保持温度不变，运输时间控制在 24 h内。本发明方法大幅度提高了运输过程中黄条鰤幼苗的成活率，延长黄条鰤幼苗存活时间，满足黄条鰤幼苗长距离运输的需要，有利于黄条鰤养殖产业发展；同时避免了麻醉致死和麻醉剂残留造成的食品安全问题。

水产养殖投料装置

专利类型：实用新型。

专利授权人（发明人或设计人）：王滨，柳学周，徐永江，姜燕。

专利号（授权号）：ZL201921199183.9。

专利权人（单位名称）：中国水产科学研究院黄海水产研究所。

专利申请日：2019 年 7 月 29 日。

授权公告日：2020 年 4 月 17 日。

授权专利内容简介：

本实用新型属于投料装置领域，尤其是一种水产养殖投料装置。现有投料方式为人工进行投放。这种方式不仅浪费大量人力物力，且容易造成投放不均匀的情况发生。针对这一问题，现提出如下方案：养殖池的顶部安装有固定板，固定板的顶部开设有固定孔，固定孔内滑动安装有投料盒，投料盒的底部内壁上开设有下料孔，下料孔的内壁上开设有两个滑槽，两个滑槽内滑动安装有同一个控制臂，控制臂的顶部固定安装有顶杆，顶杆的顶部固定安装有堵球，堵球与下料孔相适配，固定板的顶部固定安装有两个支杆。本实用新型结构合理，操作方便。该投料装置可以自动对饲料进行投放，省时省力，且投放数量较为均匀。

寒区大菱鲆工厂化冬季阶段性休眠养殖系统与养殖方法

专利类型：发明。

专利授权人（发明人或设计人）：黄滨，刘宝良，高小强，贾玉东，洪磊，王蔚芳，梁友，刘滨。

专利号（授权号）：ZL2018107618713。

专利权人（单位名称）：中国水产科学研究院黄海水产研究所。

专利申请日：2018 年 7 月 12 日。

授权公告日：2020 年 10 月 22 日。

授权专利内容简介：

本发明涉及一种寒区大菱鲆工厂化冬季阶段性休眠养殖系统与养殖方法，属于海水养殖领域。养殖系统包括养殖用水调配区、大菱鲆休眠池或养殖池、控光设施、进水系统、排水系统和充氧系统。本发明还提供一种利用上述养殖系统进行养殖的方法。养殖周期包括休眠养殖期、恢复养殖期、快速生长养殖期和正常养殖期。当外海水和工厂化养殖池进水水温在 6℃ ±0.5℃时，不必对养殖水进行升温养殖，而采取控光、控温、停止投喂、减少换水的方法，使大菱鲆处于阶段性休眠状态。待冬季过后外界水温回升之际，饥饿胁迫激发了鱼的食欲，强化了摄食行为，大菱鲆出现快速生长现象。整个养殖周期中，阶段性休眠节能的养殖方法并没有耽误大菱鲆的生长，反而节省了水、燃动费和劳务费等费用，实现了降本增效的目的。

一种冬季半滑舌鳎工厂化低温低耗养殖系统与养殖方法

专利类型：发明。

专利授权人（发明人或设计人）：黄滨，高小强，刘宝良，贾玉东，洪磊，王蔚芳，梁友，刘滨。

专利号（授权号）：ZL2018107618605。

专利权人（单位名称）：中国水产科学研究院黄海水产研究所。

授权公告日：2020 年 10 月 22 日。

授权专利内容简介：

本发明涉及一种冬季半滑舌鳎工厂化低温低耗养殖系统与养殖方法，属于海水养殖领域。养殖系统包括养殖用水调温池、半滑舌鳎工厂化养殖池、控光系统、进水系统、排水系统和充氧系统。本发明还提供了利用所述系统进行养殖的方法。所述方法包括阶段性低温低耗期、恢复养殖期、快速生长期和正常养殖期。当外海水和工厂化养殖池进水水温降到 8℃ ±0.5℃时，不必对养殖水进行升温养殖，而采取控光、控温、减少投喂次数和投喂量、减少换水的方法，使半滑舌鳎处于阶段性低温低耗状态，投喂减少至 3 ~ 4 d投喂 1 次。待冬季过后外界水温回升之际，饥饿胁迫激发了鱼的食欲，半滑舌鳎出现快速生长现象。整个养殖周期中，阶段性低温低耗节能养殖方法并没有耽误半滑舌鳎的生长，反而节省了水、燃动费和劳务费等费用，实现了降本增效的目的。

大型浮式养殖平台网箱结构

专利类型：发明。

专利授权人（发明人或设计人）：王鲁民，王永进，王磊。

专利号（授权号）：201810106725.7。

专利权人（单位名称）：中国水产科学研究院东海水产研究所。

专利申请日：2018 年 2 月 2 日。

授权公告日：2020 年 9 月 4 日。

授权专利内容简介：

本发明涉及一种大型浮式养殖平台网箱结构，包括外框架、内框和网衣。外框架整体呈底端收缩的棱台状，上框架与下框架的四个顶角分别通过承重索件连接，上框架和下框架的四个顶角位置分别设有三角支撑。内框整体呈底端收缩的棱台状，上框的形状与上框架的内缘形状相匹配并与上框架连接，下框的形状与下框架的内缘形状相匹配并与下框架连接，上框和下框通过八根连接索件连接，内框的前后侧面和左右侧面呈长方形、前后左右四个侧面之间形成梯形的角侧面；内框的底面、前后左右四个侧面和四个角侧面装配网衣且前后侧面的网衣为铜合金网。本发明能够避免网衣受力，减少网衣与养殖平台的摩擦，提高网箱的使用寿命，保证养殖网箱内外水体交换。

开放海域坐底式围栏养殖单元设施及其组合式养殖围栏

专利类型：发明。

专利授权人（发明人或设计人）：王鲁民。

专利号（授权号）：201810291414.2。

专利权人（单位名称）：中国水产科学研究院东海水产研究所。

专利申请日：2018 年 3 月 30 日。

授权公告日：2020 年 9 月 14 日。

授权专利内容简介：

本发明涉及一种开放海域坐底式围栏养殖单元设施及其组合式养殖围栏，包括吸力锚、承重支柱、结构支撑梁柱和网衣。六根承重支柱沿正六边形的顶角竖直分布，承重支柱通过结构支撑梁柱连接形成整体，网衣安装形成六面围栏空间，六根承重支柱中若干相邻的承重支柱底部与吸力锚连接固定，吸力锚上设有能够与承重支柱配合紧固的套管。组合式养殖围栏通过若干开放海域坐底式围栏养殖单元设施拼组形成，相邻开放海域坐底式围栏养殖单元设施两两对应的承重支柱通过插装到套管中形成共用吸力锚的拼组结构。本发明降低了养殖围栏建设工作的难度，能够通过开放海域坐底式围栏养殖单元设施的移动和重组实现养殖围栏的可移动化，有利于养殖海域的轮养自修复。

一种养殖围栏网设施网底固定方法

专利类型：发明。

专利授权人（发明人或设计人）：王磊，王鲁民，俞淳，江航，王永进，李子牛。

专利号（授权号）：201810135018.0。

专利权人（单位名称）：中国水产科学研究院东海水产研究所。

专利申请日：2018 年 2 月 9 日。

授权公告日：2020 年 7 月 24 日。

授权专利内容简介：

本发明公开了一种养殖围栏网设施网底固定方法，其包括如下步骤：（a）将聚乙烯底网连接于铜合金编织网的下部，将锚链横向连接于聚乙烯底网的中部；（b）利用高压水枪或人工清理网衣放置的海底，挖出平整的海底沟道；（c）将锚链置于海底沟道的底部，锚链下部的聚乙烯底网平铺于海底沟道内，平铺的聚乙烯底网上面用沙袋或混凝土条块压住，然后推入海底泥沙将沟道填平。本发明于铜合金编织网的下部连接聚乙烯底网，保证围栏网网底牢固性的同时节约成本；通过挖出平整的海底沟道，可以保证网衣与海底连接的平整性；结合在聚乙烯底网上固定锚链，同时利用沙袋压住聚乙烯底网，并推入海底泥沙将沟道填平，可增加网底连接固定的牢固性和密合性。

一种银鲳专用饲料添加剂

专利类型：发明。

专利授权人（发明人或设计人）：彭士明，张晨捷，高权新，施兆鸿，王建钢。

专利号（授权号）：201610559921.0。

专利权人（单位名称）：中国水产科学研究院东海水产研究所。

专利申请日：2016 年 7 月 15 日。

授权公告日：2020 年 12 月 7 日。

授权专利内容简介：

本发明涉及水产养殖领域，具体是一种银鲳专用饲料添加剂，由下列重量份的组分组成：新鲜水母 15 ~ 20 份，冰鲜挠足类 3 ~ 5 份，硅藻浓缩液 3 ~ 5 份，丁酸梭菌粉剂 0.5 ~ 1 份，大豆卵磷脂 1 ~ 2 份，维生素C多聚磷酸酯 0.5 ~ 1 份，次粉 5 ~ 8 份。本发明还提供这种饲料添加剂的制备方法和应用。本发明的饲料添加剂可有效提升银鲳的消化吸收能力及饲料利用率，大大提高银鲳的生长速度，同时明显提升了机体免疫力。

一种密封性良好的水产养殖物联网监测装置

专利类型：实用新型。

专利授权人（发明人或设计人）：田云臣，王文清。

专利号（授权号）：ZL202020292800.6。

专利权人（单位名称）：天津农学院。

专利申请日：2020 年 3 月 11 日。

授权公告日：2020 年 11 月 6 日。

授权专利内容简介：

水产养殖物联网监测装置包括装置壳体，所述装置壳体的内腔下部通过螺纹插接有密封块，所述密封块的上部外侧开有密封槽，所述密封槽的内部活动插接有密封环，所述密封槽的内腔下端固定连接有密封圈，所述密封环的上端外侧固定连接在装置壳体的内腔侧壁，所述密封块的下端中部固定连接有拧块，所述密封块的下端外侧固定连接有螺纹块，所述螺纹块的外侧通过螺纹套接有盖帽，所述盖帽的内腔下端固定连接有密封环，所述盖帽的中部固定插接有第一导线。该密封性良好的水产养殖物联网监测装置设有密封槽、密封环和密封圈的结构，能够有效地增大密封块对装置壳体下部的密封度。

一种水产养殖监测装置

专利类型：实用新型。

专利授权人（发明人或设计人）：田云臣，王文清。

专利号（授权号）：ZL202020292094.5。

专利权人（单位名称）：天津农学院。

专利申请日：2020 年 3 月 11 日。

授权公告日：2020 年 12 月 15 日。

授权专利内容简介：

水产养殖监测装置包括装置壳体，所述装置壳体的内腔右侧设有养殖腔，所述装置壳体的内腔左侧设有抽水腔，所述装置壳体的上端左侧固定连接有水泵，所述水泵的下端固定连接有抽水管，所述水泵的右端出水口固定插接有出水管，所述出水管的右端出水口插接在储水壳体的内部，所述储水壳体的左右两侧壁中部均开有第一通孔，所述储水壳体的前后端固定连接在分液壳体的内腔前后侧壁上部，所述分液壳体的下侧壁开有第二通孔。该水产养殖监测装置使得动物的生长环境更加舒适。另外，该装置具有滤壳体、磁铁条和过滤网的结构，能够方便抽出过滤板进而对过滤板进行清理。

一种水体循环系统的进水结构

专利类型：实用新型。

专利授权人（发明人或设计人）：田云臣，王文清。

专利号（授权号）：ZL202020292075.2。

专利权人（单位名称）：天津农学院。

专利申请日：2020 年 3 月 11 日。

授权公告日：2020 年 12 月 15 日。

授权专利内容简介：

水体循环系统进水结构包括进水管，所述进水管右端部通过螺栓连接有稳流筒，所述稳流筒内腔左右端部分别固定安装有第一导流板和第二导流板，所述第一导流板和第二导流板之间通过连接杆连接，所述连接杆外侧面从右向左依次设有第一凸台和第二凸台，所述第一凸台左端部活动套接有连接套，所述连接套外侧面呈环形均匀阵列有水轮片，所述连接套内侧面内嵌有滚珠。该种水体循环系统的进水结构能够将水流轴向冲击力转换为径向力，进一步降低了水流的势能和压力，最后经过第二导流板上的小孔流出，降低了水流的速度，减少了水流冲击使水底淤泥产生冲击扰动力，提高了管体的使用寿命。

一种方便连接的传感器插头

专利类型：实用新型。

专利授权人（发明人或设计人）：田云臣，王文清。

专利号（授权号）：ZL202020292092.6。

专利权人（单位名称）：天津农学院。

专利申请日：2020 年 3 月 11 日。

授权公告日：2020 年 10 月 27 日。

授权专利内容简介：

方便连接的传感器插头包括传感器连接端和连接件。所述传感器连接端右端面呈环形阵列有第一限位槽，所述传感器连接端右端部插接有传感器插头，所述传感器插头外侧面中部呈环形阵列有导向槽，所述导向槽内活动连接有限位插杆，所述限位插杆上端部内嵌有滚珠，所述传感器插头外侧面通过螺纹连接有调节套。所述连接件外侧面左端部设有第二限位槽。该种方便连接的传感器插头能够快速对传感器插头和连接件的连接位置固定，提高了传感器插头和连接件连接装配的效率，同时，传感器插头与传感器连接端采用限位块与第一限位槽的连接方式，提高了传感器插头的更换效率和使用寿命。

一种水产养殖监测装置的水体循环系统

专利类型：实用新型。

专利授权人（发明人或设计人）：田云臣，王文清。

专利号（授权号）：ZL202020292266.9。

专利权人（单位名称）：天津农学院。

专利申请日：2020 年 3 月 11 日。

授权公告日：2020 年 12 月 15 日。

授权专利内容简介：

水体循环系统包括装置壳体，所述装置壳体的内腔左侧设有养殖区和缓冲区，所述养殖区和缓冲区之间设有隔板，所述隔板的下部左右贯穿开有通孔，所述装置壳体的上端右侧固定连接有进水壳体，所述进水壳体的内腔中部固定连接有缓冲壳体，所述进水壳体的下端均匀的开有若干圆孔，所述缓冲壳体的上部连接有第一管道，所述第一管道的左端固定插接在抽水泵的出水口。该水产养殖监测装置的水体循环系统，通过设有第一缓冲板和第二缓冲板的结构，能够有效缓冲循环流下的水；通过设有压板、连接杆和磁铁的结构，能够方便的对过滤板进行清理。

一种水产养殖监测用传感器的防腐蚀护套

专利类型：实用新型。

专利授权人（发明人或设计人）：田云臣，王文清。

专利号（授权号）：ZL202020292278.1。

专利权人（单位名称）：天津农学院。

专利申请日：2020 年 3 月 11 日。

授权公告日：2020 年 10 月 27 日。

授权专利内容简介：

水产养殖监测用传感器的防腐蚀护套包括第一壳体和第二壳体，所述第一壳体和第二壳体的一侧端部外端固定连接，所述密封条的一侧外端与第一壳体的内侧壁固定连接，所述第二壳体顶端设有顶盖，所述第一壳体顶端中部与顶盖的外端中部分别贯穿插设有第一线套筒和第二线套筒，所述第一壳体和第二壳体的底端插设有密封塞，所述密封塞下部侧壁活动套接有拧动圈，所述密封塞侧壁贯穿插设有定位套筒，所述定位套筒内腔固定粘接有第二弹性密封条。该种水产养殖监测用传感器的防腐蚀护套能够起到防护防腐蚀作用，整体拆装方便，可重复使用，制作成本低廉，适合普遍推广。

一种大小鱼分类装置

专利类型：实用新型。

专利授权人（发明人或设计人）：单慧勇，卫勇，赵辉等。

专利号（授权号）：ZL201921425430.2。

专利权人（单位名称）：天津农学院。

专利申请日：2019 年 8 月 29 日。

授权公告日：2020 年 7 月 31 日。

专利内容简介：

该实用新型提供了一种大小鱼分类装置，包括如下结构：送料传送带，其上方沿宽度方向设有多个能使鱼的长度方向与送料传送带的运动方向平行的拨动单元；分拣装置，其包括沿送料传送带宽度方向设置的多个分拣通道，且每个分拣通道均沿远离送料传送带方向逐渐增宽；多个第一扶正滑槽，其均置于送料传送带与分拣装置之间且每个第一扶正滑槽均与一分拣通道相对应，且第一扶正滑槽的截面沿朝向传送带方向逐渐增大。本实用新型在运送的过程中通过拨动单元和第一扶正滑槽对鱼的姿态进行调整，节省了人工调整鱼姿态的时间，提升了分拣装置的分拣效果。

一种细长条漏斗状射流喷嘴结构

专利类型：日本PCT发明专利；欧盟PCT发明专利；美国PCT发明专利。

专利授权人（发明人或设计人）：谢晶，柳雨嫣，王金锋。

专利号（授权号）：JP 2018-567880；EP 3513661B1；US 10，602，760 B2。

专利权人（单位名称）：上海海洋大学。

专利申请日：2017 年 12 月 1 日。

授权公告日：2020 年 7 月 6 日；2020 年 10 月 7 日；2020 年 3 月 31 日。

授权专利内容简介：

一种细长条漏斗状射流喷嘴结构，包括细长条锥形导流槽、细长射流喷嘴、传送板带。细长条漏斗状射流喷嘴特征在于：细长条锥形导流槽、细长射流喷嘴和传送板带的厚度为 1 ~ 5 mm；所述细长条锥形导流槽为包括上端开口和下端开口的中空倒细长椭圆锥台形，导流槽的上端开口与细长椭圆形开孔连接，导流槽的下端开口连接喷嘴的入口，喷嘴为中空细长椭圆柱形。本发明可以有效地提高冻结区域的的换热强度，提高速冻机的冻结效率，有效地改善传统喷嘴结构不能同时兼顾较高冻结效率和换热不均匀的缺陷。

一种可切换双级和复叠的船用节能超低温制冷系统

专利类型：欧盟PCT发明专利。

专利授权人（发明人或设计人）：谢晶，郭耀君，王金锋，李艺哲，徐旻晟。

专利号（授权号）：EP 3299747。

专利权人（单位名称）：上海海洋大学。

专利申请日：2016 年 7 月 8 日。

授权公告日：2020 年 2 月 12 日。

授权专利内容简介：

一种可切换双级和复叠的船用节能超低温制冷系统，包括高温级制冷系统、低温级制冷系统、高温级冷风机热氟融霜系统和低温级冷风机热氟融霜系统。高温级冷风机热氟融霜系统包括高温级压缩机，其出口通过第一油分离器分为两路，第二路经第一电磁阀、高温级冷风机、第三电磁阀、第一减压阀、第一气液分离器、第一单向阀、第一回热器与高温级压缩机吸气口相连。低温级冷风机热氟融霜系统包括低温级压缩机，其出口通过预冷器、第二油分离器分两路，第二路经第八电磁阀、低温级冷风机、第六电磁阀、第二减压阀、第二气液分离器、第三单向阀、第二回热器与低温级压缩机吸气口相连。本发明显著效果为制冷区间大、降温速率快、节能效果好、融霜彻底。

一种智能显色抗菌抗氧化保鲜薄膜制备方法

专利类型：欧盟PCT发明专利。

专利授权人（发明人或设计人）：谢晶，唐智鹏，陈晨伟，王金锋，张玉晗。

专利号（授权号）：EP 3428222。

专利权人（单位名称）：上海海洋大学。

专利申请日：2017 年 5 月 2 日。

授权公告日：2020 年 2 月 20 日。

授权专利内容简介：

一种智能显色抗菌抗氧化保鲜薄膜制备方法，步骤为：先制备聚乙烯醇母液，再加入纳米二氧化钛制备成PVA–纳米TiO_2混合溶液，充分搅拌后使溶液流延在玻璃平板上，在烘箱中干燥成膜，测其力学性能和抑菌性能，筛选出最优纳米TiO_2加入比例；单独制备紫甘薯花青素溶液，并将其加入到最优PVA–纳米TiO_2混合比例的溶液中，充分搅拌后使溶液流延在玻璃平板上，在烘箱中干燥成膜。该薄膜相对于其他糖类和蛋白质类薄膜具有良好的力学性能，其抗菌性能和抗氧化性能的结合能够更好地延长食品的货架期，并且该薄膜能在不同pH环境下表现出不同的颜色。该薄膜结合了显色、抗菌、抗氧化的性能，在食品包装方面具有广泛的用途。

活体水产品运输箱及运输方法

专利类型：发明。

专利授权人（发明人或设计人）：谢晶，张玉龙，王金锋，吴波，张玉晗。

专利号（授权号）：ZL2018102218413。

专利权人（单位名称）：上海海洋大学。

专利申请日：2018 年 3 月 18 日。

授权公告日：2020 年 4 月 14 日。

授权专利内容简介：

本发明涉及水产品运输领域，具体涉及一种活体水产品运输箱及利用该运输箱运输活体水产品的方法。其中，运输箱包括保温箱体和保温箱盖，保温箱体底部铺设有纳米海绵，纳米海绵上方铺设有储冰管，储冰管底部开设有若干排水孔。本发明提供的上述技术方案，能够有效延长保冷时间，降低活体水产品死亡率，并且能够提高包装效率和运输效率。

一种微冻啤酒鲈鱼调理食品加工方法

专利类型：发明。

专利授权人（发明人或设计人）：吴燕燕，朱小静，李来好，杨贤庆，林婉玲，赵永强，陈胜军，邓建朝，胡晓，戚勃，马海霞，黄卉，荣辉。

专利号（授权号）：ZL201610872003.3。

专利权人（单位名称）：中国水产科学研究院南海水产研究所。

专利申请日：2016 年 9 月 29 日。

授权公告日：2020 年 4 月 27 日。

授权专利内容简介：

本发明公开了一种微冻啤酒鲈鱼调理食品加工方法，包括以下的处理步骤：① 脱腥杀菌处理；② 啤酒调味；③ 风干；④ 含气包装；⑤ 微冻保鲜贮藏。该方法工艺简单，生产成本低，能耗小，对环境无污染，且产品质量稳定。

酵母菌DD12-7 菌株及其应用

专利类型：发明。

专利授权人（发明人或设计人）：于刚，王麟，谭春明，杨少玲，杨贤庆。

专利号（授权号）：201710422931.4。

专利权人（单位名称）：中国水产科学研究院南海水产研究所。

专利申请日：2017 年 6 月 7 日。

授权公告日：2020 年 11 月 10 日。

授权专利内容简介：

本发明公开了一种酵母菌，为拟威尔酵母（*Williopsis* sp.）DD12-7 菌株，其保藏号为CGMCC No.9833，具有分泌抗白色假丝酵母的嗜杀因子能力。本发明还公开了所述酵母菌的应用。本发明所述酵母菌株DD12-7 具有营养要求简单、发酵周期短的特点，应用该菌株生产抗白色假丝酵母的嗜杀因子具有很高的成本优势和良好的应用前景。

一种食品微冻保鲜用的冰

专利类型：发明。

专利授权人（发明人或设计人）：郝淑贤，袁小敏，李来好，杨贤庆，黄卉，林婉玲，岑剑伟，魏涯，吴燕燕，赵永强，杨少玲，戚勃，胡晓，邓建朝。

专利号（授权号）：201611108523.3。

专利权人（单位名称）：中国水产科学研究院南海水产研究所。

专利申请日：2016 年 12 月 6 日。

授权公告日：2020 年 12 月 15 日。

授权专利内容简介：

本发明公开了一种食品微冻保鲜用的冰，主要包括以下质量百分含量的各组份氯化钠 0.5% ~ 1%，丙二醇 1.5% ~ 2.5%，聚丙烯酸钠 0.5% ~ 1.5%，其余为水。制备过程中先用丙二醇将聚烯酸钠溶解，再与氯化钠及水混和制成混合溶液，而后制成冰。本发明所述的保鲜用的冰冰点范围为-3℃ ~ -1.5℃，低于常规冰的温度 0℃；保持时间明显优于以往以氯化钠制备的微冻冰；配方组份对人体健康无害。本发明首次采用氯化钠及丙二醇结合降低冰点温度，采用聚丙烯酸钠延长冰融时间。本发明解决了冷链物流中普通冰冰点温度高，融化时间短，不利用于长距离冷链运输的问题，可使食品在长距离冷链运输过程营造冰温贮藏环境，并保持运输过程温度的稳定性。

适用于工厂化养殖海马的附着基装置

专利类型：实用新型。

专利授权人（发明人或设计人）：赵营，张博，贾磊，王群山，刘克奉。

专利号（授权号）：ZL201920808741.0。

专利权人（单位名称）：天津市水产研究所。

专利申请日：2019 年 5 月 31 日。

授权公告日：2020 年 5 月 19 日。

授权专利内容简介：

本发明涉及一种适用于工厂化养殖海马的附着基装置，包括养殖架体、养殖挂体以及转移网。所述养殖架体由多个PVC管插接形成，所述养殖架体的底部设置有转移网，所述养殖架体内从上至下均匀分布间隔安装有多个养殖挂体，所述养殖挂体上间隔设置有塑料绳，所述塑料绳便于小海马尾部勾住附着，从而形成一个可拆卸的多层次立体海马大批量养殖架。本发明结构简单、安装操作简便，海马立体附着密度高，可以实现海马工厂化养殖的高产高效。

一种牙鲆卵原细胞分离纯化方法

专利类型：发明。

专利授权人（发明人或设计人）：任玉芹，孙朝徽，王玉芬，于清海，周勤，宋立民，姜秀凤，王青林，司飞。

专利号（授权号）：CN108265026B。

专利权人（单位名称）：中国水产科学研究院北戴河中心试验站。

专利申请日：2018 年 4 月 2 日。

授权公告日：2020 年 12 月 22 日。

授权专利内容简介：

本发明涉及一种牙鲆卵原细胞分离纯化方法，包括：① 将牙鲆雌鱼性腺组织剥去白膜剪碎、离心后得到的沉淀用组合酶液消化，所得细胞消化液经细胞筛网过滤、离心后重悬得到细胞悬液。其中，所述组合酶液中含有胰蛋白酶以及DNA酶Ⅰ。② 将生理渗透压的Percoll液配制成不同浓度梯度，用制备好的每级Percoll梯度液按照密度从高到低逐层轻轻沿着管壁流入离心管中制备成Percoll梯度液，将所述细胞悬液置于梯度最上层；离心后吸取最上面两层的细胞带得到牙鲆卵原细胞。本发明所提供的方法易于操作，整个操作可控。采用上述方法能够成功分离出牙鲆卵原细胞，卵原细胞占比在 80%以上，纯化前后卵原细胞的数量损失不大。

一种水产动物的蜂巢式水底遮蔽物及使用方法

专利类型：发明。

专利授权人（发明人或设计人）：柯巧珍，陈佳，翁华松，游国辉，韩坤煌，张艺，柯翎，郑小东，郑炜强。

专利号（授权号）：ZL201710094911.9。

专利权人（单位名称）：宁德市富发水产有限公司。

专利申请日：2017 年 2 月 22 日。

授权公告日：2020 年 2 月 14 日。

授权专利内容简介：

本发明提供一种利用潮流规模化捕捞桡足类的方法。在固定平台或多个锚、桩的桁绳上，一次张挂多达上百张的无翼张网，网口对着潮流，利用退潮或涨潮的潮流，使桡足类自动流入张网中而被捕捞。人们可按需要定时拉网采收网囊中的桡足类。除了高平潮与低平潮的无流或潮流过小时外，其他只要有潮流的时间里，均可使用本方法来捕捞桡足类。这种捞捕法节能，高效率，适用于规模化、产业化捕捞开发。

一种测量大黄鱼生物学数据的装置

专利类型：实用新型。

专利授权人（发明人或设计人）：余训凯，包欣源，翁华松，黄匡南，潘滢，陈佳，柯巧珍。

专利号（授权号）：ZL201921625858.1。

专利权人（单位名称）：宁德市富发水产有限公司。

专利申请日：2019年9月27日。

授权公告日：2020年2月14日。

授权专利内容简介：

本实用新型公开了一种测量大黄鱼生物学数据的装置，涉及水产养殖领域，包括测量箱体，测量箱体包括固定侧板、活动侧板、旋转侧板、底板和顶板。在对大黄鱼的生物学数据进行测量时，将大黄鱼从活动侧板与固定侧板之间的缺口方向，头朝旋转侧板送入测量装置内，使大黄鱼的头部顶住旋转侧板。将顶板和活动侧板推至刚好触碰大黄鱼。活动侧板的底面上的长边设有体长刻度线以测量体长和全长，底板的上面的宽边设有体宽刻度线以测量体宽，固定侧板的垂直于底板的侧边设有体厚刻度线以测量体厚，完成对大黄鱼的生物学数据的测量。该测量装置能够提高对大黄鱼生物学数据的测量效率，减少测量对大黄鱼造成的损伤，降低科研成本。

一种鱼类养殖装置

专利类型：实用新型。

专利授权人（发明人或设计人）：黄匡南，余训凯，翁华松，柯巧珍，陈佳，潘滢，包欣源。

专利号（授权号）：ZL201921568285.3。

专利权人（单位名称）：宁德市富发水产有限公司。

专利申请日：2019年9月20日。

授权公告日：2020年5月19日。

授权专利内容简介：

本实用新型公开了一种鱼类养殖装置，涉及水产养殖领域，包括中央管、进水管、池体、环形管喷头和排水管。环形管周向固定在池体的环形内侧壁上，进水管固定于池体的内壁，进水管的出水口与环形管连通，环形管上周向分布有多个喷头，且喷头与环形管连通。开启进水口，沿环形管周向布设的各喷头的倾斜方向一致，多个喷头喷射的水流能够使池体内的水体形成涡旋，促使鱼群环形游动，实现活水涡旋式健康养殖，提高养殖质量。中央管为一中空管，中央管的管壁上设有多个小孔，小孔的直径小于池体中鱼类的横向截面直径以使鱼类不能穿过小孔，中央管下端与排水管活动连接并连通，可通过小孔高效排出养殖废物。

一种大黄鱼快速收集转移装置

专利类型：实用新型。

专利授权人（发明人或设计人）：黄匡南，翁华松，余训凯，柯巧珍，陈佳，潘滢，包欣源。

专利号（授权号）：ZL201921569958.7。

专利权人（单位名称）：宁德市富发水产有限公司。

专利申请日：2019 年 9 月 20 日。

授权公告日：2020 年 6 月 2 日。

授权专利内容简介：

本实用新型公开了一种大黄鱼快速收集转移装置，涉及水产养殖技术领域，包括缆绳、固定圈、网面、防水布袋和浮球。防水布袋一端为开口端，网面一端与固定圈固定连接；网面另一端与防水布袋开口端固定连接；固定圈与缆绳相连接。该大黄鱼快速收集转移装置能节省人力物力，在转移过程中保障大黄鱼的高成活率高。

一种快速投喂大黄鱼冰鲜料装置

专利类型：实用新型。

专利授权人（发明人或设计人）：余训凯，包欣源，黄匡南，翁华松，潘滢，陈佳，柯巧珍。

专利号（授权号）：ZL201921626464.8。

专利权人（单位名称）：宁德市富发水产有限公司。

专利申请日：2019 年 9 月 27 日。

授权公告日：2020 年 7 月 3 日。

授权专利内容简介：

本实用新型公开了一种快速投喂大黄鱼冰鲜料装置，涉及养殖业技术领域，包括打料机、抽水机、滑梯和拦网。打料机和抽水机用于放置于投喂船上，滑梯的一端搭接于打料机的饲料出口处，滑梯另一端与拦网连接。滑梯用于输送冰鲜料，抽水机用于为冰鲜料通过滑梯提供水源动力，拦网用于分离粘结成团的冰鲜料。该装置具有降低人工成本，提高投喂效率的功能。

一种防跑抄网

专利类型：实用新型。

专利授权人（发明人或设计人）：包欣源，余训凯，翁华松，潘滢。

专利号（授权号）：ZL201921942044.0。

专利权人（单位名称）：宁德市富发水产有限公司。

专利申请日：2019 年 11 月 12 日。

授权公告日：2020 年 7 月 14 日。

授权专利内容简介：

本实用新型公开了一种防跑抄网，涉及渔具技术领域，包括外网、内网、支撑圈和支撑杆。外网为设有一个第一上入口的网兜状外网，外网为普通单层抄网，内网为设置有一个第二上入口和一个下入口的圆台套筒网，下入口的直径小于第二上入口的直径，第一上入口和第二上入口直径相同，第二上入口和第一上入口共同连接于支撑圈上，支撑杆的一端固定连接于支撑圈上；下入口的边沿设置有一柔性环，柔性环具有弹性。本实用新型提供的防跑抄网在捕捉到鱼时，鱼类不易从抄网逃跑出来且不影响将鱼类从抄网中倒出。

一种近海捕鱼装置

专利类型：实用新型。

专利授权人（发明人或设计人）：翁华松，黄匡南，刘志民，余训凯，包欣源，陈佳，潘滢，刘兴彪。

专利号（授权号）：ZL201922026991.1。

专利权人（单位名称）：宁德市富发水产有限公司。

专利申请日：2019 年 11 月 21 日。

授权公告日：2020 年 7 月 28 日。

授权专利内容简介：

本实用新型公开了一种近海捕鱼装置，涉及渔具技术领域，包括固定桩、桩绳、定置网和网箱。网箱的表面固定覆盖设置有网衣，定置网的一端与网箱的侧壁固定连接，定置网的另一端上固定设有网口支撑框，定置网与网箱连通，桩绳的一端与网口支撑框固定连接，桩绳的另一端与固定桩固定连接。本实用新型中，设置网口支撑框使得定置网的进口不会因在水流的作用下变形而使装置失去作用，鱼从定置网的一端进入并由于定置网的限制最终进入网箱中，给捕获的鱼提供了一个较大的空间，提高了鱼获的存活率。

一种鱼类结构调查的捕捞装置

专利类型：实用新型。

专利授权人（发明人或设计人）：包欣源，余训凯，黄匡南，翁华松。

专利号（授权号）：ZL201922123005.4。

专利权人（单位名称）：宁德市富发水产有限公司。

专利申请日：2019 年 12 月 2 日。

授权公告日：2020 年 8 月 7 日。

授权专利内容简介：

本实用新型公开了一种鱼类结构调查的捕捞装置，包括地笼、浮力架和支撑架。地笼包括地笼网、支撑架和若干个地笼架，支撑架固定连接于地笼网的顶端，地笼架将地笼网在竖直方向隔成若干个地笼腔，各地笼腔的开口处设置有一伸入至地笼腔内的倒须结构，浮力架上固定设有若干个浮球，浮球用于产生浮力并托起地笼，地笼网的下端边沿固定连接有若千个增重件以使地笼保持垂直设置。采用支撑架和竖直分层设置的地笼架，使地笼架可层叠放置，达到了结构简单、携带方便的效果；将地笼网在竖直方向隔成若干个地笼腔，实现了对不同深度的鱼类的捕捞；采用倒须结构的地笼腔，使鱼类进入地笼内很难游出，提高了鱼类调查的准确性。

一种大黄鱼快速分苗的跑道式水槽装置

专利类型：实用新型。

专利授权人（发明人或设计人）：潘滢，陈佳，柯巧珍，翁华松，余训凯，黄匡南，郑炜强。

专利号（授权号）：ZL201922275153.8。

专利权人（单位名称）：宁德市富发水产有限公司。

专利申请日：2019 年 12 月 18 日。

授权公告日：2020 年 9 月 8 日。

授权专利内容简介：

本实用新型公开了一种大黄鱼快速分苗的跑道式水槽装置，包括第一流动槽。所述第一流动槽的一端外侧设有水泵，水泵的一端设有进水连接口，所述水泵与第一流动槽的连接处设有连接卡扣，所述第一流动槽的内腔一端设有第一拦网，所述第一流动槽远离水泵的一端安装有第二流动槽，第一流动槽与第二流动槽的连接处设有第二拦网，所述第二流动槽的另一端安装有第三流动槽，第二流动槽与第三流动槽的连接处安装有第三拦网，所述第三流动槽的另一端设有进口支板，所述第一流动槽的内壁设有导流槽。本实用新型通过利用大黄鱼逆水游动的特性，设计不同的流动槽，实现大黄鱼不同大小游动距离不同的效果，从而能够对大黄鱼进行快速分苗。

一种方便在网箱中转移大黄鱼的装置

专利类型：实用新型。

专利授权人（发明人或设计人）：包欣源，余训凯，刘志民，刘兴彪。

专利号（授权号）：ZL202020010261.2。

专利权人（单位名称）：宁德市富发水产有限公司。

专利申请日：2020 年 1 月 3 日。

授权公告日：2020 年 9 月 4 日。

授权专利内容简介：

本实用新型公开了一种方便在网箱中转移大黄鱼的装置，包括顶部为开口设置的网箱和矩形软渔网，所述网箱的 4 个侧面离网箱的顶部 50 cm处各设置有一个方形出孔，网箱四侧均设置有遮挡网布，遮挡网布靠近网箱的顶部与网箱固定连接，遮挡网布与对应的方形出孔相配合，4 个方形出孔的底部和两侧的网孔处分别通过 12 根铜线与 4 个遮挡网布缠绕绑扎连接，所述矩形软渔网的两端开口大小均与方形出孔开口大小相匹配，矩形软渔网内绑扎固定有两个第一回形支架、两个第二回形支架和两个第三回形支架。

一种养殖池挤压式投料装置

专利类型：实用新型。

专利授权人（发明人或设计人）：方秀。

专利号（授权号）：201922401427.3。

专利权人（单位名称）：福建闽威实业股份有限公司。

专利申请日：2019 年 12 月 27 日。

授权公告日：2020 年 11 月 10 日。

授权专利内容简介：

本实用新型提供一种养殖池挤压式投料装置，包括近海用于围合形成养殖区域的浮体栈板。所述浮体栈板内侧及外侧固定有护栏，位于浮体栈板围合形成养殖区域的外周固定有养殖网。所述浮体栈板上固定有螺杆挤压机，螺杆挤压机的进料端具有进料槽，螺杆挤压机的出料端连接有绞龙输送机，绞龙输送机的输出端固定有延伸至养殖区域四角内的饲料排放管。排放管上具有排放口，护栏上固定有位于排放口上方用于将排放口排出的饲料进行切断的旋转叶片。旋转叶片由驱动装置驱动转动。本实用新型利用螺杆挤压机及绞龙输送机将物料粉碎挤压后挤压输出成条状，并利用旋转叶片将成条的饲料进行切断分割，以便于投料喂养。

一种鱼池育苗养殖用颗粒式投料机

专利类型：实用新型。

专利授权人（发明人或设计人）：方秀。

专利号（授权号）：201922395158.4。

专利权人（单位名称）：福建闽威实业股份有限公司。

专利申请日：2019 年 12 月 27 日。

授权公告日：2020 年 12 月 18 日。

授权专利内容简介：

本实用新型涉及一种鱼池育苗养殖用颗粒式投料机，包括外壳、漏斗板。外壳内部设置有内腔，漏斗板安装于内腔中部，漏斗板将内腔分隔成上搅拌腔与下拨转腔。所述上搅拌腔中部竖直安装有搅拌棍，下拨转腔内倾斜安装有开口与外界连通的拨盘固定盒，拨盘固定盒内安装有用于拨动饲料的拨盘，漏斗板的输出端经带有电磁插板阀的管路与拨盘固定盒的物料进口相连接。本实用新型设计合理，活动方便，操作简单，能提高鱼塘的饲料投放效率，可以适应不同高度的鱼塘。

一种鱼卵收集网

专利类型：实用新型。

专利授权人（发明人或设计人）：方秀。

专利号（授权号）：201922395244.5。

专利权人（单位名称）：福建闽威实业股份有限公司。

专利申请日：2019 年 12 月 27 日。

授权公告日：2020 年 12 月 8 日。

授权专利内容简介：

本实用新型涉及一种鱼卵收集网，包括固定架、上下安装在固定架上的筛网、收集网。所述固定架包括左滑杆、右滑杆、前固定杆、后固定杆，左滑杆、右滑杆前后端上均对称安装有滑块，前固定杆、后固定杆对应滑接于左滑杆、右滑杆前后端上的滑块之间，左滑杆、右滑杆上前后端的两滑块之间分别滑接有左上滑杆、右上滑杆。筛网安装于左上滑杆、右上滑杆之间，收集网安装于左滑杆、右滑杆、前固定杆、后固定杆，左滑杆之间。本实用新型设计合理，可以对水面上鱼卵进行初筛，减少异物、亲鱼被打捞，方便高效，操作简单，实用性强。

一种海上养殖池

专利类型：实用新型。

专利授权人（发明人或设计人）：方秀。

专利号（授权号）：201922405724.5。

专利权人（单位名称）：福建闽威实业股份有限公司。

专利申请日：2019 年 12 月 27 日。

授权公告日：2021 年 1 月 8 日。

授权专利内容简介：

本实用新型提供一种海上养殖池，包括近海用于围合形成养殖区域的浮体栈板。所述浮体栈板内侧及外侧固定有护栏，位于浮体栈板围合形成养殖区域的外周固定有养殖网。浮体栈板由浮球及固定于浮球上的浮板构成，相邻养殖区域的浮体栈板之间间隔固定有用于缓冲的橡胶轮。周侧栈板上固定有颗粒式投料机及排出条状饲料的排放管，且排放管上装有排放口。本实用新型利用螺杆挤压机、绞龙输送机将物料粉碎挤压后呈条状输出，并利用旋转叶片将成条的饲料进行切断分割。

一种包装装置

专利类型：实用新型。

专利授权人（发明人或设计人）：周源。

专利号（授权号）：201921011200.1。

专利权人（单位名称）：福建闽威食品有限公司。

专利申请日：2019 年 7 月 1 日。

授权公告日：2020 年 4 月 21 日。

授权专利内容简介：

本实用新型涉及包装装置技术领域，具体是涉及一种包装装置，包括原料传送装置、包装转送装置、动力电机、包装膜、膜轴、前起边块、后起边块、导向装置、压合装置、切边装置和成品传送装置，还包括前压辊、后压辊、前辊支架和后辊链支架。在使用包装装置包装食品时，通过前起边块将包装膜的前边自包装传送装置的顶端翘起，同时通过前压辊与前起边块的顶端接触，压紧包装膜的前端边侧，保证包装膜的前边平整；通过后起边块将包装膜的后边自包装传送装置的顶端翘起，同时通过后压辊与后起边块的顶端接触，压紧包装膜的后端边侧，保证包装膜的后边平整，从而提高包装质量。

一种加快鱼表面携带水分甩干的左右摇摆设备

专利类型：实用新型。

专利授权人（发明人或设计人）：邓宝莹。

专利号（授权号）：201920190809.3。

专利权人（单位名称）：福建闽威食品有限公司。

专利申请日：2019 年 2 月 12 日。

授权公告日：2020 年 1 月 7 日。

授权专利内容简介：

本实用新型涉及一种摇摆设备，尤其涉及一种加快鱼表面携带水分甩干的左右摇摆设备。技术问题：提供一种可以一次性将大量的鱼放入滤网内进行水分沥干，无须耗费大量人力，且鱼上多余的水分不会溅到用户身上的加快鱼表面所携带水分甩干的左右摇摆设备。技术方案：一种加快鱼表面所携带水分甩干的左右摇摆设备，包括安装台、弧形收集框、出水管、半球形摆动网框、第一连接杆、滚轮等。安装台顶部连接有弧形收集框，弧形收集框中部设有出水管。本实用新型使得用户可一次性将适量的表面带有水分的鱼放入到半球形摆动网框内，再通过不断左右晃动半球形摆动网框，使得半球形摆动网框内的鱼左右晃动，由此来加速鱼表面水分的沥干。

一种食品高效裹冰装置

专利类型：实用新型。

专利授权人（发明人或设计人）：李永保。

专利号（授权号）：201920686681.X。

专利权人（单位名称）：福建闽威食品有限公司。

专利申请日：2019 年 5 月 13 日。

授权公告日：2020 年 4 月 21 日。

授权专利内容简介：

本实用新型公开了一种食品高效裹冰装置，包括裹冰机构、冷却成型机构和输送机构。所述裹冰机构左侧的上端固定连接有输送机构，裹冰机构的右侧固定连接有冷却成型机构，所述裹冰机构包括第一箱体，第一箱体内表面的左下端活动安装有主动轮，第一箱体内表面的右上端活动安装有从动轮，从动轮与主动轮之间通过第一传送带传动连接。本实用新型设置了裹冰机构，可对食品进行裹冰处理；设置了输送机构，可对食品进行输送处理；设置了冷却成型机构，可对裹冰后的食品进行冷却成型处理。本装置通过以上结构的配合，有效提高了裹冰效果，解决了现有裹冰装置裹冰效果不理想，从而降低了食品加工效率的问题。

一种水产品冷藏运输装置

专利类型：实用新型。

专利授权人（发明人或设计人）：马宗文。

专利号（授权号）：201921182069.5。

专利权人（单位名称）：福建闽威食品有限公司。

专利申请日：2019 年 7 月 25 日。

授权公告日：2020 年 5 月 19 日。

授权专利内容简介：

本实用新型涉及运输技术领域，尤其是一种水产品冷藏运输装置，包括外厢体。外厢体一侧通过铰链转动连接设有两个外厢门，外厢门一侧均设有门锁装置，外厢体内部设有内厢体，内厢体一侧通过铰链转动连接设有内厢双开门，内厢双开门一侧设有门插销锁，内厢体的顶部外侧、底部外侧与外厢体的内壁之间均固定设有若干均匀分布的强力弹簧，内厢体外侧与外厢体内侧之间在强力弹簧的位置均固定设有伸缩橡胶管。本实用新型通过设置外厢体、内厢体、隔热软泡沫、强力弹簧，使其可有效吸收颠簸、保护冰冻的水产品不受损坏，避免经济损失，具有较强的隔热性能和减震功能，适合推广。

一种水产品冷冻机

专利类型：实用新型。

专利授权人（发明人或设计人）：李莹。

专利号（授权号）：201920956912.4。

专利权人（单位名称）：福建闽威食品有限公司。

专利申请日：2019 年 6 月 25 日。

授权公告日：2020 年 4 月 21 日。

授权专利内容简介：

本实用新型涉及冷冻机技术领域，尤其是一种水产品冷冻机，包括冷冻机主体。所述冷冻机主体的内部设有制冷装置，所述冷冻机主体的两侧壁均设有两根安装导轨，两根所述安装导轨的两端均设有挡块，两根所述安装导轨均设有连接导块，每个所述连接导块的一侧设有减震装置，4个所述连接导块一侧共同设有门字连杆，所述门字连杆的一侧设有缓冲弹簧，所述门字连杆的两侧均设有两个支撑臂，所述支撑臂的一端设有活动底座，所述冷冻机主体的一侧设有隔震垫块。本实用新型有效提高了简易冷冻机的减震和缓冲性能，有利于对水产品的运输和保存，整体结构比较实用，适合推广。

远海管桩围网养殖系统

专利类型：发明。

专利授权人（发明人或设计人）：李文升，庞尊方，王清滨等。

专利号（授权号）：ZL201711130991.5。

专利权人（单位名称）：莱州明波水产有限公司。

专利申请日：2017年11月15日。

授权公告日：2020年5月15日。

授权专利内容简介：

本发明公开了一种远海管桩围网养殖系统。基础部分包括环绕中心桩的一圈内管桩以及一圈外管桩；内管桩和外管桩下端均埋于海底下方，上端部通过连接构件互相连接。基础部分还包括位于外管桩外侧的两组延伸管桩，其中一组作为办公生活平台的基础，另一组作为生产作业平台的基础。上层建筑部分包括内环走道以及外环走道，还包括功能性平台。内环围网之内的区域为主养殖区域；内环围网和外环围网之间的区域为环形辅助养殖区域，环形辅助养殖区域用于养殖诸如斑石鲷之类的鱼类并通过这些鱼类清理围网上面的附着物。本发明能够实现高效率、高质量远海围网牧渔。

一种用于增殖放流的不锈钢槽

专利类型：实用新型。

专利授权人（发明人或设计人）：柯可，施敬敏，赵晓伟等。

专利号（授权号）：ZL201921651227.7。

专利权人（单位名称）：莱州明波水产有限公司。

专利申请日：2019 年 9 月 30 日。

授权公告日：2020 年 6 月 2 日。

授权专利内容简介：

本实用新型涉及一种用于增殖放流的不锈钢槽，支架上座落安装有不锈钢制作成型的放流槽；放流槽上固定安装有喷水管，喷水管穿过放流槽一侧壁板并且内端与对侧壁板相固定，喷水管管壁上开设有若干个喷水孔；喷水管的外端连接有柔性供水管；放流槽的一端作为流出端开设有排出口，该排出口处连接有排水管。本实用新型具有体积小、放流效率高、携带方便、对鱼体无损伤等特点。

一种许氏平鲉深水网箱大规格苗种培育方法

专利类型：发明。

专利授权人（发明人或设计人）：韩慧宗，姜海滨，王腾腾，张明亮，王斐，牛志兵。

专利号（授权号）：ZL201811432361.8。

专利权人（单位名称）：山东省海洋资源与环境研究院。

专利申请日：2018 年 11 月 28 日。

授权公告日：2020 年 4 月 7 日。

授权专利内容简介：

本发明公开了一种许氏平鲉深水网箱大规格苗种培育方法，包括以下步骤：① 海区选择；② 网箱设置；③ 苗种选择；④ 运输方式；⑤ 鱼苗投放；⑥ 养殖培育管理；⑦ 病害预防。本发明通过网箱内外网设计、运输方式方法、全人工配合饲料投喂及疾病防控等发明在许氏平鲉大规格苗种培育技术研究方面获得突破，与现有技术相比，可提高许氏平鲉鱼苗种成活率及全长平均生长率，缩短养殖周期，降低生产成本，可满足大规格、品质优良的养殖苗种要求，操作过程简单、方便、高效，为许氏平鲉规模化大规格苗种培育奠定了基础。

一种生态型岛礁型海洋牧场的构建方法

专利类型：发明。

专利授权人（发明人或设计人）：张明亮，王斐，韩慧宗，王腾腾，姜海滨。

专利号（授权号）：ZL201810257187.1。

专利权人（单位名称）：山东省海洋资源与环境研究院。

专利申请日：2018 年 3 月 27 日。

授权公告日：2020 年 9 月 8 日。

授权专利内容简介：

本发明公开一种生态型岛礁型海洋牧场的构建方法：选择面朝离岸岛礁的半封闭海湾以远为海洋牧场，海水深度为 10 ~ 20 m；按照预设海洋牧场规模，在岛礁岸基外下沉若干组固定坨，每个固定坨连接绠绳，绠绳顶端栓系浮漂；在水面以上的岛礁岸基固定聚乙烯纲绳，岛架上预埋第一锚链，海底硬沙底质下沉第二锚链，聚乙烯纲绳与第一锚链、第二锚链之间连接一层以上的网衣形成网箱；在所述网箱内增殖鱼类；在所述网箱外构建海藻养殖浮筏；在所述网箱底播海参。与现有技术相比，本发明依托岛礁区域优势，在不造成环境压力的同时，能够维持最大的经济产出。

一种集养殖、环保、休闲于一体的智能化养殖海洋牧场

专利类型：发明。

专利授权人（发明人或设计人）：王斐，崔国平，姜海滨，韩慧宗，张明亮。

专利号（授权号）：ZL201810308084.3。

专利权人（单位名称）：山东省海洋资源与环境研究院。

专利申请日：2018 年 4 月 8 日。

授权公告日：2020 年 3 月 31 日。

授权专利内容简介：

本发明公开了一种集养殖、环保、休闲于一体的智能化海洋牧场，包括人工鱼礁、养殖装置、主控台、休闲装置、环保装置和能源装置。本发明可以实现养殖、环保、休闲一体化。另外，本发明通过多个单元进行对海洋牧场科学布局，实现对海洋牧场的智能化、自动化的管理。

一种海水池塘综合养殖设施

专利类型：实用新型。

专利授权人（发明人或设计人）：张明亮，李斌，李焕军，乔鹏，孙同秋。

专利号（授权号）：ZL201921451325.6。

专利权人（单位名称）：山东省海洋资源与环境研究院。

专利申请日：2019 年 9 月 3 日。

授权公告日：2020 年 5 月 15 日。

授权专利内容简介：

本实用新型公开一种海水池塘综合养殖设施，包括能够底播刺参的海水池塘。与现有技术不同的是：在靠近所述海水池塘的两个相对的岸边打入多对立桩，每对立桩上搭设梗绳，所述梗绳上悬挂若干个扇贝笼以养殖海湾扇贝或栉孔扇贝；在所述海水池塘的水面上搭建浮床，所述浮床具有种植槽，所述种植槽通过小孔与海水相通，所述种植槽内填充蛭石以种植海水蔬菜。与现有技术相比，本实用新型能够将养殖过程中所生产废物作为其他养殖生物营养物质加以循环利用，既减轻了环境压力，又提高了养殖的附加经济价值。

一种冷冻分割多宝鱼的加工方法

专利类型：发明。

专利授权人（发明人或设计人）：郭晓华，董浩，申照华，孙爱华。

专利号（授权号）：ZL201611044895.4。

专利权人（单位名称）：山东美佳集团有限公司。

专利申请日：2016 年 11 月 24 日。

授权公告日：2020 年 10 月 9 日。

授权专利内容简介：

本发明属于水产品加工技术领域，具体涉及一种冷冻分割多宝鱼的加工方法。该方法是通过以下步骤实现的：

将多宝鱼置于冷水中养殖，并不断投放啤酒酵母；去除鳃丝、内脏后对多宝鱼进行浸泡消毒，消毒结束后在瓜尔豆胶水溶液中浸泡，冻结；将多宝鱼分割后进行真空包装。本发明采用低温下浸泡联合电解水消毒，在保持鱼肉鲜度的同时，杀菌效果好、生产成本低、用后无残留，对人体不产生伤害，对环境无污染。本发明用预处理液进行浸泡，能够去除鱼肉腥味；联合后期的处理，能够显著降低产品解冻损失率，改善鱼柳质构，改善口感。

鱼类屠宰血液收集装置

专利类型：实用新型。

专利授权人（发明人或设计人）：董浩，郭晓华，孙爱华，张永勤，张廷翠，梁健，安梦瑶。

专利号（授权号）：ZL202022205392.9。

专利权人（单位名称）：山东美佳集团有限公司。

专利申请日：2020 年 9 月 30 日。

授权公告日：2020 年 12 月 29 日。

授权专利内容简介：

本实用新型公开了一种鱼类屠宰血液收集装置，属于鱼类加工装置技术领域，包括输送装置，其特征在于：所述输送装置的机架上安装有升降装置，升降装置包括第二导向杆、第二丝杠和支撑架；所述升降装置上安装有抽血装置，抽血装置包括固定架、第一丝杠、第一导向杆和第一导向块，固定架安装有第一导向杆，第一丝杠与固定架转动配合，第一导向杆穿过第一导向块的导向通孔，第一丝杠与第一导向块的螺纹通孔配合，第一导向块的安装通孔内安装有针头；所述固定架的一端与导向板联结，第二导向杆穿过导向板上的导向通孔，第二丝杠与导向板的螺纹通孔配合。与现有技术相比较具有清理更加彻底的特点。

一种用于网箱网衣的拖网清洗装置

专利类型：实用新型。

专利授权人（发明人或设计人）：袁太平，陶启友，胡昱。

专利号（授权号）：ZL201921102304.3。

专利权人（单位名称）：珠海市强森海产养殖有限公司。

专利申请日：2019 年 7 月 15 日。

授权公告日：2020 年 6 月 9 日。

授权专利内容简介：

本实用新型提供了一种用于网箱网衣的拖网清洗装置，包括浮式平台。所述浮式平台的一侧设置有拖网装置，另一侧设置有洗网装置；所述拖网装置包括水平布置在浮式平台上的筒形卷网架；所述筒形卷网架由设置在浮式平台上的拖网电机带动筒形卷网架绕其轴线转动，固定在筒形卷网架上的多个用于固定拖绳一端的插销；所述拖绳的另一端固定在所述网衣的网纲上；所述网衣在当拖网电机转动时被拖绳带动其经过洗网装置进行清洗后放置在浮式平台上；所述网纲为网衣边缘上刚性较强的部分。

一种简易鱼苗测量工具

专利类型：实用新型。

专利授权人（发明人或设计人）：韦明利，胡珅华，姚久祥，蒋伟明。

专利号（授权号）：ZL202020715761.6。

专利权人（单位名称）：广西壮族自治区水产科学研究院。

专利申请日：2020 年 5 月 6 日。

授权公告日：2020 年 10 月 23 日。

授权专利内容简介：

一种利用简易工具制成的用于快速测量鱼苗长宽的工具。本实用新型提供了一种鱼苗收集装置，该装置结构简单，利用了鱼苗的活动规律，鱼苗收集速度快且高效，克服了传统鱼苗收集存在的问题。

一种水产养殖池塘增氧装置

专利类型：实用新型。

专利授权人（发明人或设计人）：韦明利，胡珅华，姚久祥，蒋伟明。

专利号（授权号）：ZL202020714928.7。

专利权人（单位名称）：广西壮族自治区水产科学研究院。

专利申请日：2020 年 5 月 6 日。

授权公告日：2021 年 1 月 1 日。

授权专利内容简介：

一种利用PVC、纳米管等多种材料组成的池塘增氧装置。本实用新型的目的是提供一种水产养殖增氧装置，能在池塘底部形成水中层流，均匀增氧，以克服传统增氧装置存在的增氧成本高、增氧不均匀、不能形成不同水层层流的问题。

一种鱼苗收集装置

专利类型：实用新型。

专利授权人（发明人或设计人）：姚久祥，韦明利，胡珅华，蒋伟明。

专利号（授权号）：ZL202020715348.X。

专利权人（单位名称）：广西壮族自治区水产科学研究院。

专利申请日：2020 年 5 月 6 日。

授权公告日：2021 年 1 月 1 日。

授权专利内容简介：

本实用新型提供了一种池塘鱼苗收集装置。该装置结构简单，利用了鱼苗的活动规律，鱼苗收集速度快且高效，克服了传统鱼苗收集所存在的问题。

一种网箱养殖卵形鲳鲹的限量投饲方法

专利类型：发明。

专利授权人（发明人或设计人）：刘龙龙，罗鸣，陈傅晓，李向民。

专利号（授权号）：ZL201710236853.9。

专利权人（单位名称）：海南省海洋与渔业科学院。

专利申请日：2017 年 4 月 12 日。

授权公告日：2020 年 4 月 7 日。

授权专利内容简介：

本发明利用卵形鲳鲹补偿生长的特性，将饥饿与限量投饲结合起来，根据卵形鲳鲹不同生长阶段采取不同投饲策略。相较传统连续投饲模式，本方法的应用能更大程度地节省饲料，达到在不影响产量的前提下降低饵料系数、节省养殖成本、节约劳动力的目的，而且通过控制投饲水平也会降低鱼由于过饱食导致抗病性差的问题。目前网箱养殖限量投饲的理念已在生产实践中被养殖户逐步采用。